MULTILINGUAL DICTIONARY OF FISH AND FISH PRODUCTS

DICTIONNAIRE MULTILINGUE DES POISSONS ET PRODUITS DE LA PÊCHE

55223
1 M/L

£29-50

Author or filing terms

OECD

Date: 1990   Vol No.
Accn. No: 55223   Copy No. 1
Location:
UDC No: QR 639.2 (03)
OVERSEAS DEVELOPMENT NATURAL
RESOURCES INSTITUTE LIBRARY
01/90

LIBRARY
OVERSEAS DEVELOPMENT
NATURAL RESOURCES INSTITUTE
CENTRAL AVENUE
CHATHAM MARITIME
CHATHAM
KENT ME4 4TB

MULTILINGUAL DICTIONARY OF FISH AND FISH PRODUCTS

DICTIONNAIRE MULTILINGUE DES POISSONS ET PRODUITS DE LA PÊCHE

Danish, Dutch, English, Finnish, French, German, Greek,
Icelandic, Italian, Japanese, Norwegian, Portuguese, Serbo-Croat,
Spanish, Swedish, Turkish, and scientific names

Allemand, anglais, danois, espagnol, finlandais, français, grec,
islandais, italien, japonais, néerlandais, norvégien,
portugais, serbo-croate, suédois, turc, et noms scientifiques

| prepared by the **Organisation for Economic Co-operation and Development** | préparé par **l'Organisation de Coopération et de Développement Economiques** |

Paris, XVIe

Fishing News Books

Copyright © O.E.C.D./O.C.D.E. 1968, 1978, 1990

All rights reserved. No part of this
publication may be reproduced, stored
in a retrieval system, or transmitted,
in any form or by any means, electronic
mechanical, photocopying, recording or
otherwise without the prior permission
of the copyright owner.

First edition printed 1968
Second edition 1978
Reprinted with corrections 1984
Third edition 1990

British Library
Cataloguing in Publication Data
Organisation for Economic Co-operation and Development
    Multilingual dictionary of fish and fish products – 3rd ed.
    1. Food: Fish & fish products. Polyglot dictionaries
    I. Title
641.3'92

ISBN 0-85238-164-6

Fishing News Books,
A division of Blackwell Scientific
    Publications Ltd
Editorial Offices:Osney Mead, Oxford OX2 0EL
    (Orders: Tel. 0865 240201)
8 John Street, London WC1N 2ES
23 Ainslie Place, Edinburgh EH3 6AJ
3 Cambridge Center, Suite 208,
    Cambridge, MA 02142, USA
107 Barry Street, Carlton,
    Victoria 3053, Australia

Set by PPC Limited, Leatherhead, Surrey
Printed and bound in Great Britain by
Mackays of Chatham PLC, Chatham, Kent

INTRODUCTION

The Multilingual Dictionary of Fish and Fish Products has been compiled and published with a definite objective of promoting and facilitating international trade in fish and fish products by making available a comprehensive source of information for the names of those fish and fish products that are in commercial use internationally.

The work, which commenced in the late nineteen sixties, originated from a list of fish names and fishery products prepared by Mr. J. J. Waterman, Torry Research Station, Aberdeen, Scotland. The list was circulated to all OECD Member countries for observations and completion, particularly as regards the translation of main entries into the relevant languages. A panel of experts scrutinised a first draft taking into account the suggestions submitted by correspondents in Member countries. The results of the expert panel, as well as advice from fishery biologists and country correspondents were taken into account.

Since compiling and editing the original Multilingual Dictionary in 1968, the Fisheries Division of OECD has benefited from substantial and valuable advice provided by numerous correspondents giving freely of their time and expertise. Many changes in contents and presentation were incorporated in the second edition, printed in 1978, as the result of that advice.

However, after two decades of increasing use it became apparent that a thorough revision of the Dictionary was necessary, brought about by new species introduced into international trade, that certain fish handling and processing practices had changed and that a certain level of harmonisation of names of fish species had been achieved. Correspondents in Member countries were again asked to check and amend the entries and suggest the inclusion of new entries. This check was finalised in 1988/89 and formed the basis for the third revision.

This procedure was used to secure the views and knowledge of experts in various countries. However, the ultimate editorial responsibility lies entirely with the Fisheries Division of OECD. It, and not the experts or correspondents, are accountable for any errors of omission or commission.

It can be assumed that there is general international consent on the nomenclature used for most items, although for a limited number further standardisation may be called for in the future. It should therefore be stressed that, however desirable it would be to discourage the use of a number of confusing names, no attempt has been made here either to harmonise existing nomenclatures where discrepancies exist or to indicate preferences, or to make recommendations for commercial practice. It should also be noted that geographic names do not necessarily represent country of origin.

The point just made refers to product designations and definitions but even more so to the names of fish species. It is commonly known that fish names employed for certain species are not always the same in different countries or regions even where the same language is spoken. Reference is made, for example, to items such as: POMFRET/BUTTERFISH or PICKEREL/PIKE/PIKE-PERCH or SEA BREAM/PORGY, which have different meanings in Europe and North America. In other instances, the same fish name might be used for two or more different species, either belonging to the same family (cf. for example, the items LEMON SOLE, SEA TROUT, etc.), or to quite different families (cf. ANGELFISH, HARDHEAD, ROCK SALMON, SMELT, etc.). Sometimes a certain fish name might be used to designate a definite species, but also as an alternative to one or more other species (e.g. MOONFISH, SEA BREAM, TOMCOD, YELLOWTAIL, etc.). Furthermore, in some cases, one out of a number of equally well known names had to be selected as the main heading for an entry, but the choice does not denote any priority.

INTRODUCTION

Le Dictionnaire Multilingue des Poissons et Produits de la Pêche a été préparé dans le but de promouvoir et de faciliter les échanges internationaux de poissons et produits de la mer en mettant à la disposition de tous une information complète sur les noms de poissons et de produits de la mer qui font l'objet d'un commerce international.

Le travail, qui a débuté à la fin des années 60, a été préparé à partir d'une liste de noms de poissons et produits de la pêche établie par M. J. J. Waterman, Torry Research Station, Aberdeen (Ecosse). La liste avait été adressée à tous les pays Membres de l'OCDE qui étaient invités à présenter des observations et des addenda, en particulier pour ce qui concerne la traduction des principaux articles dans les langues respectives. Un groupe d'experts a examiné attentivement un premier projet en tenant compte des suggestions soumises par les correspondants dans les pays Membres. Il a été tenu compte des résultats des travaux de ce groupe ainsi que de l'avis des spécialistes de la biologie marine et des correspondants nationaux.

Depuis la compilation et l'édition originale du Dictionnaire Multilingue en 1968, la Division des Pêcheries de l'OCDE a bénéficié des précieux conseils émis par plusieurs correspondants consacrant bénévolement une partie de leur temps et de leur expertise. A la suite de ces suggestions plusieurs changements ont été introduits dans le contenu et la présentation de la deuxième édition imprimée en 1978.

Néanmoins, après vingt ans d'utilisation croissante, il s'est avéré qu'une révision générale du Dictionnaire était nécessaire, tenant compte que de nouvelles espèces ont été introduites sur le marché, que certaines pratiques de manipulation et de transformation ont changé et qu'un certain niveau d'harmonisation des noms d'espèces a été atteint. Les correspondants des pays Membres ont encore une fois été appelés à vérifier et à corriger les nouveaux éléments ainsi qu'à suggérer l'inclusion d'autres éléments. Cette vérification s'est terminée en 1988/89 et formait la base pour la troisième révision.

Cette procédure a été utilisée afin de retenir les vues et les connaissances des experts des différents pays. C'est cependant la Division des Pêcheries de l'OCDE qui a seule assuré la mise au point finale. Elle seule peut donc être tenue pour responsable de toute erreur ou omission.

On peut assurer qu'il existe un accord international général pour la plus grande partie de la nomenclature utilisée, encore que pour un petit nombre d'articles, il serait nécessaire de promouvoir une meilleure harmonisation. Il convient donc de souligner que si souhaitable qu'il soit de déconseiller l'emploi d'un certain nombre de termes qui sont une source de confusion, on ne s'est attaché ni à harmoniser les nomenclatures existantes en cas de désaccord, ni à indiquer des préférences, ni à formuler des recommandations relatives à l'usage commercial. Il faudrait aussi noter que les noms géographiques ne représentent pas nécessairement le pays d'origine.

Ces remarques concernent les désignations et définitions des produits, mais surtout les noms des espèces de poissons. Il s'est avéré que les noms employés pour certaines espèces ne sont pas toujours les mêmes dans différents pays ou différentes régions où l'on parle la même langue. On peut citer par exemple les termes "POMFRET/BUTTERFISH" ou "PICKEREL/PIKE/PIKE-PERCH" ou "SEA BREAM/PORGY", qui ont des sens différents en Europe et en Amérique du Nord. Dans d'autres cas, le même nom de poisson peut être employé pour deux espèces différentes ou plus, appartenant à la même famille (cf. par exemple, les articles "LEMON SOLE", "SEA TROUT", etc.), ou à des familles totalement différentes (cf. "ANGELFISH", "HARDHEAD", "ROCK SALMON", "SMELT", etc.). Quelquefois, un certain nom de poisson désigne une espèce précise, et peut aussi

Here it should be mentioned that in various international bodies, particularly the Food and Agriculture Organization of the United Nations and the International Commission for Zoological Nomenclature, steps have been taken towards harmonisation of fish names. The results have been taken into account and the nomenclature used in the "F.A.O. Yearbook of Fishery Statistics", the "ICES Bulletin Statistique des Pêches Maritimes" and the "ICNAF Statistical Bulletin" has been adopted in this dictionary. In the few cases where differences exist these have been recorded (e.g. SAITHE or COALFISH in ICES; POLLOCK in ICNAF). Thus, the reader will find all the fish names appearing in the international fishery statistics as separate items in this dictionary.

It is realised that a reference book of this type is open to enlargement and amendment. Readers are therefore requested to submit any suggestions for additions or modifications to:

OECD, Fisheries Division,
2 rue André-Pascal,
PARIS 75775 CEDEX 16

so that these can be taken into consideration in any future editions.

This dictionary could not have been prepared were it not for the excellent co-operation received from authorities and correspondents in OECD Member countries. The painstaking efforts of all concerned are hereby acknowledged with gratitude.

être utilisé comme appellation secondaire d'une ou plusieurs autres espèces (par exemple "MOON-FISH", "SEA BREAM", "TOMCOD", "YELLOWTAIL", etc.). De plus, dans certains cas, il a fallu choisir comme titre de rubrique un seul parmi plusieurs noms également répandus; un tel choix n'indique aucune priorité.

Il serait bon de mentionner que dans diverses organisations internationales, en particulier l'Organisation des Nations Unies pour l'Alimentation et l'Agriculture et la Commission Internationale de Nomenclature Zoologique, des dispositions ont été prises pour harmoniser les noms de poissons. Il a été tenu compte des résultats obtenus, et la nomenclature adoptée dans l'"Annuaire Statistique des Pêches" de la FAO, le "Bulletin Statistique des Pêches Maritimes" de l'ICES et le "Bulletin Statistique" de l'ICNAF, a été reprise dans le présent dictionnaire. Dans les rares cas où il existe des différences, celles-ci ont été signalées (par exemple "SAITHE" ou "COALFISH" dans ICES, "POLLOCK" dans ICNAF). Le lecteur trouvera donc dans le présent dictionnaire comme articles séparés, tous les noms de poissons figurant dans les statistiques internationales des pêcheries.

On comprend qu'un ouvrage de référence de ce genre puisse être revu et augmenté. Les lecteurs sont donc invités à soumettre toute suggestion d'additions ou modifications à:

Division des Pêcheries de l'OCDE,
2 rue André-Pascal,
PARIS 75775 CEDEX 16

afin qu'il puisse en être tenu compte en cas de nouvelle édition.

Finalement, sans la précieuse coopération des correspondants et des autorités des pays membres de l'OCDE, le présent dictionnaire n'aurait pu être préparé. Que tous les intéressés soient ici vivement remerciés des travaux minutieux qui ont été nécessaires.

NOTE TO THE THIRD EDITION

Since compiling the original Multilingual Dictionary, the Fisheries Division of OECD has benefited from substantial and valuable advice provided by numerous correspondents giving freely of their time and expertise. Most of the many changes in contents and presentation incorporated in this third edition are the result of that advice which the compilers gratefully acknowledge. Special thanks for the updating and cross checking of the French and English is given to Mr J-C Quero, Mr L. J. Paul, Mr J. C. Early and Mr J. R. G. Hislop.

Once again it is emphasised that any suggested additions and amendments which could make the Dictionary more useful or more accurate will be fully considered if sent to the Fisheries Division at the address shown in the Introduction.

Paris, 1989

NOTE SUR LA TROISIÈME ÉDITION

Après avoir mis au point la première édition du Dictionnaire Multilingue, la Division des Pêcheries de l'OCDE a bénéficié d'avis et commentaires fournis par de nombreux correspondants bénévoles. La plupart des changements introduits dans le contenu et la présentation de cette troisième édition sont le résultat de telles aides, ce qu'il faut souligner avec reconnaissance. Des remerciements sont tout specialement adressés à M J-C Quero, M L. J. Paul, M J. C. Early et M J. R. G. Hislop pour la mise à jour et la vérification du français at de l'anglais.

A nouveau, il est fait appel à tous les experts qui pourraient songer à des additions ou corrections destinées à rendre ce dictionnaire plus utile et plus exact. Toutes les suggestions seront examinées par la Division des Pêcheries de l'OCDE à laquelle elles doivent être envoyées à l'adresse indiquée dans l'Introduction.

Paris, 1989

HOW TO USE THE DICTIONARY

The dictionary consists of two parts:

    A main part of numbered items with descriptions in English and French and the equivalents for the main headings in further languages.

    Separate indexes for each of seventeen languages (including one of scientific names for species of fish, shellfish, etc.).

FOR ALL USERS:

(1) FIND THE KNOWN NAME IN THE INDEX OF THE RELEVANT LANGUAGE
(2) TURN TO ITEM NUMBER INDICATED IN THE INDEX

STYLE, ABBREVIATIONS AND SYMBOLS

Languages – The international code letters for automobiles have been used to specify the fourteen languages used in addition to English and French thus:

D	=	German
DK	=	Danish
E	=	Spanish
FI	=	Finnish
GR	=	Greek
I	=	Italian
IS	=	Icelandic
J	=	Japanese
N	=	Norwegian
NL	=	Dutch
P	=	Portuguese
S	=	Swedish
TR	=	Turkish
YU	=	Serbo-Croat (for Yugoslavia)

The equivalents in these languages appear at the end of the item to which they refer.

Cross references to main items are in capitals preceded by a "+"; thus "+ SHARK".

    At the end of most items, therefore, readers will find the appropriate term in the languages covered by this dictionary. These terms are given in the regular order that follows:

D	DK	E
GR	I	IS
J	N	NL
P	S	TR
YU	FI	

The purpose of this is that readers concerned with a particular language will find the term they seek in a uniform place so that their search is simplified. Where readers know of missing names, these can be written into the blank space provided and so progressively increase the value of the book.

COMMENT UTILISER LE DICTIONNAIRE

Le dictionnaire comprend deux parties:

Une partie principale d'articles numérotés comportant des descriptions en anglais et en français et les équivalents dans d'autres langues pour les rubriques principales.

Des index séparés pour chacune des dix-sept langues (dont un pour les noms scientifiques des espèces de poissons, mollusques et crustacés, etc.).

POUR TOUS LES UTILISATEURS:

(1) **TROUVER LE NOM CONNU DANS L'INDEX DE LA LANGUE CONSIDÉRÉE**
(2) **SE REPORTER À L'ARTICLE DONT LE NUMERO FIGURE DANS L'INDEX**

ABRÉVIATIONS ET SYMBOLES

Langues – Les lettres du code international servant pour les automobiles ont été utilisées pour indiquer les quatorze langues employées en plus de l'anglais et du français à savoir:

D	= allemand
DK	= danois
E	= espagnol
FI	= finlandais
GR	= grec
I	= italien
IS	= islandais
J	= japonais
N	= norvégien
NL	= néerlandais
P	= portugais
S	= suédois
TR	= turc
YU	= serbo-croate (pour la Yougoslavie)

Ces lettres figurent à la fin de l'article auquel elles se réfèrent.

Les renvois aux principaux articles sont indiqués en lettres majuscules précédées d'un "+"; ainsi "+ SHARK".

A la fin de la plupart des rubriques, le lecteur trouvera donc le terme correspondant dans les langues couvertes par le dictionnaire. Les terms sont donnés dans l'ordre qui suit:

D	DK	E
GR	I	IS
J	N	NL
P	S	TR
YU	FI	

De cette manière le lecteur intéressé par l'une des langues trouvera toujours à la même place le terme qu'il cherche. Si le lecteur connaît un nom susceptible de remplir une case laissée en blanc, il pourra l'inscrire, ce qui permettra d'améliorer progressivement la valeur du dictionnaire.

Names in indexes

English   All main items, plus all terms in capitals appearing in the English column in the dictionary.

                         NOTE The English reader should also always refer to the index first; alternative terms for main headings can only be found this way.

French   All main items plus all terms in capitals appearing in the French column in the dictionary.

Other languages   All terms listed in the main part in the language concerned.

Scientific names appear in italic print without the refinement of quoting the source (families are given in italic capitals). If more than one scientific name is quoted for the same species, the first one listed is the most favoured scientifically.

If the main heading refers to species and/or genera of *different* families, this is indicated by numbers (i), (ii), (iii) . . .

If the main heading refers to species and/or genera of the *same* family, this is indicated by letters (a), (b), (c) . . .

Alphabetical order in the country indexes follows the national custom in each country (e.g. in Swedish Å, Ä and Ö are the last three letters of the alphabet).

    NOTE In a number of languages, names of fish and fish products might be spelt, indiscriminately, as one word or as two (or hyphenated); it has therefore been found advisable to use a "strict alphabetical order"; i.e. regardless of a space (or hyphen) between two words, the letter following the space determines the ordering (e.g. Bluefin Tuna follows Blue Dog; Seals follows Sea Lamprey but comes before Sea Luce).

Multilingual equivalents

Equivalents given in the multilingual section generally refer to the main heading.

    NOTE If, for example, further species are mentioned under one item, these might not necessarily be covered by the multilingual names. For those species where a separate entry exists (indicated by a cross reference "+"), more specific equivalents are likely to be found there. Also, alternative English or French names and, possibly, synonymously used scientific names, appear under these separate entries. Sometimes, when the amount of information available did not warrant a separate entry for a specific species, an equivalent for these might be given for some languages in the multilingual part. The letter (a), (b), (c) etc. preceding the word then indicates to which particular species this name refers.

Names in singular

As a rule, English and French fish names appear in the singular.

Appellations figurant dans les index

Anglais   Tous les titres d'articles et tous les termes en majuscules figurant dans la colonne anglaise dans le dictionnaire.

   NOTE Le lecteur anglais devra donc toujours se reporter à l'index, seul moyen de trouver trace des termes qui ne sont pas repris comme titres d'articles.

Français   Tous les titres d'articles et tous les termes en majuscules figurant dans la colonne française dans le dictionnaire.

Autres langues   Tous les termes de la langue considérée figurant dans la partie principale.

Les *noms scientifiques* sont indiqués en italique sans mention de la source (les familles sont indiquées en majuscules italiques). Quand le dictionnaire donne plus d'un nom scientifique pour la même espèce, le premier mentionné est à préférer du point de vue scientifique.

Quand l'article principal se réfère à des espèces et/ou à des genres appartenant à des familles *différentes*, l'indication en est donnée par des nombres (i), (ii), (iii) . . .

Quand l'article principal se réfère à des espèces et/ou à des genres appartenant à la *même* famille, l'indication en est donnée par des lettres (a), (b), (c) . . .

L'ordre alphabétique suivi dans les index des pays est conforme à la coutume nationale dans chacun d'eux (en suédois, par exemple, Å, Ä et Ö sont les trois dernières lettres de l'alphabet).

   NOTE   Dans certaines langues, les noms de poissons et de produits de la mer pouvant s'écrire indifféremment en un mot ou en deux (ou être reliés par un tiret), on a jugé préférable de s'en tenir à "un ordre alphabétique rigoureux", c'est à-dire ne pas tenir compte d'un espace (ou tiret) entre les deux mots; c'est la lettre qui suit l'espace qui détermine l'ordre (par exemple, "Bluefin Tuna" suit "Blue Dog"; "Seals" suit "Sea Lamprey", mais précède "Sea Luce").

Equivalents multilingues

Les équivalents indiqués dans la partie multilingue se réfèrent généralement à l'article principal.

   NOTE   Quand, par exemple, des espèces particulières sont mentionnées dans une rubrique générale, ces espèces particulières ne sont pas nécessairement désignées par les équivalents multilingues correspondant au titre de la rubrique générale. Dans le cas d'espèces pour lesquelles il existe un article séparé (indiqué par un renvoi "+"), on pourra y trouver des équivalents plus précis. De même, d'autres noms en anglais ou en français et éventuellement des termes scientifiques utilisés comme synonymes, figurent dans ces articles séparés. Parfois, quand la quantité des informations disponibles ne justifie pas une rubrique particulière pour une espèce déterminée, un équivalent peut être donné pour quelques langues dans l'espace réservé à cet effet. Les lettres (a), (b), (c), etc., précédant cet équivalent indiquent alors à quelle espèce particulière il se réfère.

Noms au singulier

En règle générale, les noms de poissons en anglais et en français ont été mis au singulier.

Books published by Fishing News Books

Free catalogue available on request

Advances in fish science and technology
Aquaculture in Taiwan
Aquaculture: principles and practice
Aquaculture training manual
Aquatic weed control
Atlantic salmon: its future
Better angling with simple science
British freshwater fishes
Business management in fisheries and aquaculture
Cage aquaculture
Calculations for fishing gear designs
Carp farming
Commercial fishing methods
Control of fish quality
Crab and lobster fishing
The crayfish
Culture of bivalve molluscs
Design of small fishing vessels
Developments in electric fishing
Developments in fisheries research in Scotland
Echo sounding and sonar for fishing
The economics of salmon aquaculture
The edible crab and its fishery in British waters
Eel culture
Engineering, economics and fisheries management
European inland water fish: a multilingual catalogue
FAO catalogue of fishing gear designs
FAO catalogue of small scale fishing gear
Fibre ropes for fishing gear
Fish and shellfish farming in coastal waters
Fish catching methods of the world
Fisheries oceanography and ecology
Fisheries of Australia
Fisheries sonar
Fisherman's workbook
Fishermen's handbook
Fishery development experiences
Fishing and stock fluctuations
Fishing boats and their equipment
Fishing boats of the world 1
Fishing boats of the world 2
Fishing boats of the world 3
The fishing cadet's handbook
Fishing ports and markets
Fishing with electricity
Fishing with light
Freezing and irradiation of fish
Freshwater fisheries management
Glossary of UK fishing gear terms
Handbook of trout and salmon diseases
A history of marine fish culture in Europe and North America
How to make and set nets
Inland aquaculture development handbook
Intensive fish farming
Introduction to fishery by-products
The law of aquaculture: the law relating to the farming of fish and shellfish in Great Britain
The lemon sole
A living from lobsters
The mackerel
Making and managing a trout lake
Managerial effectiveness in fisheries and aquaculture
Marine fisheries ecosystem
Marine pollution and sea life
Marketing in fisheries and aquaculture
Mending of fishing nets
Modern deep sea trawling gear
More Scottish fishing craft
Multilingual dictionary of fish and fish products
Navigation primer for fishermen
Net work exercises
Netting materials for fishing gear
Ocean forum
Pair trawling and pair seining
Pelagic and semi-pelagic trawling gear
Penaeid shrimps — their biology and management
Planning of aquaculture development
Refrigeration of fishing vessels
Salmon and trout farming in Norway
Salmon farming handbook
Scallop and queen fisheries in the British Isles
Seine fishing
Squid jigging from small boats
Stability and trim of fishing vessels and other small ships
Study of the sea
Textbook of fish culture
Training fishermen at sea
Trends in fish utilization
Trout farming handbook
Trout farming manual
Tuna fishing with pole and line

1 AALPRICKEN (Germany)
Gutted small eel, fried and packed in fine edible oil.
See + BRATFISCHWAREN.

AALPRICKEN (Allemagne) 1
Petite anguille vidée, frite et conservée dans de l'huile comestible.
Voir + BRATFISCHWAREN.

2 ABALONE
HALIOTIDAE
ORMEAU 2

Mollusc
(Pacific/Atlantic)
+ ORMER

Mollusque
(Pacifique/Atlantique)
+ OREILLE DE MER

Haliotis tuberculata

(Channel Islands) (Iles anglo-normandes)

Haliotis iris

+ PAUA
(New Zealand)

+ PAUA
(Nouvelle-Zélande)

Marketed:
Fresh: meats, shelled and sliced, cooked and eaten locally (U.S.A.).
Dried: meats, prepared by a combination of brining, cooking, smoking and then sun-drying for several weeks; reduced to 10% of original weight; can be shredded, or ground to a powder; exported from Japan to China (called KAIHÔ or MEIHÔ).
Canned: meats, either minced or in cubes, after brining.
Shells: valuable source of mother-of-pearl and blister pearls.

Commercialisé:
Frais: chair de l'ormeau coupée en tranches et cuite; consommation locale (E.U.).
Séché: chair saumurée, cuite, fumée puis séchée au soleil pendant plusieurs semaines jusqu'à réduction à 10% du poids d'origine; peut être coupé en tranches ou réduit en poudre; exporté du Japon vers la Chine (appelé KAIHÔ ou MEIHÔ).
Conserve: chair coupée en tranches ou en dés, après saumurage.
Coquilles: source appréciable de nacre et de perles baroques.

D   Seeohr
GR Haliotis, aftí thálassis
J   Awabi, tokobushi
P   Orelha
YU Petrovo uho

DK Søøre
I   Orecchia marina
N
S   Havsöra
FI Abaloni, merikorva

E   Oreja de mar
IS Sæeyra
NL Zeeoor
TR Deniz kulaği

BLACKLIP ABALONE
(Australia)

Notohaliotis ruber

GREEN LIP ABALONE
(Australia)

Schismotis laevigata

ROE'S ABALONE
(Australia)

Marinauris roei

YELLOWFOOT PAUA
(New Zealand)

Haliotis australis

Marketed:
Live: airfreighted for export.
Frozen: whole, in shell or shucked meats or steaks.
Canned: whole meats and soups.
Also dried.

Commercialisé:
Vivant: expedié par avion pour l'exportation.
Congelé: entier, avec ou sans coquille ou en tranches.
Conserve: entier et en potages.
Également séché.

3 ABBOT   3

(i) Name used for
    + ANGEL SHARK (*Squatina squatina*).
(ii) Name also used for
    + ANGLERFISH (*Lophius piscatorius*).

Le terme "ABBOT" (anglais) s'applique à deux espèces:
(i) + ANGE DE MER.
(ii) + BAUDROIE.

4 ACID CURED FISH

Fish and seafoods preserved in acidified brine or jelly with or without spices or other flavouring agents; in certain instances, salt is not essential.

Marketed: semi-preserved also with other food additives.

See also + MARINADE + VINEGAR CURED FISH.

- **D** Marinade
- **GR** Marináta
- **J** Suzuke
- **P** Peixe curado em molho ácido
- **YU** Kiselinom obradjena riba marinada
- **DK** Syrnet fisk
- **I** Pesce marinato
- **N** Syrebehandlet fisk (Marinert fisk)
- **S** Marinerad fisk
- **FI** Marinoitu kala

POISSON À LA MARINADE 4

Poisson et autres animaux marins conservés dans une saumure ou une gelée acide avec ou sans épices ou autres ingrédients aromatisants; dans certain cas, le sel n'est pas indispensable.

Commercialisé: semi-conserves avec aussi d'autres ingredients.

Voir: + MARINADE, + POISSON AU VINAIGRE.

- **E** Escabeche
- **IS** Sursaður fiskur
- **NL** Vis in gelei
- **TR** Asitlerle oldurulmus balık

5 AGAR

Colloidal extract from RED ALGAE, particularly from *Chondrus, Gelidium, Gigartina* and *Gracilaria* spp; a solution in hot water sets to a firm jelly which is used as a base for culture media for growing bacteria, and as a gelling agent in food manufacture, also used in the textile and medical industries.

Also called AGAR-AGAR.

- **D** Agar
- **GR** Agar-agar
- **J** Kanten
- **P** Ágar
- **YU** Agar
- **DK** Agar
- **I** Agar-agar
- **N** Agar
- **S** Agar, agar-agar
- **FI** Agar

AGAR 5

Extrait colloïdal tiré des ALGUES ROUGES, surtout de *Chondrus, Gelidium, Gigartina* et *Gracilaria*; en solution dans l'eau chaude, se transforme en un gel ferme, utilisé comme support des milieux de culture de bactéries et comme agent gélifiant dans les industries alimentaires, médicales et textiles.

Appelé aussi AGAR-AGAR.

- **E** Agar
- **IS** Agar
- **NL** Agar
- **TR** Agar

6 ALASKA POLLACK

Theragra chalcogramma

(Pacific – N. America/Korea/Japan)

Belonging to the family *Gadidae*. In America also called WALLEYE POLLACK.

Marketed:

Fresh:

Frozen: round, dressed, fillets or minced in blocks; also used for + RENSEI-HIN (Japan).

Salted: various ways, similar to cod.

Dried: after curing in brine or dry salt (HIRAKI-SUKESO-DARA Japan); also by repeated freezing and thawing (+ TÔKAN-HIN).

Spice cured: fish fillets or slices pickled with salt and rice-wine-lees.

Liver and viscera: important source of vitamin oil.

Roe: cured with salt, often mixed with red pigment; usually packed in barrels or boxes (TARAKO, MOMIJIKO-Japan).

LIEU DE L'ALASKA 6

(Pacifique – Amérique du Nord/Corée/Japon)

De la famille des *Gadidae*.

Commercialisé: peut être commercialisé sous le nom de "colin d'Alaska".

Frais:

Congelé: entier, paré, en filets ou haché en blocs; sert aussi à la préparation du + RENSEI-HIN (Japon).

Salé: méthodes variées, semblables à celles utilisées pour le cabillaud.

Séché: après saumurage ou salage à sec (HIRAKI-SUKESO-DARA-Japon); ou par congélations et décongélations répétées (+ TOKAN-HIN).

Epicé: filets ou tranches de poisson saumurés avec du sel et de la lie de vin de riz.

Foie et viscères: source importante d'huile vitaminée.

Rogue: traitée au sel, souvent mélangée à du piment rouge; habituellement mise en barils ou en boîtes (TARAKO, MOMIJIKO-Japon).

- **D** Pazifischer Polardorsch
- **GR**
- **J** Suketôdara, sukesôdara, sukesô
- **P** Escamudo-do-alasca
- **YU**
- **DK**
- **I** Merluzzo dell'alaska
- **N**
- **S** Alaskasej
- **FI** Mintai
- **E** Abadejo de alasca
- **IS**
- **NL** Alaska koolvis
- **TR**

7 ALASKA SCOTCH CURED HERRING

+ PACIFIC HERRING (*Clupea harengus pallasii*) preserved by slightly modified version of Scotch cure method of salting; made in Alaska and British Columbia.

See also + SCOTCH CURED HERRING.

7 HARENG DU PACIFIQUE

+ HARENG DU PACIFIQUE (*Clupea harengus pallasii*) traité par une méthode voisine de celle du salage écossais (Scotch cure); se fait en Alaska et en Colombie britannique.

Voir + HARENG SALÉ À L'ÉCOSSAISE.

8 ALBACORE
GERMON 8

Thunnus alalunga or/ou *Germo alalunga*

(Cosmopolitan, often extending into cool waters)

Considered to be the best of the tunas for canning, the only species whose flesh may be labelled "WHITE MEAT TUNA" in U.S.A.; the fish average about 20 lb.

Also called LONG FINNED TUNA, WHITE TUNA, PACIFIC ALBACORE, LONG FINNED ALBACORE: it should be noted that in French "ALBACORE" refers to *Thunnus albacares* (see + YELLOWFIN TUNA).

See also + TUNA.

(Cosmopolite, s'étendant souvent aux eaux tempérées)

Appelé aussi THON BLANC. Considéré comme le meilleur des thons pour la conserve, la seule espèce qui peut être étiquetée "WHITE MEAT TUNA" (Chair de thon blanc) aux Etats-Unis.

Le poids moyen du germon est d'environ 10 kg

Voir aussi + THON.

D	Weisser Thun	**DK**	Albacore	**E**	Albacora, atun blanco
GR	Tónnos macrýpteros	**I**	Tonno bianco, alalonga	**IS**	Tünfiskur
J	Binnagamaguro, binnaga, bincho, tombo	**N**	Albakor	**NL**	Witte tonijn
P	Atum voador	**S**	Vit tonfisk, albacora	**TR**	
YU	Dugoperajni tunj, bijeli tunj, šilac	**FI**	Valkotonnikala		

9 ALEWIFE
ALOSE GASPAREAU 9

Alosa pseudoharengus or/ou *Pomolobus pseudoharengus*

(Atlantic/Freshwater – N. America)

Also called RIVER HERRING.
In U.K. ALEWIFE refers to + ALLIS SHAD (*Alosa alosa*).

Marketed:
Salted: lightly salted in a mixture of salt and brine after gutting and washing, then packed in barrels; known as + CORNED ALEWIVES;
– heavily salted in barrels, ungutted;
– heavily salted in strong brine after gutting and washing; then tightly packed in barrels in salt; known as + TIGHT PACK;
– similarly salted in Canada, known as PICKLED ALEWIVES – sold in three grades: gross (entire fish), split or cut (head and guts removed), roes (head and guts removed, but roes left in).
Salted alewives are sometimes indiscriminately referred to as "salted herring".

Vinegar cured: either whole gutted, or as fillets, in barrels.
Smoked: cold smoked, ungutted, for several days, for local consumption.
Roe: salted and coloured to make caviar substitute, packed in glass jars; also canned in brine.

See also + SHAD.

(Eaux douces/Atlantique – Amérique du Nord)

S'écrit parfois GASPAROT (Canada).
Au Royaume-Uni "ALEWIFE" (anglais) s'applique à *Alosa alosa* (+ ALOSE).

Commercialisé:
Salé: légèrement salé dans un mélange de sel et de saumure après avoir été vidé et lavé, puis mis en barils;
– fortement salé, non vidé et mis en barils;
– fortement salé dans une saumure concentrée après avoir été vidé et lavé; puis serré en baril avec du sel; voir + "TIGHT PACK";
– salage semblable au Canada: "PICKLED ALEWIVES" vendus en trois qualités: brut (poisson entier); tranché (sans tête ni viscères); avec rogues (sans tête ni viscères mais en y laissant les rogues).
Le gaspareau salé est parfois désigné comme "hareng salé".
Au vinaigre: soit entier et vidé; soit en filets, en barils.
Fumé: fumé à froid (non vidé) pendant plusieurs jours, pour la consommation locale.
Rogue: œufs salés et colorés pour en faire un succédané de caviar, mis en bocaux; également mis en conserve au naturel.

Voir aussi + ALOSE.

D	Maifisch	**DK**		**E**	Pinchagua
GR		**I**	Falsa-aringa atlantica	**IS**	
J		**N**		**NL**	Amerikaanse Rivierharing
P	Alosa cinzenta	**S**		**TR**	
YU		**FI**	Harmaasilli		

9.1 ALFONSINO
Beryx splendens or/ou *Beryx decadactylus*

(Cosmopolitan)

Marketed: Usually in fillets; frozen or fresh

BERYX 9.1
(Cosmopolite)
BERYX LONG
BERYX COMMUN

Commercialisé: habituellement en filets; congelé ou frais

- **D** Südlicher Kaiserbarsch
- **GR**
- **J** Kinmedai, kinme
- **P** Imperador-costa estreita
- **YU**

- **DK**
- **I** (Berice rosso)
- **N**
- **S**
- **FI** Hohtolimapúú

- **E** Besugo americano
- **IS**
- **NL** (Roodbars)
- **TR**

10 ALGINIC ACID
Organic compound, related to carbohydrates, extracted from + BROWN ALGAE, particularly *Laminaria* spp, used in the food industry as a stabilizer and a thickener; its salts, the ALGINATES, are also used in industrial processes.

ACIDE ALGINIQUE 10
Composé organique voisin des hydrates de carbone, extrait des + ALGUES BRUNES, en particulier de l'espèce *Laminaria*, utilisé dans les industries alimentaires comme stabilisateur et épaississant; ses sels, ALGINATES, sont également utilisés pour d'autres usages industriels.

- **D** Alginate
- **GR** Algin
- **J** Arugin-san
- **P** Alginato
- **YU** Alginat

- **DK** Alginat
- **I** Algina
- **N** Alginat
- **S** Alginat
- **FI** Alginaatti

- **E** Alginato
- **IS** Alginat
- **NL** Alginaat
- **TR** Alinik asit

11 ALLIS SHAD
Alosa alosa or/ou *Clupea alosa*

(N. Atlantic – Europe)
Also called ALLICE SHAD, + ALEWIFE, ROCK HERRING.
Marketed canned in France.
See also + SHAD.

ALOSE VRAIE 11
(Atlantique Nord – Europe)

Commercialisée en conserve, en France.
Voir aussi + ALOSE.

- **D** Alse, Maifisch
- **GR** Fríssa, sardellomána
- **J**
- **P** Sável
- **YU** Atlantska lojka, čepa

- **DK** Majsild, stamsild
- **I** Alaccia
- **N** Maisild
- **S** Stamsill, majfisk
- **FI** Pilkkusilli

- **E** Sábalo
- **IS**
- **NL** Elft
- **TR** Tirsi

12 AMARELO CURE (Portugal)
Portuguese salt cod from which some of the salt has been removed between the stages of washing and drying, by soaking the product in water; final salt content is about 18% and the product has a characteristic yellow appearance.
Also called YELLOW CURE.

AMARELO CURE (Portugal) 12
Morue salée portugaise dont une partie du sel a été éliminée par différents lavages et séchages; la teneur en sel est finalement d'environ 18% et le produit a une couleur jaune caractéristique.

- **D**
- **GR**
- **J**
- **P** Cura amarela
- **YU**

- **DK**
- **I** Baccalà portoghese giallo
- **N**
- **S**
- **FI**

- **E** Bacalao salado amarillo
- **IS**
- **NL**
- **TR**

13 AMBERGRIS
Waxy substances, varying in colour from white to almost black, which accumulate in the intestine of the SPERM WHALE. AMBREINE and EPICOPROSTANOL are two important typical chemicals in these complex substances. Used mainly as a fixative in the perfume industry, the demand for the natural product has been much reduced by the manufacture of synthetic substitutes.

AMBRE GRIS 13
Substances de la consistance de la cire d'une couleur variant du blanc au gris foncé, qui s'accumulent dans les intestins du CACHALOT.
L'AMBRÉINE et l'ÉPICOPROSTANOL sont deux composants chimiques importants et typiques de ces substances complexes.
Utilisé surtout comme fixateur en parfumerie; la demande a beaucoup réduit, du fait de la fabrication de produits synthétiques de substitution.

- **D** Ambra
- **GR**
- **J** Ryûzenkô
- **P** Âmbar cinzento
- **YU** Ambra

- **DK** Ambra
- **I** Ambra grigia
- **N** Ambra
- **S** Ambra
- **FI** Ambra

- **E** Ambar gris
- **IS** Hvalsuki (ambra)
- **NL** Amber
- **TR** Amber

14 AMERICAN EEL   ANGUILLE D'AMERIQUE 14
Anguilla rostrata

(Atlantic/Freshwater – N. America)   (Eaux douces/Atlantique – Amérique du Nord)
Ways of marketing, see + EEL.   Voir + ANGUILLE.

D	Amerikanischer Aal	**DK**		**E**	Anguila americana
GR		**I**	Anguilla americana	**IS**	
J		**N**		**NL**	Amerikaanse aal
P	Enguia-americana	**S**	Amerikansk ål	**TR**	Yılanbalığı (Amerika)
YU		**FI**	Amerikanankerias		

15 AMERICAN PLAICE   BALAI DE L'ATLANTIQUE 15
Hippoglossoides platessoides

(N. Atlantic – Europe/North America)   (Atlantique Nord – Europe/Amérique du Nord)
Belonging to the *Pleuronectidae* (see + FLOUNDER).
In ICES statistics called + LONG ROUGH DAB.
Also called DAB, SAND DAB, PLAICE.
Also called ROUGHBACK (U.K.).

Peut être commercialisé sous les noms de "balai, plie canadienne".
De la famille des *Pleuronectidae*.
(Voir + FLET).

D	Rauhe Scharbe, Doggerscharbe	**DK**	Håising	**E**	Platija americana
GR	Glossáki-chomatída	**I**	Passera canadese	**IS**	Skrápflúra
J		**N**	Gapeflyndre	**NL**	Lange schar
P	Solha americana	**S**	Lerskädda, ler flundra, glipskädda	**TR**	
YU	Iverak	**FI**	Liejukampela		

16 AMERICAN SHAD   ALOSE SAVOUREUSE 16
Alosa sapidissima

(Atlantic/Pacific – N. America)   (Atlantique/Pacifique – Amérique du Nord)

Marketed: **Commercialisé:** peut être commercialisé sous le nom d' "Alose".

Fresh: **Frais:**
Smoked: headed, split, cold or hot smoked.   **Fumé:** étêté, tranché, fumé à froid ou à chaud.
Canned: headed, tailed, gutted and packed in pieces; cold-smoked pieces packed in brine, own juice or oil.   **Conserve:** étêté, équeuté, vidé, en morceaux; les morceaux fumés à froid sont conservés en saumure, au naturel ou dans de l'huile.
Roe: fresh or canned.   **Rogue:** frais ou en conserve.

See also + SHAD.   Voir aussi + ALOSE.

D	Amerikanischer Maifisch	**DK**		**E**	Sabalo americano
GR		**I**	Alaccia americana	**IS**	Augnasíld
J		**N**		**NL**	Amerikaanse elft
P	Sável-americano	**S**	Shad	**TR**	
YU	Američka lojka	**FI**	Amerikankantasilli		

17 ANCHOSEN (Germany)   ANCHOSEN (Allemagne) 17

Sprat and herring (mostly small) preserved with a mixture of salt and sugar or starched sugar products with or without spices, saltpetre or other flavouring agents. As raw material often + MATJE CURED HERRING (ii). SEMI-PRESERVE, also with preserving additives.

Sprats ou harengs (de petite taille) traités avec un mélange de sel et de sucre, ou d'un produit sucré, avec ou sans épices, du salpêtre ou autres substances aromatiques. Utilisés aussi comme matière première pour le + MATJE CURED HERRING (ii).
Commercialisés en SEMI-CONSERVE, parfois avec des agents conservateurs.

See also + SPICED CURED FISH, + DELICATESSEN FISH PRODUCTS, + APPETITSILD.

Voir aussi + SPICED CURED FISH, + DELICATESSEN + APPETITSILD.

5

18 ANCHOVETA

Engraulis ringens

(Pacific – S. America)
Basis for Peruvian fish meal industry.

See + ANCHOVY.

D Peru-Sardelle	**DK**	**E**
GR	**I** Acciuga del cile	**IS**
J	**N** Anchoveta	**NL** Peruaanse ansjovis
P Bigueirão do Perú, anchoveta	**S** Chileansjovis	**TR**
YU	**FI** Perunsardelli	

ANCHOIS DE PÉROU 18

(Pacifique – Amérique du Sud)
Base de la fabrication industrielle de farine de poisson au Pérou.

Voir + ANCHOIS.

19 ANCHOVY

ENGRAULIDAE

(Cosmopolitan)

Engraulis encrasicolus

(a)
(N. Atlantic)

Engraulis mordax

(b) + NORTHERN ANCHOVY
(N. Pacific)
Also referred to as
NORTH PACIFIC ANCHOVY

Engraulis ringens

(c) + ANCHOVETA
(Pacific – S. America)

Engraulis japonica

(d) JAPANESE ANCHOVY

Engraulis australis

(e) (Australia/New Zealand)

ANCHOA spp.

(f) (Atlantic/Pacific, for example)

Anchoa mitchilli

BAY ANCHOVY
(N. Atlantic – America)

Anchoa hepsetus

STRIPED ANCHOVY
(Atlantic – Canada)

Marketed: Fresh or frozen.

Salted: headless gutted or whole ungutted anchovies packed in salt in barrels and allowed to ripen for about four months at temperatures up to 30°C until the flesh has reddened right through; as semi-preserves, sold whole (+ , CARNE A CARNE), filleted in oil or sauce, flat or rolled with or without capers; packed in cans, glass jars, etc.; also as paste, see + ANCHOVY PASTE, + ANCHOVY BUTTER, + ANCHOVY CREAM.

Canned: fresh anchovies may be canned.
Smoked: hot-smoked whole fish; may be frozen afterwards (U.S.S.R.).
Meal and oil: + ANCHOVETA.
Dried: NIBOSHI-IWASHI (Japan), see + NIBOSHI.
Bait: United States and Japan.
Similar preparations from sprats: see + ANCHOVIS (Germany).

ANCHOIS 19

(Cosmopolite)

(a) ANCHOIS COMMUN
(Atlantique Nord)

(b) + ANCHOIS DU NORD
(Pacifique Nord)
ou ANCHOIS DU PACIFIQUE NORD

(c) + ANCHOIS DE PÉROU
(Pacifique – Amérique du Sud)

(d) ANCHOIS JAPONAIS

(e) (Australie/Nouvelle-Zélande)

(f) (Atlantique/Pacifique, par exemple)

ANCHOIS AMÉRICAIN
(Atlantique Nord – Amérique)

PIQUITINGA
(Atlantique – Canada)

Commercialisé: Frais ou congelé.

Salé: anchois étêtés et vidés, ou entiers, non vidés, mis en barils avec du sel jusqu'à maturation (environ 4 mois) à une température allant jusqu'à 30°C; la chair prend alors une teinte rougeâtre; en semi-conserve, présentés entiers (+ CARNE À CARNE), en filets à l'huile ou en sauce, à plat ou enroulés avec ou sans câpres; vendus en boîtes ou en bocaux;
en pâte, voir + PÂTE D'ANCHOIS, + BEURRE D'ANCHOIS, + CRÈME D'ANCHOIS.

Conserve: parfois anchois frais.
Fumé: entier, fumé à chaud; peut être congelé ensuite (U.R.S.S.).
Farine et huile: + ANCHOVETA.
Séché: + NIBOSHI (Japon).
Appât: pêche aux E.U. et Japon.
Préparations semblables à base de sprats: + ANCHOVIS (Allemagne).

[CONTD.

19 ANCHOVY (Contd.) ANCHOIS (Suite) 19

D Sardelle	DK Ansjos	E Anchoa, boquerón
GR Antjúga, gíavros	I Acciuga, alice (f) ancioa	IS Ansjósa
J Katakuchiiwashi	N Ansjos	NL Ansjovis
P Biqueirão, enchova	S Ansjovis (fisk)	TR Hamsi
YU Brgljun, inćun	FI Sardelli	

For (b) and (c) see under these entries.   Pour (b) et (c) voir les rubriques individuelles.

20 ANCHOVIS (Germany) — ANCHOVIS (Allemagne) 20

Similar products in Scandinavia: SCANDINAVIAN ANCHOVY, CHRISTIANIA ANCHOVIES (Norway) prepared similarly to + ANCHOVY; Sprats or small herring gutted or ungutted also as fillets, spice cured in brine also with other flavouring agents, packed in barrels, sometimes repacked in cans or glass jars with brine or salt or edible oil.
Semi-preserves, also with preservative additives.

See + ANCHOSEN, + APPETITSILD.

In Sweden the term "SARDELL" is used for anchovies of *Engraulis encrasicolus* in cans and the term "ANSJOVIS" for spice cured sprats in cans.

Produits similaires en Scandinavie: SCANDINAVIAN ANCHOVY, CHRISTIANA ANCHOVIES (Norvège) préparés de la même façon que les ANCHOIS. Les sprats ou les petits harengs, vidés ou non, ou en filets, sont traités dans une saumure épicée, et avec des aromates, mis en barils et parfois, ensuite, en boîtes en ou bocaux, salés, ou en saumure ou dans de l'huile.
SEMI-CONSERVE, également avec adjonction de produits de conservation.

Voir + ANCHOSEN, + APPETITSILD.

En Suède, le terme "SARDELL" désigne les anchois en boîte de l'espèce *Engraulis encrasicolus* et le terme "ANSJOVIS" les sprats marinés avec des épices, en boîte.

D Anchovis	DK	E Espadines o arenques anchoados
GR	I	IS
J	N	NL Ansjovis
P Enchovagem	S Ansjovis	TR Ançuez
YU	FI Anjovissäilyke	

21 ANCHOVY BUTTER — BEURRE D'ANCHOIS 21

+ ANCHOVY PASTE mixed with butter. In Germany the product (SARDELLEN-BUTTER) contains at least 33% clarified butter, in France 10%. Similar product prepared from shrimps.

+ PÂTE D'ANCHOIS mélangée à du beurre. En Allemagne, le produit (SARDELLEN-BUTTER) contient un minimum de 33% de beurre clarifié, en France, 10%. Produit similaire préparé à base de crevettes.

D Sardellenbutter	DK	E Crema de anchoas
GR	I Burro d'acciughe, pasta d'acciughe con burro	IS
J	N Ansjossmør	NL Ansjovis boter
P Manteiga de anchova	S	TR Hamsi yağı
YU Pasta inćuna s maslacem, srdelna pasta s maslacem	FI Anjovisvoi	

22 ANCHOVY CREAM — CRÈME D'ANCHOIS 22

+ ANCHOVY PASTE mixed with vegetable oil to give creamy consistency (Europe); in France at least 10% oil.

+ PÂTE D'ANCHOIS mélangée à de l'huile végétale pour donner une consistance de crème (Europe); en France, minimum 10% d'huile.

D Sardellencreme	DK	E Pasta de anchoas
GR	I Crema di acciughe all' olio	IS
J	N Ansjoskrem	NL Ansjovis pasta
P Creme de anchova	S	TR Hamsi kremi
YU Pasta inćuna s uljem	FI Anjoviskreemi	

23 ANCHOVY ESSENCE   ESSENCE D'ANCHOIS 23

Flavouring extract made from pounded anchovies and herbs etc., may be canned.

Aromatisant fait à base d'anchois pilés et de fines herbes; peut être mis en conserve.

- **D** Sardellenessenz
- **GR**
- **J**
- **P** Essência de anchova
- **YU**
- **DK**
- **I** Essenza di acciughe alle erbe
- **N** Ansjosessens
- **S** Ansjovisextrakt
- **FI** Anjovisneste
- **E** Esencia de anchoas
- **IS**
- **NL** Ansjovis essence (extract)
- **TR** Hamsi esansi

24 ANCHOVY PASTE   PÂTE D'ANCHOIS 24

Ground ANCHOVY packed in stone jars, covered with a mixture of common salt, saltpetre, bay salt, sal prunella, and a few grains of cochineal; allowed to ripen for six months (Europe); ground and packed in jars or cans. SMOKED ANCHOVY PASTE prepared from hot-smoked anchovies.
In some countries the raw material may be SPRAT; see +ANCHOVIS (Germany). In Germany salt content not more than 20% on weight basis.

Anchois hachés mis dans des jarres de terre et recouverts d'un mélange de sel commun, de salpêtre, de sel gemme et de quelques grains de cochenille; laissés mûrir pendant six mois (Europe); hachés et mis en jarres ou en boîtes.
La PÂTE D'ANCHOIS FUMÉS est préparée à base d'anchois fumés à chaud.
Dans certains pays la pâte est faite à base de SPRAT; voir + ANCHOVIS (Allemagne).
En Allemagne, la teneur en sel ne doit pas dépasser 20% du poids d'origine.

- **D** Sardellenpaste
- **GR** Pásta anchoúia
- **J** Anchobi pêsuto
- **P** Pasta de anchova
- **YU** Slana pasta od inćuna
- **DK** Ansjospasta
- **I** Pasta d'acciughe, pasta d'acciughe affumicate
- **N** Ansjospostei
- **S** Ansjovispastej
- **FI** Anjovistahna
- **E** Pasta fermentada de anchoas
- **IS**
- **NL** Ansjovis pastei
- **TR** Hamsi macunu

25 ANGEL   25

Trade name in U.K. for frozen turtle.

Tortue verte congelée.

26 ANGELFISH   26

(i) In U.K. recommended trade name for + ANGEL SHARK (*Squatina squatina*).
(ii) In U.K. also used for + RAY'S BREAM (*Brama brama*).
(iii) In America refers to *Holacanthus* and *Pomacanthus* spp. (belonging to the family *Chaetodontidae*); see + BUTTERFLY FISH.
(iv) Might also apply to +SPADEFISH (*Ephippidae*).

Le terme "ANGELFISH" (anglais) s'applique aux espèces suivantes:
(i) + ANGE DE MER (*Squatina squatina*).
(ii) + GRANDE CASTAGNOLE (*Brama brama*).
(iii) + PAPILLON (*Chaetodontidae*).
(iv) + FORGERON (*Ephippidae*).

27 ANGEL SHARK   ANGE DE MER 27

SQUATINIDAE

(Cosmopolitan)

(Cosmopolite)

Squatina squatina or/ou *Squatina angelus*

(a) ANGEL SHARK
(Atlantic/Mediterranean – Europe)
Also called + MONKFISH, FIDDLE FISH, SHARK RAY + ABBOT + ANGELFISH.

(a) ANGE DE MER
(Atlantique/Méditerranée – Europe)

Squatina armata

(b) (Pacific – Peru)

(b) (Pacifique – Pérou)

Squatina californica

(c) PACIFIC ANGEL SHARK
(N. America)

(c) ANGE DU PACIFIQUE
(Amérique du Nord)

[CONTD.

27 ANGEL SHARK (Contd.)

(d) ATLANTIC ANGEL SHARK
(N. America)

(e) JAPANESE ANGEL SHARK

Squatina dumerili

(d) ANGE DE L'ATLANTIQUE
(Amérique du Nord)

Squatina nebulosa or/ou *Squatina japonica*

(e) (Japon)

- **D** Meerengel, Engelhai
- **GR** Ángelos, rína, vióli, lýra
- **J** Korozame, kasuzame
- **P** Anjo
- **YU** Sklat
- **DK** Havengel
- **I** Squadro, pesce angelo
- **N** Havengel
- **S** Havsängel
- **FI** Merienkeli
- **E** Angelote
- **IS** Barðaháfur
- **NL** Zeeängel
- **TR** Keler

28 ANGLERFISH — BAUDROIE 28

LOPHIUS spp.

(Cosmopolitan)
Also known as + MONKFISH or GOOSEFISH.

(Cosmopolite)
Aussi appelé + LOTTE.

Lophius piscatorius

(a) ANGLERFISH
(N. Atlantic/N. Sea).
Also known as ABBOT, ALLMOUTH, FISHING FROG, FROG-FISH, MONK, SEA DEVIL.

(a) BAUDROIE COMMUNE
(Atlantique Nord/Mer du Nord).

Lophius budegassa

(b) BLACK-BELLIED ANGLER
(Mediterranean, East-Central Atlantic)

(b) BAUDROIE ROUSSE
(Méditerranée, Atlantique centre-est)

Lophius litulon

(c)

(c) BAUDROIE DU JAPON

Lophius americanus

(d) AMERICAN GOOSEFISH
(Atlantic – N. America).

(d) BAUDROIE D'AMÉRIQUE
(Atlantique – Amérique du Nord).

Marketed:
Fresh: tails, the unusually large head having been discarded, or as fillets from the tails; in Sweden marketed (headed and skinned) under the name KOTLETTFISK.
Frozen: fillets.
Smoked: hot-smoked pieces of fillet.

Commercialisé:
Frais: queues ou filets pris dans la queue; la tête, extrêmement grosse, est toujours enlevée; en Suède, commercialisé (étêté et dépouillé) sous le nom KOTLETTFISK.
Congelé: filets.
Fumé: morceaux de filet fumés à chaud.

- **D** Seeteufel, Angler
- **GR** Vatrochópsaro
- **J** Anko
- **P** Tamboril
- **YU** Grdobina
- **DK** Havtaske, bredflab
- **I** Rana pescatrice, rospo, martino
- **N** Breiflabb
- **S** Marulk
- **FI** Merikrotti
- **E** Rape
- **IS** Skötuselur
- **NL** Zeeduivel, hozemond
- **TR** Fener balığı

29 ANIMAL FEEDING STUFFS — ALIMENTS SIMPLES POUR ANIMAUX 29

The four main outlets for fish-based animal feeding stuffs are as farm animal foods, pet foods, furbearing animal foods and fish hatchery food. The more important raw materials are + FISH SILAGE, FISH SOLUBLES, + FISH MEAL, + FISH WASTE, FISH EGGS AND + SEAWEED MEAL.
In Japan "YOGYO-JIRYO" refers to feeding stuffs for fish culture.

Les quatre principaux débouchés des aliments simples du bétail à base de poisson sont la nourriture des animaux de ferme, des animaux à fourrure, des animaux d'agrément et des poissons de pisciculture. Les principales matières premières d'origine marine sont les ensilages, les autolysats, les farines, les déchets, les œufs de poissons et la farine d'algues. Au Japon, le terme "YOGYO-JIRYO" s'applique uniquement à la nouriture pour la pisciculture.

- **D** Futtermittel
- **GR**
- **J** Shiryô, jiryô
- **P** Produtos marinhos para rações
- **YU** Hrana za životinje
- **DK** Dyrefoder
- **I** Alimenti zootecnici
- **N** Dyrefor
- **S** Djurföda
- **FI** Eläintenrehu
- **E** Materias primas, marinas y susderivados, destinados a piensos
- **IS** Dýrafóður
- **NL** Diervoedsel
- **TR**

30 ANTIBIOTICS / ANTIBIOTIQUES 30

The most important antibiotics for fish preservation are AUREOMYCIN (CTC, chlortetracycline), TERRAMYCIN (OTC, oxytetracycline) and TETRACYCLINE. In some countries, regulations do not permit antibiotics to be used for preservation.

Les principaux antibiotiques pour la conservation du poisson sont l'AURÉOMYCINE (CTC, chlortétracycline), la TERRAMYCINE (OTC, oxytétracycline) et la TÉTRACYCLINE. Dans certains pays, les règlements interdisent l'usage des antibiotiques pour la conservation.

- **D** Antibiotika
- **GR** Antivioticá
- **J** Kôseibusshitsu
- **P** Antibióticos
- **YU** Antibiotici
- **DK** Antibiotika
- **I** Antibiotici
- **N** Antibiotika
- **S** Antibiotika
- **FI** Antibiootti
- **E** Antibióticos
- **IS** Fúkalyf
- **NL** Antibiotica
- **TR** Antibiyotikler

31 APPERTISATION / APPERTISATION 31

Term sometimes used by specialists for + CANNED FISH in order to avoid confusion with + SEMI-PRESERVES.

Terme utilisé parfois par les spécialistes au lieu de "en conserve" afin d'éviter la confusion avec + SEMI-CONSERVES.

32 APPETITSILD / APPETITSILD 32

Skinned fillets of spice cured sprats packed in solutions of vinegar, salt, sugar and spices or other flavouring agents.

See also + ANCHOVIS (Germany), + ANCHOSEN.

In Norway also small herring (13 to 16 cm) might be used.

In Sweden no vinegar is added.

Filets de sprats sans peau, salés en saumure dans une solution de vinaigre, sel, sucre et épices, ou autres aromates.

Voir aussi + ANCHOVIS (Allemagne), + ANCHOSEN.

En Norvège, les petits harengs (de 13 à 16 cm) peuvent être également utilisés.

En Suède aucun vinaigre n'est ajouté.

- **D** Appetitsild
- **GR**
- **J**
- **P** Filete de espadilha com especiarias
- **YU**
- **DK** Appetitsild
- **I** Filetti di papalina marinati
- **N** Appetittsild
- **S** Aptitsill (skinn-och benfri ansjovis)
- **FI** Voileipäsilli
- **E** Filetes anchoados de espadin
- **IS**
- **NL** Appetitsild
- **TR**

33 ARAPAIMA / ARAPAIMA 33
OSTEOGLOSSIDAE

(Fresh water – S. America)
Specimens up to 230 kg weight; caught in Orinoco and other rivers. Also called PIRARUKU (Brazil), PIRAYA, PAICHE (Peru).

(Eaux douces – Amérique du Sud)
On trouve des spécimens pesant jusqu' à 230 kg pris dans l'Orénoque et autres rivières. Appelé aussi PIRAROUCOU (Brésil), PAICHE (Pérou).

- **D** Knochenzüngler
- **GR**
- **J**
- **P** Arapaema
- **YU**
- **DK** Arapaima
- **I** Arapaima
- **N**
- **S** Dentungor
- **FI** Arapaima
- **E** Arapaima
- **IS**
- **NL**
- **TR**

34 ARBROATH SMOKIE (Scotland) 34

Haddock, gutted, headed and cleaned but not split; dry salted or pickled in 80% brine for up to one hour, then smoked for several hours, first in cold smoke, then in hot smoke. Also known as AUCHMITHIE CURE, CLOSE FISH, PINWIDDIE.

See also + SMOKIE.

Eglefin vidé, étêté et nettoyé mais non tranché; salé à sec ou en saumure saturée à 80% pendant une heure, puis fumé pendant plusieurs heures, d'abord à froid, ensuite à chaud.

Voir aussi + SMOKIE.

35 ARCTIC CHAR / OMBLE CHEVALIER 35
Salvelinus alpinus

(Freshwater/Atlantic/Pacific)
Also known as ILKALUPIK (Eskimo)

(Eaux douces/Atlantique/Pacifique)

[CONTD.

35 ARCTIC CHAR (Contd.)   OMBLE CHEVALIER (Suite) 35
Also called SALMON TROUT, MOUNTAIN TROUT.
See also + CHAR and + TROUT.   Voir aussi + OMBLE et + TRUITE.

D Saibling, Seesaibling	DK Fjældørred	E Salvelino
GR	I Salmerino artico	IS Bleikja
J	N Arktisk røye, røyr	NL Riddervis
P	S Röding	TR
YU	FI Nieriä	

36 ARCTIC FLOUNDER   FLET 36
Liopsetta glacialis

(Bering Sea)   (Mer de Bering)
Belonging to the family *Pleuronectidae;* see also   De la famille des *Pleuronectidae;* voir aussi
+ FLOUNDER.   + FLET.
Also called POLAR PLAICE.

D	DK	E
GR	I Passera artica	IS
J	N	NL
P Solhão ártico	S	TR
YU	FI	

37 ARGENTINE   ARGENTINE 37
ARGENTINIDAE

(Atlantic/N. Sea/Mediterranean)   (Atlantique/Nord/Mediterranée)
Also called SILVER SMELT.

Argentina sphyraena

(a) LESSER SILVER SMELT   (a) PETITE ARGENTINE
     (Atlantic/N. Sea/Mediterranean)   (Atlantique/Nord/Méditerranée)
     Also called LESSER ARGENTINE

Argentina silus

(b) GREAT SILVER SMELT   (b) GRANDE ARGENTINE
     (N. Atlantic)   (Atlantique Nord)
     Also called SMELT, HERRING SMELT,   Aussi appelé SAUMON DORÉ.
     ATLANTIC ARGENTINE
     (North America) GREATER ARGENTINE
     (in N. Atlantic section)

Argentina semifasciata or/ou *Argentina kagoshimae*

(c) DEEP SEA SMELT   (c)
     (Pacific – Japan)   (Pacifique – Japon)
     In N. America the name DEEP SEA SMELT
     refers to *Bathylagidae.*

Argentina sialis

(d) PACIFIC ARGENTINE   (d)
     (Pacific – America)   (Pacifique – Amérique)
     Marketed fresh in South America.   Commercialisé frais en Amérique du Sud.

Argentina elongata

(e) SILVERSIDE   (e)
     (Australia, New Zealand)   (Australie, Nouvelle-Zélande)
The scales and swimming bladder are used to   Les écailles et la vessie natatoire servent à la
make + PEARL ESSENCE.   préparation d' + ESSENCE D'ORIENT.

D (a) Glasauge	DK (a) Strømsild	E Pejerrey, pez de plata
(b) Goldlachs	(b) Guldlaks	
GR Gourlomátis	I Argentina	IS Gulllax
J Nigisu	N (a) Strømsild	NL Zilversmelt
	(b) Vassild	
P Argentina	S Silverfisk	TR
	(a) Silverfisk	
	(b) Guldlax	
YU Srebrenica	FI (a) Hopeakuore	
	(b) Kultakuore	

38 ARKSHELL — ARCHE 38

ARCIDAE
Arca noae

(a) NOAH'S ARK
(Atlantic/Mediterranean)

(a) ARCHE DE NOÉ
(Atlantique/Méditerranée)

Arca barbata

(b)
(Atlantic/Mediterranean)

(b)
(Atlantique/Méditerranée)

Glycymeris glycymeris

(c) DOG COCKLE
(Atlantic/Mediterranean)
Also called COMB SHELL.

(c)
(Atlantique/Méditerranée)

Anadara broughtoni
Anadara subcrenata

(d) (Japan)

(d) (Japon)

D Archenmuschel	**DK**	**E** Pepitona
		(a) Arca de noé
GR Calognómi	**I** (a) Arca di noè	**IS**
	(b) Arca pelosa	
	(c) Piè d'asino	
J Akagai, mogai sarubo	**N**	**NL** Arkschelp
P (a) Arca de noé	**S**	**TR**
(d) Arca japonesa		
YU Papak, mušala	**FI** Noanarkki	

39 ARMED GURNARD — MALLARMAT 39

Peristedion cataphractum

(Atlantic/Mediterranean)
Also called MAILED GURNARD;
Marketed as + GURNARD.

(Atlantique/Méditerranée)
Pour la commercialisation, voir
+ GRONDIN.

D Panzerhahn	**DK** Panserulk	**E** Rubio armado
GR Kapóni, keratás	**I** Pesce forca	**IS** Urrari
J Kihôbô	**N** Panserulke	**NL** Gepantserde poon
P Cabra de casca	**S** Pansarnane	**TR** Dikenliöksüz
YU Kokot turčin (lastavica)	**FI** Panssarikurnusimppu	

40 ARROWTOOTH FLOUNDER — FLÉTAN DU PACIFIQUE 40

Atheresthes stomias

(Pacific – N. America)
Belonging to the family *Pleuronectidae*.
See also + FLOUNDER.

(Pacifique – Amérique du Nord)
De la famille des *Pleuronectidae*.
Voir aussi + FLET.

41 ARROWTOOTH HALIBUT — FLÉTAN DU PACIFIQUE 41

Better known as KAMCHATKA FLOUNDER.

Atheresthes evermanni

(Pacific – Japan)
Belonging to the family *Pleuronectidae*.

(Pacifique – Japon)
De la famille des *Pleuronectidae*.

D Pfeilzahn-Heilbutt	**DK**	**E**
GR	**I**	**IS**
J Aburagarei	**N**	**NL**
P Alabote japonês	**S**	**TR**
YU	**FI**	

42 ATHERINE

Atherina presbyter
+ PRÊTRE

(N. Atlantic/Mediterranean) (Atlantique Nord/Méditerranée)

Atherina boyeri
+ JOËL

(Atlantic/Mediterranean) (Atlantique/Méditerranée)
Belonging to the family of + SILVERSIDE De la famille des *Atherinidae* (+ PRÊTRE).
(*Atherinidae*).

Atherina hepsetus
SAUCLET (Méditerranée)
Also called + SMELT, SAND SMELT, SEA   Aussi appelé + JOËL.
SMELT, SILVERSIDE, BRIT (young).

D Ährenfisch **DK** Stribefisk **E** Pejerrey, cabezuda
GR Atherina **I** Lattarino **IS**
J **N** **NL** Koornaarvis,
          Kleine Koornaavis
P Peixe-rei **S** Prästfisk **TR** Gümüs, aterina
YU Gavuni, zeleniši **FI** Hopeakylki

ATHÉRINE 42

43 ATKA MACKEREL

Pleurogrammus azonus

(a) (a) TERPUGA ARABESQUE
(Pacific – Japan) (Pacifique – Japon)
One of the most important species in Japan; Espèce des plus importantes au Japon; com-
marketed fresh, frozen or salted (hard or mercialisée fraîche, congelée ou salée.
medium salted).

Pleurogrammus monopterygius

(b) (b) TERPUGA ATKA
(Pacific – N. America) (Pacifique – Amérique du Nord).
Belonging to the family *Hexagrammidae* De la famille *Hexagrammidae* (voir +
(see + GREENLING). GREENLING).

J (a) Hokke (b) Kitanohokke

TERPUGA 43

44 ATLANTIC BONITO

Sarda sarda

(Atlantic/Mediterranean) (Atlantique/Méditerranée)
Also called PELAMID, BELTED BONITO, Appelé aussi PÉLAMIDE, SARDE.
BONITO, SHORT FINNED TUNNY; in North
America also HORSE MACKEREL.
For products see + TUNA. Pour les formes de commercialisation, voir
 + THON.

D Pelamide **DK** Rygstribet pelamide **E** Bonito
GR Palamida **I** Palamita **IS** Rákungur
J **N** Stripet pelamide **NL** Bonito
P Sarrajâo **S** Ryggstrimmig pelamid **TR** Palamut torik
YU Pastirica, palamida, **FI** Sarda
    polanda

BONITE À DOS RAYÉ 44

45 ATLANTIC CROAKER

Micropogon undulatus

(Atlantic – N. and S. America) (Atlantique – Amérique du Nord et du Sud)
Also called CROCUS, HARDHEAD. peut être commercialisé sous le nom de "courbine"

Marketed: **Commercialisé:**

Fresh: whole or fillets. **Frais:** entier ou en filets.
Frozen: whole or fillets. **Congelé:** entier ou en filets.
Smoked: headed, gutted and split, then brined, **Fumé:** étêté, vidé et tranché, puis saumuré, séché
dried and cold-smoked for a few hours (U.S.A.). et fumé à froid pendant quelques heures (E.U.)
See also + CROAKER. Voir aussi + TAMBOUR.

TAMBOUR BRÉSILIEN 45

46 ATLANTIC SALMON / SAUMON ATLANTIQUE 46

Salmo salar

(Atlantic)
The various stages of growth in the salmon are termed:

PARR: young salmon before it leaves fresh water.
SMOLT: young salmon when it leaves fresh water for the sea for the first time.
GRILSE: fish returning from sea to fresh water after spending only one winter at sea.
KELT: salmon that has spawned.

Marketed:
Fresh: whole ungutted; steaks, fillets.
Frozen: whole ungutted; fillets, steaks.
Smoked: whole gutted fish, split down the back (kippered salmon), or fillets, brined or dry-salted, dried and cold-smoked for several hours to give a mild cure; the smoked fish is usually sliced for retail sale; slices may be sold fresh, frozen, semi-preserved or canned in oil; also the waste from cutting is packed in oil or mixed with mayonnaise as SALAD.

Salted: headed, gutted, split salmon, or fillets, are cured in a mixture of salt, sugar and spices, for 2 or 3 days, then air-dried for a week or so (Canada); hard-salted split fish (method similar to that for Pacific spp. below) (Canada).

Paste: Salmon alone, or with prawn or shrimp; smoked salmon; potted salmon; any of these pastes may have butter added; in tins or jars. In Germany, salmon cuttings are mixed with good quality oil and filled into tubes, mixed with fat, designated as "LACHSBUTTER".
Fish cakes: cooked, frozen.
Roe: + RED CAVIAR (caviar substitute).

See also + SALMON.

(Atlantique)
Le jeune saumon ou TACON commence sa croissance en eau douce et l'achève en mer.
Il remontera plus tard les fleuves et rivières pour venir frayer en eau douce.
PARR: jeune saumon avant qu'il ne quitte l'eau douce pour la mer.
SMOLT: jeune saumon quand il quitte l'eau douce pour la première fois.
GRILSE: poisson retournant de la mer vers l'eau douce après avoir passé seulement un hiver en mer.
KELT: saumon ayant frayé.

Commercialisé:
Frais: entier, non vidé; en tranches ou en filets.
Congelé: entier, non vidé; en tranches ou en filets.
Fumé: poisson entier et vidé, fendu le long du dos; ou en filets saumurés ou salés à sec, séchés et fumés à froid pendant plusieurs heures; le poisson fumé est généralement découpé en tranches minces pour la vente au détail; les tranches peuvent être vendues fraîches, congelées, en conserve ou semi-conserve; les chutes provenant du découpage, mélangées à de l'huile ou de la mayonnaise, servent pour la SALADE de saumon.
Salé: le saumon étêté, vidé, tranché, ou les filets, sont macérés dans un mélange de sel, sucre et épices pendant 2 à 3 jours puis séchés à l'air pendant environ une semaine (Canada); poisson fortement salé, tranché (méthode semblable à celle des espèces du Pacifique) (Canada).
Pâte: saumon seul ou avec des crevettes; fumé ou non; peut être additionné de beurre; présenté en boîtes ou en bocaux; en Allemagne, les chutes sont mélangées à de l'huile ou du beurre et mises en tube ("LACHSBUTTER").
Pains de poisson: cuits, congelés.
Œufs: + CAVIAR ROUGE (succédané de caviar).

Voir aussi + SAUMON.

D	Lachs, Salm, Echter Lachs	**DK**	Laks	**E**	Salmón
GR	Solomós	**I**	Salmone del reno	**IS**	Lax
J		**N**	Laks (atlantisk)	**NL**	Zalm
P	Salmâo-do-atlântico	**S**	Lax	**TR**	Alabalık (atlantik)
YU	Losos, salmon	**FI**	Lohi		

47 AUSTRALIAN SALMON / KAHAWAI 47

Arripis trutta

(Australia/New Zealand)
Caught and marketed in New Zealand and USA as + KAHAWAI.
Belongs to the family *Arripidae*, which is related to + REDFISH, + SEA BASS, etc.
Marketed: Canned cutlets and fish cake mix.

(Australie/Nouvelle-Zélande)
Pris et commercialisé en Nouvelle-Zélande et aux Etats-Unis comme + KAHAWAI (anglais).
De la famille des *Arripidae*, apparenté aux + VIVANEAUX (SNAPPERS), + BAR, etc.
Commercialisé: Tranches en conserve et pâté de poisson.

Arripis georgianus

AUSTRALIAN HERRING
(Australia)
Marketed as fresh fish and bait.

(Australie)
Commercialisé frais et comme appât.

IS Astralskur lax

48 AXILLARY BREAM

Pagellus acarne

(Atlantic)
See + SEA BREAM.
Also called SPANISH BREAM, SPANISH SEA BREAM.

PAGEOT ACARNÉ 48

(Atlantique)
Voir + DORADE.

- **D** Meerbrasse
- **GR** Mousmouli
- **J**
- **P** Besugo
- **YU**

- **DK**
- **I** Pagello bastardo
- **N**
- **S** Pagell
- **FI** Pagelli

- **E** Aligote
- **IS**
- **NL** Spaanse zeebrasem
- **TR**

49 AYU SWEETFISH

Plecoglossus altivelis

AYU 49

(Japan/Korea/China/Taiwan)
One of the most palatable freshwater fishes of Japan, also artificial rearing in Japan.

Marketed:
Fresh or alive:
Dried: see + YAKIBOSHI.
Fermented: see + SUSHI.

(Japon/Corée/Chine/Formose)
L'un des poissons d'eau douce les plus appréciés au Japon; élevage en bassins (Japon).

Commercialisé:
Frais ou vivant:
Séché: voir + YAKIBOSHI.
Fermenté: voir + SUSHI.

J Ayu

50 BACALAO (Spain)

(i) Spanish word for cod.
(ii) Generally dried salted cod; in countries other than Spain may also include other species (see + KLIPFISH).
See also + COD.

BACALAO (Espagne) 50

(i) Mot espagnol pour cabillaud.
(ii) Désigne généralement la morue salée; dans les pays autres que l'Espagne, se rapporte aussi à d'autres espèces (voir + KLIPFISH).
Voir aussi + CABILLAUD.

- **D** Klippfisch
- **GR** Bakaliáros
- **P** Bacalhau
- **YU** Suhi bakalar – bakalar

- **DK** Klipfisk
- **I** Baccalà
- **N** Klippfisk
- **S** Kabeljo
- **FI** Kuivattu suolattu turska

- **E** Bacalao
- **IS** Saltifiskur (fullverkadur)
- **NL** Stokvis
- **TR** Bakalyaro

51 BAGOONG (Philippines)

Fermented salted fish paste usually made from dilis, an achovy type fish (*Stolephorus indicus*) or from young herring; packed in cans or bottles.

See + SHIOKARA (Japan).

BAGOONG (Philippines) 51

Pâte de poisson salé et fermenté, généralement faite à base de dilis, poisson de la famille des anchois (*Stolephorus indicus*); mise en boîtes ou en bocaux de verre.

Voir + SHIOKARA (Japon).

52 BAGOONG TULINGAN (Philippines)

Salted fish product made from tuna (*Euthynnus affinis* and *Auxis thazard*); head and guts removed, each side slashed and then flattened with the pressure of the hand.

BAGOONG TULINGAN (Philippines) 52

Produit fait à base de thon salé (*Euthynnus affinis* et *Auxis thazard*); étêté et vidé, coupé en deux, puis aplati par la pression de la main.

53 BAKASANG (Indonesia)

Fermented fish product. Similar product in Japan + SHIOKARA.

BAKASANG (Indonésie) 53

Produit à base de poisson fermenté. Produit semblable au Japon, le + SHIOKARA.

54 BAKED HERRING

(i) Generally: herring cooked by baking in the oven without vinegar.
(ii) Other name used for + SOUSED HERRING.

- **D** Gebackener Hering
- **GR**
- **J**
- **P** Arenque cozido
- **YU** Pečena heringa

- **DK**
- **I** Aringa arrostita
- **N** Bakt sild (ovnsbakt)
- **S** Ungstekt sill
- **FI** Uunisilli

- **E** Arenque cocido
- **IS**
- **NL** Gestoofde haring, gebakken haring
- **TR** Fırında ringa

For (ii) see separate entry.

HARENG AU FOUR 54

(i) Généralement, hareng cuit au four, sans vinaigre.

Pour (ii) voir la rubrique individuelle.

55 BALACHONG (Malaya)

Fermented paste made from fish or shrimps.

Similar product in Japan + SHIOKARA

BALACHONG (Malaisie) 55

Pâte fermentée faite à base de poisson ou de crevettes.

Produit semblable au Japon + SHIOKARA.

56 BALBAKWA (Philippines)

Salted fish product, usually a whole large fish. Approximately 20% by weight of salt is added to allow controlled bacterial action during the six to eight months' ageing process; usually warmed in vinegar before serving.

BALBAKWA (Philippines) 56

Poisson salé, généralement un grand poisson entier additionné de sel, environ 20% de son poids, afin de limiter l'action bactérienne pendant les six à huit mois nécessaires au vieillissement; servi habituellement chauffé dans du vinaigre.

57 BALIK (Turkey)

(i) Balık is the Turkish name for fish.
(ii) Dried salted dark flesh of sturgeon, lightly salted and sun dried; also called BALYK (U.S.S.R.).
See also + DJIRIM (U.S.S.R.).

BALIK (Turquie) 57

(i) En Turquie, désigne le poisson en général.
(ii) Muscles rouges d'esturgeon, légèrement salés et séchés au soleil; appelé aussi BALYK en U.R.S.S.
Voir aussi + DJIRIM (U.R.S.S.).

58 BALLAN WRASSE

Labrus bergylta

(Atlantic/Mediterranean)
Belongs to the family *Labridae* (see + WRASSE).
Also called + BERGHILT.

- **D** Gefleckter Lippfisch
- **GR** Chilóu (Papagállos)
- **J**
- **P** Bodião
- **YU** Vrana atlantska

- **DK** Berggylt
- **I** Tordo marvizzo
- **N** Berggylt
- **S** Berggylta
- **FI** Viherhuulikala

- **E** Maragota
- **IS**
- **NL** Gevlekte lipvis
- **TR** Kikla

VIEILLE COMMUNE 58

(Atlantique/Méditerranée)
De la famille *Labridae* (voir + LABRE).

59 BALTIC HERRING

(i) Herring caught in the Baltic Sea; in Scandinavia (STRÖMMING) often marketed as block fillets or exported as + "KRONSARDINER".

- **D** Ostseehering
- **GR**
- **J**
- **P** Arenque-do-báltico
- **YU** Baltička heringa

- **DK** Sild
- **I** Aringa del baltico
- **N** Strømming
- **S** Strömming
- **FI** Silakka

- **E** Arenque del baltico
- **IS**
- **NL** Oostzee haring
- **TR** Baltık ringası

(ii) Term also used to designate a product: herring (not necessarily from the Baltic Sea) marinated in brine containing sugar to give a characteristic flavour.
Cured in weak brine and fermented called SURSTRÖMMING in Scandinavia.

HARENG "DE LA BALTIQUE" 59

(i) Hareng pêché dans la Mer Baltique; en Scandinavie (STRÖMMING) commercialisé surtout en filets doubles ou exporté sous forme de + "KRONSARDINER".

(ii) Désigne aussi un produit: hareng (pas nécessairement de la Mer Baltique) mariné dans une saumure sucrée lui donnant un goût caractéristique.
Mariné dans une saumure légère et fermenté, appelé SURSTRÖMMING en Scandinavie.

60 BARBECUED FISH

(i) Fish roasted or grilled over an open charcoal fire and served hot (e.g. STECKERLFISCH, Bavarian speciality).

- **D** Gegrillter Fisch
- **GR** Psari Psito
- **J** Yaki-zakana
- **P** Peixe grelhado
- **YU** Pečena riba – riba s gradela
- **DK**
- **I** Pesce alla brace
- **N** Grillet fisk
- **S** Halstrad fisk, grillad fisk
- **FI** Grillikala
- **E** Pescado asado
- **IS** Glódarsteiktur fiskur
- **NL** Geroosterde vis
- **TR** Izgara balık

(ii) Other term for +HOT-SMOKED FISH, particularly species so treated in U.S.A.: most important are salmon, sablefish, ling, cod, shad and sturgeon on the Pacific coast, whitefish in Great Lakes, and a variety of fish in tropical Africa, and eels in North Atlantic.

POISSON SUR BARBECUE 60

(i) Poisson plus ou moins grillé à l'air libre sur un feu de charbon et servi chaud (ex. STECKERLFISCH, spécialité Bavaroise).

(ii) Le terme "BARBECUED FISH" (anglais) s'applique aussi à + POISSON FUMÉ À CHAUD, en particulier aux Etats-Unis: les principales espèces ainsi traitées sont le saumon, la lingue, l'alose et l'esturgeon sur la côte Pacifique; le corégon dans les Grands Lacs, ainsi qu'une variété de poisson en Afrique tropicale, et les anguilles dans l'Atlantique Nord.

61 BARNACLE

BALANUS spp.

BERNICLE/BALANE 61

Crustacean
(Cosmopolitan)

Crustacé
(Cosmopolite)

Pollicipes cornucopia

GOOSE BARNACLE
(Europe)
Very popular in Spain and Portugal.

POUCE-PIED
(Europe)
Très apprécié en Espagne et au Portugal.

Megabalanus psittacus

PICO
(Chile)
Very large barnacle, marketed fresh or canned.

PICO
(Chili)
BALANE de très grande taille, commercialisée fraîche ou en conserve.

- **D** Seepocke
- **GR** Stidóna
- **J** Fujitsubo
- **P** Craca, perceve
- **YU**
- **DK** Rur
- **I** Balano, pico
- **N** Rur
- **S** Rankfoting, havstulpan
- **FI** Merirokko
- **E** Bellota de mar, percebe
- **IS** Hrúðurkarl
- **NL** Zeepok, eendenmossel
- **TR** Balanus

62 BARRACOUTA

THYRSITE 62

Thyrsites atun or/ou *Leionura atun*

(a) (Cosmopolitan/Southern oceans)
Belong to the family *Gempylidae*
Also called +SNOEK.
(see + SNAKE MACKEREL)

Marketed: Frozen, headed and gutted but also as fillets; Also marketed salted, smoked or canned

(a) (Cosmopolite/Mers du Sud)
De la famille des *Gempylidae*
(voir + ESCOLIER)

Commercialisé: Congelés, étêtés et vidés mais aussi en filets; Commercialisé salé, fumé ou en conserve

Thyrsitops lepidopoides

+ SIERRA
(Pacific/S. Atlantic – Chile/Argentina)
Also called + SNAKE MACKEREL.

ESCOLIER BLANC
(Pacifique/Atlantique Sud – Chili/Argentine)

- **D** Snoek
- **GR**
- **J** Okisawara
- **P** Senuca
- **YU** Ljuskotrn
- **DK**
- **I**
- **N**
- **S**
- **FI** Käärmemakrilli
  (a) Kuta
- **E** Sierra
- **IS**
- **NL**
- **TR**

17

63 BARRACUDA
BÉCUNE 63
SPHYRAENIDAE

(Cosmopolitan)
Also known as SEA PIKE, GIANT PIKE.

(Cosmopolite)
Appelés aussi BRISURE.

Sphyraena sphyraena

BARRACUDA
(Atlantic/Med.)

BARRACUDA
(Atlantique/Med.)

Sphyraena jello

GIANT SEA PIKE
(Indo-Pacific)

BARRACUDA JELLO
(Indo-Pacifique)

Sphyraena argentea

PACIFIC BARRACUDA

BÉCUNE ARGENTÉE
(Pacifique)

Marketed:
Fresh: Pacific U.S.A.
Salted: for local consumption by removing the head and splitting the fish to remove the backbone; dry-salted for 48 hours and then dried in the open air for several days (Southern U.S.A. and Central America).

Commercialisé:
Frais: Côte Pacifique des E.U.
Salé: pour la consommation locale; poisson étêté et tranché de manière à enlever la colonne vertébrale, salé à sec pendant 48 heures, puis séché en plein air pendant plusieurs jours (Sud des Etats-Unis et Amérique Centrale).

D	Pfeilhecht, Barracuda	**DK**	Barrakuda	**E**	Barracuda, espetón
GR	Loútsos	**I**	Luccio marino, barracuda	**IS**	
J	Kamasu, ôkamasu	**N**	Barrakuda	**NL**	Barracuda
P	Bicuda	**S**	Barracuda, pilgädda	**TR**	Iskarmoz
YU	Barakuda škaram	**FI**	Barrakuda		

64 BARRAMUNDI
BARRAMUNDI 64
Lates calcarifer

(Australia)
Also called GIANT PERCH; belongs to the family *Centropomidae* (see + SNOOK).
Marketed: fresh and frozen fillets.

(Australie)
De la famille des *Centropomidae* (voir + BROCHET DE MER).
Commercialisé: frais et en filets congelés.

J Akame

65 BASKING SHARK
REQUIN PÈLERIN 65
CETORHINIDAE
Cetorhinus maximus

(Cosmoplitan)
Captured for the extraction of shark liver oil; limited industrial uses, not rich in vitamin A. Also called HOMER.
See + SHARK.

(Cosmopolite)
Pêché pour l'extraction de l'huile du foie; usages industriels limités car il est peu riche en vitamines A.

Voir + REQUIN.

D	Riesenhai	**DK**	Brugde	**E**	Peregrino
GR	Skylópsaro	**I**	Squalo elefante	**IS**	Beinhákarl
J	Ubazame, bakazame, tenguzame	**N**	Brugde	**NL**	Reuzenhaai
P	Tubarâo-frade	**S**	Brugd	**TR**	Büyük camgöz
YU	Psina golema	**FI**	Jättiläishai		

66 BASS
BAR COMMUN 66
Dicentrarchus labrax

(Mediterranean to North Sea)
Also called SEA PERCH, WHITE SEA PERCH.

(de la Méditerranée à la Mer du Nord)
Appelé aussi LOUBINE ou LOUP; nom commercial recommandé: BAR.

66 BASS (Contd.)   BAR COMMUN (Suite)   66
See also + SEA BASS.   Voir aussi + SERRANIDÉ.

D	Wolfsbarsch, Seebarsch	DK	Bars	E	Lubina
GR	Lavráki	I	Spigola	IS	Vartari
J		N	Havåbor, havabbor	NL	Zeebaars
P	Robalo	S	Havsabborre	TR	Levrek
YU	Lubin, smudut	FI	Meribassi		

67 BASTARD HALIBUT   CARDEAU HIRAME   67

Paralichthys olivaceus

(Japan)   (Japon)
Also called by its Japanese name HIRAME;   Le "HIRAME" (nom japonais du poisson) est très
highly prized as food in Japan.   apprécié au Japon.
Marketed fresh or alive.   Commercialisé frais ou vivant.
                                                           Peut être commercialisé sous le nom de "cardine
                                                           du Pacifique".

J Hirame, tekkui

68 BAY SCALLOP   PECTEN   68

PECTEN spp.

Name used for different *Pecten* spp.   Désigne différentes espèces *Pecten*.

Argopecten irradians or/ou *Aequipecten irradians*

(W. Atlantic)   (Atlantique Ouest)
Also called CAPE COD SCALLOP.

Pecten aequisulcatus

(Pacific – N. America)   (Pacifique – Amérique du Nord)
Also called PACIFIC BAY SCALLOP.

Pecten laqueatus

(Pacific – Japan)   (Pacifique – Japon)
For further details, see + SCALLOP.   Pour de plus amples détails, voir + COQUILLE St.
                                                           JACQUES.

D	Kamm-Muschel, Pilger-Muschel	DK	Kammusling	E	Vieira
GR	Cténi	I	Ventaglio	IS	Hörpudiskur
J	Itayagai	N	Kamskjell	NL	Kamschelp, kammossel
P	Vieira	S	Kammussla	TR	Körfezde midye türü
YU	Kapica	FI	Kampasimpukka		

69 BEAKED WHALE   BERARDIDÉ   69

ZIPHIAS MESOPLODON & BERARDIUS spp.

Unimportant commercially.   Sans importance commerciale.

D	Spitzschnauzen-Delphin	DK		E	Zifido
GR		I	Zifio	IS	
J		N	Nebbhval	NL	
P	Roaz	S	Näbbval	TR	
YU		FI	Nokkavalas		

70 BEKKÔ   BEKKÔ   70

(Japan)   (Japon)
Tortoise shell used for ornaments such as neck-   Ecaille de tortue servant à la fabrication d'orne-
laces, pins, rings, pipes, cases, combs, etc.   ments tels que colliers, épingles, bagues, pipes,
                                                            boîtes, peignes, etc.
See also + SHELL.   Voir aussi + COQUILLE ET CARAPACE.

71 BELUGA

Huso huso

(Caspian Sea/Mediterranean)
Belonging to the family *Acipenseridae*; see
+ STURGEON.

D	Hausen	DK		E	Esturión
GR	Mocuna	I	Storione Iadando	IS	Mjaldur
J		N		NL	
P	Esturjâo do Cáspio	S	Husen, husblosstör, belugastör	TR	Mersin morinasi
YU	Moruna	FI	Kitasampi, beluga		

ESTURGEON BELUGA 71

(Mer Caspienne/Méditerranée)
Peut être commercialisé sous le nom de
"beluga"; de la famille *Acipenseridae*; voir
+ ESTURGEON.

72 BELUGA WHALE

Delphinapterus leucas

(Arctic)
Also called WHITE WHALE. Used for oil production and for food for fur-bearing animals (Canada). Skin used for leather manufacture; source of the so-called PORPOISE LEATHER.
See + DOLPHIN.

DAUPHIN BLANC (Beluga) 72

(Arctique)
Utilisé pour son huile et comme nourriture des animaux à fourrure (Canada). Sa peau est utilisée pour la fabrication de cuirs; origine du cuir dit "PORPOISE LEATHER".
Voir + DAUPHIN.

D	Weisswal	DK	Hvidhval	E	Ballena blanca
GR		I	Beluga	IS	Mjaldur
J	Shiroiruka	N	Hvithval	NL	Beluga
P	Golfinho-branco-do-árctico	S	Vitval, belugaval	TR	Ak balina
YU		FI	Maitovalas		

73 BERGHILT 73

Also spelt BERGHYLT or BERGYLT.
(i) Name used for
+ BALLAN WRASSE (*Labrus bergylta*) of the family *Labridae* (see + WRASSE).
(ii) Also used for
+ REDFISH (*Sebastes* spp.).

Le nom "BERGHILT" (anglais) est employé pour:
(i) + VIEILLE COMMUNE (*Labrus bergylta*) de la famille *Labridae* (voir + LABRE).
(ii) + SÉBASTE
(*Sebastes* spp.).

74 BERNFISK (Norway, Sweden)

Name used for special type of dried cod or dried ling, used for preparing + "LUTEFISK".

BERNFISK (Norvège, Suède) 74

Nom employé pour un type spécial de morue ou de lingue séchée, utilisé pour la préparation du + "LUTEFISK".

75 BICHIR

Polypterus bichii

(Freshwater – Africa)

BICHIR 75

(Eaux douces – Afrique)

D	Flösselhecht	DK	Bikir	E	
GR		I		IS	
J		N		NL	
P		S	Nilfengädda	TR	
YU		FI	Niilinhauki		

76 BIGEYE   BEAUCLAIRE 76
PRIACANTHIDAE

(Atlantic/Pacific – N.America)   (Atlantique/Pacifique – Amérique du Nord)
Particularly refers to *Priacanthus arenatus* (Atlantic).   Se réfère en particulier à l'espèce *Priacanthus arenatus* (Atlantique). appeli BEAUCLAIRE SOLEIL

D	**DK**	**E**
GR	**I**	**IS**
J Kintokidai	**N**	**NL**
P Fura-vasos	**S**	**TR** Camgöz
YU	**FI** Suurisilmä	

77 BIGEYE TUNA   THON OBÉSE 77
Thunnus obesus or/ou *Parathunnus obesus*

(Cosmopolitan, warm seas)   (Cosmopolite, mers chaudes)
Also called PATUDO, FALSE ALBACORE.   Aussi appelé PATUDO.
Marketed fresh (Spain) or canned.   Commercialisé frais (Espagne) ou en conserve.
See + TUNA.   Voir + THON.

D Grossaugenthun	**DK**	**E** Patudo
GR Tonnos	**I** Tonno obeso	**IS**
J Mebachi	**N**	**NL** Grootoogtonijn
P Atum patudo	**S**	**TR**
YU Žutoperajni tunj	**FI** Isosilmätonnikala	

78 BIG SKATE   RAIE 78
Raja binoculata

(Pacific – N. America)   (Pacifique – Amérique du Nord)
See also + SKATE.   Voir + RAIE.

79 BILLFISH   MAKAIRE, MARLIN ET VOILIER 79
ISTIOPHORIDAE

(i) (Cosmopolitan)   (i) (Cosmopolite)
The main species are: Les principales espèces sont:
ISTIOPHORUS spp.

(a) + SAILFISH   (a) + VOILIER
(Cosmopolitan)   (Cosmopolite)
TETRAPTURUS spp.

(b) + SPEARFISH   (b) + MARLIN, MAKAIRE
(Cosmopolitan)   (Cosmopolite)
MAKAIRA spp.

(c) + MARLIN   (c) + MAKAIRE, MARLIN
(Cosmopolitan)   (Cosmopolite)
See under these individual species.   Voir espèces individuelles.

(ii) Name might also refer to + GARFISH (*Belone belone*), belonging to the family *Belonidae*.
(ii) GARFISH (anglais) S'applique aussi aux *Belone belone* (voir + ORPHIE).

(iii) The name is also used for ATLANTIC SAURY (*Scomberesox saurus*), see + SAURY.
(iii) Et aux *Scomberesox saurus* (voir + ORPHIE et + BALAOU).

80 BINORO (Philippines)   BINORO (Philippines) 80

Mackerel, sardine or other small fish, brined, drained and packed in dry salt.
Maquereau, sardine ou autre petit poisson, saumuré, égoutté et mis dans du sel sec.

81 BISMARK HERRING

Herring block fillets or whole herring, headed and gutted, cured in acidified brine usually in barrels or other containers; after finished curing packed with acidified brine of a lower vinegar and salt content, also with slices of onions, cucumbers, carrots and spices, also with sugar added.

Marketed semi-preserved.

See also + ACID CURED FISH, + VINEGAR CURED FISH, + MARINADE, + ROLLMOPS.

HARENG BISMARK 81

Filets de hareng ou hareng entier, étêté, vidé et macéré dans une saumure vinaigrée, habituellement en barils ou autres récipients; après ce traitement, recouvert d'une saumure acidifiée d'une teneur inférieure en vinaigre et en sel; parfois avec des tranches d'oignon, concombre, carotte, des épices et du sucre.

Commercialisé en semi-conserve.

Voir aussi + MARINADE, + ROLLMOPS.

D	Bismarckhering	DK	Bismarck sild	E	
GR		I	Aringhe alla bismarck	IS	Bismarksild
J		N	Bismarksild	NL	Bismarck haring
P		S		TR	Bismark ringası
YU	Bizmark heringa	FI	Suutarin lohi		

82 BISQUE BISQUE 82

A puree or thick soup made from crustaceans; in France the term is confined to lobster and crayfish as basic material.

Soupe épaisse faite à base de crustacés; en France, les crustacés utilisés dans cette préparation se limitent au homard, à la langouste et aux écrevisses.

D		DK	Bisque	E	
GR		I	Crema di crostacei	IS	
J		N		NL	Bisque
P	Sopa de mariscos	S	Skaldjurssoppa	TR	Istakoz corbası
YU		FI	Äyriäiskeitto		

83 BLACK BASS 83

(i) *Micropterus* spp.
(Freshwater – N. America).
Belonging to the family *Centrarchidae* (see + SUNFISH).
Game fish, sometimes eaten.

D	Schwarzbarsch, Forellenbarsch	DK		E	
GR		I	Persico trota	IS	
J		N	Lakseabbor	NL	Forelbaars – Zwartebaars
P	Achigã	S	Svartabborre	TR	
YU		FI	Bassi		

(ii) Might also refer to PACIFIC OCEAN PERCH (see + ROCKFISH (ii) (a)).

84 BLACK COD 84

(i) Name used for + SAITHE (*Pollachius virens*).
(ii) Name also used for + SABLEFISH (*Anopoploma fimbria*).
(iii) Name also used for *Notothenia angustata* (family *Nototheniidae*) (New Zealand).

Le nom "BLACK COD" (anglais) s'applique aux:
(i) *Pollachius virens* (voir + LIEU NOIR).
(ii) *Anopoploma fimbria* (voir + MORUE CHARBONNIÈRE).
(iii) Nom également utilisé pour *Notothenia angustata* (de la famille des *Nototheniidae*) (Nouvelle-Zélande).

85 BLACK CROAKER 85

Designates two species, both belonging to the family *Sciaenidae* (see + CROAKER).

Désigne deux espèces, toutes deux de la famille des *Sciaenidae* (voir + SCIAENIDÉS).

Argyrosomus nibe

(a) (Pacific – Japan):
Highly esteemed as food in Japan; marketed fresh; also raw material for + KAMABOKO.

(a) (Pacifique – Japon):
Très apprécié au Japon; commercialisé frais; + KAMABOKO.

Cheilotrema saturnum

(b) (Pacific – N. America)

(b) (Pacifique – Amérique du Nord)

J Kuroguchi

86 BLACK DRUM
Pogonias cromis
(Atlantic – America)
Also called SEA DRUM, OYSTER DRUM, OYSTER CRACKER, or DRUMMER (S. America).
See also + DRUM.

D
GR
J
P
YU

DK
I
N
S Trumfisk
FI

GRAND TAMBOUR 86
(Atlantique – Amérique)
Peut être commercialisé sous le nom de "COURBINE".
Voir aussi + TAMBOUR.

E
IS
NL
TR Siyah tambur

87 BLACK MARLIN
Makaira indica or/ou Makaira marlina
(Pacific/Indian Ocean)
This species might also be called + BLUE MARLIN in Japan.
Marketed fresh or frozen; also used for fish sausage.
See + MARLIN.

D Schwarzer Marlin
GR
J Shirokawa, shirokajiki
P Espadim-negro
YU

DK
I Marlin nero
N
S
FI Mustamarliini

MAKAIRE NOIR 87
(Pacifique/Océan Indien)
Ce nom s'applique aussi à Makaira nigricans.

Commercialisé frais ou congelé; sert aussi dans la préparation des saucisses de poisson. Peut être commercialisé sous le nom de "MARLIN".
Voir + MAKAIRE.

E
IS
NL Zwarte marlijn
TR

88 BLACK-MOUTHED DOGFISH
Galeus melastomus or/ou Pristiurus melanostomus
(Atlantic/Mediterranean)
Belongs to the family Scyliorhinidae (see also + DOGFISH).

D Fleckhai
GR Galéos
J
P Leitão
YU Mačka padečka

DK Ringhaj
I Boccanegra
N Hågjel
S Hågäl
FI Rengashai

PRISTURE à BOUCHE NOIRE 88
ou CHIEN ESPAGNOL
(Atlantique/Méditerranée)
De la famille des Scyliorhinidae (voir aussi + AIGUILLAT).

E Golayo
IS
NL
TR Lekeli kedi balığı

88.1 BLACK OREO DORY
Allocyttus spp.
(New Zealand)
The most common deepwater oreo dory fished commercially around New Zealand.
See + OREO DORY.

SAINT-PIERRE 88.1
(Nouvelle-Zélande)
Saint-Pierre d'eau profonde le plus commun pêché commercialement autour de la Nouvelle-Zélande.
Voir + ARROSE.

89 BLACK SEA BASS
Centropristis striata
(Atlantic – N. America)
Also called SEA BASS (ICNAF Statistics); marketed fresh (whole or gutted, or as fillets).
See also + SEA BASS.
Belongs to the Serranidae family.

D Schwarzer Zackenbarsch
GR
J
P
YU

DK
I Perchia striata
N
S Svart havsabborre
FI Kalliomeriahven

FANFRE NOIR D'AMERIQUE 89
(Atlantique – Amérique du Nord)
Commercialisé frais (entier ou vidé, ou en filets).

Voir aussi + BAR.
De la famille des Serranidae.

E
IS
NL
TR

90 BLACK SEA BREAM
Spondyliosoma cantharus
(i) (a) (Atlantic/Mediterranean)
Also called OLD WIFE, SEA BREAM: family Sparidae (see + SEA BREAM).

GRISET 90
(a) (Atlantique/Méditerranée)
Peut être commercialisé sous le nom de DORADE GRISE (voir + DORADE).

[CONTD.]

90 BLACK SEA BREAM (Contd.)
Mylio macrocephalus

(b) (Japan)
Marketed fresh (very common near the coast of Japan).

D	Streifenbrasse (a)	DK	Havrude
GR	Skathári	I	Tanuta
J	Kurodai	N	Havkaruss
P	Choupa	S	Havsruda (a)
YU	Kantar	FI	Meriruutana

(ii) Name used for + RAY'S BREAM (*Brama rayi*) of the *Bramidae* family.

GRISET (Suite) 90

(b) (Japon)
Commercialisé frais (abondant sur les côtes du Japon).

E	Chopa
IS	
NL	Zeekarper
TR	Sarigöz

90.1 BLACK SHARK
(Cosmopolitan)

(a) A general term for dark-coloured deepwater species of the family *Squalidae*.

See + DOGFISH and + SHARK.

(b) A name used more specifically in New Zealand for the + SEAL SHARK, *Dalatias licha*.

		DK
D		I
GR		N
J	Yumezame	S
P		FI
YU		

SQUALE LICHE 90.1
(Cosmopolite)

(a) Terme général pour les espèces d'eau profonde de couleur foncée de la famille des *Squalidae*.

Voir + AIGUILLAT et + REQUIN.

(b) Nom utilisé plus spécifiquement en Nouvelle-Zélande pour + SEAL SHARK (anglais), *Dalatias licha*.

E	Carocho
IS	
NL	
TR	

90.2 BLACKSPOT SEA BREAM
Pagellus bogaraveo or/ou *Pagellus centrodontus*

(Mediterranean)
Also called + RED SEA BREAM, COMMON SEA BREAM.

See also + SEA BREAM.

PAGEOT ROSE 90.2

(Méditerranée)

Voir aussi + DORADE.

		DK	Blankesten		
D		I	Rovello	E	Bogarrabella, goraz
GR	Lethrini	N	Pagell	IS	
J				NL	Spanse brasem, zeebrasem
P	Besugo	S	Pagell	TR	
YU	Rumenac okan	FI			

91 BLACKTIP SHARK
Carcharhinus limbatus

(Atlantic – N. America)
Also called SPOTFIN SHARK.
See also + REQUIEM SHARK.

REQUIN BORDÉ 91

(Atlantique – Amérique du Nord)

Voir aussi + REQUIN TIGRE.

		DK			
D		I	Squalo pinne nere	E	
GR		N		IS	
J				NL	
P	Tubarão de pontas negras	S		TR	
YU	Psina ljudozder	FI	Mustapilkkahai		

92 BLEAK
Alburnus alburnus

(Freshwater – Europe)
Occasionally eaten.

ABLETTE 92

(Eaux douces – Europe)
Parfois consommé frais.

D	Ukelei, Laube	DK	Løje	E	
GR	Tsironi sirko	I	Alborella	IS	
J		N	Laue	NL	Alver
P	Ruivaca	S	Löja	TR	Inci balığı
YU	Ukljeva	FI	Salakka		

93 BLOATER

(i) Large fat salted herring, generally whole ungutted, hot-smoked to get a straw colour (cold-smoked in U.K.).

Marketed whole or boned, also frozen, semi-preserved as paste, sometimes canned.

- **D**
- **GR**
- **J**
- **P** Arenque gordo preparado
- **YU** Blouter
- **DK**
- **I** Aringa grassa preparata
- **N** Bloater
- **S**
- **FI** Savustettu rasvasilli

(ii) In Canada the term is used for + GOLDEN CURE.
(iii) Name employed for freshwater species *Coregonus hoyi* (see + WHITEFISH).

CRAQUELOT ou BOUFFI 93

(i) Gros hareng gras, salé généralement entier, non vidé, fumé à chaud jusqu'à l'obtention d'une couleur paille (fumé à froid en Grande Bretagne).

Commercialisé entier ou sans arête, surgelé, en semi-conserve, en pâte, parfois en conserve.

- **E**
- **IS**
- **NL** Warmgerookte gezouten haring
- **TR**

(ii) Au Canada le terme est aussi employé pour + GOLDEN CURE.
(iii) "BLOATER" (anglais) est aussi employé pour une espèce d'eau douce, *Coregonus hoyi* (voir + CORÉGONE).

94 BLOATER PASTE

FISH PASTE containing ground meat from + BLOATER, made from mildly smoked salted herring or red herring, as principal constituent.

- **D**
- **GR**
- **J**
- **P** Pasta de arenque fumado
- **YU** Blouter pasta
- **DK**
- **I** Pasta d'aringa grassa
- **N**
- **S**
- **FI** Savusillitahna

PÂTE DE HARENG 94

Pâte de poisson faite essentiellement à base de chair de + CRAQUELOT, hareng légèrement fumé et salé.

- **E** Pasta de arenque ahumado
- **IS**
- **NL** Bokkingpastei
- **TR**

95 BLOATER STOCK

Herring salted for subsequent smoking as + BLOATER.

- **D** Kantjespackung
- **GR**
- **J**
- **P** Arenque salgado
- **YU**
- **DK**
- **I** Presalaggio
- **N**
- **S**
- **FI** Suolattu silli

HARENG BRAILLÉ 95

Hareng salé, préparé pour un fumage ultérieur, en + CRAQUELOT par exemple.

- **E** Salados a bordo
- **IS**
- **NL** Steurharing
- **TR**

95.1 BLOCKS (Frozen)

Frozen fish fillet blocks are rectangularly shaped masses of cohering fish fillets or fillet pieces or both.
Frozen minced fish blocks are rectangularly shaped masses of minced fish flesh. Minced fish flesh is mechanically separated fish flesh.
Laminated fish blocks are rectangularly shaped masses of a mixture of cohering fish fillets, fillet pieces and minced fish flesh. Laminated blocks usually contain between 10% and 25% minced fish flesh.
Standard size block is 7.4 kg (16.5 lb). Some blocks may contain flesh from more than one species. Used in the manufacture of + FISH STICKS or fingers, and + FISH PORTIONS, FORMED FILLETS, or + FISH NUGGETS (see also + FILLET).

BLOCS (Congelés) 95.1

Les blocs de filets de poisson congelés sont des masses rectangulaires de filets de poisson entiers ou de morceaux de filets ou des deux.
Les blocs de pulpe de poisson ou de poisson haché congelés sont des masses rectangulaires de chair de poisson hachée.
La chair de poisson hachée est mécaniquement séparée en chair de poisson. Les blocs de poisson composites sont de forme rectangulaire et composés d'un mélange de filets de poisson entier, de morceaux de filets et de chair de poisson hachée. Ces blocs laminés contiennent habituellement entre 10% et 25% de chair de poisson hachée. La taille standard d'un bloc est de 7.4 kg (16.5 lb). Quelques blocs peuvent contenir de la chair de plus d'une espèce. Utilisés dans la fabrication de + FISH STICKS (anglais) ou bâtonnets, et + PORTIONS DE POISSON, FORMED FILLETS (anglais) ou + FISH NUGGETS (anglais).

- **D** Blocs, Tafeln (gefroren)
- **GR**
- **J**
- **P**
- **YU** Blok
- **DK** Blokfrossen
- **I**
- **N** Blokker
- **S** Fiskblock
- **FI**
- **E** Bloques congelados
- **IS** Blokk
- **NL**
- **TR**

25

96 BLONDE — RAIE LISSE 96

Raja brachyura

(Mediterranean to North Sea)
See also + RAY + SKATE.

(de la Méditerranée à la Mer du Nord)
Voir aussi + RAIE.

- **D** Blonde
- **GR** Saláhi
- **J**
- **P** Raia pontuada
- **YU** Raža
- **DK**
- **I** Razza a coda corta
- **N**
- **S** Ljusa rockan
- **FI** Pilkkurausku
- **E** Raya boca de rosa
- **IS** Skata
- **NL** Blonde ray
- **TR**

97 BLUBBER — LARD DE BALEINE 97

Unrendered subcutaneous body fat of whales or other aquatic mammals.
Blubber might be soured in vinegar or sour milk in Iceland; served as cold dish (RENGI).

Tissu graisseux sous-cutané de la baleine ou d'autres mammifères marines.
Le lard de baleine peut être mariné dans du vinaigre ou du lait aigre en Islande; servi comme plat froid (RENGI).

- **D** Speck, Walspeck
- **GR**
- **J** Shiniku, abura-mi
- **P** Toucinho de baleia
- **YU**
- **DK**
- **I** Grasso di balena
- **N** Spekk
- **S** Valspäck
- **FI** Valaanrasva
- **E**
- **IS** Hvalspik
- **NL** Walvisspek
- **TR**

98 BLUDGER — CARANGUE BALO 98

Carangoides gymnostethus or/ou *C. gymnostethoides*

(Australia)
Belongs to the family *Carangidae* (see + JACK and + POMPANO).

(Australie)
De la famille des *Carangidae* (voir + CARANGUE et + POMPANO).

99 BLUE COD 99

(i) In New Zealand:
Parapercis colias. Family *Mugiloididae*.
Marketed whole or as fillets, fresh, frozen, or smoked.

(ii) Name used for + LINGCOD (*Ophiodon elongatus*), belonging to the family *Hexagrammidae* (see + GREENLING).

(iii) Name also used for + SABLEFISH (*Anopoploma fimbria*) belonging to the family *Anopoplomatidae*.

Le nom BLUE COD (anglais) désigne:
(i) Nouvelle-Zélande:
Parapercis colias. Famille des *Mugiloididae*.
Commercialisée entière ou en filets, fraîche, congelée ou fumée.

(ii) Aussi: *Ophiodon elongatus* de la famille *Hexagrammidae*.

(iii) Aussi: *Anopoploma fimbria* (voir + CHARBONNIÈRE COMMUNE).

100 BLUE CRAB — CRABE BLEU 100

Callinectes sapidus

(a) (Atlantic – Europe/N. America)
The most valuable species of crab in North America (U.S.A. East Coast and Gulf of Mexico).

(b) In Japan BLUE CRAB refers to *Neptunus* and *Charybdis* spp.

(a) (Atlantique – Europe/Amérique N.)
Espèce des plus recherchées en Amérique du Nord (Etats-Unis, Côte orientale et Golfe du Mexique).

(b) Au Japon désigne les espèces *Neptunus* et *Charybdis*.

- **D** Blaukrabbe
- **GR** Galázios kávouras
- **J** Gazami (b)
- **P** Navalheira-azul
- **YU**
- **DK**
- **I** Granchio nuotatore
- **N** Blåkrabbe
- **S** Blåkrabba
- **FI** Sinitaskurapu
- **E** Cangrejo azul
- **IS**
- **NL** Blauwe krab
- **TR** Mavi yengeç

101 BLUE DOG 101

(i) Name used in N. America for + PORBEAGLE (*Lamna nasus*), belonging to the family *Lamnidae*.

(ii) Name also used for + PICKED DOGFISH (*Squalus acanthias*), belonging to the family *Squalidae*.

Le nom "BLUE DOG" (anglais) designe:
(i) L'espèce *Lamna nasus* de la famille des *Lamnidae* (voir + TAUPE).

(ii) L'espèce *Squalus acanthias* de la famille *Squalidae* (voir + AIGUILLAT).

102 BLUEFIN TUNA — THON ROUGE 102

Thunnus thynnus

(Cosmopolitan)
Largest of the tuna family; together with + SKIPJACK and + YELLOWFIN make up the light meat pack for canning.

(Cosmopolite)
Le plus gros des thons; sa chair, comme celle du + LISTAO et de +L'ALBACORE, est utilisée principalement pour les conserves.

[CONTD.]

102 BLUEFIN TUNA (Contd.)   THON ROUGE (Suite) 102

Also called TUNNY, TUNA, ATLANTIC TUNA,
CALIFORNIAN BLUEFIN; in N. America also called
+ HORSE MACKEREL.

Marketed fresh or canned.   Commercialisé frais ou en conserve.
See + TUNA and + SOUTHERN BLUEFIN TUNA.   Voir + THON et + THON ROUGE.

D	Roter Thun	**DK**	Tunfisk	**E**	Atún (rojo)
GR	Tónnos	**I**	Tonno	**IS**	Túnfiskur
J	Honmaguro, kuro-maguro	**N**	Makrellstjørje, stjorje	**NL**	Tonijn
P	Atum rabilho	**S**	Tonfisk (röd tonfisk)	**TR**	Orkinoz (ton)
YU	Tunj crveni	**FI**	Tonnikala		

103 BLUEFISH   TASSERGAL 103
POMATOMIDAE

(i) (Cosmopolitan).   (i) (Cosmopolite).
(a) Atlantic – N. & S. America.   (a) Atlantique – Amérique Nord et Sud.

Pomatomus saltatrix or/ou *P. saltator*

Marketed: **Commercialisé:**
Fresh: whole gutted.   **Frais:** entier et vidé.
Frozen: whole gutted.   **Congelé:** entier et vidé.
Smoked: by a combination of cold and hot smoking   **Fumé:** par une combinaison de fumage à froid et à
(U.S.A.); hot smoked (Africa).   chaud (E.U.); fumé à chaud (Afrique).

Pomatomus saltator

(b) TAILOR   (b)
(Australia).   (Australie).
Marketed smoked.   Commercialisé fumé.

D	Blaufisch	**DK**		**E**	Anjova
GR	Gofári	**I**	Pesce serra	**IS**	
J	Amikiri	**N**		**NL**	
P	Anchova	**S**		**TR**	Lüfer
YU	Strijelka skakuša, plitica	**FI**	Sinikala		

(ii) BLUEFISH is also an alternative term for
+ SABLEFISH.

(iii) In New Zealand BLUEFISH refers to *Girella*   (iii) En Nouvelle-Zélande le BLUEFISH (anglais)
cyanea related to PARORE, family   se réfère au *Girella cyanea*, de la famille des
Kyphosidae.   *Kyphosidae*.
See also + NIBBLER.   Voir aussi + NIBBLER (anglais)

104 BLUE LING   LINGUE BLEUE 104

Molva dypterygia or/ou *Molva byrkelange*

(North Atlantic)   (Atlantique Nord)
Also called TRADE LING, LESSER LING.
For marketing forms, see + LING.   Pour la commercialisation, voir + LINGUE.

D	Blauleng	**DK**	Byrkelange	**E**	
GR		**I**	Molva azzurra	**IS**	Blálanga
J		**N**	Blålange	**NL**	Blauwe leng
P	Maruca-azul	**S**	Blålånga, birkelånga	**TR**	
YU		**FI**	Tylppäpyrstömolva		

105 BLUE MARLIN   MAKAIRE BLEU 105

Makaira nigricans

(Atlantic – N. America)   (Atlantique – Amérique du Nord)
In Japan the name BLUE MARLIN might also
refer to *Makaira indica* (see + BLACK MARLIN).
See also + MARLIN.   Voir + MAKAIRE.

D	Blauer Marlin	**DK**		**E**	
GR		**I**	Marlin azzurro	**IS**	
J		**N**		**NL**	Blauwe marlijn
P	Espadim-azul do Atlàntico	**FI**	Purjemarliini		

106 BLUE MUSSEL   MOULE COMMUNE 106

Mytilus edulis

(N. Atlantic – Europe)   (Atlantique Nord – Europe)
(Pacific – New Zealand)   (Pacifique – Nouvelle-Zélande)

                                                                               [CONTD.]

106 BLUE MUSSEL (Contd.)
Also called COMMON MUSSEL.
For details see + MUSSEL.

- **D** Miesmuschel, Pfahlmuschel
- **GR** Mýdi
- **J** Murasakiigai
- **P** Mexilhão
- **YU** Dagnje
- **DK** Blåmusling
- **I** Mitilo
- **N** Blåskjell
- **S** Blåmussla
- **FI** Sinisimpukka
- **E** Mejillón
- **IS** Kræklingur
- **NL** Mossel
- **TR**

MOULE COMMUNE (Suite) 106
Pour de plus amples détails, voir + MOULE.

107 BLUE POINT OYSTER
Crassostrea virginica

(Atlantic – U.S.A.)
Also called EASTERN OYSTER.
Similar in appearance to the Portuguese oyster, but more regular in shape.
See also + OYSTER.

HUÎTRE CREUSE AMÉRICAINE 107

(Atlantique – États-Unis)
D'aspect semblable aux huîtres portugaises mais de forme plus régulière.
Voir aussi + HUÎTRE.

- **D** Amerikanische Auster
- **GR**
- **J**
- **P** Ostra
- **YU** Kamenica portugalska
- **DK** Amerikansk østers
- **I** Ostrica della virginia
- **N**
- **S** Amerikanskt ostron
- **FI** Amerikanosteri
- **E** Ostra virginiana
- **IS** Ostra
- **NL** Amerikaanse atlantische oester
- **TR**

108 BLUE SEA CAT
Anarhichas denticulatus or/ou *Anarhichas latifrons*

(N. Atlantic – Europe/America)
Also called JELLY CAT (U.K.).
In N. America called NORTHERN WOLFFISH.
For more details see + CATFISH.

LOUP GÉLATINEUX 108

(Atlantique Nord – Europe/Amérique)

Pour de plus amples détails, voir + POISSON-LOUP.

- **D** Wasserkatze
- **GR**
- **J** Peixe-lobo
- **P**
- **YU**
- **DK** Bredpandet havkat
- **I** Bavosa lupa
- **N** Blåsteinbit
- **S** Blå havkatt
- **FI** Sinimerikissa
- **E** Lobo
- **IS** Blágóma
- **NL**
- **TR** Mavi deniz kedisi

109 BLUE SHARK
Prionace glauca

(Cosmopolitan)
Also called GREAT BLUE SHARK, BLUE WHALER.
Belongs to the family *Carcharhinidae* (see + REQUIEM SHARK); the name BLUE SHARK might also be generally applied to this family.
Of great importance in Japan; marketed fresh or sometimes frozen; also used extensively for + HAMPEN and + KAMABOKO.
For further processing methods, see + SHARK.

REQUIN BLEU 109

(Cosmopolite)
Appelé aussi "PEAU BLEUE".
De la famille des *Carcharhinidae* (voir + MANGEUR D'HOMMES), le nom REQUIN BLEU peut aussi s'appliquer d'une façon générale à cette famille.
Très important au Japon; commercialisé frais, parfois surgelé; fréquemment utilisé dans la préparation du + HAMPEN et du + KAMABOKO.
Les formes de commercialisation sont détaillées sous + REQUIN.

- **D** Grosser Blauhai
- **GR** Karcharias
- **J** Yoshikirizame
- **P** Guelha
- **YU** Pas modrulj
- **DK** Blåhaj
- **I** Verdesca
- **N** Blåhai
- **S** Blåhaj
- **FI** Sinihai
- **E** Tintorera
- **IS**
- **NL** Blauwe haai
- **TR** Pamuk balığı, canavar balık

110 BLUE WHALE
Balaenoptera musculus

(Cosmopolitan)
Also called SIBBALD'S RORQUAL, SULPHUR BOTTOM, GREAT NORTHERN RORQUAL; largest of the whales.
For products, see + WHALES.

BALEINE BLEUE 110

(Cosmopolite)
La plus grande des baleines.

Voir + BALEINES, ses produits.

- **D** Blauwal
- **GR** Phalaena
- **J** Shironagasukujira
- **P** Baleia azul, rorqual-azul
- **YU** Plavi kit
- **DK** Blåhval
- **I** Balenottera azzurra
- **N** Blåhval
- **S** Blåval
- **FI** Sinivalas
- **E** Rorcual, ballena azul
- **IS** Steypireyður
- **NL** Blauwe vinvis
- **TR** Gök balina

111 BLUE WHITING   MERLAN BLEU 111

Micromesistius poutassou or/ou *Gadus poutassou*

(a) (Atlantic/Mediterranean Europe/N. America)
    Also called COUCH'S WHITING

(a) (Atlantique/Méditerranée Europe/Amérique du Nord)

Micromesistius australis

(b) + SOUTHERN BLUE WHITING (New Zealand/S. America)
Also called SOUTHERN POUTASSOU
Trade name generally used for + POUTASSOU
See also + SOUTHERN BLUE WHITING
Marketed:
Frozen: Mainly headed and gutted, also as fillets.
Suitable for + FISH BLOCK.
In France, utilised for the production of fish balls.

(b) MERLAN BLEU DU SUD (Nouvelle-Zélande/Amérique du Sud)
Nom généralement utilisé pour + POUTASSOU
Voir aussi + MERLAN BLEU DU SUD
Commercialisé:
Congelé: Surtout étêté et vidé, aussi en filets.
Convient pour + BLOC DE POISSON.
En France, utilisé pour la production des boulettes.

D	Blauer Wittling	**DK**	Sortmund, blåhvilling	**E**	Bacaladilla
GR	Sýko, gourlomáta	**I**	Merlu	**IS**	Kolmunni
J		**N**	Kolmule, blagunnar	**NL**	Blauwe wijting
P	Pichelim	**S**	Kolmule, blåvitling	**TR**	Mezgit, mezit
YU	Ugotica pučinska	**FI**			

111.1 BOARFISH   MATODES 111.1

PENTACEROTIDAE

A name given to members of the family *Pentacerotidae*, some of which are also known as + PELAGIC ARMOURHEAD. In New Zealand the GIANT BOARFISH *Paristiopterus labiosus* is also known as SOWFISH.
In the U.K. BOARFISH refers to *Capros aper*.

Nom donné aux membres de la famille des *Pentacerotidae*. En Nouvelle-Zélande le *Paristiopterus labiosus* est aussi connu sous le nom de SOWFISH (anglais).

D		**DK**		**E**	
GR		**I**		**IS**	
J	Kusakaritsubodai	**N**		**NL**	
P	Peixe-javali	**S**		**TR**	
YU		**FI**	Haarniskapúú		

112 BODARA (Japan)   BODARA (Japon) 112

Pandressed and split cod, sometimes pollock, washed, then dried in the sun. Salt is not added.

Cabillaud, parfois lieu, tranché, paré, lavé puis séché au soleil. Sans addition de sel.

113 BOETTE (France)   BOETTE (France) 113

Bait used for fishing, made mainly from marine animals, pieces of fish or molluscs, waste, small live fish, eggs, etc.

Appât servant pour la pêche, principalement fait d'animaux marins: morceaux de poissons ou de mollusques, déchets, œufs de poisson, parfois petits poissons vivants.

114 BOGUE   BOGUE 114

Boops boops

(Atlantic/Mediterranean)
See + SEA BREAM.

(Atlantique/Méditerranée)
Voir + DORADE.

D	Gelbstriemen	**DK**	Okseøjefisk	**E**	Boga
GR	Gópa	**I**	Boga	**IS**	
J		**N**	Okseøyefisk	**NL**	Bokvis
P	Boga-do-mar	**S**	Oxögonfisk	**TR**	Kupes, lopa
YU	Bukva	**FI**	Boga		

115 BOKKEM (S. Africa)   BOKKEM (Afrique du Sud) 115

Dried, salted MAASBANKER (*Trachurus trachurus*).
See + HORSE MACKEREL.

+ CHINCHARD (*Trachurus trachurus*), salé puis séché.

116 BOMBAY DUCK (India)   BOMBAY DUCK (Inde) 116

(i) Fish species: *Harpodon nehereus*.
(ii) Also used for a product: split, boned and dried without salting.

Also called BUMALO or BUMMALOW.

    J Tenagamizutengu

(i) Poisson de l'espèce *Harpodon nehereus*.
(ii) Désigne aussi une préparation: poisson tranché, désarêté et séché sans salage préalable.

Appelé aussi BUMALO ou BUMMALOW.

117 BONED FISH — POISSON DÉSARÊTÉ 117

Fish from which the principal bones have been removed.
Distinguish from +BONELESS FISH. Both terms very often used indiscriminately.

Dont les principales arêtes ont été enlevées.
A ne pas confondre avec +POISSON SANS ARÊTE. Les deux termes sont souvent employés l'un pour l'autre.

- **D** Entgräteter Fisch
- **GR**
- **J** Sukimi
- **P** Peixe sem espinhas
- **YU** Riba očišćena od kostiju
- **DK** Udbenet fisk
- **I** Pesce spinato
- **N** Benfri fisk
- **S** Benad fisk
- **FI** Ruodoton kala
- **E**
- **IS** Beinhreinsaður fiskur
- **NL** Ontgrate vis
- **TR** Kılcıklı balık

118 BONEFISH — BANANE (DE MER) 118
ALBULIDAE

(Atlantic/Pacific – N. America)
Particularly *Albula vulpes*. *Albulidae* might also be termed +LADYFISH, e.g. in international statistics.

(Atlantique/Pacifique – Amérique du Nord)
Plus particulièrement l'espèce *Albula vulpes*; voir aussi +TARPON.

- **D** Damenfisch
- **GR**
- **J** Sotoiwashi
- **P** Flecha
- **YU**
- **DK**
- **I**
- **N**
- **S** Albulider
- **FI** Naiskala
- **E** Alburno
- **IS**
- **NL** Gratenvis
- **TR**

119 BONELESS COD — MORUE SANS ARÊTE 119

Superior grade of salted cod from which bones and skin have been removed; when some of the smaller bones are left in called SEMI-BONELESS COD.
See also +BONED FISH.

Qualité supérieure de morue salée dont les arêtes et la peau ont été enlevées; quelques unes des plus petites arêtes y sont parfois laissées.
Voir aussi +POISSON DÉSARÊTÉ ou SANS ARÊTE.

- **D** Kabeljau ohne Gräten
- **GR**
- **J** Sukimidara
- **P** Bacalhau sem espinhas
- **YU** Bakalar bez kože i kosti
- **DK** Udbenet saltfisk, udbenet klipfisk
- **I** Baccalà spinato
- **N**
- **S** Benfri salttorsk
- **FI** Täysin ruodoton turska
- **E** Bacalao sin espinas
- **IS** Beinlaus saltfiskur
- **NL** Gezouten kabeljauw zonder graat
- **TR** Kılçıksız morina

120 BONELESS FISH — POISSON SANS ARÊTE 120

Fish containing no bones at all. Distinguish from +BONED FISH. Both terms very often used indiscriminately, e.g. +BONELESS KIPPER, +BONELESS SALT COD FILLET.

Poisson totalement débarrassé de ses arêtes. A ne pas confondre avec +POISSON DÉSARÊTÉ. Les deux termes sont souvent employés sans discernement, ex. +HARENG FUMÉ SANS ARÊTE, +FILET DE MORUE SANS ARÊTE.

- **D** Fisch ohne Gräten
- **GR**
- **J** Sukimi
- **P** Peixe sem espinhas
- **YU**
- **DK**
- **I** Pesce senza spine
- **N** Benløs fisk
- **S** Benfri fisk
- **FI** Täysin ruodoton kala
- **E** Pescado sin espinas
- **IS** Beinlaus fiskur
- **NL** Vis zonder graat
- **TR** Kılcıksız balık

121 BONELESS KIPPER — KIPPER SANS ARÊTE 121

Herring split down the belly after cutting away a thin strip of belly skin. Headed, boned, brined and cold smoked; sold fresh, frozen, canned.

See also +BRADO +BONED FISH, +KIPPER.

Hareng fendu le long du ventre après enlèvement d'une mince bande de la peau du ventre. Etêté, désarêté passé en saumure et fumé à froid; vendu frais, congelé ou en conserve.

Voir aussi +BRADO, +POISSON DÉSARÊTÉ ou SANS ARÊTE, et +KIPPER.

- **D** Kipper ohne Gräten
- **GR**
- **J**
- **P** Arenque sem espinhas
- **YU**
- **DK**
- **I** Aringa affumicata senza spine
- **N**
- **S** Benfri kipper
- **FI** Ruodoton kylmäsavustettu silli
- **E** Arenque sin espinas
- **IS** Beinlaus kipper
- **NL** Ontgrate kipper
- **TR**

122 BONELESS SALT COD FILLET — FILET DE MORUE SANS ARÊTE 122

(North America)
Salted dried fillet of cod from which bones have been removed.
See + BONED FISH.

(Amérique du Nord)
Filet de morue salée et séchée, dont les arêtes ont été enlevées.
Voir + POISSON DÉSARÊTÉ ou SANS ARÊTE.

- **D**
- **GR**
- **J**
- **P** Filete de bacalhau salgado sem espinhas
- **YU**

- **DK** Benfri filet
- **I** Filetti di baccalà
- **N** Benløs saltet torskefilet
- **S** Benfri salt torskfile
- **FI** Ruodoton suolattu kuivattu turskafilee

- **E** Filete de bacalao salado sin espinas
- **IS** Beinlaus saltfiskflök
- **NL** Gedroogde gezouten kabeljauw zonder graat
- **TR** Kılçıksız tuzlu morina filatosu

123 BONELESS SMOKED HERRING — HARENG FUMÉ SANS ARÊTE 123

Hot-smoked herring from which head, belly, tail and most bones have been removed.
See also + BONELESS KIPPER.

Hareng fumé à chaud, dont la tête, l'abdomen, la queue et la plupart des arêtes ont été enlevés.
Voir aussi + KIPPER SANS ARÊTE.

- **D** Geräucherter Hering ohne Gräten
- **GR**
- **J**
- **P** Arenque fumado sem espinhas
- **YU**

- **DK** Benfri røget sild
- **I** Aringa affumicata spinata
- **N**
- **S** Benfri rökt sill
- **FI** Ruodoton savustettu silli

- **E** Arenque ahumado y sin espinas
- **IS** Beinlaus reykt sild
- **NL** Warm gerookte haring zonder graat
- **TR**

124 BONGA — ETHMALOSE D'AFRIQUE 124

Ethmalosa fimbriata

(West Africa)
Marketed: dried, heavily smoked.

(Afrique Occidentale)
Commercialisé: séché, fortement fumé.

- **D**
- **GR**
- **J**
- **P** Galucha
- **YU**

- **DK**
- **I**
- **N**
- **S**
- **FI**

- **E**
- **IS**
- **NL**
- **TR**

125 BONITO — BONITE 125

SARDA spp.

(i) (Cosmopolitan)
The most important are:

(a) + ATLANTIC BONITO
(Atlantic/Mediterranean)

(b) + PACIFIC BONITO
(Pacific)

(c) + ORIENTAL BONITO
(Tropical Atlantic/Pacific/Indian Ocean)

(i) (Cosmopolite)
Les principales espèces sont:

Sarda sarda

(a) + BONITE À DOS RAYÉ
(Atlantique/Méditerranée)

Sarda chiliensis

(b) + BONITE DU PACIFIQUE ORIENTAL

Sarda orientalis

(c) + BONITE DE L'OCÉAN INDIEN
(Atlantique tropical/Pacifique/Océan indien)

[CONTD.]

125 BONITO (Contd.)   BONITE (Suite) 125

D Bonito, Pelamide	**DK** Pelamide	**E** Bonito
GR Palamída	**I** Palamita	**IS** Rákungur
J Hagatsuo, kitsungegatsuo	**N** Pelamide	**NL** Bonito
P Sarrajão, bonito	**S** Pelamida (a) Ryggstrimmig pelamid	**TR** Palamut – torik
YU Pastirica	**FI** Sarda	

(ii) Name also used for other *Scombridae*, e.g., +FRIGATE MACKEREL (*Auxis thazard*), +SKIPJACK, +LITTLE TUNA (both *Euthynnus* spp.), +PLAIN BONITO (*Orcynopsis unicolor*) or +ELEGANT BONITO (*Gymnosarda elegans*).
See also +TUNA.   Voir aussi +THON.

126 BONITO SHARK 126

Alternative name for +MAKO (SHARK), *Isurus oxyrinchus* or synonymously *Isurus glaucus*; see under this entry.

Voir +MAKO.

127 BOSTON MACKEREL (U.S.A.) 127

Salted mackerel.   Maquereau salé.
See +MACKEREL.   Voir +MAQUEREAU.

D	**DK**	**E** Caballa salada
GR	**I** Sgombro salato	**IS**
J Shio-saba	**N** Saltet makrell	**NL** Gezouten makreel
P Cavala salgada	**S** Saltad makrill av bostontyp	**TR** Boston uskumrusu
YU	**FI** Suolattu makrilli	

128 BOTTARGA (Italy)   BOTTARGA (Italie) 128

Roe from mullet, tuna or other fish, lightly salted, pressed and dried; also called BOTARGO (North Africa).
Similar product in Japan is KARASUMI (from mullet; but desalted by soaking in fresh water before drying).
See also +CAVIAR SUBSTITUTES.

Œufs de muge, de thon ou d'autre espèce, légèrement salés, fortement pressés, puis séchés; produit appelé BOTARGO en Afrique du Nord.
Le KARASUMI (Japon) est un produit semblable, à base d'œufs de muge dessalés par trempage en eau claire avant séchage.
Voir aussi +SUCCÉDANÉS DE CAVIAR.

D	**DK**	**E**
GR Avotáracho	**I** Bottarga	**IS**
J Karasumi	**N**	**NL**
P Ovas secas	**S**	**TR**
YU Ikra, butarga	**FI** Suolatu kuivattu kalanmäti	

129 BOTTLENOSED DOLPHIN   DAUPHIN À GROS NEZ 129

Tursiops truncatus

(Cosmopolitan)   (Cosmopolite)
Also called COMMON PORPOISE (U.S.A.).
See also +DOLPHIN.   Voir aussi +DAUPHIN.

D Grosser Tümmler	**DK** Øresvin	**E** Pez mular
GR	**I** Tursione	**IS**
J Bandoiruka	**N** Tumler	**NL** Tuimelaar
P Roaz-corvineiro	**S** Öresvin	**TR** Afalina
YU Pliskavica (vrst)	**FI** Pullonokkadelfiini	

130 BOTTLENOSED WHALE

Hyperoodon rostratus

(N. Atlantic) (Atlantique Nord)

- **D** Entenwal
- **DK** Døgling
- **E** Ballena hocico de botella
- **GR**
- **I** Iperodonte
- **IS** Andarnefja
- **J** Kitatokkurikujira
- **N** Bottlenose
- **NL** Butskop
- **P** Bico-de-garrafa
- **S** Näbbval, dögling, andval
- **TR**
- **YU**
- **FI** Nokkavalas

HYPEROODON 130

131 BOUILLABAISSE (France)

Provençal fish soup prepared with many fish species: rockfish (scorpionfish), streaked weever, conger eel, etc.; addition of white wine, olive oil, garlic, pepper and saffron, usually served with fried bread, and all mixed ingredients consumed.

Also marketed in cans.

FI Provenssilainen kalakeitto

BOUILLABAISSE (France) 131

Soupe de poisson, spécialité provençale, préparée avec plusieurs espèces de poissons tels que rascasse, vive, congre, etc., additionnée de vin blanc, d'huile d'olive, d'ail, de poivre et de safran; servie habituellement avec des croûtons frits et consommée tous ingrédients mélangés.

Existe en conserve.

132 BOW FIN

Amia calva

(Freshwater – U.S.A.) (Eaux douces – E.U.)
Also called FRESHWATER DOGFISH or GRINDLE.
Appelé aussi POISSON-CASTOR.

AMIE 132

- **D** Kahlhecht
- **DK**
- **E**
- **GR**
- **I**
- **IS**
- **J**
- **N**
- **NL**
- **P** Alcaraz
- **S** Bågfena, hundfisk
- **TR**
- **YU**
- **FI** Amia

133 BOXED STOWAGE

Stowage at sea in boxes, white fish mixed with ice, and in good practice, additional ice is placed above and below the fish in the box. Herring, when boxed at sea, are not always mixed with ice.

See also + BULK STOWAGE, + SHELF STOWAGE.

STOCKAGE EN CAISSES 133

Stockage, en mer, du poisson mélangé à de la glace dans des caisses dites "caisse d'origine"; une couche de glace au fond de la caisse sous le poisson et une couche supplémentaire au-dessus. Le hareng, en case de stockage en mer, n'est pas toujours mélangé à de la glace.

Voir aussi + STOCKAGE EN VRAC, + STOCKAGE SUR ÉTAGÈRES.

- **D** Kistenware
- **DK** Isning i kasser
- **E** Conservación en cajas
- **GR**
- **I** Stivaggio in cassette
- **IS** Kassaður fiskur
- **J** Hakozume hyōzō
- **N** Kassepakket fisk
- **NL** Vis in kisten aangevoerd
- **P** Armazenagem em caixas
- **S** Packad och isad i lådor ombord
- **TR** Buza koyma
- **YU**
- **FI** Merellä jäitetty kala

134 BRADO (Netherlands)

Block fillet of prime herring, lightly brine salted and then smoked until reddish brown.

Similar to + BONELESS KIPPER.

FI Laukkasvolattu savustettu silli

BRADO (Pays-Bas) 134

Filet de hareng nouveau, légèrement salé en saumure et fumé ensuite jusqu'à obtention d'une couleur brun rouge.

Semblable au + KIPPER SANS ARÊTE.

135 BRAN (U.S.A.) 135

Waste parts of shrimps dried for use as animal food.

Déchets du décorticage des crevettes, séchés, servant à l'alimentation des animaux.

D	Garnelenschrot	**DK**		**E**	
GR		**I**		**IS**	Þurrkaður rækjuúrgangur
J		**N**		**NL**	Gedroogde garnalen doppen
P		**S**	Torkat räkavfall	**TR**	
YU		**FI**	Katkarapujauho		

136 BRANCO CURE (Portugal) — BRANCO CURE (Portugal) 136

Portuguese salt cod that have been made whiter by stacking in piles (water hosed) for several days after washing; final salt content is about 20%.

Morue salée portugaise qui a été blanchie par stockage en tas pendant plusieurs jours après lavage; la teneur finale en sel est d'environ 20%.

D		**DK**	Hvidvirket klipfisk	**E**	
GR		**I**	Baccalà bianco portoghese	**IS**	
J		**N**		**NL**	
P	Cura branca	**S**		**TR**	
YU		**FI**			

137 BRANDADE (France) — BRANDADE 137

Flesh of salted cod, cooked, mashed with garlic and olive oil, in order to get a paste; lemon juice, parsley and pepper usually added.

Chair de morue salée cuite, pilée avec de l'ail et de l'huile d'olive de manière à former une pâte; fréquemment additionnée de jus de citron, de persil et de poivre.

138 BRANDED HERRING 138

Formerly pickled herring in barrels packed in Scotland and N.E. England that carried a Government brand of quality; Crown Branding no longer practised.
See also + CROWN BRAND.

Autrefois, harengs marinés, mis en barils en Ecosse et au Nord-Est de l'Angleterre, avec un label de qualité délivré par le Gouvernement.
Voir aussi + CROWN BRAND.

139 BRATBÜCKLING (Germany) — BRATBÜCKLING (Allemagne) 139

Small herring, lightly cured in brine, cold smoked; fried before eating.

NL Gebakken bokking, monikendammer

Petits harengs, passés dans une saumure légère et fumés à froid; frits pour la consommation.

140 BRATFISCHWAREN (Germany)

Fish fried, grilled or heated in edible oil or fat, packed in acidified brine, with spices or other ingredients, also with sauces; known as FRIED MARINADE; prepared from all spp. particularly herring (+ BRATHERING).

Marketed as semi-preserves, also with other preserving additives, pasteurised or canned.

Also called BRATMARINADEN (obsolete term).

See also + ESCABECHE (Spain).

In the East of France the term "Bratfischware" is used for fried herring with vinegar.

D	Bratfischwaren	DK	Stegt fisk i marinade	E	
GR		I	Marinata fritta	IS	
J		N		NL	Gemarineerde gebakken vis
P	Marinada frita	S	Marinerad stekt fisk	TR	
YU	Pržena marinada, pečena marinada	FI	Paistinmarinoitu kala		

BRATFISCHWAREN (Allemagne) 140

Poisson frit, grillé ou cuit dans une huile comestible ou de la graisse, couvert d'une saumure acidifiée, avec des épices et autres ingrédients, ainsi que des sauces; désigné aussi sous le nom de MARINADE FRITE; préparé avec toutes espèces de poisson, en particulier du hareng (+ BRATHERING).

Commercialisé comme semi-conserve, également avec des agents conservateurs, pasteurisé ou mis en conserve.

Appelé aussi BRATMARINADEN (terme désuet).

Voir aussi + ESCABECHE (Espagne).

Dans l'Est de la France (Alsace) le terme "Bratfischware" est utilisé pour des préparations de hareng au vinaigre.

141 BRATHERING (Germany)

Beheaded and gutted fried herring, with vinegar-acidified brine; packaged also as fillets or bits (BRATHERINGSFILET, BRATHERINGSHAPPEN).

Mostly semi-preserved, but also pasteurised or canned.

D	Brathering	DK	Stegt sild i marinade	E	Escabeche frito
GR		I	Aringa fritta marinata	IS	Steikt síld
J		N		NL	Gebakken gemarineerde haring
P	Arenque em marinada	S	Marinerad stekt sill	TR	
YU	Pržena marinada } od pečena marinada } heringe	FI	Paistinmarinoitu silli		

BRATHERING (Allemagne) 141

(HARENGS FRITS AU VINAIGRE)

Hareng étêté et éviscéré, frit, puis recouvert d'une saumure vinaigrée (entier, en filets ou en morceaux) (BRATHERINGSFILET, BRATHERINGSHAPPEN).

Commercialisé surtout en semi-conserve quelquefois pasteurisé ou mis en conserve.

142 BRATROLLMOPS (Germany)

Rolled fried herring or herring fillet, without tail and bones wrapped with pickles, slices of onions etc., and fastened with small sticks or cloves; packed with vinegar-acidified brine, semi-preserved or pasteurised.

See + BRATHERING (Germany) + ROLLMOPS.

BRATROLLMOPS (Allemagne) 142

Hareng ou filets de hareng, frits, sans queue ni arête, enroulés avec des condiments, tranches d'oignon, etc. et fixés par un bâtonnet ou un clou de girofle; recouverts d'une saumure vinaigrée; commercialisés en semi-conserve ou pasteurisés.

Voir + BRATHERING (Allemagne) et + ROLLMOPS.

143 BREAM

ABRAMIS spp.

(i) (Freshwater – Europe).

Abramis brama

COMMON BREAM

Belongs to the family *Cyprinidae* (see + CARP).

Marketed fresh (whole, gutted); eggs used for making a form of caviar (Greece).

BRÈME 143

(i) (Eaux douces – Europe).

BRÈME COMMUNE

De la famille *Cyprinidae* (voir + CARPE).

Commercialisée fraîche (entière et vidée); ses œufs sont utilisés pour faire un succédané de caviar (Grèce).

[CONTD.]

143 BREAM (Contd.)   BRÈME (Suite) 143

Fluvialosa richardsoni

BONY BREAM
(Australia)   (Australie)

D Brachse, Brasse	**DK** Brasen	**E**
GR Lestia	**I** Brama, abramide	**IS**
J	**N** Brasme	**NL** Brasem
P Brema	**S** Braxen	**TR** Tahta balığı
YU Deverika	**FI** Lahna	

(ii) Name also employed for + SEA BREAM (*Sparidae*), especially + PINFISH (*Lagodon rhomboides*) in North America.

(iii) Name also used for + REDFISH (*Sebastes* spp.).

144 BRILL   BARBUE 144

Scophthalmus rhombus

(i) (North Sea to Mediterranean)   (i) (De la Mer du Nord à la Méditerranée)
Also called BRETT, BRIT, KITE, PEARL.

Belonging to the family *Bothidae* (see + FLOUNDER (ii)).
De la famille des *Bothidae* (voir + FLET (ii)).

Marketed fresh, whole or gutted, and as steaks and fillets.
Commercialisée fraîche, entière ou vidée, en tranches ou en filets.

D Glattbutt, Kleist	**DK** Slethvarre	**E** Rémol
GR Pissi, rómvos	**I** Rombo liscio	**IS** Slétthverfa
J	**N** Slettvar	**NL** Griet
P Rodovalho	**S** Slätvar	**TR** Çivisiz kalkan, dişi kalkan
YU Oblić	**FI** Silokampela	

(ii) Name also used for + PETRALE SOLE (*Eopsetta jordani*) belonging to the family *Pleuronectidae* (see + FLOUNDER (ii)).

(ii) Le nom "BRILL" (anglais) s'applique aussi aux *Eopsetta jordani* (+ SOLE DE CALIFORNIE) et

(iii) New Zealand: *Colistium guntheri* (of the family *Pleuronectidae*).

(iii) Nouvelle-Zélande: Le nom "BRILL" (anglais) s'applique également à *Colistium guntheri* (de la famille des *Pleuronectidae*).

145 BRINE   SAUMURE 145

Solution of salt in water.
Solution de sel et d'eau.

See + BRINED FISH, + BRINE CURED FISH.
Voir + POISSON SAUMURÉ, + POISSON EN SAUMURE.

D Lake, Salzlake	**DK** Lage	**E** Salmuera
GR Salamoúra, almí	**I** Salamoia	**IS** Pækill
J Shio-miru, en-sui	**N** Lake	**NL** Pekel
P Salmoira	**S** Saltlake	**TR** Tuz
YU Salamura	**FI** Suolalaukka, suolaliuos	

146 BRINED FISH   POISSON SAUMURÉ 146

Fish that have been immersed in + BRINE as a pretreatment to further processing.
Poisson qui a été trempé dans une + SAUMURE en vue d'un traitement ultérieur.

D Entblutebad	**DK** Forsaltet fisk	**E**
GR Ihthís en almí	**I** Pesce previamente trattato in salamoia	**IS** Pæklaður fiskur
J Tateshio	**N** Forlaket fisk	**NL** Voorgepekelde vis
P Peixe em salmoira	**S** Försaltad fisk	**TR** Tuzlu balık
YU Salamurena riba	**FI** Laukkasvolattu kala	

147 BRISLING

Sprattus sprattus

Scandinavian name for + SPRAT.

CANNED BRISLING is the commercially canned product prepared from young brisling, lightly hot-smoked or unsmoked, then headed and packed in edible oil, tomato sauce or other sauce (e.g. sherry, chili, mustard), with or without added spices or other flavouring agents.

In some countries sold as "BRISLING SARDINE" or "SARDINE". Also marketed as paste, with tomato.

See also + SPRAT.

BRISLING 147

Nom scandinave du + SPRAT.

Le brisling en conserve est préparé avec des sprats non fumés ou légèrement fumés à chaud, puis étêtés et recouverts d'huile, de sauce tomate ou de sauce piquante (au sherry, à la moutarde, etc.), avec ou sans épices ou autres aromates.

Dans certains pays, vendu comme "BRISLING SARDINE" ou "SARDINE". Commercialisé encore sous forme de pâte (mélangée avec de la sauce tomate).

Voir aussi + SPRAT.

D Sprotte	DK Brisling	E Espadin
GR Sardella	I Papalina	IS Brislingur
J	N Brisling	NL Sprot
P Espadilha	S Skarpsill, vassbuk	TR Çaça-platika
YU Papalina	FI Kilohaili	

148 BRIT 148

(i) Name used for young + ATHERINE (*Atherina presbyter*).

(ii) Name also used for + BRILL (*Scophthalmus rhombus*).

(i) Voir + PRÊTRE.

(ii) Voir + BARBUE.

149 BRONZE WHALER

Carcharhinus brachyurus

REQUIN CUIURE 149

(Australia/New Zealand)

See + REQUIEM SHARK.

BRONZE WHALER is an Australian name for COPPER SHARK or NARROWTOOTH SHARK (United States)

(Australie/Nouvelle-Zélande)

Voir + REQUIN TIGRE

149.1 BROOK CHARR 149.1

Also called + BROOK TROUT, see also + CHARR.

150 BROOK TROUT

Salvelinus fontinalis

SAUMON DE FONTAINE 150

(Freshwater/Atlantic – Europe/N. America)

Also called BROOK CHAR, SPECKLED TROUT, RED TROUT, SALMON TROUT, SQUARETAIL; the name SALMON TROUT may also refer to + DOLLY VARDEN (*Salvelinus malma*).

See + CHAR and + TROUT.

(Eaux douces/Atlantique – Europe/Amérique du Nord)

Aussi appelé OMBLE MOUCHETÉ, TRUITE MOUCHETÉE, TRUITE SAUMONÉE, TRUITE DE LAC, TRUITE ROUGE, TRUITE DE RUISSEAU; le terme TRUITE DE LAC s'applique aussi à TOULADI (*Salvelinus namaycush*).

D Bachsaibling	DK Kildeørred	E
GR	I Salmerino di fontana	IS Lindableikja
J Kawamasu	N Bekkeror, bekkerøyr	NL Bronforel
P Truta-das-fontes	S Amerikansk bäckröding	TR Alabalık türü
YU Kanadska pastrva, barjaktarica	FI Puronieriä	

151 BROWN ALGAE

Important group of seaweeds, some of which are harvested and dried. *Laminaria* spp. are a valuable source of certain carbohydrates such as + ALGINIC ACID, + LAMINARIN and + MANNITOL. *Ascophyllum nodosum* is used for seaweed meal; some brown algae are used for animal feeding stuffs and as human food.

ALGUE BRUNE 151

Important groupe d'algues marines dont certaines sont cueillies et séchées. Les espèces *Laminaria* sont une source intéressante de certains hydrates de carbone tels que l' + ACIDE ALGINIQUE, la + LAMINARINE et le + MANNITOL. L'espèce *Ascophyllum nodosum* est utilisée pour faire la farine d'algues; certaines algues brunes sont employées pour la nourriture du bétail et pour l'alimentation humaine.

[CONTD.]

151 BROWN ALGAE (Contd.) ALGUE BRUNE (Suite) 151

D	Braunalge	DK	Brunalge	E	Alga parda
GR	Phýcos phýcia	I	Alga bruna	IS	Brúnþörungur
J	Kassorui	N	Brunalge	NL	Bruinwier
P	Alga castanha	S	Bladtång	TR	Kahverengi alga
YU	Smedja alga laminaria	FI	Ruskolevä		

152 BROWN CAT SHARK — HOLBICHE BRUNE 152

Apristurus brunneus

(Pacific – N. America) (Pacifique – Amérique du Nord)

Belongs to the family *Scyliorhinidae*, which in Europe are usually designated as + DOGFISH.
De la famille des *Scyliorhinidae* qui, en Europe sont généralement appelés + ROUSETTE.

See also + SHARK. Voir aussi + REQUIN.

D		DK		E	
GR		I	Gattuccio bruno	IS	
J		N		NL	
P	Tubarão-castanho	S		TR	
YU		FI			

153 BROWN SHRIMP — CREVETTE GRISE 153

The name BROWN SHRIMP refers to several species in different waters:
Il existe plusieurs espèces:

Crangon crangon or/ou *Crangon vulgaris*

(a) (Atlantic/Mediterranean – Europe/Africa) (a) (Atlantique/Méditerranée – Europe/Afrique)
Also designated as + COMMON SHRIMP (e.g. in international statistics).

Macrobrachium carcinus or/ou *Penaeus aztecous*

(b) PAINTED RIVER PRAWN (b) BOUQUET PINTADE
(S.W. Atlantic/Mexican Gulf – America) (Atlantique S.O./Golfe du Mexique – Amérique)

Penaeus californiensis

(c) YELLOW LEG SHRIMP (c) CREVETTE PATTES JAUNES
(E. Pacific – America) (Pacifique Est – Amérique)

Penaeus canaliculatus

(d) WITCH PRAWN (d) CREVETTE SORCIÈRE
(Indian Ocean/Indo-Pacific) (Océan indien/Indo-Pacifique)

See also + SHRIMP Voir aussi + CREVETTE.

D	Garnele, Granat, Nordseekrabbe, Speisekrabbe	DK	Hestereje, sandhest	E	Quisquilla
GR	Garída	I	Gamberetto grigio	IS	Hrossarækja
J		N	Hestereke	NL	Garnaal
P	Camarão-negro, camarão-mouro	S	Sandräka, hästräka	TR	Kahverengi karides
YU	Kozice	FI	(a) Hietakatkarapu		

154 BÜCKLING — BÜCKLING 154

Large fat herring, sometimes headed, or nobbed (G.B.), lightly salted and hot smoked; also called PICKLING (U.S.A.).
In Sweden "Böckling" refers to smoked Baltic herring.

Gros hareng gras, parfois étêté ou éviscéré, légèrement salé et fumé à chaud; aux Etats-Unis appelé PICKLING.
En Suède, "Böckling" désigne le hareng de la Baltique fumé.

D	Bückling	DK		E	
GR		I	Aringa grassa intera dorata	IS	
J		N	Bøkling	NL	Warmgerookte haring strobokking harderwijker
P		S	Böckling	TR	
YU		FI	Savusilakka, silli		

155 BÜCKLINGSFILET (Germany)

(i) Fillets from +BÜCKLING, also packed in edible oil and marketed canned.

(ii) Single or block fillets of herring, lightly salted, then hot-smoked like +BÜCKLING. Marketed smoked or canned in edible oil ("GERÄUCHERTE HERINGSFILET IN ÖL").

FI Savusilakka, sillifilee

BÜCKLINGSFILET (Allemagne) 155

(i) Filets de +BÜCKLING; peuvent être recouverts d'huile comestible et commercialisés en conserve.

(ii) Filets de hareng, légèrement salés puis fumés à chaud; voir +BÜCKLING. Commercialisés fumés ou en conserve à l'huile ("GERÄUCHERTE HERINGSFILET IN ÖL").

156 BUDDHA'S EAR

Iridea laminaroides

(Japan)
Edible seaweed.

J Kurobaginnansô

156

(Japon)
Algue comestible.

157 BULK STOWAGE

Stowage at sea of fish mixed with ice in layers about 18 inches (45 cm) deep; each layer additionally protected by several inches of ice top and bottom. Herring are sometimes stowed in bulk at sea for short periods without ice.

See also +SHELF STOWAGE, +BOXED STOWAGE.

STOCKAGE EN VRAC 157

Entreposage à bord du poisson mêlé à de la glace, par couches de 45 cm environ; chaque layer est en outre protégée par quelques centimètres de glace au-dessus et en-dessous. La glace est parfois omise pour le hareng stocké pour une courte durée.

Voir aussi +STOCKAGE SUR ÉTAGÈRES, +STOCKAGE EN CAISSES.

D Hocken-Lagerung, Hocken-Stauung
GR Pagoma sto skaphos
J Bara zumi hyózó
P Armazenagem a granel
YU

DK Ispakett løst i lasten
I Stivaggio a bordo
N
S Stuvning i bulk
FI Merellä jäitetty kala

E
IS Hillulagning
NL Los gestort, in bulk aangevoerd
TR

157.1 BULLET TUNA

Auxis rochei

(Cosmopolitan)
Also called FRIGATE MACKEREL, BULLET MACKEREL (U.S.A.), MARU FRIGATE MACKEREL.
Used in tuna canning industries.
See also +TUNA.

BONITOU 157.1

(Cosmopolite)
Utilisé dans les industries de transformation du thon.

Voir aussi +THON.

D Fregattmakrele
GR Koponi-Kopanaki
J Maru-soda
P
YU Trup, Rumbac

DK
I Tombarello
N Auxid
S Auxid
FI

E Melva
IS
NL
TR

158 BULL FROG

Rana catesbeiana

Sold commercially in Japan; legs also exported frozen.
See also +FROG (*Ranidae*).

GRENOUILLE JAPONAISE 158

Commercialisée au Japon; cuisses exportées surgelées.
Voir aussi +GRENOUILLE (*Ranidae*).

D Amerikanischer Ochsenfrosch
GR
J Shokuyô-gaeru
P Rã
YU

DK
I Rana toro
N
S Oxgroda
FI Härkäsammakko

E
IS
NL Brulkikvors
TR Kurbağa türü

159 BULL SHARK
Carcharhinus leucas

(Atlantic – N. America)
Also called CUB SHARK.
See also + REQUIEM SHARK.

D Stierhai	**DK** Blåhaj	
GR	**I**	
J	**N**	
P Tubaráo	**S** Gråhaj	
YU Pas trupan	**FI** Härkähai	

REQUIN BOULEDOGUE 159

(Atlantique – Amérique du Nord)

Voir aussi + REQUIN TIGRE.

E Lamia
IS
NL
TR Köpek balığı türü

160 BURBOT
Lota lota or/ou *Lota lacustris*
or/ou *Lota maculosa*

(i) (Freshwater – Europe/N. America)
In U.S. sold fresh in large quantities.

D Quappe, Rutte, Trüsche
GR
J
P Donzela
YU Manić

DK Ferskvandskvabbe, knude
I Bottatrice
N Lake
S Lake
FI Made

(ii) The French term "LOTTE" is also generally used to designate *Lophius piscatorius* (see + ANGLER FISH).

LOTTE 160

(i) (Eaux douces – Europe/Amérique du Nord)
Aussi appelée LOTTE DE RIVIÈRE.
Voir aussi + BAUDROIE.

E
IS
NL Kwabaal
TR

(ii) LOTTE est aussi communément employé pour + BAUDROIE (*Lophius piscatorius*).

161 BURO (Philippines)
Dry salted split freshwater fish, repacked with rice, salt and fermenting agent.
Similar product in Japan is + SUSHI (i).

BURO (Philippines) 161
Poisson d'eau douce, tranché et salé à sec, conditionné avec du riz, du sel et un ferment.
Produit semblable au Japon, le + SUSHI (i).

162 BUTT
Name is used for various flatfishes, e.g. + FLOUNDER (i), + HALIBUT, + TURBOT.

162
Le nom "BUTT" (anglais) s'applique à divers poissons plats, ex. + FLET, + FLÉTAN, + TURBOT.

163 BUTTERFISH
STROMATEIDAE

(i) (Cosmopolitan)
In Europe the name + POMFRET is applied to this family; see also that entry.

Peprilus triacanthus

(a) AMERICAN BUTTERFISH
(Atlantic)
Also called DOLLAR FISH, SHEEPSHEAD, PUMPKIN SCAD, + STARFISH.
Marketed:
Frozen: whole gutted
Smoked: washed, brined whole ungutted fish are first cold-smoked for 4 or 5 hours and then hot-smoked for an hour (U.S.A.).

STROMATÉE 163

(i) (Cosmopolite)

(a) STROMATEE A FOSSETTES
(Atlantique)

Commercialisé:
Congelé: entier et vidé
Fumé: poisson entier, non vidé, lavé, saumuré, d'abord fumé à froid pendant 4 ou 5 heures, puis fumé à chaud pendant une heure (E.U.).

CENTROLOPHIDAE
Psenopsis anomala

(ii) (Japan-Pacific)

D
GR
J Ibodai
P Peixe-manteiga, pampo
YU

DK
I Fieto
N
S Smörfisk
FI Voikala

(ii) (Japon-Pacifique)

E Pampano
IS
NL
TR Tereyaği balığı

SCATOPHAGIDAE
Selenotoca multifasciata

(iii) (Australia)

(iii) (Australie)

[CONTD.]

163 BUTTERFISH (Contd.)

ODACIDAE
Coridodax pullus

(iv) (New Zealand)
Also known as GREENBONE.
See also + POMPRET (ii).

STROMATÉE (Suite) 163

(iv) (Nouvelle-Zélande)

D Butterfisch	**DK**	**E** Pampano
GR	**I** Fieto	**IS**
J Ibodai	**N**	**NL**
P (a) Pâmpano-manteiga	**S** Smörfisk	**TR** Tereyağı balığı
YU	**FI** Voikala	

164 BUTTERFLYFISH

CHAETODONTIDAE

(Cosmopolitan in warm seas)
Also known as + ANGELFISH, particularly *Holacanthus* and *Pomacanthus* spp.

PAPILLON 164

(Cosmopolite, mers chaudes)

D Schmetterlingsfisch Kaiserfisch	**DK**	**E**
GR	**I** Pesce angelo	**IS**
J Kinchakudai	**N**	**NL**
P Peixe-borboleta	**S** Fjärilsfisk	**TR** Kelebek balıkları
YU Sklat	**FI** Perhokala	

165 CALIFORNIA HALIBUT

Paralichthys sagax

(Pacific – U.S.A.)
Belonging to the family *Bothidae*; see + FLOUNDER.

CARDEAU DE CALIFORNIE 165

(Pacifique – E.U.)
De la famille des *Bothidae*; voir + FLET.

166 CALIFORNIAN PILCHARD

Sardinops cærulea

(Pacific – N. America)
Also called PACIFIC SARDINE.
See + PILCHARD and + SARDINE.

SARDINOPS DE CALIFORNIE 166

(Pacifique – Amérique du Nord)

Voir + PILCHARD et + SARDINE.

D Kalifornische Sardine, Pazifische Sardine	**DK** Sardin	**E** Pilchard california
GR Sardella	**I** Sardina di california	**IS** Sardina
J Iwashi	**N** Sardin	**NL** Californische pelser, Californische sardien
P Sardinopa da Califórnia	**S** Kalifornisk sardin	**TR**
YU Srdela	**FI** Kaliforniansardiini	

167 CALIPASH

The fatty greenish flesh from the carapace of the green turtle; the meat is also dried and, more rarely, smoked.

CALIPEE is a fatty, gelatinous, light yellow substance obtained from the plastron of turtles. Esteemed as a delicacy.

See + TURTLE.

CALIPASH 167

Chair grasse verdâtre de la carapace des tortues vertes; peut être séchée et, plus rarement, fumée.

Le CALIPEE est une substance jaune pâle, grasse et gélatineuse provenant du ventre des tortues. Estimé des gourmets.

Voir + TORTUE.

D	**DK**	**E**
GR	**I**	**IS**
J	**N**	**NL**
P Carne de tartaruga	**S**	**TR**
YU	**FI**	

168 CANNED FISH

Fish packed in containers which have been hermetically sealed and sufficiently heated to destroy or inactivate all micro-organisms that will grow at any temperature at which the product is likely to be held and that will cause spoilage or that might be harmful.

Distinguish from + SEMI-PRESERVES.

Wide variety of products, packed in tins, glass jars or other containers. See under individual fish species.

See also + APPERTISATION.

POISSON EN CONSERVE 168

Poissons mis dans des récipients qui ont été hermétiquement scellés et suffisamment chauffés pour détruire ou rendre inactifs les micro-organismes qui se développeraient à la température à laquelle le produit est normalement entreposé, causeraient son altération ou pourraient être nocifs.

A différencier des + SEMI-CONSERVES.

Pour la grande variété de produits mis en boîte, en bocaux de verre ou autres récipients se rapporter aux différentes espèces de poisson.

Voir aussi + APPERTISATION.

D Fischkonserven Fischvollkonserven	**DK** Helkonserves af fisk	**E** Pescado en conserva	
GR Konsérva ihthiós	**I** Pesce in scatola	**IS** Niðursoðinn fiskur	
J Gyorui kanzume	**N** Varmesterilisert fisk, helkonserve	**NL** Visvolconserven	
P Conserva de peixe	**S** Helkonserv av fisk	**TR** Konserve balık	
YU Konzervirana riba, riba u konzervi	**FI** Kalatäyssäilyke		

169 CAPE HAKE

Merluccius capensis
Merluccius paradoxus

MERLU BLANC DU CAP 169

(S.E. Atlantic/S.W. Indian Ocean)
Also called + STOCKFISH.

Marketed:
Frozen: fillet, blocks.
Dried: salted and dried.
Meal: fish flour manufacture.
See also + HAKE.

(Atlantique Sud-Est/Océan indien Sud-Ouest)
Appelé aussi + STOCKFISH.

Commercialisé:
Congelé: en filets, en blocs.
Séché: salé et séché.
Farine: industrie de farine de poisson.
Voir aussi + MERLU.

D Kaphecht	**DK**	**E** Merluza del cabo	
GR	**I** Nasello del capo	**IS**	
J Merulûsa	**N**	**NL** Zuidafrikaanseheek	
P Pescada-da-África-do-sul	**S**	**TR**	
YU Oslić	**FI** Kapinkummelliturska		

170 CAPELIN

Mallotus villosus

CAPELAN ATLANTIQUE 170

(Atlantic/N. Pacific)
Belonging to the family *Osmeridae* (see + SMELT).
Also called CAPLIN.

Marketed:
Fresh, frozen, lightly smoked, salted and dried for local consumption (Canada); important source of fishmeal and oil (Norway), and as fertilizer (Canada); also used for bait.

(Atlantique/Pacifique Nord)
De la famille des *Osmeridae* (voir + EPERLAN).

Aussi appelé CAPELAN DE TERRE-NEUVE.

Commercialisé: peut être commercialisé sous le nom de CAPELAN.

Frais, surgelé, légèrement fumé, salé et séché pour la consommation locale (Canada); source importante de farine de poisson et d'huile (Norvège); utilisé aussi comme engrais (Canada), et comme appât pour la pêche.

D Lodde	**DK** Lodde	**E** Capelan	
GR	**I**	**IS** Loðna	
J	**N** Lodde	**NL** Lodde	
P Capelim	**S** Lodda	**TR**	
YU	**FI** Villakuore		

171 CAQUÉS (France)

Applied only to herring which usually are stacked in barrels with salt after removal of viscera by means of a cut below the gills.

CAQUÉS 171

S'applique uniquement aux harengs habituellement mis en barils avec du sel, et dont on a enlevé les branchies et viscères par une incision en-dessous des ouïes.

172 CARDINALFISH

APOGONIDAE

(Atlantic – Europe/N. America)
Various species in North America.

CARDINALFISH
(Mediterranean).

BULLS-EYE
(Atlantic/Mediterranean/Pacific)
Also called BIG-EYED CARDINALFISH in New Zealand.

APOGON 172

(Atlantique – Europe/Amérique du Nord)
Plusieurs espèces en Amérique du Nord.

Apogon imberbis
COQ
(Méditerranée).

Epigonus telescopus
LE SONNEUR COMMUN
(Atlantique/Méditerranée/Pacifique)
Appelé aussi BIG-EYED CARDINAL FISH (anglais) en Nouvelle-Zélande.

D	Kardinalfisch	**DK**		**E**
GR	Kromídi tsiboúki	**I**	Ré di triglie	**IS**
J		**N**		**NL**
P	Alcarraz	**S**		**TR**
YU	Matulić	**FI**	Kardinaaliahven	

173 CARNE A CARNE (France)

Preparation of salted anchovies from which the excess surface salt added in the first preparation has been removed; the anchovies are laid out flat in regular layers, sprinkled with salt and then pressed.
See also + ANCHOVY.

CARNE À CARNE (France) 173

Préparation d'anchois salés débarrassés de l'excès de sel de surface de la première préparation; les anchois sont disposés à plat en couches régulières, saupoudrés de sel, puis pressés.
Voir aussi + ANCHOIS.

D		**DK**		**E**	Carne con carne
GR		**I**	Alla carne	**IS**	
J		**N**		**NL**	
P	Carne-a-carne	**S**		**TR**	
YU	Soljenje ribe "a carne"	**FI**			

174 CARPET SHELL

TAPES or/ou *VENERUPIS* spp.

(Europe/N. America)
Edible bivalve molluscs.

CLOVISSE/PALOURDE 174

(Europe/Amérique du Nord)
Mollusques bivalves, comestibles.

Tapes decussatus
(a) + GROOVED CARPET SHELL
(Atlantic – Europe)

(a) + PALOURDE
(Atlantique – Europe)

Tapes virginea
(b) CLOVIS
(Atlantic)

(b) CLOVISSE
(Atlantique)

Tapes aureus
(c) GOLDEN CARPET SHELL
(Atlantic/Mediterranean)

(c) CLOVISSE JAUNE
(Atlantique/Méditerranée)

Tapes japonica or/ou *Tapes variegata*
(d) SHORT-NECKED CLAM
(Pacific – Japan)

(d) PALOURDE JAPONAISE

See also + CLAM.

Voir aussi + CLAM.

D	Teppichmuschel	**DK**	Toppimusling	**E**	Almeja
					(a) almeja margarita
GR	Chávaro, achivada	**I**	Vongole	**IS**	
J	Asari	**N**	Gullskjell	**NL**	Tapijtschelp
P	Amêijoa	**S**	Tapesmusslor	**TR**	
YU	Kučica, kopančica	**FI**	Mattosimpukka		

For (a) see under this entry.

Pour (a) voir la rubrique individuelle.

175 CARP / CARPE 175

CYPRINIDAE

(Freshwater – Cosmopolitan)
Great part of the production is cultivated in ponds.

(Eaux douces – Cosmopolite)
Une grande partie de la production est élevée en étangs.

Cyprinus carpio

(a) CARP (Europe/N. America)
(a) CARPE (Europe/Amérique du Nord)

Carassius carassius

(b) +CRUCIAN CARP (Europe/Asia)
(b) +CYPRIN (Europe/Asie)

Carassius auratus

(c) +GOLDFISH
(originally Japan, now cultivated in many countries)
And various other species.

(c) +CYPRIN DORÉ
(originaire du Japon, maintenant élevé dans de nombreux pays)
Et autres espèces.

Marketed:
Live:
Fresh: whole, gutted; a variety SPIEGEL CARP also sold; also fermented (Japan, see +SUSHI (i)).
Smoked: brined steaks or chunks are hot smoked for about three hours, sometimes with spices (U.S.A.).
Canned: KOIKOKU: sliced, seasoned with soya bean paste (Japan).
To the family *Cyprinidae* also belong other species, see e.g. +TENCH, +BREAM (i), +SQUAWFISH, +SPLITTAIL, etc.

Commercialisé:
Vivant:
Frais: entier, vidé; fermenté (Japon, voir +SUSHI (i)).
Fumé: les tranches ou tronçons saumurés sont fumés à chaud pendant environ trois heures, parfois épicés (E.U.).
Conserve: KOIKOKU: en tranches, assaisonné avec une pâte de graines de soja (Japon).
D'autres espèces appartiennent aussi à la famille des *Cyprinidae*, voir +TANCHE, +BRÈME COMMUNE, +CYPRINOIDE, etc.

D Weissfische (a) Karpfen	**DK** (a) Karpe	**E** Carpa
GR (a) Kyprínos	**I** (a) Carpa	**IS** Karpar
J (a) Koi	**N** (a) Karpe	**NL** (a) Karper (b) Kroeskarper, steenkarper (c) Goudvis
P Carpa	**S** Karp	**TR** Sazan, adi pullu
YU Šaran	**FI** (a) Karppi	

For (b) and (c) see under separate entries.
Pour (b) et (c) voir les rubriques individuelles.

176 CARRAGEENIN / CARRAGHEENE 176

Water-soluble, edible colloidal extract from RED ALGAE (CARRAGÉEN or +IRISH MOSS).
Colloïde hydrosoluble comestible extrait d'une algue rouge (CARRAGHÉEN).

D Carageen	**DK** Carragenin	**E** Carragahen, carragahenina
GR	**I** Carragenina	**IS**
J	**N** Caragenin	**NL** Carragenine
P Carragenina	**S** Karagenin	**TR**
YU	**FI** Karrageeni	

177 CATFISH / LOUP 177

ANARHICHAS spp.

(i) MARINE CATFISH
(Atlantic/Pacific – Europe/N. America)

(i) ESPÈCES MARINES
(Atlantique/Pacifique – Europe/Amérique du Nord)

In N. America these species were more commonly known as +WOLFFISH which is also used in ICNAF Statistics (+SEA CATFISH in N. America refers to *Ariidae*). In U.K. the recommended trade name for these species is +ROCKFISH.
Also called OCEAN CATFISH, ROCK TURBOT, ROCK SALMON, SEA CAT, SEA WOLF, SAND SCAR, SWINE FISH, WOLF, WOOF.

Aussi appelé POISSON-LOUP ou LOUP DE MER.

[CONTD.]

177 CATFISH (Contd.) **LOUP** (Suite) **177**

Anarhichas lupus

(a) ATLANTIC CATFISH (a) LOUP DE L'ATLANTIQUE
 (N. America/Europe) (Amérique du Nord/Europe)

Anarhichas denticulatus

(b) +BLUE SEA CAT or NORTHERN WOLF- (b) +LOUP DENTICULÉ
 FISH (North Atlantic – Europe/N. America) (Atlantique – Europe/Amérique du Nord) at
 at BSP BSP

Anarhichas minor

(c) +SPOTTED SEA CAT (CATFISH) (c) +LOUP TACHETÉ
 (N. Atlantic/Arctic) (Atlantique Nord/Arctique)

Anarhichas orientalis

(d) BERING WOLFFISH (d)
 (Pacific – N. America) (Pacifique – Amérique N.)

Marketed: **Commercialisé:**
Fresh: as fillets, steaks (cutlets). Frais: en filets ou tranches.
Frozen: fillets, with or without skin on. Congelé: en filets avec ou sans peau.
Smoked: hot-smoked pieces, steaks or cutlets Fumé: morceaux, tranches ou filets fumés à
 (in Germany called STEINBEISSER). chaud (appelés STEINBEISSER en
Dried: boned (Iceland, called RIKLINGUR). Allemagne).
 Séché: désarêté (Islande, appelé
 RIKLINGUR).

D Katfisch, (a) Gestreifter DK Havkat E Perro del norte, lobo
 Katfisch
GR I Lupadi mare, IS (a) Steinbítur
 bavosa lupa
J N Steinbit, (a) gråsteinbit NL (a) Zeewolf
 (b) flekksteinbit
P Peixe-lobo S Havskattfiskar TR
 (a) havskatt
YU FI Merikissa

For (b) and (c) see separate entries. Pour (b) et (c) voir les rubriques individuelles.

ICTALURIDAE

(ii) FRESHWATER CATFISH (ii) Le nom FRESHWATER CATFISH (anglais)
 (Europe/N. America) concerne des espèces d'eau douce (Europe/
 Important aquaculture production in U.S.A., Amérique N.) Production importante
 especially of *Ictalurus* spp.; most widely dis- d'aquaculture aux U.S.A., principalement de
 tributed species are CHANNEL CATFISH (*Ict-* l'espèce *Ictalurus*; les espèces plus largement
 alurus punctatus), WHITE CATFISH (*I. catus*), distribuées sont CHANNEL CATFISH (*Ict-*
 BLUE CATFISH (*I. fureatus*), BROWN BULL- *alurus punctatus*), WHITE CATFISH (*I. catus*),
 HEAD (*I. nebulosus*), BLACK BULLHEAD (*I.* BLUE CATFISH (*I. fureatus*), BROWN BULL-
 melas), FLAT BULLHEAD (*I. platycephalus*), HEAD (*I. nebulosus*), BLACK BULLHEAD (*I.*
 YAQUI CATFISH (*I. pricei*). All of the above *melas*), FLAT BULLHEAD (*I. platycephalus*),
 species may be labelled CATFISH in U.S.A. YAQUI CATFISH (*I. pricei*) (anglais). Toutes
 In Europe the AFRICAN CATFISH or SHARP- les espèces ci-dessus peuvent être dénom-
 TOOTH CATFISH (*Clarias gariepinus*) is mées CATFISH (anglais) aux U.S.A.
 cultured. En Europe, le *Clarias gariepinus* est cultivé.
 In New Zealand the N. American *I. nebulosus* En Nouvelle-Zélande le *I. nebulosus* d'Amé-
 has been introduced. rique du nord a été introduit.
 In Australia refers to *Tandanus tandanus*. En Australie, se réfère à *Tandanus tandanus*.

Marketed: Fresh, frozen: whole, headed and **Commercialisé:** Frais, congelé: entiers,
 gutted, skinned; fillets skinned, breaded or étêtés et vidés sans peau; filets sans peau,
 unbreaded; steaks; fillet strips (over ¾ oz); panés ou non; steaks; morceaux de filets
 nuggets (pieces of belly flaps over ¾ oz); (plus de ¾ oz); boulettes (morceaux de ven-
 smoked. tre de plus de ¾ oz); fumés.

D Welse DK Dværgmalle E
GR Gatopsoro I IS Steinbitur
J Namazu NL Meerval
P S Ictalurider, (kanalmal) TR Yayın, bıyıklı balık
YU FI Piikkimonni

(iii) See also +SEA CATFISH (*Ariidae*). (iii) Voir aussi +POISSON CHAT (*Ariidae*).

178 CAVEACHED FISH (W. Indies) **CAVEACHED FISH (Caraïbes) 178**

Fish cut into pieces, fried in oil, laid in large earthen- Poisson découpé en morceaux, frit à l'huile, dis-
ware container and pickled in vinegar, salt, speices, posé dans de grands récipients en terrecuite et
onion, etc. mariné dans du vinaigre, du sel, des épices, oig-
 nons, etc.

45

179 CAVIAR, CAVIARE

Sturgeon eggs very carefully detached from the roe, sorted and washed in cold water, then salted with fine salt; after a certain time of ripening consumed as hors d'oeuvre.

Also called BLACK CAVIAR.

Marketed in small containers of glass or other material, with tight fitting lids, or in barrels for bulk shipment. SEMI-PRESERVE sometimes pasteurised, see + PASTEURISED GRAIN CAVIAR.

Two ways of marketing are used, as GRAINY CAVIAR, where eggs are easily separated (also called DRY CAVIAR, see also + PICKLED GRAINY CAVIAR), or as PRESSED CAVIAR, where the eggs are pressed to remove excess liquid or to reduce liquid to required consistency (longer keeping time).

BELUGA-CAVIAR, OSETR-CAVIAR, and SEVRUGA-CAVIAR refer to large, medium and small size sturgeon respectively (U.S.S.R.), see + STURGEON.

Best quality caviar is made during the winter and has 3 to 4% salt content, called MALOSSOL CAVIAR. In some countries the term caviar is also used for preparation of other species, particularly salmon: + RED CAVIAR (N. America). The name of the species has to appear on the label, e.g. SALMON CAVIAR (U.K.).

See also + CAVIAR SUBSTITUTES.

D	Kaviar	**DK**	Kaviar	**E**	Caviar
GR	Chaviári	**I**	Caviale	**IS**	Kaviar
J	Kyabia	**N**	Kaviar	**NL**	Kaviaar
P	Caviar	**S**	Rysk kaviar, svart rysk kaviar	**TR**	Havyar
YU	Kavijar	**FI**	Kaviaari		

CAVIAR 179

Œufs d'esturgeon soigneusement détachés de la rogue, passés au crible et lavés à l'eau froide, puis salés avec du sel fin; après une certaine maturation, consommés comme hors-d'œuvre.

Appelé aussi CAVIAR NOIR.

Commercialisé en petits récipients en verre munis de couvercles hermétiques ou en barils pour le transport en gros. SEMI-CONSERVE, parfois pasteurisé, voir + CAVIAR EN GRAINS PASTEURISÉ.

Il existe deux formes de commercialisation:
– CAVIAR EN GRAINS, où les œufs se séparent facilement (voir aussi + CAVIAR EN GRAINS SAUMURÉ).
– CAVIAR PRESSÉ, où les œufs ont été pressés pour évacuer tout liquide excédent et obtenir la consistance désirée pour une conservation prolongée.

BELUGA-CAVIAR, OSETR-CAVIAR et SEVRUGA-CAVIAR désignent respectivement les œufs d'esturgeon de grande taille, moyen et petit (U.R.S.S.); voir + ESTURGEON.

La meilleure qualité de caviar est faite en hiver et a une teneur en sel de 3 à 4% (MALOSSOL CAVIAR). Dans certains pays l'emploi du terme CAVIAR a été étendu à d'autres espèces, dont le saumon en particulier: + CAVIAR ROUGE (Amérique du Nord); le nom de l'espèce doit figurer sur l'étiquette: CAVIAR DE SAUMON (Grande-Bretagne).

Voir aussi + SUCCÉDANÉS DE CAVIAR.

180 CAVIAR SUBSTITUTES

Fish roe prepared like + CAVIAR, sometimes dyed; the final salt content usually 6% or more; principal species used are lumpsucker, bream, coalfish, cod, carp, herring, mullet, pike, tuna. The designation usually is preceded by the name of the fish, e.g. COD CAVIAR, LUMPSUCKER CAVIAR; in some countries the country of origin is indicated, e.g. GERMAN CAVIAR (Deutscher Kaviar). Packed and marketed like + CAVIAR.

Similar product in Japan: "TARAKO" or "MOMIJIKO" (salted, usually dyed roe of + ALASKA POLLOCK), "HON-TARAKO" (salted, usually dyed cod roe) or "KARASUMI" (from mullet roe).

See also + BOTTARGA.

SUCCÉDANÉS DE CAVIAR 180

Œufs de poisson préparés comme le + CAVIAR, au besoin colorés; la teneur finale en sel est généralement d'environ 6%; les principales espèces utilisées sont: le lompe, le pagre, le lieu, le cabillaud, la carpe, le hareng, la muge, le brochet, le thon; elles doivent figurer sur l'étiquette, ex. CAVIAR DE CABILLAUD, CAVIAR DE LOMPE, etc; certains pays indiquent la contrée d'origine: CAVIAR ALLEMAND (Deutscher Kaviar). Commercialisé comme le + CAVIAR.

Produits semblables au Japon: "TARAKO" ou "MOMIJIKO" (œufs salés, généralement colorés de l'espèce *Theragra chalcogramma*), "HON-TARAKO" (œufs salés, généralement colorés, du cabillaud), ou "KARASUMI" (de muge).

Voir aussi + BOTTARGA (Italie).

D	Deutscher Kaviar (Kaviar-Ersatz)	**DK**	Kaviarerstatning	**E**	Sucedáneos de caviar
GR	Haviári	**I**	Surrogati di caviale	**IS**	Kavíar
J	Momijiko, tarako, karasumi	**N**	Kaviarerstatning	**NL**	Kaviaarsurrogaat
P	Substitutos de caviar	**S**	Kaviar	**TR**	Havyar benzerleri
YU	Nadomjestak za kavijar	**FI**	Kaviaari korvike		

181 CERO   THAZARD FRANC 181

Name used for some of *Scomberomorus* spp.; but more particularly refers to *Scomberomorus regalis* (Atlantic – U.S. Gulf Coast).
Also called PINTADO, PAINTED MACKEREL.
See + KINGMACKEREL.

Voir + THAZARD.

182 CHAR   OMBLE 182

SALVELINUS spp.

(Pacific/Atlantic/Freshwater – Europe/N. America)

(Pacifique/Atlantique/Eaux douces – Europe/Amérique du Nord)

Belonging to the family *Salmonidae*; superficially similar to true trouts. Many species listed under individual names, e.g.

De la famille des *Salmonidae*; assez semblables aux truites. Les principales espèces sont répertoriées individuellement, ex.:

Salveiinus alpinus

(a) + ARCTIC CHAR
    (Freshwater/Atlantic/Pacific)

(a) + OMBLE CHEVALIER
    (Eaux douces/Atlantique/Pacifique)

Salvelinus fontinalis

(b) + BROOK CHARR
    (Freshwater/Atlantic – Europe/N. America)

Also known as BROOK TROUT in North America.

(b) + SAUMON DE FONTAINE
    (Eaux douces/Atlantique – Europe/Amérique du Nord)

Appelé aussi BROOK TROUT (anglais) en Amérique du Nord.

Salvelinus malma

(c) + DOLLY VARDEN
    (Freshwater/Pacific)

(c) + OMBLE MALMA
    (Eaux douces/Pacifique)

Salvelinus namaycush

(d) + LAKE TROUT
    (Freshwater/Great Lakes)

(d) + OMBLE D'AMÉRIQUE
    (Eaux douces/Grands Lacs)

Salvelinus willoughbii

(e)

(e)

Usually marketed fresh or frozen; see also + TROUT.

Généralement commercialisés frais ou surgelés; voir aussi + TRUITE.

D Saiblinge
GR
J Iwana

DK Fjældørred, kildeørred
I Salmerino
N Røye, røyr

E Salvelino
IS Bleikja
NL (a) Riddervis
     (b) Bronforel
TR

P Truta-das-fontes
YU Pastrve, barjaktarica

S Röding
FI Nieriä

See also individual entries.

Voir aussi les rubriques individuelles.

183 CHAT HADDOCK   183

Small haddock: also called PINGER or PING PONG; in New England (U.S.A.) called SNAPPER HADDOCK or + SNAPPER.
See also + SCROD (U.S.A.).

Petit églefin.

D Kleiner Schellfisch, Bratschellfisch
GR
J

DK
I Piccolo asinello
N Småhyse

E Pequeño eglefino
IS Smáýsa
NL Kleine schelvis, braadschelvis
TR

P Arinca pequena
YU Mala ugotica

S Småkolja
FI Pikkukolja

184 CHERRY SALMON

Oncorhynchus masou

(Japan)
Also called JAPANESE SALMON, or MASU SALMON.
Highly prized as food in Japan.
Marketed:
Fresh: main outlet; also fermented, like + SUSHI.

SAUMON JAPONAIS 184

(Japon)
Appelé aussi SAUMON MASOU.
Très apprécié au Japon.
Commercialisé:
Frais: ventes importantes; également fermenté, comme le + SUSHI.

D	Masu-Lachs	DK		E	
GR	Solomos	I	Salmone giapponese	IS	
J	Sakuramasu, honmasu	N		NL	Japanse zalm, masouzalm
P	Salmão-japonês	S	Japansk lax	TR	
YU		FI	Masulohi		

185 CHIKUWA (Japan)

Fish jelly product of a cylindrical shape made by wrapping kneaded fish meat around a stick then baking it in a very hot oven.

Similar product (made from cheaper fish) YAKI-CHIKUWA.

CHIKUWA (Japon) 185

Gelée de poisson présentée en forme de cylindres; préparée à base de chair de poisson pétrie, fixée sur un bâtonnet et cuite au four très chaud.

Produit semblable (avec du poisson meilleur marché), le YAKI-CHIKUWA.

186 CHILEAN HAKE

Merluccius gayi

Also called PERUVIAN HAKE.
In the U.K. trade name is PACIFIC HAKE.
(E. Pacific)
For marketing forms, see + HAKE.

MERLU DU CHILI 186

(Est du Pacifique)
Pour la commercialisation, voir + MERLU.

D	Chilenischer Seehecht	DK	Kulmule	E	Merluza
GR	Bakaliáros	I	Nasello del cile	IS	Lýsingur
J		N	Lysing	NL	Chileense heek
P	Pescada chilena	S		TR	
YU	Oslic	FI	Perunkummelliturska		

187 CHILEAN PILCHARD

Sardinops sagax

Also called PERUVIAN SARDINE.
(Pacific – S. America)
For marketing forms, see + PILCHARD.

SARDINOPS DU CHILI 187

Aussi appelée SARDINE PÉRUVIENNE
(Pacifique – Amérique du Sud)
Pour la commercialisation, voir + PILCHARD.

D	Südamerikanische Sardine, Chilenische Sardine	DK		E	Pilchard chileña
GR	Sardélla	I	Sardina del cile	IS	
J	Iwashi	N	Sardin	NL	Chileense pelser, chileense sardien
P	Sardinopa-da-áfrica-do-sul	S	Chilesardin	TR	
YU	Srdela	FI	Perunsardiini		

188 CHILLED FISH

Fish kept at or close to the temperature of melting ice (0 °C, 32 °F), but not frozen.

Also called WET FISH or FRESH FISH (most common designation in U.S.A.).

See also + SUPERCHILLING, + CHILL STORAGE.

D Gekühlter Fisch (in Eis)
GR Psár ipagoméno
J Hyôhzô-gyo
P Peixe refrigerado
YU Ohladjena riba
DK Kølet fisk (iset fisk)
I Pesce refrigerato
N Kjølt fisk
S Kyld fisk
FI Jäähdytetty kala
E Pescado refrigerado
IS Ísaður fiskur
NL Gekoelde vis
TR Dondurulmus balık

POISSON RÉFRIGÉRÉ 188

Poisson maintenu à une température proche de celle de la glace fondante (0 °C, 32 °F), mais non congelé.

Egalement appelé POISSON FRAIS.

Voir aussi + SUR-RÉFRIGÉRATION, + STOCKAGE RÉFRIGÉRÉ.

189 CHILL STORAGE

Storage at temperature of melting ice (0 °C, 32 °F). Distinguish from + COLD STORAGE.

See also + CHILLED FISH, + SUPER-CHILLING.

D Kühlauslagerung
GR
J Hyôhzô
P Armazenagem refrigerada
YU
DK Kølelagring
I
N
S Kyllagring
FI Kylmävarasto
E
IS Isun, kæling
NL Gekoelde opslag
TR Soğutulmus muhafaza

STOCKAGE RÉFRIGÉRÉ 189

Stockage à la température de la glace fondante (0 °C, 32 °F). A distinguer de ENTREPOSAGE FRIGORIFIQUE.

Voir aussi + POISSON RÉFRIGÉRÉ, + SUR-RÉFRIGÉRATION.

190 CHIMAERA

(Cosmopolitan)

CHIMAERIDAE

(Cosmopolite)

(a) + RABBITFISH + RATFISH
(N.E. Atlantic)

Chimaera monstrosa

(a) + CHIMÈRE COMMUNE
(Atlantique Nord-Est)

Hydrolagus colliei

(b) + RATFISH
(Pacific – N. America)

(b) + CHIMÈRE D'AMÉRIQUE
(Pacifique – Amérique du Nord)

Hydrolagus novaezelandiae and/et *HYDROLAGUS* spp.

(c) + GHOST SHARK
(New Zealand)

(c) +
(Nouvelle-Zélande)

D Seeratte, Spöke
GR Himera, gátos
J Ginzame
P Ratazana
YU Himera
DK Havmus
I Chimera
N (a) Havmus
S Havsmus
FI Sillikuningas
E Quimera
IS Geirnyt
NL
TR

CHIMÈRE 190

For (a) and (b) see under separate entries.

191 CHINOOK

Oncorhynchus tschawytscha

(Pacific – N. America)

Largest of the five main species of PACIFIC SALMON. See + SALMON.

Also called KING SALMON or SPRING SALMON; names also used: BLACK SALMON, CHUB SALMON, TYEE.

Also called + QUINNAT SALMON in New Zealand.

Flesh may be red (see + RED SPRING SALMON) or pink or white.

SAUMON ROYAL 191

(Pacifique – Amérique du Nord)

La plus grande des cinq espèces principales de SAUMON du Pacifique.

Voir + SAUMON.

Sa chair peut être rouge, rose ou blanche.

[CONTD.]

191 CHINOOK (Contd.)

Marketed:
Fresh: whole gutted.
Frozen: fillets, steaks.
Smoked: split fish, sides or pieces of fillet brined, dyed, dried and hot-smoked (+ KIPPERED SALMON).
Dried: air-dried (Alaska).
Salted: sides pickle-cured in barrels (mild salted).
Canned: recommended trade name in U.K.: SPRING SALMON.
Roe: see + RED CAVIAR, also smoked, salted for bait.
Skins: may be used for leather making.

SAUMON ROYAL (Suite) 191

Commercialisé:
Frais: entier et vidé.
Congelé: en filets, en tranches.
Fumé: poisson tranché, côtés ou morceaux de filet saumurés, colorés, séchés, puis fumés à chaud.
Séché: en plein air (Alaska).
Salé: côtés mis en saumure en barils (salage léger).
Conserve: en Grande-Bretagne vendu sous l'appellation de SPRING SALMON.
Œufs: voir + CAVIAR ROUGE; également fumés, salés (appât pour la pêche).
Peaux: peuvent être utilisées comme cuir.

D	Königslachs	DK		E	Salmon chinook
GR	Solomos	I	Salmone reale	IS	
J	Masunosuke	N		NL	Chinook zalm
P	Salmão-real	S	Kungslax	TR	
YU	Vrsta lososa	FI	Kuningaslohi		

192 CHUB MACKEREL

Scomber japonicus

(Cosmopolitan, in warm seas)
Also known as + SPANISH MACKEREL (e.g., in international statistics), which name might, however, also refer to various *Scomberomorus* spp. (see + KING MACKEREL); CHUB MACKEREL is identical with + PACIFIC MACKEREL.
Might also be called THIMBLE-EYED MACKEREL, SOUTHERN MACKEREL.
See also + MACKEREL.

MAQUEREAU ESPAGNOL 192

(Cosmopolite, mers chaudes)
Aussi appelé MAQUEREAU BLANC (Canada).

Voir aussi + MAQUEREAU.

D	Spanische Makrele	DK	Spansk makrel	E	Estornino
GR	Koliós	I	Lanzardo, sgombro cavallo	IS	Spánskur makríll
J	Honsaba, hirasaba, masaba	N	Spansk makrell	NL	Spaanse makreel
P	Cavala	S	Spansk och japansk makrill	TR	Kolyoz
YU	Lokarda, plavica	FI	Japaninmakrilli		

193 CHUM

Oncorhynchus keta

(Pacific – N. America)
One of the five species of PACIFIC SALMON (see + SALMON).
Also called DOG SALMON or KETA SALMON; also known as QUALLA, CALICO SALMON or FALL SALMON.

SAUMON KETA 193

(Pacifique – Amérique du Nord)
L'une des cinq espèces de SAUMON du PACIFIQUE (voir + SAUMON).
Appelé encore SAUMON CHIEN.

[CONTD.]

193 CHUM (Contd.)

Marketed:
Fresh: whole gutted, fillets.
Frozen: whole gutted, headed, fillets, steaks.
Salted: headed, split, washed fish, dry-salted in stacks and packed in boxes.
Smoked: small quantities for local use.

Dried: air-dried (Alaska).
Fermented: + SUSHI (Japan).
Canned: main outlet.
Roe: SALMON CAVIAR, KETA KAVIAR (see + RED CAVIAR, + CAVIAR).
Skins: may be used for leather making.

SAUMON KETA (Suite) 193

Commercialisé:
Frais: entier et vidé; filets.
Congelé: entier, vidé, étêté; en filets, en tranches.
Salé: poisson étêté, tranché lavé, salé à sec en tas, puis mis en caisses.
Fumé: en petites quantités pour la consommation locale.
Séché: en plein air (Alaska).
Fermenté: + SUSHI (Japon).
Conserve: principales ressources.
Œufs: CAVIAR DE SAUMON, KETA KAVIAR (voir + CAVIAR ROUGE, + CAVIAR).
Peaux: peuvent être utilisées comme cuir.

- **D** Hundslachs, Ketalachs
- **GR** Solomos
- **J** Sake, shake, shirozake, akiaji, tokishirazu
- **P** Salmão-cão
- **YU** Vrsta lososa
- **DK**
- **I** Salmone keta
- **N** Ketalaks
- **S** Keta
- **FI** Koiralohi
- **E** Salmon "chum"
- **IS**
- **NL** Chum zalm
- **TR**

194 CLAM   CLAM 194

Different types of clams:

Il existe différentes sortes:

Mya arenaria

(a) + SOFT (SHELL) CLAM
(Atlantic/Pacific – N. America)

(a) + MYE
(Atlantique/Pacifique – Amérique du Nord)

(b) + HARD CLAM
Also used for + QUAHAUG.

(b) +

Saxidomus nuttali or/ou *Venus mortoni*

(Pacific – N. America)

(Pacifique – Amérique du Nord)

Protothaca thaca

(Pacific – S. America)

(Pacifique – Amérique du Sud)

MERETRIX spp.

(Pacific – Japan)

(Pacifique – Japon)

Mercenaria mercenaria or/ou *Venus mercenaria*

(c) + QUAHAUG (QHAHOG)
(Atlantic – N. America/Europe);
Also known as + HARD CLAM and HARD SHELL CLAM.

(c) + PRAIRE, PALOURDE AMÉRICAINE
(Atlantique – Amérique/Europe)

DONAX spp.

(d) + COQUINA CLAM
(Atlantic – Europe/N. America)

(d) +
(Atlantique – Europe/Amérique du Nord)

Saxidomus giganteus

(e) BUTTER CLAM
(Atlantic/Pacific – N. America)
Also called WASHINGTON CLAM.

(e)
(Atlantique/Pacifique – Amérique du Nord)

Mactra sachalinensis

(f) HEN CLAM (Japan)

(f) (Japon)

Anadara subcrenata

(g) MOGAI CLAM (Japan)

(g) (Japon)

[CONTD.

194 CLAM (Contd.)

Protothaca staminea or/ou *Paphia staminea*

(h) LITTLENECK CLAM
(Pacific – N. America). Also called ROCK COCKLE; PACIFIC LITTLENECK.
In New Zealand refers to *Austrovenus stutchburyi*.
Also called COCKLE (family *Veneridae*).

Titaria cordata

(j) GULF CLAM
(Gulf of Mexico)

Tivela stuttorum

(k) PISMO CLAM
(Pacific – N. America)

Spisula solidissima

(l) SURF CLAM
(Atlantic – N. America)
Also called BAR CLAM.

CORBICULA spp.

(m) FRESHWATER CLAM
(Japan)
In Scotland the designation CLAM is also used for + SCALLOP.

Marketed:
Live: in shells.
Fresh: in shell, or shelled meats.
Frozen: in shell, or shelled meats.
Smoked: meats; after precooking and brining, the meats are smoked and packed in oil in cans or jars.
Dried: HOSHIGAI (Japan): shelled meat, skewered with bamboo sticks, sun-dried.
Canned: clams are steamed open and the meats removed from the shells; washed, trimmed and packed, either whole or minced, in cans with either brine or clam liquor, then heat-processed; smoked meats are also canned. Canned soups include + CLAM CHOWDER and CLAM MADRILENE (clear soup garnished with tomato, sorrel and vermicelli) + CLAM LIQUOR itself may also be canned.

(a) to (d) see under separate entries.

See also + CARPET SHELL (*Tapes* spp.), + RAZOR SHELL (*Solenidae*,) + OCEAN QUAHAUG (*Arctica islandica*).

194 CLAM (Suite)

(h) (Pacifique – Amérique du Nord)
En Nouvelle-Zélande se réfère à *Austrovenus stutchburyi*.
Appelé aussi COCKLE (anglais) (famille des *Veneridae*).

(j) (Golfe du Mexique)

(k) (Pacifique – Amérique du Nord)

(l) MACTRE D'AMÉRIQUE
(Atlantique – Amérique du Nord)

(m) (Eaux douces – Japon)

Commercialisé:
Vivant: en coquilles.
Frais: en coquilles, ou décoquillé.
Congelé: en coquilles, ou décoquillé.
Fumé: après cuisson et saumurage, les chairs sont fumées et mises en boîtes ou en bocaux, recouvertes d'huile.
Séché: HOSHIGAI (Japon): décoquillé, transpercé de petits bâtonnets de bambou, séché au soleil.
Conserve: les clams sont passés à la vapeur, puis décoquillés, lavés parés et mis en boîtes entiers ou hachés, couverts d'une saumure ou de leur propre jus, enfin stérilisés; peuvent être fumés avant la mise en conserve. La + SOUPE DE CLAM et la + LIQUEUR DE CLAM peuvent également être mises en boîtes.

(a) à (d) voir rubriques individuelles.

Voir aussi + CLOVISSE/PALOURDE (*Tapes* sp.), + COUTEAU (*Solenidae*), + (*Arctica islandica*).

D	Sandklaffmuschel	DK	Sandmusling
GR	Achiváda	I	Vongole
J	Nimaigai	N	Sandskjell
P	(a) Clame da areia (d) Cadelinha	S	Sandmussla
YU	Školjke	FI	(a) Hietasimpukka
		E	Almeja
		IS	Smyrslingur
		NL	Strandgaper
		TR	Midye türü

195 CLAM CHOWDER

New England: fried salt pork or bacon and onions, then clams and + CLAM LIQUOR added, also potatoes, and seasoning; cooked with either vegetables and tomato juice or milk added afterwards; may be canned.

SOUPE DE CLAM 195

Nouvelle-Angleterre: porc salé ou bacon frit avec de l'oignon, auquel on ajoute les clams et la + LIQUEUR DE CLAM, des pommes de terre et un assaisonnement; cuite soit avec des légumes et du jus de tomates, soit en y ajoutant du lait; peut être mise en conserve.

[CONTD.

195 CLAM CHOWDER (Contd.)		SOUPE DE CLAM (Suite) 195
D	DK	E Sopa de almejas
GR	I Minestra con vongole	IS
J	N	NL Haché met schelpdiervlees
P Sopa de clame	S	TR Midye çorbası
YU Gusta juha od školjkasa	FI	

196 CLAM LIQUOR — LIQUEUR DE CLAM 196

Liquid extracted during the cooking and opening of clams; also called CLAM EXTRACT; undiluted it is called CLAM JUICE, diluted it is called CLAM BROTH, and when concentrated by evaporation is called CLAM NECTAR; may be canned in all these forms or used to fill up canned clam meat.

Liquide extrait durant la cuisson et l'ouverture des clams; appelé encore EXTRAIT DE CLAM; non dilué: JUS DE CLAM, dilué: BOUILLON DE CLAM, concentré: (par évaporation), NECTAR DE CLAM; peut être mis en conserve sous toutes ces formes, ou pour recouvrir les conserves de chair de clam.

D	DK	E Extracto de almejas
GR	I Essenza di vongole	IS
J Kai-no-nijiru	N	NL Schelpdiervocht
P Licor de clame	S Musselextrakt	TR Midye suyu
YU	FI Simpukan keitinliemi	

197 CLEANPLATE HERRING 197

Herring, filleted by a special herring filleting machine, which removes part of the belly wall, also the black belly wall skin, fins and bone (CLEAN PLATE CUT).

Hareng fileté par une machine spéciale qui enlève une partie de la paroi ventrale ainsi que le péritoine, les nageoires et les arêtes.

198 CLEANSED SHELLFISH — COQUILLAGE ÉPURÉ 198

Live molluscs such as mussels, oysters, from which polluting bacteria have been removed by immersion in sterile sea water.
See also + STERILISED SHELLFISH.

Mollusques (moules, huîtres, etc.) vivants, dont les pollutions microbiennes ont été éliminées par un séjour en eau de mer stérile.
Voir aussi + COQUILLAGE STÉRILISÉ.

199 CLIPPED ROE FISH (U.S.A.) — GASPAREAUX À ROGUE 199

Headed gutted alewives with roe left inside.

Gaspareaux étêtés et vidés auxquels on a laissé la rogue.

200 COALFISH 200

Le terme "COALFISH" (anglais) s'applique aux:

(i) Name used for + SAITHE (*Pollachius virens*), belonging to the family *Gadidae*.

(i) *Pollachius virens* (voir + LIEU NOIR), de la famille des *Gadidae*.

(ii) Name also used for + SABLEFISH (*Anopoploma fimbria*), belonging to the family *Anopoplomatidae*.

(ii) *Anopoploma fimbria* (voir + CHARBONNIÈRE), de la famille des *Anopoplomatidae*.

201 COBIA   MAHOU (Guyanes) 201

Rachycentron canadum

(Cosmopolitan in warm seas)   (Cosmopolite, eaux chaudes)
Also called CABIO, BLACK BONITO.

D		DK		E	
GR		I		IS	
J	Sugi	N		NL	
P	Fogueteiro-galego	S		TR	
YU		FI			

201.1 COBBLER   MACHOIRON D'AUSTRALIE 201.1

Cnidoglanis macrocephalus

(Australia)   (Australie)
Marketed as fresh fish.   Commercialisé frais.
In New Zealand refers to *Scorpaena cardinalis*.   En Nouvelle-Zélande s'applique à *Scorpaena cardinalis*. Voir + RASCASSE/SCORPÈNE.
See + SCORPIONFISH.

202 COCKLE   COQUE 202

CARDIDAE

(Cosmopolitan)   (Cosmopolite)
In N. America *Cardidae* might also be designated
+ WINKLE.

(i)   (a)   + COMMON COCKLE   (i)   (a)   + COQUE (COMMUNE)

Cardium edule
or/ou
Cerastoderma edule

(N. Atlantic – Europe/N. Africa)   (Atlantique Nord – Europe/Afrique du Nord)

Cardium corbis

(Pacific – N. America)   (Pacifique – Amérique du Nord)

Cardium aculeatum

    (b)   + SPINY COCKLE   (b)   + SOURDON
        (Atlantic/Mediterranean)   (Atlantique/Méditerranée)

Cardium tuberculatum

    (c)   KNOTTED COCKLE   (c)
        (Atlantic/Mediterranean)   (Atlantique/Mediterranée)

(ii)   In New Zealand, the name COCKLE refers to the + CLAM *Austrovenus stutchburyi* (family *Veneridae*).   (ii)   En Nouvelle-Zélande, le terme COCKLE (anglais) se réfère à + CLAM *Austrovenus stutchburyi* (famille des *Veneridae*).

Marketed: **Commercialisé:**
Live: in shell.   **Vivant:** en coquilles.
Fresh: meats removed from the shell by boiling.   **Frais:** découquillée après cuisson.
Salted: meats, either lightly or heavily dry-salted, depending on length of journey; also bottled in brine.   **Salé:** chair, légèrement ou fortement salée à sec, selon la durée de conservation envisagée; également mis en bocal avec une saumure.
Vinegar cured: bottled in malt vinegar after brining.   **Au vinaigre:** après saumurage, mis en bocal avec du vinaigre de malt.
Canned: in brine.   **Conserve:** au naturel.

D	Herzmuschel	DK	Hjertemusling	E	Berberecho, croque
GR	Kidónia	I	Cuore edule,	IS	Báruskeljar
			(c) Cuore spinoso		
J	Torigai	N	Hjerteskjell	NL	Kokhaan, kokkel
P	Berbigão	S	Hjärtmussla	TR	
YU	Srčanka	FI	Sydänsimpukka		

203 COD

The French term MORUE properly refers to salted cod.

(i) Various *Gadidae* spp., the principal being:

Gadus morhua or/ou Gadus callarias

(a) COD (Atlantic)
Most important food fish in N. Europe.
U.S. size classifications are in pounds; approximate equivalents are as follows:
Scrod: 1.5 to 2.5 lb.
less than 50 cm
Market: 2.5 to 10 lb.
50 cm to 75 cm
Large: 10 to 25 lb.
75 cm to 100 cm
Whole: over 25 lb.
over 100 cm
Other countries employ numerical gradings.

Gadus macrocephalus

(b) +PACIFIC COD
(Pacific)

Eleginus navaga

(c) +WACHNA COD
(N. Atlantic)

Eleginus gracilis

(N. Pacific)

Trisopterus minutus capelanus

(d) +POOR COD
(Mediterranean)

Boreogadus saida

(e) +POLAR COD
(Atlantic/Pacific – North America)

Gadus ogac

(f) GREENLAND COD
(Atlantic – America)
Also called FJORD COD
(Greenland)

To the *Gadidae* spp. belong also +HADDOCK, +NORWAY POUT, +POUT, +POUTASSOU, +WHITING, +SAITHE, +POLLACK, etc.

Marketed:

Fresh: as whole gutted fish, heads on or headless; fillets, skinned or unskinned; steaks (cutlets).
Frozen: as whole gutted fish, heads on or headless; fillets, skinned or unskinned; minced, breaded, uncooked or precooked sticks or portions.
Smoked: filelts, pieces or steaks (cutlets), skinned or unskinned, brined, often dyed, and hot or cold-smoked.
Dried: fillets (mechanically dried); whole fish, split or unsplit, dried naturally or mechanically; e.g. +STOCKFISH (ii).

CABILLAUD/MORUE 203

Le nom "MORUE" s'applique au "Cabillaud salé".

(i) Les principales espèces *Gadidae* sont:

(a) MORUE FRAÎCHE (Atlantique)
Le plus important des poissons comestibles de l'Europe du Nord.
Aux Etats-Unis, la classification se fait sur le poids des poissons:
Scrod: 1.5 à 2.5 lb.
inférieur à 50 cm
Market: 2.5 à 10 lb.
de 50 à 75 cm
Large: 10 à 25 lb.
de 75 à 100 cm
Whole: plus de 25 lb.
à partir de 100 cm

(b) +MORUE DU PACIFIQUE
(Pacifique)

(c) +MORUE ARCTIQUE
(Atlantique N.)

(Pacifique N.)

(d) +CAPELAN DE MÉDITERRANÉE
(Méditerranée)

(e) +MORUE POLAIRE
(Atlantique/Pacifique – Amérique du Nord)

(f) MORUE OGAC
(Atlantique – Amérique)

Les +EGLEFIN, +TACAUD NORVEGIEN, +TACAUD, +POUTASSOU, +MERLAN, +LIEU NOIR, etc. appartiennent aussi aux espèces *Gadidae*.

Commercialisé:

Frais: entier et vidé, avec ou sans tête; filets avec ou sans peau; tranches.
Congelé: entier et vidé, avec ou sans tête; filets avec ou sans peau; haché, "bâtonnets" ou portions panées, crues ou précuites.
Fumé: filets morceaux ou tranches, avec ou sans peau, saumurés, souvent teints, et fumés à chaud ou à froid.
Séché: filets (déshydratés artificiellement); poisson entier, tranché ou non, séché naturellement ou artificiellement; ex. +STOCKFISH (ii).

[CONTD.]

203 COD (Contd.)

Salted: as split fish or as fillets, with few or no bones present, in brine or in dry salt, and dried to varying degrees; saltiness and dryness to suit a particular market; numerous cures are mentioned under specific names, e.g. +KLIPFISH, +BACALAO.

Canned: pieces of fillets or flakes of flesh in own juice, also with sauce (Canada); pieces of smoked fillet (Canada).

Livers: mostly rendered down to extract cod liver oil; may be transported fresh in ice, frozen or salted (+FISH LIVER); salted and canned, sauces and spices may be added; also as paste (COD LIVER PASTE); +COD LIVER MEAL may also be made.

Roe: marketed fresh, boiled, frozen, salted, smoked, canned, and as cod caviar and cod roe sausage; also sold fried, hot or cold.

Pressed roe: canned or frozen cod roe, mixed with edible oil.
Skins: may be tanned for leather manufacture; extracted for glue.
Tongues: fresh or salted.
Cheeks: fresh.
Roe liver paste: Norwegian canned product from fresh cod liver and cod roe, minced and mixed, salt and spices added.

CABILLAUD/MORUE (Suite) 203

Salé: poisson tranché ou en filets désarêtés; en saumure, ou avec du sel sec; puis plus ou moins séché; les degrés de salage et de séchage varient suivant les demandes des marchés; de nombreuses manières de salage donnent des produits particuliers; voir +KLIPFISH, +BACALAO, etc.

Conserve: morceaux de filets ou chair en flocons au naturel ou en sauce (Canada): morceaux de filet fumé (Canada).

Foies: surtout utilisés pour en extraire l'huile; peuvent être transportés frais, dans de la glace, congelés ou salés (+FOIE DE POISSON); salés et mis en conserve, avec ou sans addition de sauces et d'épices; également en pâte (PÂTE DE FOIE DE MORUE); on en fait encore de la +FARINE DE FOIE DE MORUE.

Œufs: commercialisés frais, cuits à l'eau congelés, salés, fumés, en conserve, sous forme de caviar de morue et de saucisse de rogue de morue; vendus aussi frits, chauds ou froids.

Rogue pressée: mélangée avec de l'huile, en conserve ou congelée.
Peaux: peuvent être tannées pour la fabrication du cuir; on en extrait de la colle.
Langues: fraîches ou salées.
Joues: fraîches.
Pâte de foie et d'œufs: produit norvégien en conserve, fait de foie et de rogue de morue frais, hachés et mélangés avec du sel et des épices.

D	Kabeljau, Dorsch, (f) Ogac	**DK**	Torsk, (f) Uvak	**E**	Bacalao
GR	Gádos, bakaliáros	**I**	Merluzzo bianco	**IS**	Þorskur
J	Tara, madara	**N**	Torks, skrei	**NL**	Kabeljauw, (e) Poolkabeljauw, (f) Groenlandse kabeljauw
P	Bacalhau	**S**	(a) Torsk (b) Stillahavstorsk (f) Uvak	**TR**	Morina
YU	Bakalar, ugotica	**FI**	(a) Turska (f) Grönlanninturska		

For (b) to (e) see separate entries.

(ii) In Australia also *Serranidae* (see +SEA BASS) are called COD.

(iii) In New Zealand, +RED COD refers to *Pseudophycis bachus*, family *Moridae*; +BLUE COD refers to *Parapercis colias*, family *Mugiloididae*.

In Australasia +DEEPSEA COD or +RIBALDO refers to *Mora moro*.

Pour (b) à (e) voir les rubriques individuelles.

(ii) En Australie, le nom COD (anglais) s'applique aussi aux *Serranidae*.

(iii) En Nouvelle-Zélande, +RED COD (anglais) se réfère à *Pseudophycis bachus*, de la famille des *Moridae*, voir +MORIDE ROUGE; +BLUE COD (anglais) à *Parapercis colias*, de la famille des *Mugiloididae*.

En Australasie +DEEPSEA COD (anglais) ou +MORO se réfère à *Mora moro*.

204 COD CHEEKS

Edible portion from head of large cod.

JOUES DE MORUE 204

Partie comestible de la tête de la morue.

D		**DK**		**E**	Carrilleras de bacalao
GR		**I**	Guance di merluzzo	**IS**	Kinnar
J		**N**		**NL**	Lippen en kelen
P	Caras de bacalhau	**S**		**TR**	Morine kafası
YU		**FI**	Turskan pääliha		

205 CODFISH BRICK (U.S.A.)

Pieces of salted dried cod compressed by mould into solid brick of about 1 to 2 lb weight (New England).

- **D**
- **GR**
- **J**
- **P** Pedaços de bacalhau em forma de tijolos
- **YU**

- **DK**
- **I** Mattonelle di baccalá
- **N**
- **S**
- **FI**

BRIQUE DE MORUE (E.U.) 205

Morceaux de morue salée et séchée pressés dans des moules en blocs solides pesant de 1 à 2 livres (Nouvelle-Angleterre).

- **E** Briquetas de bacalao
- **IS**
- **NL**
- **TR**

206 CODLING 206

Small cod under 63 cm in length; also called JOSSER.

The German term "DORSCH" is mainly used for catches from the Baltic Sea.

"ÞYRSKLINGUR" in Icelandic refers to *small* codling (less than 54 cm).

Cabillaud de moins de 63 cm de longueur.

Le mot allemand "DORSCH" indique généralement les morues capturées dans la mer Baltique.

"ÞYRSKLINGUR" en Islandais se réfère aux *petites* moruettes (moins de 54 cm).

- **D** Dorsch
- **GR**
- **J**
- **P** Bacalhau pequeno
- **YU**

- **DK** Småtorsk
- **I** Piccolo merluzzo bianco
- **N** Småtorsk
- **S**
- **FI** Pieni turska

- **E** Bacaladito
- **IS** Smáþorskur, þyrsklingur
- **NL** Gul
- **TR**

207 COD LIVER MEAL

Made on a very small scale in some areas by drying the residues from cod liver oil manufacture. Used as animal feedingstuff; in Japan also made from other species than cod (KANZO MATSU).

FARINE DE FOIE DE MORUE 207

Fabriquée sur une très petite échelle dans certaines régions en séchant les résidus de la fabrication d'huile de foie de morue. Sert dans l'alimentation du bétail; au Japon, fabriquée aussi avec des espèces autres que la morue (KANZO-MATSU).

- **D** Dorschlebermehl
- **GR**
- **J** Kanzô matsu
- **P** Farinha de fígado de bacalhau
- **YU** Bakalerevo jetreno brašno

- **DK** Torskelevermel
- **I** Farina di fegato di merluzzo
- **N** Torskelevermel
- **S** Torsklevermjöl
- **FI** Turskanmaksajauho

- **E** Harina de higado de bacalao
- **IS** Lifrarmjöl
- **NL** Kabeljauwlevermeel
- **TR**

208 COD LIVER OIL

Oil extracted from livers of cod and sometimes other suitable gadoids, such as haddock; in Britain either the crude oil is extracted by boiling the livers at sea, and then further refined ashore, or the livers are landed for complete processing ashore, depending upon the size of vessel and length of fishing trip.

HUILE DE FOIE DE MORUE 208

Huile extraite des foies de morues et parfois de certains autres gadidés tel que l'églefin; on extrait l'huile brute en faisant bouillir les foies en mer en vue d'un raffinage ultérieur à terre; ou encore, les foies sont ramenés à terre pour un traitement complet, le choix dépendant de la taille des navires et de la longueur des voyages.

- **D** Dorschleberöl, Dorschlebertran
- **GR** Mourounélaion
- **J** Tara kanyu
- **P** Óleo de fígado de bacalhau
- **YU** Bakalarevo jetreno ulje

- **DK** Torskeleverolie
- **I** Olio di fegato di merluzzo
- **N** Torskelevertran
- **S** Torskleverolja
- **FI** Turskanmaksaöljy

- **E** Aceite de higado de bacalao
- **IS** Þorskalýsi
- **NL** Levertraan
- **TR** Tıbbî balık yağı

209 COD LIVER PASTE

Edible paste made from cod livers, with spices and other flavouring ingredients.
Marketed canned; also as sausages.

- **D** Dorschleberpaste
- **GR**
- **J**
- **P** Pasta de fígado de bacalhau
- **YU** Bakalareva jetrena pašteta
- **DK** Torskeleverpostej
- **I** Pasta di fegato di merluzzo
- **N** Torskeleverpostei
- **S** Torskleverpastej
- **FI** Turskanmaksatahna
- **E** Pasta de higado de bacalao
- **IS** Þorska-lifrarkæfa
- **NL** Kabeljauwleverpastei
- **TR**

PÂTE DE FOIE DE MORUE 209

Pâte comestible à base de foies de morues additionnée d'épices ou autres aromates.
Commercialisée en conserve; également en saucisses.

210 COHO

Oncorhynchus kisutch

(Pacific – N. America)

One of the five species of PACIFIC SALMON (see + SALMON).

Also called SILVER SALMON; also known as BLUEBACK, MEDIUM RED SALMON, JACK SALMON or + SILVERSIDE.

Marketed:
Fresh: whole gutted, fillets.
Frozen: whole gutted, headed; fillets (fresh and frozen: main outlets).
Salted: headed split fish or fillets, washed, pickled for about ten days in barrels (hard salted) then repacked in barrels in brine.
Dried: headed, split, air dried (Alaska).
Smoked: see + INDIAN CURE SALMON.
Canned: in some countries as MEDIUM RED SALMON.

- **D** Silberlachs
- **GR** Solomos coho
- **J** Ginzake, ginmâsu
- **P** Salmão prateado
- **YU** Vrsta pacifičkog lososa
- **DK**
- **I** Salmonè argentato
- **N**
- **S** Stillahavslax
- **FI** Hopealohi
- **E** Salmon "coho"
- **IS**
- **NL** Cohozalm
- **TR**

SAUMON ARGENTÉ 210

(Pacifique – Amérique du Nord)

L'une des cinq espèces de SAUMON du PACIFIQUE (voir + SAUMON).

Commercialisé:
Frais: entier et vidé; en filets.
Congelé: entier, vidé et étêté; en filets (frais et congelé: débouchés principaux).
Salé: poisson étêté et tranché ou filets lavés, salé en barils pendant environ dix jours (salage intense) puis remis en barils avec une saumure.
Séché: poisson étêté, tranché et salé en plein air (Alaska).
Fumé: voir + INDIAN CURE SALMON.
Conserve: dans certains pays, commercialisé avec l'étiquette: MEDIUM RED SALMON.

211 COLD-SMOKED FISH

Fish cured by smoking at air temperatures not higher than 30 °C (86 °F) – in some countries 90 °F – to avoid cooking the flesh or coagulating the proteins; tropical species may be smoked at slightly higher temperatures; various products e.g. + FINNAN HADDOCK, + GOLDEN CURE, + KIPPER, + LACHSHERING (Germany).

- **D** Kaltgeräucherter Fisch
- **GR**
- **J** Reikun-gyo
- **P** Peixe fumado a frio
- **YU** Hladno dimljena riba
- **DK** Koldrøget fisk
- **I** Affumicato a freddo
- **N** Kaldrøkt fisk
- **S** Kallrökt fisk
- **FI** Kylmäsavustettu kala
- **I** Pescado ahumado en frío
- **IS** Kaldreyktur fiskur
- **NL** Koudgerookte vis
- **TR** Soğuk füme balık

POISSON FUMÉ À FROID 211

Poisson préparé par fumage à des températures ne dépassant pas 30 °C (86 °F) – 90 °F dans certains pays – afin d'éviter de cuire le poisson et d'en coaguler les protéines; certaines espèces tropicales peuvent être fumées à des températures légèrement supérieures; ex.: + HADDOCK, + HARENG ROUGE, + HARENG FUMÉ, + LACHSHERING (Allemagne).

212 COLD STORAGE

Storage at temperatures below freezing point; generally below −18°C (0°F); in many countries recommended temperature is below −30°C.

Distinguish from + CHILL STORAGE.

See also + FROZEN FISH.

D Tiefkühllagerung
GR Psigía
J Reizô
P Armazenagem de congelados
YU

DK Frostlagring
I Conservazione al freddo
N Fryselagring
S Fryslagring

FI Kylmävarasto

ENTREPOSAGE FRIGORIFIQUE 212

Entreposage à des températures inférieures au point de congélation commerciale; généralement en dessous de −18°C (0°F); dans de nombreux pays on recommande une température inférieure à −30°C.

A distinguer de + ENTREPOSAGE RÉFRIGÉRÉ.

Voir aussi + POISSON CONGELÉ.

E Almacenamiento frigorífico
IS Frystigeymd
NL Diepvriesopslag
TR Soğuk muhafaza

213 COLOMBO CURE

+ INDIAN MACKEREL (*Rastrelliger canagurta*) gutted and cured in wooden barrels with salt and Malabar tamarind.

SALÉ COLOMBO 213

Maquereau du Pacifique (*Rastrelliger canagurta*) vidé et conditionné dans des barils en bois avec du sel et du tamarinier de Malabar.

214 COMBER

Serranus cabrilla

(Red Sea/Mediterranean/Atlantic)
Belonging to the family *Serranidae* (see + SEA BASS).
Also called GAPER.

D Ziegenbarsch
GR Xános
J
P Serrano-alecrim
YU Kanjac

DK Havaborre
I Perchia
N
S Havsabborre
FI Pastelliahven

SERRAN CHÈVRE 214

(Mer Rouge/Méditerranée/Atlantique)
De la famille des *Serranidae* (voir + BAR).

E Cabrilla
IS
NL
TR Asil hani

215 COMMON COCKLE

Cardium edule or/ou *Cerastoderma edule*

(N. Atlantic – Europe/N. Africa)

(Pacific – N. America)
For further details see + COCKLE.

D Essbare Herzmuschel
GR Kydóni
J Torigai

P Berbigão
YU Srčanka

DK Hjertemusling
I Cuore edule
N Hjerteskjell, saueskjell
S Hjärtmussla
FI Sydänsimpukka

COQUE COMMUNE 215

(Atlantique Nord – Europe/Afrique du Nord)
Cardium corbis
(Pacifique – Amérique du Nord)
Pour de plus amples détails, voir + COQUE.

E Berberecho, croque
IS Hjartaskel
NL Kokkel, kokhaan
TR

216 COMMON DOLPHIN

Delphinus delphis delphis

(Cosmopolitan)
See also + DOLPHIN.

D Gemeiner Delphin
GR Delphini
J Bandoiruka
P Golfinho
YU Pliskavica, dupin

DK Delfin
I Delfino
N Delfin
S Springare, vanlig delfin
FI Delfiini

DAUPHIN COMMUN 216

(Cosmopolite)
Voir aussi + DAUPHIN.

E Delfin
IS Höfrungur
NL Dolfijn
TR Adi yunus

217 COMMON OYSTER — HUÎTRE PLATE 217

Ostrea edulis

(Europe)
Also called FLAT OYSTER, EUROPEAN OYSTER; in U.K. commonly referred to as + NATIVE OYSTER (see that entry).
For further details see + OYSTER.

(Europe)
En Grande-Bretagne appelée couramment huître de pays (voir + HUÎTRE INDIGÈNE).
Pour de plus amples détails, voir + HUÎTRE.

- **D** Auster
- **GR** Strídia
- **J** Kaki
- **P** Ostra-plana, europeia
- **YU** Kamenica
- **DK** Østers
- **I** Ostrica europea piatta
- **N** Østers
- **S** (Europeiskt) ostron
- **FI** Osteri
- **E** Ostra (plana)
- **IS** Ostra
- **NL** Oester
- **TR** Istiridye

218 COMMON PRAWN — BOUQUET 218

Palaemon serratus or/ou *Leander serratus*

(N. Atlantic/Mediterranean – Europe/N. Africa)

(Atlantique Nord/Méditerranée – Europe/Afrique du Nord)
Aussi appelée CREVETTE ROSE.

See also + PRAWN.
Voir aussi + CREVETTE.

- **D** Sägegarnele
- **GR** Garida
- **J**
- **P** Camarão branco
- **YU** Kozica obična
- **DK** Roskildereje
- **I** Gamberello
- **N** Strandreke
- **S** Tångräka
- **FI** Leväkatkarapu
- **E** Camarón gámba
- **IS** Rækja
- **NL** Steurkrab, steurgarnaal
- **TR** Teke

219 COMMON SHORE CRAB — CRABE VERT 219

Carcinus maenas or/ou *Carcinus mediterraneus*

(Atlantic/Mediterranean)
Also called GREEN SHORE CRAB.
For marketing forms see + CRAB.

(Atlantique/Méditerranée)

Pour les formes de commercialisation, voir + CRABE.

- **D** Strandkrabbe
- **GR** Kavouras
- **J**
- **P** Caranguejo verde
- **YU** Rak, obična zakovica
- **DK** Strandkrabbe
- **I** Granchio comune, granchio riparo
- **N** Strandkrabbe
- **S** Strandkrabba
- **FI** Rantataskurapu
- **E** Cangrejo de mar
- **IS** Krabbi
- **NL** Strandkrab
- **TR** Çingene pavuryasi

220 COMMON SHRIMP — CREVETTE GRISE 220

The name COMMON SHRIMP is very often used to designate *Crangon crangon* (N.E. Atlantic – Europe) especially in international statistics; in U.K. trade, it is usually called + BROWN SHRIMP.

See also + SHRIMP.
Voir + CREVETTE.

- **D** Nordseekrabbe, Granat, Garnele
- **GR** Garída
- **J**
- **P** Camarão-negro, camarão-mouro
- **YU** Kozice
- **DK** Hestereje, sandhest
- **I** Gamberetto grigio
- **N** Hestereke
- **S** Sandräka, hästräka
- **FI** Hietakatkarapu
- **E** Quisquilla
- **IS** Hrossaraekya
- **NL** Garnaal
- **TR** Karides

221 COMMON SOLE — SOLE COMMUNE 221

Solea vulgaris vulgaris or/ou *Solea solea*

(Atlantic/North Sea)

Also called BLACK SOLE, +DOVER SOLE, PARKGATE SOLE, RIVER SOLE; SEA PARTRIDGE, SLIP (often small ones), SOUTHPORT SOLE, TRUE SOLE, TONGUE or +SOLE.

In New Zealand, COMMON SOLE generally refers to *Peltorhamphus novaezeelandiae*, (family *Pleuronectidae*).

(Atlantique/Mer du Nord)

En Nouvelle-Zélande, COMMON SOLE (anglais) se réfère généralement à *Peltorhamphus novaezeelandiae*, LA CAMARDE DE NLLE ZELANDE de la famille des *Pleuronectidae*.

Marketed:
Fresh: whole, gutted; fillets.
Frozen: whole, gutted; fillets.
Canned: precooked fillets in various fine sauces.
See also +SOLE.

Commercialisé:
Frais: entier et vidé; en filets.
Congelé: entier et vidé; en filets.
Conserve: filets cuisinés en sauces variées.
Voir aussi +SOLE.

D	Seezunge, Zunge	**DK**	Tunge, søtunge	**E**	Lenguado
GR	Glóssa	**I**	Sogliola	**IS**	Sölflúra
J		**N**	Tunge	**NL**	Tong
P	Linguado legítimo	**S**	Sjötunga, äkta tunga	**TR**	Dil
YU	List	**FI**	Kielikampela, meriantura		

222 CONCH — LAMBIS 222

STROMBUS spp.
BUSYCON spp.

(Atlantic – N. America)
Mollusc, similar to +WINKLE.

(Atlantique – Amérique du Nord)
Mollusque, semblable au +BIGORNEAU.

D		**DK**		**E**	
GR		**I**	Buccina	**IS**	
J	Sodegai	**N**		**NL**	
P	Estrombo, cornetinha	**S**	Vingsnäcka	**TR**	Migri
YU		**FI**			

223 CONDENSED FISH SOLUBLES — SOLUBLES DE POISSON 223

The aqueous portion of the press liquor produced during manufacture of fish meal (stickwater) from which some of the moisture has been evaporated to give a thick syrup containing usually 40/–50% of solids; may be marketed as such or may be added back to press cake before drying to give a WHOLE FISH MEAL or FULL FISH MEAL. See also +WHOLE MEAL.

Partie aqueuse du liquide exprimé par pression pendant la fabrication de la farine de poisson, qui après évaporation de l'eau donne un sirop épais contenant de 40 à 50% de solides; peut être commercialisé tel quel, ou ajouté au gâteau de presse, avant séchage, pour obtenir une FARINE DE POISSON ENTIÈRE ou COMPLÈTE. Voir aussi +FARINE COMPLÈTE.

D	Eingedickte Fisch-solubles	**DK**	Fish-solubles, limvandskoncentrat	**E**	Solubles de pescado
GR		**I**	Solubili condensati di pesce	**IS**	Soðkjarni
J	Nôshuku fuisshu soryûburu	**N**	Limvannskonsentrat	**NL**	Persvocht concentraat
P	Sucos condensados de peixe	**S**	Limvattenkoncentrat	**TR**	
YU	Koncentrat otpadne vode	**FI**	Kalannestekonsentraatti		

224 CONGER — CONGRE 224

CONGRIDAE

(Cosmopolitan)
Also known as CONGER EEL, which particularly refer to:

(Cosmopolite)
Et plus particulièrement les espèces:

Conger conger
CONGRE COMMUN

(Atlantic – Europe)

(Atlantique – Europe)

[CONTD.]

224 CONGER (Contd.)   CONGRE (Suite) 224

Conger oceanicus

(Atlantic – N. America)   CONGRE D'AMÉRIQUE
                               (Atlantique – Amérique du Nord)

Conger verreauxi

(Australia, New Zealand)   (Australie, Nouvelle Zélande)

Marketed: **Commercialisé:**

Fresh: **Frais:**

Smoked: hot smoked, mostly in pieces.   **Fumé:** principalement en morceaux, fumés à chaud.

Semi-preserved: e.g. in jelly; see + KOCHFISCHWAREN.   **Semi-conserve:** par ex. en gelée; voir + KOCHFISCHWAREN.

D	Congeraal, Meeraal, Conger	**DK**	Havål	**E**	Côngrio
GR	Mougrí (dógros)	**I**	Grongo	**IS**	Hafáll
J	Anago	**N**	Havål	**NL**	Zeepaling, kommeraal, congeraal
P	Congro, safio	**S**	Havsål	**TR**	Miğri
YU	Ugor	**FI**	Meriankerias		

225 COQUINA CLAM   225

Donax variabilis

(a) COQUINA CLAM   (a)
(Atlantic – N. America)   (Atlantique – Amérique du Nord)
Also called WEDGE SHELL.

Donax trunculus

(b) WEDGE SHELL   (b) OLIVE DE MER
(Atlantic/Mediterranean)   (Atlantique/Méditerranée)

D	(a) Trogmuschel (b) Stumpfmuschel	**DK**		**E**	Coquina
GR	Kohíli	**I**	Tellina	**IS**	
J	Fujinohanagai	**N**		**NL**	Zaagje
P	Cadelinha	**S**		**TR**	
YU	Kunjka	**FI**	Liemisimpukka		

226 CORAL   CORAIL 226

(i) Soft greenish-black ovary of ripe female lobster; turns red when cooked; used for making sauce.

(ii) In France, "corail" also refers to the orangey parts (gonads) of coquilles Saint-Jacques and other scallops (*Pecten* spp).

(iii) In Spain, "corales" also generally refers to cooked eggs of all edible crustaceans.

(i) Ovaire gris sombre de homard femelle, devenant rouge après cuisson; utilisé dans la préparation de sauces.

(ii) En France, le "corail" désigne les gonades, couleur orange, des coquilles St-Jacques et d'autres espèces *Pecten*.

(iii) En Espagne, "corales" désigne généralement les œufs cuits de tout crustacé comestible.

D		**DK**		**E**	Coral
GR		**I**	Corallo	**IS**	
J		**N**		**NL**	Koraal
P	Coral	**S**		**TR**	Mercan
YU		**FI**			

227 CORNED ALEWIVES (U.S.A.)   227

Alewives lightly salted in a mixture of salt and brine, after gutting and washing, then packed in salt in barrels.

See also + ALEWIFE.

Gaspareaux légèrement salés dans un mélange de sel et de saumure, après avoir été vidés et lavés, puis mis en barils recouverts de sel.

Voir aussi + GASPAREAU.

227.1 CORVINA

Name used in many countries and languages but for different species.

See + DRUM + CROAKER.

CORVINA 227.1

Ce terme utilisé dans de nombreux pays s'applique à des espèces différentes.

Voir + SCIAENIDÉS.

228 COUCH'S SEA BREAM

Sparus pagrus

See also + RED PORGY
Also called BRAIZE; + SCUP (Argentina).

PAGRE COMMUN 228

Voir + DORADE.

D	Sackbrasse	DK		E	Pargo
GR	Phágri Mertzáni	I	Pagro	IS	
J		N		NL	
P	Pargo-legítimo	S		TR	Mercan, kirma
YU	Pagar crvenac	FI	Pargo		

229 COUNT

Number of fish or shellfish per unit of weight.

In France the term "moule" refers to the number of fish per kilogram and is only used for *clupeidae*.

MOULE 229

Nombre de poissons ou coquillages par unité de poids.

En France, le terme "moule" se réfère au nombre de poissons par kilogramme et s'emploie uniquement pour les *Clupéidae*.

D	Anzahl Fische im Kilo	DK	Antal fisk pr kg	E	Numero de peces por kilo
GR		I	Numero dei pesci per chilogramma	IS	Fjöldi fiska í vogeiningu
J		N	Antal fisk pr kg	NL	Aantal vissen in een kilo
P	Múle: numero de peixes por quilograma	S	Antal fisk per kg	TR	Tane
YU	Broj riba u 1 kg pecatura	FI	Kalan lukumäärä painoyksikköä kohti		

230 COURT-BOUILLON (France)

Stock consisting of salt water, spices, vegetables, vinegar and sometimes white wine, used for cooking fish.

COURT-BOUILLON (France) 230

Bouillon composé d'eau salée, d'épices, de légumes, de vinaigre, éventuellement de vin blanc, servant à la cuisson du poisson.

D	Fischbrühe, Fischbouillon	DK		E	
GR		I	Court-bouillon	IS	
J		N		NL	Court-bouillon
P	Caldo de peixes	S		TR	
U		FI	Maustettu kalaliemi		

231 CRAB

The name crab is used in connection with a great number of decapod crustaceans of the families *Cancridae* (including *Cancer* spp.), *Portunidae* (including *Callinectes* spp.); *Majidae*, *Xanthidae*, etc.

The most important species are listed under their individual names:

CRABE 231

On appelle crabe un grand nombre de crustacés décapodes de la famille des *Cancridae* (comprenant les espèces *Cancer*), des *Portunidae* (comprenant les espèces *Callinectes*), des *Majidae*, des *Xanthidae*, etc.

Les espèces principales sont répertoriées individuellement:

Callinectes sapidus

(a) + BLUE CRAB
  (Atlantic – U.S.A.)

(a) + CRABE BLEU
  (Atlantique – E.U.)

NEPTUNUS spp.
CHARYBDIS spp.

(Pacific – Japan)

(Pacifique – Japon)

[CONTD.

231 CRAB (Contd.) **CRABE** (Suite) **231**

Carcinus maenas
- (b) +COMMON SHORE CRAB
  (Atlantic/Mediterranean)
  Also called GREEN SHORE CRAB.
- (b) +CRABE VERT
  (Atlantique/Méditerranée)

Cancer magister
- (c) +DUNGENESS CRAB
  (Pacific)
  Also called MARKET CRAB in California.
- (c) +DORMEUR DU PACIFIQUE
  (Pacifique)

Cancer pagurus
- (d) +EDIBLE CRAB
  (Europe)
- (d) +TOURTEAU
  (Europe)

Paralithodes camchaticus
- (e) +KING CRAB
  (Pacific – N. America/Japan/U.S.S.R.)
- (e) +CRABE ROYAL
  (Pacifique – Amérique du Nord/Japon/U.R.S.S.)

Maia squinado
- (f) +SPINOUS SPIDER CRAB
  (Europe)
- (f) +ARAIGNÉE DE MER
  (Europe)

Portunus puber or/ou *Liocarcinus puber*
- (g) +SWIMMING CRAB
  (Europe)
  +SWIMMING CRAB
  In New Zealand SWIMMING CRAB refers to *Ovalipes catharus*, also called PADDLE CRAB, SURF CRAB.
- (g) +ÉTRILLE
  (Europe)
  +SWIMMING CRAB (anglais)
  En Nouvelle-Zélande se réfère à *Ovalipes catharus*, appelé aussi PADDLE CRAB, SURF CRAB (anglais).

Portunus pelagicus
- (h) SAND CRAB
  (Australia)
- (h)
  (Australie)

Scylla serrata
- (j) MUD CRAB
  (Australia/New Zealand)
- (j)
  (Australie/Nouvelle-Zélande)

LIMULUS spp.
- (k) HORSESHOE CRAB
  (N. America)
  Might also be called +KING CRAB.
- (k) LIMULE
  (Amérique du Nord)

Cancer borealis
- (l) JONAH CRAB
  (N. America)
- (l) TOURTEAU JONA
  (Amérique du Nord)

Erimacrus isenbeckii
- (m) KEGANI
  (Japan)
- (m)
  (Japon)

Cancer irroratus
- (n) ROCK CRAB
  (Atlantic – N. America)
- (n) TOURTEAU POINCLOS
  (Atlantique – Amérique du Nord)

Menippi mercenaria
- (o) STONE CRAB
  (Atlantic – N. America)
- (o) CRABE CAILLOU NOIR
  (Atlantique – Amérique du Nord)

CHIONOECETES spp.
Chionoecetes opilio
Chionoecetes bairdii
Chionoecetes tanneri
- (p) SNOW CRAB
  (Pacific – Japan)
  Also called TANNER CRAB, QUEEN CRAB (*Chionoecetes tanneri*).
- (p) Aussi appelé CRABE DES NEIGES
  (Pacifique – Japon)

[CONTD.]

231 CRAB (Contd.)

TANNER CRAB is called ZUWAIGANI in Japan where it is one of the important species for the production of crab meat.

CRABE (Suite) 231

TANNER CRAB est appelé ZUWAIGANI au Japon où il représente l'une des principales espèces utilisées pour la production de chair de crabe.

Geryon quinquedens

(q) RED CRAB

Main forms of marketing:
Live:
Fresh: cooked whole crab; cooked meat; picked meat in iced container; dressed crab (white meat, brown meat with bread or cereal filler, and seasoning).
Frozen: cooked whole crab; cooked meat.
Canned: white meat, sometimes with butter; and prepared dishes, e.g. CRAB NEWBURG, and smoked crab legs (U.S.A.); cooked crab meat is also packed unprocessed in sealed cans.
Pastes: from fresh or smoked meat, in cans or jars, sometimes mixed with other spp., e.g. lobster; pastes may also be described as pâtes or spreads, depending on composition of mixture.
Soup: canned.
Shells: used for fish meal manufacture.

Note: Distinction should be made between white meat (muscle) and brown meat (liver and gonads).

See also + CRAB MEAT, + DRESSED CRAB.

Principales formes de commercialisation:
Vivant:
Frais: crabe entier cuit; chair cuite; chair dans de la glace; crabe paré (chair blanche et brune avec une garniture à base de céréales et assaisonée).
Congelé: crabe entier cuit; chair cuite.
Conserve: chair blanche, parfois avec du beurre; plats cuisinés, ex.: CRABE NEWBURG, et pattes de crabe fumées (E.U.); la chair du crabe cuite peut être mise en boîte au naturel.
Pâtes: à base de chair fraîche ou fumée, en boîtes ou en bocaux, parfois mélangée, avec du homard par exemple; la consistance des pâtes dépend de la composition du mélange.
Soupe: en conserve.
Carapaces: servent à la fabrication de farine de poisson.

Note: Il faut distinguer la chair blanche (muscles) de la chair brune (foie et gonades).

Voir aussi + CHAIR DE CRABE, + CRABE PARÉ.

D	Kurzschwanz-Krebs, krabbe	**DK**	Krabbe	**E**	Cangrejo
GR	Kávouras	**I**	Granchio	**IS**	Krabbi
J	Kani	**N**	Krabbe	**NL**	Krab
P	Caranguejo	**S**	Krabba	**TR**	Yengeç ćağanoz (b) pavurya
YU	Rak	**FI**	Taskurapu		

For (a) to (g) see under these items.

Pour (a) à (g) voir les rubriques individuelles.

231 (k)

D	Pfeilschwanz-Krebs	**DK**		**E**	
GR		**I**	Ferro di cacallo	**IS**	
J		**N**		**NL**	
P		**S**	Dolksvans	**TR**	
YU		**FI**	Molukkirapu		

232 CRAB CAKES

Fish cakes prepared from crab meat, bread crumbs, butter, eggs, seasoning, etc., and fried in deep fat (U.S.A.).

BEIGNETS DE CRABE 232

Préparés avec la chair du crabe, de la chapelure des œufs, un assaisonnement, etc. et frits à la grande friture (E.U.).

D		**DK**		**E**	Pastelillos de cangrejo
GR		**I**	Focacce di granchi	**IS**	
J		**N**		**NL**	
P	Bolos de caranguejos	**S**	Krabbkaka	**TR**	Böcek
YU	Kolači od raka	**FI**	Taskurapupihvi		

233 CRAB MEAT

In international trade, the term CRAB MEAT designates canned white meat. (The colour is usually white except for red pigmented muscle meat from legs and chelae.)

The most important species used are: + EDIBLE CRAB, + DUNGENESS CRAB, + KING CRAB, + BLUE CRAB, + TANNER CRAB.

In U.K. both white and brown meat are marketed, the latter being used especially as raw material by crab paste manufacturers.

Distinguish from + DRESSED CRAB.
See also + CRAB.

- **D** Krabbenfleisch
- **GR**
- **J** Kani-niku
- **P** Carne de caranguejo
- **YU**
- **DK** Krabbekød
- **I** Carne di granchi
- **N**
- **S** Krabbkött
- **FI** Taskuravunliha

CHAIR DE CRABE 233

Dans le commerce international, le terme CHAIR DE CRABE désigne la chair blanche en boîte (chair généralement blanche, sauf celle des pattes pigmentée de rouge).

Les principales espèces utilisées sont le + TOURTEAU, le crabe + DORMEUR, le + CRABE ROYAL, le + CRABE BLEU.

En Grande-Bretagne, les chairs blanches et brunes sont toutes deux commercialisées, la dernière surtout comme matière première pour la fabrication de pâte de crabe.

Ne pas confondre avec + CRABE PARÉ.
Voir aussi + CRABE.

- **E**
- **IS**
- **NL** Krabbenvlees
- **TR** Yengeç eti

233.1 CRAB STICKS

Uniform cylindrical sticks made of + SURIMI, to which is added CRAB MEAT, colouring and flavouring.

In the U.K. may be marketed as CRAB FLAVOURED STICKS if they contain crabmeat, CRAB FLAVOUR STICKS if they only contain flavouring.

Also called ARTIFICAL CRAB STICKS, CRAB FLAVOURED STICKS, IMITATION CRAB STICKS (U.S.A.).

- **D** Falsche krabbenstúbchen
- **GR**
- **J**
- **P**
- **YU**
- **DK**
- **I**
- **N**
- **S**
- **FI**

BATONNETS DE POISSON AROMATISÉS AU CRABE 233.1

Bâtonnets cylindriques uniformes faits de + SURIMI texturé et cuit auquel on ajoute des colorants et des aromes à base de crabe.

Au R.U. peuvent être commercialisés sous forme de bâtonnets aromatisés au crabe s'ils contiennent de la chair de crabe.

Appelé aussi BATONNETS ANALOGUES DE CRABE.

- **E** Patas de Cangrejo
- **IS**
- **NL**
- **TR**

234 CRAPPIE

POMOXIS spp.

(Freshwater – N. America)
Belonging to the family *Centrarchidae* (see + SUNFISH).

Pomoxis annularis

(a) WHITE CRAPPIE
Also called CALICO BASS.

Pomoxis nigromaculatus

(b) BLACK CRAPPIE

MARIGANE NOIRE 234

(Eaux douces – Amérique du Nord)
De la famille des *Centrarchidae*.

(a) CRAPET CALICOT

(b)

235 CRAWFISH

The name CRAWFISH properly refers to *Palinurus, Panulirus* and *Jasus* spp. (seawater species), and is synonymously used to + SPINY LOBSTER and + ROCK LOBSTER; these species might, however, also be designated by + CRAYFISH, which should properly refer to *Cambarus* and *Astacus* spp. (freshwater species).

In international statistics, the following terminology has been adopted:

PALINURUS spp.
PANULIRUS spp.

+ SPINY LOBSTER

LANGOUSTE 235

Le terme LANGOUSTE s'applique aux espèces *Palinurus, Panulirus* et *Jasus* (espèces marines), alors que les ÉCREVISSE (espèces d'eau douce) désignent les espèces *Cambarus* et *Astacus*.

+ LANGOUSTE

[CONTD.]

235 CRAWFISH (Contd.) LANGOUSTE (Suite) 235

JASUS spp.

TROPICAL ROCK LOBSTER +LANGOUSTE
(Australia)
ROCK LOBSTER
These species might also be called SPRING LOBSTER or LANGOUSTE.

The most important are listed below: Ci-dessous, les principales espèces:

(a) +SPINY LOBSTER (a) +LANGOUSTE

Palinurus vulgaris

(Europe) (Europe)

Panulirus argus

CARIBBEAN SPINY LOBSTER LANGOUSTE BLANCHE
(N. and S. America – Atlantic) (Amérique du Nord et du Sud – Atlantique)

Panulirus interruptus

CALIFORNIAN SPINY LOBSTER LANGOUSTE MEXICAINE
(N. America – Pacific) (Amérique du Nord – Pacifique)

Palinurus mauretanicus

PINK SPINY LOBSTER LANGOUSTE ROSE
(Africa) (Afrique)

(i) Panulirus regius (ii) Panulirus japonicus

ROYAL SPINY LOBSTER (i) LANGOUSTE ROYALE
(Japan) (ii) LANGOUSTE DU JAPON
  (Japon)

(i) Panulirus longipes cygnus (ii) Panulirus versicolor

(i) SPOTTED-LEGGED RED LOBSTER (i) LANGOUSTE DIABLOTIN
(ii) PAINTED SPINY LOBSTER (ii) LANGOUSTE BARRIOLÉE
(Australia) (Australie)
(known as WESTERN CRAYFISH)

Panulirus ornatus

ORNATE SPINY LOBSTER LANGOUSTE ORNÉE
(known as PAINTED CRAYFISH)

(b) +ROCK LOBSTER (b) +LANGOUSTE

Jasus lalandii

(South Africa – Atlantic/Indian Ocean) (Afrique du Sud – Atlantique/Océan indien)

Jasus verreauxi

(Australia/New Zealand) (Australie/Nouvelle-Zélande)
(known as EASTERN ROCK LOBSTER in Australia and PACKHORSE, ROCK LOBSTER in New Zealand.)

Jasus novaehollandiae

(Australia) (Australie)
(known as SOUTHERN ROCK LOBSTER)

Jasus edwardii

(New Zealand) (Nouvelle-Zélande)
(known as SPINY ROCK LOBSTER)

Marketed: **Commercialisé:**
Live: whole. **Vivant:** entier.
Fresh: whole, or tails, or shelled meats, raw or cooked; see also +CRAWFISH SOUP. **Frais:** entier, ou queues, ou chair décortiquée crue ou cuite; voir aussi +SOUPE DE LANGOUSTE.
Frozen: tails or shelled meats. **Congelé:** queues ou chair décortiquée.
Canned: meats. **Conserve:** chair.
Pastes: see +CRAWFISH BUTTER. **Pâtes:** voir +BEURRE DE LANGOUSTE.
Meal: see +CRAWFISH MEAL. **Farine:** voir +FARINE DE LANGOUSTE.

D Languste	**DK** Languster	**E** Langosta
GR Astakos	**I** Aragosta	**IS** Humar
J Iseebi	**N** Languster	**NL** Langoesten
P Lagosta	**S** Languster	**TR** Böcek
YU Jastog	**FI** Langusti	

236 CRAWFISH BUTTER — BEURRE DE LANGOUSTE 236

Precooked crawfish meat or meal mixed with butter fat; sterilized (in cans or jars; similar to + ANCHOVY BUTTER).

Chair ou farine de langouste cuite et mélangée avec du beurre; stérilisée (en boîtes ou en bocaux; préparation semblable à celle du + BEURRE D'ANCHOIS).

- D
- GR
- J
- P Pasta de lagosta
- YU
- DK
- I Burro d'aragosta
- N
- S
- FI Langustitahna
- E
- IS
- NL Langoesten-boter
- TR

237 CRAWFISH MEAL — FARINE DE LANGOUSTE 237

Dried and ground crawfish waste (shells, claws, meat); mixed with salt and spices to CRAWFISH SOUP POWDER or CRAWFISH FLOUR (finely ground).

Déchets de langouste (carapaces, pattes, miettes de chair) séchés, broyés et mélangés, avec du sel et des épices, à la POUDRE DE SOUPE DE LANGOUSTE ou à la POUDRE DE LANGOUSTE (finement broyée).

- D Krebsmehl
- GR
- J
- P Farinha de lagosta
- YU Brašno od jastoga
- DK
- I Farina di aragoste per mangiare
- N
- S Langustmjöl
- FI Langustijauho
- E Harina de langosta
- IS Humarmjöl
- NL Langoestenboter
- TR

238 CRAWFISH SOUP — SOUPE DE LANGOUSTE 238

Prepared from meat or from ground claws etc., may be canned; also dehydrated and marketed as powder.

See + CRAWFISH MEAL.

Préparée avec la chair de la langouste ou avec les pattes broyées; peut être mise en conserve; déshydratée, elle est commercialisée sous forme de poudre.

Voir + FARINE DE LANGOUSTE.

- D Krebs-suppe
- GR Soupa ne astako
- J
- P Sopa de lagosta
- YU Juha od rakova
- DK
- I Zuppa di aragosta
- N
- S Langustsoppa
- FI Langustikeitto
- E Sopa de langosta
- IS Humarsúpa
- NL Langoestensoep
- TR

239 CRAWFISH SOUP EXTRACT — EXTRAIT DE SOUPE DE LANGOUSTE 239

CRAWFISH BUTTER mixed with lard, flour, salt and spices.

BEURRE DE LANGOUSTE mélangé avec du saindoux, de la farine, du sel et des épices.

- D Krebssuppen-Extrakt
- GR
- J
- P Extracto de sopa de lagosta
- YU Ekstrakt juhe rakova
- DK
- I Estratto di zuppa di aragoste
- N
- S Langustsoppsextrakt
- FI Langustikeiton liemi
- E Extracto de sopa de langosta
- IS
- NL Langoestensoep extract
- TR

240 CRAYFISH BISQUE — BISQUE D'ÉCREVISSES 240

Canned, prepared from freshwater spp., using crayfish meat, butter and flour together with a variety of seasoning.

See + BISQUE.

Préparée avec de la chair d'écrevisses (espèces d'eau douce), du beurre, de la farine ainsi que des assaisonnements variés.

Commercialisée en conserve.

Voir + BISQUE.

- D
- GR
- J
- P Guizado de lagostim
- YU Konzervirani riječni rak
- DK
- I Crema di gamberidi fiume
- N
- S Kräftsoppa
- FI Rapukeitto
- E Sopa de cangrejos de rio
- IS
- NL Kreeftensoep
- TR

241 CRAYFISH — ÉCREVISSE 241

The name CRAYFISH properly refers to various freshwater lobsters of *Cambarus* and *Astacus* spp.; it should not be confused with seawater species (see + CRAWFISH).

Le mot désigne différents crustacés d'eau douce des espèces *Cambarus* et *Astacus*.

CAMBARUS spp.

(a) (Freshwater – N. America (Eastern part))   (a) (Eaux douces – Amérique (Nord-Est))

ASTACUS spp.

(b) (Freshwater – N. America (Western part))   (b) (Eaux douces – Amérique (Nord-Ouest))

Astacus astacus or/ou *Astacus fluviatilis*

(c) (Freshwater – Europe)   (c) (Eaux douces – Europe)

Euastacus armatus

(d) MURRAY CRAYFISH   (d)
   (Freshwater – Australia)   (Eaux douces – Australie)

Cherax destructor

(e) YABBIE   (e)
   (Freshwater – Australia)   (Eaux douces – Australie)

Cherax tenuimanus

(f) MARRON   (f)
   (Freshwater – Australia)   (Eaux douces – Australie)

(g) FRESHWATER CRAYFISH   (g)
In New Zealand, refers to *Paranephrops* species.

En Nouvelle-Zélande s'applique aux espèces *Parenephrops*.

Marketed alive or fresh, also frozen, dried to powder; canned as + CRAYFISH BISQUE.

Commercialisée vivante ou fraîche, congelée, séchée en poudre; + BISQUE D'ÉCREVISSES en conserve.

D (a) Flusskrebs
   Amerikanischer Flusskrebs
   (c) Edelkrebs, Flusskrebs
GR Karavída
J Zarigani

P Lagostim-do-rio

YU Potočni (riječni)

DK (c) Krebs, flodkrebs

I Gambero di fiume
N Ferskvannskreps

S Kräftor,
   (c) Flodkräfta (kräftor)
FI Ravut,
   (c) Rapu, jokiäyriäinen

E Camarón
   (South America)
   Cangrejo de rio
IS Fljótakrabbi
NL Rivierkreeft,
   zoetwaterkreeft
TR Kerevit

241.1 CREAMFISH — 241.1

Parika scaber

(New Zealand)
The trade name for the COMMON LEATHER-JACKET, (family *Balistidae*).
Marketed fresh headed, gutted, and skinned.

(Nouvelle-Zélande)
Nom commercial du (famille des *Balistidae*.)
Commercialisé étêté frais, vidé et sans peau.

D Deuckerfisch
GR Gourounopsaro
J Umazurahagi
P
YU

DK
I Pesce Balestra
N
S
FI

E Pez Ballesta
IS
NL Trekkervis
TR

242 CREVALLE JACK — CARANGUE CREVALLE 242

Caranx hippos

(Atlantic – N. America)
Also called CREVALLE; which name might also refer to *Caranx crysos*.
See + JACK.
Mainly found in East Central Atlantic.
Marketed fresh, frozen, smoked and salted/dried.

(Atlantique – Amérique du Nord)

Voir aussi + CARANGUE.
Principalement trouvé dans l'Atlantique centre-est.
Commercialisé frais, congelé, fumé et salé/séché.

D
GR Kokalli
J Uma-aji
P
YU Trnobokar

DK
I Carango Cavallo
N
S Taggmakrill
FI Hevospiikkimakrilli

E Caballa
IS
NL
TR

243 CRIMSON SEA BREAM

EVYNNIS spp.

(Japan)
Belongs to the family *Sparidae* (see + SEA BREAM).
Important food fish in Japan.
Marketed fresh, sometimes frozen.
J Chidai, hirekodai

(Japon)
De la famille des *Sparidae* (voir + DORADE).
Très important au Japon.
Commercialisé frais, parfois surgelé.

244 CROAKER   SCIAENIDÉS 244

SCIAENIDAE

(Cosmopolitan)   (Cosmopolite)

Sciaenidae are also referred to as + DRUM.

Micropogon undulatus

(a) + ATLANTIC CROAKER   (a) + TAMBOUR BRÉSILIEN
    (N. and S. America)   (Amérique Nord et Sud)

Atrobucca nibe or/ou
Argyrosomus nibe or/ou *Cheilotrema saturnum*

(b) + BLACK CROAKER   (b) COURBINE NOIR
                                         MAMSELLE NOIRE
    (Pacific – Japan/N. America)   (Pacifique – Japon/Amérique du Nord)

Argyrosomus argentatus or/ou *Genyonemus lineatus*

(c) + WHITE CROAKER   (c) MAIGRE ARGENTÉ
                                        COURBINE BLANCHE
    (Pacific – Japan/N. America)   (Pacifique – Japon/Amérique du Nord)

Pseudosciaena manchurica

(d) YELLOW CROAKER   (d) COURBINE JAUNE
    (Japan)   (Japon)

Umbrina cirrosa

(e) CORB   (e) OMBRINE CÔTIÈRE
    (Atlantic/Mediterranean)   (Atlantique/Méditerranée)

(i) *Umbrina canariensis*
(ii) *Umbrina roncador*

(f) YELLOWFIN CROAKER   (f) (i) OMBRINE BRONZE
                                           (ii) OMBRINE GARABATTE
    (Pacific – N. America)   (Pacifique – Amérique du Nord)

Cynoscion nebulosus

(g) SPOTTED WAKFISH   (g) ACOUPA PINTADE
    (Atlantic)   (Atlantique)
    Also known as SPOTTED SEATROUT (U.S.A.).

Paralonchurus peruanus

(h) COCO CROAKER   (h) BOURRUGUE COCO
    (Pacific – S. America)   (Pacifique – Amérique du Sud)
    Also known as PERUVIAN CROAKER.

To this family belong also the *Menticirrhus* spp. (see + KING WHITING) and *Cynoscion* spp. (see + WEAKFISH).

Les genres *Menticirrhus* et *Cynoscion* appartiennent également à la famille des *Sciaenidae*.

D Adlerfisch
GR Kránios
J Guchi, ishimochi, nibe
P Corvina
YU

DK Ørnefisk
I Scienidi
N
S Havsgös
FI Rumpukala

E Corbina
IS
NL Ombervis
TR Iskine, mavrusgil balığı

245 CROWN BRAND   245

Official mark applied to barrels of pickle cured herring packed in Scotland and N.E. England to indicate that contents conformed to regulations governing size, condition and cure. Although Crown Branding is no longer practised, the terms used for individual brands are still sometimes used

Marque officielle s'appliquant aux barils contenant des harengs préparés en Ecosse et dans le Nord-Est de l'Angleterre, pour indiquer que le contenu est conforme aux règlementations fixant la taille, le conditionnement et le traitement. Quoique ce marquage ne soit plus en vigueur, les terms utilisés

[CONTD.]

245 CROWN BRAND (Contd.) (Suite) 245

to designate the nature of the product. The specifications were:

LA FULL: Full of milt or roe and not less than 11¼ inches long.
FULL: Full of milt or roe and not less than 10¼ inches long.
MATFULL: Full of milt or roe and not less than 9¼ inches long.
MEDIUM: Maturing or filling fish not less than 9½ inches long and with the long gut removed.
MATTIE: Not less than 9 inches long and with the long gut removed.

See + HARD SALTED HERRING.

pour les différentes marques le sont encore pour désigner la nature du produit. Les spécifications étaient les suivantes:

LA FULL: Harengs avec laitance ou rogue, d'au moins 11¼ pouces de long.
FULL: Harengs avec laitance ou rogue, d'au moins 10¼ pouces de long.
MATFULL: Harengs avec laitance ou rogue, d'au moins 9¼ pouces de long.
MEDIUM: Jeune hareng plein, d'au moins 9½ pouces de long, éviscéré.
MATTIE: Hareng d'au moins 9 pouces de long, éviscéré.

Voir + HARENG FORTEMENT SALÉ.

246 CRUCIAN CARP — CYPRIN 246

Carassius carassius

(Freshwater – Europe/Asia)
Belonging to the family *Cyprinidae*
(see + CARP).

One of the most important freshwater fishes in Japan.

For marketing forms see + CARP.

(Eaux douces – Europe/Asie)
De la famille des *Cyprinidae*
(voir + CARPE).

Parmi les plus importants poissons d'eau douce, au Japon.

Pour la commercialisation, voir + CARPE.

D	Karausche	**DK**	Karudse	**E**	Carpin
GR	Petaloúda	**I**	Carossio	**IS**	
J	Funa	**N**	Karuss	**NL**	Kroeskarper
P	Pimpão	**S**	Ruda	**TR**	Kırmızı balık
YU	Karas	**FI**	Ruutana		

247 CUCKOO RAY — RAIE FLEURIE 247

Raja naevus

(North Sea/Irish Sea)
Also called BUTTERFLY SKATE.
See also + RAY and + SKATE.

(Mer du Nord/M. d'Irlande)

Voir aussi + RAIE.

D	Kuckucks-rochen	**DK**	Pletrokke	**E**	Raya santiaguesa
GR	Sálahi, raïa	**I**	Razza fiorita	**IS**	
J		**N**		**NL**	Grootoogsog
P	Raia-de-dois-olhos	**S**	Blomrocka, fläckrocka	**TR**	Vatoz
YU	Raža smedja	**FI**	Marmorirausku		

248 CUMMALMUM (India) — CUMMALMUM (Inde) 248

Sundried BONITO.

BONITE séché au soleil.

249 CUNNER — LIMBERT ACHIGAN 249

Tautogolabrus adspersus

(Atlantic – U.S.A.)
Belonging to the family *Labridae*
(see + WRASSE).
Also called PERCH, SEA PERCH, BLUE PERCH, CHOGSET.

(Atlantique – E.U.)
De la famille des *Labridae*
(voir + LABRE).

250 CUSK 250

Name used in N. America and in ICNAF Statistics for + TUSK (*Brosme brosme*); for more details, see there.

Voir + BROSME.

251 CUSK EEL — ABADÈCHES 251

OPHIDIIDAE

(Cosmopolitan)

(Cosmopolite)

D		**DK**		**E**	Doncella
GR		**I**	Gallettos	**IS**	
J		**N**		**NL**	
P	Cobra-do-mar	**S**		**TR**	Kayiş
YU	Hujke	**FI**	Partanilkka		

252 CUT HERRING 252

Headless pickle cured and spice cured herring: also called CLIPPED HERRING.
See + NOBBING.

Hareng étêté, salé à sec et conditionné en saumure épicée.
Voir + ÉVISCÉRATION.

D		DK	Hovedskåret sild	E	Arenque descabezado en salmuera
GR		I	Aringhe decapitate in salamoia	IS	Cutsíld, (hausskorin síld)
J		N	Hodekappet sild	NL	Gepekelde en gekruide ontkopte haring
P	Arenque descabeçado em salmoira	S	Huvudkapad sill	TR	Ayıklanmış ringa
YU		FI	Maustesuolattu päätön silli		

253 CUTLASSFISH POISSON-SABRE 253

General name for the family *Trichiuridae* (Cosmopolitan), but particularly refers to *Trichiurus* spp.

Désigne de façon générale la famille des *Trichiuridae* (Cosmopolite), mais plus particulièrement les espèces *Trichiurus*.

Trichiurus lepturus

(a) ATLANTIC CUTLASSFISH
 (N. America)

(a) POISSON SABRE COMMUN
 (Amérique du Nord)

Trichiurus nitens

(b) PACIFIC CUTLASSFISH
 (N. America/Japan)
Also called HAIRTAIL or SILVER EEL.
Marketed fresh in Japan, also used as raw material for + PEARL ESSENCE.

(b) POISSON SABRE DU PACIFIQUE
 (Amérique du Nord/Japon)

Commercialisés frais au Japon; constituent la matière première pour la fabrication d' + ESSENCE D'ORIENT.

To this family belong also:

De la même famille:

Lepidopus xantusi

(c) + SCABBARDFISH
 (Pacific – N. America)

(c) + SABRE CEINTURE
 (Pacifique – Amérique du Nord)

Lepidopus caudatus

(d) + FROSTFISH
 (Cosmopolitan in warm seas)

(d) + SABRE ARGENTÉ
 (Cosmopolite, mers chaudes)

D	Haarschwanz	DK	Hårhale	E	Pez sable
GR	Spathópsaro, ílios	I	Pesce coltello	IS	
J	Tachiuo, tachi-no-uo	N	Trådstjert	NL	
P	Peixe-espada (d) Lírio (a)	S	Hårstjärt (a)	TR	Kılkuyruk
YU	Zmijičnjak (a)	FI	Huotrakala		

254 CUTLET 254

(i) Term used for BLOCK FILLET: see + FILLETS.
(ii) Other term for + STEAK.

Le terme "CUTLET" (anglais) s'applique aux:
(i) FILET DOUBLE et
(ii) + TRANCHE.

255 CUT LUNCH HERRING 255

Marinated split herring, with skin on and bone left in, cut into small "bite-size" pieces and packed with vinegar or wine sauces.
 SEMI-PRESERVED, also with preserving additives.

Hareng tranché et mariné, avec la peau et les arêtes, coupé en "bouchées" et couvert de vinaigre ou de sauces au vin.
 SEMI-CONSERVE, parfois avec adjonction d'antiseptiques.

[CONTD.

255 CUT LUNCH HERRING (Contd.) (Suite) 255

- **D** Delikatess-Herings-happen
- **DK**
- **E**
- **GR**
- **I** Aringhe al vino
- **IS**
- **J**
- **N**
- **NL** Gemarineerde sneedjes haring
- **P** Arenque cortado em marinada
- **S**
- **TR**
- **YU**
- **FI**

256 CUT SPICED HERRING 256

Small slices of filleted and skinned herring, cured in salt, sugar and spices like +ANCHOSEN, and packed in brine with vinegar, sugar and spices.
SEMI-PRESERVE, also with preserving additives.
See also + GAFFELBIDDER.

Petites tranches de hareng fileté et sans peau, macérées dans du sel, du sucre et des épices, comme les +ANCHOSEN, puis recouvertes de saumure vinaigrée, sucrée et épicée.
SEMI-CONSERVE, parfois avec adjonction d'antiseptiques.
Voir aussi + GAFFELBIDDER.

- **D** Gabelbissen
- **DK** Gaffelbidder
- **E**
- **GR**
- **I** Aringhe alle spezie
- **IS**
- **J**
- **N** Gaffel biter
- **NL** Gekruide sneedjes haringfilet
- **P** Arenque cortado com especiarias
- **S** Skivsill
- **TR**
- **YU**
- **FI** Haarukkapalasilli

257 CUTTLEFISH SÈCHE 257

SEPIA spp.
SEPIOLA spp.

(Cosmopolitan) (Cosmopolite)

Sepia officinalis

(a) CUTTLEFISH (a) SÈCHE COMMUNE
(Atlantic/Mediterranean) (Atlantique/Méditerranée)

Sepiola rondeleti

(b) LITTLE or LESSER CUTTLEFISH (b) SÉPIOLE NAINE
(Atlantic/Mediterranean) (Atlantique/Méditerranée)

Rossia macrosoma

(c) ROSS CUTTLE (c) SÉPIOLE MELON
(Mediterranean) (Méditerranée)

Used commercially in much the same manner as the + SQUID.
Commercialisée de façon analogue au + CALMAR.

- **D** Sepia,
  (a) Gemeiner Tintenfisch
  (b) Zwerg-sepia
- **DK** Blæksprutte
- **E** Jibia
  (b) globito, chopo
- **GR** Soupiá
  (b) soupítsa
- **I** Seppia (b) seppiola
  (c) seppiola grossa
- **IS** Smokkfiskur, kolkrabbi
- **J** Ko-ika, Ma-ika
- **N** Blekksprut
- **NL** Inktvis
- **P** Choco, chopo
- **S** Bläckfisk,
  (b) liten bläckfisk
- **TR** Sübye, sepya, mürekkep balığı
- **YU** Sipa, (b) sipica, bobica
- **FI** Mustekala

258 DAB LIMANDE 258

Limanda limanda

(a) (*a*) COMMON DAB
(N. Atlantic/North Sea)
Also called GARVE, GARVE FLUKE, SAND DAB.

(a) (*a*) LIMANDE COMMUNE
(Atlantique Nord/Mer du Nord)

258 DAB (Contd.)

Marketed:
Fresh: whole gutted.
Frozen: whole gutted.
Smoked: whole gutted and headed fish, salted and hot-smoked.

Limanda herzensteini

(b) MAGAREI
(Japan)

Limanda ferruginea

(c) + YELLOWTAIL FLOUNDER
(Atlantic – N. America)

In New Zealand name also used for + SAND FLOUNDER (*Rhombosolea plebeia*).

D Scharbe, Kliesche	**DK** Ising, slette	**E** Limanda, limanda nordica
GR Chromatida	**I** Limanda	**IS** Sandkoli
J Karei	**N** Sandflyndre	**NL** Schar
P (a) Solha escura do mar do norte	**S** Sandskädda	**TR** Pisi balığı
(c) Solha dos mares do norte		
YU Iverak	**FI** Hietakampela	

(b) Name also used for + AMERICAN PLAICE (*Hippoglossoides platessoides*).

LIMANDE (Suite) 258

Commercialisé:
Frais: entier vidé.
Congelé: entier vidé.
Fumé: poisson entier, étêté et vidé, salé et fumé à chaud.

(b) LIMANDE MAGAREI
(Japon)

(c) + LIMANDE À QUEUE JAUNE
(Atlantique – Amérique du Nord)

En Nouvelle-Zélande, terme également utilisé pour + CAMARDE DE NOUVELLE-ZELANDE (*Rhombosolea plebeia*).

(b) Le nom "DAB" (anglais) s'applique aussi au + BALAI (*Hippoglossoides platessoides*).

259 DAENG (Philippines)

Gutted, split MILKFISH (*Chanidae*) or + INDIAN MACKEREL (*Rastrelliger* spp.) brined and sun-dried.

J Saba hiraki boshi

DAENG (Philippines) 259

CHANIDÉ (*Chanidae*) ou + MAQUEREAU DU PACIFIQUE (espèce *Rastrelliger*) tranché, vidé, saumuré puis séché au soleil.

260 DANUBE SALMON

Hucho hucho

(Danube and tributaries)

(East Russia and Siberia)

HUCHON ou SAUMON 260 DU DANUBE

(Danube et ses affluents)

Hucho taimen

(Russie orientale et Sibérie)

D Huchen, Sibirischer Huchen	**DK**	**E**
GR	**I** Salmone del danubio	**IS**
J	**N**	**NL**
P Salmâo do Danúbio	**S** Danube	**TR** Alabalık türü
YU	**FI** Jokinieriä	

261 DATE SHELL

Lithophaga lithophaga

(Atlantic/Mediterranean)

DATTE DE MER 261

(Atlantique/Méditerranée)

D Meerdattel	**DK**	**E** Dátil de mar
GR Lithóphagos, daktilí	**I** Dattero di mare	**IS**
J Ishimate	**N**	**NL**
P Mixilhão-africano	**S**	**TR**
YU Prstać, kamenotoč	**FI** Kivitaateli	

261.1 DEEPSEA COD

Mora moro

A New Zealand trade name generally applied to the + RIBALDO (family *Moridae*). This species may be labelled as MORID COD in the U.S.A.

IS Djuphafsporskur

MORO 261.1

Nom commercial néo-zélandais appliqué généralement au + MORO (famille des *Moridae*).

262 DEEP-WATER PRAWN

Pandalus borealis

(N. Atlantic/Pacific – Europe/N. America/Japan/U.S.S.R.)

In North America, this species is mainly designated as +PINK SHRIMP; also called DEEP-WATER RED SHRIMP.

See also +PRAWN, +SHRIMP, +PINK SHRIMP.

CREVETTE NORDIQUE 262

(Atlantique Nord/Pacifique – Europe/Amérique du Nord/Japon/U.R.S.S.)

En Amérique du Nord, cette espèce est appelée communément +CREVETTE ROSE.

Voir aussi +CREVETTE, +CREVETTE ROSE.

- **D** Tiefseegarnele
- **GR** Garída
- **J** Hokkokuakaebi
- **P** Camarão ártico
- **YU** Kozica
- **DK** Dybhavsreje
- **I** Gamberello boreale
- **N** Dypvanns reke, dyphavs reke, reke
- **S** Nordhavsräka
- **FI** Pohjankatkarapu
- **E** Camarón
- **IS** Kampalampi
- **NL** Noorse garnaal
- **TR** Derin deniz karidesi

263 DEHYDRATED FISH

Originally fish that had been dried under controlled conditions to a predetermined moisture content as opposed to fish that had been dried by exposure to natural climatic conditions or (in Canada) by use of mechanical drying equipment.

The term is now generally synonymous with +DRIED FISH. In France the term "déshydraté" is used for dried fish of low water content.

See also +FREEZE DRYING.

POISSON DÉSHYDRATÉ 263

Poisson partiellement séché, sous contrôle.

A distinguer du poisson séché par exposition au soleil ou au vent, ou dans des séchoirs mécaniques (au Canada).

Le terme est souvent employé comme synonyme de +POISSON SÉCHÉ. En France, le terme "déshydraté" s'applique au poisson séché dont la teneur en eau est faible.

Voir aussi +CRYODESSICATION.

- **D**
- **GR**
- **J** Dassui-gyo, jinkô-kansô-gyo
- **P** Peixe desidratado
- **YU** Osušena riba, dehidrirana riba
- **DK** Kungstigt tørret fisk
- **I** Pesce disidratato
- **N** Kunstig tørket fisk
- **S** Artificiellt torkad fisk
- **FI** Keinokuivattu kala
- **E** Pescado deshidratado
- **IS** Hús-þurrkaður fiskur
- **NL** Kunstmatig gedroogde vis
- **TR** Susuz balık

264 DELICATESSEN FISH PRODUCTS

Fish products prepared usually with salt, vinegar and spices, having a limited storage life and usually ready for consumption without further preparation.

E.g. From herring;
DELICATESSILD (Norway)
DELIKATESILL (Sweden)
DELIKATESSILD (Germany).

SEMI-PRESERVES, also with preserving additives.

See also +ANCHOSEN (Germany).

The term may also apply to any smoked or salted fish product that is ready-to-eat.

In Germany Delicatessen fish products with special flavouring agents (mayonnaise, rémoulades or special spiced brine) are called FEINMARINADEN, raw material often +MATJE CURED HERRING (ii).

DELICATESSEN 264

Produits à base de poisson, préparés d'habitude avec du sel, du vinaigre et des épices, ayant une durée de conservation limitée et géneralement prêts à être consommés sans autre préparation.

Ex.: À base de hareng;
DELICATESSILD (Norvège)
DELIKATESILL (Suède)
DELIKATESSILD (Allemagne).

SEMI-CONSERVES, avec parfois addition d'antiseptiques.

Voir aussi +ANCHOSEN (Allemagne).

Le terme peut s'appliquer à tout produit de pêche fumé ou salé prêt à la consommation.

En Allemagne, les Delicatessen préparés avec de la mayonnaise, en rémoulade ou en saumure aromatisée sont appelés FEINMARINADEN; le produit cru +MATJE CURED HERRING (ii).

- **D** Fischfeinkost-Erzeugnisse
- **GR**
- **J**
- **P** Semi-conserva de peixe
- **YU** Delikatesni proizvod
- **DK**
- **I** Semi-conserve di pesce
- **N**
- **S** Fiskinläggningar
- **FI** Herkkukalasäilyke
- **E**
- **IS**
- **NL** Visdelikatessen
- **TR**

265 DESCARGAMENTO (Spain)

Lean meat from area of backbone of unspawned tuna, or any portions of flesh of spawned tuna, except belly flesh.

See + MOJAMA (Spain).

DESCARGEMENTO (Espagne) 265

Chair maigre autour de la colonne vertébrale du thon avant la fraie, ou toute partie de la chair du thon, après la fraie, à l'exception de la paroi abdominale.

Voir + MOJAMA (Espagne).

266 DEVILFISH

(i) *Mobula mobular*
(Atlantic/Mediterranean)
belonging to the *Mobulidae* which also generally might be called DEVILFISH (see + MANTA).

D	Kleiner Teufels-Rochen	**DK**	Djævlerokke
GR	Seláhi kephalóptero	**I**	Diavolo di mare
J		**N**	
P	Jamanta, Diabo-do-mar	**S**	
YU	Golub uhan	**FI**	Sarvirausku

(ii) Name used for + ANGLERFISH (*Lophius* spp.).
(iii) Name also used for + OCTOPUS (*Polypus* spp.).

MANTE 266

(i) *Mobula mobular*
(Atlantique/Méditerranée)
de la famille des *Mobulidae*; aussi appelée DIABLE DE MER (voir + MANTE).

E	Manta
IS	
NL	Kleine duivelsrog
TR	

(ii) Le terme "DEVILFISH" (anglais) s'applique aussi aux *Lophius* spp. (voir + BAUDROIE) et
(iii) *Polypus* spp. (voir + POULPE).

267 DICED FISH

Fish flesh cut into small cubes.

D	Gewürfeltes Fischfleisch	**DK**	Fisk i terninger
GR		**I**	Filetti di pesce a dadi
J	Kakugiri	**N**	
P	Peixe cortado em cubos	**S**	Fisktärningar
YU	Kocke od mesa ribe	**FI**	Kuutioitua kalaa

POISSON EN CUBES 267

Chair de poisson coupée en petits cubes.

E	
IS	Bita-skorinn fiskur
NL	Visblokjes
TR	

268 DIGBY CHICK

+ RED HERRING prepared at Digby, Nova Scotia. Herring less than 8 inches (20 cm) in length.

268

+ HARENG ROUGE, préparé à Digby, Nouvelle-Écosse. Hareng d'une longueur inférieure à 8 pouces (20 cm).

269 DINAILAN (Philippines)

SHRIMP PASTE made from very small crustaceans, sun-dried for one day, ground and pounded for two more days, then formed into cylinders or cubes.

DINAILAN (Philippines) 269

PÂTE DE CREVETTES faite avec de très petits crustacés, séchée au soleil pendant une journée; et deux jours encore après avoir été broyée et pilée; ensuite moulée en forme de cylindres ou de cubes.

270 DJIRIM (U.S.S.R.)

Heavily salted and dried flesh of sturgeon: inferior form of + BALIK.

DJIRIM (U.R.S.S.) 270

Chair d'esturgeon fortement salée et séchée; qualité inférieure du + BALIK.

271 DOGFISH

The name DOGFISH is applied to a number of unrelated species of smallish + SHARK. There are three groups of DOGFISH: family *Squalidae* (spiny dogfishes, see (i) below) in the Squaliformes, and the families *Scyliorhinidae* (more generally called catsharks (ii) below), and *Triakidae* (smooth dogfishes, (iii) below) in the Carchariniformes.

AIGUILLAT 271

Le nom DOGFISH (anglais) est un nom général donné à plusieurs espèces distinctes de + REQUIN: appartenant à trois familles: *Squalidae* (Squaliformes) *Scyliorhinidae* et *Triakidae* (Carchariniformes).

SQUALIDAE

The most important species are listed below;
(i) (in N. America these are generally referred to as DOGFISH SHARK):

Principales espèces ci-dessous:
(i) (En Amérique du Nord, généralement appelés CHIEN DE MER):

Squalus acanthias

(a) + PICKED DOGFISH
(Atlantic/Pacific – Europe/N. America)
In Scotland commonly named SPUR DOG or DOG.
In New Zealand commonly named SPINY or SPIKY DOGFISH.
In N. America commonly named SPINY or SPRING DOGFISH.

(a) + AIGUILLAT COMMUN
(Atlantique/Pacifique – Europe/Amérique du Nord)

Squalus cubensis

(b) CUBAN DOGFISH
(Atlantic – N. America)

(b) AIGUILLAT CUBAIN
(Atlantique – Amérique du Nord)

Squalus blainvillei

(c) NORTHERN DOGFISH
(Cosmopolitan in temperature and warm seas)

(c) AIGUILLAT GALLUDO
(Cosmopolite, eaux chaudes ou tempérées)

Centroscyllium fabricii

(d) QABLACK DOGFISH
(Atlantic – N. America)

(d) AIGUILLAT NOIR
(Atlantique – Amérique du Nord)

(e) Other species of the family *Squalidae* are referred to as sharks: see + SPINY SHARK, + GREENLAND SHARK, + HUMANTIN.

(e) D'autres espèces de la famille des *Squalidae* sont appelées requins; voir + CHENILLE, + LAIMARGUE, + CENTRINE.

D	Dornhai, Dornfisch	**DK**	Pighaj	
GR	Skylópsaro	**I**	Gattuccio	**E** Galludo, mielga
J	Same	**N**	Pigghå	**IS** Háfur
P	Galhudo	**S**	Haj, (a) Pigghaj	**NL** Doornhaai (a)
YU	Psi, kostelj	**FI**	Hai, (a) Piikkihai	**TR** Köpek balığı

See under the individual entries.

Voir les rubriques individuelles.

(ii) (in N. America these are generally referred to as CAT SHARK):

(ii) (En Amérique du Nord généralement appelés REQUIN-TAPIS):

Galeus melastomus

(a) + BLACK-MOUTHED DOGFISH
(Atlantic/Mediterranean)

(a) + CHIEN ESPAGNOL
(Atlantique/Méditerranée)

Scyliorhinus stellaris

(b) + LARGER SPOTTED DOGFISH
(Atlantic/Mediterranean)

(b) + GRANDE ROUSSETTE
(Atlantique/Méditerranée)

Scyliorhinus caniculus

(c) + LESSER SPOTTED DOGFISH
(N. Atlantic/North Sea)

(c) + PETITE ROUSSETTE
(Atlantique Nord/Mer du Nord)

[CONTD.]

271 DOGFISH (Contd.)

Scyliorhinus retifer

(d) CHAIN DOGFISH
(Atlantic – N. America)
Other species of this family might be referred to as sharks, see e.g. + BROWN CAT SHARK.

D Katzenhai	**DK** Rødhaj	**E** Gata
GR	**I**	**IS**
J	**N** Rødhå	**NL** Hondshaai
P Pata roxa	**S** Rödhaj	**TR** Kedi
YU Mačke	**FI** Punahai	

See under the individual entries.

MUSTELUS spp.

(iii) + SMOOTH HOUND
(Atlantic/Mediterranean/Pacific – Europe/N. America)
See under this entry.

AIGUILLAT (Suite) 271

(d) ROUSSETTE MAILLE
(Atlantique – Amérique du Nord)

Voir les rubriques individuelles.

(iii) + EMISSOLE
(Atlantique/Méditerranée/Pacifique – Europe/Amérique du Nord)

272 DOLLY VARDEN

Salvelinus malma

(Pacific/Freshwater – N. America)
Also called DOLLY VARDEN TROUT (CHAR), SALMON TROUT, BULL TROUT.
The name SALMON TROUT may also refer to + BROOK TROUT (*Salvelinus fontinalis*) and + SEA TROUT (*Salmo trutta*). See + TROUT and + SEA TROUT.
See also + CHARR.

OMBLE MALMA 272

(Eaux douces/Pacifique – Amérique du Nord)
Appelé aussi OMBLE DU PACIFIQUE.

Voir aussi + OMBLE.

273 DOLPHINFISH

CORYPHAENIDAE

(Tropical and subtropical water)
Also known as DORADO.

Coryphaena hippurus

(a) MAHI-MAHI (U.S.A.)
(Atlantic/Mediterranean/Pacific – Europe/America)

Coryphaena equisetis

(b) POMPANO DOLPHIN
(Atlantic – America)

CORYPHÈNE 273

(Eaux tropicales et subtropicales)
Peut être commercialisé sous le nom de DORADE CORYPHÈNE

(a) CORYPHÈNE COMMUNE
(Atlantique/Méditerranée/Pacifique – Europe/Amérique)

(b) CORYPHÈNE DAUPHIN
(Atlantique – Amérique)

D Goldmakrele	**DK** Guldmakrel	**E** Lampuga, dorado
GR Kynygós	**I** Lampuga	**IS**
J Shiira	**N**	**NL** Dolfijnvis (Sme.), (a) goudmakreel
P (a) Doirado	**S** Guldmakrill	**TR**
YU Pučinka skakavica, lampuga	**FI** Dolfiini	

274 DOLPHIN

DELPHINIDAE
DELPHINAPTERIDAE

(Cosmopolitan)

Delphinus delphis delphis

(a) + COMMON DOLPHIN
(Cosmopolitan)

Tursiops truncatus

(b) + BOTTLE-NOSED DOLPHIN
(Cosmopolitan)

DAUPHIN 274

(Cosmopolite)

(a) + DAUPHIN COMMUN
(Cosmoplite)

(b) + DAUPHIN À GROS NEZ
(Cosmopolite)

[CONTD.

274 DOLPHIN (Contd.)   DAUPHIN (Suite) 274

                                 Cephalorhynchus heavisidei

(c) HEAVISIDE'S DOLPHIN   (c)
    (Southern Seas)   (Mers du Sud)

                                Grampus griseus

(d) +RISSO'S DOLPHIN   (d) +DAUPHIN GRIS
    (Cosmopolitan)   (Cosmopolite)

                               Lagenorhynchus albirostris

(e) +WHITE BEAKED DOLPHIN   (e) +DAUPHIN À NEZ BLANC
    (N. Atlantic)   (Atlantique Nord)

                               Lagenorhynchus acutus

(f) +WHITE-SIDED DOLPHIN   (f) +DAUPHIN À FLANCS BLANCS
    (N. Atlantic)   (Atlantique Nord)

                               Lagenorhynchus obscurus

(g) +DUSKY DOLPHIN   (g) +
    (S. Atlantic)   (Atlantique Sud)

                               Delphinapterus leucas

(h) +BELUGA WHALE   (h) +DAUPHIN BLANC
    (Arctic)   (Arctique)

The possibilities of commercial exploitation of the dolphins have been examined: they are a possible source of meat, of leather and of body oils. Salted and dried, see +MUSCIAM.

Les possibilités commerciales d'exploitation des dauphins ont été essayées; ils sont une source possible de viande, de cuir et d'huile. Salé et séché, voir +MUSCIAM (Italie).

    D Delphin   **DK** Delfin   **E** Delfine
  GR Delphíni   **I**   Delfino   **IS** Höfrungur
    J I ru ka   **N** Delfin   **NL** Dolfijn
    P Golfinho   **S**   Delfin   **TR** Yunus
  YU Pliskavica, dupin,   **FI** Delfiini
        pliskavica dobra

275 DORADE   DORADE 275

DORADE in French designates species of the family *Sparidae* (+SEA BREAM): the name might also be used in English for various species of this family, e.g. COMMON SEA BREAM and +GILT HEAD BREAM.

Terme recommandé en France pour les *Sparidae* (voir +DORADE); aussi employé au Royaume-Uni, pour ces espèces, ex. PAGRE COMMUN (DORADE) et DORADE (ROYALE).

276 DOUBLE-LINED MACKEREL   THAZARD-REQUIN 276

              Grammatorcynus bicarinatus or/ou *Grammatorcynus bilineatus*

(Indo-Pacific)   (Indo-Pacifique)
    Used as MACKEREL.   Commercialisé comme le MAQUEREAU.

    J Nijôsaba

277 DOVER SOLE   SOLE 277

(i) In U.K. one of the recommended trade names for +COMMON SOLE (*Solea vulgaris vulgaris* or *Solea solea*), belonging to the family *Soleidae* (see +SOLE).

(i) *Solea vulgaris vulgaris* de la famille des *Soleidae* (voir +SOLE).

(ii) In North America refers to *Microstomus pacificus* (Pacific), belonging to the family *Pleuronectidae* (see +FLOUNDER).
This species is also called SLIPPERY SOLE, SLIME SOLE, SHORT-FINNED SOLE.
Marketed fresh or frozen (whole and fillets).

(ii) En Amérique du Nord s'applique au *Microstomus pacificus* (Pacifique) qui appartient à la famille des *Pleuronectidae* voir +FLET.

Commercialisée fraîche ou congelée (entière ou en filets).

    D (ii) Pazifische Limande   **IS** Doverkoli

278 DRESSED CRAB

White and brown meat extracted from the cooked whole crab (the latter mixed with bread crumbs or cereal filler), seasoned and laid out attractively in the cleaned carapace shell, marketed fresh or frozen; also canned (in Norway for canned dressed crab, minimum crab content is 90% of weight).

Similar preparation of other crustacean, e.g. DRESSED LOBSTER.
In U.S. dressed crab is usually whole-cooked crab with viscera and gills removed.
See also + CRAB MEAT.

CRABE PARÉ 278

Chair blanche et brune extraite du crabe, après cuisson (mélangée avec de la chapelure ou des céréales) assaisonnée, puis remise dans la carapace nettoyée. Produit commercialisé frais, congelé ou en conserve (en Norvège, le contenu minimum en crabe du produit en conserve, est de 90% du poids).

Préparation analogue pour tout autre crustacé, ex. HOMARD PARÉ.
Aux E.U. le crabe paré est généralement cuit après avoir été vidé et éviscéré.
Voir aussi + CHAIR DE CRABE.

279 DRESSED FISH

(i) Fish ready prepared for cooking, or special preparation for good presentation (France). Also called PAN-READY, KITCHEN READY FISH.
(ii) In U.S.; dressed fish usually scaled, gutted, headed, with tail and fins removed: might also be used synonymously for gutted or eviscerated fish.
(iii) The term "dressed" is also used in connection with crab, etc.
See + DRESSED CRAB.

POISSON PARÉ 279

(i) Poisson déjà préparé pour la cuisson, ou préparation pour une belle présentation (France).
(ii) Aux Etats-Unis le poisson paré est généralement écaillé, vidé, débarrassé de la tête, de la queue et des nageoires; aux Etats-Unis, le terme "DRESSED FISH" peut aussi être synonyme de poisson vidé ou éviscéré.
(iii) Le terme "paré" s'applique également au crabe, au homard, etc.
Voir + CRABE PARÉ.

D	Bearbeiteter Fisch	DK	Køkkenklar fisk	E	
GR		I	Pesce pulito	IS	Snyrtur fiskur
J	Doressu	N	Renset fisk	NL	Panklare vis
P	Peixe amanhado	S	Fisk färdig för kokning eller stekning	TR	Terbiye edilmiş balık
YU	Očišćena riba, dresirana riba	FI	Keitto-tai paistovalmis kala		

280 DRESSED GREEN FISH (North America)

Split fish ready for washing and salting. Also called GREEN FISH FROM THE KNIFE.
See also + SPLIT FISH.

POISSON TRANCHÉ 280

Poisson déjà vidé, fendu, prêt à être lavé et salé.

Voir aussi + SPLIT FISH (anglais).

D	Aufgeschnittener Fisch	DK	Flækket fisk	E	Pescado abierto
GR	Petáli	I	Pesce sventrato	IS	Flattur fiskur
J	Hiraki	N	Flekket fisk	NL	Opengesneden vis voor de zouterij
P	Peixe amanhado em verde	S	Fläkt fisk	TR	
YU		FI	Suolausta varten halkaistu kala		

281 DRIED FISH

Fish preserved by removal of sufficient moisture to retard or prevent the growth of bacteria and moulds. Bacterial activity ceases when the water content is less than about 25%. Moulds cannot grow when the water content is below about 15% (e.g. + SUN-DRIED, + WIND-DRIED FISH).

See also + DEHYDRATED FISH, + FREEZE DRYING.

POISSON SÉCHÉ 281

Poisson dont la teneur en eau a été abaissée pour retarder ou empêcher la contamination par les bactéries et les moisissures. L'activité bactériologique s'arrête quand la teneur en eau est inférieure à 25% environ. Les moisissures ne peuvent se développer quand la teneur en eau est inférieure à 15% environ (ex.: + POISSON SÉCHÉ AU SOLEIL, + . . . AU VENT).

Voir aussi + POISSON DÉSHYDRATÉ, + CRYODESSICATION.

[CONTD.]

281 DRIED FISH (Contd.)

In Japan the term "KANSEI-HIN" applies to dried products including fish. NAMABOSHI (Japan) is a half dried product, usually salted, with a moisture of about 65% (see e.g. + NAMARIBUSHI).

- **D** Trockenfisch
- **GR** —
- **J** Gyorui kansei-hin, sakana no himono
- **P** Peixe seco
- **YU** Prosušena riba, sušena riba
- **DK** Tørret fisk
- **I** Pesce secco
- **N** Tørrfisk
- **S** Torkad fisk, torrfisk
- **FI** Kuivattu kala

POISSON SÉCHÉ (Suite) 281

Au Japon, le terme "KANSEI-HIN" s'applique à tout produit séché, y compris le poisson. NAMABOSHI (Japon) est un produit demi-séché, habituellement salé, avec une teneur en eau de 65% (voir par exemple + NAMARIBUSHI).

- **E** Pescado secado
- **IS** Harðfiskur, skreið, þurrfiskur
- **NL** Gedroogde vis
- **TR** Kurutulmuş balık

282 DRIED SALTED FISH

Fish preserved by a combination of salting and drying; applies mostly to non-fatty fish, particularly cod, ling, coalfish, haddock, hake and tusk: e.g. + KLIPFISH or + BACALAO (Spain).

The Japanese term applies to fatty and non-fatty fish (see + SHIOBOSHI).

- **D** Trockenfisch
- **GR** Apexiraméno alatisméno psári
- **J** Shioboshi, enkan-gyo
- **P** Peixe salgado e seco
- **YU** Sušena i soljena riba
- **DK** Saltet, tørret fisk
- **I** Pesce salato e seccato
- **N** Tørket saltfisk
- **S** Torkad saltad fisk
- **FI** Suolattu kuivattu kala

POISSON SALÉ SÉCHÉ 282

Poisson conservé par association du salage et du séchage; s'applique surtout aux poissons maigres, morue, lingue, lieu noir, églefin, merlu: ex. + KLIPFISCH ou + BACALAO (Espagne).

Le terme japonais s'applique aux poissons gras et maigres (voir + SHIOBOSHI).

- **E** Pescado salado y seco
- **IS** þurrkaður saltfiskur
- **NL** Gedroogde gezouten vis
- **TR** Tuzla kurutulmuş balık

283 DRUM

SCIAENIDAE

(Cosmopolitan)

Sciaenidae are also referred to as + CROAKER.

Pogonias cromis

(a) + BLACK DRUM
(Atlantic – N. America)

Sciaenops ocellatus

(b) + RED DRUM
(Atlantic – N. America)

Argyrosomus regius

(c) + MEAGRE
(Cosmopolitan)

Aplodinotus grunniens

(d) + SHEEPSHEAD
(Freshwater – N. America)

Argyrosomus hololepidotus
or/ou
Sciaena antarctica

(e) + KABELJOU
(S. Africa)

SCIAENIDÉS 283

(Cosmopolite)

Aussi appelé MAIGRE.

(a) + GRAND TAMBOUR
(Atlantique – Amérique du Nord)

(b) + TAMBOUR ROUGE
(Atlantique – Amérique du Nord)

(c) + MAIGRE COMMUN
(Cosmopolite)

(d) + MALACHIGAN
(Eaux douces – Amérique du Nord)

(e) + MAIGRE DU SUD
(Afrique du Sud)

[CONTD.

283 DRUM (Contd.)   SCIAENIDÉS (Suite) 283

Sciaena gilberti

- (f) CORVINA
  (Pacific – Peru/Korea)
- (f) COURBINE BLONDE
  (Pacifique – Pérou/Corée)

Sciaena antarctica

- (g) MULLOWAY
  (Australia)
  Marketed as fresh fish.
- (g)
  (Australie)
  Commercialisé frais.

The *Sciaenidae* also include *Cynoscion* spp. (see + WEAKFISH) and *Menticirrhus* spp. (see + KING WHITING).

La famille des *Sciaenidae* comprend aussi les espèces *Cynoscion* et *Menticirrhus*.

D Adlerfisch	**DK** Ørnefisk	**E** Corbina
GR Kránios	**I** Scienidi	**IS**
J Ishimochi, guchi, nibe	**N**	**NL** Ombervis (b) Rode trommelvis (c) Noordelijke koningvis (d) Zoetwater trommelvis
P Corvina	**S** Havsgös	**TR** Iskine
YU	**FI** Rumpukala	

284 DRY SALTED FISH   POISSON SALÉ À SEC 284

Fish that have been cured by stacking split fish and dry salt in alternate layers so that the pickle which is formed can drain off freely (to be distinguished from + DRIED SALTED FISH); applies to both fatty and non-fatty fish. Process called DRY CURE or DRY SALT. If applied to non-fatty fish, also called + KENCH CURE.

See also + SALT CURED FISH, which is a more general term for fish cured by salt.

Poisson qu'on a fait macérer en plaçant des couches alternées de poisson tranché et de sel sec de telle façon que la saumure formée puisse s'écouler (ne pas confondre avec + POISSON SALÉ SÉCHÉ); s'applique aussi bien aux poissons gras que maigres.

Voir aussi + POISSON SALÉ.

D Trockensalzung	**DK** Tørsaltet fisk	**E** Pescado seco salado
GR Aeexieaméno Aletisméno psari	**I** Pesce salato a secco	**IS** þurrsaltaður fiskur
J Maki-shio-zuke, Furi-shiozuke	**N** Tørrsaltet fisk	**NL** Drooggezouten vis
P Peixe salgado a seco	**S** Torrsaltad fisk	**TR** Tuzlu kuru balık
YU Suho soljena riba	**FI** Kuivasuolattu kala	

285 DRY SALTED HERRING   HARENG SALÉ À SEC 285

Herring cured with dry salt in watertight tanks for at least six days, drained of pickle for 24 hours, firmly packed in boxes and thoroughly sprinkled with dry salt.

Hareng salé avec du sel sec dans des récipients étanches pendant au moins six jours, égoutté pendant 24 heures, puis pressé dans des caisses après avoir été acondamment saupoudré de sel sec.

D Salzhering aus Landsalzung	**DK**	**E** Arenque seco salado
GR Aeexieameni Aletisméni orega	**I** Aringa secca salata	**IS**
J Shio-nishin, enzô-nishin	**N** Tørrsaltet sild	**NL** Droog, nagezouten, steurharing
P Arenque salgado a seco	**S** Torrsaltad sill	**TR** Tuzlu kuru ringa
YU Suho soljena heringa	**FI** Kuivasuolattu silli	

286 DULSE

Rhodymenia palmata

(Atlantic)
One of the RED ALGAE, washed and dried and eaten as a delicacy; also used for animal feeding stuffs (Scandinavia).

RHODYMÉNIE PALMÉ 286

(Atlantique)
ALGUE ROUGE, lavée et séchée; consommée en hors-d'oeuvre; également utilisée pour la nourriture du bétail (Scandinavie).

D
GR
J
P Alga vermelha
YU Vrsta crvene alge

DK Rødalge
I Alga rossa
N Søl
S Rödsallat
FI Punalevä

E Alga roja
IS Söl
NL
TR

287 DUNGENESS CRAB

Cancer magister

(Pacific)
Also called PACIFIC EDIBLE CRAB.
For marketing details see + CRAB.
Also called MARKET CRAB in California.

DORMEUR DU PACIFIQUE 287

(Pacifique)
Crabe comestible dont les formes de commercialisation sont détaillées sous + CRABE.
Aussi appelé MARKET CRAB en Californie.

D Pazifischer Taschenkrebs
GR
J
P Sapateiza do Paćifico
YU

DK
I
N
S
FI

E Cangrejo dungeness
IS
NL
TR

288 DUSKY DOLPHIN 288

Lagenorhynchus obscurus

(S. Atlantic)
See also + DOLPHIN.

(Atlantique Sud)
Voir aussi + DAUPHIN.

D Dunkler Delphin

289 DUSKY SEA PERCH

Epinephelus gigas or/ou *Epinephelus guaza*

(Atlantic/Mediterranean)
Commercially important in Spain.
See + SEA PERCH and + GROUPER.

MÉROU NOIR 289

(Atlantique/Méditerranée)
Commercialement important en Espagne.
Voir + MÉROU.

D Riesen-Zackenbarsch
GR Rophós
J
P Mero legítimo
YU Kirnja

DK
I Cernia
N
S
FI Tummameriahven

E Mero
IS
NL Tandbaars
TR Sari hani orfoz

290 DUSKY SHARK

Carcharhinus obscurus

(Atlantic – N. America)
See + REQUIEM SHARK.

REQUIN SOMBRE 290

(Atlantique – Amérique du Nord)
Voir + REQUIN TIGRE

291 DUTCH CURED HERRING

Herring gibbed and salted at sea and repacked ashore: method used in several other countries, see e.g. + MILKER HERRING (U.S.A.), BRAILLES (France).

See also + SALTED ON BOARD.

HARENG SALÉ À LA HOLLANDAISE 291

Hareng vidé et êtêté, salé en mer et conditionné à terre; méthode employée dans certains autres pays, voir par ex. + MILKER HERRING (E.U.), BRAILLES (France).

Voir aussi + SALÉ À BORD.

- **D** Salzhering
- **GR**
- **J**
- **P** Arenque de cura holandesa
- **YU** Heringa soljena holandskim načinom

- **DK** Søsaltet sild
- **I** Aringhe all'olandese
- **N** Hollandsk-behandlet sild
- **S** Sjösaltad sill
- **FI** Merellä suolattu silli

- **E** Arenque salado
- **IS** Skúffluð sild
- **NL** Hollandse pekelharing
- **TR**

292 EAGLE RAY

(Cosmopolitan)
Examples are:

(a) EAGLE RAY (European)
 (Atlantic/Mediterranean)

(b) SOUTHERN EAGLE RAY
 (Atlantic – N. America)

(c) SPOTTED EAGLE RAY
 (Atlantic – N. America)

(d) BULL RAY
 (Atlantic/Mediterranean)

(e) BULLNOSE RAY
 (Atlantic – N. and S. America)

(f) EAGLE RAY
 (New Zealand)

See also + RAY.

AIGLE DE MER 292

MYLIOBATIDAE
(Cosmopolite)

Myliobatis aquila
(a) AIGLE DE MER COMMUN
 (Atlantique/Méditerranée – Europe)

Myliobatis goodei
(b) AIGLE DE MER CHUCHE
 (Atlantique – Amérique du Nord)

Aetobatus narinari
(c) AIGLE DE MER LÉOPARD
 (Atlantique – Amérique du Nord)

Pteromylaeus bovinus
(d) AIGLE VACHETTE
 (Atlantique/Méditerranée)

Myliobatis freminvillei
(e) AIGLE DE MER TAUREAU
 (Atlantique – Amérique du Nord et du Sud)

Myliobatis tenuicandatus
(f) AIGLE DE MER COMMUN
 (Nouvelle-Zelande)

Voir aussi + RAIE.

- **D** Adlerrochen
- **GR** Aetós, helidóna
- **J** Tobiei
- **P** (a) Ratão-águia
  (d) Ratão-bispo
- **YU** Golub

- **DK** Ørnerokke
- **I** Aquila di mare
  (d) Vaccarella
- **N** Ørneskater
- **S** (a) Örnrocka
  (b) Leopardrocka
- **FI** (a) Kotkarausku

- **E** Aguila de mar,
  (a) Chucho
- **IS** Arnarskata
- **NL** Duivelsrog
  (a) Arendskoprog,
  chuchu aquila (Ant.)
- **TR** Folya, fulya

293 EDIBLE CRAB

(Europe)
For marketing details see + CRAB.

TOURTEAU 293

Cancer pagurus
(Europe)
Pour les formes de commercialisation, voir + CRABE.

- **D** Taschenkrebs
- **GR**
- **J**
- **P** Sapateira
- **YU**

- **DK** Taskekrabbe
- **I** Granciporro
- **N** Krabbe, taskekrabbe
- **S** Krabba, krabbtaska
- **FI** Isotaskurapu

- **E** Buey
- **IS** Töskukrabbi
- **NL** Noordzeekrab, hoofdkrab
- **TR** Asil pavurya, yengeç

294 EEL / ANGUILLE 294

ANGUILLIDAE

(Seas and Freshwater – Cosmopolitan)   (Eaux de mer et eaux douces – Cosmopolite)

Anguilla anguilla

(a) +EUROPEAN EEL   (a) +ANGUILLE D'EUROPE
     (Mediterranean to Arctic)   (de la Méditerranée à l'Arctique)

Anguilla rostrata

(b) +AMERICAN EEL   (b) ANGUILLE D'AMÉRIQUE
     (Atlantic/Freshwater – N. America)   (Atlantique/Eaux douces – Amérique du Nord)

Anguilla japonica

(c) +JAPANESE EEL   (c) +ANGUILLE DU JAPON
     (Japan)   (Japon)

Anguilla australis

(d) SHORT-FINNED EEL   (d)
     (Australia/New Zealand)   (Australie/Nouvelle-Zélande)

Anguilla dieffenbachii

(e) LONG-FINNED EEL   (e) ANGUILEE DE NOUVELLE-ZÉLANDE
     (New Zealand)   (Nouvelle-Zélande)

Variation in appearance at different times has led to a number of popular names; the LARGER YELLOW EEL is also known as BROAD-NOSED EEL, FROG-MOUTHED EEL: the SILVER EEL (breeding dress) is also called SHARP-NOSED EEL. Recommended trade name: EEL.
     Young eel called: +ELVER.

Les changements d'aspect, suivant les saisons, ont valu à l'anguille de nombreaux noms populaires.

+CIVELLE est le nom du jeune de l'anguille d'Europe.

Marketed:
Live:
Fresh: whole or as fillets.
Frozen: whole or as fillets.
Smoked: whole gutted hot smoked, after preliminary salting and drying, larger eels are sometimes sliced into small steaks before hot smoking on trays; also hot-smoked fillets.

Jellied: small steaks are boiled in a solution of vinegar, salt and spices, and packed after cooling into jelly with a little vinegar, sometimes with other flavouring ingredients. Sometimes pieces are cooked in salt water and gelatin, then packed in aspic, without addition of vinegar.
Fried and vinegar cured: small skinned pieces are washed, dredged in salt and cooked in butter or edible oil, then covered by a vinegar sauce with spices and seasoning, or edible oil; e.g. see +AALBRICKEN.
Canned: smoked, jellied and vinegar cured eels may be canned, but usually are SEMI-PRESERVES; broiled, seasoned and canned (Japan), see +KABAYAKI.

For similar spp. +CONGER and +MORAY.

Commercialisé:
Vivant:
Frais: entier ou en filets.
Congelé: entier ou en filets.
Fumé: entier, vidé et fumé à chaud après salage et séchage préliminaires; les plus grosses anguilles sont parfois découpées en tranches avant d'être fumées à chaud sur claies; également en filets fumés à chaud.
En gelée: les tranches sont cuites au court-bouillon et, après refroidissement, mises en gelée avec un peu de vinaigre et autres aromates; parfois cuites dans de l'eau salée avec de la gélatine, puis mises en aspic sans addition de vinaigre.
Frit et préparé au vinaigre: de petits morceaux sans peau sont lavés, saupoudrés de sel et frits au beurre ou à l'huile, puis couverts de sauce vinaigrée, épicée et assaisonnée; ex. voir +AALBRICKEN.
Conserve: les anguilles fumées, en gelée, au vinaigre, peuvent être mises en conserve, mais généralement SEMI-CONSERVES; grillées, assaisonnées, et mises en conserve (Japon), voir +KABAYAKI.

+CONGRE et +MURÈNE sont des espèces semblables.

D Aal, Flussaal		**DK** Ål		**E** Anguila
GR Chéli		**I** Anguilla		**IS** Áll
J Unagi		**N** Ål		**NL** Paling, aal
P Enguia, eiró		**S** Ål		**TR** Yılan balığı
YU Jegulja		**FI** Ankerias		

295 EELPOUT   LYCODE 295

ZOARCIDAE

General name for the family.
(Cosmopolitan)   (Cosmopolite)

Zoarces viviparus

(a) EELPOUT   (a) LOQUETTE D'EUROPE
(Europe)   (Europe)
Also called GUFFER EEL

Macrozoarces americanus

(b) OCEAN POUT   (b) LOQUETTE D'AMÉRIQUE
(Atlantic – N. America)   (Atlantique – Amérique du Nord)
Also called SEA POUT, MUTTONFISH.

D (a) Aalmutter   **DK** Ålekvabbe   **E**
GR   **I**   **IS** Mjósi
J   **N** (b) Ålekone   **NL** (a) Puitaal, magge
P (a) Peixe-carneiro europeu   **S** Tånglake, ålkusa   **TR**
YU Živorodac   **FI** (a) Kivinilkka

296 ELECTRIC RAY   TORPILLE 296

TORPEDINIDAE

(Cosmopolitan)   (Cosmopolite)
Belonging to the *Rajiformes*.   De la famille des *Rajiformes*.

Torpedo torpedo or/ou *Torpedo ocellata* or/ou *Torpedo narke*

(a) EYED ELECTRIC RAY   (a) TORPILLE OCELLÉE
(Atlantic/Mediterranean)   (Atlantique/Méditerranée)

Torpedo marmorata

(b) MARBLED ELECTRIC RAY   (b) TORPILLE MARBRÉE
(Atlantic/Mediterranean)   (Atlantique/Méditerranée)

Torpedo nobiliana

(c) DARK ELECTRIC RAY   (c) TORPILLE NOIRE
(Atlantic/Mediteranean – Europe/N. America)   (Atlantique/Méditerranée – Europe/Amérique du Nord)
In North America called
ATLANTIC TORPEDO or DARK TORPEDO

Narcine brasiliensis

(d) LESSER ELECTRIC RAY   (d)
(Atlantic – N. America)   (Atlantique – Amérique du Nord)

Torpedo californica

(e) PACIFIC ELECTRIC RAY   (e)
(Pacific – N. America)   (Pacifique – Amérique du Nord)
See also + RAY.   Voir aussi + RAIE.

D Zitterrochen   **DK** Elektrisk rokke   **E** Tremielga
GR Moudiástra, narki   **I** Torpedine   **IS** Hrökkviskata
J Shibire-ei   **N**   **NL** Sidderrog
P Tremelga   **S** Darrocka, elektriskrocka   **TR** Uyuşturan, elektrik balığı
YU Drhtulja   **FI** Sähkörausku

297 ELEGANT BONITO   BONITE À DOS TACHETÉ 297

Gymnosarda elegans

(Australia)   (Australie)
Also called WATSON'S BONITO, WATSON'S LEAPING BONITO.
See + TUNA.   Voir + THON.

P Atum-dente-de-cão

298 ELEPHANTFISH

Callorhynchus callorhynchus

(a) (Atlantic/Pacific – S. America)

Callorhynchus milii

(b) (Australia/New Zealand)

D Elephantfisch
E Foca

MASCA LABOUREUR 298

(a) (Atlantique/Pacifique – Amérique du Sud)

(b) (Australie/Nouvelle-Zélande)

P Peixe-macaco

299 ELVER

Young + EEL; used for food. Marketed alive or canned (cooked in hot brine and covered with oil).

CIVELLE 299

Jeune de l' + ANGUILLE; aussi appelé PIBALLE. Commercialisée vivante ou en conserve (cuite au court-bouillon et couverte d'huile).

D Glasaal
GR
J Meso, mesoko, mosokko, mekko
P Angula
YU
DK Glasål
I Cieche
N Gulål
S Glasål
FI Lasiankerias
E Angula
IS Gleráll
NL Glasaal
TR

300 EMPEROR

LETHRINUS spp.

(Indian Ocean – Australia)

J Kuchibi-dai
P Passarinho

CAPITAINE 300

(Océan indien – Australie)

301 ENGLISH SOLE

Parophrys vetulus

(Pacific – N. America)

Belonging to the family *Pleuronectidae*.

Might also be called + LEMON SOLE, COMMON SOLE, CALIFORNIA SOLE.

Marketed: fresh and frozen.

In New Zealand, the term ENGLISH SOLE refers to *Peltorhamphus novaezeelandiae*.

See also + SOLE.

I Sogiola limanda del pacifico

CARLOTTIN ANGLAIS 301

(Pacifique – Amérique du Nord)

De la famille des *Pleuronectidae*.

Commercialisée: fraîche ou surgelée.

Voir aussi + SOLE.

302 ENSHÔ-HIN (Japan)

Fermented products such as + SHIOKARA.

ENSHÔ-HIN (Japon) 302

Produits fermentés, tels que le + SHIOKARA.

303 ESCABECHE (Spain)

(i) Sauce prepared from vinegar, oil, wine and various spices, and flavouring ingredients: used especially in Spanish speaking countries. Very similar to + MARINADE (France).

(ii) Small fish fried and covered with ESCABECHE (Spain).

D Marinade
GR
J
P Escabeche
YU
DK Marinade
I Scabeccio
N Marinade
S Marinad
FI Marinadi

ESCABÈCHE (Espagne) 303

(i) Sauce à base de vinaigre, d'huile, de vin, d'épices et d'aromates variés; en usage surtout dans les pays de civilisation espagnole. Très semblable à la + MARINADE.

(ii) Petits poissons frits et recouverts de sauce ESCABÈCHE (Espagne).

E Escabeche
IS
NL Marinade
TR

304 EULACHON

Thaleichthys pacíficus

(Pacific/Freshwater – N. America)
Marketed locally fresh, smoked, and as food for fur-bearing animals.

Also called CANDLEFISH, SMELT.
See + SMELT.

S Eulachonen
FI Kynttiläkuore

EULACHON 304

(Pacifique/Eaux douces – Amérique du Nord)
Commercialisé pour la consommation locale: frais, fumé et pour la nourriture des animaux à fourrure.

Voir + EPERLAN.

305 EUROPEAN EEL

Anguilla anguilla

(Arctic to Mediterranean)
Also called RIVER EEL.
Ways of marketing: see + EEL.

D Europäischer Aal
GR Chéli
J
P Enguia, eiró
YU Jegulja

DK Ål
I Anguilla
N Ål
S Ål, europeisk ål
FI Ankerias

ANGUILLE D'EUROPE 305

(De l'Arctique à la Méditerranée)
Aussi appelée ANGUILLE DE RIVIÈRE.
Pour la commercialisation, voir + ANGUILLE.

E Anguila
IS Áll
NL Paling, aal
TR

306 EUROPEAN LOBSTER

Homarus gammarus or/ou *Homarus vulgaris*

(Atlantic – Europe)
For marketing, see + LOBSTER.
Also called COMMON LOBSTER (U.K.)

D Hummer
GR Astakós
J
P Lavagante
YU Rarog, hlap

DK Hummer
I Astice
N Hummer
S Hummer
FI Hummeri

HOMARD EUROPÉEN 306

(Atlantique – Europe)
Pour la commercialisation, voir+ HOMARD.

E Bogavante
IS Humar
NL Kreeft, zeekreeft
TR Istakoz

307 EYEMOUTH CURE (Scotland)

Haddock headed and split so that the bone is on the right hand side of the fish, brined for up to 30 minutes and lightly smoked, a lighter cure than the + FINNAN HADDOCK.

HADDOCK "EYEMOUTH" 307 (Écosse)

Eglefin étêté et tranché de telle sorte que la colonne vertébrale reste sur le côté droit du poisson, saumuré pendant 30 minutes, puis légèrement fumé; préparation moins poussée que pour le + FINNAN HADDOCK.

308 FAIR-MAID (U.K.)

Dried pilchard product, S.W. England; similar to FUMADOES (Spanish).
See + PRESSED PILCHARD.

D Getrockneter Pilchard
GR
J
P Sardinha seca
YU Sušena srdela

DK
I Sardine seccate
N
S
FI Kuirattu sardiini

308

Pilchard séché, Angleterre du Sud-Ouest; semblable aux FUMADOS (Espagnols).
Voir + PILCHARDS PRESSÉS.

E Fumados
IS
NL Gedroogde pilchard
TR

309 FALL CURE (Canada)

Light salted, pickle cured cod, containing more moisture (45 to 48%) than the + GASPÉ CURE; prepared late in the year in the Gaspé and New Brunswick.

FALL CURE (Canada) 309

Morue légèrement salée avec du sel sec, contenant plus d'eau (de 45 à 48%) que le + GASPÉ CURE; préparée vers la fin de l'année dans le Gaspé et le Nouveau-Brunswick.

310 FATTY FISH

Fish in which the main reserves of fat are in the body tissues (e.g. *Clupeidae, Thunnidae* etc.).

As distinguished from + WHITE FISH.

- **D** Fettfisch
- **GR** Psari me lipos
- **J** Tashibô-gyo
- **P** Peixe gordo
- **YU** Masna riba
- **DK** Fed fisk
- **I** Pesce azzuro, pesce grasso
- **N** Fet fisk
- **S** Feta fiskslag
- **FI** Rasvainen kala

POISSON GRAS 310

Poisson qui constitue ses réserves graisseuses principales dans les muscles (ex. *Clupeidae, Thunnidae,* etc.).

Par opposition à + POISSON MAIGRE.

- **E** Pescado graso
- **IS** Feitfiskur
- **NL** Vette vis
- **TR** Yağlı balık

311 FAZEEQ (Egypt, Sudan)

Light salted fish product prepared by brine curing.

Also called FESSIKH.

FAZEEQ (Egypt, Soudan) 311

Préparation de poisson légèrement salé par saumurage.

Appelé aussi FESSIKH.

312 FERMENTED FISH PASTE
(Far East)

Paste prepared from salted fish that has been macerated, sometimes to a smooth consistency, and allowed to ferment or ripen.

Spices and colouring may be added. E.g. + TRASSI IKAN (Indonesia) + SHIOKARA, + GYOMISO or UOMISO (all Japan).

See also + FISH PASTE.

PÂTE DE POISSON FERMENTÉ 312
(Extrême-Orient)

Pâte préparée à partir de poisson salé qui a macéré quelque temps et pris une consistance lisse et qu'on laisse jusqu'à la fermentation ou maturation.

On peut y ajouter des épices ou des colorants. Ex. + TRASSI IKAN (Indonésie), + SHIOKARA, + GYOMISO ou + UOMISO (tous trois au Japon).

Voir aussi + PÂTE DE POISSON.

- **D**
- **GR** Antjougópasta
- **J** Shiokara
- **P** Pasta de peixe fermentado
- **YU** Fermentirana riblja pasta
- **DK**
- **I** Pasta di pesci fermentati
- **N**
- **S** Jäst fiskpastej
- **FI** Fermentoitu kalatahna
- **E** Pasta de pescado fermentado
- **IS**
- **NL** Gefermenteerde vispasta
- **TR** Fermente balık macunu

313 FERMENTED FISH SAUCE
(Far East)

Liquid made through the fermenting of whole fish by their own enzymes (e.g. the gastric juices) and by certain micro-organisms in presence of salt; for example: + NAM PLA (Thailand) + NUOC-MAM (Vietnam, Cambodia) + SHOTTSURU (Japan).

SAUCE DE POISSON FERMENTÉ 313
(Extrême-Orient)

Liquide obtenu par la fermentation des poissons sous l'action de leurs propres enzymes (ex. sucs gastriques) et certains micro-organismes en présence de sel. Exemples: + NAM PLA (Thaïlande), + NUOC-MAM (Vietnam, Cambodge), + SHOTTSURU (Japon).

- **D**
- **GR**
- **J** Uo-shôyu
- **P** Molho de peixe fermentado
- **YU** Fermentirani riblji umak, fermentirani riblji sos
- **DK**
- **I** Salsa di pesci fermentati
- **N**
- **S** Jäst fisksås
- **FI** Fermentoitu kalakastike
- **E** Salsa de pescado fermentado
- **IS**
- **NL** Gefermenteerde vissaus
- **TR** Fermente balık sosu

314 FILEFISH

Generally refers to *Balistidae* (N. America), which also are named + TRIGGERFISH.

Some references may list these species under the family name *Monacanthidae*.

(a) ORANGE FILEFISH
 (Atlantic)

(b) DOTTERED FILEFISH
 (Atlantic)

(c) SLENDER FILEFISH
 (Atlantic)

(d) (Japan)
 See also + TRIGGERFISH.

D	Drückerfisch	**DK**	
GR	Gourounópsaro	**I**	Pesce balestra
J	Kawahagi	**N**	
P	Peixe-porco-galhudo	**S**	Tryckarfisk, filfisk
YU	Mihača	**FI**	Viilakala

BOURSE 314

Désigne généralement la famille des *Balistidae* (Amérique du Nord) appelés aussi + BALISTE ou POISSON - LIME (Canada).

Quelques références peuvent mentionner ces espèces sous le nom de la famille des *Monacanthidae*.

Alutera schoepfi

(a) BOURSE ORANGE
 (Atlantique)

Alutera ventralis

(b)
 (Atlantique)

Monacanthus tuckeri

(c)
 (Atlantique)

Monacanthus cirrhifer

(d) (Japon)
 Voir aussi + BALISTE.

E	Pez ballesta		
IS			
NL	Trekkervis		
TR	Çütre balığı		

---

315 FILLET

Strips of flesh cut parallel to the central bone of the fish and from which fins, main bones and sometimes belly flap have been removed; presented without or with skin.

D	Filet	**DK**	Filet
GR	Filléto	**I**	Filetto
J	Fjirê	**N**	Filet
P	Filete	**S**	Filé
YU	Filet	**FI**	Kalafilee

(i) SINGLE FILLET or SIDE is the flesh removed from one side of a + ROUND FISH, e.g. cod; two such fillets are obtained from each fish; the bellywall, though trimmed, is sometimes left on; term SIDE particularly used for single fillets of salmon.
The Japanese term "KATAMI" means that the one half of the fish is with bone.

D	Seite	**DK**	Side
GR	Filléto	**I**	Filetto singolo
J	Katami	**N**	Side
P	Metade de peixe	**S**	Filé
YU	Filet	**FI**	Filee

(ii) FULL NAPE FILLET (U.S.A.): a single fillet which includes belly flap and often rib bones. COMMERCIAL or QUARTER NAPE FILLET: belly flap removed, essentially boneless.

FI Kaksoisfilee, perhosfilee

FILET 315

Bande de chair coupée parallèlement à la colonne vertébrale du poisson débarrassé des nageoires, des arêtes principales et de la paroi inférieure de l'abdomen; présenté écaillé ou sans peau.

E	Filete		
IS	Fiskflak		
NL	Filet		
TR	Fileto		

(i) Le FILET SIMPLE est la chair d'une moitié de + POISSON ROND, comme le cabillaud, le saumon. Deux filets sont ainsi obtenus dans chaque poisson; la paroi abdominale, parée, y est quelquefois laissée.

Le terme japonais "KATAMI" signifie que l'une des deux moitiés du poisson contient l'arête centrale.

E	Mitad de pescado		
IS	Fiskflak		
NL	Enkele filet		
TR	Fileto		

(ii) FULL NAPE FILLET (E.U.): filet simple qui comprend la partie ventrale et parfois quelques arêtes. "COMMERCIAL" ou "QUARTER NAPE FILLET": dont on a enlevé la partie ventrale et sans arête.

[CONTD.]

315 FILLET (Contd.)

(iii) BLOCK FILLET is the flesh cut from both sides of a same fish, the two pieces remaining joined together along the back; usually made from the smaller sizes of fish, e.g. small haddock, whiting, herring (Denmark, Germany, Sweden); one block fillet is obtained from each fish; also called ANGEL FILLET (for haddock in U.K.) and BUTTERFLY FILLET; may also be called CUTLET (particularly when smoked). In some species fillet is left joined along belly flap, e.g. MACKEREL BLOCK FILLET.

FILET (Suite) 315

(iii) FILET DOUBLE désigne les deux filets d'un même poisson restant attachés par le dos; généralement fait avec des poissons de petite taille, tels que l'églefin, le merlan, le hareng (Danemark, Allemagne, Suède); un seul de ces filets est obtenu par poisson.
Pour certaines espèces comme le maquereau, le "Block Fillet" reste uni par la partie abdominale.

D Doppel-filet
GR Petáli
J
P Filete inteiro
YU Raspaćena riba

DK Dobbeltfilet
I Filetto doppio
N Dobbeltfilet
S Dubbelfilé, flundra
FI

E
IS Flattur fiskur
NL Blokfilet
TR

(iv) CROSSCUT FILLET (G.B.) is the designation used for fillets of flat fishes; they may include the belly flap; two such fillets are obtained from each fish. If each of these fillets is taken off in two pieces, they are known as QUARTER-CUT FILLETS; four such fillets are obtained from each flat fish.

(iv) CROSSCUT FILLET (G.B.) désigne les filets de poissons plats qui peuvent comprendre la partie ventrale; on obtient deux filets par poisson. Si chacun de ces filets est partagé en deux, on obtient quatre "QUARTER-CUT FILLETS" par poisson plat.

D
GR
J Wagiri
P
YU

DK
I
N
S
FI

E
IS Flök
NL Dubbele filet
TR Kılçığı alınmış balık filotosu

(v) FORMED FILLET (U.S.A.) is an irregularly shaped mass of fish flesh made from frozen fish portions molded by pressure into a fillet shape. May also be formed from small or large fresh fillets and subsequently frozen in a mould; may be raw, breaded; breaded, fried; battered, fried, or raw. Marketed frozen.

See + FISH PORTIONS.

(v) FILET RECONSTITUÉ (U.S.A.): masse de chair de poisson de forme irrégulière préparée à partir de portions de poisson congelé moulée par pression en forme de filet. Peut aussi être reconstitué à partir de petits filets frais, congelés dans un moule. Peut être cru, pané; pané, frit; passé dans la pâte à frire, ou cru. Commercialisé congelé.

Voir + PORTIONS DE POISSON.

316 FINING COMPOUND 316

Type of isinglass formerly used in clarification of beer; see + ISINGLASS.

Ichtyocolle utilisée autrefois pour la clarification de la bière; voir + ICHTYOCOLLE.

D
GR
J
P Ictiocola
YU

DK
I Ittiocola
N Klareskinn
S
FI Selvike, kalannahasta

E Ictiocola
IS
NL Visgelatine
TR

317 FINNAN HADDOCK (FINNAN) HADDOCK 317

Headed and gutted haddock, split and lightly salted in brine, cold smoked for a few hours; may be sold trimmed, i.e. with inedible parts such as fins and tail cut off; heavier smoke than for + PALE CURE; also called FINNAN, FINNAN HADDIE, FINDON HADDOCK.

Pieces of cooked finnan flesh may be canned (N. America).

See also + SMOKIE (hot-smoked small haddock).

Eglefin étêté, vidé, tranché et légèrement salé en saumure, fumé à froid pendant quelques heures; peut être vendu paré (débarrassé des parties non comestibles); plus fortement fumé que le + PALE CURE.

Les morceaux de chair du finnan haddock cuit peuvent être mis en conserve (Amérique du Nord).

Voir aussi + SMOKIE (G.B.) (petit églefin fumé à chaud).

D Kaltgeräucherter Schellfisch
GR
J
P Arinca fumada
YU

DK Koldrøget kullerfilet
I Asinello affumicato
N Røkt hyse
S Kallrökt kolja
FI Kylmäsavustettu koljafilee

E Eglefino ahumado
IS Reykt ýsa
NL Koudgerookte schelvis
TR

318 FIN-WHALE

Balaenoptera physalus

(Cosmpolitan)

Also commonly referred to as + RORQUAL or COMMON RORQUAL; also called FINNER, COMMON FINBACK, HERRING WHALE, RAZORBACK; commercially important; makes up bulk of Antarctic catch

See also + RORQUAL and + WHALE.

- **D** Finwal
- **GR** Falaena
- **J** Nagasukuzira
- **P** Rorqual-comun
- **YU** Plavi kit
- **DK** Finhval
- **I** Balenottera comune
- **N** Finnhval
- **S** Fenval
- **FI** Sillivalas

RORQUAL COMMUN 318

(Cosmopolite)

Appelé encore BALEINE À TOQUET.

De grande importance commerciale; constitue le gros des prises de l'Antarctique.

Voir + RORQUAL et + BALEINE.

- **E** Rorcual, ballena de aleta
- **IS** Langreyður
- **NL** Vinvis
- **TR** Fin balinası

---

319 FISCHFRIKADELLEN (Germany)

Flesh of cod, coalfish or other white fish made into rissoles by mixing with binding materials and spices, then roasted, fried or hot-smoked, after cooling. Also packed in cans or glass jars usually with vinegar and spices.

Marketed as semi-preserve or canned.

Also called BRISOLETTEN.

See also + FISH BALL, + FISH CAKE, + FISH PUDDING.

FISCHFRIKADELLEN (Allemagne) 319

Chair de cabillaud, lieu noir ou autre poisson maigre, préparée en boulettes avec des ingrédients de liaison et des épices, qui seront grillées, frites ou fumées, après refroidissement. Egalement mis en conserve ou en bocaux de verre, généralement avec du vinaigre et des épices.

Commercialisé en semi-conserve, ou en conserve.

Voir aussi + BOULETTE DE POISSON, + PATÉ DE POISSON.

---

320 FISCHSÜLZE (Germany)

Flesh of cooked fish, minced and mixed with cucumbers, onion, spices and other ingredients, packed in jelly, dissolved by heat. Product similar to corned beef. Minimum fish content 60%.

See also + FISH IN JELLY.

FISCHSÜLZE (Allemagne) 320

Chair de poisson cuite, hachée et mélangée avec des concombres, oignons, épices et autres ingrédients, mise en gelée et recuite. Produit semblable au "Corned Beef". Le contenu minimum en poisson est de 60%.

Voir aussi + POISSON EN GELÉE.

---

321 FISH "AU NATUREL"

(i) In U.K. the term "au naturel" designates a canned product prepared by cooking fish in its own juice.

(ii) In French, the term "au naturel" refers to canned fish in light brine, sometimes vinegar and flavouring agents added.

POISSON "AU NATUREL" 321

(i) En Grande-Bretagne, le terme "au naturel" désigne un produit en conserve où le poisson est cuit dans son propre jus.

(ii) En France, "au naturel" s'applique aux conserves où le poisson est couvert d'une saumure légère parfois vinaigrée et faiblement aromatisée.

- **D** Fischvollkonserve Naturell (in eigenem Saft)
- **GR**
- **J**
- **P** Conserva de peixe ao natural
- **YU**
- **DK** Fisk naturel, fisk i egen kraft
- **I** Pesce, al naturale
- **N**
- **S**
- **FI** Kalaa omassa liemessään
- **E**
- **IS**
- **NL** Vis in eigen bouillon (i)
- **TR**

322 FISH BALL

Flesh of white fish such as cod or haddock added to a mixture of milk, fish broth, flour or other binding ingredients and seasoning, made into balls and cooked.

Marketed as semi-preserves, canned (topped up with fish broth or sauces) or frozen.

Also called FISH DUMPLING.

In Norway particularly from coal-fish (called "SIDEBOLLER").

See also +FISH CAKE, +FISCHFRIKADELLEN (Germany), +FISH PUDDING.

BOULETTE DE POISSON 322

Chair de poisson maigre, morue ou églefin, additionnée d'un mélange de lait, de bouillon de poisson, de farine ou autre liaison, assaisonnée, présentée en boulettes et cuites.

Commercialisée en semi-conserve, en conserve (couverte de bouillon de poisson ou de sauces) ou congelée.

En Norvège, ou utilise particulièrement le lieu noir.

Voir aussi +PÂTÉ DE POISSON, +FISCHFRIKADELLEN (Allemagne).

- **D** Fischklops, Fischkloss
- **GR**
- **J** Gyodan, uo-dango
- **P** Almôndega de peixe
- **YU** Riblji valjušci
- **DK** Fiskeboller
- **I** Pesce lesso in pallette
- **N** Fiskeboller
- **S** Fiskbullar
- **FI** Kalapulla
- **E** Albondiga de pescado
- **IS** Fiskibollur
- **NL** Visballen, visballetjes
- **TR** Balık köftesi

323 FISH CAKE

Cooked fish product made from fresh or salted fish, mixed with potatoes, seasoning and sometimes egg and butter; onions are also sometimes added; the cooked fish, mixed with cooked potato and minced, is made into small cakes; sometimes dipped into egg and bread crumbs and fried in deep fat. Fish content may range from 35% to 50% by weight.

Most spp. of white fish are used, e.g. cod, haddock, coalfish and sometimes salmon; shellfish meat, such as crab, is also used to make crab cakes in a similar way; various other flavours may be added, e.g. tomato.

Marketed cooked, cooked and frozen, or frozen ready for frying, also canned.

See also +FISH BALL, +FISCHFRIKADELLEN (Germany), +FISH PUDDING.

PÂTÉ DE POISSON 323

Produit cuit fait avec du poisson frais ou salé, mélangé à des pommes de terre, parfois des œufs et du beurre, et assaisonné; le mélange obtenu, haché, est préparé en petits pâtés; cuits au four souvent trempés dans de l'œuf, panés et frits. La quantité de poisson peut varier de 35% à 50% du poids.

Les principales espèces de poissons maigres sont utilisées: cabillaud, églefin, lieu noir, saumon; le chair de crustacés, comme le crabe, peut être utilisée pour faire des pâtés de crabe; on peut encore ajouter différents aromes, ex. la tomate.

Commercialisé cuit, cuit et congelé ou congelé prêt à être frit. Egalement en conserve.

Voir aussi +BOULETTE DE POISSON, +FISCHFRIKADELLEN (Allemagne).

- **D** Fischkuchen
- **GR**
- **J** Neriseihin
- **P** Bolo de peixe
- **YU** Riblji kolač
- **DK** Fiskekage
- **I** Polpettone di fesce
- **N** Fiskekake
- **S** Fiskekaka
- **FI** Kalapihvri
- **E** Pastel de pescado
- **IS**
- **NL** Viscake
- **TR** Balık keki

324 FISH CHOWDER

In North America a mixture of cooked fish or shellfish and potatoes in a broth made from pork, flour, seasoning and fish stock, e.g. +CLAM CHOWDER, +HADDOCK CHOWDER, similar to +FISH SOUP, but usually thicker.

Marketed canned or dehydrated.

POTAGE AU POISSON 324

En Amérique du Nord, mélange de poisson cuit ou crustacés avec des pommes de terre dans un bouillon à base de porc, de farine, d'assaisonnement et de bouillon de poisson, ex. +SOUPE DE CLAM, +SOUPE D'ÉGLEFIN; analogue à la +SOUPE DE POISSON, mais généralement plus épais.

Commercialisé en conserve ou déshydraté.

- **D** Fischsuppe
- **GR**
- **J**
- **P** Ensopado de peixe com carne de porco
- **YU**
- **DK**
- **I** Minestrone di pesce
- **N**
- **S** Fiskstuvning
- **FI** Kalamuhennos
- **E**
- **IS** Fisksúpa
- **NL** Vissoep
- **TR** Balık çorbası

325 FISH FLAKES

Product prepared in U.S.A.: Headed and gutted white fish, such as cod and haddock, washed, brined and steamed: the bones removed and the cooked flesh broken up into flakes and canned.

FLOCONS DE POISSON 325

Produit préparé aux Etats-Unis: Poisson maigre (morue, églefin) étêté, vidé, lavé, saumuré et cuit à la vapeur; débarrassée de ses arêtes, la chair cuite est divisée en flocons et mise en conserve.

- **D** Fischflocken
- **GR**
- **J** Furêku
- **P** Flocos de peixe
- **YU** Mrvice od riba
- **DK**
- **I** Fiocchi di pesce
- **N**
- **S** Fiskflingor
- **FI** Kalahiutale
- **E**
- **IS**
- **NL** Visvlokken
- **TR**

326 FISH FLOUR

+ FISH MEAL prepared for human consumption; see also + FISH PROTEIN CONCENTRATE.

If the product is required to be tasteless and odourless, or nearly so, quite elaborate extracting processes must be employed on the raw fish, or the finished meal, to remove all oil and most trace constituents.

FARINE DE POISSON COMESTIBLE 326

Préparée pour la consommation humaine; voir + CONCENTRÉ DE PROTÉINES DE POISSON.

Pour obtenir un produit presque inodore et sans saveur, on doit extraire minutieusement toute trace d'huile de la matière première ou du produit fini.

- **D** Fischmehl für menschliche Ernährung
- **GR**
- **J** Shokuyô-gyofun, shokuryô-gyofun
- **P** Farinha de peixe para o consumo humano
- **YU** Riblje bra šno za ljudsku hranu, riblji bjelančevinasti koncentrat
- **DK** Spiseligt fiskemel
- **I** Farina de pesce per alimentazione umana
- **N** Spiselig fiskemel (Fiskeprotein konsentrat)
- **S** Fiskmjöl (för människoföda), fiskproteinkoncentrat
- **FI** Kalajauho, elintarvikelaatu
- **E** Harina de pescado para el consumo humano
- **IS** Fiskmjöl, einkum manneldismjöl
- **NL** Visbloem
- **TR** Balık unu

327 FISH GLUE

Gelatinous liquid glue prepared from + FISH WASTE, e.g. skin, bones, etc.; the skins of fish are the useful source of glue, particularly those of white fish spp.

COLLE DE POISSON 327

Colle liquide gélatineuse préparée à partir de déchets de poisson (peau, arêtes, etc.); les peaux de poisson sont la meilleure matière première, en particulier celles des poissons maigres.

- **D** Fischleim
- **GR** Psarócolla
- **J** Gyokô
- **P** Cola de peixe
- **YU** Riblje ljepilo
- **DK** Fiskelim
- **I** Colla liquida di pesce
- **N** Fiskelim
- **S** Fisklim
- **FI** Kalaliima
- **E** Cola de pescado
- **IS** Fiskilím
- **NL** Vislijm
- **TR** Balık tutkalı

328 FISH IN JELLY

Pieces of fish or minced fish cooked or heated in acidified brine or with vinegar or fried or smoked and packed in gelatin or gelatin and pectin or aspic (dissolved by heat); in Germany usually with cucumbers, onions and spices and must contain 50% fish.

See also + KOCKFISCHWAREN (Germany), + FISCHSULZE (Germany).

POISSON EN GELÉE 328

Morceaux de poisson ou poisson émincé, cuits (ou frits) dans une saumure acidifiée ou avec du vinaigre; présenté dans la gélatine ou dans un mélange de gélatine et pectine ou en aspic (dissous par la chaleur); en Allemagne, généralement préparé avec des concombres, des oignons et des épices, pour une proportion de 50% de poisson.

Voir aussi + KOCHFISCHWAREN, + FISCH-SÜLZE (Allemagne).

- **D** Fisch in Gelee
- **GR**
- **J**
- **P** Peixe em geleia
- **YU** Ribe u želeu, riblja hladetina
- **DK** Fisk i gele
- **I** Pesce in gelatina
- **N** Fisk i gelé
- **S** Fisk i gelé
- **FI** Kalahyytelö
- **E** Pescado en gelatina
- **IS** Fiskur í hlaupi
- **NL** Vis in gelei
- **TR** Jelâtinli balık

329 FISH LIVER

Certain fish livers are used for preparation of medicinal products (high vitamin A and D content) and sometimes as food; e.g. livers from cod and allied spp., halibut, tunas, certain sharks (blue shark, porbeagle) also mackerel.

Livers of lower vitamin A and D content such as those from rays, spotted dogfish and basking shark can be used for industrial products.

Livers can be handled:

Fresh: in ice, for a few days.
Frozen:
Salted: heavily, in airtight containers for one or two months.
Canned: whole livers or as a paste, also with spices, mostly cod liver oil or other edible oil added; sometimes smoked.
Semi-preserved:

See also + FISH LIVER OIL, and under individual spp.

FOIE DE POISSON 329

Certains foies de poisson sont employés pour préparer des produits médicinaux (haute teneur en vitamines A et D) ou parfois comme aliment; ex. foies de morue, de flétan, de thon, de certains requins et de maquereau.

Les foies de certains poissons dont la teneur en vitamines A et D est minime (raie, aiguillat, etc.), sont utilisés comme produits industriels.

Les foies peuvent être traités:

Frais: dans de la glace, pendant quelques jours.
Congelés:
Salés: fortement salés, dans des récipients hermétiques pendant un ou deux mois.
En conserve: entier ou en pâte, avec des épices et couvert d'huile de foie de morue ou autre huile comestible; quelquefois fumé.
En semi-conserve:

Voir aussi + HUILE DE FOIE DE POISSON.

- **D** Fischleber
- **GR** Ípar íhthios
- **J** Gyo-kanzô, gyorui kanzô
- **P** Fígado de peixe
- **YU** Riblja jetra
- **DK** Fiskelever
- **I** Fegato di pesce
- **N** Fiskelever
- **S** Fisklever
- **FI** Kalanmaksa
- **E** Higado de pescado
- **IS** Fisklifur
- **NL** Vislever
- **TR** Balık karaciğeri

330 FISH LIVER OIL

Oil extracted from + FISH LIVERS (mostly + WHITE FISH), and used for various industrial purposes, some have valuable content of vitamins A and D: e.g. + COD LIVER OIL, + HALIBUT LIVER OIL.

HUILE DE FOIE DE POISSON 330

Huile extraite de + FOIES DE POISSON (principalement de + POISSON MAIGRE) et utilisée pour différents usages industriels.

Certaines huiles ont une haute teneur en vitamines A et D; ex. + HUILE DE FOIE DE MORUE, + HUILE DE FOIE DE FLÉTAN.

- **D** Fischleberöl, Fischlebertran
- **GR** Mourounélaion
- **J** Kanyu
- **P** Óleo de fígado de peixe
- **YU** Riblje jetreno ulje
- **DK** Fiskeleverolie
- **I** Olio di fegato di pesce
- **N** Tran
- **S** Fisklevertran, fiskleverolja
- **FI** Kalanmaksaöljy
- **E** Aceite de higado de pescado
- **IS** Lýsi
- **NL** Levertraan
- **TR** Balík karaciğer yağı (balık yağı)

331 FISH LIVER PASTE

Fish liver mixed with salt, spices or other flavouring ingredients and ground.

Marketed canned.

See also + FISH LIVER.

PÂTE DE FOIE DE POISSON 331

Foie de poisson additionné de sel d'épices ou autres aromates et broyé.

Commercialisée en conserve.

Voir aussi + FOIE DE POISSON.

- **D** Fischleberpaste
- **GR**
- **J**
- **P** Pasta de fígado de peixe
- **YU** Riblja jetrena pasta
- **DK** Fiskeleverpostej
- **I** Pasta di fegato di pesce
- **N** Fiskeleverpostei
- **S** Fiskleverpastej
- **FI** Kalanmaksatahna
- **E** Pasta de higado de pescado
- **IS** Fisklifrarkæfa
- **NL** Visleverpastei
- **TR** Balık karaciğeri macunu

332 FISH MEAL

Fish and fish-processing offal dried, often after cooking and pressing (for fatty fish), and ground to give a dry, easily stored product that is a valuable ingredient of animal feeding stuffs.

In Europe, mainly capelin, sandeel, mackerel and Norway pout are used for fish meal production. In Japan principal species are sauries, mackerels, sardines; in Peru anchoveta, in the U.S.A. menhaden.

Various types are distinguished commercially, such as WHITE FISH MEAL, + HERRING MEAL, COD MEAL, + WHOLE OR FULL MEAL, etc. Some high grade meal is used for human consumption, and small quantities of meal are used for fertilisers.

See also + FISH FLOUR.

FARINE DE POISSON 332

Produit pulvérulent obtenu à partir de poissons et déchets de poisson séché après cuisson, essoré (poisson gras) et broyé en un produit sec, facile à stocker, destiné à la nourriture des animaux.

En Europe, pour la production de farine de poisson, on utilise principalement le capelan, les lançons, le maquereau et le tacaud norvégien; au Japon, les espèces les plus utilisées sont les orphies, maquereaux, sardines; au Pérou les anchois, aux E.U. le menhaden.

Commercialement, on distingue plusieurs farines: FARINE DE POISSON MAIGRE, + FARINE DE HARENG, DE MORUE, + FARINE ENTIÈRE OU COMPLÈTE, etc. Certains farines de haute qualité sont utilisées pour la consommation humaine; d'autres, en moindre quantité sont utilisées comme engrais.

Voir aussi + FARINE DE POISSON COMESTIBLE.

- **D** Fischmehl
- **GR** Ichthyálevron
- **J** Gyo-fun
- **P** Farinha de peixe
- **YU** Riblje brašno
- **DK** Fiskemel
- **I** Farina di pesce
- **N** Fiskemel
- **S** Fiskmjöl (för djurföda)
- **FI** Kalajauho, rehulaatu
- **E** Harina de pescado
- **IS** Fiskmjöl
- **NL** Vismeel
- **TR** Balık unu

332.1 FISH NUGGETS (U.S.A.)

Pieces of fish flesh (not minced) formed into small irregular shapes, weighing up to 0.9 oz. May be formed from fillets, fillet pieces or fish blocks. Breaded, fried or raw, breaded. Marketed frozen.

BOULETTES DE POISSON (E.U.) 332.1

Morceaux de chair de poisson (non hachée) reconstitués de façon irrégulière, pesant jusqu'à 0.9 oz. Peuvent être faits à partir de filets, de morceaux de filets ou de blocs de poisson. Panés, frits ou crus, panés. Commercialisés congelés.

333 FISH OILS

Oils of the drying and semi-drying types extracted from all parts of the body of fish (+ FISH LIVER OILS from the liver only); they are extracted mainly from + FATTY FISH, such as herring, where the oil content is mainly in the body and not in the liver: may also be extracted from + FISH WASTE. Fish oils are used in the manufacture of edible fats, soaps and paints, for leather dressing and linoleum manufacture, also + FISH STEARIN.

HUILES DE POISSON 333

On distingue des huiles de deux types: siccative et semi-siccative, extraites de toutes les parties du corps des poissons (+ HUILE DE FOIE extraite seulement du foie); elles sont extraites principalement des poissons gras (hareng) où la plus grande partie de l'huile se trouve dans le corps et non dans le foie; elles peuvent être également extraites de déchets de poissons. Les huiles de poisson sont utilisées pour la fabrication de graisse comestible, savon et peinture, pour le traitement des cuirs et la fabrication du linoléum.

Voir aussi + STÉARINE DE POISSON.

- **D** Fischöle
- **GR** Ichthyélaia
- **J** Gyo-yu
- **P** Óleo de peixe
- **YU** Riblja ulja– riblji trani
- **DK** Fiskeolie
- **I** Olio di pesce
- **N** Fiskeolje
- **S** Fiskolja
- **FI** Kalaöljy
- **E** Aceites de pescado
- **IS** Búklýsi
- **NL** Visoliën
- **TR** Balık yağı

334 FISH PASTE

Fish mixed with salt, with or without spices or other flavouring ingredients, ground to fine consistency, of lowered moisture content, often with added fat; used as sandwich spread (FISH SPREAD).

Fish used may be pretreated (salted, smoked); also prepared from ROE.

Marketed mainly semi-preserved, but also canned.

See also + FERMENTED FISH PASTE, + QUENELLES, + SHELLFISH PASTE.

PÂTE DE POISSON 334

Poisson mélangé à du sel, avec ou sans assaisonnement, et broyé en une pâte de consistance lisse, dont le contenu en eau est minime et à laquelle on ajoute souvent des matières grasses; utilisée pour tartiner.

Le poisson (dans certains cas la rogue) employé peut avoir subi un traitement préalable (salaison, fumage).

Commercialisée principalement en semi-conserve, parfois en conserve.

Voir aussi + PÂTE DE POISSON FERMENTÉ, + QUENELLES, + PÂTE DE MOLLUSQUES ET CRUSTACÉS.

D Fischpaste
GR Antjougópasta
J Fisshu pêsuto
P Pasta de peixe
YU Riblja pasta

DK Fiskepasta
I Pasta di pesce
N Fiskepasta
S Fiskpastej
FI Kalatahna

E Pasta de pescado
IS Fiskkæfa
NL Vispasta
TR Balık ezmesi

335 FISH PIE

Fish, often minced and sometimes mixed with vegetables, particularly potato, and baked; may have pastry casing.

Marketed fresh or frozen.

TOURTE DE POISSON 335

Poisson coupé et parfois mélangé avec des légumes, surtout des pommes de terre, et cuit au four; peut être présenté en croûte.

Commercialisé frais ou congelé.

D Fischpastete
GR
J
P Terrina de peixe
YU Riblja pita

DK Fiskepie
I Terrina di pesce
N Fiskepai
S Fiskpaj
FI Kalapiirakka

E Pastel de pascado
IS Fiskbúðingur
NL Vispastei
TR Balık böreği

336 FISH PORTION

(i) A piece of fish cut to reasonable size for the individual for retail sale; may be all or part of a + FILLET, or + STEAK; may be fresh, fried or frozen.

PORTION DE POISSON 336

(i) Morceau de poisson correspondant à une ration individuelle, pour la vente au détail. Peut être frais, frit ou congelé.

D
GR Merida psarioú
J Kirimi
P Porção de peixe
YU Riblji odrezak, riblja porcija

DK
I Porzione di pesce
N Fiskestykke
S Fiskportion
FI Kala-annos

E Porción de pescado
IS Fisk-skammtur
NL Vismoot
TR Balık porsiyonu

(ii) In U.S.A. portions are rectangular-shaped unglazed masses of cohering pieces of fish flesh, cut from frozen fish blocks.
Portions weigh not less than 1½ oz. (about 40 g) and are at least ⅜ in. (1 cm) thick.
Portions may be raw, battered or breaded, fried or uncooked, then quick frozen after packing.

(ii) Aux E.U. les portions sont des morceaux rectangulaires coupés dans des blocs de poisson congelé.
Ces portions pèsent au moins 40 g et ont une épaisseur de 1 cm au moins.
Les portions peuvent être crues, passées dans une pâte à frire ou panées, frites ou non cuisinées ou congelées rapidement après emballage.

336.1 FISH PROTEIN CONCENTRATE (FPC)

Any stable fish preparation intented for human consumption, in which the protein is more concentrated than in the original fish; marketed in granular, powdered or extract form; water can be removed by drying or solvent extraction. Two types exist i.e. A and B of which type A is odourless and colourless while type B not, principally due to different fat content (less than 1% in type A, less than 10% in type B)

CONCENTRE DE PROTÉINES DE POISSON 336.1

Toute préparation de poisson pour la consommation humaine, dans laquelle la protéine est plus concentrée que dans le poisson; commercialisée en granulés, en poudre ou sous forme d'extrait. L'élimination de l'eau peut se faire par séchage ou extraction aux solvants. Il existe deux types, A et B; le type A est inodore et incolore tandis que le type B ne l'est pas en raison notamment de la différence de teneur en graisse (moins 1% pour le type A, moins 10% pour le type B).

337 FISH PUDDING

Composition as + FISH BALL.

Marketed fresh (for local consumption) canned or deep frozen. Canned fish pudding is normally precooked in cans before sealing and heat processing.

See also + FISH CAKE, + FISCH-FRIKADELLEN (Germany).

- **D**
- **GR**
- **J**
- **P** Pudim de peixe
- **YU**
- **DK**
- **I** Pasticcio di pesce
- **N** Fiskepudding
- **S** Fiskpudding
- **FI** Kalamassa

337

Même préparation que pour les + BOULETTE DE POISSON.

Commercialisé frais, pour la consommation locale, en conserve ou surgelé. Le produit en conserve est préalablement cuit dans les boîtes avant sertissage et stérilisé par la chaleur.

Voir aussi + PÂTÉ DE POISSON, + FISCHFRIKADELLEN (Allemagne).

- **E**
- **IS** Fiskbúðingur
- **NL** Vispudding
- **TR** Balıktan puding

338 FISH SALAD — SALADE DE POISSON 338

Cooked, salted or marinated fish, diced, with spices, diced onions, cucumbers and vegetables mentioned for the type of salad, mixed with vinegar and edible oil or mayonnaise. Minimum fish contents are fixed for various special types.

See + HERRING SALAD, + TUNA SALAD, also made from Crustacea, e.g. KRABBENSALAT (Germany).

Poisson cuit, salé ou mariné, coupé en petits cubes, avec addition d'épices, d'oignon émincé, de concombre et de légumes variés suivant le genre de salade, assaisonné de vinaigre et d'huile comestible ou de mayonnaise.

Le contenu minimum en poisson varie suivant les salades.

Voir + SALADE DE HARENG, + DE THON. Peut être faite avec des crustacés: ex. + SALADE DE CRABE (Allemagne).

- **D** Fischsalat
- **GR** Psarosalata
- **J**
- **P** Salada de peixe
- **YU**
- **DK** Fiskesalat
- **I** Insalata di pesce
- **N** Fiskesalat
- **S** Fisksallad
- **FI** Kalasalaati
- **E** Salpicón de pescado
- **IS** Fisksalat
- **NL** Vis salade
- **TR** Balık salatası

339 FISH SAUSAGE — SAUCISSE DE POISSON 339

Fish flesh ground with a small amount of fat, seasoning and sometimes a cereal filler; packed into sausage casing, sometimes cooked; the contents may be smoked before filling the case, or the whole sausage smoked afterwards; may be sold skinless or with skin on. Tuna meat is much used for sausage manufacture, e.g. + TUNA LINKS.

Chair de poisson broyée avec une petite quantité de graisse, éventuellement des matières amylacées de complément, assaisonnée et mise dans un boyau à saucisse, parfois cuite; le saucisse terminée, ou son contenu avant boudinage, peut être fumée; commercialisée avec ou sans peau. La chair du thon est fréquemment utilisée pour la fabrication des saucisses de poisson (ex.: + TUNA LINKS).

Marketed fresh, semi-preserved, pasteurised or canned.

See also + FISH WIENER (U.S.A.).

Commercialisé frais, en semi-conserve, en conserve ou pasteurisé.

Voir aussi + FISH WIENER (E.U.).

- **D** Fischwurst
- **GR**
- **J** Fisshu sôsêji, gyoniku soseji
- **P** Salsicha de peixe
- **YU** Riblje kobasice
- **DK** Fiskepølse
- **I** Salsiccia di pesce
- **N** Fiskepølse
- **S** Fiskkorv
- **FI** Kalamakkara
- **E** Embutido de pescado
- **IS** Fiskpylsa
- **NL** Visworst
- **TR** Balık sosisi

340 FISH SCALES — ÉCAILLES DE POISSON 340

Scales from fish such as herring and allied spp. are used for the preparation of pearl essence and for coating imitation pearls.

See also + GUANIN, + PEARL ESSENCE.

Les écailles de poisson (notamment du hareng et espèces voisines) servent à la préparation de l'essence d'Orient pour le revêtement des fausses perles.

Voir aussi + GUANINE, + ESSENCE D'ORIENT.

- **D** Fischschuppe
- **GR** Lépia psarioú
- **J** Sakana-no-uroko, gyorin
- **P** Escamas de peixe
- **YU** Riblje ljuske
- **DK** Fiskeskæl
- **I** Scaglie di pesce
- **N** Fiskeskjell, (risp)
- **S** Fiskfjäll
- **FI** Kalansuomu
- **E** Escamas de pescado
- **IS** Hreistur
- **NL** Visschubben
- **TR** Balık pulu

341 FISH SCRAP (U.S.A.) 341

(i) Other term for + FISH WASTE.
(ii) Unground fish meal as it leaves the dryer (U.S.A.).

(i) + DÉCHETS DE POISSON.
(ii) Chair du poisson après dessication, prête pour le broyage (E.U.).

342 FISH SILAGE / POISSON ENSILÉ 342

Liquefied fish or fish waste produced as a result of self-digestion after the addition of acid, or as a result of fermentation of the waste mixed with molasses and yeast; the liquid silage can be concentrated to bring the water content down from about 80% to 50%; used for animal feeding, usually in areas close to the point of manufacture.
See + ANIMAL FEEDING STUFF.

Produit plus ou moins liquéfié résultant de la digestion par voie enzymatique ou chimique (acides) de déchets de poisson mélangés à des mélasses et levures; le liquide peut être concentré de façon à réduire la teneur en eau de 80% à 50%; sert pour l'alimentation des animaux, habituellement dans des régions proches des points de fabrication.
Voir + ALIMENTS SIMPLES POUR ANIMAUX.

- **D** Fischsilage
- **GR**
- **J**
- **P** Peixe ensilado
- **YU** Riblja pulpa
- **DK** Fiskeensilage
- **I** Residui di pesce idrolizzati
- **N** Fiskeensilage
- **S** Fiskensilage
- **FI** Happo-tai fermentoinnilla säilötty kala, rehulaatu
- **E** Pescado "ensilado"
- **IS**
- **NL** Vissilage
- **TR**

343 FISH SKIN / PEAU DE POISSON 343

Used for the manufacture of glue, and of leather; e.g. from sharks, but also other spp.

Sert à la fabrication de colles et de cuirs; ex. requins et autres espèces.

- **D** Fischhaut
- **GR** Dérmata ixthíos
- **J** Gyo-hi, sakana no kawa
- **P** Pele de peixe
- **YU** Riblja koža
- **DK** Fiskeskind
- **I** Pelle di pesce
- **N** Fiskeskinn
- **S** Fiskskinn
- **FI** Kalannahka
- **E** Pieles de pescado
- **IS** Fiskroð
- **NL** Vishuiden
- **TR** Balık derisi

344 FISH SOUP / SOUPE DE POISSON 344

Soup made from fish or other marine animals, seasoning added and eventually served with flavouring vegetables, sometimes containing pieces of fish.

Marketed canned, dried or bottled (Netherlands).

See also + FISH CHOWDER, + BOUILLABAISSE.

Soupe à base de poissons ou autres animaux marins, assaisonnée et éventuellement accompagnée de légumes aromatiques; contient parfois des morceaux des poissons de préparation.

Commercialisée en conserve, déshydratée ou en bocal (Pays-Bas).

Voir aussi + POTAGE AU POISSON, + BOUILLABAISSE.

- **D** Fischsuppe
- **GR** Psarosoupa
- **J** Fisshu sûpu, uo-jiru
- **P** Sopa de peixe
- **YU** Riblja juha
- **DK** Fiskesuppe
- **I** Brodo di pesce in scatola
- **N** Fiskesuppe
- **S** Fisksoppa
- **FI** Kalakeitto
- **E** Sopa de pescado
- **IS** Fisksúpa
- **NL** Vissoep
- **TR** Balık çorbası

345 FISH STEARIN / STÉARINE DE POISSON 345

A solid produced by separating chilled + FISH OILS: used mainly for manufacture of lubricants and low grade soaps.

Solide produit par décantation des + HUILES DE POISSON réfrigérées; sert surtout à la fabrication de lubrifiants et de savons de basse qualité.

- **D**
- **GR**
- **J** Gyo-rô, gyo-shi
- **P** Estearina de peixe
- **YU** Riblji stearin
- **DK** Fiskestearin
- **I** Stearina di pesce
- **N** Fiskestearin
- **S** Fiskstearin
- **FI** Kalasteariini
- **EW** Estearina de pescado
- **IS** Fisk-sterin
- **NL** Visstearine
- **TR** Balık stearini

346 FISH STICKS

See also + CRAB STICKS

Uniform rectangular sticks of fish cut from a block of frozen white fish fillets, breaded, fried in fat or left uncooked; after packing quick frozen.

Also called FISH FINGERS.

In Canada minimum weight is one ounce (about 28 g) and the largest dimension must be at least three times that of the next largest dimension.

BATONNETS DE POISSON 346

Voir aussi + BATONNETS DE CRABE

Morceaux rectangulaires de poisson coupés dans un block de filets de poisson maigre congelé, puis panés et frits dans une matière grasse ou laissés crus; congelés après l'empaquetage.

Au Canada, le poids net minimum est une once (environ 28 g) et la longueur du morceau doit être au moins trois fois sa largeur ou sa hauteur.

- **D** Fischstäbchen
- **GR**
- **J** Fisshu suchikku
- **P** Palitos de peixe
- **YU**
- **DK** Fish sticks
- **I** Pesce fritto a bastoncini
- **N** Fish sticks
- **S** Fiskpinnar
- **FI** Kalapuikko
- **E** Tacos de pescado
- **IS** Fiskstautar
- **NL** Visvingers, fishsticks
- **TR**

347 FISH TONGUES

Sometimes with cheeks; marketed fresh, frozen or cured.

LANGUES DE POISSON 347

Commercialisées, quelquefois avec les joues de poisson, fraîches, congelées ou préparées.

- **D** Fischzunge
- **GR** Psaróglosses
- **J** Uo no shita
- **P** Línguas de peixe
- **YU** Riblji jezik
- **DK** Fisketunger
- **I** Linque di pesce
- **N** Fisketunger
- **S** Fisktungor
- **FI** Kalankieli
- **E** Lenguas de pescado
- **IS** Gellur
- **NL** Vistongen
- **TR** Balık dili

348 FISH WASTE

All parts of the fish discarded during processing for human consumption; also called + FISH SCRAP, FISH OFFAL; filleted offal also called GURRY (U.S.A.).

Used for the manufacture of fish meal and oil, for feeding to pets, fur-bearing animals and hatchery fish, and for the manufacture of a variety of by-products, including + PEARL ESSENCE, + ISINGLASS, + GLUE, PROTEINS, VITAMINS.

In various countries the equivalent to fish waste is also used synonymously to + TRASH FISH and + INDUSTRIAL FISH.

See also + ANIMAL FEEDING STUFFS.

DÉCHETS DE POISSON 348

Toutes les parties de poisson enlevées pendant le parage pour la consommation humaine.

Servent à la fabrication de farines de poisson et d'huiles destinées à l'alimentation des animaux domestiques, des animaux à fourrure ou des piscicultures; servent également à la fabrication de sous-produits dont + l'ESSENCE D'ORIENT, + l'ICHTHYOCOLLE, + la COLLE, PROTÉINES, VITAMINES.

Voir aussi + ALIMENTS SIMPLES POUR ANIMAUX.

- **D** Fischabfälle
- **GR** Aporrímata psarioú
- **J** Gyokasu, gyorui-no-haikibutsu
- **P** Desperdícios de peixe
- **YU** Riblji otpaci
- **DK** Fiskeaffald
- **I** Residui di pesce
- **N** Fiskeavfall
- **S** Fiskavfall
- **FI** Kalanperkausjäte
- **E** Desperdicios de pescado
- **IS** Fiskúrgangur
- **NL** Visafval
- **TR** Balık artıkları

349 FISH WIENER (U.S.A.)   349

Term used in U.S.A. for smoked + FISH SAUSAGE.

Terme employé aux Etats-Unis pour désigner la + SAUCISSE DE POISSON fumée.

- **D** Geräucherte Fischwurst
- **GR**
- **J**
- **P** Salsicha de peixe fumado
- **YU** Dimljena riblja kobasica
- **DK**
- **I** Salsicce affumicate di pesce
- **N** Wienerpølse av fisk
- **S** Rökt fiskkorv
- **FI** Savustettu kalamakkara
- **E** Salchichas de pescado ahumado
- **IS** Reyktar fiskpylsur
- **NL** Gerookte visworst
- **TR**

350 FIVEBEARD ROCKLING   MOTELLE À CINQ BARBILLONS 350

Ciliata mustela or/ou *Onos mustela*

Belonging to the family *Gadidae*.   De la famille des *Gadidae*.
See also + ROCKLING.   Voir aussi + MOTELLE.

- **D** Fünfbärtelige Seequappe
- **GR** Gaïdourópsaro
- **J**
- **P** Laibeque
- **YU** Ugorova mater
- **DK** Femtrådet havkvabbe
- **I** Motella
- **N** Femtrådet tangbrosme
- **S** Femtömmad skärlånga
- **FI** Viisiviiksimade
- **E** Mollareta
- **IS**
- **NL** Vijfdradige meun
- **TR** Gelincik

351 FLAKE   351

One of the recommended trade names for + DOGFISH in U.K.; may also be called + HUSS or + RIGG.

In New Zealand, a trade name for + SCHOOL SHARK.

Nom recommandé pour + CHIEN au Royaume-Uni.

352 FLAKED CODFISH   FLOCONS DE MORUE 352

(i) Other term used for + SHREDDED COD; see this entry.

(ii) May also refer to salted cod that has been dried on flakes (raised platforms for natural air drying).

Similar product in Japan is + SOBORO.

(i) Terme synonyme de + RETAILLES DE MORUE; voir cette rubrique.

(ii) Peut également désigner la morue salée, séchée sur claies (plateformes dressées pour le séchage à l'air).

Produit semblable au Japon, le + SOBORO.

353 FLAPPER SKATE   POCHETEAU GRIS 353

Raja batis or/ou *Raja macrorhynchus*

(Atlantic/Mediterranean)

Also called TRUE SKATE, BLUE SKATE, GRAY SKATE, BLUET.
See also + SKATE and + RAY.

(Atlantique/Méditerranée)

Appelé encore RAIE GRISE, POCHETEAU BLANC.
Voir aussi + RAIE.

- **D** Glattrochen
- **GR** Sélahi-vathí
- **J**
- **P** Raia-oirega
- **YU** Raža velika, volina
- **DK** Skade
- **I** Razza bavosa
- **N** Storskate, glattrokke
- **S** Slätrocka
- **FI** Silorausku
- **E** Raya noruega
- **IS** Skata
- **NL** Vleet
- **TR** Vatoz

354 FLATFISH   POISSON PLAT 354

Any fish of the order *Heterosomata*, e.g. halibut, turbot, plaice, sole, flounder, etc.

Tout poisson de l'ordre des *Heterosomata*, ex.: flétan, turbot, pile, sole, flet, etc.

- **D** Plattfisch
- **GR** Glossoïdí
- **J** Hirame-karei-rui
- **P** Peixe chato
- **YU**
- **DK** Fladfisk, flynderfisk
- **I** Pleuronettiformi pesci ossei piatti
- **N** Flyndrefisk, (flatfisk)
- **S** Flundrefisk, flatfisk, plattfisk
- **FI** Kampela, pallas
- **E** Pez plano
- **IS** Flatfiskur
- **NL** Platvis
- **TR** Yassı balık

355 FLATHEAD FLOUNDER

Hippoglossoides dubius

(Japan)

Belonging to the *Pleuronectidae*; see +FLOUNDER; same genus as +AMERICAN PLAICE.

One of the best species of flatfish in northern Japan.

Marketed fresh.

J Akagarei

BALAI JAPONAIS 355

(Japon)

De la famille des *Pleuronectidae*; voir +FLET; du même genre que la +PLIE CANADIENNE.

L'une des meilleures espèces de poisson plat dans le nord du Japon.

Commercialisé frais.

FLATHEAD SOLE
(North Pacific)

Hippoglossoides elassodon

356 FLATHEAD

PERCOPHIDIDAE

(i) (Cosmopolitan)

Bembros anatirostris

(a) DUCKBILL FLATHEAD
(Atlantic – N. America)

Bembros gobioides

(b) GOBY FLATHEAD
(Atlantic – N. America)

PLATYCEPHALIDAE

(ii) (Indo-Pacific/E. Atlantic/Mediterranean)

Platycephalus indicus

(a) BARTAIL FLATHEAD
(Indo-Pacific/E. Mediterranean)

(b) In Australia, refers to *Neoplatycephalus* spp. and *Trudis* spp.; SAND FLATHEAD (*Trudis bassensis*) and LONGNOSE FLATHEAD (*Trudis caeruleopunctatus*).

Marketed fresh whole fish and fillets.

(iii) In Australia and New Zealand DEEPSEA FLATHEAD or SPINY FLATHEAD refers to *Hoplichthys haswelli*.

PLATYCEPHALIDÉ 356

(i) (Cosmopolite)

(a)
(Atlantique – Amérique du Nord)

(b)
(Atlantique – Amérique du Nord)

(ii) (Indo-Pacifique/Atlantique E./Méditerranée)

(a) PLATYCÉPHALE INDIEN
(Indo-Pacifique/Méditerranée orientale)

(b) En Australie, s'applique aux espèces *Neoplatycephalus* et *Trudis* (ex. *Trudis bassensis* et *Trudis caeruleopunctatus*).

Commercialisé entier et en filets.

(iii) En Australie et Nouvelle Zélande DEEPSEA FLATHEAD (anglais) se réfère au *Hoplichthys haswelli*.

D	Krokodilfisch	**DK**		**E**
GR		**I**		**IS**
J	Kochi	**N**		**NL**
P	Sapateiro	**S**		**TR**
YU		**FI**	Lättäsimppu	

357 FLATHEAD SKATE 357

Raja rosispinis

(Pacific – N. America/Siberia)

See also +SKATE.

(Pacifique – Amérique du Nord/Sibérie)

Voir aussi +RAIE.

358 FLECKHERING (Germany)

Herring split down the back like kippered herring and hot-smoked.

Also called "KIPPER AUF NORWEGISCHE ART".

HARENG FLAQUÉ (Allemagne) 358

Hareng ouvert le long du dos comme le kipper, et fumé à chaud.

Egalement appelé "KIPPER AUF NORWEGISCHE ART".

D	Fleckhering	**DK**	Flækket røget sild	**E**		
GR		**I**		**IS**		
J		**N**		**NL**	Goudharing	
P	Arenque fumado a quente	**S**		**TR**		
YU		**FI**				

359 FLETCH (N. America)

Any of the four longitudinal segments or portions of flesh, which has been removed from a halibut carcass by knife cuts made parallel to the backbone of the fish.
Also called FLITCH.

359

Désigne un des quatre morceaux ou portions de chair de flétan, coupés parallèlement à l'arête dorsale.
Appelé aussi FLITCH.

360 FLOUNDER

Platichthys flesus

(i) (Atlantic/North Sea)
Should be referred to as EUROPEAN FLOUNDER.
Also called BUTT, MUD FLOUNDER, WHITE FLUKE or FLUKE.

Marketed:
Fresh: whole gutted, or as fillets, with or without skin.
Frozen: whole gutted, or as fillets, with or without skin.
Smoked: whole, headed and gutted fish, salted and hot-smoked.

D Flunder, Butt, Struffbutt	DK Skrubbe, flynder	E Platija
GR Chamatída	I Passera pianuzza	IS Flundra
J Karei	N Skrubbe	NL Bot
P Solha das pedras patrúcia	S Skrubba, skrubbskädda, Skrubb-flundra, flundra	TR Derepisisi
YU Iverak, jandroga	FI Kampela	

(ii) Flounder is also used as a general name for various flatfishes, especially *Pleuronectidae* (in N. America called RIGHTEYE FLOUNDER) and *Bothidae* (in N. America called LEFTEYE FLOUNDER); these are all listed under individual names e.g.: +ARCTIC FLOUNDER, +ARROW-TOOTH FLOUNDER, +FLUKE, +SMOOTH FLOUNDER +STARRY FLOUNDER, +WINTER FLOUNDER, +YELLOWTAIL FLOUNDER.

For example, in ICNAF statistics the group "FLOUNDER" comprises the following species; +AMERICAN PLAICE, +GREENLAND HALIBUT, +SUMMER FLOUNDER, +WINTER FLOUNDER, +WITCH and +YELLOWTAIL FLOUNDER.

Other species also belong to the *Pleuronectidae*, e.g. +HALIBUT, +PLAICE, +SOLE, +WITCH, +REX SOLE, etc.
In U.S.A. many flounders also referred to as +SOLE.
In New Zealand FLOUNDER refers to some *Rhombosolea* species, while others are referred to as +SOLE.

FLET COMMUN 360

(i) (Atlantique/Mer du Nord)

Commercialisé:
Frais: entier et vidé; en filets avec ou sans peau.
Congelé: entier et vidé; en filets avec ou sans peau.
Fumé: entier, étêté et vidé, puis salé et fumé à chaud.

(ii) Il existe une grande variété de poissons plats, dont les *Pleuronectidae* et les *Bothidae* (quelquefois désignés comme PLIE) répertoriés sous leur nom individuel, par exemple: +FLÉTAN DU PACIFIQUE, +CARDEAU, +PLIE LISSE, +PLIE DU PACIFIQUE, +PLIE ROUGE, +LIMANDE À QUEUE JAUNE.

Par exemple, dans les statistiques de l'ICNAF, le groupe "FLOUNDER" (anglais) comprend les espèces suivantes: +BALAI, +FLÉTAN NOIR, +CARDEAU D'ÉTÉ, +PLIE ROUGE, +PLIE GRISE et +LIMANDE À QUEUE JAUNE.

D'autres espèces appartiennent également à la famille des *Pleuronectidae*, par ex. le +FLÉTAN, le +CARRELET, la +SOLE, la +PLIE GRISE, etc.

En Nouvelle-Zélande FLOUNDER (anglais) se réfère aux espèces *Rhombosolea* tandis que d'autres se rapportent à +SOLE (anglais)

361 FLUKE

PARALICHTHYS spp.

(Atlantic – N. America)
(i) Belonging to the family *Bothidae*:

Paralichthys albigutta
(a) GULF FLOUNDER

CARDEAU 361

(Atlantique – Amérique du Nord)
(i) De la famille des *Bothidae*:

(a) CARDEAU TROIS YEUX

[CONTD.

361 FLUKE (Contd.)

(b) FOURSPOT FLOUNDER
Paralichthys oblongus
(c) +SUMMER FLOUNDER
Paralichthys dentatus

Paralichthys lethostigma
(d) SOUTHERN FLOUNDER
Paralichthys olivaceus
(e) +BASTARD HALIBUT
(N.W. Pacific)
Other *Paralichthys* spp. might be referred to as halibut, e.g. +CALIFORNIA HALIBUT.
See also +FLOUNDER.

NL (c) Zomervogel

361 CARDEAU (Suite)

(b) CARDEAU À QUATRE OCELLES

(c) +CARDEAU D'ÉTÉ
peut être commercialisé sous le nom de CARDINE DU CANADA.

(d)

(e) +CARDEAU HIRAME
(Pacifique nord-ouest)
D'autres espèces *Paralichthys* sont appelées flétans, ex.: +FLÉTAN DE CALIFORNIE.

362 FLYING FISH

EXOCOETIDAE

(Cosmopolitan, in tropical seas)

Exocoetus volitans

(a) TROPICAL TWO-WING FLYINGFISH
(N. America)

Exocoetus obtusirostris

(b) OCEANIC TWO-WING FLYINGFISH
(N. America)

CYPSELURUS spp.

(c) (N. America/Japan)

PROGNICHTHYS spp.

(d) (Japan)
Marketed fresh or dried in Japan.

362 EXOCET (POISSON VOLANT)

(Cosmopolite, eaux tropicales)

(a) EXOCET VOLANT
(Amérique du Nord)

(b) EXOCET BOULEDOGUE
(Amérique du Nord)

(c) (Amérique du Nord/Japon)

(d) (Japon)
Commercialisés frais ou séchés au Japon.

D Fliegender Fisch
GR Chelidonópsaro
J Tobiuo
P Peixe-voador
YU Poletuša

DK Flyvefisk
I Pesce volante, esoceto volante
N Flygefisk
S Flygfisk
(a) Större flygfisk
FI Liitokala

E Pez volador
IS Flugfiskur

NL Vliegende vis
TR Uçan balık

363 FLYING GURNARDS

DACTYLOPTERIDAE

(Atlantic – Europe/N. America)
Especially *Dactylopterus volitans* (Europe) and *Cephalacantus volitans* (N. America).

363 POULE DE MER

(Atlantique – Europe/Amérique du Nord)
Notamment *Dactylopterus volitans*, (Europe) et *Cephalacantus volitans* (Amérique du Nord).
Appelé aussi DACTYLOPTÈRE et HIRONDELLE.

D Flughahn
GR Chelidonópsaro
J Semi hôbô
P Cabrinha-de-leque
YU Kokot letač

DK Flyveknurhane
I Civetta di mare
N
S Flygsimpa
FI Perhossimppu

E
IS
NL
TR Uçan

364 FLYING SQUID

Todarodes sagittatus

CALMAR 364

TOUTENON COMMUN

(Atlantic – Europe)
Also called by its French name CALMAR.

Marketed:
Fresh: whole, ungutted; split or gutted.
Frozen: whole, ungutted or gutted, split.
Dried: sun-dried (Mediterranean).
Canned: precooked, put in cans with edible oil or in its own ink.

(Atlantique – Europe)

Commercialisé:
Frais: entier et non vidé; tranché ou vidé.
Congelé: entier et non vidé; ou vidé et tranché.
Séché: au soleil (Méditerranée).
Conserve: précuit, mis en boîtes avec de l'huile comestible, ou recouvert de l'encre même du calmar.

D	Pfeilkalmar	**DK**	Blæksprutte	**E**	Volador, tota
GR	Thrápsalo	**I**	Totano	**IS**	Smokkfiskur, kolkrabbi
J		**N**		**NL**	
P	Potra, pota	**S**		**TR**	Uçan kalamar
YU	Lignjun, totan	**FI**			

365 FOOTS 365

Liquor remaining from steamed cod livers after removal of oil; may be concentrated for use as animal food, manufacture of cod liver meal.

Also liquor remaining after cooked fish is pressed in fish meal manufacture

Résidu liquide, après l'extraction de l'huile des foies de morue passés à la vapeur; peut être concentré pour l'alimentation du bétail ou ajouté dans la fabrication de la farine de foie de morue.

Aussi résidu liquide de poisson cuit au cours de la fabrication de farine de poisson.

D		**DK**		**E**	
GR		**I**		**IS**	Grútur
J	Kanyu no niziru	**N**	Fot	**NL**	
P	Sedimentos	**S**		**TR**	
YU		**FI**			

366 FORKBEARD PHYCIS 366

Two species belonging to the family *Gadidae*:

Deux espèces de la famille des *Gadidae*:

Urophycis blennoides or/ou *Phycis blennoides*

(a) GREATER FORKBEARD
(N. Atlantic)
Also called FORKED HAKE.

(a) Appelé aussi PHYCIS DE FOND
(Atlantique Nord)

Raniceps raninus

(b) LESSER FORKBEARD
(Atlantic)
Also called TADPOLE FISH, TRIFURCATED HAKE.

(b) GRENOUILLE DE MER
(Atlantique)

D	(a) Gabeldorsch	**DK**	(a) Skælbrosme	**E**	Brótola de fango
	(b) Froschquappe		(b) Sortvels		brótola de roca
GR	Pontikós	**I**	Musdea bianca, mustella	**IS**	Litla brosma
J		**N**	(a) Skjellbrosme	**NL**	(a) Sluismeester
			(b) Paddetorsk		Gaffelkabeljauw
					(b) Vorskwab
P	(a) Abrótia-do-alto	**S**	(a) Fjällbrosme	**TR**	
	(b) Rainúnculo-negro		(b) Paddtorsk		
YU	Tabinja	**FI**	(a) Suomuturska		
			(b) Mustaturska		

367 FOURBEARD ROCKLING — MOTELLE À QUATRE BARBILLONS 367

Enchelyopus cimbrius or/ou *Onos cimbrius*

(Atlantic – Europe/N. America)
Belongs to the family *Gadidae*.
See also + ROCKLING.

(Atlantique – Europe/Amérique du Nord)
De la famille des *Gadidae*.
Voir aussi + MOTELLE.

- **D** Vierbärtelige Seequappe
- **GR**
- **J** Laibeque
- **P**
- **YU**
- **DK** Firtrådet havkvabbe
- **I**
- **N** Firskjegget tangbrosme
- **S** Fyrtömmad skälånga
- **FI** Neliviiksimade
- **E**
- **IS** Blákjafta
- **NL** Vierdradige meun
- **TR**

368 FREEZE DRYING — CRYODESSICATION 368

A process of dehydration under vacuum starting from the frozen state. The frozen substance having been placed under reduced pressure, the existing ice is sublimated (directly transformed to vapour), leaving a fine, porous structure favourable to re-hydration.

See also + DRIED FISH, + DEHYDRATED FISH.

Aussi appelé LYOPHILISATION. Procédé de déshydratation sous vide à partir de l'état congelé. La matière congelée étant placée sous pression réduite, la glace formée se sublime (passe directement à l'état de vapeur) en laissant une structure finement poreuse favorisant la réhydratation.

Voir aussi + POISSON SÉCHÉ, + POISSON DÉSHYDRATÉ.

- **D** Gefriertrocknung
- **GR**
- **J** Tôketsu-kansô
- **P** Secagem por meio de refrigeraçao
- **YU** Mršava riba
- **DK** Frysetørring
- **I** Essicazione per refrigerazione accelerata
- **N** Frysetörking
- **S** Frystorkning
- **FI** Pakkaskuivaus
- **E** Criodesecación
- **IS** Frostþurrkun
- **NL** Vriesdrogen
- **TR** Dondurup kurutma

369 FRESH FISH — POISSON FRAIS 369

(i) In terms of quality, fish that has spoiled little or not at all.

(ii) As marketing term, fish that is preserved by chilling.

(iii) Fish or parts of fish in their natural state (as opposed to + FROZEN FISH, etc.).

(iv) In Germany the term "Frischfisch" is also used synonymously with + WHITE FISH.

(v) In U.S.A. may refer to thawed fish packaged for sale as fresh fish.

(i) Sur le plan de la qualité, poisson qui n'a subi aucune détérioration.

(ii) Commercialement, poisson conservé par réfrigération.

(iii) Poisson ou parties de poisson à l'état naturel, par opposition à + POISSON CONGELÉ, etc.

(iv) En Allemagne, le terme "Frischfisch" est utilisé pour + POISSON MAIGRE.

(v) Aux E.U. peut s'appliquer au poisson décongelé vendu empaqueté comme poisson frais.

- **D** Frischfisch
- **GR** Nopí ihthís
- **J** Sengyo
- **P** Peixe fresco
- **YU** Svježa riba
- **DK** Fersk fisk
- **I** Pesce fresco
- **N** Fersk fisk
- **S** Färsk fisk
- **FI** Tuore kala
- **E** Pescado fresco
- **IS** Ferskur fiskur
- **NL** Verse vis
- **TR** Taze balık

370 FRESHWATER PRAWN — BOUQUET PINTADE 370

Macrobachium carcinus

(Freshwater/Atlantic/Pacific – N. America)
Belongs to the family *Palaemonidae* (see + PRAWN and + SHRIMP).

(Eaux douces/Atlantique/Pacifique – Amérique du Nord)
De la famille des *Palaemonidae* (voir + CREVETTE).

- **D**
- **GR**
- **J**
- **P** Camarão de água doce
- **YU**
- **DK**
- **I** Gambero americano d'aequa solce
- **N**
- **S**
- **FI**
- **E**
- **IS**
- **NL**
- **TR** Tatlı su midye türü

371 FRIED FISH — POISSON FRIT 371

Fish or pieces of fish dipped in batter or breaded and fried in oil or in edible deep fat, sold hot or cold (either chilled or frozen); the pieces may be whole fillets or pieces of fillet, steaks, or small fish that have been headed and cleaned.

Poissons ou morceaux de poisson trempés dans une pâte, ou panés, et frits dans de l'huile comestible, vendus chauds ou froids (réfrigérés ou congelés), existant sous forme de filets, de morceaux de filet, de tranches ou de petits poissons étêtés et nettoyés.

- **D** Bratfisch
- **GR** Psári tiganitó
- **J** Sankana-no-furai, sakana-no-tempura
- **P** Peixe frito
- **YU** Pržena riba
- **DK** Stegt fisk
- **I** Pesce fritto
- **N** Stekt fisk
- **S** Stekt fisk
- **FI** Friteerattu, uppopaistettu kala
- **E** Pescado frito
- **IS** Steiktur fiskur
- **NL** Gebakken vis
- **TR** Tavada balık kızartması

372 FRIGATE TUNA — AUXIDE 372
Auxis thazard

(Cosmopolitan)
Also called FRIGATE MACKEREL (U.S.A.), PLAIN BONITO, LEADENALL, BULLET MACKEREL, MARU FRIGATE MACKEREL; used in some tuna industries; see also + TUNA.

(Cosmopolite)
Aussi appelé MELVA (Espagnol). Utilisé dans l'industrie du thon; voir aussi + THON.

- **D** Fregattmakrele
- **GR** Kopani-Kopanaki
- **J** Hira-soda, soda-gatsuo
- **P** Judeu
- **YU** Trup, rumbac
- **DK** Auxide
- **I** Tombarello
- **N** Auxid
- **S** Auxid
- **FI** Auksidi
- **E** Melva
- **IS**
- **NL** Fregatmakreel
- **TR** Gobene, tombile

373 FRILL SHARK — REQUIN LÉZARD 373
Chlamydoselachus anguineus

(Widespread)
See also + SHARK.

(Répandu)
Voir aussi + REQUIN.

- **D** Kragenhai, Krausenhai
- **GR**
- **J** Rabuka
- **P** Tubarão, cobra
- **YU**
- **DK** Kravehaj
- **I** Squalo serpente
- **N** Kragehai
- **S** Kråshaj
- **FI** Kaulushai
- **E**
- **IS**
- **NL**
- **TR**

374 FROG FLOUNDER — CARLOTTIN MEITA-GARE 374
Pleuronichthys cornutus

(Japan)
Belonging to the family *Pleuronectidae*.
Marketed fresh or alive.
See also + FLOUNDER.

(Japon)
De la famille des *Pleuronectidae*.
Commercialisé frais ou vivant.
Voir aussi + FLET.

- **J** Meitagarei

375 FROG — GRENOUILLE 375
RANIDAE

(Cosmopolitan)
Skinned frog legs are marketed fresh or frozen.

(Cosmopolite)
Les cuisses dépouillées sont commercialisées fraîches ou congelées.

- **D** Frosch
- **GR** Vátrahi
- **J** Kaeru
- **P** Rã
- **YU**
- **DK** Frø
- **I** Rana
- **N** Frosk
- **S** Groda
- **FI** Sammakko
- **E** Rana
- **IS** Froskur
- **NL** Kikker, Kikvors
- **TR** Kurbağa

376 FROSTFISH

Lepidopus caudatus

(Cosmopolitan in warm seas)

Belongs to the family *Trichiuridae* (see + CUTLASSFISH).

See also + SCABBARDFISH.

D	Degenfisch	DK	Stømpe båndsfisk	E	Espadilla
GR	Spathópsaro-ilios	I	Pesce sciabola	IS	
J		N	Reimfisk	NL	
P	Peixe-espada	S	Strumpebandsfisk	TR	
YU	Zmijičnjak repaš, sablja	FI	Hopeahuotrakala		

376 SABRE ARGENTÉ

(Cosmopolite, eaux chaudes)
Aussi appelé SABRE D'ARGENT.
Famille des *Trichiuridae* (voir aussi + POISSON SABRE).
Voir aussi + JARRETIÈRE.

377 FROZEN FISH

Fish that has been subjected to freezing in a manner to preserve the inherent quality of the fish by reducing their average temperature to −18 °C (0 °F) or lower, and which are then kept at a temperature of −18 °C (0 °F) or lower (IIR/OECD Code of Practice for frozen fish).

The reduction of temperature in the fish has to be achieved in a sufficiently short time to give the product best quality; this depends on the type of product (fillets, whole fish, precooked fish, etc.).

Regulations with regard to maximum time have been laid down in various countries, e.g. in U.K. the temperature of the whole fish is to be lowered from 32 °F to 23 °F (0 °C to −5 °C) or lower in not more than two hours and the fish be kept in the freezer until the temperature of the warmest part of the fish has been reduced to −5 °F (−20 °C) or lower (U.K. definition of QUICK FROZEN FISH); according to U.S. recommendations the temperature should be lowered to 0 °F (−18 °C) in 36 hours or less.

The term "frozen fish" is synonymously used with DEEP FROZEN FISH and QUICK FROZEN FISH.

377 POISSON CONGELÉ

Poisson traité par congélation de manière à conserver les qualités inhérentes au poisson dont la température moyenne a été abaissée à −18 °C (0 °F) ou moins, et maintenue à −18 °C (0 °F) ou moins (Institut International du Froid/OCDE Code de Pratiques pour le poisson congelé).

L'abaissement de température dans le poisson doit être effectué dans un temps suffisamment court pour donner au produit la meilleure qualité, temps qui varie suivant le genre de produit (filets, poisson entier, poisson précuit, etc.).

Des règlementations relatives à cette limite maximum de temps ont été prises dans différents pays: en R.U., par exemple, la température du poisson entier doit être abaissée de 32 °F à 23 °F (0 °C à −5 °C) ou moins, en moins de deux heures et le poisson doit être maintenu dans un congélateur jusqu'à ce que la température de la partie la plus chaude du poisson soit ramenée à −5 °F (−20 °C) ou moins (Définition de la CONGÉLATION RAPIDE en R.U.); aux Etats-Unis, on recommande d'abaisser la température à 0 °F (−18 °C) en 36 heures ou moins.

Le terme "poisson congelé" est synonyme de POISSON SURGELÉ et de POISSON RAPIDEMENT CONGELÉ.

D	Gefrierfisch / Gefrorener Fisch	DK	Frossen fisk	E	Pescado congelado
GR	Katepsigméni ihthís	I	Pesce congelato	IS	Freðfiskur, frystur fiskur
J	Reitô-gyo	N	Frossen fisk	NL	Bevroren vis
P	Peixe congelado	S	Fryst fisk	TR	Donmuş balık
YU	Smrznuta riba	FI	Pakastekala		

377.1 FUNORI

Name employed in Japan for *Gloiopeltis* spp. Seaweeds utilised for adhesive.

377.1 FUNORI

Terme employé au Japon pour désigner les espèces *Gloiopeltis*. Algues utilisées dans la fabrication des adhésifs.

378 FURIKAKE (Japan)

+ FISH FLOUR dried after cooking with seasonings and then mixed with spices or other ingredients.

378 FURIKAKE (Japon)

+ FARINE DE POISSON comestible, séchée après cuisson avec assaisonnement, puis mélangée à des épices ou autres ingrédients.

379 FUSHI-RUI (Japan)

Dried strips of fish produced by repeated smouldering and drying after boiling; used as condiment or seasoning for various soups.

The term is usually preceded by the name of the fish, e.g. from mackerel, SABA-BUSHI (phonetic assimilation) or + KATSUOBUSHI (from skipjack).

See also + NAMARIBUSHI.

FUSHI-RUI (Japon) 379

Lanières de poisson séchées, préparées en les faisant mijoter et sécher à plusieurs reprises; servent de condiment ou d'assaisonnement pour différents potages.

Le terme est généralement précédé du nom du poisson utilisé, par ex: avec du maquereau: SABA-BUSHI (orthographe phonétique) avec de la Listao: + KATSUOBUSHI.

Voir aussi + NAMARIBUSHI.

380 GABELROLLMOPS (Germany)

Small + ROLLMOPS from fillets of small Baltic herring, with or without skin, usually prepared without added vegetables, etc., in a light vinegar brine also with wine or in sauces, mayonnaise, remoulade.

See + DELICATESSEN FISH PRODUCT.

GABELROLLMOPS (Allemagne) 380

Petits + ROLLMOPS préparés avec les filets de petits harengs de la Baltique avec ou sans peau, généralement sans adjonction de légumes, dans une saumure légère de vinaigre ou de vin, ou en sauce mayonnaise, rémoulade, etc.

Voir + DELICATESSEN FISH PRODUCT.

D	Gabelrollmops	DK		E	
GR		I		IS	
J		N		NL	Rolmopsjes
P		S		TR	
YU		FI	Marinoitu silakkarulla		

381 GAFFELBIDDER

Different spelling used: GAFFELBITAR, GAFFELBITER, GAFFALBITAR.

Semi-preserved product prepared from fat herring gilled or headless, mildly cured with salt and sugar, most often also spices, ripened in barrels at moderate temperature; then filleted, skinned and cut into "tid bit" pieces, packed with spiced brine, also with vinegar, or with sauces in cans or glass jars.

Also called TIDBITS, HERRING TIDBITS or FORK TIDBITS.

See also + ANCHOSEN, + SPICED HERRING, + CUT SPICED HERRING, + HERRING CUTLETS.

In Iceland "Gaffalbitar" might also refer to a newly developed product: smoked herring packed in spiced soya-bean sauce.

GAFFELBIDDER 381

Peut s'appeler indifféremment: GAFFELBITAR, GAFFELBITER, GAFFALBITAR.

Semi-conserve préparée à base de harengs gras vidés ou sans tête, macérés en barils, à une température modérée, dans une saumure légère, sucrée, fréquemment avec des épices; les harengs sont ensuite filetés, dépouillés et découpés en "tid bits" (bouchées) recouverts d'une saumure épicée, avec ou sans vinaigre, ou de sauces, et mis en boîtes ou en bocaux.

Appelés aussi TIDBITS, HERRING TIDBITS ou FORK TIDBITS.

Voir aussi + ANCHOSEN, + HARENG EPICÉ, + CUT SPICED HERRING, + FILETS DE HARENG.

En Islande, "Gaffalbitar" désigne aussi un nouveau produit: hareng, fumé recouvert de sauce de soja épicée.

D	Gabelbissen	DK	Gaffelbidder	E	
GR		I		IS	Gaffalbitar
J		N	Gaffelbiter	NL	Gaffelbitter
P		S	Gaffelbitar	TR	
YU		FI	Haarukkapala		

382 GAPER

(i) Name used for + SOFT SHELL CLAM (*Mya arenaria*).

(ii) Name also used for + COMBER (*Serranus cabrilla*) belonging to the family *Serranidae* (see + SEA BASS).

382

Le terme "GAPER" (anglais) est utilisé pour:

(i) *Mya arenaria* (voir + MYE).

(ii) *Serranus cabrilla* (voir + SERRAN).

383 GARFISH

Belone belone

(i) (N. Atlantic – Europe)
Belongs to the family *Belonidae* which are generally designated as + NEEDLEFISH. Also called BILLFISH, GARPIKE, GREENBONE, MACKEREL GUIDE, SEA NEEDLE, GAR, SEA GAR; sold fresh.

D	Hornhecht	DK	Hornfisk
GR	Zargána	I	Aguglia
J		N	Horngjel
P	Piexe agulha	S	Horngädda, näbbgädda
YU	Iglica	FI	Nokkakala

(ii) In Australia refers to *Hemiramphus* spp. (see + HALFBEAK) which belong to the same order as *Belonidae*.
In New Zealand refers to *Hyporhamphus ihi* in the same family *(Hemirhamphidae)*.

(iii) In U.S.A. might also refer to the family *Lepisosteidae* (freshwater species), but these are mainly termed GAR.

D	Knochenhecht	DK	
GR		I	
J		N	
P		S	Bengädda
YU		FI	Luuhauki

ORPHIE COMMUN 383

(i) (Atlantique Nord – Europe)
Aussi appelé AIGUILLE ou AIGUILLETTE. De la famille des *Belonidae*; généralement appelés + ORPHIE ou + AIGUILLE DE MER. Commercialisé frais.

E	Aguja
IS	Geirsili
NL	Geep
TR	Zargana

(ii) Le nom ORPHIE se réfère aussi au *Scomberesox torsten* (voir + ORPHIE/BALAOU), qui fait partie du même ordre que (i).
En Nouvelle-Zélande GARFISH (anglais) se réfère à *Hyporhamphus ihi* de la famille des *Hemirhamphidae*.

E	
IS	Geirsili
NL	
TR	

384 GÁROS (Greece)

Enzymatic preparation from hydrolysed livers of mackerel; used in Greece to accelerate maturing of freshly salted sardine and anchovy.

D		DK	
GR	Gáros	I	Colatura
J		N	
P	Garo	S	
YU		FI	

GÁROS (Grèce) 384

Préparation enzymatique de foies de maquereaux; utilisée en Grèce pour accélérer la maturation de sardines ou d'anchois fraîchement salés.

E	
IS	
NL	
TR	

385 GARUM

Sauce produced in the Mediterranean regions by mixing whole ungutted fish with concentrated brine and exposing the mixture in jars for long periods to the sun.

For similar products see also + FERMENTED FISH SAUCE.
See also + PISSALA (France).

D		DK	
GR	Gáros	I	Garum
J		N	
P	Garo	S	
YU	Garum	FI	

GARUM 385

Sauce préparée dans certaines régions méditerranéennes en mélangeant du poisson entier, non vidé, avec une saumure concentrée, et en exposant le mélange en bocaux au soleil pendant une longue période.

Produit semblable: + SAUCE DE POISSON FERMENTÉ.

Voir aussi + PISSALA.

E	
IS	
NL	
TR	

386 GASPÉ CURE (Canada)

Light salted, pickle cured cod that has been dried to a moisture content of 34 to 36%; amber-coloured and translucent product of the Gaspé area.

See also + FALL CURE.

D	DK	Gaspévirket klipfisk
GR	I	Baccalà san giovanni
J	N	
P Cura do gaspé	S	
YU	FI	

GASPÉ CURE (Canada) 386

Morue légèrement salée, saumurée et séchée à une teneur en eau de 34 à 36%; le produit transparent et couleur ambrée se fait dans la région du Gaspé.

Voir aussi + FALL CURE.

E
IS
NL
TR

387 GEELBECK

Atractoscion aequidens

(S. Africa)

P Corvina de boca amarela

TÉRAGLIN 387

(Afrique du Sud)

388 GELATIN(E)

Soluble protein that can be prepared from the skins and swim badders of fish but largely produced from animal skins; used in the food and other industries.

See also + ISINGLASS.

DK Gelatine	DK Gelatine	E Gelatina
GR Zelatína	I Gelatina	IS Gelatini
J Zeratchin	N Gelatin	NL Gelatine
P Gelatina	S Gelatin	TR Jelatin
YU Želatina, hladetina	FI Gelatiini	

GÉLATINE 388

Protéine hydrosoluble qui peut être préparée à partir de peaux et de vessies natatoires de poissons mais qui est généralement obtenue à partir de peaux et d'os d'animaux terrestres; utilisée dans l'industrie alimentaire.

Voir aussi + ICHTHYOCOLLE.

388.1 GEMFISH

Rexea solandri

(Australia/New Zealand)

Also called + SOUTHERN KINGFISH, SILVER KINGFISH and HAKE.

Marketed: usually as fillets, fresh or frozen.

ESCOLIER ROYAL 388.1

(Australie/Nouvelle-Zélande)

Commercialisé: habituellement en filets, frais ou congelés.

388.2 GHOST SHARK

(widespread)

Hydrolagus novaezelandiae

DARK GHOST SHARK
(New Zealand)

HYDROLAGUS spp.

PALE GHOST SHARK
(New Zealand, possibly elsewhere)
See also + CHIMAERA, + RABBIT FISH, and + RATFISH.

388.2

(répandu)

(Nouvelle-Zélande)

(Nouvelle-Zélande, également ailleurs)
Voir aussi + CHIMÈRE, et + CHIMÈRE D'AMERIQUE.

389 GIANT SEA BASS

Stereolepis gigas

(Pacific – N. America)

Also called PACIFIC BLACK SEA BASS, BLACK JEWFISH, PACIFIC JEWFISH.

See also + SEA BASS.

D	DK	E
GR	I Cernia gigante	IS
J Ishinagi	N	NL Californische jodenvis
P	S	TR
YU	FI	

BARRÉAN GÉANT 389

(Pacifique – Amérique du Nord)

Voir aussi + BAR.

390 GIBBING 390

The process of removing the gills, long gut and stomach from a fish such as the herring by inserting a knife at the gills; the milt or roe and some of the pyloric caeca are left in the fish. Also called GIPPING: e.g. GIBBED HERRING.
See also + GUTTED FISH.

Procédé par lequel on enlève les branchies et*les viscères d'un poisson, le hareng par exemple, en insérant un couteau dans les ouïes: la laitance ou la rogue et une partie du caecum pylorique restent dans le poisson.
Voir aussi + POISSON VIDÉ.

D	Kehlen	DK	Mavedragning	E	
GR	Apenteromeni ihthis	I	Eviscerazione dagli opercoli	IS	Slógdráttur
J	Tsubonuki	N	Fullganing	NL	Kaken
P	Arenque de guelras e visceras	S	Ganing, gälning, fullganing nypning	TR	
YU	Liofilizacija	FI	Kalanperkaus		

391 GILT HEAD BREAM DORADE ROYALE 391
Sparus aurata

(E. Atlantic/Mediterranean)
Also called DORADE. Recommended trade name: SEA BREAM.
See also + SEA BREAM.

(Atlantique Est/Méditerranée)
Peut être commercialisé sous le nom de DAURADE.
Voir aussi + DORADE.

D	Goldbrasse	DK		E	Dorada
GR	Tsipoúra	I	Orata	IS	
J		N		NL	Goudbrasem
P	Dourada	S	Guldbraxen	TR	Çipura
YU	Komarča	FI	Kultaotsa-ahven		

392 GILT SARDINE ALLACHE 392
Sardinella aurita

(Mediterranean)
See + SARDINELLA.

(Méditerranée)
Voir + SARDINELLE.

D	Sardinelle	DK		E	Alacha
GR	Aríssa trichiós	I	Alaccia	IS	
J		N		NL	Oorsardientje
P	Sardinela lombuda	S		TR	Sardalya
YU	Srdela golema	FI	Kultasardiini		

393 GISUKENI (Japan) GISUKENI (Japon) 393

Small fish such as goby, pond smelt, young porgy, young horse mackerel, anchovy, shrimp, etc., dried simply or after baking or boiling, then soaked in a seasoning made from sugar, soy bean sauce etc., and dried again by smouldering.

Petits poissons tels que jeunes spares, jeunes chinchards, anchois, crevettes etc. simplement séchés, ou, après cuisson, trempés dans une sauce de soja sucrée et assaisonnée, séchés à l'étouffée.

394 GIZZARD SHAD ALOSE NOYER 394
Dorosoma cepedianum

(Atlantic/Freshwater – N. America)
Also called NANNY SHAD, MUD SHAD, WINTER SHAD.
See also + SHAD.

(Eaux douces/Atlantique – Amérique du Nord)
Aussi appelée ALOSE AMÉRICAINE.
Voir aussi + ALOSE.

395 GLASGOW PALE (Scotland) 395

Variety of + EYEMOUTH CURE haddock that is smoked so lightly that it has the barest detectable smoky flavour and almost no colour.

Variante du + EYEMOUTH CURE: églefin si légèrement fumé qu'il a à peine le goût de fumé et n'a pratiquement aucune couleur.

396 GLAZING

The process of protecting unwrapped +FROZEN FISH against drying in cold storage, by dipping in cold water, or by brushing or spraying with cold water, immediately after freezing to form a thin protective skin of ice.

GIVRAGE 396

Traitement par l'eau du +POISSON CONGELÉ (aspersion ou trempage) en vue de former à sa surface une mince couche de glace et d'empêcher la déshydratation.

- **D** Glasieren
- **GR** Glasarísma
- **J** Gureizu
- **P** Vidragem
- **YU** Glaziranje
- **DK** Glasering
- **I** Glassaggio
- **N** Glasering
- **S** Glasering
- **FI** Glaseeraus
- **E** Glaseado
- **IS** Íshúþun
- **NL** Glaceren
- **TR** Glase

397 GOATFISH
ROUGET-BARBET 397

MULLIDAE

(Cosmopolitan)

(Cosmopolite)

Aussi appelé MULLET.

Mullus surmuletus

(a) +SURMULLET +RED MULLET (Atlantic/Mediterranean)

(a) +ROUGET-BARBET DE ROCHE (Atlantique/Méditerranée)

Mullus auratus

(b) RED GOATFISH (Atlantic – N. America)

(b) ROUGET-BARBET DORÉ (Atlantique – Amérique du Nord)

Mullus barbatus

(c) STRIPED MULLET (Atlantic/Mediterranean)

(c) ROUGET-BARBET DE VASE (Atlantique/Méditerranée)

Upeneus parvus

(d) DWARF GOATFISH (Atlantic – N. America)

(d) ROUGET-SOURIS MIGNON (Atlantique – Amérique du Nord)

Pseudupeneus maculatus

(e)

(e) ROUGET-BARBET TACHETÉ

Pseudupeneus prayensis

(f)

(f) ROUGET-BARBET DU SÉNÉGAL

Mulloidichthys martinicus

(g)

(g) CAPUCIN JAUNE

Upeneichthys porosus or/ou *Upeneichthys lineatus*

(h) RED MULLET (Australia/New Zealand)

(h)
(Australie/Nouvelle-Zélande)

Not to be confused with *Mugilidae* (see +MULLET).

A ne pas confondre avec les *Mugilidae* (voir +MUGE).

- **D** Meerbarbe
- **GR** Barboúni, koutsomoúra
- **J** Himeji
- **DK** Mulle
- **I** Triglia
- **N** Mulle
- **E** Salmonete
- **IS** Sæskeggur
- **NL** (a) Koning van de poon, mul
  (b) Gestreepte zeebarbeel
- **P** (a) Salmonete legitimo
  (c) Salmonete da vasa
- **YU** Trlje, trlje odkamena
- **S** Mullus
- **FI** Mullo
- **TR** Tekir, barbunya, Nil barbunyası

398 GOBY
GOBIE 398

GOBIIDAE

(Atlantic/Pacific/Freshwater – Cosmopolitan)
Various species in different waters.

(Eaux douces/Atlantique/Pacifique – Cosmopolite)
Les espèces varient suivant les eaux où on les trouve.

Marketed fresh or alive (Japan, Spain); in Japan also dried like +YAKIBOSHI.

Commercialisées fraîches ou vivantes (au Japon et en Espagne); au Japon, également séchées comme pour le +YAKIBOSHI.

- **D** Grundeln
- **GR** Govil
- **J** Haze
- **P** Caboz
- **YU** Glavoči
- **DK** Kutling
- **I** Gobido, ghiozzo
- **N** Kutlinger
- **S** Smörbult
- **FI** Tokko
- **E** Góbido
- **IS** Kytlingur
- **NL** Grondels
- **TR** Büyük kaya balığı

399 GOLDEN CURE

Milder sort of + RED HERRING that is smoked only for five or six days instead of several weeks.
Also called MEDITERRANEAN CURE. In Canada also called + BLOATER.
See also + RED HERRING.

Forme douce du + HARENG ROUGE, fumé pendant cinq ou six jours au lieu de plusieurs semaines.

Voir aussi + HARENG ROUGE, + CRAQUELOT (ou BOUFFI).

D	DK	E
GR Govii	I Aringhe dorate	IS
J	N	NL Dubbel gerookte steurharing
P Arenque doirado	S	TR
YU	FI	

400 GOLDEN CUTLET

Cold smoked BLOCK FILLET of small haddock or whiting, sometimes dyed; available chilled or frozen.
See + FILLET.

Filet entier, fumé à froid, de petit églefin ou de merlan; quelquefois coloré; commercialisé réfrigéré ou congelé.
Voir + FILET.

D	DK	E
GR	I Filetti affumicati	IS
J	N	NL Koudgerookte vlinders
P Filete fumado	S	TR
YU	FI	

401 GOLDFISH — CYPRIN DORÉ

Carassius auratus

(Freshwater)
Originally Japan, introduced in many countries.

(Eaux douces)
D'origine japonaise, a été introduit dans de nombreaux pays.

D Goldfisch	DK Guldfisk	E
GR Cheisopsaro	I Ciprino dorato	IS
J Kingyo	N Gullfisk	NL Goudvis
P Peixe encarnado	S Guldfisk	TR Kırmızı balık
YU	FI Kultakala	

402 GOLDLINE — SAUPE

Sarpa salpa

(Atlantic/Mediterranean)
Belonging to the family *Sparidae* (see + SEA BREAM).

(Atlantique/Méditerranée)
De la famille des *Sparidae* (voir + DORADE).

D Goldstrieme	DK Okseøjefisk	E Salema
GR Sálpa-sárpa	I Salpa	IS
J	N Okseøyefisk	NL Gestreepte bokvis
P Salema	S Oxögonfisk	TR Sarpan, çıtari
YU Salpa	FI Boga	

403 GONADS — GONADES

Female gonads: see + ROE.
Male gonads: see + MILT.

Gonades femelles: voir + ROGUE.
Gonades mâles: voir + LAITANCE.

D Gonaden	DK Kønsorganer	E Gonadas
GR Gonades	I Gonadi	IS
J Seishokusen	N Kjønnsorganer	NL Gonaden
P Gónadas	S Gonader	TR
YU	FI Sukupuolielimet	

404 GOURAMI   GOURAMI 404

Osphronemus goramy

(Freshwater – India/Malaya/Réunion)   (Eaux douces – Inde/Malaya/Réunion)
Food fish, weighing up to 20 lb or more.   Poisson comestible pesant jusqu'à 10 kg et plus.

- **D** Knurrender Gurami
- **GR**
- **J** Guurami
- **P** Gurami
- **YU**
- **DK** Guarami
- **I** Gurami
- **N**
- **S**
- **FI** Gurami
- **E**
- **IS**
- **NL** Goerami
- **TR**

405 GRAVLAX (Sweden)   GRAVLAX (Suède) 405

Fillets of salmon rubbed in with a mixture of coarse salt, sugar and white pepper, placed meat-side against meat-side with dill, and pressed in a chilly place. Considered to be best after 24 hours.

Filets de saumon macérés dans un mélange de gros sel, de sucre et de poivre blanc, placés côté chair contre côté chair avec de l'aneth et pressés dans un endroit frais, pendant 24 heures.

- **D**
- **GR**
- **J**
- **P** Filetes de salmão à sueca
- **YU**
- **DK** Gravlaks
- **I** Filetti di salmone svedesi
- **N** Gravlaks
- **S** Gravlax
- **FI** Graavisuolattu lohi
- **E** Filetes de salmón con sal, azucar y especias
- **IS** Graflax
- **NL** Drooggezouten gekruide zalm
- **TR**

406 GRAYFISH   406

Le terme "GRAYFISH" (anglais) est utilisé pour les espèces suivantes:

(i) Name used for some sharks, particularly + THRESHER SHARK (*Alopias vulpinus*).

(ii) Name is also used for + PACIFIC COD (*Gadus macrocephalus*).

(iii) In U.S.A. GRAYFISH might also be used as collective term for two + DOGFISH: PICKED (SPRING) DOGFISH (*Squalus acanthias*) and SMOOTH DOGFISH (*Mustelus canis*) (see + SMOOTH HOUND).

(i) *Alopias vulpinus* (voir + RENARD).

(ii) *Gadus macrocephalus* (+ MORUE DU PACIFIQUE).

(iii) Aux Etats-Unis: *Squalus acanthias* (voir + AIGUILLAT) et *Mustelus canis* (voir + ÉMISSOLE).

407 GRAYLING   OMBRE 407

Thymallus arcticus

(Freshwater – Europe)   (Eaux douces – Europe)

- **D** Äsche
- **GR**
- **J**
- **P**
- **YU** Lipen
- **DK** Stalling
- **I** Temolo
- **N** Harr
- **S** Harr
- **FI** Harjus
- **E**
- **IS**
- **NL** Vlagzalm
- **TR**

408 GREATER SANDEEL   LANÇON COMMUN 408

Hyperoplus lanceolatus or/ou *Hyperoplus immaculatus*

(N. Atlantic)   (Atlantique Nord)

Also called SAND LANCE, LAUNCE, LANCE.
See + SANDEEL.   Voir + LANÇON.

- **D** Grosser Sandaal
- **GR** Aminodýtes
- **J**
- **P** Galeota
- **YU** Hujka
- **DK** Tobiskonge
- **I** Cicerello
- **N** Storsil, stortobis
- **S** Tobiskung
- **FI** Isotuulenkala
- **E** Pión
- **IS** Trönusíli
- **NL** Smelt, zandspiering
- **TR** Kum balığı

409 GREATER WEEVER

Trachinus draco

(Atlantic/Mediterranean)
Also called GREATER WEAVER or STINGFISH.
Landed commercially Belgium, Germany.
See also + WEEVER.

GRANDE VIVE 409

(Atlantique/Méditerranée)
Commercialisée en Belgique et en Allemagne.
Voir aussi + VIVE.

D	Petermann, Petermännchen	**DK**	Fjæsing	**E**	Araña, escorpión
GR	Drákena	**I**	Tracina drago	**IS**	Fjörsungur
J		**N**	Fjesing	**NL**	Grote Pieterman
P	Peixe-aranha	**S**	Fjärsing	**TR**	Trakonya
YU	Pauk bijeli	**FI**	Louhikala		

409.1 GREENBACK FLOUNDER 409.1

Rhombosolea tapirina

(Australia/New Zealand) (Australie/Nouvelle-Zélande)

410 GREEN FISH

(i) Salted white fish that, having been stacked for two or three days to press out as much pickle as possible, are ready for drying; also called GREEN CURE, GREEN SALTED FISH.

In France "SALÉ EN VERT" is also used for skins destined for tanning.

POISSON SALÉ EN VERT 410

(i) Poisson maigre salé qui, après avoir été entassé pendant deux à trois jours pour en extraire le plus de saumure possible, est prêt pour le séchage.

En France, "SALÉ EN VERT" s'applique aussi aux peaux destinées au tannage.

D		**DK**	Grønsaltet fisk	**E**	Pescado en verde
GR	Psári hygrálato	**I**	Pesce salinato e sgocciolato	**IS**	Staðinn fiskur
J		**N**		**NL**	Lichtgezouten magere vis
P	Peixe verde	**S**	Grönsaltad fisk	**TR**	
YU		**FI**			

(ii) GREENFISH (one word) is also an alternative name for + POLLACK.

(iii) In New Zealand the term GREEN FISH refers to fish caught and stored temporarily (fresh, chilled or frozen) in an unprocessed form.

(ii) GREENFISH (anglais) est aussi un terme alternatif pour + POLLACK (LIEU JAUNE).

(iii) En Nouvelle-Zélande le terme GREEN FISH (anglais) se réfère au poisson capturé et stocké temporairement (frais, sur glace ou congelé) sous une forme non transformée.

411 GREENLAND HALIBUT

Reinhardtius hippoglossoides

(N. Atlantic)
Also called BLACK HALIBUT, BLUE HALIBUT, LESSER HALIBUT, MOCK HALIBUT.
In U.S.A. and Canada also called GREENLAND TURBOT or NEWFOUNDLAND TURBOT.

Marketed:
Fresh: steaks or fillets.
Salted: in brine or in dry salt.
Smoked: hot smoked pieces, also sliced salt fish.
Liver: oil + HALIBUT LIVER OIL

FLÉTAN NOIR 411

(Atlantique Nord)
Aussi appelé FLÉTAN DU GROËNLAND.

Commercialisé:
Frais: tranches ou filets.
Salé: en saumure ou au sel sec.
Fumé: morceaux fumés à chaud, ou également tranches de flétan salé.
Foie: + HUILE DE FOIE DE FLÉTAN.

D	Schwarzer Heilbutt	**DK**	Hellefisk	**E**	Hipogloso negro
GR		**I**	Halibut di groenlandia	**IS**	Grálúþa
J	Karasu-garei	**N**	Blåkveite	**NL**	Groenlandse heilbot, zwarte heilbot
P	Alabote-da-gronelândia	**S**	Lilla hälleflundran, lilla helgeflundran	**TR**	
YU		**FI**	Grönlanninpallas		

412 GREENLAND RIGHT WHALE — BALEINE FRANCHE 412

Balaena mysticetus

(Arctic) (Arctique)

Also called GREENLAND WHALE, RIGHT WHALE, BOWHEAD, ARCTIC RIGHT WHALE, GREAT POLAR WHALE.

Protected, not hunted commercially. Espèce protégée dont la chasse est règlementée.

See + RIGHT WHALE.

- **D** Grönlandwal
- **GR**
- **J** Hokkyokukujira
- **P** Baleia-franca-boreal
- **YU** Kit
- **DK** Grønlandshval
- **I** Balena di groenlandia
- **N** Grønlandshval
- **S** Grönlandsval, nordval
- **FI** Grönlanninvalas
- **E**
- **IS** Norðhvalur, sléttbakur
- **NL** Groenlandse walvis
- **TR**

413 GREENLAND SHARK — LAIMARGUE DU GROËNLAND 413

Somniosus microcephalus

(N. Atlantic/Arctic) (Atlantique Nord/Arctique)

Belongs to the family *Squalidae* (see + DOG-FISH). Famille des *Squalidae* (voir + AIGUILLAT).

Also called GROUND SHARK, OAKETTLE, OKETTLE. Aussi appelé APOCALLE, REQUIN DU GROËNLAND.

Consumed fermented (Iceland); liver for oil extraction (Iceland). Comsommé fermenté (Islande); extraction de l'huile du foie.

- **D** Eishai
- **GR**
- **J**
- **P** Tubarão da Gronelândia
- **YU**
- **DK** Havkal
- **I** Squalo di groenlandia, lemargo
- **N** Håkjerring
- **S** Håkäring
- **FI** Holkeri
- **E** Tiburón boreal
- **IS** Hákarl
- **NL** Groenlandse haai
- **TR**

414 GREEN LAVER — 414

Enteromorpha linza

(Japan) (Japon)

Edible seaweed; see + LAVERBREAD. Algue comestible; voir + LAVERBREAD.

- **D**
- **GR**
- **J** Usubaaonori
- **P**
- **YU**
- **DK**
- **I** Alga commestibile
- **N**
- **S** Platt tarmtång
- **FI** Putkilevä
- **E** Alga marina
- **IS**
- **NL** Eetbaar zeewier
- **TR**

415 GREENLING — TERPUGA 415

HEXAGRAMMIDAE

(Pacific – N. America) (Pacifique – Amérique du Nord)

Most important species being Dont l'espèce la plus importante est:

Ophiodon elongatus

+ LINGCOD (N.E. Pacific)
+ TERPUGA BUFFALO (Pacifique nord-est)

To the family of *Hexagrammidae* belongs also + ATKA MACKEREL. + ATKA MACKEREL appartient aussi à la famille des *Hexagrammidae*.

- **D**
- **GR**
- **J** Ainame
- **P** Lorcha
- **YU**
- **DK**
- **I**
- **N**
- **S** Grönfisk
- **FI** Vihersimppu
- **E**
- **IS**
- **NL**
- **TR**

415.1 GREEN MUSSEL 415.1

(a) GREEN MUSSEL
(New Zealand)
Also known as GREEN-LIPPED MUSSEL and PERNA.

(b) GREEN MUSSEL
(S.E. Asia)

Perna canaliculus

(a)
(Nouvelle-Zélande)

Mytilus smaragdinus

415.2 GRENADIER 415.2

MACROURIDAE

(Cosmopolitan)

The *Macrouridae* include *Macrourus* and *Coryphaenoides* spp. Most important commercial species are:

(Cosmopolite)

Les *Macrouridae* comprennent entre autres les espèces des genres *Macrourus* et *Coryphaenoides*. Les espèces commerciales les plus importantes sont:

Macrourus berglax

(a) ROUGHHEAD GRENADIER
(North Atlantic)

(a) GRENADIER
(Atlantique Nord)

Coryphaenoides rupestris

(b) ROUNDNOSE GRENADIER
(North Atlantic)

(b) GRENADIER DE ROCHE
(Atlantique Nord)

Coryphaenoides acrolepis
or/ou
Coryphaenoides pectoralis

(c) PACIFIC GRENADIER
(Pacific)
Also called RAT, RATTAIL, WHIPTAIL.
See also + SOLDIER.

(c)
(Pacifique)

D	DK	E
GR	I	IS Langhali
J Sokodaro, nezumi	N	NL
P	S	TR
YU	FI Lestikala	

416 GREY GURNARD GRONDIN GRIS 416

Eutrigla gurnardus
or/ou
Chelidonichtys gurnardus

(N. Atlantic/North Sea)
Also called CROONER, GUNNARD, HARDHEAD, KNOWD, GOWDY; recommended trade name + GURNARD.
See also + GURNARD.

(Atlantique Nord/Mer du Nord)
Appelé aussi GOURNAUD.

Voir aussi + GRONDIN.

D Grauer Knurrhahn	DK Grå knurhane	E Borracho, perlon
GR Kapóni	I Capone gorno	IS Urrari
J	N Knurr	NL Grauwe poon
P Cabra morena	S Knorrhane, gnoding, knot	TR Benekli kırlangıç
YU Trilja (prasica), kokot	FI Kyhmykurnusimppu	

417 GRILSE

+ ATLANTIC SALMON returning from the sea to freshwater after spending only one winter at sea.

+ SAUMON DE L'ATLANTIQUE retournant de la mer en eau douce après avoir passé seulement un hiver en mer.

D	**DK**	**E**
GR	**I**	**IS**
J	**N**	**NL** Jacobzalm
P	**S**	**TR**
YU	**FI**	

418 GROOVED CARPET SHELL — PALOURDE 418

Tapes decussatus or/ou *Venerupis decussatus*

(Atlantic – Europe)
Also called + CARPET SHELL or CLAM. Very important in Spain; marketed fresh (in shells, raw or cooked) and canned (in its own juice).

See also + CARPET SHELL.

(Atlantique – Europe)
Appelée aussi CLOVISSE, FLIE ou BLANCHET. Consommation importante en Espagne; commercialisée fraîche (en coquille, crue ou cuite) en conserve (dans son propre jus).

Voir aussi + CLOVISEE/PALOURDE.

D Teppichmuschel	**DK**		**E** Almeja fina
GR Chávaro	**I** Vongola nera		**IS**
J	**N** Gullskjell		**NL** Tapijtschelp
P Amêijoa	**S** Tapesmussla		**TR**
YU Kučica	**FI** Mattosimpukka		

418.1 GROUNDFISH — POISSONS DE FOND 418.1

Those species of fish which normally occur on or close to the sea bed.
Also called DEMERSAL FISH, BOTTOM FISH.

Espèces que l'on trouve normalement sur ou près des fonds marins.
Appelés aussi POISSONS DEMERSAUX.

D Bodenfische	**DK** Bundfisk	**E** Peces de Fondo
GR Benthopelagica	**I** Pesce demersale	**IS**
J Sokouo-rui	**N** Bunnfisk	**NL** Bodemvis
P	**S** Bottenfisk	**TR**
YU Pridnena riba	**FI**	

419 GROUPER — MÉROU 419

General name for family of *Serranidae* (which also are termed + SEA BASS or + SEA PERCH), but more particularly refers to *Epinephelus* and *Mycteroperca* spp., important food fishes in U.S.A.

Désigne globalement la famille des *Serranidae* (+ BAR) mais de façon particulière les espèces *Epinephelus* et *Mycteroperca*, commerce important aux Etats-Unis.

Species in the Atlantic (N. America):

Espèces de l'Atlantique (Amérique du Nord):

Epinephelus itajara
(a) + JEWFISH   (a) + MÉROU GÉANT

Epinephelus morio
(b) RED GROUPER   (b) MÉROU ROUGE

Epinephelus striatus
(c) NASSAU GROUPER   (c) MÉROU RAYÉ

Epinephelus nigritus
(d) WARSOW GROUPER   (d) + MÉROU POLONAIS
    Also called BLACK JEWFISH.

Epinephelus niveatus
(e) SNOWY GROUPER

Epinephelus drummondhayi
(f) SPECKLED HIND

Epinephelus flavolimbatus
(g) YELLOWEDGE GROUPER

[CONTD.

419 GROUPER (Contd.)   **MÉROU** (Suite) **419**

Mycteroperca venenosa
(h) YELLOWFIN GROUPER   (h) BADÈCHE DE ROCHE
Mycteroperca bonaci
(i) BLACK GROUPER   (i) BADÈCHE BONACI
Mycteroperca microlepis
(j) GAG   (j) BADÈCHE BAILLON
Mycteroperca phenex
(k) SCAMP GROUPER   (k)
Epinephelus analogus

Pacific: Pacifique:
(l) CABRILLA   (l) MÉROU MARBRÉ
Also called SPOTTED CABRILLA, ROCK BASS.

(m) In Australia *Epinephelus* spp. known as cod.   (m) En Australie, le terme cod désigne les espéces *Epinephelus*.

Marketed: as fresh fish.   **Commercialisé:** frais.

D	Zackenbarsch	**DK**	Havaborre	**E**	Mero, cherna, cherne
GR	Rophós	**I**	Cernia, sciarrano	**IS**	Vartari
J	Hata	**N**	Havabbor	**NL**	
P	Garoupa, mero	**S**	Havsabborre, grouper	**TR**	Orfoz
YU	Epinephelus, kirnja, scorpeana, bodeljka	**FI**	Meriahven		

---

420 GRUNT   **GRONDEUR 420**

General name for fishes of the family *Pomadasyidae* (Atlantic, Pacific – America, Europe); also designated as GRUNTER.

This family includes among others *Pomadasys, Parapristipoma, Bathystoma* and *Haemulon* spp.

See for example +SARGO (i), +PORKFISH, +PIGFISH.

Désigne de façon générale les poissons de la famille des *Pomadasyidae* (Atlantique, Pacifique – Amérique, Europe).

Cette famille comprend entre autres les espèces *Pomadasys, Parapristipoma, Bathystoma* et *Haemulon*.

Voir par exemple +SARGUE (i) +DAURADE AMÉRICAINE, +PIGFISH.

D		**DK**	Gryntefisk	**E**	Roncador, burro
GR		**I**	Burro	**IS**	
J	Isaki	**N**		**NL**	
P	Roncador	**S**	Grunt	**TR**	
YU		**FI**	Murisija		

---

421 GUANIN   **GUANINE 421**

Also spelt GUANINE; extracted from scales of fish such as herring, for manufacture of PEARL ESSENCE; has also been used for conversion to CAFFEINE.

Produit extrait des écailles de poissons tels que le hareng, pour la fabrication d'ESSENCE D'ORIENT; utilisé également pour la synthèse de la CAFÉINE.

D	Guanin	**DK**	Guanin	**E**	Guanina
GR	Guanini	**I**	Guanina	**IS**	Guanin
J	Guanin	**N**	Guanin	**NL**	Guanine
P	Guanina	**S**	Guanin	**TR**	Guanin
YU	Guanin	**FI**	Guaniini		

---

422 GUINAMOS ALAMANG   **GUINAMOS ALAMANG 422**
   (Philippines)   **(Philippines)**

Shrimp paste, similar to +DINAILAN, but salt is added after first drying period; mixture is dried for only one day after it is made into paste.

Pâte de crevettes, semblable au +DINAILAN, mais salée après le premier temps de séchage; le mélange est séché pendant un jour seulement, après la mise en pâte.

423 GUITARFISH

(Cosmopolitan)
Belong to the order *Rajiformes*
(see +RAY).

(a) ATLANTIC GUITARFISH
 (Atlantic – N. America)

(b) BANDED GUITARFISH
 (Pacific – N. America)

D Geigenrochen
GR Rína
J Sakatazame
P Viola
YU Ražopas, pasiraža

POISSON-GUITARE 423

RHINOBATIDAE
(Cosmopolite)
Appartiennent à l'ordre des *Rajiformes*
(voir +RAIE).
Rhinobatus lentiginosus
(a) POISSON-GUITARE TACHETÉ
 (Atlantique – Amérique du Nord)
Zapteryx exasperata
(b)
 (Pacifique – Amérique du Nord)

DK Hvalhaj
I Pesce violino
N
S Hajrocka
FI Kitararausku

E Guitarra
IS
NL Guitaarrog
TR Iğnelikeler

424 GUMMY SHARK

(a) (Australia)

(b) (New Zealand)
 Also called +RIG.
 See also +SMOOTH HOUND and +DOGFISH.

D Australischer Glatthai
GR
J Hoshizame, hoshibuka
P Cacão antárctico
YU

EMISSOLE GOMMÉE 424

MUSTELUS spp.
Mustelus antarcticus
(a) (Australie)
Mustelus lenticulatus
(b) (Nouvelle-Zélande)

Voir aussi +EMISSOLE et +AIGUILLAT

DK
I Palombo antartico
N
S
FI

E Musola
IS
NL Zuidelijke gladde haai, stomkophaai
TR Köpek baligi

425 GURNARD

(Atlantic – Europe)

(a) +GREY GURNARD
 (N. Atlantic/North Sea)

(b) +PIPER
 (Atlantic)

(c) +RED GURNARD
 (N. Atlantic)

(d) +SHINING GURNARD
 (Atlantic/Mediterranean)
 Also called LONG-FINNED GURNARD.

(e) +STREAKED GURNARD
 (Atlantic/Mediterranean)

GRONDIN ou TRIGLE 425

TRIGLA spp.
(Atlantique – Europe)
Eutrigla gurnardus or/ou
Chelidonichthys gurnardus
(a) +GRONDIN GRIS
 (Atlantique nord/mer du Nord)
Trigla lyre
(b) +GRONDIN LYRE
 (Atlantique)
Aspitrigla cuculus or/ou
Chelidonichthys cuculus
(c) +GRONDIN ROUGE
 (Atlantique nord)
Aspitrigla obscura or/ou
Chelidonichthys obscura
(d) +GRONDIN MORRUDE
 (Atlantique/Méditerranée)

Trigloporus lastoviza or/ou
Chelidonichthys lastoviza
(e) +GRONDIN CAMARD
 (Atlantique/Méditerranée)

[CONTD.

425 GURNARD (Contd.)

Trigla lucerna

(f) +YELLOW GURNARD
(Atlantic/Mediterranean)
Also called TUB GURNARD
Marketed fresh and frozen (whole or fillet), also canned (in own juice).
The name Gurnard is also used for some other species of the family *Triglidae* (see e.g. +KANAGASHIRA GURNARD, +ARMED GURNARD).
In North America fish of the family *Triglidae* are commonly named +SEA ROBIN.
See also +FLYING GURNARD and +HOBO GURNARD.

- **D** Knurrhahn
- **GR** Kapóni
- **J** Hôbô, kanagashira
- **DK** Knurhane
- **I** Pesce capone
- **N** Knurrfisk
- **P** Cabra, ruivo
- **YU** Lastavica, lastavica prasica
- **S** Knorrhane, knot
- **FI** Kurnusimppu

See also under the individual entries.
In Australia and New Zealand +RED GURNARD refers to *Chelidonichthys kumu*.

GORNDIN ou TRIGLE (Suite) 425

(f) +GRONDIN PERLON
(Atlantique/Méditerranée)

Commercialisé frais et surgelé (entier ou en filets); également en conserve dans son jus.
Certaines autres espèces de la famille des *Triglidae* sont appelées Grondins (voir par exemple +"KANAGASHIRA GURNARD", +MALLARMAT).

Voir aussi +TRIBLE,+DACTYLOPTÈRE, et +GRONDIN JAPONAIS.

- **E** Rubios
- **IS** Urrari
- **NL** Poon (a) grauwe poon, (c) engelse poon, (e) gestreepte poon, (f) rode poon
- **TR** Kırlangıç

Voir aussi les rubriques individuelles.
En Australie et Nouvelle-Zélande +RED GURNARD (anglais) se réfère à *Chelidonichthys kumu*.

426 GUTS

The word guts in this nomenclature is synonymous with ENTRAILS, INTESTINES or VISCERA; guts is the term generally used in the trade.
See also +GUTTED FISH.

- **D** Gedärme
- **GR** Endósthia
- **J** Wata, naizô, zômotsu
- **P** Vísceras
- **YU**
- **DK** Indvolde
- **I** Interiora
- **N** Slo
- **S** Rens, inälvor
- **FI** Sisälmykset

VISCÈRES 426

Dans cette nomenclature, le terme est synonyme de ENTRAILLES ou INTESTINS; viscères est le mot généralement employé.
Voir aussi +POISSON VIDÉ.

- **E** Visceras
- **IS** Slóg
- **NL** Ingewanden
- **TR** Bağirsaklar

427 GUTTED FISH

Fish from which the guts have been removed; alternative term is EVISCERATED FISH. In U.S.A. the term DRAWN FISH is mainly used; various special types of gutting, e.g.+ GIBBING, + NOBBING.

- **D** Ausgenommener Fisch
- **GR** Apenteroméni ihthís
- **J** Wata-nuki, tsubo-nuki
- **P** Peixe eviscerado
- **YU** Riba kojoj je izvadjena utroba
- **DK** Renset fisk
- **I** Pesce sventrato
- **N** Sløyd fisk
- **S** Rensad fisk
- **FI** Perrattu kala

POISSON VIDÉ 427

Poisson dont les viscères ont été enlevés; terme alternatif: POISSON ÉVISCÉRÉ.
Voir +VISCÈRES, et différentes méthodes d' +ÉVISCÉRATION.

- **E** Pescado eviscerado
- **IS** Slægður fiskur
- **NL** Gestripte vis, gelubde vis
- **TR** Ayıklanmış balık

428 GYOMISO (Japan)

Fermented fish paste prepared from mixture of macerated fish flesh, salt and wheat bran, inoculated with a fungus called *Aspergillus oryzae*, formerly produced in industrial scale; more common similar product +UOMISO.

GYOMISO (Japon) 428

Pâte de poisson fermentée préparée avec un mélange de chair de poisson macérée, de sel, de son, mélange auquel on ajoute un champignon, l'*Aspergillus oryzae*; autrefois fabriquée à l'échelle industrielle. Produit semblable plus commun: le +UOMISO.

429 HABERDINE

Name sometimes given to large cod used for salting.

- D
- GR
- J
- P Bacalhau graúdo
- YU

- DK
- I
- N Stortorsk
- S
- FI Iso turska

Nom donné parfois au cabillaud de grande taille destiné au salage.

- E
- IS Stórþorskur
- NL Labberdaan
- TR

430 HADDOCK — ÉGLEFIN 430

Melanogrammus aeglefinus or/ou *Gadus aeglefinus*

(N. Atlantic/Arctic)
Also called GIBBER, +CHAT or PINGER or SEED HADDOCK (small haddock); +JUMBO (large haddock).

(Atlantique Nord/Arctique)
Aussi appelé ÂNON.

Boston Fish Exchange: U.S.A.
Large: over 2½ lb.
Scrod: 1½ to 2½ lb.
Snapper: under 1½ lb.

Marketed:

Fresh: whole, gutted, with or without heads; single fillets with or without skin; block filelts, with or without skin (small fish); steaks.

Frozen: whole, gutted, with or without heads; single fillets with or without skin; block fillets, with or without skin (small fish) breaded cooked or uncooked, sticks and portions; smoked varieties.

Smoked: headed split finnans, boneless finnans, trimmed finnans (+ FINNAN HADDOCK); single fillets, usually with skin on; block fillets, usually with skin off (+ GOLDEN CUTLET); all cold smoked. E.g. +EYEMOUTH CURE, +GLASGOW PALE, +LONDON CUT CURE, BERVIE CURE, BODDAM CURE, SMOKIE etc. Headed and gutted, whole small haddock or pieces or steaks (cutlets); hot smoked (+ ARBROATH SMOKIE); smoked haddock products are marketed chilled and frozen.

Salted: dried salted products made in same way as salted cod.

Rizzared haddock: made by lightly salting overnight, partially drying and then broiling.

Vinegar cured: fillets brined, cooked in vinegar solution with onion and spices and packed in sealed glass containers with vinegar sauce and spices.

Canned: cooked flakes or pieces of flesh also in sauces (e.g. + ESCABECHE).

Roe: fresh; boiled; smoked; canned.

Liver: used indiscriminately with cod livers for oil extraction, etc. See + COD LIVER, + FISH LIVER.

In France, "HADDOCK" designates smoked haddock.

Commercialisé:

Frais: entier, vidé, avec ou sans tête; filets simples avec ou sans peau; filets entiers avec ou sans peau (petit églefin); tranches.

Congelé: entier, vidé, avec ou sans tête; filets simples avec ou sans peau; filets entiers avec ou sans peau (petit églefin), panés, cuits ou crus; bâtonnets et portions; produits fumés.

Fumé: tranché et étêté; sans arête; paré (+ FINNAN HADDOCK); filets simples généralement avec la peau; filets entiers, généralement sans peau (+ GOLDEN CUTLET); tous les produits sont fumés à froid. Ex + EYEMOUTH CURE, +GLASGOW PALE, + LONDON CUT CURE, BERVIE CURE, BODDAM CURE, + SMOKIE, étêté et vidé; petit poisson entier, morceaux ou tranches; fumés à chaud (+ ARBROATH SMOKIE); tous produits vendus réfrigérés et surgelés.

Salé: mêmes préparations que la morue salée.

Rizzard: salé légèrement pendant une nuit, partiellement séché, puis grillé.

Au vinaigre: filets saumurés cuits au courtbouillon et mis en bocaux avec une sauce vinaigrée et des épices.

Conserve: flocons cuits ou morceaux en sauces (ex: + ESCABÈCHE).

Œufs: frais; cuits; fumés; en conserve.

Foies: assimilés aux foies de morue pour l'extraction de l'huile; voir + FOIE DE MORUE, + FOIE DE POISSON.

En France, "HADDOCK" désigne l'églefin fumé.

- D Schellfisch
- GR Gádos sp, bakaliaros
- J
- P Arinca
- YU Ugotica

- DK Kuller, hvilling
- I Asinello
- N Hyse, kolje
- S Kolja
- FI Kolja

- E Eglefino
- IS Ýsa
- NL Schelvis
- TR

431 HADDOCK CHOWDER — SOUPE D'ÉGLEFIN 431

Steamed flakes of haddock flesh packed with potato in cans with broth made from salt pork, flour, onion, fish broth and seasoning; heat processed (N. America).

Flocons de chair d'églefin cuit à la vapeur, mis en conserve avec des pommes de terre et un bouillon à base de porc salé, farine, oignon, bouillon de poisson et assaisonnement; traité à chaleur (Amérique du Nord).

- **D** Schellfisch-suppe
- **DK**
- **E** Sopa de eglefino
- **GR**
- **I** Zuppa di asinello
- **IS**
- **J**
- **N**
- **NL** Schelvis hutspot in blik
- **P** Sopa de arinca
- **S** Koljestuvning
- **TR**
- **YU**
- **FI** Koljamuhennos

432 HAKE — MERLU 432

(i) Various *Merluccius* and *Urophycis* spp. the most important being:

(i) Il existe différentes espèces *Merluccius* et *Urophycis* dont les plus importantes sont:

Merluccius merluccius

(a) HAKE (EUROPE)
(N.E. Atlantic/North Sea)

Also called MERLUCE, SEA LUCE, SEA PIKE and + SILVER HAKE (U.K.)

(a) MERLU COMMUN (EUROPE)
(Atlantique N.E./Mer du Nord), quelquefois appelé à tort COLIN (voir + LIEU NOIR, COLIN NOIR).

Appelé aussi MERLUCHE, MERLUCHON ou COLINET (petit)

Merluccius hubbsi

(b) + SOUTHWEST ATLANTIC HAKE
(S.W. Atlantic)
Also called ATLANTIC HAKE (U.K.)

(b) + MERLU ARGENTIN
(Atlantique S.O.)

Merluccius bilinearis

(c) + SILVER HAKE
(N.W. Atlantic)
Also called WHITING (N. America), ATLANTIC HAKE (U.K.)

(c) + MERLU ARGENTE
(Atlantique N.O.)

Merluccius capensis

(d) + CAPE HAKE
(S.E. Atlantic/S.W. Indian Ocean)
Also called STOCKFISH, ATLANTIC HAKE (U.K.)

(d) + MERLU BLANC DU CAP
(Atlantique S.E./Océan indien S.O.)
Appelé STOCKFISH

Merluccius paradoxus

(e) + CAPE HAKE
(S.E. Atlantic)

(e) MERLU NOIR DU CAP
(Atlantique S.E.)

Merluccius gayi

(f) + CHILEAN HAKE
(S.E. Pacific)
Also called PACIFIC HAKE (U.K.)

(f) + MERLU DU CHILI
(Pacifique S.E.)
Appelé aussi MERLU DU PACIFIQUE (R.U.)

Merluccius senegalensis

(g) BLACK HAKE
(E. Atlantic – N.W. & N. Africa)

(g) MERLU DU SENEGAL
(Atlantique Est – Afrique Nord & N.O.)

Merluccius productus

(h) + PACIFIC HAKE
(N.E. Pacific)
Also called PACIFIC WHITING

(h) + MERLU DU PACIFIQUE
(Pacifique N.E.)

Merluccius polli

(i)
(E. Atlantic – W. Africa)

(i) MERLU D'AFRIQUE TROPICALE
(Atlantique E. – Afrique O.)

Merluccius polylepis

(j)
(S.E. Pacific)

(j) MERLU MAGELLANIQUE
(Pacifique S.E.)

Merluccius albidus

(k)

(k) MERLU DU LARGE

Merluccius australis

(l) NEW ZEALAND HAKE
(New Zealand/Patagonia, Chile, Argentina)

(l) MERLU AUSTRAL
(Nouvelle-Zélande/Patagonie, Chili, Argentine)

432 HAKE (Contd.)   MERLU (Suite) 432

Urophycis chuss

(m) + RED HAKE   (m) + PHYCIS ECUREUIL
(Atlantic)   (Atlantique)

Urophycis tenuis

(n) + WHITE HAKE   (n) + PHYCIS BLANC
(Atlantic)   (Atlantique)
                                                                                En France, les *Urophycis* spp. peuvent être commercialisés sous le nom de MERLUCHE.

Macruronus magellanicus

(o) PATAGONIAN WHIPHAKE   (o)
(Patagonia, Chile, Argentina)   (Patagonie, Chili, Argentine)
Also known as LONGTAIL HAKE, MERLUZA DE COLA

Macruronus novaezelandiae

(p) + HOKI   (p)
(Australia, New Zealand)   (Australie, Nouvelle-Zélande)

Main marketing methods are: Principales formes de commercialisation:
Fresh: fillets and steaks.   **Frais:** filets et tranches.
Frozen: whole (headed or gutted); filelts and steaks.   **Congelé:** entier (étêté ou vidé); filets et tranches.
Smoked: fillets and hot-smoked pieces (steaks).   **Fumé:** filets et morceaux (tranches) fumés à chaud.
Salted: dry salted and dried split headless fish; may be canned (Canada).   **Salé:** poisson tranché étêté, salé à sec et séché; peut être mis en conserve (Canada).

D (a-j) Seehecht   **DK** (a-g) Kulmule   **E** Merluza
                                                           (k-l) Skægbrosmer
GR Bakaliáros   **I** Nasello   **IS** Lýsingur
J   **N** Lysing   **NL** Heek
P Pescada, pescada-branca,   **S** Kummelsläktet   **TR** Berlâm
      pescada-marmota, pescadinha   (a) Kummel
YU Oslić   **FI** (a) Kummeliturska

(ii) Name has been wrongly used for + GEMFISH   (ii) Nom utilisé à tort pour + GEMFISH (anglais)
(*Rexea solandri*), in New Zealand.   (*Rexea solandri*), en Nouvelle-Zélande.

433 HALFBEAK   DEMI-BEC 433

HEMIRAMPHIDAE

(Atlantic/Pacific – N. America)   (Atlantique/Pacifique – Amérique du Nord)
                                                           Appelé + BALAOU (Antilles); ce nom en Europe désigne *Scomberesox* sp.

Hyporhamphus unifasciatus

(a) COMMON HALFBEAK   (a) DEMI-BEC BLANC
(Atlantic/Pacific)   (Atlantique/Pacifique)

Hemiramphus balao

(b) BALAO HALFBEAK   (b) DEMI-BEC BALAOU
(Atlantic)   (Atlantique)

Hemiramphus brasiliensis

(c) BALLYHOO   (c) DEMI-BEC DU BRÉSIL
(Atlantic)   (Atlantique)

Hemiramphus saltator

(d) LONGFIN HALFBEAK   (d) DEMI-BEC OISILLON
(Pacific – N. America)   (Pacifique – Amérique du Nord)

Hemiramphus far

(e) BLACK-BARRED HALFBEAK   (e) DEMI-BEC BAGNARD
(Australia)   (Australie)

Hemiramphus australis

(f) SEA-GARFISH   (f) DEMI-BEC D'AUSTRALIE
(Australia)   (Australie)

Arrhamphus sclerolepis

(g) SNUBNOSED GARFISH   (g) DEMI-BEC TIMENTON
(Australia)   (Australie)

                                                                                                       [CONTD.]

433 HALFBEAK (Contd.) Hyporhampus ihi DEMI-BEC (Suite) 433

(h) GARFISH
(New Zealand)
Also known as PIPER

(h) GARFISH (anglais)
(Nouvelle-Zélande)
Connu aussi sous le nom de PIPER (anglais)

D	Halbschnabelhecht	DK		E	
GR		I	Mezzo-becco	IS	
J	Sayori	N		NL	
P	Meia-agulha	S	Halvnäbb	TR	
YU		FI	Puolinokkakalat (a) Balao		

434 HALFMOON *KYPHOSIDAE* CALICAGÈNE DEMI-LUNE 434

(Pacific)
(Pacifique)
Medialuna californiensis

(a) HALFMOON
(Pacific – N. America)

(a) CALICAGÈNE DEMI-LUNE
(Pacifique – Amérique du Nord)

Scorpis aequipinnis

(b) BLUE MAOMAO
(Australia/New Zealand)

(b) CALICAGÈNE AZUR
(Australie/Nouvelle-Zélande)

A related and similar species is called SWEEP.

D		DK		E	
GR		I		IS	
J		N		NL	
P	Escorpião	S		TR	Yarım ay
YU		FI			

435 HALF-SALTED FISH POISSON DEMI-SEL 435

(i) Fish removed from brine before it is fully cured; also called HALF-FRESH FISH.

(i) Poisson retiré de la saumure avant salage complet.

D		DK	Letsaltet fisk	E	Pescado semi-salado
GR	Psári elafrá alatisméno	I	Pesce semi-salato	IS	Halfsaltaður fiskur, nætursaltaður fiskur
J	Usujio	N	Lettsaltet fisk	NL	Matig gezouten vis
P	Peixe semi-salgado	S	Lättsaltad fisk	TR	Yari tuzlu balık
YU	Polu-soljena riba	FI	Kevytsuolattu kala		

(ii) Also synonymously used for SALTED FISH.
+ MEDIUM

(ii) Synonyme de + POISSON MOYENNEMENT SALÉ.

436 HALIBUT FLÉTAN 436
Hippoglossus hippoglossus

(i) (a) ATLANTIC HALIBUT
(N. Atlantic/Arctic)

(i) (a) FLÉTAN DE L'ATLANTIQUE
(Atlantique Nord/Arctique)

Hippoglossus stenolepis

(b) PACIFIC HALIBUT
(Pacific – Canada)

(b) FLÉTAN DU PACIFIQUE
(Pacifique – Canada)

Also called BUTT; small halibut sometimes called CHICKEN HALIBUT.

Marketed:
Fresh: whole, headed or not, and gutted; + FLETCH (N. America) or fillets; steaks.
Frozen: whole, gutted with or without heads, fillets with skin; steaks; fletches; portions; cheeks (meaty portions from the sides of large heads) (North America).
Dried: strips of meat air-dried for some weeks after brining, called + RACKLING (Norway, Pacific, U.S.A.).
Smoked: small pieces of meat heavily smoked for several days after dry-salting and drying (East coast U.S.A.); also hot-smoked pieces, with or without skin (Germany).

Commercialisé:
Frais: entier, avec ou sans tête; + FLETCH (Amérique du Nord) ou filets; tranches.
Congelé: entier, vidé avec ou sans tête; filets avec la peau; tranches; fletches; portions; joues (parties charnues du côté de la tête du gros flétan) (Amérique du Nord).
Séché: bandes de chair séchées à l'air pendant plusieurs semaines, après saumurage, appelées + RACKLING (Norvège, Pacifique, E.U.).
Fumé: petits morceaux de chair fortement fumés pendant plusieurs jours après salage à sec et séchage (côte est des E.U.); morceaux fumés à chaud, avec ou sans peau (Allemagne).

[CONTD.]

436 HALIBUT (Contd.)

Skins: some used for leather manufacture.
Liver: valuable source of vitamin-rich liver oil.

- **D** Heilbutt
- **GR** Hippóglossa
- **J** Ohyô
- **P** Alabote
- **YU** Koniski jezik
- **DK** Helleflynder
- **I** Halibut
- **N** Kveite
- **S** Hälleflundra, helgeflundra
- **FI** (a) Ruijanpallas
  (b) Tyynenmerenpallas
- **E** Halibut, fletan, hipogloso
- **IS** Flyðra, lúða, heilagfiski
- **NL** Heilbot
- **TR**

(ii) The name halibut is also used in connection with other flatfish species, e.g. see: +GREENLAND HALIBUT, +CALIFORNIA HALIBUT, +BASTARD HALIBUT, +ARROWTOOTH HALIBUT, etc.

FLÉTAN (Suite) 436

Peaux: certaines sont utilisées pour la fabrication du cuir.
Foie: source importante d'huile de foie riche en vitamines.

(ii) On appelle encore flétans certains poissons plats: +FLÉTAN NOIR +FLÉTAN DE CALIFORNIE, etc.

437 HALIBUT LIVER OIL

Oil extracted from halibut livers, very rich in vitamins A and D.

Oil also extracted from GREENLAND HALIBUT.

In Japan arrow toothed flatfish is used for the production of high potency vitamin oil.

- **D** Heilbuttleberöl, Heilbuttlebertran
- **GR**
- **J** Ohyô kanyu
- **P** Óleo de fígado de alabote
- **YU**
- **DK** Helleflynderleverolie
- **I**
- **N** Kveitetran
- **S** Helgeflundreleverolja
- **FI** Ruijanpallasmaksaöljy

HUILE DE FOIE DE FLÉTAN 437

Huile extraite des foies de flétans, très riche en vitamines A et D.

On extrait également l'huile du +FLÉTAN DU GROËNLAND.

Au Japon, les poissons plats de la famille du flétan sont exploités pour la production d'huile très riche en vitamines.

- **E** Aceite de higado de halibut
- **IS** Lúðulýsi
- **NL** Heilbot levertraan
- **TR**

438 HAMAYAKI-DAI (Japan)

Small porgy, sometimes eviscerated, skewered with bamboo pins, then dried after being toasted on fire.

Also dried in heated solid salt.

HAMAYAKI-DAI (Japon) 438

Petits spares, parfois éviscérés, accompagnés de pousses de bambou, puis séchés après avoir été grillés au feu.

Aussi séché dans du sel chaud.

439 HAMMERHEAD SHARK

SPHYRNIDAE

(Cosmopolitan)

(a)
(Atlantic/Mediterranean/Pacific – Europe/N. America/Japan)
Also called COMMON HAMMERHEAD (Europe) or SMOOTH HAMMERHEAD (N. America).

Sphyrna zygaena

(b) GREAT HAMMERHEAD
(Cosmopolitan in warm seas)
For ways of marketing, see +SHARK.

REQUIN-MARTEAU 439

(Cosmopolite)

(a) REQUIN-MARTEAU COMMUN
(Atlantique/Méditerranée/Pacifique – Europe/Amérique du Nord/Japon)
Appelé en Europe REQUIN-MARTEAU COMMUN et, en Amérique du Nord REQUIN-MARTEAU LISSE.

Sphyrna mokarran

(b) GRAND REQUIN-MARTEAU
(Cosmopolite, mers chaudes)
Pour la commercialisation, voir +REQUIN.

- **D** Hammerhai
- **GR** Paterítsa, zýgaina
- **J** Shiroshumoku, shumokuzame
- **P** Tubarâo-martelo
- **YU** Mlat, jaram
- **DK** Hammerhaj
- **I** Pesce martello
- **N** Hammerhai
- **S** Hammarhaj
- **FI** Vasarahai
- **E** Pez martillo
- **IS**
- **NL** (a) Hamerhaai
- **TR** Çekiç

440 HAMPEN (Japan)

Fish jelly product made by putting kneaded shark meat mixed with ground yam potato into boiling water. As it has a sponge-like texture, it floats when put into soup.

See + KAMABOKO (Japan).

HAMPEN (Japon) 440

Gelée de poisson faite à base de chair de requin mélangée avec des pommes de terre, cuite à l'eau bouillante. Sa texture étant spongieuse, elle reste à la surface des soupes auxquelles elle est ajoutée.

Voir + KAMABOKO (Japon).

440.1 HAPUKU

Polyprion oxygeneios

(New Zealand/Australia, S. America)
Also called GROPER, JUAN FERNANDEZ WRECKFISH; see + WRECKFISH.
This species may be labelled SEA BASS or WRECKFISH in U.S.A.
Mainly marketed fresh, filleted or as steaks; also as frozen fillets; suitable for all methods of cooking including smoking.

Roe marketed smoked.
In trade often not distinguished from the related BASS GROPER (*Polyprion moeone*).

CERNIER DE JUAN FERNANDEZ 440.1

(Nouvelle-Zélande/Australie, Amérique sud)
Voir + CERNIER ATLANTIQUE

Principalement commercialisé frais, en filets ou en steaks; également en filets congelés; convient à toutes les méthodes de préparation y compris le fumage.

Rogues commercialisées fumées.
N'est pas souvent distingué de BASS GROPER (anglais) (*Polyprion moeone*).

D	Neuseelundischer wrackbarsch	DK		E Cherna
GR	Vláchos	I	Cernia Neozelandese	IS
J	Minami-osuzuki	N		NL
P	Cherne da Novazelândia	S	Vrakfisk	TR
YU	Kirnja	FI	Hylkyahven	

441 HARD CLAM 441

Name used for various species of clams: S'applique à différentes espèces de clams:

Mercenaria mercenaria

(Atlantic – N. America)   (Atlantique – Amérique du Nord)
(see + QUAHAUG)   (voir + PRAIRE)

Saxidomus nuttali or/ou *Venus mortoni*

(Pacific – N. America)   (Pacifique – Amérique du Nord)

Protothaca thaca or/ou *Mesodesma donacium*

(Pacific – S. America)   (Pacifique – Amérique du Sud)

MERETRIX spp.
Meretrix lusoria or/ou *Meretrix lamareki*

(Pacific – Japan)   (Pacifique – Japon)
See also + CLAM.   Voir aussi + CLAM.

D	Venusmuschel	DK		E
GR	Ahiváda	I	Vongole dure	IS
J	Hamaguri, hokkigai	N		NL Venusschelp
P	Clame	S		TR Midye türü
YU		FI		

442 HARD CURE 442

White fish, particularly cod, that have been dry-salted and dried to a moisture content of 40% or less; also called FULL CURED FISH, FULL PICKLE FISH.

(Compare with + SOFT CURE.)

Less precisely, the term HARD CURE may refer to white or fatty fish that have been subjected to prolonged salting (see + HEAVY SALTED FISH) or smoking (see + HARD SMOKED FISH).

In Germany the term "HARTSALZUNG" (hard cure) refers to white fish that have been dry-salted to a salt content of more than 13% within the tissue or more than 20% in the tissue water.

See also + HARD SALTED HERRING.

Poisson, généralement morue, qui a été salé à sec et séché à un degré d'humidité de 40% ou moins; peut désigner, d'une façon plus vague, du poisson maigre ou gras qui a subi un salage ou un fumage prolongé.

(Comparer avec + SOFT CURE.)

(Voir + HEAVY SALTED FISH et HARD SMOKED FISH.)

En Allemagne, le terme "HARTSALZUNG" s'applique au poisson maigre salé à 13% à l'intérieur des tissus et à 20% dans les humeurs.

Voir aussi + HARD SALTED HERRING.

442 HARD CURE (Contd.) 442

- **D** Hartsalzung
- **GR** Psári xeró alatisméno
- **J** Karajio, kowajio, katashio
- **P** Cura carregada
- **YU** Jako obradjena riba-jako soljena ili dimljena riba
- **DK** Hårdsaltet fisk
- **I** Pesce salato a secco e asciugato
- **N** Skarpsaltet og tørket fisk
- **S** Hårdsaltad och torkad fisk
- **FI** Kovasuolattu ja kuivattu kala
- **E**
- **IS** Fullþurrkaður fiskur
- **NL** Zwaar gezouten en/of gerookte vis
- **TR** Lakerda veya tuzlu balık

443 HARDHEAD 443

Name employed for various species of different families:

(i) *Orthodon microlepidotus* (Freshwater – N. America) Belongs to the family *Cyprinidae* (see +CARP). Also called BLACKFISH, SACRAMENTO ROCKFISH.
(ii) Also used for + ATLANTIC CROAKER (*Micropogon undulatus*), belonging to the family *Sciaenidae*.
(iii) Also used for + GREY GURNARD (*Eutrigla gurnadus*), belonging to the family *Triglidae*.
(iv) Also used for + PACIFIC GREY WHALE.

Le terme "HARDHEAD" (anglais) est utilisé pour les espèces suivantes.

(i) *Orthodon microlepidotus* (Eaux douces – Amérique du Nord) De la famille *Cyprinidae* (voir + CARPE).
(ii) *Micropogon undulatus* (voir + TAMBOUR BRÉSILIEN), de la famille *Sciaenidae*.
(iii) *Eutrigla gurnadus* (+ GRONDIN GRIS), de la famille *Triglidae*.
(iv) *Eschrichtius glaucus* (+ BALEINE GRISE DE CALIFORNIE).

444 HARD SALTED HERRING

Herring, whole gibbed or gutted, salted in barrels, also in watertight containers (basins) with 25 to 33% of its weight of salt (salt content within the tissue about 24%).

In Germany different trade designations are used: "FETTHERING" from fat herrring with gonads only slightly or not developed. "VOLLHERING" filled with gonads; if not assorted, "VOLLFET-THERING"; "IHLENHERING" (or "YHLENHER-ING") are also hard salt cured herring, but spawned and of low fat content. "WRACKHERING" are assorted hard salted herring, which may be lightly damaged but not broken in pieces; all products marketed in barrels of 102 litre capacity and assorted in sizes of herring (e.g. below 600, 601 to 700 herring per barrel, etc.).

See + MATTIE, + CROWN BRAND.

HARENG FORTEMENT SALÉ 444

Hareng entier et vidé, salé en barils ou en récipients étanches avec une proportion de 25 à 33% de son poids de sel (teneur en sel à l'intérieur des tissus, environ 24%).

En Allemagne, cette préparation s'appelle: "FETTHERING" quand elle est faite avec des harengs gras dont les gonads sout peu ou pas développées. "VOLLHERING", avec des harengs pleins. "VOLLFETTHERING" non triés "IHLENHERING" (or YHLENHERING) sont des harengs pris après la fraie et dont la teneur en graisse est faible, également fortement salés. "WRACKHERING" sont des harengs assortis, fortement salés, mais qui ont été légèrement endommagés pendant la préparation. Tous ces produits sont commercialisés en barils de 102 litres et triés par taille (ex: jusqu'à 600 harengs par baril, de 601 à 700 harengs par baril, etc.).

Voir + MATTIE, + CROWN BRAND.

- **D** Hartgesalzener Hering
- **GR** Réges paités
- **J** Katashio nishin
- **P** Arenque muito salgado
- **YU** Jako soljena heringa
- **DK** Hårdtsaltet sild
- **I** Aringhe sursalate
- **N** Skarpsaltet sild
- **S** Hårdsaltad sill
- **FI** Kovasuolattu silli
- **E**
- **IS** Harðsöltuð síld
- **NL** Zwaar gezouten haring
- **TR** Sert tuzlu ringa

445 HARD SALTED SALMON

Split salmon or salmon sides pickle-salted in vats and packed in brine in barrels; salted until thoroughly impregnated; usually Pacific salmon spp. (U.S.A.); also called PICKLED SALMON.

SAUMON FORTEMENT SALÉ 445

Saumon tranché ou demi-saumons salés à sec en cuves puis mis en barils avec une saumure jusqu'à imprégnation complète; préparation faite généralement avec des espèces du Pacifique (E.U.); appelée aussi + PICKLED SALMON (SAUMON SALÉ À SEC).

- **D** Hartgesalzener Lachs
- **GR**
- **J** Shio-zake
- **P** Salmão muito salgado
- **YU** Jako soljeni losos
- **DK** Hårdtsaltet laks
- **I** Salmone in salamoia
- **N** Spekelaks
- **S** Hårdsaltad lax
- **FI** Kovasuolattu lohi
- **E** Salmon en salmuera
- **IS** Harðsaltaður lax
- **NL** Zwaar gezouten zalm
- **TR** Sert tuzlu som iyice tuzlanmış som

129

446 HARD SMOKED FISH

Fish subjected to prolonged periods of cold smoke until hard; e.g. +GOLDEN CURE (hard smoked herring), or +RED HERRING.

- **D** Hartgeräucherter Fisch
- **GR** Psári kapnistó
- **J** Kunsei, reikun-hin
- **P** Peixe fortemente fumado
- **YU** Jako hladno dimljena riba
- **DK** Stærktøget, koldrøget fisk
- **I** Pesce affumicato duro
- **N** Hardrøkt fisk
- **S** Hårdrökt fisk
- **FI** Voimakkaasti savustettu kala

POISSON FORTEMENT FUMÉ 446

Poisson traité par fumage à froid prolongé jusqu'à durcissement; ex: +GOLDEN CURE (hareng fortement fumé), ou +HARENG ROUGE.

- **E** Pescado ahumado en frío
- **IS** Reyktur fiskur
- **NL** Dubbelgerookte vis
- **TR** I yice füme edilmiş balık

---

447 HARENG SAUR (France)

Salted herring, partially desalted and cold smoked, whole ungutted or gibbed; also heads and gut removed; curing time with salt is 2 to 3 weeks; called "DEMI-SEL" when subject to prolonged desalting for more than 48 hours and lightly cold-smoked. Also called familiarly "GENDARME".

Similar products in Germany: LACHSHERING (whole), LACHSBÜCKLING (headed).

HARENG SAUR (France) 447

Hareng salé, partiellement dessalé et fumé à froid, entier, non vidé, ou vidé, aussi étêté; le salage dure 2 à 3 semaines; appelé "DEMI-SEL" quand il a été soumis à un dessalage prolongé pendant plus de 48 heures et légèrement fumé à froid. Aussi appelé familièrement "GENDARME".

Produits semblables en Allemagne: LACHSHERING (entier), LACHSBÜCKLING (étêté).

- **D** Lachshering, Lachsbückling
- **GR** Réges kaenistés
- **J**
- **P** Arenque salgado e fumado
- **YU**
- **DK**
- **I** Aringa affumicata
- **N**
- **S**
- **FI**
- **E**
- **IS**
- **NL** Spekbokking, engelse bokking, zalm-bokking
- **TR**

---

448 HARVESTFISH

PEPRILUS spp.

Name applied to *Stromateidae* (see +BUTTERFISH and +POMFRET) more particularly refers to:

Peprilus paru or/ou
Peprilus alepidotus

(a) HARVESTFISH
(Atlantic, N. America)
Also called STARFISH

STROMATÉE LUNE 448

Nom employé pour les *Stromateidae* (voir +STROMATÉE et +CASTAGNOLE); et particulièrement pour:

(a) STROMATÉE LUNE
(Atlantique, Amérique du nord)

- **D**
- **GR**
- **J**
- **P** (a) Pâmpano do Pacífico
  (b) Pâmpano-manteiga
- **YU**
- **DK**
- **I**
- **N**
- **S** Smörfisk
- **FI** Voikala
- **E**
- **IS**
- **NL**
- **TR**

---

449 HEADED FISH

Fish from which the heads have been cut or broken off; other terms employed are BEHEADED FISH, HEADLESS FISH, HEADOFF FISH, HEADED FISH WITH BONE.

POISSON ÉTÊTÉ 449

Poisson dont la tête a été coupée ou décollée.

- **D** Geköpfter Fisch
- **GR** Psári aképhalo
- **J** Mutô-gyo, kashira otoshi
- **P** Peixe descabeçado
- **YU** Obrezana riba, postrižena riba
- **DK** Hovedskåret fisk
- **I** Pesce decapitato
- **N** Hodekappet fisk
- **S** Huvudkapad fisk
- **FI** Päätön kala
- **E** Pescado descabezado
- **IS** Hausaður fiskur
- **NL**
- **TR** Başı kesilmiş balık

450 HEAVY SALTED FISH

Fish cured by adding salt so that product contains approximately 40% salt on dry weight basis. Moisture content for heavy salted cod is as follows:

(Canada)
EXTRA HARD DRIED, not over 35%
HARD DRIED, not over 40%
DRY, 40% to 42%
SEMI-DRY, 42% to 44%
ORDINARY CURE, 44% to 50%
SOFT DRIED, over 50% but not exceeding 54%.

See also + HARD SALTED SALMON, + HARD SALTED HERRING.

POISSON FORTEMENT SALÉ 450

Poisson traité au sel de façon à ce que sa teneur en sel soit d'environ 40% du poids sec. La teneur en eau de la morue fortement salée varie comme suit:

(Canada)
EXTRA-SEC, pas plus de 35%
TRÈS SEC, pas plus de 40%
SEC, de 40% à 42%
DEMI-SEC, de 42% à 44%
SÉCHAGE ORDINAIRE, de 44% à 50%
SÉCHAGE FAIBLE, plus de 50% sans dépasser 54%.

Voir aussi + HARD SALTED SALMON, + HARD SALTED HERRING.

D Hartgesalzener Fisch
GR Psári xeró alatisméno
J Katashio, kowajio, karashio
P Peixe fortemente salgado
YU Jako soljena riba
DK Fudsaltet og tørret fisk
I Pesce fortemente salato
N Skarpsaltet fisk
S Hårdsaltad fisk
FI Kovasuolattu kala
E Pescado sobresalado
IS Harðsaltur fiskur
NL Zwaar gezouten vis
TR Çok tuzlu balık

451 HEAVY SALTED SOFT CURE (North America) 451

Product obtained by heavy salting but without hard drying, so that salt content averages about 17% on weight basis and moisture content about 47%.

Produit obtenu après un fort salage, mais sans séchage, de sorte que la teneur en sel s'établit à environ 17% et la teneur en eau environ 47%.

D
GR
J
P Cura lenta de peixe de salga carregada
YU
DK Fudsaltet og lettøret fisk
I Pesce fortemente salato e asciugato
N
S Hårdsaltad fisk
FI Kovasuolattu kala ilman kuivausta
E
IS Blautsaltaður, fullstaðinn fiskur
NL Zwaar gezouten, licht gedroogde vis
TR

452 HENFISH 452

(i) Name used for + LUMPFISH (*Cyclopterus lumpus*) belonging to the family *Cyclopteridae*.

(ii) Name also used for + PLAICE (Europe) (*Pleuronectes platessa*).

(i) Nom employé pour désigner l'espèce *Cyclopterus lumpus* (+ LOMPE) de la famille des *Cyclopteridae*.

(ii) "HENFISH" (anglais) s'applique aussi au *Pleuronectes platessa* (+ CARRELET).

453 HERLING 453

Young + SEA TROUT.

Jeune + TRUITE DE MER.

D
GR
J
P Truta
YU
DK
I Trotella
N
S
FI
E
IS
NL Zeeforel
TR

454 HERRING

Clupea harengus harengus

(i) (a) (Atlantic)

Also called DIGBY, MATTIE, SILD or YAWLING (young); SEA-HERRING (U.S.A.).

Clupea harengus pallasii

(b) +PACIFIC or NORTH PACIFIC HERRING

Marketed:

Fresh: whole ungutted; whole gutted, head and tail removed; boned (block fillet with backbone and principal bones removed).

Frozen: whole ungutted; whole gutted, head and tail removed; boned (block fillet with backbone and principal bones removed); single fillets.

Smoked: cold or hot-smoked; +KIPPER, +BONELESS KIPPER, +KIPPER FILLET, +KIPPER SNACK, +BLOATER, +RED HERRING, +BUCKLING, +HARENG SAUR.

Salted: +SCOTCH CURED HERRING, +MATJE CURED HERRING, +HARD SALTED HERRING, +MATTIE +KLONDYKED HERRING, +DRY SALTED HERRING, pickled, headless, split or filleted, +DUTCH CURED HERRING, +ALASKA SCOTCH CURED HERRING, +NORWEGIAN CURED HERRING, +CUT HERRING, etc.

Dried: minced flesh.

VARIOUS SEMI-PRESERVES:

Vinegar cured: whole or gutted; fillets; e.g. +BISMARCK HERRING, +ROLLMOPS, +SOUSED HERRING, +KRONSARDINER, etc.

Spice-cured: e.g. +APPETITSILD, +CUT SPICED HERRING, +GAFFELBIDDER, ANCHOVIS.

Jellied: e.g. +HERRING in JELLY (+KOCHFISCHWAREN).

Fried: +BRATHERING. Most of the semi-served herring products are marketed in cans, glass jars or other containers, e.g. plastics, also with preserving additives.

Canned: gutted, headed and tailed herring or sild, also fillets, bits, etc., partly precooked, in oil, in own juice, in brine and in a large variety of sauces and creams, including mustard, beer, lemon, wine etc. but particularly tomato sauce; also with vegetables, fruit or other ingredients; also smoked as +KIPPERS, +KIPPER FILLETS, +KIPPER SNACKS in edible oil; also fried, packed in vinegar-acidified brine or sauces; in some countries, CANNED HERRING of certain size are called CANNED SARDINE; the term CANNED SILD is in some cases restricted to herring of a certain length.

HARENG 454

(a) (Atlantique)

(b) +HARENG DU PACIFIQUE (Pacifique Nord)

Commercialisé:

Frais: entier, non vidé; entier et vidé, sans tête ni queue; sans arête (filet entier dépourvu d'arête centrale et des plus grosses arêtes).

Congelé: entier, non vidé; entier et vidé, sans tête ni queue; désarêté (filet entier dépourvu d'arête centrale et des plus grosses arêtes); filets simples.

Fumé: à froid ou à chaud: +KIPPER, +KIPPER DÉSARÊTÉ, +FILET DE KIPPER, +KIPPER SNACK, +CRAQUELOT, +HARENG ROUGE, +BUCKLING, +HARENG SAUR.

Salé: +SCOTCH CURED HERRING, +MATJE CURED HERRING, +HARENG FORTEMENT SALÉ, +MATTIE, +KLONDYKED HERRING, +HARENG SALÉ À SEC, saumuré et étêté, tranché ou fileté; +DUTCH CURED HERRING, +ALASKA SCOTCH CURED HERRING, +NORWEGIAN CURED HERRING, +CUT HERRING, etc.

Séché: chair hachée.

SEMI-CONSERVES:

Au vinaigre: hareng entier ou vidé; filets, ex: +HARENG BISMARCK, +ROLLMOPS, +HARENG MARINÉ, +KRONSARDINER, etc.

Aux épices: ex: +APPETITSILD, +CUT SPICED HERRING, +GAFFELBIDDER, +ANCHOVIS.

En gelée: ex: +HARENG EN GELÉE (+KOCHFISCHWAREN).

Frit: +BRATHERING. La plupart des semi-conserves de hareng sont commercialisées en boîtes, en bocaux ou autres emballages, dont la matière plastique, également avec adjonction d'antiseptiques.

Conserve: hareng vidé, sans tête ni queue; filets, bouchées, etc., partiellement précuisinés, avec de l'huile, dans son jus au naturel, ou avec de nombreuses sauces et crèmes, y compris la moutarde, la bière, le citron, le vin, etc. mais tout particulièrement avec de la sauce tomate; ou encore avec des légumes, des fruits ou autres ingrédients; également fumé, comme les +KIPPER, +FILETS DE KIPPER, +KIPPER SNACKS dans de l'huile; également frit, recouvert d'une saumure vinaigrée ou de sauces; dans certains pays, le HARENG EN CONSERVE d'une certaine taille s'appelle SARDINE EN CONSERVE; le terme CANNED SILD est parfois limité aux harengs d'une certaine taille.

[CONTD.]

454 HERRING (Contd.)

Roe: fresh, frozen, salted, also used for +CAVIAR SUBSTITUTE, also smoked and canned; in Japan also dried in the sun.

Milt: fresh, frozen, e.g. for +HERRING MILT SAUCE; canned.

By-products: herring are a valuable source of raw material for meal and oil manufacture; also used as bait for fishing; pearl essence from scales.

Note: Herring are referred to under numerous headings throughout this dictionary.

D	Hering	**DK**	Sild
GR	Régha	**I**	Aringa
J	Nishin, kadoiwashi	**N**	Sild
P	Arenque	**S**	Sill, strömming
YU	Heringa, sledy	**FI**	Silli

(ii) The name "herring" might also be used in connection with other species of the family *Clupeidae*, e.g. *Ethmidium maculatus* (Pacific – S. America) (related to +MACHETE); *Etrumeus* spp. (see +ROUND HERRING); or *Alosa* spp. (see +SHAD).
(iii) In Australia the name PERTH HERRING refers to *Fluvialosa vlaminghi*.
(iv) In New Zealand the name HERRING refers to +YELLOW-EYE MULLET (*Aldrichetta forsteri*) (see +MULET).
The herring family (*Clupeidae*) is represented by the +PILCHARD and the +SPRAT species *Sprattus antipodum* and *S. muelleri*.

HARENG (Suite) **454**

Œufs: frais, surgelés, salés; utilisés aussi comme +SUCCÉDANÉ DE CAVIAR; également fumés et en conserve; au Japon, séchés au soleil.

Laitance: fraîche, surgelée, ex: +SAUCE DE LAITANCE DE HARENG; en conserve.

Sous-produits: le hareng est une source importante de matière première dans la fabrication de farine et d'huile de poisson; appât pour la pêche; les écailles fournissent l'essence d'Orient.

Note: Dans cette nomenclature, de nombreux paragraphes se rapportent aux harengs.

E	Arenque		
IS	Síld		
NL	Haring		
TR	Ringa		

(iv) En Nouvelle-Zélande le nom HERRING (anglais) se réfère (*Aldrichetta forsteri*) (voir +MULET).
La famille du hareng (*Clupeidae*) est représentée par le +PILCHARD et le +SPRAT de l'espèce *Sprattus antipodum* et *S. muelleri*.

455 HERRING CUTLETS

Small pieces of boneless skinless fillets of herring packed in various sauces (wine, sour cream or tomato cocktail).
In Germany also with skin and bones as +MARINADE or +KOCHFISCHWAREN; in Norway the term is used for canned small pieces of young herring packed in oil or sauces.

See also +GAFFELBIDDER.

FILETS DE HARENG 455

Petits morceaux de filets de hareng sans arête ni peau, préparés avec des sauces variées (vin, crème, tomate).
En Allemagne, on y laisse la peau et les arêtes, voir +MARINADE ou +KOCHFISCHWAREN; en Norvège, le terme s'applique pour des morceaux de harengs jeunes, en conserve, à l'huile ou en sauces.

Voir aussi +GAFFELBIDDER.

D	Heringshappen	**DK**		**E**	Trocitos de filetes de arenque
GR		**I**	Cotolette di aringa	**IS**	
J		**N**		**NL**	Stukjes haring in saus
P	Bocados de filetes de arenque	**S**	Skivsill	**TR**	Parçalanmış ringa
YU		**FI**	Silli haarukkapaloina		

456 HERRING IN JELLY

Cooked fish product prepared with herring, packed in jelly, also slices of cucumber, carrots and spices added.
Also called ASPIC HERRING, JELLY HERRING, +KOCHFISCHWAREN.

HARENG EN GELÉE 456

Produit cuit préparé avec du hareng recouvert de gelée; se fait aussi avec des tranches de concombre, carotte, et des épices.
Appelé encore HARENG EN ASPIC, JELLY HERRING, +KOCHFISCHWAREN.

D	Hering in Gelee	**DK**	Sild i gele	**E**	Arenque a la gelatina
GR		**I**	Aringa in gelatina	**IS**	Síld í hlaupi
J		**N**		**NL**	Haring in gelei
P	Arenque em geleia	**S**	Sill i gele	**TR**	Jöle içinde ringa
YU	Heringa u želeu, heringa u aspiku	**FI**	Silliä geleessä		

457 HERRING IN SOUR CREAM SAUCE — HARENG À LA CRÈME 457

Fillets of salted herring, partly desalted and marinated with vinegar or marinated herring fillets prepared with different supplements, like wine, spices, sour cream, sweet cream, sieved herring milt, onions, cucumbers etc.

In Germany also called "EINGELEGTE HERINGE NACH HAUSFRAUENART" (pickled herring in housewife's manner).

Marketed SEMI-PRESERVED; also packed in cans or glass jars.

Filets de harengs salés, partiellement dessalés, et marinés avec du vinaigre, ou filets de harengs, marinés, et préparés avec différents ingrédients comme le vin, les épices, crème sure, crème sucrée, de laitances de hareng passées, oignons, concombres, etc.

En Allemagne appelés aussi "EINGELEGTE HERINGE NACH HAUSFRAUENART" (hareng mariné à la ménagère).

Commercialisés en SEMI-CONSERVE également mis en boîtes ou en bocaux.

- **D** Hering in saurer Sahne
- **GR**
- **J**
- **P** Arenque em creme ácido
- **YU** Heringa u kiselom umaku i dodatcima
- **DK**
- **I** Aringhe alla crema acida
- **N**
- **S** Sill i sur gräddsås
- **FI** Silliä smetanakastikkeessa
- **E** Arenque en slasa a la crema
- **IS**
- **NL** Haring in zure roomsaus
- **TR** Ringa (ekşi krema içinde)

458 HERRING IN WINE SAUCE — HARENG MARINÉ AU VIN 458

Vinegar-cured herring fillets packed in a sauce made from white wine, vinegar, onions, sugar and spices.

Marketed SEMI-PRESERVED.

Also canned: precooked herring fillets; packed in liquid wine sauce or with binding material, thickened sauces, with wine as flavouring ingredient; sometimes named according to the kind of wine, e.g. in Malaga wine sauce.

Filets de hareng macérés dans du vinaigre et recouverts d'une sauce à base de vin blanc, vinaigre, oignon, sucre et épices.

Commercialisés en SEMI-CONSERVE.

Egalement en conserve: filets de harengs cuits recouverts d'une sauce au vin liquide ou liée, ou de sauces liées dont le vin est l'arôme dominant, sauces appelées parfois d'après le vin utilisé, ex. sauce au Malaga.

- **D** Hering in Weinsosse
- **GR**
- **J**
- **P** Arenque em molho de vinho
- **YU** Heringa u umaku od vina
- **DK**
- **I** Aringhe al vino bianco
- **N**
- **S** Sill i vinsås
- **FI** Silliä viinikastikkeessa
- **E** Arenques en salsa de vino
- **IS** Síld í vínsósu
- **NL** Haring in wijnsaus
- **TR** Şarap soslu ringa

459 HERRING MEAL — FARINE DE HARENG 459

Fish meal prepared from herring and herring waste; see + FISH MEAL.

In Japan, oriental saury, mackerel, sardines etc., are mainly used for the production of fish meal.

Farine préparée des harengs et déchets de hareng; voir + FARINE DE POISSON.

Au Japon, on utilise principalement pour la production de farine de poisson, les orphies, maquereaux, sardines, etc.

- **D** Heringsmehl
- **GR** Ichthyálevro appo régges
- **J** Nishin gyofun
- **P** Farinha de arenque
- **YU** Riblje brašno od heringe
- **DK** Sildemel
- **I** Farina di aringhe
- **N** Sildemel
- **S** Sillmjöl
- **FI** Sillijauho, rehulaatu
- **E** Harina de arenque
- **IS** Síldarmjöl
- **NL** Haringmeel
- **TR** Ringa unu

460 HERRING MILT SAUCE

Herring milts mixed with vinegar sauce and strained through a sieve to remove membranes; used for packing vinegar cured herring products.

SAUCE DE LAITANCE DE HARENG 460

Laitances de harengs assaisonnées de sauce vinaigrée et passées pour en éliminer les membranes; sauce utilisée pour accompagner les harengs préparés au vinaigre.

- **D** Milchnersosse, Milchnertunke
- **GR**
- **J**
- **P** Molho de lácteas de arenque
- **YU**
- **DK**
- **I** Salsa di latte di aringhe
- **N**
- **S** Sillmjölkesås
- **FI** Sillinmaitikastike
- **E** Salsa de criadillas de arenque
- **IS** Sviljasósa
- **NL** Haringhomsaus
- **TR**

416 HERRING OIL

Fish body oil extracted from herring, usually by cooking and pressing.

HUILE DE HARENG 461

Huile extraite du hareng, d'ordinaire par cuisson et pression.

- **D** Heringsöl
- **GR** Ladi apo régges
- **J** Nishin yu
- **P** Óleo de arenque
- **YU** Riblje ulje od heringe
- **DK** Sildeolie
- **I** Olio de aringhe
- **N** Sildolje
- **S** Sillolja
- **FI** Sillióljy
- **E** Aceite de arenque
- **IS** Síldarlýsi
- **NL** Haringolie
- **TR** Ringa yağı

462 HERRING SALAD

Delicatessen products made from vinegar cured, mostly diced, herring fillets, e.g. + SAUERLAPPEN; also from salt herring, e.g. + MATJE CURED HERRING (ii), + SPICE CURED HERRING, mixed together with diced cucumbers, onions, vegetables, spices and mayonnaise; may be packed unprocessed in not tight closed containers; also in glass jars or cans. Recipes vary from country to country, but many originate from Germany; typical are WHITE HERRING SALAD, and RED HERRING SALAD (from added pickled red beetroot); also DRY HERRING SALAD (Trockener Heringssalat) only prepared with some oil, also with vinegar.

SALADE DE HARENG 462

Hors d'œuvre à base de filets de hareng préparés au vinaigre, généralement coupés en dés, ex. + SAUERLAPPEN; se fait également avec du hareng salé, ex. + MATJE CURED HERRING (ii), + HARENG AUX ÉPICES, mélangés avec des concombres, oignons, légumes coupés en dés, des épices et de la mayonnaise; cette préparation peut être mise telle quelle, non stérilisée, dans des récipients non-étanches; également en bocaux ou en boîtes. Les recettes varient suivant les pays d'origine, mais la plupart viennent d'Allemagne: SALADE DE HARENG BLANC, SALADE DE HARENG ROUGE (avec addition de betterave rouge); ou encore SALADE DE HARENG SEC (Trockener Heringssalat) à l'huile et au vinaigre.

- **D** Heringssalat
- **GR**
- **J**
- **P** Salada de arenque
- **YU** Salata od heringe
- **DK** Sildesalat
- **I** Insalata di aringhe
- **N** Sildesalat
- **S** Sillsallad
- **FI** Sillisalaatti
- **E** Ensalada de arenques
- **IS** Síldarsalat
- **NL** Haringsalade
- **TR** Ringa salatası

463 HERINGSSTIP (Germany)

Pieces of marinated herring fillets, also from salt herring, with sliced or diced onions, cucumbers, also celery, spices and mayonnaise; also with herring milt sauce added.

Minimum herring content: 50%.

HERINGSSTIP (Allemagne) 463

Morceaux de filets de harengs marinés, ou de harengs salés, accompagnés de tranches ou dés d'oignon, de concombre, de céleri, d'épices et de mayonnaise; peuvent également être assaisonnés de sauce de laitance de harengs.

Contenu minimum en hareng: 50%.

464 HILSA 464
Clupea ilisha
(Freshwater – India) (Eaux douces – Inde)
Also spelt HILSAH.
P Hilsa

465 HOBO GURNARD GRONDIN JAPONAIS 465
CHELIDONICHTHYS & PETRYGOTRIGLA spp.
(Japan) (Japon)
Several species are fished commercially in Japanese waters; marketed fresh, sometimes alive.

Pêche commerciale de plusieurs espèces au Japon, commercialisées fraîches, parfois vivantes.

J Hôbô

466 HOGCHOKER SOLE BAVOCHE 466
Trinectes maculatus
(Atlantic – U.S.A.) (Atlantique – E.U.)
Belongs to the family *Soleidae* (see + SOLE).
In Eastern U.S.A. the name HOGCHOKER refers to *Achitus fasciatus* (similar to + LINED SOLE).

De la famille des *Soleidae* (voir + SOLE).

466.1 HOKI 466.1
Macruronus novaezelandiae
(Australia, New Zealand) (Australie, Nouvelle-Zélande)
Belongs to the family *Merlucciidae* (see + HAKE).
Also called BLUE HAKE, BLUE GRENADIER and (in New Zealand) WHIPTAIL. In block form called NEW ZEALAND WHITING.
Marketed: Fresh as fillets.
Frozen: Boneless fillets skin off/on; fillet loins, headed and gutted, fillets.
Often processed into FISH BLOCKS for reprocessing into FISH FINGERS, or other ready-to-cook fish portions.
Also used for + SURIMI.

Appartient à la famille des *Merlucciidae* (voir + MERLU).
Appelé aussi BLUE HAKE, BLUE GRENADIER (anglais) et (en Nouvelle Zélande) WHIPTAIL.
Commercialisé: frais en filets.
Congelé: Filets sans arêtes, avec ou sans peau, étêtés et vidés, en filets.
Souvent transformé en BLOCS DE POISSON pour la retransformation en BATONNETS DE POISSON, ou autres portions prêtes à cuire.
Utilisé aussi pour + SURIMI

D Langschwanz-Seehecht	**DK**		**E** Merluza azul
GR	**I** Nasello azzurro		**IS**
J Hoki	**N**		**NL**
P	**S**		**TR**
YU	**FI**		

467 HOMOGENISED CONDENSED FISH HYDROLYSAT 467
A liquid product from whole fish or offal containing about 50% of moisture, prepared as an alternative to fish meal (U.S.A.).
The term LIQUID FISH is synonymously used. Should not be confused with + CONDENSED FISH SOLUBLES.

Sorte d'autolysat à base de poisson entier ou de déchets, contenant environ 50% d'eau; produit préparé à la place de la farine de poisson (Etats-Unis).
Terme synonyme de POISSON LIQUIDE.
Ne pas confondre avec + SOLUBLES DE POISSON.

D	**DK**		**E**
GR	**I** Pesce omogeinizzato condensato		**IS**
J	**N**		**NL** Ingedampte vis
P Peixe condensado homogeneizado	**S**		**TR**
YU	**FI** Homogenoitu kalatiiviste		

468 HORSE MACKEREL CHINCHARD 468
TRACHURUS spp.
DECAPTERUS spp.
Also known as + JACK MACKEREL or + SCAD; also called BUCK MACKEREL, MAASBANKER (S. Africa).

Appelé aussi + SAUREL, CARANGUE.

[CONTD.

468 HORSE MACKEREL (Contd.)

Belonging to the family *Carangidae* (see + JACK).

(a) HORSE MACKEREL
(Atlantic – Europe)

(b) JACK MACKEREL
(Pacific – N. America)
MAASBANKER (S. Africa)

(c)
(Pacific – Japan)

(d) SCAD
(Mediterranean)

(e)
(Mediterranean)

(f) JACK MACKEREL
(Indo-Pacific – Australia/New Zealand)

(g) MACKEREL SCAD
(Atlantic – N. America)

(h) ROUND SCAD
(Atlantic – N. America)
Also called CIGARFISH, ROUND ROBIN.
Important food fish in Japan, Spain and South Africa.

CHINCHARD (Suite) 468

De la famille des *Carangidae* (voir + CARANGUE).

Trachurus trachurus
(a) CHINCHARD COMMUN
(Atlantique – Europe)

Trachurus symmetricus
(b) CHINCHARD GROS YEUX
(Pacifique – Amérique du Nord)
MAASBANKER (Afrique du Sud)

Trachurus japonicus
(c) CHINCHARD DU JAPON
(Pacifique – Japon)

Trachurus mediterraneus
(d) CHINCHARD À QUEUE JAUNE
(Méditerranée)

Trachurus picturatus
(e) CHINCHARD BLEU
(Méditerranée)

Trachurus declivis
(f)
(Indo-Pacifique – Australie/Nouvelle-Zélande)

Decapterus macarellus
(g) COMÈTE MAQUEREAU
(Atlantique – Amérique du Nord)

Decapterus punctatus
(h) COMÈTE DE ST. HÉLÈNE
(Atlantique – Amérique du Nord)

Très important pour la consommation au Japon, en Espagne et en Afrique du Sud.

Marketed:
Fresh:
Frozen: Japan.
Dried-salted: Africa (+ BOKKEM), Japan (+ SHIOBOSHI and + KUSAYA).
Smoked: similar manner to kipper.
Canned: whole or fillets, in own juice or with oil; in South Africa processed like herring.
Used as raw material for fish meal manufacutre (S. Africa).

Commercialisé:
Frais:
Congelé: Japon.
Séché-salé: Afrique (+ BOKKEM) Japon (+ SHIOBOSHI et + KUSAYA).
Fumé: même méthode que pour le kipper.
Conserve: entier ou en filets; au naturel ou avec de l'huile; en Afrique du Sud, traité comme le hareng.
Utilisé comme matière première pour la fabrication de farine de poisson (Afrique du Sud).

D Bastardmakrele, Holzmakrele, Stöcker	**DK** Hestemakrel	**E** Jurel, chicharro
GR Savrídi	**I** Suro, sugarello	**IS** Brynstirtla
J Muroaji, maaji, aji	**N** Taggmakrell	**NL** Horsmakreel, marsbanker
P Carapau, chicharro	**S** Taggmakrill	**TR** Istavrit
YU Trnobok, Šnjur, Šarun	**FI** Piikkimakrilli	

469 HORSETAIL TANG 469

(Japan)
Seaweed.

Sargassum enerve
(Japon)
Algue.

D	**DK**	**E**
GR	**I** Sargasso	**IS**
J Hondawara	**N**	**NL**
P Alga	**S**	**TR**
YU	**FI** Sargassolevä	

470 HOT-MARINATED FISH

Fish that have been marinated in hot vinegar.
See also + KOCHFISCHWAREN (Germany).

- D
- GR
- J
- P Peixe em vinagre quente
- YU Toplo marinirana riba
- DK
- I Pesce marinato a caldo
- N
- S Varmmarinerad fisk
- FI Kuumamarinoitu kala

POISSON MARINÉ À CHAUD 470

Poisson qui a été mariné dans du vinaigre chaud.
Voir aussi + KOCHFISCHWAREN (Allemagne).

- E Pescado escabechado en caliente
- IS
- NL Vis, ingelegd in hete azijn
- TR Sıcak marinasyon

471 HOT-SMOKED FISH

Fish cured in hot smoke at temperature up to 250 °F (about 120°C) so that the protein is coagulated and the product can be eaten without further cooking. Temperature in the fish must reach at least 140°F (60°C); various products, e.g. + BUCKLING, + FLECKHERING (Germany), + KIELER SPROTTEN (Germany), + BLOATER (i), + SMOKIE.

- D Heissgeräucherter Fisch
- GR Psári kapnistó
- J Onkun
- P Peixe fumado a quente
- YU Toplo dimljena riba
- DK Varmrøget fisk
- I Pesce affumicato a caldo
- N Varmrøkt fisk
- S Varmrökt fisk
- FI Lämminsavustettu kala

POISSON FUMÉ À CHAUD 471

Poisson traité par fumage à une température maximum de 250°F (environ 120°C) de sorte que, les protéines étant coagulées, le produit est prêt à la consommation sans cuisson préalable. La température du poisson doit atteindre un minimum de 140°F (60°C); différents produits de fumage à chaud: + BUCKLING, + FLECKHERING (Allemagne) + KIELER SPROTTEN (Allemagne), + CRAQUELOT, + SMOKIE.

- E Pescado ahumado en caliente
- IS Heitreyktur fiskur
- NL Warm gerookte vis, gestoomde vis
- TR Sıcak füme balık

472 HOUTING

Coregonus oxyrhynchus

(Atlantic/North Sea)
Marketed: fresh, whole gutted.
See also + WHITEFISH.

- D Schnepel, Schnäpel
- GR Korégonos
- J
- P Coregono bicudo
- YU Ozimica
- DK Snæbel
- I Coregone musino
- N Sik, nebbsik
- S Sik, älvsik, näbbsik
- FI Siika, järvisiika

CORÉGONE 472

(Atlantique/Mer du Nord)
Commercialisé: frais, entier et vidé.
Voir aussi + CORÉGONE.

- E
- IS
- NL Houting
- TR

473 HUMANTIN

Oxynotus centrina

(Atlantic/Mediterranean – Europe)
Belongs to the family *Squalidae* (see + DOGFISH).
Also called ANGULAR ROUGH SHARK.

- D Meersau
- GR Gourounópsara
- J
- P Porco
- YU Morski prasac
- DK
- I Pesce porco
- N
- S
- FI

CENTRINE 473

CENTRINE COMMUNE
(Atlantique/Méditerranée – Europe)
De la famille des *Squalidae* (voir + AIGUILLAT).

- E Cerdo marino
- IS
- NL
- TR Domuz baiği

474 HUMPBACK WHALE   JUBARTE 474

                 Megaptera novaenglia or/ou *Megaptera nodosa*
(Cosmopolitan)   (Cosmopolite)
Also see HUNCHBACKED WHALE.
See + WHALES.   Voir + BALEINES.

- **D** Buckelwal
- **GR** —
- **J** Zatôkujira
- **P** Baleia-de-bossas
- **YU** Vrsta kita
- **DK** Pukkelhval
- **I** Megattera, balenottera gobba
- **N** Knølhval
- **S** Knölval, puckelval
- **FI** Ryhäralas
- **E** Ballena nudosa, ballena jorobada
- **IS** Hnúfubakur
- **NL** Bultrug
- **TR** —

475 HUSS   475

One of the recommended trade names for + DOG-FISH in U.K.; may also be called + FLAKE or + RIGG.

Nom recommandé pour les + CHIEN en Grande Bretagne.

476 IDE   VÉRON 476

                        Leuciscus idus
(Freshwater – Europe)   (Eaux douces – Europe)

- **D** Aland
- **GR** Leukískos-tsiróni
- **J** —
- **P** Escalo
- **YU** Jeź
- **DK** Rimte
- **I** Ido
- **N** Vederbuk
- **S** Id
- **FI** Säyne
- **E** Cacho, cachuelo
- **IS** —
- **NL** Winde
- **TR** —

477 INASAL (Philippines)   INASAL (Philippines) 477

Broiled product made from sardine or herring.

Produit obtenu à partir de sardine ou de hareng grillé.

478 INCONNU   INCONNU 478

                   Stenodus leucichthys nelma

(Freshwater – N. America)   (Eaux douces – Amérique du Nord)
Belonging to the family *Coregonidae*.   De la famille des *Coregonidae*.
Marketed locally, fresh, dried or smoked.   Commercialisé localement, frais, séché ou fumé.

- **D** Weisslachs
- **FI** Nelma

479 INDIAN CURE SALMON (U.S.A.)   SAUMON À L'INDIENNE (E.U.) 479

Brined salmon sides or strips of meat, hard smoked for about two weeks at temperatures not higher than 21 to 36°C; also called BELEKE, HARD SMOKED SALMON, INDIAN HARD CURED SALMON, INDIAN STYLE SALMON.

Moitiés de saumon ou tranches de chair de saumon saumurées, fortement fumées pendant environ deux semaines à des températures ne dépassant pas 21 à 36°C; appelé aussi BELEKE, SAUMON FORTEMENT FUMÉ, INDIAN HARD CURED SALMON.

480 INDIAN MACKEREL

(Indian and Pacific Oceans)
SHORT MACKEREL
(Aisa)
Used in similar ways to + MACKEREL.

See also + COLOMBO CURE, and + DAENG (Philippines).

- **D** Indische Makrele
- **GR**
- **J**
- **P** Cavala-do-Índico
- **YU**

- **DK**
- **I** Sgombro indiano
- **N**
- **S**
- **FI**

MAQUEREAU DU PACIFIQUE 480

RASTRELLIGER spp.
(Océans indien et Pacifique)
Rastrelliger brachysoma
MAQUEREAU TRAPU
(Asie)
Utilisé de la même manière que le + MAQUEREAU.
Voir aussi + SALÉ COLOMBO et + DAENG (Philippines).

- **E**
- **IS**
- **NL** Indische makreel
- **TR**

481 INDIAN PORPOISE 481

Neomeris phocaenoides

(Indo-Pacific)
See + PORPOISE.

- **D** Indischer Tümmler
- **GR**
- **J**
- **P** Toninha
- **YU**

- **DK**
- **I**
- **N**
- **S**
- **FI**

(Indo-Pacifique)
Voir + MARSOUIN.

- **E**
- **IS**
- **NL** Indische bruinvis
- **TR**

482 INDUSTRIAL FISH 482

Usually fish caught specifically for reduction into meal and oil; in some countries it might also refer to fish used for other processing (e.g. canning).

Also used synonymously to + TRASH FISH.
See also + FISH WASTE.

- **D** Futterfisch, Industriefisch
- **GR**
- **J**
- **P** Peixe para farinha
- **YU**

- **DK** Industrifisk
- **I**
- **N** Industrifisk
- **S** Industrifisk
- **FI** Teollisuuskala, rehulaatu

Habituellement poisson destiné spécifiquement à la réduction en farine et en huile; dans certains pays, peut se référer également au poisson utilisé à d'autres fins industrielles (par exemple conserves).

Synonyme de + POISSON DE REBUT.
Voir aussi + DÉCHETS DE POISSON.

- **E**
- **IS**
- **NL** Voedervis, industrievis
- **TR** Endustriyel balık

483 INK   ENCRE 483

Blackish-coloured liquid released by *Cephalopoda* into the surrounding water when danger threatens; sometimes used in the sauce when canning *Cephalopoda*.

- **D** Tinte
- **GR** Meláni
- **J** Sumi, bokujû
- **P** Tinta
- **YU** Crnilo glavonozaca

- **DK**
- **I** Nero di seppia, inchiostro
- **N** Blekk fra blekksprut
- **S** Bläck
- **FI** Mustekalan muste

Liquide noirâtre que les *Cephalopoda* émettent dans leur environnement lorsqu'ils se sentent menacés; utilisé parfois dans la sauce lors de la mise en conserve de ces *Cephalopoda*.

- **E** Tinta
- **IS** Blek (úr smokkfisk)
- **NL** Inkt
- **TR** Mürekkep

484 IRISH MOSS

Chondrus crispus
Gigartina stellata

+ RED ALGAE harvested and dried as a source of
+ CARRAGEENIN; also called CARRAGEEN or CARRAGEEN MOSS.

D Irisches Moos
GR
J Tsunomata, sugi-nori, shikinnori
P Carragenina
YU

DK Irsk mos
I Muschio irlandese
N Krusflik, vorteflik

S Irländsk mossa
FI Irlannin levä

CARRAGHÉEN 484

+ ALGUE ROUGE recueillie et séchée, utilisée comme matière première pour l'obtention de carragheene; appelée aussi MOUSSE D'IRLANDE.

E Carragahen
IS Fjörugrös
NL Iers mos

TR İrlanda yosunu

485 IRRADIATION

A method for preserving fish by exposure to ionising radiation from radioactive isotopes or an electron source. At pasteurisation doses of 150,000 to 450,000 rads over 90% of the spoilage bacteria are killed and the shelf life of the fish at 0 to 20°C is extended by about 2 weeks.

See also + PASTEURISED FISH.

D Bestrahlung, Bestrahlungskonser-vierung
GR
J Shôsha
P Irradiação
YU Radijacija

DK Bestråling
I Irradiazione
N Bestråling
S Strålkonservering
FI Säteilysäilöntä

IRRADIATION 485

Méthode de conservation du poisson par exposition aux radiations ionisées provenant d'isotopes radio-actifs ou d'une source d'électrons. Aux doses de pasteurisation 150,000 à 450,000 rads plus de 90% des bactéries sont détruites et le stockage du poisson de 0 à 20°C peut être prolongé d'environ deux semaines.

Voir aussi + POISSON PASTEURISÉ.

E Irradiación
IS Geislun
NL Bestraling
TR Irradiyasyon

486 ISINGLASS

Gelatin product from the collagen in the outer layer of the wall of the swim bladder; the best grade is reputed to be made from sturgeon swim bladders, but those from cod, hake, ling and other spp. give a good product; used for clarification of wine and beer, and to a lesser extent for edible jelly and adhesive manufacture.

Grades include LYRE, HEART-SHAPED, LEAF and BOOK.

See also + GELATIN.

D Hausenblase
GR Ihthiókolla
J Gyokô
P Cola de peixe
YU

DK Hasblas
I Colla di pesce
N Husblas
S Husbloss
FI Selvike uimarakosta

ICHTYOCOLLE 486

Produit gélatineux tiré du collagène de la paroi extérieure des vessies natatoires, dont celles de l'esturgeon sont reconnues comme donnant la meilleure qualité; les vessies natatoires de la morue, du merlu, de la lingue et espèces voisines donnent également un bon produit.

Utilisé pour clarifier le vin et la bière et pour la fabrication de gelées comestibles ou d'adhésifs.

Il existe plusieurs qualités: EN LYRE, EN CŒUR, EN FEUILLE ET EN LIVRE.

Voir aussi + GÉLATINE.

E Cola de pescado
IS Sundmaga-hlaup
NL Visgelatine
TR

487 ITALIAN SARDEL

Heavily salted anchovy allowed to mature over a long period.

D
GR
J
P Anchova à italiana
YU Slani incún

DK
I Acciughe alla carne
N
S Sardell
FI Kovasuolattu anjovis

ANCHOIS ITALIEN 487

Anchois fortement salé, et laissé pendant une longue période jusque'à maturation.

E
IS
NL Gezouten ansjovis
TR

488 IVORY

Marine sources of ivory are the toothed whales and the walrus.

- **D** Elfenbein
- **GR** Elephantostoún
- **J** Kujira no ha, sei-uchi no ha
- **P** Marfim
- **YU** Slonovača morskih zivotinja
- **DK** Hvaltand
- **I** Avorio
- **N** Elfenben
- **S** Elfenben
- **FI** Norsunluu, mursunja valaiden hampaat

IVOIRE 488

On trouve l'ivoire chez les denticètes et les morses.

- **E** Marfil
- **IS** Hvaltennur, rostungstennur
- **NL** Ivoor
- **TR** Fildişi

489 JACK MACKEREL

(a) Other name used for + HORSE MACKEREL (*Trachurus* and *Decapterus* spp.) which belong to the family *Carangidae*.
(b) In North America also more generally employed for this family, especially *Caranx* spp. (see + JACK).
(c) In Australia and New Zealand refers to *Trachurus declivis* and *T. novaezelandiae*.
See also + SCAD.

489

Le nom "JACK MACKEREL" (anglais) désigne:

(a) Les espèces *Trachurus* et *Decapterus* (voir + CHINCHARD).
(b) En Amérique du Nord, généralement les poissons de la famille des *Carangidae*, dont font partie les espèces *Trachurus* et *Decapterus*.
(c) En Australie et Nouvelle-Zélande, s'applique à *Trachurus declivis* et *T. novaezelandiae*.
Voir + CARANGUE.

TR Karagöz istavrit

490 JACK

Name employed for *Carangidae* (also designated as + SCAD or + POMPANO); especially refers to the following species:

CARANGUE 490

Désigne de façon générale les espèces de la famille des *Carangidae* (qui comprend aussi les + POMPANO et les + SAUREL).

CARANX spp.

(a) (Atlantic/Pacific – Cosmopolitan)
For example:

(a) (Atlantique/Pacifique – Cosmopolite)
Par exemple:

Caranx crysos

BLUE RUNNER
(Atlantic – N. America)
Also called RUNNER, HARDTAIL, CREVALLE.

CARANGUE COUBALI
(Atlantique – Amérique du Nord)

Caranx hippos

+ CREVALLE JACK
(Atlantic – N. America)
Also called CREVALLE.
In Australia and New Zealand *Caranx* spp. are generally called + TREVALLY.

CARANGUE CREVALLE
(Atlantique – Amérique du Nord)

HEMICARANX spp.

(b) (Atlantic)

(b) (Atlantique)

SERIOLA spp.

(c) + YELLOWTAIL
(Cosmopolitan)

(c) + SÉRIOLE
(Cosmopolite)

[CONTD.]

490 JACK (Contd.)   CARANGUE (Suite) 490

SERIOLELLA spp.

(d) In U.S.A. the name JACK also refers to *Trachurus* and *Decapterus* spp. (see + HORSE MACKEREL, + JACK MACKEREL), which also belong to the family *Carangidae*.

- **D** Bastardmakrele
- **GR** Kocáli
- **J** Hiraaji
- **P** Carangídeos
- **YU** Trnobokan
- **DK** Hestemakrel
- **I** Carangidi
- **N** Taggmakrell
- **S** Taggmakrill, pompano
- **FI** Piikkimakrilli
- **E**
- **IS**
- **NL**
- **TR**

---

491 JACOPEVER   SÉBASTE DU CAP 491

Sebastichthys capensis

(S. Africa)   (Afrique du Sud)

D Kap-Rotbarsch

---

492 JAPANESE CANNED FISH PUDDING   PÂTÉ DE POISSON 492 EN CONSERVE (Japon)

Fish flesh ground and seasoned with salt, sugar and + MIRIN, boiled, steamed or broiled; in some cases the surface is baked and then canned.

Chair de poisson broyée et assaisonnée de sel, sucre et + MIRIN, puis cuite à l'eau ou à la vapeur ou grillée; dans certains cas, cuite en surface puis mise en boîtes.

See + KAMABOKO.   Voir + KAMABOKO

J Kamaboko kanzume

---

493 JAPANESE EEL   ANGUILLE DU JAPON 493

Anguilla japonica

(Japan)   (Japon)

Ways of marketing, see + EEL.   Pour la commercialisation, voir + ANGUILLE.

- **D** Japanischer Aal
- **GR** Chéli
- **J** Unagi
- **P** Enguia japonesa
- **YU** Jegulja japanska
- **DK**
- **I** Anguilla giapponese
- **N** Ål
- **S** Japansk ål
- **FI** Japaninankerias
- **E** Anguila
- **IS**
- **NL** Japanse paling
- **TR** Japon yılan balığı

---

494 JAPANESE PILCHARD   SARDINOPS DU JAPON 494

Sardinops melanosticta

(Japan)   (Japon)

Also called SARDINE.   Appelé aussi SARDINE.

See + PILCHARD and + SARDINE.   Voir + PILCHARD et + SARDINE.

- **D** Japanische Sardine
- **GR**
- **J** Iwashi
- **P** Sardinopa-japonesa
- **YU**
- **DK**
- **I** Sardina giapponese
- **N**
- **S** Japansk sardin
- **FI** Japaninsardiini
- **E**
- **IS**
- **NL** Japanse pelser
- **TR** Japon sardalyası

495 JAPAN SEA BASS
BAR DU JAPON 495

Lateolabrax japonicus

(Pacific – Japan)
One of the best food fish in Japan; marketed alive or fresh.
See also + SEA BASS.

(Pacifique – Japon)
L'un des poissons les plus appréciés au Japon; commercialisé vivant ou frais.
Voir aussi + BAR.

- **D**
- **GR**
- **J** Suzuki, fukko
- **P** Robalo japonês
- **YU**

- **DK**
- **I** Spigola giapponese
- **N**
- **S**
- **FI**

- **E**
- **IS**
- **NL**
- **TR** Japon levreği

---

496 JELLIED EELS
ANGUILLES EN GELÉE 496

Pieces or steaks of small eels, precooked in light brine or vinegar and salt solution; packed when cool into gelatin solution or aspic in cans or glass jars; SEMI-PRESERVE (cooked fish product); also canned.

See + EEL.

Morceaux ou tranches de petites anguilles, précuits dans une saumure légère ou dans un court-bouillon; après refroidissement, recouverts de gélatine ou en aspic et mis en boîtes ou en bocaux: SEMI-CONSERVE (produit cuisiné); également en conserve.

Voir + ANGUILLE.

- **D** Aal in Gelee
- **GR**
- **J**
- **P** Enguias em geleia
- **YU** Jegulja u želeu, jegulja u aspiku

- **DK** Ål i gele
- **I** Anguille in gelatina
- **N**
- **S** Ål i gelé, inlagd ål
- **FI** Ankeriasta geleessä

- **E** Anguilas en gelatina
- **IS** Áll í hlaupi
- **NL** Paling in gelei
- **TR** Yılan balığı jölesi

---

497 JELLY FISH
MÉDUSE 497

RHOPILEMA spp.
Rhopilema esculenta

(Japan)
Dehydrated with salt and alum, mostly used for Chinese dishes (Japan).

(Japon)
Déshydratée avec du sel et de l'alun; surtout utilisée pour les plats chinois (Japon).

- **D** Qualle
- **J** Kurage

- **TR** Deniz anası

---

498 JEWFISH
MÉROU GÉANT 498

Epinephelus itajara or/ou *Promicrops itajara*

(i) (Atlantic – N. America)
Belongs to the family *Serranidae* (see + GROUPER).

(i) (Atlantique – Amérique du Nord)
De la famille des *Serranidae* (voir + MÉROU).

- **D** Judenfisch
- **GR**
- **J**
- **P** Garoupa
- **YU**

- **DK**
- **I** Cernia gigante
- **N** Jødefisk
- **S** Fläckig judefisk
- **FI** Raitameriahven

- **E**
- **IS**
- **NL**
- **TR**

(ii) Name also used for + MEAGRE (*Argyrosomus regius*) belonging to the family *Sciaenidae* (see + CROAKER and + DRUM).

(iii) In Australia the name WESTRALIAN JEWFISH refers to *Glaucosoma hebraicum*. Marketed as fresh fish.

499 JOEY

Small mackerel.

- **D**
- **GR** J Kosaba
- **P**
- **YU**

DK
- **I** Piccolo sgombro
- **N** Liten makrell, pir
- **S** Pir
- **FI** Pikkumakrilli

Petit maquereau.

- **E** Pequeña caballa
- **IS**
- **NL** Paapje
- **TR**

500 JOHN DORY — ZÉE ou SAINT-PIERRE

ZEIDAE

(Cosmopolitan)
Also called DORY, PETER-FISH.

(Cosmopolite)
Appelé encore JEAN DORÉ.

Zeus faber

(a) JOHN DORY
(Atlantic/Mediterranean/Indo-pacific – Australia, New Zealand)

(a) SAINT-PIERRE
(Atlantique/Méditerranée/Indo-Pacifique – Australie, Nouvelle-Zélande)

Zeus capensis

(b) (Africa)

(b) SAINT-PIERRE DU CAP (Afrique)

Zeus japonicus

(c)

(c) SAINT-PIERRE DU PACIFIQUE

Zenopsis ocellata

(d) AMERICAN JOHN DORY
(Atlantic – N. America)
Marketed fresh and hot-smoked (pieces).

(d) SAINT-PIERRE AMÉRICAIN
(Atlantique – Amérique du Nord)
Commercialisé frais et fumé à chaud (morceaux).

- **D** Heringskönig, Petersfisch
- **GR** Christópsaro
- **J** Matôdai
- **P** Peixe-galo
- **YU** Kovač

- **DK** St. Petersfisk
- **I** Pesce san Pietro
- **N** St. Petersfisk
- **S** St. Persfisk
- **FI** Pietarinkala

- **E** Pez de san Pedro
- **IS** Pétursfiskur
- **NL** Zonnevis
  (a) Sint pietervis
- **TR** Dülger balığı

501 JUMBO

Name applied to large specimens of several spp., but particularly haddock and skate; in the United States to shrimps.

Nom appliqué aux grosses crevettes (Guyane).

502 KABAYAKI (Japan) — KABAYAKI (Japon)

Eel, split, boned, steamed; then broiled with frequent dipping in TARE (thick sauce made from soy sauce, sugar, + MIRIN etc.); other fish (e.g. saury) may be processed in the same way (SAMMA KABAYAKI); this product is often canned.

Anguille tranchée, désarêtée, cuite à la vapeur; puis grillée avec trempage répété dans le TARE (sauce épaisse à base de sauce de soja, de sucre et de + MIRIN, etc.); d'autres poissons (l'orphie par ex.) peuvent être utilisés de la même manière; (SAMMA KABAYAKI); ce dernier produit est souvent mis en conserve.

503 KABELJOU — MAIGRE DU SUD

Argyrosomus hololepidotus

(West and South Africa)
Belonging to the family *Sciaenidae*.
See + DRUM and + CROAKER.

(Afrique du Sud et de l'Ouest)
De la famille des *Sciaenidae*.
Voir + TAMBOUR.

- **D** Adlerfisch
- **GR**
- **J**
- **P** Corvina africana
- **YU**

- **DK**
- **I** Bocca d'oro
- **N**
- **S** Havsgös
- **FI** Kotkakala

- **E** Corbina
- **IS**
- **NL**
- **TR**

504 KAHAWAI

Arripis trutta

Family *Arripidae*
(Australia/New Zealand)
Also called SEA SALMON.
Known as +AUSTRALIAN SALMON in Australia.
Marketed: Sometimes fresh (whole), but usually whole frozen for canning.

KAHAWAI 504

Famille des *Arripidae*
(Australie/Nouvelle-Zélande)

Commercialisé: Parfois frais (entier), mais habituellement congelé entier pour la conserve.

505 KALBFISCH (Germany)

Trade name for hot-smoked pieces of +PORBEAGLE in Germany.
See also +SPECKFISCH.

KALBFISCH (Allemagne) 505

Nom commercial donné aux morceaux de +MARAICHE fumés à chaud.
Voir aussi +SPECKFISCH.

506 KAMABOKO (Japan)

(i) Jelly product made by heating fish meat kneaded with salt; ingredients such as sugar, +MIRIN, egg albumin, and starch is usually added. Various kinds of kamaboko are produced and classified into several categories by heating method, shape or kinds of ingredients.

Fried Kamaboko (usually with starch and vegetable such as carrots or burdock added) is called SATSUMA-AGE, AGE-KAMABOKO or TEMPURA.

(ii) Also used as inclusive term meaning the products made from kneaded fish meat, e.g. kamaboko or +HAMPEN; in this case synonym to +RENSEI-HIN or NERISEIHIN.

KAMABOKO (Japon) 506

(i) Produit gélatineux fait en chauffant de la chair de poisson pétrie avec du sel; on y ajoute généralement des ingrédients tels que sucre, +MIRIN, blanc d'œuf et amidon. Il existe plusieurs sortes de kamaboko, classées en catégories, suivant la méthode de cuisson, la forme ou les ingrédients qui le composent.
Le kamaboko frit (généralement additionné d'amidon et de légumes tels que carottes ou bardane) est appelé SATSUMA-AGE, AGE-KAMABOKO ou TEMPURA.

(ii) Ce terme s'applique aussi aux produits à base de chair de poisson pétrie, ex: kamaboko ou +HAMPEN; dans ce cas, il est synonyme de +RENSEI-HIN ou NERISEIHIN.

507 KANAGASHIRA (GURNARD)

Name employed in Japan for *Lepidotrigla* spp. (cosmopolitan); marketed fresh in Japan.
See also +GURNARD.

507

Nom employé au Japon pour *Lepidotrigla* spp (cosmopolite); commercialisé frais (Japon).
Voir aussi +GRONDIN.

D		DK		E	Cabete
GR	Kaponi	I	Caviglione	IS	
J	Kanagashira	N		NL	
P	Ruivo	S		TR	Kirlangiç
YU	Cepurljica	FI			

508 KAPI (Thailand)

Fermented fish paste product; similar product in Japan, +SHIOKARA.

KAPI (Thaïlande) 508

Pâte de poisson fermentée; produit semblable au Japon, le +SHIOKARA.

509 KARAVALA (Sri Lanka)

Whole or gutted fish, washed, salted and sun-dried.

KARAVALA (Sri Lanka) 509

Poisson entier ou vidé, lavé, salé, puis séché au soleil.

510 KATSUO-BUSHI (Japan)

Dried meat of skip-jack (JAPANESE TUNA STICKS). Fish is cut longitudinally into four, boned, boiled, smouldered, then dried, shape adjusted, and defatted by enzymatic action of moulds; used as condiment.

As general term see +FUSHI-RUI.

KATSUO-BUSHI (Japon) 510

Chair séchée de thonine (BÂTONNETS DE THON DU JAPON). Le poisson est découpé longitudinalement en quatre, désarêté, cuit à l'eau puis à l'étouffée, ensuite séché et calibré, enfin dégraissé par l'action enzymatique de moisissures; sert de condiment.

Voir +FUSHI-RUI, désignation générale.

510.1 KAWAKAWA

Euthynnus affinis

(Indo-Pacific)

THONINE ORIENTALE 510.1

(Indo-Pacifique)

[CONTD.]

510.1 KAWAKAWA (Contd.)

Also called EASTERN LITTLE TUNA, BLACK SKIPJACK, MACKEREL TUNA, LITTLE TUNA; used in tuna canning industry; see also + TUNA.

- **D** Falscher Bonito
- **GR** Karvouni
- **J** Suma
- **P**
- **YU** Luc
- **DK** Lille tun
- **I** Tonnetto orientale
- **N**
- **S** Tonfisk
- **FI**
- **E** Bacoreta oriental
- **IS** Túnfiskur
- **NL** Dwergtonijn
- **TR** Yazili orkinos

THONINE ORIENTALE (Suite) **510.1**

Appelé aussi utilisé dans la conserverie du thon; voir aussi + THON.

---

511 KAZUNOKO (Japan)

Herring roe:
(a) Immersed in sea water, washed, then dried (HOSHI-KAZUNOKO).
(b) Immersed in sea water, washed, then drained and salted in brine or in dry salt (SHIO-KAZUNOKO).

KAZUNOKO (Japon) 511

Rogue de hareng:
(a) Plongé dans de l'eau de mer, lavé et ensuite séché (HOSHI-KAZUNOKO).
(b) Plongé dans de l'eau de mer, lavé puis égoutté et salé en saumure ou avec du sel sec (SHIO-KAZUNOKO).

---

512 KEDGEREE

Dish made from boiled rice, fish or meat, egg, cream or butter, herbs, etc., sold canned.

KEDGEREE 512

Plat préparé à base de riz cuit à l'eau, de poisson ou de viande, d'œufs, de crème ou de beurre, fines herbes, etc., vendu en conserve.

---

513 KELP

+ BROWN ALGAE of *Laminaria* spp., harvested and dried as a source of + ALGINIC ACID; also for manufacture into meal for ANIMAL FEEDING STUFFS. Also called TANGLE, + SEA CABBAGE.
See also + KOMBU.

VARECH 513

+ ALGUE BRUNE de l'espèce *Laminaria* recueillie et séchée pour la production d' + ACIDE ALGINIQUE; sert également à la fabrication de farine pour l'ALIMENTATION DES ANIMAUX.
Voir aussi + KOMBU.

- **D** Braunalge, Kelp
- **GR** Laminária
- **J** Kombu
- **P** Alga castanha
- **YU**
- **DK** Brunalge
- **I** Laminaria
- **N** Tare, brunalge
- **S** Bladtång
- **FI** Airolevä
- **E** Alga parda
- **IS** þari
- **NL** Bruinzeewier
- **TR**

---

514 KELT

Salmon after spawning; see + ATLANTIC SALMON.

514

Saumon ayant frayé; voir + SAUMON DE L'ATLANTIQUE.

- **D**
- **GR**
- **J** Hotchare, hotchari
- **P**
- **YU**
- **DK** Nedfaldslaks
- **I**
- **N**
- **S** Vraklax
- **FI** Kutenut lohi, laskulohi
- **E**
- **IS** Hoplax
- **NL** Hengst, ijle zalm
- **TR**

---

515 KENCH CURE

White fish, particularly cod and allied spp. (in Germany especially saithe) and salmon, that have been salted by stacking split fish and salt in alternate layers so that the pickle that is formed can drain off freely; also called BULK CURE, BULK SALTED FISH, SALT BULK.
See also + DRY SALTED FISH + SHORE CURE (ii), + LABRADOR CURE.

SALAGE À SEC 515

Se fait en entassant du poisson tranché (particulièrement morue et espèces voisines, et saumon) et du sel en couches alternées, de telle sorte que la saumure qui se forme peut s'écouler librement.
Egalement appelé SALAGE EN VRAC.
Voir aussi + POISSON SALÉ À SEC + SALAGE À TERRE (ii), + LABRADOR CURE.

- **D** Trockensalzung
- **GR**
- **J** Yamazumi enzô-gyo
- **P** Salga a seco
- **YU**
- **DK** Forsaltning
- **I** Pesce salinato
- **N**
- **S** Torrsaltning i stapel
- **FI** Kuivasuolaus pinoihin
- **E** Salazonado en verde
- **IS** þurrsaltaður fiskur
- **NL** In lagen droog gezouten vis
- **TR**

516 KICHIJI ROCKFISH

Sebastolobus macrochir

(Japan)
Marketed: fresh (Northern Japan).
See also + ROCKFISH.

J Kichiji

SÉBASTE KINKIN 516

(Japon)
Commercialisé: frais (Nord du Japon).
Voir aussi + SCORPÈNE.

---

517 KIELER SPROTTEN (Germany)

Hot-smoked ungutted fat sprats; the designation "ORIGINAL KIELER SPROTTEN" (or "ECHTE KIELER SPROTTEN") only from catches in the area of the Kiel bay and processed in or near Kiel (Eckernförde).

KIELER SPROTTEN (Allemagne) 517

Sprats gas, non vidés, fumés à chaud; la désignation "ORIGINAL KIELER SPROTTEN" (ou "ECHTE KIELER SPROTTEN") s'applique uniquement au poisson pêché dans la baie de Kiel et traité à Kiel ou ses environs (Eckernförde).

D Kieler Sprotten
GR
J
P Espadilha fumada
YU Toplo dimljena masna papalina
DK Kielersprot
I Papaline di kiel affumicate
N
S Sprotten
FI
E Espadines
IS
NL Kieler sprot
TR

---

518 KILKA

(i) Name for fish species: *Clupeonella delicatula*.

Also called BLACK SEA SPRAT.

(ii) Preserved product, similar to + ANCHOVIS, made from Kilka. Also called KILLO (U.S.S.R.).

KILKA 518

(i) Désigne une espèce: *Clupeonella delicatula*; apparentée au sprat.

(ii) Produit conservé, semblable aux + ANCHOVIS, à base de Kilka. Appelé aussi KILLO en U.R.S.S.

D
GR
J
P Espadilha do cáspio
YU Kiljka
DK
I Papaline del caspio
N
S
FI
E
IS
NL
TR

---

519 KILLER WHALE

Orcinus orca or/ou *Orca gladiator*

(Cosmopolitan)
Usually too small to be of commercial value.

Also called GRAMPUS.

ORQUE 519

(Cosmopolite)
Habituellement trop petite pour avoir une valeur commerciale.

Aussi appelée ÉPAULARD.

D Schwertwal
GR Orka
J Sakamata, shachi
P Roaz-de-bandeira
YU Kit ubica
DK Spækhugger
I Orca
N Spekkhogger
S Späckhuggare
FI Miekkavalas
E Espadarte, orca
IS Háhyrna
NL Orka, ork
TR

---

520 KILLIFISH

CYPRINODONTIDAE

(Atlantic/Freshwater/Pacific – N. America)

Include *Cyprinodon, Fundulus* and other species.

FONDULE 520

(Atlantique/Eaux douces/Pacifique – Amérique du Nord)

Comprennent les espèces *Cyprinodon, Fundulus* et autres.

D Zahnkarpfen
GR Ciprinodonti
J
P
YU
DK
I Ciprinodonti
N
S Egentliga tandkarpar
FI Kutevat hammaskarpit
E
IS
NL Tandkarper
TR

521 KING CRAB

Paralithodes camchatica

(Pacific)
Also called JAPANESE CRAB, ALASKA DEEP SEA CRAB.
Most important species for production of +CRAB MEAT.
For further marketing details, see +CRAB.
In U.S.A. the name KING CRAB might also refer to *Limulus* spp.
In New Zealand the name KING CRAB refers to *Lithodes murrayi* and *Neolithodes brodiei*, also known as STONE CRABS.

CRABE ROYAL 521

(Pacifique)

La plus importante des espèces dans la production de + CHAIR DE CRABE.
Pour de plus amples détails, voir + CRABE.

En Nouvelle-Zélande le nom KING CRAB (anglais) se réfère à *Lithodes murrayi* et *Neolithodes brodiei*.

D Kamschatka-Krabbe	**DK** Japan-krabbe	**E** Cangrejo ruso	
GR Vassilikós kávouras	**I** Granchio reale, grancevola del kamciatka	**IS**	
J Tarabagani	**N** Russisk krabbe	**NL** Kamsjatka krab	
P Caranguejo-real	**S** Japansk jättekrabba	**TR** Iri Yengeç kerevit	
YU Kraljevski rak	**FI** Kuningasrapu		

522 KINGFISH

(i) The name KINGFISH properly refers to a definite species of the + KINGMACKEREL;

Scomberomorus cavalla

(Atlantic – U.S.A. Gulf Coast)

Also called + SIERRA, + KINGMACKEREL, + CERO.

Marketed:
Dried: split, washed, dry-salted and dried naturally (U.S.A.).
Smoked: sides are washed, brined, dredged in dry salt, air-dried and cold-smoked for several hours.

THAZARD 522

(i) Le mot THAZARD désigne une espèce définie de *Scomberomorus* sp. (voir + THAZARD).

+ THAZARD SERRA
(Atlantique – États-Unis, Côte du Golfe du Mexique)

Commercialisé:
Séché: tranché, lave, salé à sec et séché à l'air (E.U.).
Fumé: moitiés de poisson lavées, saumurées, saupoudrées de sel sec, séchées à l'air et fumées à froid pendant plusieurs heures.

D Königsmakrele	**DK**	**E** Carita	
GR	**I** Sgombro reale	**IS**	
J	**N**	**NL**	
P Serra real	**S**	**TR**	
YU	**FI** Kuningasmakrilli		

(ii) In N. America the name KINGFISH refers mainly to some species of the family *Sciaenidae* (see + CROAKER and + DRUM), especially + KING WHITING (*Menticirrhus* spp.) and + WHITE CROAKER (*Genyonemus lineatus*).

(iii) The name is also used for + OPAH (*Lampris guttatus*), belonging to the family *Lampridiidae*.

(iv) In Australia and New Zealand the name KINGFISH refers to + YELLOWTAIL (*Seriola lalandi*), and also to the + GEMFISH (*Rexea solandri*), as SOUTHERN or SILVER KINGFISH.

(iv) En Australie et en Nouvelle-Zélande le nom KINGFISH (anglais) se réfère à + SERIOLE (*Seriola lalandi*), et aussi pour + ESCOLIER ROYAL (*Rexea solandri*).

523 KINGKLIP

Genypterus capensis or/ou *Xiphiurus capensis*

(South Africa)

Caught by freezer trawlers and marketed mainly frozen.
In New Zealand sometimes used as an alternative trade name for the similar species *Genypterus blacodes*, + LING.

D Kingclip

ABADÈCHE ROYALE DU CAP 523

(Afrique du Sud)

Pêché par les chalutiers congélateurs et commercialisé surtout congelé.
En Nouvelle-Zélande parfois utilisé comme nom commercial pour les espèces similaires *Genypterus blacodes*.

P Abadejo do Cabo

524 KINGMACKEREL — THAZARD 524

SCOMBEROMORUS spp. or/ou *CYBIUM* spp.

(Cosmopolitan)   (Cosmopolite)
Also designated as + SPANISH MACKEREL or   Aussi appelé MAQUEREAU-BONITE.
SEERFISH.

Scomberomorus cavalla

(a) + KINGFISH   (a) + THAZARD SERRA
     (Atlantic)   (Atlantique)

Scomberomorus sierra

(b) + SIERRA   (b) + THAZARD SIERRA
     (Pacific – U.S.A.)   (Pacifique – E.U.)

Scomberomorus commersoni

(c) + SEER   (c) + THAZARD RAYÉ
     (Indo-Pacific)   (Indo-Pacifique)
     AUSTRALIAN SPANISH MACKEREL.

Scomberomorus regalis

(d) + CERO   (d) + THAZARD FRANC
     (Atlantic – U.S. Gulf Coast)   (Atlantique – E.U. Côte du golfe du Mexique)

Scomberomorus maculatus

(e) + SPANISH MACKEREL   (e) + THAZARD ATLANTIQUE
     (Atlantic)   (Atlantique)

Scomberomorus concolor

(f) MONTERY SPANISH MACKEREL   (f) THAZARD DE MONTEREY
     (Pacific – N. America)   (Pacifique – Amérique du Nord)

Scomberomorus tritor

(g) W. AFRICAN SPANISH MACKEREL   (g) THAZARD BLANC
     (Atlantic)   (Atlantique)

Scomberomorus niphonius

(h) JAPANESE SPANISH MACKEREL   (h) THAZARD ORIENTAL
     (China/Japan)   (Chine/Japon)

Scomberomorus semifasciatus

(i) KOREAN MACKEREL   (i) THAZARD TIGRE
     (China/Japan)   (Chine/Japon)
     Known as BROAD BARRED MACKEREL in
     Australia.

Scomberomorus guttatus

(j) INDIAN SPANISH MACKEREL   (j) THAZARD PONCTUÉ
     (Indian Ocean)   (Océan indien)

Scomberomorus queenslandicus

(k) SCHOOL MACKEREL   (k) THAZARD DE QUEENSLAND
     (Australia)   (Australie)

KINGMACKEREL are marketed in similar ways   Commercialisé de façon analogue au
to + MACKEREL.   + MAQUEREAU.

D	Königsmakrele	**DK**		**E**	Carita, sierra
GR		**I**	Sgombro reale	**IS**	
J	Sawara	**N**		**NL**	
P	Serra	**S**		**TR**	
YU		**FI**	(a) Kuningasmakrilli		

For (a) to (e) see under the separate entries.   Pour (a) à (e) voir les rubriques individuelles.

525 KING OF THE HERRING

(i) In Europe name used for +OARFISH (*Regalecus glesne*).
(ii) General name employed for +SHAD (*Alosa* spp.) belonging to the family *Clupeidae*.
(iii) Name also used for +RABBITFISH (*Chimaera monstrosa*); see +CHIMAERA.

525

(i) En Europe "ROI DES HARENGS" s'applique au *Regalecus glesne* (famille des *Regalecidae*).
(ii) Le nom "KING OF THE HERRING" (anglais) s'applique aussi aux *Alosa* sp. (voir +ALOSE).
(iii) Voir +CHIMÈRE.

NL (i) Haringkoning

526 KING WHITING

(Cosmopolitan)

In N. America also called +KINGFISH.

The king whiting is of great food importance; belongs to the family *Sciaendiae* (see +GROUPER and +DRUM).

(a) SOUTHERN KING WHITING
(Atlantic – N. America)
Also called SOUTHERN KINGFISH.

(b) CALIFORNIA CORBINA
(Pacific – N. America)

(c) NORTHERN KING WHITING
(Atlantic – N. America)
Also called NORTHERN KINGFISH.

BOURRUGUE 526

MENTICIRRHUS spp.
(Cosmopolite)

Poisson de grande importance pour la consommation; de la famillie des *Sciaenidae* (voir +TAMBOUR).

Menticirrhus americanus

(a) BOURRUGUE DE CRIQUE
(Atlantique – Amérique du Nord)

Menticirrhus undulatus

(b) BOURRUGUE CALIFORNIENNE
(Pacifique – Amérique du Nord)

Menticirrhus saxatilis

(c) BOURRUGUE RENARD
(Atlantique – Amérique du Nord)

527 KIPPER

Fat herring, split down the back from head to tail, lightly brined and cold smoked; may be artificially coloured; also called KIPPER HERRING, NEWCASTLE KIPPER, see also +HERRING, +KIPPER FILLET, +BONELESS KIPPER; marketed chilled, frozen or canned (sometimes packed in edible oil – Germany); ground meat made into kipper paste.

KIPPER 527

Hareng gras fendu le long du dos, de la tête à la queue, légèrement saumuré et fumé à froid; peut être coloré artificiellement; également appelé HARENG KIPPER, NEWCASTLE KIPPER, voir aussi +HARENG, +FILET DE KIPPER, +KIPPER SANS ARÊTE; commercialisé réfrigéré, surgelé ou en conserve (parfois à l'huile, en Allemagne); avec la chair hachée, on fait la pâte de kipper.

D	Kipper	DK	Kipper	E	Kipper
GR		I	Aringhe kipper	IS	Kipper
J		N	Kippers	NL	Kipper
P	Arenque fumado	S	Kipper	TR	
YU		FI	Kylmäsavustettu silli		

528 KIPPERED PRODUCTS (U.S.A.)

In U.S.A. the term "kippered" is also used in connection with hot-smoked products; the raw fish (fresh or frozen, also fillets or pieces of fillets) are brined, dyed and afterwards hot smoked on trays, e.g. KIPPERED BLACK COD (from sablefish), KIPPERED LING COD, KIPPERED SHAD or KIPPERED STURGEON.

See also +KIPPERED SALMON.

528

Aux États-Unis, le terme "kippered" désigne des produits fumés à chaud; le poisson cru (frais ou surgelé, entier, en filets ou en morceaux de filet) est saumuré, coloré, puis fumé à chaud sur claies; ex: KIPPERED BLACK COD (avec la morue charbonnière), KIPPERED LING COD, KIPPERED SHAD ou KIPPERED STURGEON.

Voir aussi +SAUMON FUMÉ.

529 KIPPERED SALMON

(i) Cold-smoked salmon (U.K.), whole, headed and split down the back; see +ATLANTIC SALMON.
(ii) Hot-smoked salmon (U.S.A.) usually fillets of white-fleshed chinook; may be artifically dyed before smoking; see +CHINOOK.

SAUMON FUMÉ 529

(i) En Grande-Bretagne, saumon fumé à froid, après avoir été étêté et fendu le long du dos; voir +SAUMON DE L'ATLANTIQUE.
(ii) Aux États-Unis, saumon fumé à chaud, généralement filets de saumon royal à chair blanche; peut être coloré artificiellement avant fumage; voir par exemple +SAUMON ROYAL.

D	**DK** Koldrøget laks	**E** Salmon ahumado
GR	**I** Salmone kipper	**IS** Reyktur lax
J	**N** Røkelaks	**NL** Gerookte zalm
P Salmão fumado	**S**	**TR**
YU Dimljeni losos	**FI** Kylmäsavustettu lohi	

530 KIPPER FILLETS

Fillets of herring brined and cold smoked; may be artificially coloured; marketed fresh, frozen or canned in oil; may also be produced by cutting fillets from boneless kippers.

FILETS DE KIPPER 530

Filets de hareng saumurés et fumés à froid; peuvent être colorés artificiellement; commercialisés frais, surgelés ou en conserve à l'huile; peuvent être également faits en levant les filets de kippers sans arête.

D Kipperfilets	**DK** Kipperfilet	**E** Filetes de arenque ahumado
GR	**I** Filetti di aringhe kipper	**IS** Reykt síldarflök
J	**N** Kippersfilet	**NL** Filets van kipper
P Filetes de arenque fumado	**S** Kipperfiléer	**TR**
YU	**FI** Kylmäsavustettu sillifilee	

531 KIPPER SNACKS

Pieces of +KIPPER FILLETS packed in cans.
In Norway: canned kippered herring fillets packed in ¼lb or smaller cans.

531

Morceaux de +FILETS DE KIPPER mis en boîtes.
En Norvège: les filets de hareng fumés sont mis dans des boîtes d'¼ de livre ou moins.

D	**DK** Kippersnacks	**E** Trozos de filetes de kipper envasados
GR	**I** Filetti di aringhe kipper in scatola	**IS**
J	**N** Kipper snacks	**NL** Kippersnacks
P Bocados de arenque fumado enlatados	**S**	**TR**
YU	**FI** Kylmäsavustettuja sillifileesnakseja	

532 KLIPFISH

Also spelt KLIPPFISH.
Split salted fish from cod species, that has been spread on rocks or special platforms for sun-drying, or, more usually, that has been artificially dried.

In Norway also canned (precooked, with layers of sliced potatoes and onions, in a sauce made from tomato paste, edible oil and spices).

See +COD, +BACALAO.

KLIPFISH 532

Ou KLIPPFISH.
Poisson, de l'espèce du cabillaud, tranché, salé, qu'on a étendu sur des rochers ou sur claies spéciales pour séchage au soleil ou, plus généralement, séché artificiellement.

En Norvège, également commercialisé en conserve (poisson précuit, avec des couches de rondelles de pommes de terre et d'oignons, dans une sauce à base de concentré de tomates, d'huile et d'épices).

Voir +CABILLAUD, +BACALAO.

D Klippfisch	**DK** Klipfisk	**E**
GR	**I** Baccalà secco	**IS** þurrkaður saltfiskur (fullverkaður)
J	**N** Klippfisk	**NL** Klipvis
P Peixe salgado e seco	**S** Klippfisk	**TR**
YU	**FI** Kalliokala	

533 KLONDYKED HERRING (U.K.)

Fresh ungutted herring preserved for a few days by sprinkling with ice and salt.

Klondyking also refers to bulk purchasing of fish (especially herring and mackerel) as over-the-side sales.

D Transportsalzung
GR
J
P Arenque fresco
YU
DK
I
N
S Strösaltad sill
FI
E
IS
NL Met zout besprenkelde verse haring
TR

533

Hareng frais, non vidé, saupoudré de glace et de sel, pour une conservation limitée à quelques jours.

Klondyking se réfère aussi aux achats de poisson en gros (principalement hareng et maquereau) en tant que ventes de bord-à-bord.

534 KOCHFISCHWAREN (Germany)

Fish or seafood heated in acidified brine (80°C–90°C; 175°–195°F), packed in jelly or sauces; known as COOKED MARINADE or + HOT MARINATED FISH.

Products, e.g. ASPIC HERRING, + HERRING IN JELLY (Hering in Gelee – Germany), + JELLIED EELS.

Also called KOCHMARINADE (obsolete term).

Semi-preserves, also with preserving additives.

KOCHFISCHWAREN (Allemagne) 534

Produit de poisson ou autres animaux marins, cuit dans une saumure acidifiée (80° à 90°C; 175° à 195°F) couvert de gelée ou de sauces; connu comme POISSON CUIT MARINÉ ou + POISSON MARINÉ À CHAUD.

Voir aussi + ASPIC HERRING, + HARENG EN GELÉE (Hering in Gelee – Allemagne), + ANGUILLES EN GELÉE.

Appelé aussi KOCHMARINADE (terme désuet).

Semi-conserves, avec parfois addition d'agents conservateurs.

D Kochfischwaren
GR
J
P Peixe cozido em molho
YU Kuhana marinada
DK
I Pesce marinato a caldo
N
S
FI Keitinmarinadi
E
IS
NL Gekookte gemarineerde vis
TR

535 KOMBU (Japan)

(i) Japanese name for seaweeds of *Laminaria* spp. and others; see + KELP.

D Zuckertang
GR Laminaria
J Kombu
P Alga castanha
YU
DK Bladtang
I Laminaria
N Sukkertare, tare
S Bladtång
FI Airolevä
E Alga parda
IS
NL
TR

(ii) Edible dried seaweed product made from *Laminaria* spp. of brown algae; called SAIKUKOMBU; various kinds are consumed in Japan.
E.g. ORI-KOMBU (tangle stretched, dried, then folded in a uniform length); OBOROKOMBU (dried tangle placed into long ribbons after being dipped in vinegar); KOBUMAKI (dried tangle rolled around a piece of fish, then cooked in seasonings); TORORO-KOMBU (dried tangle cut into long, fine linear pieces after being dipped in vinegar); FUNMATSU-KOMBU (pulverised dried tangle); AOITA-KOMBU (tangle dipped in vinegar, boiled in salt water often coloured with blue pigment, and dried); or SUKOMBU (dried strip of tangle after being soaked in a sweetened vinegar).

KOMBU (Japon) 535

(i) Nom japonais d'algues de l'espèce *Laminaria* et autres; voir + VARECH.

(ii) Produit comestible à base d'algues brunes de l'espèce *Laminaria* séchées; appelé SAIKUKOMBU; plusieurs sortes sont consommées au Japon.
Ex: ORI-KOMBU (algue étirée, séchée, puis repliée à une longueur uniforme); OBOROKOMBU (algue séchée mise en longs rubans après avoir été trempée dans du vinaigre); KOBUMAKI (algue séchée, enroulée autour d'un morceau de poisson, puis cuite dans un assaisonnement; TORORO-KOMBU (algue séchée coupée en lanières fines et longues, séchée après avoir été trempée dans du vinaigre); FUNMATSU-KOMBU (algue séchée pulvérisée); AOITA-KOMBU (algue trempée dans du vinaigre, cuite à l'eau bouillante salée souvent colorée de bleu, et séchée); ou SU-KOMBU (lanières d'algue séchée après avoir été trempée dans du vinaigre doux).

536 KRABBENSALAT (Germany)

Cooked shrimps (mostly *Crangon crangon*) with mayonnaise, also packed in cans or other containers.
Marketed semi-preserved.
See + FISH SALAD.

KRABBENSALAT (Allemagne) 536

Crevettes cuites, principalement de l'espèce *Crangon crangon*, accompagnées de mayonnaise; commercialisées également en boîtes ou autres récipients, comme semi-conserves.
Voir + SALADE DE POISSON.

D Krabbensalat	**DK**	**E** Ensalada de cangrejo
GR Kavourosalata	**I** Insalata di granchio	**IS**
J	**N**	**NL** Garnalen salade
P Camarão em maionese	**S**	**TR**
YU	**FI** Katkarapusalaatti	

536.1 (i) KRILL (i) KRILL 536.1

(a) *Meganyctiphanes norvegica*

(Atlantic)

KRILL look like small shrimp but do not have the characteristically abrupt "shrimp-bend". They have large black eyes and under the abdomen are rows of light organs which can be lit up or extinguished. They can reach 5 cm long and live for 2–3 years. Krill are caught with special trawls and fine-mesh dip nets allied with lights.

Various uses, e.g. to make a protein rich meal or, because of organoleptic and pigmenting properties, as a component of wet feed when farming salmonoids.

(Atlantique)

Les KRILL ressemblent à de petites crevettes mais n'en ont pas la courbure dorsale caractéristique. Ils ont de grands yeux noirs et sur l'abdomen, des raies pouvant être luminescentes. Leur longueur peut atteindre 5 cm et ils vivent de 2 à 3 ans. Les Krill sont capturés au moyen de chaluts spéciaux ou de filets levés combinés avec un dispositif de pêche à la lumière.

Utilisés notamment pour la fabrication de farine riche en protéines ou, en raison de leurs propriétés organoleptiques et pigmentées, pour l'alimentation des salmonidés d'élevage.

(b) *Thysanoessa inermis*

(North Atlantic)
Found in Norwegian coastal water. Reach a length of 3 cm.

(Atlantique Nord)
On le trouve dans les eaux côtières norvégiennes. Il peut atteindre une longueur de 3 cm.

(c) *Euphausia superba*

(ii) In New Zealand, KRILL, RED KRILL or LOBSTER KRILL is the name used for *Munida gregaria*, a + SQUAT LOBSTER (family *Galatheidae*).
See + KRILL, ANTARCTIC.

(ii) En Nouvelle-Zélande, KRILL, RED KRILL ou LOBSTER KRILL (anglais) est le nom utilisé pour *Munida gregaria*, Galatées (de la famille des *Galatheidae*).
Voir + KRILL, ANTARCTIQUE.

D Nordatlantischer Krill	**DK** Lyskrebs	**E** Krill
GR Eufauseodi	**I** Eufausiacei	**IS**
J	**N** (i) Storkrill	**NL** Krill
	(ii) Småkrill	
P Krill	**S** Krill	**TR**
YU Račić svjetlar	**FI** Krilli	

536.2 KRILL, ANTARCTIC KRILL, ANTARCTIQUE 536.2

The name *Antarctic Krill* is commonly applied to large populations of small shrimp-like crustaceans in Antarctic waters composed of up to 80 species of which about 30 are euphausiids. Prominent among the latter are *Euphausia superba*.

Various methods of treatment include freezing in fresh state or after cooking, making paste and for soups, etc.

Le nom *Krill de l'Antarctique* est ordinairement appliqué à d'importantes populations de crustacés semblables à des crevettes et vivant dans les eaux antarctiques. Elles comprennent jusqu'à 80 espèces dont 30 environ sont des euphausiides. Parmi ces dernières les plus importantes sont les *Euphausia superba*.

Les différentes formes de traitement comprennent:
– la congélation en frais ou après cuisson,
– la fabrication de pâtes,
– la préparation de soupes, etc.

D Antarktischer Krill	**DK** Antarkiske lyskrebs	**E** Krill antartico
GR	**I** Eufausiacei	**IS**
J Okiami	**N** Antarktisk Krill	**NL** Krill
P Krill do Antárctico	**S** Antarktisk Krill	**TR**
YU Antarktički svjetlar	**FI** Antarktinen krilli	

537 KRONSARDINER

(i) In Sweden:
Small herring or Baltic herring used as raw material for preserves, mostly in cans. The herring is eviscerated and headed and thoroughly washed.

(ii) In Norway:
Small herring eviscerated, headed and vinegar cured; for export.

(iii) In Germany:
The term KRONSARDINEN (better KRONSILD) is only used to designate marinated small herring or sprat, mostly from the Baltic sea, also with spices, sugar and other flavouring agents.
Also called: RUSSISCHE SARDINEN, RUSSIAN SARDINE, RUSSLET.
Marketed semi-preserved.

D Kronsardinen, Kronsild	DK Kronsardiner	E
GR	I	IS
J	N Kronsardiner	NL
P	S Kronsardiner	TR
YU Kronsardine	FI Kruunusardiini	

KRONSARDINER 537

(i) En Suède:
Petit hareng ou hareng de la Baltique utilisé comme matière première pour les conserves, surtout en boîtes. Le hareng est éviscéré, étêté et bien lavé.

(ii) En Norvège:
Petit hareng, étêté et traité au vinaigre; pour l'exportation.

(iii) En Allemagne:
Le terme KRONSARDINEN (ou mieux KRONSILD) sert uniquement à désigner des petits harengs ou sprats marinés provenant surtout de la mer Baltique, et préparés avec des épices, du sucre et autres arômes.
Appelé aussi SARDINE RUSSE, RUSSLET.
Commercialisé en semi-conserve.

538 KRUPUK (Indonesia)

Ground shrimp (sometimes other fish) mixed with tapioca flour, salt and seasoning, kneaded with water and steamed in moulds; then cooled, cut into slices and sun-dried; swells and becomes crisp when fried in deep fat.

Also called KHAO KRIAB (Thailand).

KRUPUK (Indonésie) 538

Crevettes broyées (ou autres crustacés) mélangées avec de la farine de tapioca, sel et assaisonnement, pétries avec de l'eau, mises en moules et cuites à la vapeur; après refroidissement, le produit est découpé en tranches et séché au soleil; en grande friture, gonfle et devient croustillant.

Appelé aussi KHAO KRIAB (Thaïlande).

539 KUSAYA (Japan)

Horse mackerel (*Decapterus* spp.) dried after soaking in special salt water, preserved for years.

KUSAYA (Japon) 539

Chinchard (de l'espèce *Decapterus*) séché après trempage dans une eau salée spéciale, et conservé pendant des années.

540 LABERDAN (Germany)

Beheaded and gutted salt cured cod.

NL Labberdaan

LABERDAN (Allemagne) 540

Morue salée étêtée et vidée.

541 LABRADOR CURE (Canada)

Heavy-salted Kench-cured cod; containing 42 to 50% moisture and 17 to 18% salt; also called LABRADOR FISH, LABRADOR SOFT CURE.

LABRADOR CURE (Canada) 541

Morue fortement salée à sec dont la teneur en eau est de 42 à 50% et la teneur en sel de 17 à 18%; appelé aussi POISSON LABRADOR, LABRADOR SOFT CURE.

[CONTD.]

541 LABRADOR CURE (Canada) (Contd.)

- **D**
- **GR**
- **J**
- **P** Cura do labrador
- **YU**
- **DK** Labrador-tilvirket fisk
- **I** Baccalà labrador
- **N** Labradorbehandlet torsk
- **S** Labradorsaltning
- **FI** Labradorinsuolaus

LABRADOR CURE (Canada) (Suite) 541

- **E** Bacalao fuertemente salado
- **IS** Labri
- **NL**
- **TR**

---

542 LADY FISH   GUINÉE MACHÈTE 542
Elops saurus

(i) (Atlantic – North America)
Family of *Elopidae* (see +TARPON); also called TENPOUNDER.
Of little value as food fish, but highly prized in Florida by sportsmen.

(i) (Atlantique – Amérique du Nord)
De la famille *Elopidae* (voir +TARPON); aussi appelé +BANANE (Antilles).
Sans importance dans l'alimentation, mais très apprécié, en Floride, pour la pêche sportive.

- **D**
- **GR**
- **J** Karaiwashi
- **P** Fateixa
- **YU**
- **DK**
- **I**
- **N**
- **S** Elopid
- **FI** Hopeakala
- **E**
- **IS**
- **NL**
- **TR**

(ii) The name LADY FISH might also refer to *Albulidae* (see +BONEFISH); e.g. in international statistics.

(ii) Le terme +BANANE (Antilles) s'applique aussi aux *Albulidae*.

---

543 LAKE HERRING   CORÉGONE CISCO 543
Coregonus artedii

(Freshwater – N. America)
Also called CISCO (N. America), TULLIBEE, CHUB, LAKEFISH.

Marketed:
Frozen: whole gutted.
Smoked: whole gutted fish, either fresh or thawed frozen, are washed, drained, dry-salted or brined, and hot smoked (U.S.A.).
Salted: headed, gutted and pickled in barrels (U.S.A.).
Pet foods:
See also +WHITEFISH.

(Eaux douces – Amérique du Nord)
Appelé aussi HARENG DE LAC.

Commercialisé:
Congelé: entier et vidé.
Fumé: poisson entier et vidé, soit frais, soit décongelé, lavé, égoutté, salé à sec ou saumuré, puis fumé à chaud (E.U.).
Salé: étêté, vidé et salé à sec en barils (E.U.).
Alimentation des animaux domestiques.
Voir aussi +CORÉGONE.

- **P** Arenque-de-lago
- **I** Agone americano
- **FI** Amerikanmuikku
- **E** Arenque de lago
- **TR** Göl ringası

---

544 LAKERDA (Greece, Turkey)   LAKERDA (Grèce, Turquie) 544

Product prepared in Greece and Turkey: +ATLANTIC BONITO (*Sarda sarda*) cut in slices and salted in barrels or boxes of 10 kg.

Produit préparé en Grèce et Turquie, à base de +BONITE À DOS RAYÉ (*Sarda sarda*) coupé en tranches et salé dans des barils ou caisses de 10 kg.

GR Lakérda

545 LAKE TROUT

OMBLE D'AMÉRIQUE 545

Salvelinus namaycush

(Freshwater/Great Lakes)
Also called TOGUE, TOULADI, GREY TROUT, NAMAYCUSH, GREAT LAKE TROUT.

Marketed fresh, frozen or smoked.
The term LAKE TROUT may also include other *Salmonidae*; see + TROUT and + SEA TROUT.
See also + CHAR.

(Eaux douces/Grands Lacs)
Appelé aussi TRUITE GRISE ou TRUITE DE LAC; mais le nom truite de lac est aussi appliqué à *Salvelinus fontinalis* + OMBLE DE FONTAINE.
Commercialisé frais, surgelé ou fumé.
De la famille des *Salmonidae*, ainsi que la + TRUITE et la + TRUITE BRUNE.
Voir aussi + OMBLE.

D Saibling	DK	E	Trucha lacustre
GR	I Trota di lago americana	IS	Murta
J	N	NL	
P Truta-do-lago	S Kanadaröding	TR	
YU Pastrva	FI Harmaanieriä		

546 LAMAYO (Philippines)

LAMAYO (Philippines) 546

Fish product consisting of salted partially dried, macerated shrimp.

Produit fait avec des crevettes salées, macérées et partiellement séchées.

547 LAMINARIN

LAMINARINE 547

Carbohydrate extract, roughly equivalent to the starch in land plants, obtained from + BROWN ALGAE (*Laminaria* spp.).

Polysaccharide extrait des algues brunes, en particulier de l'espèce *Laminaria* (+ ALGUE BRUNE), équivalant approximativement à l'amidon des plantes terrestres.

D Laminarin	DK	E	
GR Laminária	I Laminarina	IS	
J	N Laminarin	NL	
P Laminarina	S Laminarin	TR	
YU Laminarin	FI Laminariina		

548 LAMPREY

LAMPROIE FLUVIALE 548

PETROMYZONTIDAE

(Freshwater/Atlantic/Pacific)
Similar to + EEL; young fish is usually called PRIDE.

(Eaux douces/Atlantique/Pacifique)
Semblable à + ANGUILLE.

Lampetra fluviatilis

(a) LAMPERN
Also called RIVER LAMPREY, STONE EEL.

(a) LAMPROIE DE RIVIÈRE

Lampetra ayresi

(b) RIVER LAMPREY
(Pacific/Freshwater – N. America)

(b) LAMPROIE DE RIVIÈRE
(Pacifique/Eaux douces – Amérique du Nord)

Lethenteron japonicum or/ou
Lampetra japonica

(c) ARCTIC LAMPREY
(Pacific/Freshwater – N. America)

(c) LAMPROIE ARCTIQUE
(Pacifique/Eaux douces – Amérique du Nord)

Lampetra planeri

(d) BROOK LAMPREY
(Freshwater – Europe/N. America)

(d) LAMPROIE DE RIVIÈRE
(Eaux douces – Europe/Amérique du Nord)

[CONTD.

548 LAMPREY (Contd.)   LAMPROIE FLUVIALE (Suite) 548

Petromyzon marinus

(e) + SEA LAMPREY   (e) + LAMPROIE MARINE
(Atlantic/Freshwater)   (Atlantique/Eaux douces)

- **D** Neunauge, (a) Flussneunauge, Lamprete
- **GR** Lamprena
- **J** Yatsumeunagi
- **DK** Nioje, lampret (a) Flodnioje
- **I** (a) Lampreda di fiume
- **N** (a) Elvenioye
- **E** Lamprea de rio
- **IS** (a) Fisksuga
- **NL** Negenoog, (a) Rivierprik, (d) Beekprik, (e) Zeeprik

- **P** (a) Lampreia-do-rio (e) Lampreia-do-mar
- **YU** (a) Paklara riječna
- **S** Nejonöga (a) Flodnejonöga
- **FI** (a) Nahkiainen (d) Pikkunahkiainen
- **TR**

For (e) see separate entry.   Pour (e) voir la rubrique individuelle.

549 LARGE EYED DENTEX   DENTÉ À GROS YEUX 549

Dentex macrophthalmus

Also called DOG'S TEETH.
See + SEA BREAM.   Voir + DORADE.

- **D** Grossaugen-Zahnbrasse
- **GR** Bálas
- **J**
- **P** Cachucho
- **YU** Zubataç zubačić, rumeni
- **DK**
- **I** Dentice occhione
- **N**
- **S**
- **FI**
- **E** Cachucho
- **IS**
- **NL**
- **TR** Irigöz sinagrit, sinarit

550 LARGER SPOTTED DOGFISH   GRANDE ROUSSETTE 550

Scyliorhinus stellaris

(Atlantic/Mediterranean)   (Atlantique/Méditerranée)

Also called BULL HUSS, FLAKE, GREATER SPOTTED DOGFISH, NURSE, NURSEHOUND, and RIGG.

Appelé aussi BICHE.

Marketed: fresh (beheaded and skinned) in France and Spain.
See also + DOGFISH.

Commercialisé: frais (étêté et dépouillé) en France et en Espagne.
Voir aussi + AIGUILLAT.

- **D** Grosser Katzenhai
- **GR** Skyllopsaro, skylláki, gatos
- **J**
- **P** Gata, pata-roxa
- **YU** Morska mačka, mačka mrkulja
- **DK** Storplettet rødhaj
- **I** Gattopardo
- **N** Storflekket rødhai
- **S** Storfläckig rödhaj
- **FI** Täpläpunahai
- **E** Alitán, gata
- **IS**
- **NL**
- **TR** Kedi balığı

551 LASCAR   SOLE-PÔLE 551

Pegusa lascaris or/ou *Solea lascaris*

(Atlantic/Mediterranean)   (Atlantique/Méditerranée)

Also called FRENCH SOLE, SAND SOLE.

Marketed: fresh.   **Commercialisé:** frais.

In North America the name SAND SOLE refers to *Psettichthys melanostictus* belonging to the family *Pleuronectidae*.
See also + SOLE.

Peut être commercialisé sous le nom de SOLE BLONDE.

Voir aussi + SOLE.

[CONTD.

551 LASCAR (Contd.)

D Sandzunge	DK Sandtunge	
GR Glóssa	I Sogliola del porro	
J	N	
P Linguado da areia	S	
YU List bradavkar	FI	

SOLE-PÔLE (Suite) 551

E
IS
NL Franse tong, zandtong
TR Dil balığı

551.1 LATCHET 551.1

Pterygotrigla polyommata

(Indo-Pacific – Australia)
Marketed: as fresh fish, skinned and filleted.
See also + YELLOW GURNARD.

(Indo-Pacifique – Australie)
Commercialisé: frais, sans peau et en filets.
Voir aussi + GRONDIN PERLON.

552 LAVERBREAD (Wales) 552

Foodstuff prepared from + RED ALGAE, *Porphyra* spp., by boiling in salt water, cooling, mincing and dyeing; often fried before eating.

Similar to + NORI (Japan).

J Amanori
S Algbröd
FI Leväkakku

Aliment fait à base d'algues rouges, de l'espèce *Porphyra*, cuites à l'eau bouillante salée, refroidies puis découpées et teintes; souvent préparées en friture.

Produit semblable au + NORI (Japon).

NL Zeewierbrood

553 LEATHER CUIR 553

Skins from seals, walrus, shark, beluga whale, and some food fish such as cod and salmon, can be processed to make satisfactory leather; size of individual skins of most food fish limits their use for leather making.

D Leder	DK Læder	E Cuero
GR Dérma	I Cuoio	IS Skinn, roð
J Suisan hikaku	N Lær	NL Visleer, visleder, leder
P Coiro	S Läder	TR Deri
YU Koža morskih sisavaca i riba	FI Nahka	

Les peaux de phoques, morses, requins, beluga et de quelques poissons comestibles tels que la morue et le saumon, peuvent être traitées pour faire un cuir satisfaisant; la taille des peaux de la plupart des poissons comestibles en limite l'utilisation.

554 LEATHERJACKET 554

TETRAODONTIDAE and/et *ALUTERIDAE*

(i) (Cosmopolitan)
General name used for the families.
Tetraodontidae are referred to as + PUFFER in N. America.
See + PUFFER.

(ii) In North America the name LEATHERJACKET more specifically refers to *Oligoplites saurus* (Atlantic/Pacific), belonging to the family *Carangidae* (see + JACK, + SCAD and + POMPANO).

(iii) In New Zealand the name LEATHERJACKET refers to *Parika scaber*, which also has the trade name of + CREAMFISH.

(i) (Cosmopolite)
Désigne globalement les espèces de la famille.
Les *Tetraodontidae* sont appelés + POISSON-ARMÉ en Amérique du Nord.
Voir + POISSON-ARMÉ.

(ii)

(iii) En Nouvelle-Zélande le nom LEATHERJACKET (anglais) se réfère à *Parika scaber*, qui a aussi le nom de + CREAMFISH (anglais)

555 LEMON SHARK REQUIN CITRON 555
Negaprion brevirostris

(Atlantic – N. America) (Atlantique – Amérique du Nord)
Belongs to the family *Carcharhinidae* (see + REQUIEM SHARK). De la famille des *Carcharhinidae* (voir + REQUIN TIGRE).

D	DK	E
GR	I Squalo limone	IS
J	N	NL
P Tubarão-limão	S	TR
YU	FI Sitruunahai	

556 LEMON SOLE LIMANDE-SOLE COMMUNE 556
Microstomus kitt

(a) (N.E. Atlantic/North Sea) (a) (Atlantique N.E./Mer du Nord)
Also called LEMON DAB, LEMON FISH, MARY SOLE, SMEAR DAB, SWEET FLUKE.

Marketed:

Fresh: whole, gutted; fillets with or without skin.
Frozen: whole, gutted; fillets with or without skin, but usually skin on.
Smoked: whole, hot-smoked (Germany – "RÄUCHERFLUNDER").

Commercialisé: peut être commercialisé sous le nom de LIMANDE-SOLE.
Frais: entier et vidé; en filets avec ou sans peau.
Congelé: entier et vidé; en filets avec ou sans peau, mais généralement avec la peau.
Fumé: entier, fumé à chaud (Allemagne – "RÄUCHERFLUNDER").

D Limande, Echte Rotzunge	DK Rødtunge	E Mendo limón lengua lisa
GR	I Sogliola limanda	IS Þykkvalúra
J	N Lomre	NL Tongschar
P Solha-limão	S Bergtunga, bergskädda	TR
YU	FI Pikkupääkampela	

(b) Name is also used for + WINTER FLOUNDER (*Pseudopleuronectes americanus*).
(c) Name is also used for + ENGLISH SOLE (*Parophrys vetulus*).
(d) In New Zealand refers to *Pelotratis flavilatus*.

All are belonging to the family *Pleuronectidae* (see + FLOUNDER).

(b-c) Le nom "LEMON SOLE" (anglais) est aussi utilisé pour *Pseudopleuronectes americanus* (+ PLIE ROUGE) et *Parophrys vetulus* (voir + ENGLISH SOLE).
(d) En Nouvelle-Zélande, s'applique à *Pelotreis flavilatus*.

De la famille des *Pleuronectidae* (voir + FLET).

557 LESSER CACHALOT PETIT CACHALOT 557
Kogia breviceps

(Indo-Pacific/Atlantic) (Indo-Pacifique/Atlantique)
Small species of SPERM WHALE; + WHALES. Petit cétacé de l'espèce du CACHALOT; voir + BALEINES.

D Zwergpottwal	DK Dvægkaskelot	E
GR	I Capodoglio pigmeo	IS
J Komakkô	N Dvergspermhval	NL Dwergpotvis
P Cachalote-anão	S Dvärgkaskelot	TR Kaşalot
YU	FI Kääpiökaskelotti	

558 LESSER SPOTTED DOGFISH PETITE ROUSSETTE 558
Scyliorhinus caniculus

(N. Atlantic/North Sea) (Atlantique/Mer du Nord)
Also called FAY DOG, ROUGH DOG, ROUGH HOUND, SMALL SPOTTED DOG, + FLAKE, + HUSS or + RIGG.
See also + DOGFISH.

Ces trois sélaciens sont surtout vendus "pelés" et commercialisés sous le nom de ROUSSETTE.

Voir aussi + AIGUILLAT.

[CONTD.]

558 LESSER SPOTTED DOGFISH (Contd.)

- **D** Kleiner Katzenhai
- **GR** Skylopsaro, skylláki, gátos
- **J**
- **P** Pata-roxa
- **YU** Morska mačka, mačka bjelica
- **DK** Småplettet rødhaj
- **I** Gattuccio
- **N** Småflekket rødhai
- **S** Småfläckig rodhaj
- **FI** Pistepunahai

PETITE ROUSSETTE (Suite) 558

- **E** Pintarroja, gato marino
- **IS**
- **NL** Hondshaai
- **TR** Kedi balığı

559 LIGHT CURE

Fish treated with only small quantities of salt (e.g. 16 to 20 parts per 100 of fish) or left in salt for a short time only (e.g. 3 to 5 days in pickle); product contains 20% to 30% salt on a dry basis; cod and other white fish salted this way.

Also called LIGHT SALTED FISH, SLACK SALTED FISH.

See also + MILD CURED FISH as a more general term applying to both light salting and mild smoking.

In Germany ("MILDSALZUNG") the salt content in the tissue may not be higher than 13%. The flesh must be thoroughly coagulated; see + MATJE CURED HERRING (ii).

Examples for light curing are: + GASPÉ CURE (Canada), + SHORE CURE (ii) (N. America), + FALL CURE (Canada).

SALAGE LÉGER 559

Poisson traité avec de petites quantités de sel (de 16 à 20 parties pour 100 parties de poisson) ou laissé dans le sel pendant une courte période (de 3 à 5 jours dans une saumure); la teneur en sel du produit est de 20% à 30% du poids sec; salage recommandé pour la morue et autres poissons maigres.

Voir aussi + MILD CURED FISH, qui s'applique plus généralement pour un salage et un fumage légers.

En Allemagne ("MILDSALZUNG") la proportion de sel dans les tissus ne doit pas être supérieure à 13%. La chair du poisson doit être complètement coagulée; voir + MATJE CURED HERRING (ii).

Exemples de salage léger: + GASPÉ CURE (Canada), + SALAGE À TERRE (ii) (Amérique du Nord), + FALL CURE (Canada).

- **D** Mildsalzung
- **GR**
- **J** Usujio, amajio
- **P** Cura leve
- **YU** Lagano obradjena riba, lagano soljena riba
- **DK** Letsaltet fisk
- **I** Pesce in salamoia leggera
- **N** Lettsaltet fisk
- **S** Lättsaltad fisk
- **FI** Kevytsuolattu kala
- **E** Salazon ligera
- **IS** Léttsaltaður fiskur, linsaltaður fiskur
- **NL** Licht zouten vis
- **TR**

560 LIMPET

Patella caerulea

(a) (Atlantic – Europe)

Acmea testitudinalis

(b) (Atlantic – N. America)

- **D** Napfschnecke
- **GR** Petallída
- **J** Yomegakasa
- **P** Lapa
- **YU** Priljepak, lupar
- **DK** Albueskæl
- **I** Patella
- **N** Albuskjell
- **S**
- **FI** Maljakotilo

PATELLE 560

(a) (Atlantique – Europe)

(b) (Atlantique – Amérique du Nord)

- **E** Lapa
- **IS**
- **NL** Patella
- **TR**

561 LINED SOLE

Achirus lineatus

(Atlantic – N. America)
Belongs to the family *Soleidae* (see + SOLE).

SOLE AMÉRICAINE 561

(Atlantique – Amérique du Nord)
De la famille des *Soleidae* (voir + SOLE).

562 LING

MOLVA spp.

(i) Generally
But refers especially to *Molva molva* (N.E. Atlantic).
Also called DRIZZIE; recommended trade name: LING.
See also + BLUE LING (*Molva dypterygia*) and + MEDITERRANEAN LING (*Molva dypterygia macrophthalma*).

Marketed:
Fresh: fillets with or without skin; steaks.
Smoked: cold-smoked fillets, with or without skin, also hot-smoked pieces or steaks (cutlets).
Salted: split fish, wet salted or dried salted; pieces cut from the dried salted split fish known as cutlets.

D Leng, Lengfisch	DK Lange	E Maruca
GR Pontinki	I Molva	IS Langa
J	N Lange	NL Leng
P Maruca, Donzela	S Långa	TR Gelincik
YU Manjič morski	FI Molva	

Genypterus blacodes

(ii)
(New Zealand)

LINGUE 562

(i) En général.
En particulier; *Molva molva*.
Appelée aussi JULIENNE.
Voir aussi + LINGUE BLEUE (*Molva dypterygia*) et + MEDITERRANEAN LING (*Molva dypterygia macrophthalma*).

Commercialisé:
Frais: filets avec ou sans peau; tranches.
Fumé: filets avec ou sans peau fumés à froid; morceaux ou tranches fumés à chaud.
Salé: poisson tranché salé en saumure ou à sec ou tranches de poisson salé à sec.

(ii) ABADÈCHE ROSÉE
(Nouvelle-Zélande)

563 LINGCOD

Ophiodon elongatus

(Pacific – N. America)
Belonging to the family *Hexagrammidae* (see + GREENLING).
Also called + BLUE COD, BUFFALO COD, GREEN COD, GREENLING, LEOPARD COD, CULTUS COD.

Marketed:
Fresh: whole gutted; fillets (Canada).
Frozen: whole gutted; fillets (Canada).
Smoked: pieces of fillet hot-smoked (U.S.A.) (see + KIPPERED PRODUCTS).

TERPUGA BUFFALO 563

(Pacifique – Amérique du Nord)
De la famille des *Hexagrammidae* (voir + GREENLING).

Commercialisé:
Frais: entier et vidé; filets (Canada).
Congelé: entier et vidé; filets (Canada).
Fumé: morceaux de filets fumés à chaud (E.U.) (voir + KIPPERED PRODUCTS).

564 LITTLE SKATE

Raja erinacea

(Atlantic – N. America)
See also + SKATE.

RAIE HÉRISSON 564

(Atlantique – Amérique du Nord)
Voir aussi + RAIE.

565 LITTLE TUNNY

Also known as MACKEREL TUNA, LITTLE TUNA.

Euthynnus alletteratus or/ou *E. quatripunctatus*

(a) ATLANTIC LITTLE TUNNY
(Atlantic/Mediterranean)
Also called FALSE ALBACORE, BONITO (U.S.A.).

THONINE COMMUNE 565

(a)
(Atlantique/Méditerranée)

[CONTD.]

565 LITTLE TUNA (Contd.)

Euthynnus affinis

(b) +KAWAKAWA
(Indo-Pacific)
Also called BLACK SKIPJACK.
See also +TUNA.

- **D** Falscher Bonito
- **GR** Karvoúni
- **J** Taiwan yaito
- **P** (a) Merma
- **YU** Luc

- **DK** Thunnin
- **I** Tonnetto, alletterato
- **N** (a) Tunnin
- **S** (a) Tunnina
  (b) Östlig liten bonit
- **FI** (a) Tunniina

THONINE COMMUNE (Suite) 565

(b) +THONINE ORIENTALE
(Indo-Pacifique)

Voir aussi +THON.

- **E** Bacoreta
- **IS**
- **NL**
- **TR** Yazili orkınos

---

566 LIZARDFISH

SYNODONTIDAE

(Cosmpolitan, in warm seas)

A few species are fished commercially in Japan, and marketed fresh; also used for +KAMABOKO.

- **D** Eidechsenfisch
- **GR** Scarmós
- **J** Eso
- **P** Lagarto-do-mar
- **YU** Zelembac

- **DK**
- **I** Pesce ramarro
- **N**
- **S**
- **FI** Sisiliskokala

ANOLI DE MER 566

(Cosmopolite, eaux chaudes)
Aussi appelé LERYARD.

Quelques espèces sont pêchées au Japon pour être commercialisées fraîches; utilisées aussi dans la préparation du +KAMABOKO.

- **E** Lagarto
- **IS**
- **NL** Zeeleguaan
- **TR** Zurna

---

567 LOBSTER

HOMARUS spp.

(Atlantic)

Homarus gammarus

(a) +EUROPEAN LOBSTER, COMMON
(Europe)

Homarus americanus

(b) +NORTHERN LOBSTER, AMERICAN
(N. America)

Marketed:

Live: in wooden or cardboard boxes which may contain insulating materials and ice; lobster remains alive for up to 36 hours depending on conditions.
Fresh: whole boiled; cooked meat.
Frozen: raw or cooked; whole or tails.
Canned: cooked meat in own juice, in jelly, mayonnaise or cream sauce; lobster thermidor; salted meat.
Paste: lobster paste, or mixed with crab; in cans or jars. In Canada LOBSTER PASTE means a ready-to-use edible canned by-product of lobster which may contain maximum 2% cereal filler by weight of the finished paste.

Soup: cream of lobster; LOBSTER BISQUE, LOBSTER CHOWDER; LOBSTER DIP; all usually canned; +BISQUE.
Commonly prepared like +CRAWFISH, also to meal, soup powder, etc.

HOMARD 567

(Atlantique)

(a) +HOMARD EUROPÉEN
(Europe)

(b) +HOMARD AMÉRICAIN
(Amérique du Nord)

Commercialisé:

Vivant: dans des caisses pouvant contenir des matériaux isolants et de la glace; le homard reste en vie jusqu'à 36 heures suivant le conditionnement.
Frais: entier et cuit; chair cuite.
Congelé: cru ou cuit; entier ou queues.
Conserve: chair cuite, au naturel, en gelée, avec de la mayonnaise ou de la crème; homard thermidor; chair salée.
Pâte: pâte de homard; peut être mélangée avec de la chair de crabe; en boîtes ou en bocaux. Au Canada, la PÂTE DE HOMARD est un sous-produit en conserve pouvant contenir jusqu'à 2% de son poids du produit fini en céréales.
Soupe: crème de homard; BISQUE DE HOMARD, SOUPE DE HOMARD; tous produits généralement en conserve; +BISQUE.
Préparé comme la +LANGOUSTE, également en farine et en soupe déshydratée, etc.

[CONTD.]

567 LOBSTER (Contd.)

D Hummer	DK Hummer	E Bogavante, lubrigante
GR Astakós	I Astice	IS Humar
J (Iseebi)	N Hummer	NL Kreeft, zeekreeft
P Lavagante	S Hummer	TR Istakoz
YU Rarog, hlap	FI Hummeri	

568 LOCKS (U.S.A.)

Mild cured sides, especially of king salmon, cold smoked for one to three days; also frequently called LOX.

LOCKS (E.U.) 568

Moitiés de saumon, notamment de saumon royal, légèrement salées, fumées à froid pendant un à trois jours.

569 LONDON CUT CURE (U.K.)

Split, smoked haddock prepared chiefly in Grimsby for London market, characterised by leaving backbone on left hand side of fish.

HADDOCK COUPÉ DE LONDRES 569

Églefin tranché et fumé; préparé principalement à Grimsby pour le marché de Londres; caractérisé par l'arête centrale laissée sur le côté gauche du poisson.

570 LONGNOSE SKATE

Raja oxyrhinchus

(Atlantic/North Sea/Mediterranean)
In North America LONGNOSE SKATE refers to *Raja rhina* (Pacific).
See also + SKATE and + RAY.

POCHETEAU NOIR 570

(Atlantique/Mer du Nord/Méditerranée)

Voir aussi + RAIE.

D Spitzschnauzenrochen	DK Plovjernsrokke	E Picón, raya picuda
GR Sálahi	I Razza monaca	IS Plógskata
J	N Spisskate	NL Scherpsnuit rog
P Raia-bicuda	S Plogjärnsrocka	TR Sivriburun vatoz
YU Raža klinka, nosatica	FI Vannasrausku	

571 LONG ROUGH DAB 571

Designation in ICES Statistics of + AMERICAN PLAICE (*Hippoglossoides platessoides*); for more details see there.

Voir + BALAI.

572 LONG-TAILED TUNA 572

Thunnus tonggol or/ou *Kishinoella tonggol*

(a) INDIAN LONG-TAILED TUNA
(Indian Ocean)
Also called NORTHERN BLUEFIN
(Australia)

(a) THON MIGNON
(Océan indien)

Thunnus zacalles or/ou *Kishincella zacalles*

(b) PACIFIC LONG-TAILED TUNA
(Pacific)
See also + TUNA.

(b)
(Pacifique)
Voir aussi + THON.

D	DK	E
GR	I Tonno indiano	IS
J Koshinaga	N	NL
P Atum-do-índico	S	TR
YU Vrsta tunja	FI (a) Sinitonnikala	

572.1 LOOKDOWN DORY 572.1

Cyttus traversi

(Australia, New Zealand)
Also known as KING DORY in Australia.

(Australie, Nouvelle-Zélande)
Connu aussi comme KING DORY (anglais) en Australie.

Marketed: usually frozen, as fillets.

Commercialisé: habituellement congelé, en filets.

573 LUMPFISH

Cyclopterus lumpus

(N. Atlantic/Arctic)
Also called LUMPSUCKER, +HENFISH, SEAHEN, PADDLE-COCK.

Marketed:

Smoked: hot-smoked in pieces or steaks (cutlets).
Roe: Salted, marketed as +CAVIAR SUBSTITUTE.

More generally refers also to the family *Cyclopteridae* which are also named LUMPFISH or LUMPSUCKER; in America also called +SNAILFISH.

- **D** Seehase
- **GR**
- **J** Dango-uo
- **P** Peixe-lapa
- **YU**

- **DK** Stenbider, kulso (♀)
- **I** Ciclottero
- **N** Rognkjeks ♀, rognkall ♂
- **S** Sjurygg, stenbit, kvabbso
- **FI** Rasvakala

LOMPE 573

(Atlantique Nord/Arctique)
Appelée aussi + POULE DE MER.

Commercialisé:

Fumé: morceaux ou tranches fumés à chaud.
Œufs: salés, vendus comme +SUCCÉDANÉ DE CAVIAR.

Désigne de façon générale les espèces de la famille des *Cyclopteridae* appelées encore POULE DE MER et +LIMACE DE MER (Amérique du Nord).

- **E**
- **IS** Hrognkelsi
- **NL** Snotdolf
- **TR**

574 LUTEFISK (Scandinavia)

Product prepared by soaking stockfish for several days in solution of soda and lime (LUTE) and then for several days in water to remove chemicals; also called ALKALINE CURED FISH.

See also +BERNFISK (Norway/Sweden).

- **D** Gewässerter Stockfisch
- **GR**
- **J**
- **P**
- **YU**

- **DK**
- **I**
- **N** Lutefisk
- **S** Lutfisk
- **FI** Lipeäkala

LUTEFISK (Scandinavie) 574

Produit préparé en trempant du stockfish pendant plusieurs jours dans une solution de soude et de chaux (LUTE), puis pendant plusieurs jours encore dans de l'eau jusqu'à élimination des produits chimiques. Appelé aussi ALKALINE CURED FISH.

Voir aussi +BERNFISK (Norvège/Suède).

- **E**
- **IS** Lútfiskur
- **NL** Geweekte stokvis
- **TR**

575 LYRE

A grade of +ISINGLASS.

- **D** Hausenblase
- **GR**
- **J**
- **P** Gelatina de peixe
- **YU**

- **DK** Husblas
- **I** Ittiocolla
- **N**
- **S**
- **FI**

LYRE 575

Une des qualités d' +ICHTYOCOLLE.

- **E** Cola de pescado
- **IS**
- **NL** Gelatine
- **TR**

576 MACHETE

(i) In North America refers to *Elops affinis*, belonging to the family *Elopidae* (see +TARPON).

(ii) In South America (Peru) refers to *Ethmidium chilcae*, related to SHAD; also called MACHUELO; marketed fresh or canned (in tomato sauce).

576

Le nom "MACHETE" (anglais) s'applique aux:

(i) Amérique du Nord: *Elops affinis* GUINÉE MACHÈTE DU PACIFIQUE de la famille *Elopidae* (voir +TARPON).

(ii) Amérique du Sud; *Ethmidium chilcae*.

577 MACKEREL

SCOMBER spp. or/ou PNEUMATOPHORUS spp.

(Cosmopolitan) (Cosmopolite)

Scomber scombrus

(a) MACKEREL
(Atlantic)

(a) MAQUEREAU COMMUN
(Atlantique)

Scomber japonicus

(b) +CHUB MACKEREL or +PACIFIC MACKEREL +SPANISH MACKEREL
(Indo-Pacific)

(b) +MAQUEREAU ESPAGNOL
(Cosmopolite)

Scomber australasicus

(c) SPOTTED CHUB MACKEREL
(Indo-Pacific)
Also known as SLIMY MACKEREL in Australia and BLUE MACKEREL in New Zealand.

(c) MAQUEREAU TACHETÉ
(Indo-Pacifique)
Connu aussi sous le nom de SLIMY MACKEREL (anglais) en Australie et BLUE MACKEREL (anglais) en Nouvelle-Zélande.

Marketed:
Fresh: whole ungutted; whole gutted; fillets.
Frozen: whole ungutted; fillets.
Smoked: whole gutted, hot-smoked; gutted, split down the back, washed, brined and cold-smoked as for kippers (German: FLECKMAKRELE, also hot-smoked); slices of cold-smoked fillets in edible oil (semi-preserve).
Salted: whole gutted, pickle-salted (U.K.); gutted, split down the back and pickle-salted (BOSTON MACKEREL) (U.S.A.); fillets pickle-salted (Canada); headed, gutted, pickle-salted in barrels for 2 to 3 months (Mediterranean); small mackerel are cured in this way rather like anchovies.
Dried: tunnel dried (S. Africa); in Japan: +SHIOBOSHI, +FUSHI RUI.
Canned: headed, gutted and split, but mostly filleted, in tomato purée, oil or white wine; also in other sauces, jelly, like herring products; pan-dressed or seasoned meat in Japan.
Semi-preserve: pieces of fillet, salted, cooked in vinegar-acidified brine and packed in glass jars with spices.
Roe: hard roes and soft roes canned (Norway).
Bait:
Meal and oil:
In Australia SCALY MACKEREL refers to *Amblygaster postera*.

Commercialisé:
Frais: entier non vidé; entier et vidé; filets.
Congelé: entier non vidé; filets.
Fumé: entier et vidé, fumé à chaud; vidé, fendu le long du dos, lavé, saumuré et fumé à froid comme les kippers (en Allemagne: FLECKMAKRELE sont aussi fumés à chaud); tranches de filets fumés à froid, avec de l'huile (semi-conserve).
Salé: entier et vidé, salé à sec (Grande-Bretagne); vidé, fendu et salé à sec (BOSTON MACKEREL) (E.U.); filets salés à sec (Canada); étêté, vidé et salé à sec en barils pendant 2 à 3 mois (Méditerranée); les maquereaux de petite taille sont traités presque comme les anchois.
Séché: en tunnels (Afrique du Sud); au Japon: +SHIOBOSHI, +FUSHI-RUI.
Conserve: poisson étêté, vidé et tranché, mais principalement fileté, en sauce tomate, à l'huile ou au vin blanc; également avec d'autres sauces, en gelée, comme les produits du hareng; chair panée ou assaisonnée au Japon.
Semi-conserve: morceaux de filets salés cuits dans une saumure vinaigrée et mis en bocaux avec des épices.
Œufs: rogues et laitances mises en conserve (Norvège).
Appât:
Farine et huile:

D Makrele	**DK** Makrel	**E** Caballa
GR Scoumbri	**I** Maccerello, sgombro	**IS** Makrill
J Saba, hirasaba, marusaba	**N** Makrell	**NL** (a) Makreel
P (a) Sarda (b) Cavala	**S** Makrill	**TR** Uskumru
YU Skuša	**FI** (a) Makrilli	

For (b) see separate entry.

See also +SPANISH MACKEREL.

Pour (b) voir cette rubrique.

578 MACKEREL SHARK

LAMNIDAE

(Cosmopolitan)

The name MACKEREL SHARK has been generally applied to species of the family *Lamnidae*; these include inter alia *Isurus* and *Lamna* spp.; in international statistics *Lamna* spp. are generally referred to as + PORBEAGLE.

Main species are:

Lamna nasus

(a) + PORBEAGLE
    (N. Atlantic – Europe/North America)

Lamna ditropis

(b) + SALMON SHARK
    (Pacific)

Isurus oxyrinchus

(c) + MAKO (SHARK)
    (Cosmopolitan, in warm seas)
    In Europe also referred to as MACKEREL SHARK. Pacific species referred to as + BONITO SHARK.

Carcharodon carcharias

(d) + WHITE SHARK
    (Cosmopolitan)
    See under these individual species and + SHARK.

578 REQUIN-TAUPE

(Cosmopolite)

Le nom est généralement appliqué aux espèces de la famille *Lamnidae* qui comprennent entre autres les espèces *Isurus* et *Lamna*; dans les statistiques internationales, les espèces *Lamna* se réfèrent généralement aux + TAUPE. Les lamnidae peuvent être commercialisés sous le nom de TAUPE.

Espèces principales:

(a) + REQUIN-TAUPE COMMUN
    (Atlantique Nord – Europe/Amérique du Nord)

(b) + REQUIN-TAUPE SAUMON
    (Pacifique)

(c) + REQUIN-TAUPE BLEU
    (Cosmopolite, eaux chaudes)
    Voir + MAKO.

(d) + GRAND REQUIN BLANC
    (Cosmopolite)
    Voir ces espèces individuelles et + REQUIN.

D (a) (b) Heringshai	**DK** Sildehaj	**E** Marrajo
GR Skylopsaro, karhaías	**I** Smeriglio	**IS** Hámeri
J Môka-zame	**N** (a) Håbrann,	**NL** (a) Neushaai,
	(c) Makrellhai	(c) Haringhaai
		(d) Wittehaai
P (a) Tubarâo-sardo,	**S** Håbrandshaj	**TR**
(c) Tubarâo-anequim		
YU Psina	**FI** (a) Sillihai	

579 MACKEREL STYLE SPLIT FISH

Fish that have been split along the back, leaving in the backbone.
Also called KIPPER-SPLIT.

579

Poisson qui a été ouvert par le dos et dont on a laissé l'arête centrale.

D Gefleckter Fisch	**DK** Flækket makrel	**E**
GR	**I** Pesce aperto dal dorso	**IS**
J Sebiraki	**N** Kippersflekking	**NL** Langs de rug opengesneden vis
P Cavala escalada	**S** Dubbelfilé sammanhängande í buken	**TR**
YU Rasplaćena riba vrste skuše	**FI** Halkaistu kala	

580 MAKASSAR FISH
(Indonesia)

Anchovies, headed, salted for several days and then mixed with rice, yeast and spices; packed in bottles in the resultant red pickle.
Similar product in Japan is + SUSHI (i).

580

Anchois étêtés, salés pendant plusieurs jours, puis mélangés à du riz, de la levure et des épices; mis en bocaux dans la marinade d'origine.
Produit semblable au Japon: + SUSHI (i).

581 MAKO (SHARK) — MAKO 581

Isurus oxyrinchus or/ou *Isurus glaucus*

(Cosmopolitan, in warm seas)
Belongs to the *Lamnidae* (see + MACKEREL SHARK).
Also called ATLANTIC MAKO, SHARP-NOSE MACKEREL SHARK; in Europe, also referred to as MACKEREL SHARK; the Pacific species referred to as + BONITO SHARK.
For ways of marketing, see + SHARK.

(Cosmopolite, eaux chaudes)
De la famille des *Lamnidae* (voir + REQUIN-MAQUEREAU).
Appelé aussi REQUIN TAUPE BLEU.

Pour la commercialisation, voir + REQUIN.

D	Mako, Makrelenhai	DK	Sildehaj	E	Marrajo
GR	Karhariás	I	Squalo mako, ossirina	IS	
J	Aozame	N	Makrellhai	NL	Haringhaai
P	Tubarão-Anequim	S	Makrillhaj	TR	Dikburun
YU	Psina du gonasa, kučina	FI	Makrillihai		

582 MAM-RUOT (Viet-Nam) — MAM-RUOT (Vietnam) 582

Fermented fish paste made from flesh and entrails; other kinds of fermented fish paste or MAM are also made in the area.

Similar product in Japan is + SHIOKARA.

L'une des pâtes de poisson fermenté, ou MAM, à base de chair et de viscères.

Produit semblable au Japon: + SHIOKARA.

583 MANNITOL — MANNITOL 583

Carbohydrate extracted from + BROWN ALGAE; roughly the equivalent of sugars in land plants.

Polyalcool extrait des + ALGUE BRUNE, équivalant approximativement au sucre des plantes terrestres.

D	Manitol	DK	Mannitol	E	Manitol
GR		I	Mannitolo	IS	Manitol
J	Mannitto	N	Mannitol	NL	Mannitol
P	Manitol	S	Mannitol	TR	Marinitol
YU	Manit	FI	Mannitoli		

584 MANTA — MANTE 584

MOBULIDAE

(Atlantic/Pacific – N. America)
Belong to the order *Rajiformes* (see + RAY).

(Atlantique/Pacifique – Amérique du Nord)
Appartiennent à l'ordre des *Rajiformes* (voir + RAIE).

Also commonly known as + DEVILFISH.

Manta birostris

(a) ATLANTIC MANTA
(a) MANTE ATLANTIQUE

Manta hamiltoni

(b) PACIFIC MANTA
(b) MANTE DU PACIFIQUE

Mobula hypostoma

(c) DEVIL RAY
  (Atlantic)
(c) MANTE DIABLE
  (Atlantique)

Mobula mobular

(d) + DEVILFISH
  (Atlantic/Mediterranean)
(d) + MANTE
  (Atlantique/Méditerranée)

D	Teufelsrochen, Manta	DK	Djævlerokke	E	Manta
GR	Diavolos, teratos	I	Manta, diavolo di mare	IS	
J		N	Djevlerokke	NL	
P	(a) Manta	S	Jättemanta,	TR	
	(d) Jamanta		djävulsrocka		
YU	Golub uhan	FI	(a) Paholaisrausku		

585 MARINADE

Fish, especially herring, cured in acidified brine with or without spices, in special containers or barrels; after curing, packed in mild acidified brine, also with spices, vegetable or other flavouring agents; e.g. + ROLLMOPS, BISMARCK HERRING.

Marketed semi-preserved, also with preserving additives; also with sauces, mayonnaise, rémoulades (e.g. FEINMARINADEN, + DELICATESSEN PRODUCTS).

In Germany also called "KALTMARINADEN", but antiquated term.

Other terms have been replaced too: BRATMARINADEN: + BRATFISCHWAREN KOCHMARINADEN: + KOCHFISCHWAREN.

See also: + ACID CURED FISH, + VINEGAR CURED FISH.

POISSON MARINÉ 585

Poisson, particulièrement hareng, traité dans une saumure acidifiée, avec ou sans épices, dans des récipients spéciaux ou des barils; recouvert ensuite d'une saumure plus douce, avec addition d'épices, légumes ou autres aromates; ex. + ROLLMOPS, + HARENG BISMARCK.

Commercialisé en semi-conserves, avec adjonction d'antiseptiques, ou en sauce, mayonnaise, rémoulade (FEINMARINADEN, + DELICATESSEN PRODUCTS).

En Allemagne appelé encore "KALTMARINADEN" (terme désuet).

Les termes BRATMARINADEN et KOCHMARINADEN, ont été remplacés respectivement par + BRATFISCHWAREN et + KOCHFISCHWAREN.

Voir aussi + ACID CURED FISH, + POISSON AU VINAIGRE.

D	Marinade	DK	Marineret fisk	E	Escabeche
GR		I	Ammarinato	IS	Kryddsúrsaður fiskur
J		N	Marinert fisk	NL	Marinade, gemarineerde vis
P	Peixe em escabeche	S	Marinerad fisk	TR	Balık turşusu
YU	Marinada	FI	Marinoitu kala		

586 MARINADE (France)

Acidified brine, also with spices, sugar, sometimes wine and/or oil, and other flavouring ingredients.

Used to prepare + MARINADE.
The term is also used in other countries.
Very similar to + ESCABECHE.

MARINADE 586

Saumure acidifiée, avec ou sans épices, additionnée de sucre, parfois de vin et/ou d'huile, et autres aromates.

Sert à préparer les + MARINADE.
Terme adopté dans différents pays.
Très semblable à + ESCABÈCHE.

D	Marinade	DK	Marinade	E	Escabeche
GR		I	Marinata, scabeccio	IS	
J		N	Marinade	NL	Marinade
P	Escabeche	S	Marinad	TR	
YU		FI	Marinadi		

587 MARLIN

MAKAIRA spp.

(Cosmopolitan)
Sometimes is used synonymously with:

MAKAIRE 587

(Cosmopolite)
Aussi appelé VARE ou VAREY (Antilles) ou MARLIN, nom réservé, en français pour les espèces:

TETRAPTURUS spp.

(See + SPEARFISH); both belonging to the family *Istiophoridae* (see + BILLFISH).

Tous deux genres de la famille des *Istiophoridae* (voir + VOILIER & MARLIN).

Makaira indica or/ou *Makaira marlina*

(a) + BLACK MARLIN
(Pacific/Indian Ocean)

(a) + MAKAIRE NOIR
(Pacifique/Océan indien)

Makaira nigricans

(b) + BLUE MARLIN
(Atlantic – N. America)

(b) + MAKAIRE BLEU
(Atlantique – Amérique du Nord)

Tetrapturus audax

(c) + STRIPED MARLIN
(Pacific)

(c) + MARLIN RAYÉ
(Pacifique)

[CONTD.]

587 MARLIN (Contd.)

Tetrapturus albidus

(d) + WHITE MARLIN
(Atlantic – N. America)
(Pacific – Japan)

Marketed fresh or frozen, also for fish sausage (Japan); spice-cured (Japan); occasionally smoked (U.S.A.).

- **D** Marlin; Speefisch
- **GR**
- **J** Kajiki, makajiki, shirokawa, kurokawa
- **DK** Marlin
- **I** Pesce lancia (marlin)
- **N**
- **P** Espadim
- **YU** Marlin
- **S** Spjutfisk
- **FI** Marliini

587 MAKAIRE (Suite)

(d) + MAKAIRE BLANC
(Atlantique – Amérique du Nord)
(Pacifique – Japon)

Commercialisé frais ou congelé; sert aussi dans la fabrication des saucisses de poisson (Japon); traité aux épices (Japon); parfois fumé (E.U.).

- **E** Marlin
- **IS**
- **NL** Marlijn
  - (a) Zwarte marlijn,
  - (b) Blauwe marlijn,
  - (c) Gestreepte marlijn
  - (d) Witte marlijn
- **TR**

588 MATJE CURED HERRING

(i) Young fat herring (+ MATJE HERRING), gutted, roused, mild cured and packed in barrels which are filled up with blood pickle maintained at 80° brine strength; usually made from herring caught early in the season.
SCOTCH MATJES are packed in half-barrels, according to size:
Large matjes: not less than 11¼ in. long, about 250 to half-barrel.
Selected: not less than 10¼ in. long, 325 to 350 to half-barrel.
Medium: not less than 9½ in. long, 400 to 430 to half-barrel.
Matjes: not less than 9¼ in. long, 450 to 475 to half-barrel.

(ii) In Germany the term "MATJES GESALZENER HERING" refers to gibbed fat herring, light cured with a mixture of salt, sugar, and sometimes saltpetre, packed in barrels; marketed mainly as raw material for manufacture of MATJES FILLETS (e.g. MATJESFILET AUF NORDISCHE ART), + ANCHOSEN and + DELICATESSEN PRODUCTS.

(iii) In Sweden the terms "MATJESFILÉER" and "MATJESSILL" are also used to designate fillets and tidbits (respectively) of sugar cured herring; mostly in cans.

588

(i) Jeune hareng gras (+ MATJE HERRING) vidé, mélangé à du sel sec, légèrement macéré et mis en barils avec une saumure maintenue à 80% de saturation; préparé habituellement avec les premiers harengs de la saison.
Les SCOTCH MATJES sont conditionnés en demi-barils, suivant leur taille:
Gros matjes: pas moins de 11¼ pouces, env. 250 par demi-baril.
Sélectionnés: pas moins de 10¼ pouces, 325 à 350 par demi-baril.
Moyens: pas moins de 9½ pouces, 400 à 430 par demi-baril.
Matjes: pas moins de 9¼ pouces, 450 à 475 par demi-baril.

(ii) En Allemagne, le terme "MATJES GESALZENER HERING" s'applique au hareng gras éviscéré, légèrement traité avec un mélange de sel, de sucre, quelquefois du salpêtre et mis en barils; commercialisé surtout comme matière première pour la fabrication de MATJES FILLETS (MATJESFILET AUF NORDISCHE ART), + ANCHOSEN et + DELICATESSEN.

(iii) En Suède, les termes "MATJESFILÉER" et "MATJESSILL" servent aussi à désigner respectivement les filets et les petits morceaux de filet ("tidbits") de hareng mariné avec du sucre; surtout en boîtes.

- **D** Matjeshering, Matjesgesalzener Hering
- **GR**
- **J**
- **P** Arenque em salmoira
- **YU** Matjes soljena heringa
- **DK** Matjessild
- **I** Maatjes
- **N** Matjestilvirket sild
- **S** Matjessill
- **FI** Matjessuolattu silli
- **E**
- **IS** Matjessild
- **NL** Pekelmaatjes
- **TR**

589 MATJE HERRING

Young fat herring with gonads only slightly, or not, developed.
Used for the manufacture of + MATJE CURED HERRING.

589 MATJE (PAYS-BAS)

Petit hareng gras dont les gonades ne sont que peu ou pas développées.
Utilisé pour la préparation de + MATJE CURED HERRING.

[CONTD.]

589 MATJE HERRING (Contd.)

- **D** Matjeshering
- **GR**
- **J**
- **P**
- **YU**

- **DK** Matjessild
- **I** Aringhe maatjes
- **N** Matjessild
- **S** Icke könsmogen sill
- **FI** Matjessilli, nuori silli

MATJE (PAYS-BAS) (Suite) **589**

- **E**
- **IS** Matjessíld
- **NL** Maatjes haring
- **TR**

590 MATTIE (G.B.)

A description applied to +HARD SALTED HERRING of a certain size-range; it is not an alternative to MATJE or +MATJE CURED HERRING.

See also +CROWN BRAND.

590

Correspond au +HARD SALTED HERRING (Hareng fortement salé, d'une certaine taille); ne pas confondre avec MATJE ou +MATJE CURED HERRING.

Voir aussi +CROWN BRAND.

591 MEAGRE

Argyrosomus regius

(E. Atlantic/Mediterranean – W. Africa)

Belongs to the family *Sciaenidae* (see +CROAKER and +DRUM).

Also called MAIGRE, CROAKER, JEWFISH, SHADEFISH.

MAIGRE COMMUN 591

(Atlantique de l'Est/Méditerranée – Afrique occidentale)

Appartient à la famille des *Sciaenidae* (voir +TAMBOUR).

Peut être commercialisé sous le nom MAIGRE.

- **D** Adlerfisch
- **GR** Mayáticos aetós
- **J**
- **P** Corvina
- **YU** Grb, sjenka

- **DK** Ørnefisk
- **I** Bocca d'oro
- **N**
- **S** Havsgös
- **FI** Kotkakala

- **E** Corbina
- **IS** Baulfiskur
- **NL** Ombervis
- **TR** San agız, işkine

592 MEDITERRANEAN LING

Molva dypterygia macrophthalma

(Atlantic/Mediterranean)
Also called SPANISH LING.
See also +LING.

LINGUE ESPAGNOLE 592

(Atlantique/Méditerranée)

Voir aussi +LINGUE.

- **D** Mittelmeer-Leng
- **GR** Mourouna
- **J**
- **P** Maruca espanhola
- **YU** Manić morski

- **DK** Middelhavslange
- **I** Molva occhiona
- **N** Atlanterhavslange
- **S**
- **FI**

- **E** Arbitán
- **IS**
- **NL** Middellandse zee-leng
- **TR** Gelincik

593 MEDIUM SALTED FISH

Fish cured by using 20 to 28 parts of salt to 100 parts of fish by weight; product contains 30% to 40% salt on a dry weight basis.

Also called +HALF SALTED FISH.

POISSON MOYENNEMENT SALÉ 593

Poisson traité en utilisant 20 à 28 parties de sel en poids pour 100 parties de poisson; le produit sec contient de 30 à 40% de sel.

Appelé aussi +POISSON DEMI-SEL.

- **D** Mittelsalzung
- **GR** Elafrea alatismeno psaei
- **J** Hitoshio-mono
- **P** Peixe mèdiamente salgado
- **YU** Srednje soljena riba

- **DK**
- **I** Pesce mediamente salato
- **N** Medium salted fisk
- **S** Lättsaltad fisk
- **FI**

- **E** Pescado semisalado
- **IS**
- **NL** Matig gezouten vis
- **TR** Orta tuzlu balık

594 MEGRIM

Lepidorhombus whiffiagonis

(N.E. Atlantic)
Also called CARTER, MEG, SAIL-FLUKE, WEST COAST SOLE, WHIFF, + WHITE SOLE.

Marketed:
Fresh: whole gutted, fillets.
Smoked: hot-smoked, gutted.

D	Scheefschnut, Flügelbutt	DK	Glashvarre
GR	Glóssa	I	Rombo giallo
J		N	Glassvar
P	Aeeiro	S	Glasvar
YU		FI	Lasikampela

594 CARDINE FRANCHE

(Atlantique Nord-Est)
Peut être commercialisé sous le nom de CARDINE.

Commercialisé:
Frais: entier et vidé; filets.
Fumé: vidé et fumé à chaud.

E	Llíseria, gallo
IS	Stórkjafta
NL	Scharretong
TR	

595 MEIKOTSU (Japan)

Soft bone of shark or skate cut into pieces, boiled, then cooled in water; the remaining muscle and hard bone are removed, and then boiled again, dried in the sun. Exported to China.

MEIKOTSU (Japon) 595

Cartilage de requin ou de raie découpé en morceaux, bouilli puis refroidi dans de l'eau; le chair et le cartilage restants sont remis à bouillir, puis séchés au soleil. Exporté en Chine.

595.1 MEJI (Japan)

Japanese name for young stage of large-sized tuna, including + BLUEFIN, + BIGEYE and + YELLOWFIN TUNAS. Used commercially in the same manner as adults.

MEJI (Japon) 595.1

Désigne au Japon les jeunes thons de grande taille comprenant + THON ROUGE + THON OBÈSE PATUDO + ALBACORE. Utilisé commercialement comme les thons adultes.

596 MENHADEN

BREVOORTIA spp.
Brevoortia tyrannus

(a) ATLANTIC MENHADEN
(Atlantic)

Brevoortia patronus

(b) LARGE SCALE MENHADEN
(Atlantic)
Belonging to the family *Clupeidae*.
Also called BUNKER, POGY, MOSS-BUNKER, SHAD.
These spp. are sought solely for their value as raw material for fish meal and oil (U.S.A.).

MENHADEN 596

(a) MENHADEN TYRAN
(Atlantique)

(b) MENHADEN ÉCAILLEUX
(Atlantique)
De la famille des *Clupeidae*.

Espèces destinées uniquement à la fabrication d'huile et de farine de poisson (E.U.).

D		DK	Menhaden
GR		I	Alaccia americana
J		N	
P	Menhadem	S	Menhaden
YU		FI	Menhaden

E	Menhaden, lacha
IS	Menhaden
NL	
TR	

597 MENOMINEE

Prosopium quadrilaterale

(Freshwater – U.S.A./Japan)
Belonging to the family *Salmonidae*; similar to + WHITEFISH.

597

(Eaux douces – États-Unis/Japon)
De la famille des *Salmonidae*; semblable aux + CORÉGONE.

598 MERSIN (Turkey)

Salted sturgeon.

MERSIN (Turquie) 598

Esturgeon salé.

599 MIDDLE (U.S.A.)
Large piece of dried salted cod obtained after removal of napes, tail and thin part of belly.
Also called + STEAK.

MIDDLE (E.U.) 599
Gros morceau de morue salée et séchée, obtenu après l'enlèvement des flancs, de la queue et de la paroi abdominale.
Appelé aussi + STEAK.

600 MIETTES (France)
Small pieces of tuna meat obtained when cooked fish is cut into slices; the designation "miettes" is only permitted for tuna products.

MIETTES 600
Petits morceaux de chair de thon qui tombent lors du découpage en tranches du poisson préalablement cuit; le terme "miettes" n'est autorisé que pour des produits à base de thon.

- **D**
- **GR**
- **J**
- **P** Bocadós (de Atum)
- **YU**

- **DK**
- **I** Fiocchi di tonno
- **N**
- **S**
- **FI**

- **E** Migas (de tunidos)
- **IS**
- **NL**
- **TR**

601 MIGAKI-NISHIN (Japan)
Herring pandressed and cut into fillets, then dried in the sun without salting.

MIGAKI-NISHIN (Japon) 601
Hareng pané coupé en filets, puis séché au soleil sans salage préalable.

602 MILD CURED FISH   **602**
Fish that have been salted or smoked lightly and have limited keeping quality; e.g. MILD CURED SALMON.
See also + LIGHT CURE, applying specifically for salting, and + MILD SMOKED FISH.

Poisson qui a été légèrement salé ou fumé et n'a qu'une durée limitée de conservation; ex. MILD CURED SALMON.
Voir aussi + SALAGE LÉGER, et + POISSON LÉGÈREMENT FUMÉ.

- **D** Mild behandelter Fisch
- **GR**
- **J** Amajio, usujio
- **P** Peixe ligeiramente curado
- **YU** Lagano obradjena riba, lagano soljena riba

- **DK**
- **I** Pesce semi-conservato
- **N** Lettvirket fisk
- **S**
- **FI** Kevyesti suolattu tai savustettu kala

- **E**
- **IS** Lettverkaður fiskur
- **NL** Licht gezouten en/of licht gerookte vis
- **TR** Hafif tuzlu balık

603 MILD SMOKED FISH
Fish that have been smoke-cured for only a short period to develop slightly smoky flavour; also called LIGHT SMOKED FISH.
See also + MILD CURED FISH as more general term applying to mild smoking and light salting.

POISSON LÉGÈREMENT FUMÉ 603
Poisson traité par fumage pendant une très courte durée afin de lui donner un léger goût de fumé.
Voir aussi + MILD CURED FISH, terme qui s'applique de façon générale pour un fumage et un salage légers.

- **D** Mild geräucherter Fisch
- **GR** Elafra Kaenisto psari
- **J** Karui kunsei
- **P** Peixe ligeiramente fumado
- **YU** Lagano dimljena riba

- **DK** Letrøget fisk
- **I** Pesce lievemente affumicato
- **N** Lettrøkt fisk
- **S** Lättrökt fisk
- **FI** Kevyesti savustettu kala

- **E** Pescado ligeramente ahumado
- **IS** Léttreyktur fiskur
- **NL** Licht gerookte vis
- **TR** Hafif füme balık

604 MILKER HERRING (U.S.A.)

+ DUTCH CURED HERRING with gonads left in, packed in small barrels holding about twelve fish; for N. American delicatessen trade.

Also called MELKER, MILKER, NORWEGIAN MILKER.

- **D** Milchnerhering
- **GR**
- **J**
- **P**
- **YU**
- **DK**
- **I**
- **N** Melkesild
- **S**
- **FI** Maitisilli

MILKER HERRING (E.U.) 604

Hareng façon Hollande (+ DUTCH CURED HERRING), avec les gonades, mis en petits barils contenant environ douze poissons; hors-d'œuvre prisé en Amérique du Nord.

Appelé aussi MELKER, MILKER, NORWEGIAN MILKER.

- **E**
- **IS**
- **NL** Melkers
- **TR**

605 MILKFISH

CHANIDAE

(Cosmopolitan)

(East Asia)
Also called BANDENG or BANDANG.

- **D** Milchfisch
- **GR**
- **J** Sabahii
- **P** Peixe-leite
- **YU**
- **DK**
- **I** Cefalone
- **N**
- **S** Mjölkfisk
- **FI** Maitokala

CHANIDÉ 605

(Cosmopolite)

Chanos chanos
CHANOS
(Asie orientale)

- **E** Sabalote
- **IS**
- **NL** Bandeng, melkvis
- **TR**

606 MILT

Gonads from male fish, often called SOFT ROE; sold fresh, canned, particularly milts from herring, mackerel, etc.

See also + ROE.

- **D** Milch
- **GR** Taramás-avgó
- **J** Shirako
- **P** Lácteas
- **YU** Mliječ ikra
- **DK** Rogn
- **I** Uovi di pesce
- **N** Melke
- **S** Mjölke
- **FI** Maiti

LAITANCE 606

Gonades de poisson mâle; commercialisées fraîches, en conserve (particulièrement les laitances de hareng, maquereau, etc).

Voir aussi + ROGUE.

- **E** Criadillas
- **IS** Svil
- **NL** Hom
- **TR**

606.1 MINCED FISH

Minced fish flesh used for further processing, free from skin and bones.

See also + BLOCKS, + SURIMI.

POISSON HACHÉ 606.1

Chair de poisson hachée, sans peau ni arêtes, utilisée pour des préparations variées.

Voir aussi + BLOCS, + SURIMI.

607 MINKE WHALE

Balaenoptera acutorostrata

(Cosmopolitan)

Also called DAVIDSON'S WHALE, LESSER RORQUAL, LITTLE PIKED WHALE, PIKE-HEADED WHALE, SHARP HEADED FINNER WHALE.

Captured mainly off Norway
See + WHALES.

- **D** Zwergwal
- **GR** Phalaena
- **J** Koiwashijujira
- **P** Baleia anã, rorqual-miúdo
- **YU**
- **DK** Vågehval
- **I** Balenottera rostrata
- **N** Vågehval
- **S** Vikval, minkval
- **FI** Lahtivalas

PETIT RORQUAL 607

(Cosmopolite)

Capturé surtout au large de la Norvège.
Voir + BALEINES.

- **E** Ballena pequeña
- **IS** Hrafnreyður, hrefna
- **NL** Dwergvinvis
- **TR**

608 MIRIN (Japan)
Sweet liquor brewed from rice. Used for various fish products in Japan, e.g. +MIRINBOSHI, +KAMABOKO, +KABAYAKI, +UOMISO.

609 MIRIN-BOSHI (Japan)
Also called SAKURABOSHI or SUEHIROBOSHI. Split fish usually without head, dried after soaking in seasonings consisting of either soy sauce, sugar and MIRIN or salt, sugar, MIZU-AME (millet jelly) and gelatine or agar-agar.

Fish used are sardine, round herring, saury, small porgy, puffer, small flatfish, barracuda, pollock meat, squid meat, etc.

MIRIN (Japon) 608
Alcool doux de riz utilisé pour de nombreux produits de poisson (Japon); ex. +MIRINBOSHI, +KAMABOKO, +KABAYAKI, +UOMISO.

MIRIN-BOSHI (Japon) 609
Appelé aussi SAKURABOSHI ou SUEHIROBOSHI. Poisson tranché généralement étêté, et séché après trempage dans des assaisonnements consistant soit en sauce de soja, sucre et +MIRIN soit en sel, sucre, MIZU-AME (gelée de millet) et gélatine ou agar-agar.

Les poissons utilisés sont la sardine, la shadine, le samma, le spare, l'orbe, le petit poisson plat, le barracouda, la chair de lieu, la chair de calmar, etc.

609.1 MIRROR DORY   **609.1**
Zenopsis nebulosus
(Australia/New Zealand)   (Australie/Nouvelle-Zélande)
Sometimes called SILVER DORY.

610 MOJAMA (Spain)   **MOJAMA (Espagne) 610**
Strips of salted dried tuna.   Lanières de thon salé et séché.
See also +DESCARGAMENTO (Spain).   Voir aussi +DESCARGAMENTO (Espagne).

D	**DK**	**E** Mojama
GR	**I** Musciame di tonno	**IS**
J	**N**	**NL**
P Mochama	**S**	**TR**
YU	**FI**	

611 MOJARRA   **BLANCHE 611**
GERRIDAE
(Atlantic/Pacific – Japan/N. America)   (Atlantique/Pacifique – Japon/Amérique du Nord)
Antilles.   Antilles.

J Amagi   **P** Beicinho, Mucharra

611.1 MOKI   **SAINT-PAUL MOKI 611.1**
Latridopsis ciliaris
(Southern Indian and Pacific Oceans)   (Sud Océan Indien et Océan Pacifique)
Also called BLUE MOKI (family *Latrididae*)   Appelé aussi BLUE HOKI (anglais) (famille des *Latrididae*).
To be distinguished from RED MOKI *Cheilodactylus spectabilis* (family *Cheilodactylidae*).   A distinguer de *Cheilodactylus spectabilis* (famille des *Cheilodactylidae*).

612 MOLA   **POISSON-LUNE 612**
MOLIDAE
(Cosmopolitan)   (Cosmopolite)
Mola mola
(a) OCEAN SUNFISH   (a) MOLE COMMUN
     (Atlantic/Pacific)   (Atlantique/Pacifique)
     Also called MOLE-BUT.

Masturus lanceolatus or/ou *Mola lanceolata*
(b) SHARPTAIL MOLA   (b)
     (Atlantic/Mediterranean, perhaps cosmopolitan)   (l'Atlantique/Méditerranée, peut-être cosmopolite)

D Mondfisch	**DK** Klumpfisk	**E** Pez luna
GR Fegarópsaro	**I** Pesce luna	**IS** Tunglfiskur
J Manbô	**N** Månefisk	**NL** Maanvis
P Peixe-lua, lua	**S** Klumpfisk	**TR** Pervane
YU Bucanj	**FI** Möhkäkala	

613 MOLUHA (Egypt)   **MOLUHA (Egypte) 613**
Fermented fish product.   Produit de poisson fermenté.

614 MONKFISH

(i) The name MONKFISH or MONK is commonly used for + ANGLERFISH (*Lophiidae*) particularly ANGLER (*Lophius piscatorius*).
(ii) Name also used for + ANGEL SHARK (*Squatina squatina*) belonging to the family *Squatinidae*.
(iii) In New Zealand refers to *Kathetostoma giganteum*. Also known as GIANT STARGAZER (family *Uranoscopidae*).

Le terme "MONKFISH" (anglais) est utilisé:

(i) Généralement pour les *Lophiidae* (+ BAUDROIE), particulièrement *Lophius piscatorius*.
(ii) Pour *Squatina squatina* (+ ANGE DE MER), de la famille *Squatinidae*.
(iii) En Nouvelle-Zélande s'applique à *Kathetostoma giganteum*. Aussi connu comme GIANT STARGAZER (anglais) (Famille des *Uranoscopidae*).

615 MOONFISH / ASSIETTE 615

(i) In North America the name refers to *Vomer* spp. belonging to the family *Carangidae* (see + JACK, etc.).

(i) Désigne les espèces *Vomer* de la famille des *Carangidae* (voir + CARANGUE). Aussi appelé LURE ou CORDONNIER.

Vomer declivitrons

(a) PACIFIC MOONFISH (a)

Selene setapinnis or/ou *Vomer setapinnis*

(b) ATLANTIC MOONFISH (b) MUSSO ATLANTIQUE

D		DK		E	
GR		I	Pesce ascia	IS	Skötuselur
J		N		NL	
P	Corcovado	S		TR	
YU		FI			

(ii) In Europe, the name refers to + OPAH (*Lampris guttatus*) belonging to the family *Lamprididae*.
(iii) Name is also used for + TUSK (*Brosme brosme*) belonging to the family *Gadidae*.

(ii) En Europe, le nom "MOONFISH" (anglais) s'applique à *Lampris guttatus* (+ LAMPRIR).
(iii) Le nom "MOONFISH" (anglais) est aussi utilisé pour *Brosme brosme* (+ BROSME).

616 MORAY / MURÈNE 616

(Atlantic/Pacific)
Also known as MORAY EEL.

MURAENIDAE

(Atlantique/Pacifique)

Muraena helena

(a) MORAY
(Tropical Atlantic/Mediterranean)
Also called MURRY.

(a) MURÈNE D'EUROPE
(Atlantique tropical/Méditerranée)

Gymnothorax mordax

(b) CALIFORNIA MORAY
(Tropical Pacific)

(b) MURÈNE DE CALIFORNIE
(Pacifique tropical)

Gymnothorax funebris

(c) GREEN MORAY
(Atlantic – N. America)
See also + EEL.

(c) MURÈNE VERTE
(Atlantique – Amérique du Nord)
Voir aussi + ANGUILLE.

D	Muräne	DK	Muræne	E	Morena
GR	Smérna	I	Morena	IS	Múrena
J	Utsubo	N	Murene	NL	(a) Murene
P	Moreia	S	Murăna	TR	Merina
YU	Mrina	FI	Murena		
		(c) Vihermureena			

617 MORT

Young + SEA TROUT.

Jeune + TRUITE DE MER.

617.1 MORWONG

Nemadactylus macropterus

(Australia/New Zealand)
Also called JACKASS FISH and SILVER PERCH in Australia, + TARAKIHI in New Zealand.
Belongs to the family *Cheilodactylidae* which includes two other less important commercial species:

BANDED MORWONG
(Australia)
RED MOKI
(New Zealand)

GREY MORWONG
(Australia)
PORAE
(New Zealand)
Marketed fresh, usually whole, gutted, or as fillets.

Also as frozen fillets, sometimes in ready-to-cook packs.

CASTANETTES, CASTANETTES TARAKIHI 617.1

(Australie/Nouvelle-Zélande)

Appartient à la famille des *Cheilodactylidae* qui comprend deux autres espèces de moindre importance commerciale:

Cheilodactylus spectabilis

(Australie)

(Nouvelle-Zélande)

Nemadactylus douglasi

(Australie)

(Nouvelle-Zélande)
Commercialisé frais, habituellement entier, vidé ou en filets.
Aussi en filets congelés parfois en emballage (ou conditionnements) prêts à cuire.

618 MOTHER-OF-PEARL NACRE 618

Nacreous layer on the inside of the shell of a number of molluscs, used as an ornamental material.

Couche nacrée tapissant l'intérieur de la coquille de certains mollusques; utilisée comme matériau ornemental.

D Perlmutter	**DK** Perlemor	**E** Nácar
GR Márgaron	**I** Madreperla	**IS** Perlumóðir
J Shinju-sô	**N** Perlemor	**NL** Parelmoer
P Nácar	**S** Pärlemor	**TR** Sedef
YU	**FI** Helmiäinen	

619 MOTHER-OF-PEARL SHELL 619

Pinctada maxima or/ou *Pinctada margaritifera*

(Australia) (Australie)

Pinctada martensii

(Japan) (Japon)

D Perlmuschel	**DK** Perlemusling	**E** Madreperla
GR Margaritofóro strídi	**I** Ostrica perlifera	**IS** Perlumóðurskel
J Shirochôgai, kurochogai, akoyagai	**N** Perlemorskjell	**NL** Parelmoerschelp
P Madre-pérola	**S**	**TR** Sedef
YU	**FI** Jalohelmisimpukka	

620 MULLET MUGE ou MULET 620

MUGILIDAE

Various species in the Atlantic for which the recommended trade name in U.K. is GREY MULLET.
Also called GOLDEN MULLET, SILVER MULLET (U.S.A.), JUMPING MULLET (U.S.A.); not to be confused with + SURMULLET (*Mullus surmuletus*).

Il existe différentes espèces dans l'Atlantique, dont les noms varient suivant les pays.

Liza ramada

(a) GREY MULLET/THIN-LIPPED MULLET
(Atlantic – Europe)

(a) MULET/MULET PORC
(Atlantique – Europe)

Liza saliens

(b) LEAPING GREY MULLET
(Europe, especially Spain)

(b) MULET SAUTEUR
(Europe, surtout Espagne)

Liza aurata

(c) LONG-FINNED GREY MULLET
(Europe)
Also called GOLDEN GREY MULLET.

(c) MULET DORE
(Europe)

620 MULLET (Contd.)   **MUGE ou MULET** (Suite) **620**

Liza labrosus or/ou
Chelon labrosus

(d) THICK-LIPPED GREY MULLET/LESSER GREY MULLET
(Europe)

(d) MULET LIPPU
(Europe)

Mugil cephalus

(e) COMMON GREY MULLET
(Atlantic/Freshwater/Pacific – Europe/N. America/New Zealand)
Also called STRIPED MULLET (N. America), known as BLACK MULLET in Florida and SEA MULLET in Australia.

(e) MULET CABOT
(Atlantique/Eaux douces/Pacifique – Europe/Amérique du Nord/Nouvelle-Zélande)

Mugil curema or/ou
Mugil gaimardiana

(f) WHITE MULLET
(Atlantic – N. America)
Also called REDEYE MULLET

(f) MULET BLANC
(Atlantique – Amérique du Nord)

Mugil georgii

(g) SILVER MULLET
(Australia)

(g)
(Australie)

Valamugil seheli

(h) BLUETAIL MULLET
(Australia)

(h)
(Australie)

Aldrichetta forsteri

(i) + YELLOWEYE MULLET
(Australia/New Zealand)

(i)
(Australie/Nouvelle-Zélande)

(j) To the family Mugilidae also belong *Liza* and *Myxus* spp. (Australia) e.g. GREENBACKED MULLET (*Liza dussumieri*), FLAT-TAIL MULLET (*Liza argtentea*), DIAMOND-SCALED (*Liza viagiensis*) and SAND MULLET (*Myxus elongatis*).

(j) A la famille des Mugilidae appartiennent aussi les espèces des *Liza* et *Myxus* spp (Australie).

D Meeräsche	**DK** Multe	**E** Lisa, galupe, capiton, mujol
GR Képhalos	**I** Cefalo, muggine	**IS** Röndungur
J Bora	**N** Multe	**NL** (a) Dunlipharder (c) Goudharder (e) Diklipharder
P Taínha, mugem	**S** Multe (d) Tunnläppad multe (e) Tjockläppad multe	**TR** Kefal, (a) has kefal, (c) Altınbaş kefal, pulatarina
YU Cipli	**FI** (a) Ohuthuulikeltti (g) Paksuhuulikeltti	

Marketed:
Fresh: whole gutted, or fillets.
Smoked: split along the back and cold-smoked for several hours after salting and drying (U.S.A.).
Salted: split along the back and either dry-salted or brine-salted (U.S.A.).
Roe: dry-salted; or dry-salted, dried and pressed; may also be lightly smoked in addition; see + BOTTARGA (Italy), in Japan + KARASUMI

Commercialisé:
Frais: entier et vidé; filets.
Fumé: fendu le long du dos et fumé à froid pendant plusieurs heures après salage et séchage (E.U.)
Salé: fendu le long du dos et salé soit à sec, soit en saumure (E.U.)
Œufs: salés à sec; ou salés à sec, séchés et pressés; peuvent être en outre légèrement fumés; voir + BOTTARGA (Italie) et + KARASUMI (Japon).

---

621 MUSCIAME (Italy)   **MUSCIAME (Italie) 621**

Dolphin flesh (*Delphinus delphis delphis*), salted and air dried.

Chair du dauphin (*Delphinus delphis delphis*) salée et séchée en plein-air.

622 MUSSEL

MYTILIDAE

(Cosmopolitan)

The *Mytilidae* include *Mytilus*, *Modiolus*, *Volsella*, *Aulocomya*, *Choromytilus* and *Perna* spp.

Mytilus edulis

(a) +BLUE MUSSEL
Also cultured worldwide.
(N. Atlantic – Europe)
(Pacific – New Zealand)

Mytilus californianus

(b) COMMON MUSSEL
(Pacific – N. America)
(Name also used for BLUE MUSSEL in Europe.)

Modiolus modiolus

(c) HORSE MUSSEL
(Europe)
In New Zealand HORSE MUSSEL refers to FAN SHELL, *Atrina pectinata*.

Modiolus barbatus

(d) BEARDED HORSE MUSSEL
(Atlantic/Mediterranean)

Mytilus galloprovincialis

(e) (Mediterranean – S.E. Europe)

Mytilus planulatus

(f) (Australia)

Mytilus smaragdinus

(g) +GREEN MUSSEL
(South-east Asia)

Perna canaliculus

(h) +GREEN MUSSEL
(New Zealand)
Also called +GREEN LIPPED MUSSEL or PERNA.

MOULE 622

(Cosmopolite)

Les Mytilidae comprennent les genres *Mytilus*, *Modiolus*, *Volsella*, *Aulocomy*, *Choromytilus* et *Perna* spp.

(a) +MOULE COMMUNE
Cultivée aussi dans le monde entier.
(Atlantique Nord – Europe)
(Pacifique – Nouvelle-Zélande)

(b) MOULE COMMUNE
(Pacifique – Amérique du Nord)

(c) (Europe)

(d) (Atlantique/Méditerranée)

(e) (Méditerranée – Europe du Sud-Est)

(f) (Australie)

(g) (Asie du sud-est)

(h) (Nouvelle-Zélande)

D	Miesmuschel	DK	Blåmusling	E	Mejillón
GR	Mýdi	I	Mitilo, (d) Cozza pelosa	IS	Kræklingur
J	Igai	N	(a) Blåskjell, (c) Oskjell	NL	Mossel
P	Mexilhão	S	Blåmussla	TR	Midye
YU	Dagnje	FI	(a) Sinisimpukka, (c) Hevossimpukka		

See also separate entry for (a).

Marketed:
Live: whole with shells.
Fresh: cooked meats.
Smoked: meats may be canned in edible oil.

Canned: cooked meats, in mussel liquor, brine, vinegar solution; sauces, also with other ingredients, mussel in butter sauce, mussel paste.

Semi-preserves: cooked meats with vinegar-acidified brine and spices (e.g. +MARINADE); or packed with jelly (like +KOCHFISCHWAREN).

Salted: cooked meats bottled in brine; cooked meats packed in dry salt for transport.

Bait: used live extensively for baiting fish hooks for line fishing.

Voir aussi la rubrique individuelle pour (a).

Commercialisé:
Vivant: en coquilles.
Frais: chairs cuites.
Fumé: chairs; peuvent être conservées avec de l'huile.

Conserve: chairs cuites dans le jus même des moules, en saumure, au court-bouillon; présentées farcies ou au beurre, sauces, également avec d'autres ingrédients, pâte de moules.

Semi-conserves: chairs cuites en saumure vinaigrée et épicée (ex: +MARINADE) ou recouvertes de gelée (comme les +KOCHFISCHWAREN).

Salé: chairs cuites mises en bocaux en saumure; chairs cuites couvertes de sel sec pour le transport.

Appât: couramment utilisé vivant pour la pêche sportive.

623 MUSTARD HERRING

Herring packed in mustard sauce marketed canned or as semi-preserve; formerly also called KAISER-FRIEDRICH HERING (obsolete).

- **D** Senfhering
- **GR**
- **J**
- **P** Arenque em mostarda
- **YU** Heringa u umaku od slačice
- **DK** Sennepssild
- **I** Aringhe alla senapa
- **N** Sennepssild
- **S** Senapssill
- **FI** Sinappisilli

HARENG À LA MOUTARDE 623

Hareng couvert de sauce-moutarde et commercialisé en conserve ou en semi-conserve. Appelé autrefois KAISER-FRIEDRICH HERING.

- **E** Arenque a la mostaza
- **IS** Sinnepssíld
- **NL** Haring in mosterdsaus
- **TR** Hardal ringası

624 NAMARIBUSHI (Japan)

Small whole skipjack, or chunks of bigger ones, boiled and then slowly roasted to remove some of the moisture.

NAMARIBUSHI (Japon) 624

Petit listao entier ou tronçons de listaos plus gros bouillis, puis rôtis lentement pour les dessécher partiellement.

625 NAPING (U.K.)

Cutting through the nape, that is the flesh between the head and the belly of the fish such as cod, as a preliminary to gutting, so that when the belly is subsequently slit longitudinally to the vent, the belly wall can be laid open to expose the belly cavity for cleaning. Single naping is the severance of only one half of the belly wall; double naping means cutting through both halves.

See also + GIBBING, referring mainly to herring and similar species.

- **D** Köpfen, Spalten
- **GR**
- **J** Harasaki
- **P** Abertura ventral
- **YU**
- **DK**
- **I** Decollaggio
- **N** Bløgging
- **S**
- **FI**

625

Incision faite de la tête à l'abdomen d'un poisson tel que la morue, avant l'éviscération; le ventre étant ainsi fendu longitudinalement, on peut procéder au nettoyage de la cavité abdominale. L'incision peut être simple ou double suivant qu'elle affecte un ou deux côtés du poisson.

- **E**
- **IS** Blóðgun
- **NL** De keel doorsnijden, kelen
- **TR**

626 NARUTO (Japan)

Also called NARUTOMAKI.

Steamed + KAMABOKO prepared cylindrically with kneaded dyed red fish meat rolled into white meat, so that a spiral pattern appears on every cross section.

NARUTO (Japon) 626

Appelé aussi NARUTOMAKI.

Préparation cuite à la vapeur et présentée en un cylindre de chair de poisson pétrie, teintée en rouge, roulée dans une couche de chair blanche, de façon à former une spirale à chaque section. Préparation à base de + KAMABOKO.

627 NARWHAL

Monodon monoceros

(Arctic)

Toothed cetacean, unimportant commercially.

- **D** Narwal
- **GR**
- **J** Ikkaku
- **P** Narval
- **YU**
- **DK** Narhval
- **I** Narvalo
- **N** Narhval
- **S** Narval
- **FI** Sarvivalas

NARVAL 627

(Arctique)

Cétodonte, sans importance commerciale.

- **E** Narval
- **IS** Náhvalur
- **NL** Narwal
- **TR**

628 NATIONAL CURE
(Portugal)

Salt cod product in which the salted fish are washed and drained only long enough to remove excess water before drying naturally for several days; salt content after curing is about 20% (minimum 17%); also called NATURAL CURE.

P Bacalhau de cura nacional

NATIONAL CURE 628
(Porgutal)

Morue salée, lavée et égouttée juste assez longtemps pour enlever l'eau en excès avant d'être séchée à l'air pendant plusieurs jours; teneur en sel après préparation: 20% (minimum 17%).

629 NATIVE OYSTER (U.K.)

Trade name in the U.K. for *Ostrea edulis* (see +COMMON OYSTER); might also be called FLAT OYSTER, ENGLISH OYSTER, often sold by name of locality, e.g. WHITSTABLE NATIVE, COLCHESTER, PYEFLEET, HELFORD, FAL or MERSEA.

See also + OYSTER.

D Auster
GR Stridia
J
P Ostra-plana europeia
YU Kamenica

DK Østers
I Ostrica inglese
N Østers
S Ostron
FI Osteri

HUÎTRE INDIGÈNE 629

Nom commercial au R.U. pour *Ostrea edulis* (voir + HUITRE PLATE); peut aussi être appelée FLAT OYSTER, ENGLISH OYSTER, etc. (anglais). Commercialisée souvent sous le nom de la localité d'élevage: WHITSTABLE NATIVE, COLCHESTER, PYEFLEET, HELFORD, FAL ou MERSEA.

Voir aussi + HUÎTRE.

E Ostra inglesa
IS Ostra
NL Oester
TR Yanbani istiridye

630 NEEDLEFISH

(i) General term for the family *Belonidae* (Cosmopolitan); the most important species in Europe being + GARFISH (*Belone belone*) (N. Atlantic).

D Hornhecht
GR Zargána
J Datsu
P Agulha, Peixe agulha
YU Igla

DK Hornfisk
I Aguglia
N Horngjel
S Horngädda, näbbgädda
FI Nokkakala

(ii) Name is also used for SAURY PIKE (*Scomberesox forsteri*); see + SAURY which belong to the same order as (i).

ORPHIE ou AIGUILLE DE MER 630

(i) Désigne globalement les espèces de la famille *Belonidae* (cosmopolite) dont l'espèces principale en Europe est *Belone belone* (Atlantique Nord).

E Aguja
IS Hornfiskur
NL Geep
TR Zargana

(ii) Le nom ORPHIE se réfère aussi au *Scomberesox forsteri* (voir +ORPHIE et + BALAOU), qui fait partie du même ordre que (i).

631 NGA-BOK-CHAUK (Burma)

Pieces of fish allowed to putrefy before salting and sun-drying.

NGA-BOK-CHAUK (Birmanie) 631

Morceaux de poisson faisandés avant salage et séchage au soleil.

632 NGA-PI (Burma)

Fermented fish or shrimp paste; or pieces of fish fermented in brine, then packed in dry salt.

NGA-PI (Birmanie) 632

Pâte de poisson ou de crevettes fermentée; ou morceaux de poisson fermentés en saumure, puis mis dans du sel sec.

633 NIBBLER

GIRELLIDAE or/ou *KYPHOSIDAE*

Girella nigricans

(Pacific)

(a) OPALEYE
 (N. America)
 Also called RUDDERFISH.

633

(Pacifique)

(a) CALICAGÈNE VERTE
 (Amérique du Nord)

[CONTD.]

633 NIBBLER (Contd.) (Suite) 633
Girella tricuspidata

(b) (Australia/New Zealand)
Known as PARORE in New Zealand; also called BLACKFISH, BLACKPERCH.
Known as LUDERICK in Australia; marketed as fresh fish.

J Mejina **NL**

(b) (Australie/Nouvelle-Zélande)

634 NIBE CROAKER 634
Nibea mitsukurii or/ou *Miichthys imbricatus*

(Japan)
Similar to + CROAKER or + DRUM.
Highly estimated for food; marketed fresh, also for + KAMABOKO.

J Nibe

(Japon)
Semblable au + TAMBOUR.
Certaines espèces sont très appréciées pour la consommation; commercialisé frais; sert aussi à la préparation du + KAMABOKO.

635 NIBOSHI (Japan)   NIBOSHI (Japon) 635

Small whole fish, often sardine or similar spp. or shellfish broiled in salt solution (also sea-water) and subsequently dried in the sun.

Also called NIBOSHI-HIN, which is an inclusive word for products dried after boiling or steaming, e.g. NIBOSHI-IWASHI (usually anchovy, sometimes sardine or round herring prepared this way); see also + MEIKOTSU, etc.

Petits poissons entiers, tels que sardines et espèces semblables ou crustacés bouillis dans une saumure (ou également dans de l'eau de mer) puis séchés au soleil.

Appelé encore NIBOSHI-HIN, désignation générale pour les produits cuits à l'eau ou à la vapeur, puis séchés; ex: NIBOSHI-IWASHI (généralement anchois, parfois sardines ou shadines préparés de cette façon); voir aussi + MEIKOTSU.

636 NOBBING   EVISCÉRATION 636

Removing the head and gut from fatty fish such as herring by partially severing the head and pulling the head away, together with the attached gut; the roe or milt is left in; e.g. + CUT HERRING (CLIPPED HERRING).

Opération par laquelle on vide le poisson tel que le hareng en incisant puis en tirant la tête à laquelle les viscères restent attachés; la rogue ou la laitance est laissée; ex: + CUT HERRING (CLIPPED HERRING).

D Nobben, köpfen
GR
J

P Peixe descabeçado e eviscerado
YU

DK Hovedskæring
I Eviscerazione dalla testa
N Hodekappet, magedratt

S Huvudkapning och magdragning
FI Pään ja suolen poisto

E
IS Hausuð magadregin (síld)
NL Verwijderen van kop en ingewanden
TR

637 NONNAT   NONNAT 637
(France – Mediterranean)   (France – Méditerranée)

Brachyochirus pellucidus (PELLUCID SOLE; family of *Gobiidae*) mixed sometimes with some other *Gobius* spp.; eaten fried.

Friture de poissons de l'espèce *Brachyochirus pellucidus* (NONNAT; de la famille *Gobiidae*) parfois confondus avec d'autres espèces *Gobius*.

D
GR Goviodáki aphía
J
P Fritura de cabozes
YU Mliječ crveni

DK
I Rossetti
N
S
FI

E Chanquete
IS
NL
TR

638 NORI (Japan)

Dried red laver belonging to *Porphyra tenera* and allied species. They are cut into fine pieces, put in a frame on a mat and dried after removing the frame. The product has paper-like appearance.

Also called HOSHI-NORI, KURONORI.

Allied products: AONORI (dried green laver); MAZE-NORI (dried red laver mixed with other seaweeds); AJITSUKE-NORI (seasoned and re-dried red laver).

See also + LAVERBREAD.

NORI (Japon) 638

Algue rouge séchée de l'espèce *Porphyra tenera* et d'espèces voisines; coupées en fines lanières et étendues sur une natte dans un châssis; puis séchées après enlèvement du châssis. Le produit a l'apparance du papier.

Appelé aussi HOSHI-NORI, KURONORI.

Produits voisins: AONORI (algue verte séchée); MAZE-NORI (algue rouge séchée mélangée à d'autres algues); AJITSUKE-NORI (algue rouge assaisonnée et séchée à nouveau).

Voir aussi + LAVERBREAD.

---

639 NORTH ATLANTIC RIGHT WHALE

Eubalaena glacialis glacialis

(N. Atlantic)

Also called BLACK RIGHT WHALE, RIGHT WHALE, BLACK WHALE, BISCAYAN RIGHT WHALE, NORTH CAPE WHALE.

Protected, not hunted commercially.

See also + RIGHT WHALE.

BALEINE FRANCHE 639

(Atlantique Nord)

Sous protection, pas de prises commerciales.

D Nordkaper	**DK** Nordkaper		**E**	
GR	**I** Balena artica, balena franca		**IS** Íslandssléttbakur	
J	**N** Nordkaper		**NL** Noordkaper	
P Baleia-franca	**S** Nordkapare, biscayaval		**TR**	
YU	**FI** Mustavalas			

---

640 NORTHERN ANCHOVY

Engraulis mordax

(Pacific – N. America)

See also + ANCHOVY.

ANCHOIS DU PACIFIQUE 640

(Pacifique – Amérique du Nord)

Aussi appelé ANCHOIS DU NORD. (Pacifique)

Voir aussi + ANCHOIS.

D Amerikanische Sardelle	**DK** Ansjos	**E** Anchoa del Pacifico
GR	**I** Acciuga del nord pacifico	**IS**
J	**N** Ansjos	**NL** Noord amerikaanse ansjovis
P Biqueirão-do-Pacifico norte	**S** Amerikansk ansjovis	**TR**
YU Brgljun	**FI** Kaliforniansardelli	

---

641 NORTHERN LOBSTER

Homarus americanus

(Atlantic – N. America)

Also frequently called AMERICAN LOBSTER.

For marketing, see + LOBSTER.

HOMARD AMÉRICAIN 641

(Atlantique – Amérique du Nord)

Pour la commercialisation, voir + HOMARD.

D Amerikanischer Hummer	**DK** Hummer	**E** Bogavante americano
GR Astakós	**I** Astice	**IS** Humar (amerískur)
J	**N** Hummer	**NL** Kreeft
P Lavagante americano	**S** Amerikansk hummer	**TR** Istakoz
YU Rorog, hlap	**FI** Amerikanhummeri	

642 NORWAY LOBSTER

Nephrops norvegicus

(Atlantic/North Sea)
Belongs to the same family as + LOBSTER (*Nephropsidae*).
Also called DUBLIN BAY PRAWN, PRAWN, + SCAMPI, LANGOUSTINE.

Marketed:
Fresh: whole, tail meat with shell or shelled cooked or uncooked.
Freeze-dried: cooked tail meat.
Frozen; tail meat, cooked or uncooked; in shell or shelled; cooked potted in butter.
Semi-preserved: like SHRIMP, e.g. as salad.

Canned: meat, in own juice with light brine.
Paste: canned or semi-preserved.
Soup: SCAMPI BISQUE, canned.

LANGOUSTINE 642

(Atlantique/Mer du Nord)
De la même famille que le + HOMARD (*Nephropsidae*).
Appelée aussi + SCAMPI.

Commercialisé:
Frais: entier; queues décortiquées ou non, cuites ou crues.
Déshydraté: chair des queues cuite.
Congelé: chair des queues cuite ou crue; décortiqué ou non; cuit et mis en pots dans ou beurre.
Semi-conserve: comme la CREVETTE, ex: en salade.
Conserve: chairs dans leur jus ou au naturel.
Pâte: en conserve ou en semi-conserve.
Soupe: BISQUE DE SCAMPI, en conserve.

D	Kaisergranat, Norwegischer Schlankhummer, Tiefseehummer	**DK**	Jomfruhummer, dybvandshummer	**E**	Cigala, maganto
GR	Karavída	**I**	Scampi	**IS**	Leturhumar
J	Akazaebi	**N**	Sjøkreps, bokstavhummer	**NL**	Langoestine, noorse kreeft
P	Lagostim	**S**	Havskräfta, kejsarhummer	**TR**	Nefrops
YU	Škamp, norveški rak	**FI**	Keisarihummeri		

643 NORWAY POUT

Trisopterus esmarkii

(N.E. Atlantic/North Sea)
Caught mainly for reduction to fishmeal.

See also + POUT.

TACAUD NORVÉGIEN 643

(Atlantique N.E./Mer du Nord)
Capturé principalement pour la réduction en farine.

Voir aussi + TACAUD.

D	Stintdorsch	**DK**	Spærling	**E**	Faneca noruega
GR		**I**		**IS**	Spærlingur
J		**N**	Øyepål	**NL**	Kever
P	Foneca noruega	**S**	Vitlinglyra	**TR**	
YU		**FI**	Harmaaturska		

644 NORWEGIAN CURED HERRING

Hard cured herring made from fresh fat summer herring that have been kept alive in sea to empty stomachs sometimes packed in bulk for further processing; special quality.

HARENG SALÉ TYPE NORVÉGIEN 644

Hareng gras d'été gardé vivant en eau de mer pour qu'il se vide l'estomac; ensuite fortement salé ou quelquefois transporté en vrac pour préparation ultérieure; spécialité.

D	Hartgesalzener Hering nach norwegischer Art	**DK**		**E**	
GR		**I**	Aringhe stile norvegese	**IS**	
J		**N**	Norsktilvirket feitsild	**NL**	Noors gezouten haring
P	Cura norueguesa de arenque	**S**	Norsk fetsill (sommarkvalitet)	**TR**	
YU		**FI**	Kovasuolattu norjalainen kesäsilli		

645 NORWEGIAN SILVER HERRING 645

Light-cured herring product; differs from matje-cured herring in that it keeps well at normal temperatures; no longer produced in Norway.

Hareng légèrement salé; se différencie du hareng-matje en ce qu'il se conserve bien à des températures normales; cette préparation ne se fait plus en Norvège.

- **D**
- **GR**
- **J**
- **P** Arenque-prateado-norueguês
- **YU**

- **DK**
- **I** Aringhe argentate norvegesi
- **N** Sølvsild
- **S**
- **FI**

- **E**
- **IS**
- **NL** Noorse zilverharing
- **TR**

646 NORWEGIAN SLOE 646

Hard-cured large herring.

Gros hareng fortement salé.

- **D**
- **GR**
- **J**
- **P**
- **YU**

- **DK** Slosild
- **I** Aringhe salate dure
- **N** Slosild, storsild
- **S** Norsk slofetsill, norsk storsill
- **FI** Kovasuolattu norjalainen isosilli

- **E**
- **IS**
- **NL** Zwaargezouten sloeharing
- **TR**

647 NORWEGIAN TOPKNOT   TARGIE NAINE 647

Phrynorhombus norvegicus

(N. Atlantic/North Sea)   (Atlantique Nord/Mer du Nord)

See also + TOPKNOT.

- **D** Norwegischer Zwergbutt
- **GR**
- **J**
- **P**
- **YU**

- **DK** Småhvarre
- **I** Rombo peloso
- **N** Småvar
- **S** Småvar
- **FI** Pikkukampela

- **E**
- **IS**
- **NL** Dwergtarbot
- **TR**

648 NUOC-MAM   NUOC-MAM 648
(Viet-Nam, Cambodia)   (Vietnam, Cambodge)

Fermented fish sauce, clear amber in colour, made by fermenting small sea or freshwater fish (*Clupeidae, Carangidae*, etc.) stacked in alternative layers of salt, flavouring ingredients and spices added; the decanting of the digestible enzymes takes several months; also dried.
Similiar in Japan is + SHOTTSURU.

Sauce de poisson fermenté, couleur d'ambre, obtenue en entassant des petits poissons de mer ou d'eau douce (*Clupeidae, Carangidae*, etc.) en couches alternées avec du sel, aromates et épices; la liquéfaction due aux enzymes digestifs demande plusieurs mois. Peut être déshydraté.
Produit semblable au Japon, le + SHOTTSURU.

649 NURSE SHARK   REQUIN NOURRICE 649

General name for species of the family *Orectolobidae*, especially refers to:

Désigne de façon globale les espèces de la famille des *Orectolobidae*, et particulièrement:

Ginglymostoma cirratum

(Atlantic – Europe/N. America)

VACHE (Antilles)
(Atlantique – Europe/Amérique du Nord)

See also + SHARK.

Voir aussi + REQUIN.

- **D** Ammenhai
- **GR**
- **J**
- **P** Tubarão-dormedor, tubarão-ama
- **YU**

- **DK**
- **I** Squalo nutrice
- **N**
- **S**
- **FI** Atlantinpartahai

- **E**
- **IS**
- **NL**
- **TR**

650 OARFISH — ROI DES HARENGS 650
Regalecus glesne

(Atlantic/Pacific – Europe/N. America) (Atlantique/Pacifique – Europe/Amérique du Nord)
Family of the *Regalecidae*; also called +KING
OF THE HERRING.

D Riemenfisch   **P** Relangueiro   **FI** Airokala

651 OCEAN PERCH 651
Name usually employed in N. America for +RED-   Voir +SÉBASTE.
FISH (*Sebastes* spp., Atlantic). Refers also to
Sebastodes spp. (Pacific), particularly *Sebastes alutus* (PACIFIC OCEAN PERCH).
See also +ROCKFISH (ii).

652 OCEAN QUAHAUG 652
Arctica islandica

(Atlantic – N. America)   (Atlantique – Amérique du Nord)
Also spelt OCEAN QUAHOG.
Also called CYPRINE or ICELAND CYPRINE.
Marketed the same way as +CLAM.   Pour la commercialisation, voir +CLAM.

D Islandmuschel	**DK** Molbøøsters		**E**	
GR	**I**		**IS** Kúfiskur	
J	**N** Kuskjell		**NL** Noordkromp	
P	**S** Islandsmussla, bollmussla		**TR**	
YU	**FI** Islanninsimpukka			

653 OCTOPUS — POULPE 653
OCTOPUS spp.
POLYPUS spp.
ELEDONE spp.

(Cosmopolitan) (Cosmopolite)

Octopus vulgaris

PIEUVRE

Octopus macropus

(a)   (a) POULPE TACHETÉE
 (N.E. Atlantic/Mediterranean)   (Atlantique N.E./Méditerranée)

Octopus dofleinni or/ou *Octopus punctatus*

(b)   (b) POULPE GÉANT
     (Pacifique Nord)
 (Pacific – N. America)   (Pacifique – Amérique du Nord)
 Also called POULP.

Octopus maorum

(c) (New Zealand)   (c) (Nouvelle-Zélande)

Eledone cirrosa

(d) CURLED OCTOPUS   (d) ÉLÉDONE COMMUNE
 (Atlantic/Mediterranean)   (Atlantique/Méditerranée)

Polypus hongkongensis

(e) (Pacific – N. America/Japan)   (e) (Pacifique – Amérique du Nord/Japon)
Polypus spp. (Japan) are also called DEVIL FISH in U.S.A.

Marketed:
Fresh: used for soup (U.S.A.).
Dried: sun-dried, after gutting and removal of eyes (Japan: HOSHI DAKO).
Semi-preserved: pickled in vinegar after boiling (Japan: SUDAKO).

Commercialisé:
Frais: pour la préparation de soupes (E.U.).
Séché: après éviscération et enlèvement des yeux, séché au soleil (Japon: HOSHI DAKO).
Semi-conserve: après cuisson à l'eau, saumuré au vinaigre (Japon: SUDAKO).

[CONTD.

653 OCTOPUS (Contd.)

D Krake, Tintenfisch	DK Blæksprutte (ottearmet)	
GR Octapódi, Alidóna	I (a) Polpo di scoglio	
	(c) Moscardino bianco	
J Ma-dako tako	N Blekksprut	
P Polvo	S Åttaarmad bläckfisk	
YU Hobotnica, traćan	FI Meritursas	

POULPE (Suite) 653

- E Pulpo
- IS Kolkrabbi
- NL Kraak, inktvis
- TR Ahtapot

654 OELPRÄSERVEN (Germany)

Antiquated term for + SALZFISCHWAREN IN OEL (salted fish products packed in oil); most important product; + SEELACHS IN OEL.

D Salzfisch in Oel	DK	
GR Alípasto en elaío	I Semi-conserve all'olio	
J	N Oljekonserve	
P Semi-conservas em óleo	S	
YU Prezerve u ulju	FI Kalasäilyke öljykastikkeessa	

OELPRÄSERVEN (Allemagne) 654

Terme ancien remplacé par + SALZFISCH-WAREN IN OEL (poisson mariné en saumure et recouvert d'huile) dont le produit le plus important est: + SEELACHS IN OEL.

- E Semi-conserva en aceite
- IS Niðurlagður fiskur í olíu
- NL Vishalfconserven in olie
- TR

655 OIL SARDINE

Sardinella longiceps

(India/Pakistan/Philippines)
Also called TAMBAN (Philippines). Used for making + TINAPA.
See also + SARDINELLA.

D Sardinelle	DK	
P Sardinela da India	S	

SARDINELLE INDIENNE 655

(Inde/Pakistan/Philippines)
Sert à la préparation du + TINAPA.
Voir aussi + SARDINELLE.

- E
- TR Yağlı-sardalya

656 OPAH

LAMPRIDIDAE
Lampris guttatus

(Atlantic/Pacific – Europe/N. America)
Also called JERUSALEM HADDOCK, KING-FISH, + MOONFISH, + SUNFISH.

D Gotteslachs	DK Glansfisk	
GR	I Pesce ré	
J Mandai, akamanbô	N Laksestjørje	
P Peixe-cravo	S Glansfisk	
YU	FI Kiiltolahna	

OPAH 656

(Atlantique/Pacifique – Europe/Amérique du Nord)

- E
- IS Guðlax
- NL Koningvis
- TR

656.1 ORANGE PERCH

LEPIDOPERCA spp.

(New Zealand)
Formerly recorded as *Anthias pulchellus* (family *Serranidae*).

656.1

(Nouvelle-Zélande)
Connu sous le nom de *Anthias pulchellus* (famille des *Serranidae*).

656.2 ORANGE ROUGHY

Hoplostethus atlanticus

(Cosmopolitan)
Marketed:
Fresh: As skinless, boneless fillets.
Frozen: As skinless, boneless fillets.

D Granatbarsch	DK	
J Hiuchidai	N	
	S Lyktfiskar	

HOPLOSTETE ROUGE 656.2

(Cosmopolite)
Commercialisé:
Frais: Filets sans peau, sans arêtes
Congelé: Filets sans peau, sans arêtes

- E Reloj
- NL
- TR

656.3 OREO DORY

ALLOCYTTUS spp.

(a) + BLACK OREO DORY
(New Zealand)
Also called BLACK OREO, BLACK DORY.

Pseudocyttus maculatus

(b) SMOOTH OREO DORY
Also called SMOOTH OREO, SMOOTH DORY (Southern hemisphere).

ARROSE

(a)
(Nouvelle-Zélande)

(b)
Appelé aussi
(Hémisphère sud)

[CONTD.]

656.3 OREO DORY (Contd.)

(c) SPIKY OREO DORY
(Southern Hemisphere)

(d) WARTY OREO DORY
(Southern Hemisphere)

Marketed:
Frozen: As fillets or headed and gutted.

D	Tiefsee Petersfish	DK
GR		I
J	Ôme-matodai-zoku	N
P		S
YU		FI

ARROSE (Suite) 656.3

Neocyttus rhomboidalis
(c)
(Hémisphère sud)

Allocyttus verrucosus
(d)
(Hémisphère sud)

Commercialisé:
Congelé: En filets ou êtêté ou vidés.

E
IS
NL
TR

---

657 ORIENTAL BONITO

Sarda orientalis

(West Pacific to Indian Ocean)

Also called BONITO, MEXICAN BONITO, STRIPED BONITO, ORIENTAL TUNA.

Marketed fresh.

See also + TUNA.

D	Pelamide	DK		
GR		I	Palamita orientale	
J	Hagatsuo, kitsunegegatsuo	N		
P	Bonito-do-indo-pacífico	S		
YU	Palamida, pastirica istočna	FI	Juovasarda	

BONITE DE L'OCÉAN INDIEN 657

(Pacifique Ouest à l'Océan indien)

Désigne aussi *Gymnosarda unicolor* (voir + "RUPPEL'S BONITO").

Commercialisée fraîche.

Voir aussi + THON.

E Bonito pacífico
IS
NL
TR

---

658 ORIENTAL CURE
(N. America)

Salted ungutted herring produced for oriental trade.

In Japan KATASHIO-NISHIN is pickle salted herring which is afterwards cured in dry salt (+ HARD SALTED HERRING); HITOSHIO-NISHIN is herring cured with dry salt (medium salt content).

SALAISON À L'ORIENTALE 658
(Amérique du Nord)

Hareng non vidé et salé préparé pour l'exportation en Orient.

Au Japon, KATASHIO-NISHIN est du hareng saumuré puis salé à sec (+ HARENG FORTEMENT SALÉ); HITOSHIO-NISHIN est du hareng salé à sec (moyennement salé).

---

659 ORMER

Haliotis tuberculata

(Atlantic/Mediterranean/Channel Islands)

Also called SEA EAR, EAR SHELL. Mollusc eaten as + SCALLOP; sometimes pickled.

See also + ABALONE.

D	Seeohr	DK	Søøre	
GR	Haliótis, achiváda chromasistí	I	Orecchia marina	
J	Awabi	N		
P	Orelha do mar, Lapa-real	S	Havsöra	
YU	Petrovo uho, uho morsk	FI	Abaloni, merikorva	

ORMEAU 659

(Atlantique/Méditerranée/Iles anglo-normandes)

Appelé encore OREILLE DE MER. Mollusque consommé comme les + COQUILLE SAINT-JACQUES, quelquefois mariné.

Voir + ORMEAU.

E Oreja de mar
IS Sæeyra

NL Zeeoor
TR Deniz kalağı

---

660 OSETR

Acipenser gueldenstaedtii

(Caspian Sea/Danube)

See + STURGEON.

D	Waxdick	DK		
GR	Storioni	I	Storione danubiano	
J		N		
P	Esturjão do Danúbio	S	Rysk stör, osetr	
YU		FI	Venäjänsampi	

ESTURGEON DU DANUBE 660

(Mer Caspienne/Danube)

Voir + ESTURGEON.

E
IS
NL
TR Karaca

661 OYSTER

OSTREIDAE

(Cosmopolitan) (Cosmopolite)

Ostrea edulis

(a) +COMMON OYSTER
(Europe)
Also called FLAT OYSTER, +NATIVE OYSTER (U.K.).

(a) +HUÎTRE PLATE (Europe)

Crassostrea angulata

(b) +PORTUGUESE OYSTER (Europe)

(b) +HUÎTRE PORTUGAISE (Europe)

Crassostrea virginica

(c) +BLUE POINT OYSTER (Atlantic – U.S.A.)
Also called AMERICAN OYSTER.

(c) +HUÎTRE (Atlantique – E.U.)

Crassostrea gigas

(d) PACIFIC OYSTER (Pacific – N. America/Australia/New Zealand)

(d) (Pacifique – Amérique du Nord/Australie/Nouvelle-Zélande)

Ostrea lurida

(e) WESTERN OYSTER (Pacific – N. America)
Also called OLYMPIA OYSTER.

(e) (Pacifique – Amérique du Nord)

Ostrea chilensis

(f) (South America)

(f) (Amérique du Sud)

Ostrea laperousei

(g) (Japan)

(g) (Japon)

Saccostrea commercialis

(h) SYDNEY ROCK OYSTER (Australia)

(h) (Australie)

Saccostrea glomerata

(i) ROCK OYSTER (New Zealand)

(i) (Nouvelle-Zélande)

Ostrea lutaria

(j) DREDGE OYSTER (New Zealand)

(j) (Nouvelle-Zélande)

Marketed:
Live: in shell.
Fresh: in shell or shelled meats, uncooked (shucked).
Frozen: shelled meats, uncooked.
Dried: shelled meats, boiled and then sun-dried for 3 to 10 days before packing in boxes (Hong-Kong).
Smoked: meats, usually canned in edible oil.
Semi-preserved: meats cooked and packed in spiced vinegar.
Canned: meats removed from the shell by steaming, packed in weak brine; uncooked meats packed unprocessed, hermetically sealed.
Soups: oyster stew, oyster soup, oyster bisque, all in cans.

Commercialisé:
Vivant: en coquilles.
Frais: en coquilles ou décoquillées, crues (écaillé).
Congelé: chair crue, décoquillée.
Séché: chair décoquillée, cuite à l'eau et séchée au soleil pendant 3 à 10 jours avant l'emballage en caisses (Hong-Kong).
Fumé: chairs, généralement mises en conserve avec de l'huile.
Semi-conserve: chairs cuites et recouvertes de vinaigre épicé.
Conserve: chairs décoquillées à la vapeur et mises dans une saumure légère; chairs crues, sans préparation, et mises dans des récipients hermétiques.
Soupes: bouillon d'huîtres, soupe d'huîtres, bisque d'huîtres, toutes en conserve.

D	Auster	**DK**	Østers	**E** Ostra, ostión
GR	Óstrea (strídia)	**I**	Ostrica	**IS** Ostra
J	Kaki	**N**	Østers	**NL** Oester
P	Ostra	**S**	Ostron	**TR** Istiridye
YU	Kamenica	**FI**	Osteri	

For (a) to (c) see also these items.

Pour (a) à (c) voir ces rubriques.

662 PACIFIC BONITO   BONITE DU PACIFIQUE ORIENTALE 662
Sarda chiliensis chiliensis

(Pacific – S. America)   (Pacifique – Amérique du Sud)

Sarda chiliensis lineolata

(Pacific – California/Mexico)   (Pacifique – Californie/Mexique)
Also called BONITO, CHILEAN BONITO, CALIFORNIAN BONITO, AUSTRALIAN BONITO.
Sometimes marketed fresh in Peru but otherwise used almost entirely for canning, it is the least desirable of the tuna-like fish since the flesh is darker and stronger than most; should not be labelled tuna.
Smoked bonito-sticks are made from this fish (see + KATSUOBUSHI).
See also + BONITO and + TUNA.

Parfois commercialisée fraîche au Pérou, mais utilisée presque exclusivement pour conserves; sa chair est la moins prisée des espèces voisines du thon, car sa couleur et son goût sont trop forts; ne peut pas être étiquetée comme thon.
Utilisée pour la fabrication de bâtonnets fumés de bonite (voir + KATSUOBUSHI).
Voir aussi + BONITE et + THON.

D Pelamide	**DK** Bonit		**E** Bonito chileño
GR	**I** Bonito		**IS**
J	**N**		**NL**
P Bonito-do-pacífico	**S** Chilensk bonit		**TR** Pasifik uskumrusu
YU	**FI** Chilensarda		

663 PACIFIC COD   MORUE DU PACIFIQUE 663
Gadus macrocephalus

(Pacific – Canada/Alaska/Japan)   (Pacifique – Canada/Alaska/Japon)
Also called GRAY COD, GRAYFISH.   Appelée aussi MORUE GRISE.

Marketed: **Commercialisé:**
Fresh: whole gutted, fillets, sliced.   **Frais:** entier et vidé; en filets; en tranches.
Frozen; round, dressed and as fillets, also kneaded meat (Japan).   **Congelé:** entier, paré et en filets; également chair pétrie (Japon).
Smoked: seasoned and smoked meat slice (Japan).   **Fumé:** en tranches assaisonnées et fumées (Japon).
Dried: in Japan, sold as HIRAKIDARA or SUKIMIDARA.   **Séché:** au Japon, vendu sous le nom de HIRAKIDARA ou SUKIMIDARA.
Salted: lightly salted, sliced (Japan).   **Salé:** légèrement salé, en tranches (Japon).

D Pazifischer Kabeljau	**DK**		**E** Bacalao del Pacífico
GR Síko	**I** Merluzzo del Pacifico		**IS** Kyrrahafs-þorskur
J Tara, madara	**N**		**NL** Pacifische kabeljauw
P Bacalhau-do-Pacífico	**S** Stillahavstorsk		**TR** Pasifik morinası
YU	**FI** Tyynenmerenturska		

664 PACIFIC GREY WHALE   BALEINE GRISE DE CALIFORNIE 664
Eschrichtius glaucus

(Pacific)   (Pacifique)
Also called GREY WHALE, GREY BACK, CALIFORNIAN GREY WHALE, HARD HEAD, MUSSEL DIGGER, RIP SACK; protected, not fished commercially.   Espèce protégée dont la chasse est règlementée.

D Grauwal	**DK**		**E**
GR	**I** Balenottera grigia		**IS** Gràhvalur
J Kokujira	**N** Kalifornisk gråhval		**NL** Grijze walvis
P Baleia-cinzenta-do-Pacífico	**S** Gråval		**TR** Pasifik gri balinası
YU	**FI** Harmaavalas		

665 PACIFIC HAKE   MERLU DU PACIFIQUE 665
Merluccius productus

(Pacific – N. America)   (Pacifique – Amérique du Nord)
See + HAKE.   Voir + MERLU.
Also called PACIFIC WHITING. In the U.K. PACIFIC HAKE is the trade name for *M. productus* and *M. gayi* (see + HAKE, + CHILEAN HAKE).

D Nordpazifischer Seehecht	**DK** Kulmule		**E** Merluza pacífica norteamericana
GR Bakaliaro	**I** Nasello del pacifico		**IS**
J	**N** Lysing (stillehavsk)		**NL**
P Pescada-do-Pacífico	**S** Kalifornisk kummel		**TR** Pasifik berlamı
YU	**FI** Kaliforniankummeliturska		

666 PACIFIC HALIBUT — FLÉTAN DU PACIFIQUE 666

Hippoglossus stenolepis

For further details, see + HALIBUT. Pour de plus amples détails, voir + FLÉTAN.

- **D** Pazifischer Heilbutt
- **GR**
- **J** Ohyô
- **P** Alabote-do-Pacífico
- **YU**

- **DK** Helleflynder
- **I** Halibut del Pacifico
- **N** Kveite
- **S** Stillahavs-helgeflundra
- **FI** Tyynenmerenpallas

- **E** Halibut del Pacífico
- **IS** Kyrrahafs lúða
- **NL** Heilbot
- **TR**

667 PACIFIC HERRING — HARENG DU PACIFIQUE 667

Clupea harengus pallasi

(N. Pacific) (Pacifique Nord)
See + HERRING. Voir + HARENG.

- **D** Pazifischer Hering
- **GR**
- **J** Nishin, kadoiwashi
- **P** Arenque-do-pacífico
- **YU** Srdela pacifička

- **DK** Sild
- **I** Aringa del pacifico
- **N** Sild
- **S** Stillahavssill
- **FI** Vienansilli

- **E** Arenque del Pacifico
- **IS** Kyrrahafs-síld
- **NL** Pacifische haring
- **TR** Pasifik ringası

668 PACIFIC MACKEREL — MAQUEREAU ESPAGNOL 668

Scomber japonicus

(Cosmopolitan) (Cosmopolite)

Species synonymous to the Atlantic species, usually referred to as + CHUB MACKEREL; also called + SPANISH MACKEREL. One of the most important fish in Japan; marketed fresh, salted, dried or canned; also for + FUSHI-RUI.
See also + MACKEREL.

Aussi appelé MAQUEREAU BLANC (Canada). La désignation MAQUEREAU DU PACIFIQUE est utilisée pour les espèces *Rastrelliger*. L'un des poissons les plus importants au Japon; commercialisé frais, salé, séché ou en conserve; sert aussi à la préparation du + FUSHI-RUI.

- **D** Spanische Makrele
- **GR** Koliós
- **J** Honsaba, hirasaba, masaba
- **P** Cavala
- **YU** Lokarda, plavica

- **DK** Spansk makrel
- **I** Lanzardo, sgombro cavallo
- **N** Spansk makrell
- **S** Spansk och japansk makril
- **FI** Japaninmakrilli

- **E** Estornino
- **IS** Spánskur makríll
- **NL** Spaanse makreel
- **TR** Kolyoz

669 PACIFIC OCEAN PERCH — 669

Sebastes alutus

(Pacific – N. America/Japan) (Pacifique – Amérique du Nord/Japon)

Also commonly known as ROCKFISH or MENUKE ROCKFISH.
Also called BLACK BASS, ROCK SALMON, CANARY, SNAPPER, etc.
Marketed fresh or frozen (whole or fillets); liver for vitamin oil extraction.
See also + ROCKFISH.

Commercialisé frais ou congelé (entier ou en filets); extraction d'huile vitaminée de son foie.
Voir aussi + SCORPÈNE.

- **D** Pazifischer Rotbarsch
- **GR** Kokinosparo
- **J** Arasukamenuke
- **P** Cantarilho do Pacífico
- **YU**

- **DK** Rødfisk
- **I**
- **N**
- **S**
- **FI**

- **E**
- **IS**
- **NL**
- **TR**

670 PACIFIC PRAWN — CREVETTE DU PACIFIQUE 670

The term PACIFIC PRAWN does not refer to a particular species, but to a product; shelled tails, canned or frozen.

Le terme ne se rapporte pas à une espèce particulière mais à un produit; queues décortiquées, en conserve ou congelées.

671 PACIFIC SAURY   BALAOU DU JAPON 671

Cololabis saira

(Pacific – N. America/Japan)
Also called MACKEREL-PIKE or SKIPPER.
One of the most important food fish in Japan.

(Pacifique – Amérique du Nord/Japon)
Aussi appelé SAMMA.
L'un des poissons les plus importants dans l'alimentation au Japon.

Marketed:
Fresh:
Frozen:
Salted: ungutted, pickle-salted, then packed in boxes with dry salt; also hard-salted.
Dried: split, air-dried after salting; also whole.
Smoked:
Canned: pandressed, cut or uncut; also fillets; sometimes water, acid, salt or sodium glutamate added.
Semi-preserved: vinegar-cured.
Oil: body oil used as hardened oil for margarine and soap manufacture.
Bait:
See also + SAURY.

Commercialisé:
Frais:
Congelé:
Salé: non vidé, saumuré, puis mis en caisses avec du sel sec; également fortement salé.
Séché: tranché ou entier, salé et séché à l'air.
Fumé:
Conserve: coupé ou non et pané; en filets; parfois additionné d'eau, d'acide, de sel ou de glutamate de soude.
Semi-conserve: au vinaigre.
Huile: utilisée dans l'industrie de la margarine et du savon.
Appât:
Voir aussi + ORPHIE.

D Kurzschnabel-Makrelenhecht	**DK**		**E**
GR	**I** Aguglia saira		**IS**
J Samma	**N**		**NL**
P Sama	**S**		**TR** Zurna
YU	**FI** Saira		

---

672 PADDA (Malabar, India)   PADDA (Malabar, Inde) 672

Fish product consisting of slices of fish that have been dipped in paste of clarified butter or oil, with chillies, mustard and other spices and packed in jars.

Préparation faite de tranches de poisson plongées dans une pâte de beurre clarifié ou d'huile, et assaisonnée de piments, de moutarde ou atures épices, puis mise en bocaux.

P Pada

---

673 PADDLEFISH   SPATULE 673

POLYODONTIDAE

(Freshwater – U.S.A.)   (Eaux douces – E.U.)
Especially refers to *Polyodon spathula* en particulier
Also called SPOONBILLCATFISH, SPOONBILL CAT.

Marketed:
Smoked: pieces of skinned fillet, brined and hot-smoked.

Commercialisé:
Fumé: morceaux de filet sans peau, passés à la saumure et fumés à chaud.

D Löffelstör Paddelfisch	**DK** Skestør		**E** Pez espátula, sollo
GR	**I** Pesce spatola		**IS**
J	**N**		**NL** Lepelsteur
P Peixe-espatula	**S** Skedstör		**TR**
YU	**FI** Lapasampi		

---

674 PADEC (Laos)   PADEC (Laos) 674

Fermented fish paste made with rice husks.

Pâte de poisson fermenté, avec des cosses de riz.

675 PAINTED RAY   RAIE MÊLÉE 675

Raja microocellata

(Atlantic – Europe)   (Atlantique – Europe)

Also called OWL RAY, SMALL-EYED RAY.

PAINTED RAY may also refer to *Raja undulata*
(see + UNDULATE RAY).

See also + RAY and + SKATE.   Voir + RAIE.

D	Kleinäugiger Rochen	**DK**	Småøjet rokke	**E**	Raya
GR	Salahi	**I**	Razza	**IS**	
J		**N**		**NL**	Kleinoogrog
P	Paia-zimbreira	**S**	Småögd rocka	**TR**	
YU	Raža	**FI**	Palettirausku		

676 PAKSIW (Philippines)   PAKSIW (Philippines) 676

Gutted or ungutted fish, boiled with coconut or nipa vinegar, and other spices and simmered over a slow fire. The term is synonymous with + SINAENG (Philippines).

Poisson vidé ou non, cuit au court-bouillon avec du vinaigre de coco ou de nipa et d'autres épices, puis mijoté à feu doux. Le terme est synonyme de + SINAENG (Philippines).

677 PALE CURE (U.K.)   HADDOCK 677

Haddock split as for + EYEMOUTH CURE, light-salted and lightly cold-smoked; also called PALE; + FINNAN HADDOCK, + GLASGOW PALE.

Églefin tranché comme pour la préparation du + HADDOCK EYEMOUTH, légèrement salé et légèrement fumé à froid; voir aussi + FINNAN HADDOCK, + GLASGOW PALE.

678 PALE SMOKED RED (U.K.)   678

Light smoked + RED HERRING, similar to + SILVER CURED HERRING.

+ HARENG ROUGE légèrement fumé, semblable au + SILVER CURED HERRING.

D		**DK**		**E**	Arenque rojo, ligeramente ahumado
GR		**I**	Aringa rossa leggermente affumicata	**IS**	
J		**N**		**NL**	Lichtgerookte zilverharing
P	Arenque ligeiramente fumado	**S**		**TR**	
YU		**FI**			

679 PANDORA   PAGEOT COMMUN 679

Pagellus erythrinus

(Mediterranean)   (Méditerranée)

Also called BECKER, KING OF THE BREAMS, SPANISH SEA BREAM.

Appelé aussi PAGEOT ROUGE.

See also + SEA BREAM.   Voir aussi + DORADE.

D	Rotbrassen	**DK**	Rød blankesten	**E**	Breca, pajel
GR	Lithríni	**I**	Pagello fragolino	**IS**	
J		**N**	Pagell	**NL**	Zeebrasem
P	Bica	**S**	Röd pagell	**TR**	Mandagöz mercan, kırma, mercan
YU	Rumenac	**FI**	Punapagelli		

680 PAPILLON (France)   PAPILLON 680

Trade name for salted cod of a weight less than 400 g at the time of landing.

Nom que l'on donne à la morue salée à bord, d'un poids inférieur à 400 g au moment de son arrivée à terre.

681 PARR

Young salmon before it leaves freshwater for the sea.

- D Salmling
- GR
- J Ginkeyamame
- P Salmão pequeno
- YU
- DK
- I
- N Parr (smolt)
- S Stirr
- FI Jokipoikanen

PARR 681

Jeune saumon avant qu'il ne quitte l'eau douce pour la mer.

- E Salmon joven
- IS Laxaseiði
- NL Zalmbroed
- TR

682 PARROT-FISH

SCARIDAE

(Cosmopolitan)
Various species in the tropical Atlantic, and one at least of commercial interest in the Mediterranean.

- D Papageifisch, Seepapagei
- GR Scaros
- J Budai
- P Peixe-papagaio
- YU Papigača
- DK Papegøjefisk
- I Pesci pappagallo
- N
- S Papegojfisk
- FI Papukaijakala

PERROQUET 682

(Cosmopolite)
Il en existe plusieurs espèces dans l'Atlantique tropical et une au moins présentant un interêt commercial en Méditerranée.

- E Vieja
- IS
- NL Papegaaivis
- TR Iskaroz

683 PASTEURISED FISH

Fish and seafood packed in cans, glass jars or other containers, absolutely airtight, preserved by heating at temperatures below 100°C (212°F) for a limited time; to be chill stored.

In some countries the term +SEMI-PRESERVES comprises pasteurized fish.
See also + IRRADIATION.

- D
- GR
- J
- P Peixe pasteurizado
- YU
- DK Pasteuriseret fisk
- I Pesce pastorizzato
- N Pasteurisert fisk
- S Pastöriserad fisk
- FI Pastöroitu kalasäilyke

POISSON PASTEURISÉ 683

Poisson et autres animaux marins mis en boîtes métalliques, bocaux de verre ou autres récipients hermétiquement fermés, conservés par la chaleur à une température d'environ 100°C (212°F) pour un temps limité; doit être entreposé au froid.

Dans quelques pays le terme +SEMI-CONSERVES s'applique aussi au poisson pasteurisé.
Voir aussi + IRRADIATION.

- E Pescado pasteurizado
- IS
- NL Gepasteuriseerdevis
- TR Pastörize balık

684 PASTEURISED GRAIN CAVIAR

Caviar, packed with brine formed during salting into cans which are then pasteurised several times; no preservative added.
See + CAVIAR.

- D
- GR Chaviari pasteurioméno
- J
- P Caviar pasteurizado
- YU Pasterizirani zrnati kavijar
- DK Pasteuriseret kavair
- I Caviale pastorizzato
- N
- S Pastöriserad kaviar
- FI Pastöroitu kaviaarisäilyke

CAVIAR EN GRAINS PASTEURISÉ 684

Caviar mis en boîtes avec la saumure de salage, puis pasteurisé à plusieurs reprises; sans antiseptique.
Voir + CAVIAR.

- E Caviar pasteurizado
- IS Gerilsneyddur kavíar
- NL Gepasteuriseerde kaviaar in pekel
- TR

685 PATIS (Philippines)

Free liquid extracted during fermentation of + BAGOONG and used as a sauce.
Similar product in Japan is + SHOTTSURU.

NL Petis

PATIS (Philippines) 685

Liquide extrait pendant la fermentation du + BAGOONG et utilisé comme sauce.
Produit semblable au Japon; le + SHOTTSURU.

685.1 PAUA

Haliotis iris

(New Zealand)
Also called BLACKFOOTED PAUA, RAINBOW PAUA, the largest and most common species; the YELLOWFOOTED or QUEEN PAUA is only marginally commercial at present.

PAUA

(Nouvelle-Zélande)

[CONTD.]

685.1 PAUA (Contd.)

Marketed:
Live and as chilled or frozen meat. Also dried or smoked meat.
Canned: bleached meat in brine.
Shells: the iridescent nacreous layer is a valuable material used in New Zealand jewellery and in decorative inlay work.

See also + ABALONE.

PAUA (Suite) 685.1

Commercialisé:
Vivant et sous forme de viande sur glace ou congelée. Aussi séchée ou fumée.
En conserve: chair, en saumure.
Coquilles: la couche de nacre irisée est utilisée en bijouterie et en décoration.

Voir aussi + ORMEAU.

686 PEARL — PERLE 686

(i) Iridescent, nacreous concretion composed mostly of calcium carbonate formed inside the shell of certain pearl-bearing molluscs; when formed as part of the shell, is described as a BLISTER PEARL.

(i) Concrétion chatoyante de nacre composée principalement de carbonate de calcium, formée à l'intérieur de certains mollusques; lorsque la perle fait partie de la coquille même, on la nomme PERLE BAROQUE.

D	Perle	**DK**	Perler	**E**	Perla
GR	Margaritári	**I**	Perla	**IS**	Perla
J	Shinju	**N**	Perle	**NL**	Parel
P	Pérola	**S**	Pärla	**TR**	İnci
YU	Biser	**FI**	Helmi		

(ii) Term also employed for + BRILL.

687 PEARL ESSENCE — ESSENCE D'ORIENT 687

Liquid suspension of particles of guanin, the lustrous material extracted from scales of fish such as herring, sardine or their swim bladders. Also various other species, e.g. argentine, sturgeon.

Suspension de particules de guanine, matière brillante extraite des écailles de poissons tels que: hareng, sardine, ou de leurs vessies natatoires, et d'autres espèces comme l'argentine, l'esturgeon, etc.

D	Perlessenz	**DK**	Perlemorsessens	**E**	Esencia de perla
GR		**I**	Essenza perlifera	**IS**	Perlukjarni
J	Gyorimpaku	**N**	Perleessens	**NL**	Viszilver
P	Essência de pérola	**S**	Pärlessens	**TR**	
YU	Biserna esencija	**FI**	Helmiesanssi		

688 PEDAH (Thailand) — PEDAH (Thaïlande) 688

Salted fish of *Scomber* spp. Ripened by fermentation.
Similar product in Japan + SUSHI.

Poisson salé des espèces *Scomber* et laissé à fermenter.
Produit semblable au Japon, le + SUSHI.

688.1 PELAGIC ARMOURHEAD 688.1

PSEUDOPENTACEROS spp.

Pseudopentaceros wheeleri or/ou *Pseudopentaceros pectoralis*
(North Pacific)

Pseudopentaceros richardsoni
(Southern Hemisphere)

Also known as SOUTHERN BOARFISH (family *Pentacerotidae*).

D		**DK**		**E**	
GR		**I**		**IS**	
J	Kusakaritsubodai	**N**		**NL**	
P		**S**		**TR**	
YU		**FI**			

688.2 PELAGIC FISH — POISSON PELAGIQUE 688.2

Those species of fish which normally occur in the upper part of the water column.

Espèces de poisson qui apparaissent normalement dans la partie supérieure de la colonne d'eau.

689 PERCH

PERCHE 689

PERCIDAE

(Freshwater – Cosmopolitan)
Also called DARTER.
These include also *Stizostedion* spp. (see + PIKE PERCH).

(Eaux douces – Cosmopolite)

Celles-ci comprennent les espèces *Stizostedion* (voir + SANDRE).

Perca fluviatilis

(i) (a) (Europe)

(a) (Europe)

Perca flavescens

   (b) + YELLOW PERCH
   (N. America)

(b) + PERCHE CANADIENNE
(Amérique du Nord)

D	Barsch, Flussbarsch (a)	DK	Aborre	E	Perca
GR	Pérca chaní	I	Pesce, persico, perca	IS	Aborri
J		N	Abbor, åbor	NL	Baars
P	Perca	S	Abborre	TR	Tatlısu levregi
YU	Grgeč	FI	Ahven		

Plectroplites ambiguus

(ii) GOLDEN PERCH
   (Australia)
   Marketed as fresh fish.

(Australie)
Commercialisé frais.

(iii) Name might also refer to + CUNNER (*Tautogolabrus adspersus*) belonging to the family *Labridae*.

(iv) OCEAN PERCH or SEA PERCH might also apply to a number of the smaller species in the family *Serranidae* (see + SEA BASS).

(iv) OCEAN PERCH ou SEA PERCH (anglais) peut aussi s'appliquer à un nombre d'espèces plus petites de la famille des *Serranidae* (voir + SERRANIDE).

690 PERIWINKLE

BIGORNEAU 690

Littorina littorea

(Atlantic – Europe)

(Atlantique – Europe)

Also called BUCKIE (Scotland) or WHELK (Scotland), both names applying also to *Buccinum undatum* (see + WHELK).

Marketed fresh (in shell, cooked or uncooked).
See also + WINKLE.

Commercialisé frais (en coquilles, cuit ou cru).
Voir aussi + BIGORNEAU.

D	Strandschnecke	DK	Strandsnegl	E	Bígaro
GR		I	Chiocciola di mare	IS	Fjöru doppa
J	Tamakibi	N	Strandsnegl, purpursnegl	NL	Alikruik kreukel
P	Burrié, burrelho	S	Strandsnäcka	TR	
YU	Pužić morski	FI	Rantakotilo, litorinakotilo		

691 PETRALE SOLE

CARLOTTIN PÉTRALE 691

Eopsetta jordani

(Pacific – N. America)

(Pacifique – Amérique du Nord)

Also called + BRILL which properly refers to *Scophthalmus rhombus*.

Marketed fresh or frozen (fillets).

Commercialisé frais ou surgelé (en filets).

692 PICAREL

PICAREL 692

Generally refers to species of the family *Centracanthidae* (*Maenidae*).
(Atlantic – Europe/Africa).
Also known as SMARE.

Désigne de façon générale les espèces de la famille *Centracanthidae* (*Maenidae*).
(Atlantique – Europe/Afrique).
Aussi appelé MENDOLE.

D	Laxierfisch	DK		E	Caramel, chucla
GR	Marída	I	Zerro, mennola	IS	
J		N		NL	
P	Trombeiro	S		TR	Izmarit
YU	Gera, modrak	FI			

693 PICKED DOGFISH

Squalus acanthias

Most seas apart from the tropics.

In North America commonly referred to as SPINY or SPRING DOGFISH; also known as COMMON SPINY FISH; also called PIKED DOGFISH, BLUE DOG, DARWEN SALMON, SPURDOG, ROCK SALMON.

The most common of the species handled in U.K. under the general description of dogfish (see +DOGFISH).

Marketed:

Fresh: whole, gutted, skinned and headed; in Germany also skinned dorsal muscle (called "SEEAAL"). In France, headed, gutted and skinned fish called "saumonette".

Frozen: whole, gutted, skinned and headed.

Smoked: hot-smoked dorsal muscle as "SEEAAL" (Germany); hot-smoked, skinned belly walls as "SCHILLERLOCKEN", also packed with edible oil and canned.

Semi-preserved: in jelly ("SEEAAL IN GELEE").

Liver: used for production of liver oil.

Skin: used for leather preparation.

AIGUILLAT COMMUN 693

La plupart des mers sauf en provenance des tropiques.

Appelé aussi AIGUILLAT TACHETÉ, AIGUILLAT COMMUN.

Peut être commercialisé sous les nom d'AIGUILLAT, CHIEN, SAUMONETTE (état pelé).

La plus commune des espèces, connues en France, sous le nom général de "CHIEN DE MER" (voir +AIGUILLAT).

Commercialisé:

Frais: entier, vidé, dépouillé et étêté; en Allemagne, également muscles dorsaux, sans peau (appelés "SEEAAL"). En France, poisson étêté vidé et sans peau appelé "saumonette".

Congelé: entier, vidé, dépouillé et étêté.

Fumé: muscles dorsaux (en Allemagne; "SEEAAL") fumés à chaud; parois abdominales dépouillées ("SCHILLERLOCKEN") fumées à chaud, également recouvertes d'huile et mises en boîtes.

Semi-conserve: en gelée ("SEEAAL IN GELEE").

Foie: on en extrait l'huile.

Peau: utilisée pour la préparation de cuir.

D	Dornhai, Dornfisch	DK	Pighaj	E	Mielga, galludo
GR	Skylópsaro, kokálas, kedróni	I	Spinarolo	IS	Háfur
J	Aburatsunozame, tsunozame	N	Pigghå	NL	Doornhaai
P	Galhudo, malhado melga	S	Pigghaj	TR	Mahmuzlu camgöz
YU	Pas kostelj	FI	Piikkihai		

694 PICKEREL

(i) Name might refer to species of the family *Esocidae* (see +PIKE).

(ii) Name might also refer to *Stizostedion* spp. (see +PIKE-PERCH), belonging to the family *Percidae* (see +PERCH).

694

Le nom "PICKEREL" (anglais) s'applique aux;

(i) *Esocidae* (voir +BROCHET).

(ii) *Stizostedion* sp. de la famille *Percidae* (voir +SANDRE).

TR Turna

695 PICKLE CURED FISH

Fish that have been treated with salt in a watertight container so that the fish are cured in the pickle that is formed; to be distinguished from +DRY SALTED FISH; synonymous term is: WET SALTED FISH.

A number of alternative names used; BRINE CURED FISH, WET CURED FISH, BRINE PACKED FISH, PICKLE SALTED FISH, BUTT SALTED FISH, TANK SALTED FISH, BUTT CURE, BARRELLED SALTED COD in Canada; see also +GASPÉ CURE, +FALL CURE.

See also +SALT CURED FISH which is a more general term for fish cured by salt.

POISSON EN SAUMURE 695

Poisson traité au sel dans un récipient étanche de sorte qu'il macère dans la saumure ainsi formée (à distinguer de +POISSON SALÉ À SEC).

Voir aussi +GASPÉ CURE, +FALL CURE.

Voir aussi +POISSON SALÉ qui s'applique de façon générale au oisson traité par le sel.

D	Gepökelter Fisch	DK	Lagesaltet fisk	E	
GR	Psari pasto se vareli	I	Pesce salato in barile	IS	Pækilsaltaður fiskur
J	Tanku-zuke, kairyô-zuke	N	Fisk saltet i tønner eller kummer	NL	Vis in pekel, gepekelde vis
P	Peixe tratado em salmoira	S	Fatsaltad fisk, lakesaltad fisk	TR	
YU		FI	Tynnyrisuolattu kala		

696 PICKLED GRAINY CAVIAR   CAVIAR EN GRAINS SAUMURÉ 696

Caviar that has been immersed in a saturated salt brine pickle before packing.

Caviar qui a été mis dans une saumure concentrée avant la mise en bocaux.

- D
- GR
- J
- P Caviar salmourado
- YU

- DK
- I Caviale marinato
- N
- S
- FI Kovasuolattu kaviaari

- E Caviar escabechado
- IS Salthrogn
- NL Kaviaar gedompeld in pekel
- TR

697 PICKLED HERRING   HARENG SAUMURÉ 697

Gutted herring, dry salted in barrels to cure in the pickle that is formed; for a mild cure the pickle is maintained at 90° brine strength; for hard cure, maintained at 100°: +SCOTCH CURED HERRING, +ALASKA SCOTCH CURED HERRING.

Hareng vidé, salé à sec en barils de façon à macérer dans la saumure ainsi formée; selon que la maturation désirée est moyenne ou forte, la saumure est maintenue respectivement à 90° ou à 100° de saturation; voir aussi +SCOTCH CURED HERRING, +ALASKA SCOTCH CURED HERRING.

- D Salzhering aus dem Fass
- GR
- J
- P Arenque em salmoira
- YU Soljena heringa, marinirana heringa

- DK Saltsild
- I Aringa marinata
- N Saltsild
- S Saltad sill
- FI Suolasilli

- E Arenque escabechado
- IS Saltsíld
- NL Pekelharing
- TR

698 PICKLED SALMON   SAUMON SAUMURÉ 698

(i) Pacific salmon, washed, headed, split and pickle cured before packing in barrels; also called HARD SALTED SALMON; see +SALMON.

(i) Saumon du Pacifique lavé, étêté, tranché et salé à sec avant la mise en barils; appelé aussi SAUMON FORTEMENT SALÉ; voir +SAUMON.

- D
- GR
- J
- P Salmão em salmoira
- YU Soljeni losos, marinirani losos

- DK
- I Salmone marinato
- N Saltet laks
- S Saltad lax
- FI Suolalohi

- E Salmon escabechado
- IS Saltlax
- NL Gezouten zalm
- TR

(ii) Pieces of salmon fillet salted and cooked with vinegar and spices and packed in glass jars.

(ii) Morceaux de filets de saumon salés et cuits avec du vinaigre et des épices, puis mis en bocaux.

699 PICTON HERRING   SARDINOPS D'AUSTRALIEN 699

Sardinops neopilchardus

(Australia/New Zealand)
Now called +PILCHARD.

(Australie/Nouvelle-Zélande)
Appelé maintenant +PILCHARD (anglais).

- D Australische Sardine
- GR
- J
- P Sardinopa da Australia
- YU

- DK
- I Sardina australiana
- N
- S Australisk sardin
- FI Australian sardiini

- E
- IS
- NL
- TR

700 PIDDOCK   700

PHOLAS spp.

(Cosmopolitan)
Mollusc.

(Cosmopolite)
Mollusque.

- D Bohrmuschel
- GR Solinas
- J Kamomegai
- P Taralhão
- YU

- DK Knivmusling
- I Folade
- N
- S Borrmussla
- FI Nävertäjäsimpukka

- E
- IS
- NL Boormossel
- TR Folas

701 PIGFISH   GORET MULE 701
Orthopristis chrysoptera

(Atlantic – U.S.A.)

In the southern hemisphere, usually applied to the family *Congiopodidae*, including the SOUTHERN PIGFISH (*Congiopodus leucopaecilus*) of New Zealand. Also used for the +WRASSE (*Bodianus oxycephalus*), family *Labridae* of the Pacific Ocean.

Belonging to the family *Pomadasyidae* (see +GRUNT).

(Atlantique – E.U.)

Dans l'hémisphère sud, s'applique à la famille des Congiopodidae qui comprend le SOUTHERN PIGFISH (anglais) (*Congiopodus leucopeacilus*) de Nouvelle-Zélande. Utilisé également pour +LABRE (*Bodianus oxycephalus*), famille des Labridae, de l'Océan Pacifique.

De la famille des *Pomadasyidae*.

702 PIGMY WHALE   702
Carperea marginata

(Southern Seas)

No commercial importance.

(Mers du Sud)

Sans importance commerciale.

D Zwergglattwal
GR
J Kosemikujira
P
YU

DK
I Balena pigmea
N Dvergretthval
S
FI

E
IS Dverghvalur
NL Dwergwalvis
TR

703 PIKE-PERCH   SANDRE 703

(Freshwater – Europe/N. America)

General name for *Lucioperca* and *Stizostedion* spp. (also known as +PICKEREL); belong to the family *Percidae* (see +PERCH).

(Eaux douces – Europe/Amérique du Nord)

Terme appliqué généralement aux *Lucioperca* et *Stizostedion* spp.; de la famille des *Percidae* (voir +PERCHE).

Stizostedion lucioperca

(a) PIKE-PERCH
(Europe)
Also called PERCH-PIKE.

(a) SANDRE
(Europe)

Stizostedion canadense

(b) +SAUGER
(Canada)

(b) +SANDRE CANADIEN
(Canada)

Stizostedion vitreum vitreum

(c) +WALLEYE
(N. America)

(c) +DORÉ JAUNE
(Amérique du Nord)

Stizostedion vitreum glaucum

(d) BLUE PIKE
(N. America)

(d) DORÉ BLEU
(Amérique du Nord)

Marketed:

Marketed fresh or frozen (whole gutted or fillets); also canned (U.S.S.R.).

Commercialisé:

Commercialisé frais ou congelé (entier, vidé ou filets); en conserve (U.R.S.S.).

D Hechtbarsch, Zander
GR
J
P Lúcio perca
YU Smud

DK Sandart
I Lucioperca, sandra
N Gjørs
S Abborrfisk, (a) Gös
FI (a) Kuha

E
IS
NL (a) Snoekbaars
TR Levrek, sudak

704 PIKE   BROCHET 704
ESOCIDAE

(Freshwater – Europe/N. America)

Also referred to as PICKEREL (N. America).

(Eaux douces – Europe/Amérique du Nord)

Esox lucius

(a) NORTHERN PIKE
(Europe/N. America)
Also called JACKFISH.

(a) BROCHET DU NORD
(Europe/Amérique du Nord)

Esox americanus vermiculatus

(b) GRASS PICKEREL
(N. America)

(b) BROCHET VERMICULE
(Amérique du Nord)

[CONTD.]

704 PIKE (Contd.)

Esox masquinongy

(c) MUSKELLUNGE
(N. America)
Also spelt MASKINONGE.

Esox niger

(d) CHAIN PICKEREL
(N. America)
Marketed fresh or frozen (whole gutted and fillets); also canned (U.S.S.R.).

D Hecht, (a) Flusshecht	**DK** Gedde	
GR Toúrna	**I** Luccio	
J Kawakamasu	**N** Gjedde	
P Lúcio	**S** Gädda	
	(a) Gädda	
	(b) Maskalungen	
YU Štuka	**FI** (a) Hauki	
	(c) Jättihauki	
	(d) Mustahauki	

BROCHET (Suite) **704**

(c)
(Amérique du Nord)

(d) BROCHET MAILLÉ
(Amérique du Nord)
Commercialisé frais ou congelé (entier vidé et en filets); également en conserve (U.R.S.S.).

E Lucio
IS Gedda
NL (a) Snoek
TR Turna balığı

705 PILCHARD

Sardina pilchardus

(a) PILCHARDS/SARDINE
(Atlantic – Europe)

Sardinops caerulea

(b) +CALIFORNIAN PILCHARD
(Pacific)

Sardinops sagax

(c) +CHILEAN PILCHARD
(Pacific – S. America)

Sardinops melanosticta

(d) +JAPANESE PILCHARD
(Japan)

Sardinops ocellata

(e) +SOUTH AFRICAN PILCHARD
(Atlantic – W. Africa)

Sardinops neopilchardus

(f) +PILCHARD/+PICTON HERRING
(Australia/New Zealand)

In the U.K. (b), (c) and (d) may be marketed as PACIFIC PILCHARD and (e) as SOUTH ATLANTIC PILCHARD.

Marketed:
Fresh:
Frozen: fillets (South Africa).
Smoked: as for kippers (South Africa).
Salted: split, salted and pressed; whole or split, pickle-salted; dry-salted in barrels and pressed to one third of their original volume, additional quantities added, etc.; see +PRESSED PILCHARD.
Dried: salted and dried, gutted or ungutted, gibbed or split (Japan); tunnel-dried (South Africa).
Canned: headed, tailed, gutted or as fillets; like canned herring products in various sauces or edible oil; also seasoned meat (Japan).
Semi-preserved: vinegar- or spice-cured (Japan).
Meal and oil: main outlet for Pacific spp.

SARDINE/SARDINOPS 705

(a) SARDINE COMMUNE
(Atlantique – Europe)
Peut être commercialisée sous le nom de sardine ou célan quand son poids est supérieur à 50 g.

(b) +SARDINE DU PACIFIQUE
(Pacifique)

(c) +SARDINOPS DU CHILI
(Pacifique – Amérique du Sud)

(d) +SARDINOPS DU JAPON
(Japon)

(e) +SARDINOPS d'AFRIQUE DU SUD
(Atlantique – Afr. Occ.)

(f) PILCHARD/+SARDINOPS D'AUSTRALIEN
(Australie/Nouvelle-Zélande)

Commercialisé:
Frais:
Congelé: filets (Afrique du Sud).
Fumé: comme les kippers (Afrique du Sud).
Salé: tranché, salé et pressé; entier ou tranché, salé à sec; salé à sec en barils et pressé au tiers du volume original auquel on ajoute une quantité de poisson salé, pressé, etc. Voir +PILCHARD PRESSÉ.
Séché: vidé ou non, éviscéré ou tranché puis salé et séché (Japon); séchage en tunnel (Afrique du Sud).
Conserve: sans tête ni queue, vidé, ou en filets; en différentes sauces ou à l'huile comme le hareng; chair assaisonnée (Japon).
Semi-conserve: au vinaigre ou aux épices (Japon).
Farine et huile: principaux débouchés pour les espèces du Pacifique.

[CONTD.]

705 PILCHARD (Contd.)

Note: The species *Sardina pilchardus* is designated by both "Pilchard" and "Sardine" (see + SARDINE). Generally "Pilchard" refers to the bigger size species. In France the term "pilchards" is reserved for spp. of the Clupeid family of more than 50 g (or less than 20 per kg) if canned with oil and tomato sauce (e.g. "HARENG PILCHARD").

PILCHARD (Suite) 705

Note: L'espèce *Sardina pilchardus* peut être désignée soit par "Pilchard" soit par "Sardine" mais le "Pilchard" est généralement plus grand. En France "Pilchard" désigne uniquement les espèces des Clupéidès de plus de 50 g (soit moins de 20 par kg) s'ils sont en conserve avec de l'huile et de la sauce tomate (ex. "HARENG PILCHARD").

D Pilchard, Sardine	**DK** Sardin	**E** Sardina/pilchards	
GR Sardélla	**I** Sardina	**IS** Sardína	
J Iwashi, maiwashi	**N** Sardin	**NL** Pelser, Sardien	
P (a) Sardinha	**S** Sardiner	**TR** Sardalyo	
(b–f) Sardinopa			
YU Srdela	**FI** Sardiini		

706 PILOT FISH   **POISSON PILOTE 706**

Naucrates ductor

(Atlantic/Pacific – Europe/N. America)

(Atlantique/Pacifique – Europe/Amérique du Nord)
Aussi appelé FANFRE (Canada).

Naucrates indicus

(Indian Ocean)
Belongs to the family *Carangidae* (see + JACK, + SCAD or + POMPANO).

(Océan indien)
De la famille des *Carangidae* (voir + CARANGUE, + SAUREL et + POMPANO).

D Lotsenfisch	**DK** Lodsfisk	**E** Pez piloto
GR Gofari, kolaoúzos	**I** Pesce pilota	**IS** Lóðsfiskur
J Burimodoki	**N** Losfisk	**NL** Loodsmannetje
P Peixe-piloto	**S** Lotsfisk	**TR** Kılavuz balığı, malta palamutu
YU Pratibrod, fanfan	**FI** Luotsikala	

707 PILOT WHALE   **GLOBICÉPHALE 707**

GLOBICEPHALA spp.

(Cosmopolitan)

(Cosmopolite)

Globicephala melaena

(N. Atlantic species)
Captured commercially, for example Faroes.
See also + WHALES.

(Atlantique Nord)
Exploitée aux Iles Féroé.
Voir aussi + BALEINES.

D Grindwale	**DK** Grindehval	**E** Calderón
GR	**I** Globicefalo	**IS** Marsvín, grindhvalur
J Ma-gondo	**N** Grindhval	**NL** Griend
P Boca de-panela	**S** Grindval	**TR**
YU	**FI** Grindvalas	

708 PINDANG (Indonesia)   **PINDANG (Indonésie) 708**

Ungutted small fish or chunks of bigger fish, usually of mackerel or tuna families, salted and boiled or steamed.

Petits poissons non vidés ou tronçons de poissons plus gros, généralement de la famille du maquereau ou du thon, salés et cuits à l'eau ou passés à la vapeur.

709 PINFISH   **SAR SALÈME 709**

Lagodon rhomboides

(Atlantic – N. America)
Also called BREAM or SALT-WATER BREAM.
Belongs to the family *Sparidae* (see + SEA BREAM).

(Atlantqiue – Amérique du Nord)
De la famille des *Sparidae* (voir + DORADE).

709.1 PINK MAOMAO   **709.1**

Caprodon longimanus

(Indo-Pacific)
Also called LONGFIN.
A member of the + SEA BASS family *Serranidae*.

(Indo-Pacifique)
Membre des + SERRANIDE de la famille des *Serranidae*.

201

710 PINK SALMON
SAUMON ROSE 710

Oncorhynchus gorbuscha

(Pacific)
Smallest of the five PACIFIC SALMON (see + SALMON).
Also called HUMPBACK SALMON or GORBUSCHA.
Almost the entire catch is canned: some quantities hard salted like + COHO.

(Pacifique)
La plus petite des cinq espèces de SAUMON du PACIFIQUE (voir + SAUMON).
Presque toute la production est mise en conserve: certaines quantitiés sont fortement salées comme le + SAUMON ARGENTÉ.

D	Buckellachs	**DK**		**E**	Salmon rosado
GR	Solomós	**I**	Salmone rosa	**IS**	Bleiklax, hnúðlax
J	Sepparimasu, masu, karafutomasu	**N**	Pukkellaks	**NL**	Pink zalm, rode zalm
P	Salmão-rosa	**S**	Puckellax	**TR**	Pembe alabalık
YU		**FI**	Kyttyrälohi		

711 PINK SHRIMP
CREVETTE ROSE 711

The name "CREVETTE ROSE" (French) applies to *Palaemon serratus* (+ COMMON PRAWN).

Le terme CREVETTE ROSE s'applique en France à *Palaemon serratus* (+ COMMON PRAWN en anglais).

The name PINK SHRIMP is used for a number of species in different parts of the oceans:

Le terme "PINK SHRIMP" (anglais) s'applique à plusieurs espèces dans différentes parties des océans:

Pandalus montagui

(a)
(N.E. Atlantic/Mediterranean – Europe)

(a) CREVETTE ÉSOPE
(Atlantique N.E./Méditerranée – Europe)

Pandalus jordani

(b)
(N.E. and S.E. Pacific – America)

(b) CREVETTE OCÉANIQUE
(Pacifique N.E. et S.E. – Amérique)

Pandalus borealis

(c) (N. Atlantic/Pacific/Japan).
Also called + DEEP-WATER PRAWN.

(c) (Atlantique nord/Pacifique, Japon)
Appelé aussi + CREVETTE D'EAU PROFONDE

Penaeus duorarum

(d)
(S.W. and S.E. Atlantic/Mexican Gulf – America/Africa)

(d) CREVETTE ROCHÉ DU NORD
(Atlantique S.O. et S.E./Golfe du Mexique – Amérique/Afrique)

Penaeus brevirostris

(e)
(Pacific – S. America)

(e) CREVETTE CRISTAL
(Pacifique – Amérique du Sud)

In the U.K. the name PINK SHRIMP also refers to *Dichelopandalus bonnieri*.
See also + SHRIMP.

Au Royaume-Uni, le nom CREVETTE ROSE se réfère aussi au *Dichelopandalus bonnieri*.
Voir aussi + CREVETTE.

D	Tiefseegarnele, Teifseekrabbe	**DK**	Reje	**E**	Gamba rosada
GR	Garída kókkini	**I**	Gambero di fondale	**IS**	Rækja
J	Hokkai-ebi, toyamaebi	**N**	Reke	**NL**	Garnaal
P	Camarão-rosa	**S**	Räka	**TR**	Pembe karides
YU	Kozica	**FI**	Katkarapu		

712 PIPER
GRONDIN LYRE 712

Trigla lyra

(Atlantic)
(i) Recommended trade name + GURNARD.
See also + GURNARD.
(ii) In New Zealand PIPER is used as an alternative name for the GARFISH or + HALFBEAK (*Hyporhamphus ihi*).

(Atlantique)
(i) Voir + GRONDIN.
(ii) En Nouvelle-Zélande le PIPER (anglais) est utilisé comme nom du + DEMI-BEC (*Hyporhamphus ihi*).

D	Leyer-Knurrhahn	**DK**		**E**	Garneo
GR	Kapóni	**I**	Capone lira	**IS**	Urrari
J		**N**	Knurr	**NL**	
P	Cabra-lira	**S**	Lyrknot	**TR**	Öksüz
YU	Lastavica-koste jača, kokot krkaja	**FI**	Piikikurnusimppu		

712.1 PIPI

(Australia)
(family *Donaciidae*)

(New Zealand)
(family *Mesodesmatidae*)

In New Zealand, PIPI may also refer to small shallow water clams, particularly the TUATUA (*Paphies subtriangulatum*) and the so-called +COCKLE (*Austrovenus stutchburyi*).
Marketed fresh, live.

Plebidonax deltoides

Paphies australis

712.1

(Australie)
(famille des *Donaciidae*)

(Nouvelle-Zélande)
(famille des *Mesodesmatidae*)

En Nouvelle-Zélande PIPI (anglais) se rapporte aussi aux petites clams, en particulier TUATUA (anglais) (*Paphies subtriangulatum*) et l'espèce +COQUE (*Austrovenus stutchburyi*).
Commercialisé frais, vivant.

713 PISSALA (France)

Variety of +GARUM made in Nice area of France.

See +POUTINE.

PISSALA 713

Variante du +GARUM, préparée dans la région de Nice (France).

Voir +POUTINE.

D		DK		E	
GR		I	Pissala	IS	
J		N		NL	
P	Pissala	S	Pissala	TR	
YU		FI			

714 PLAICE

Pleuronectes platessa

PLIE ou CARRELET 714

(a) EUROPEAN PLAICE
(Atlantic – Europe)
Also called HEN FISH, PLAICE-FLUKE.

Marketed:
Live: on ice, as live handled fish, must not have passed rigor mortis (Germany).
Fresh: gutted; fillets.
Frozen: gutted; fillets.
Smoked: ungutted or pieces, hot-smoked.

(a) CARRELET (ou PLIE)
(Atlantique – Europe)

Commercialisé:
Vivant: et n'ayant pas atteint le "rigor mortis".
Frais: vidé, en filets.
Congelé: vidé, en filets.
Fumé: à chaud; entier non-vidé ou morceaux.

D	Scholle, Goldbutt	DK	Rødspætte	E	Solla
GR	Glossáki-chomatída	I	Passera	IS	Skarkoli
J		N	Rødspette, gullflyndre	NL	Schol
P	Solha	S	Rödspätta, rödspotta	TR	Pisi balığı
YU	Iverak	FI	Punakampela		

Pleuronectes quadrituberculatus

(b) ALASKA PLAICE
(Pacific – N. America)

(b) PLIE D'ALASKA
(Pacifique – Amérique du Nord)

Hippoglossoides platessoides

(c) See also +AMERICAN PLAICE
(Atlantic – N. America)
Belongs to the same family *Pleuronectidae*.

(c) +BALAI
(Atlantique – Amérique du Nord)
Qui appartient aussi à la famille des *Pleuronectidae*.

S Lerskädda, lerflundra, glipskädda

715 PLAIN BONITO

Orcynopsis unicolor

PALOMETTE 715

(i) (E. Atlantic/Mediterranean)
Also called PLAIN PELAMIS. Caught in Spain and Morocco; marketed similar to +TUNA. See also +BONITO.

(i) (Atlantique Est/Méditerranée)
Pêché en Espagne et au Maroc; commercialisé comme le +THON.
Voir aussi +BONITE.

[CONTD.]

715 PLAIN BONITO (Contd.)

- **D** Einfarb-Pelamide
- **GR** Palamída monóchromi
- **J**
- **P** Palmeta, Palometa
- **YU** Pastirica atlantska
- **DK** Ustribet pelamide
- **I** Palamita bianca
- **N** Ustripet pelamide
- **S** Ostrimmig pelamid
- **FI** Juoraton sarda

PALOMETTE (Suite) 715

- **E** Tasarte
- **IS**
- **NL** Bonito
- **TR**

(ii) Name might also refer to + FRIGATE MACKEREL (*Auxis thazard*), which belongs to the same family of *Scombridae*.

716 PLA-RA (Thailand)

Headed, gutted fish or pieces of fish salted and then fermented.

PLA-RA (Thaïlande) 716

Poissons étêtés et vidés ou morceaux de poissons salés, puis fermentés.

717 PLA THU NUNG (Thailand)

Gutted fish, salted and then boiled in saturated brine.

See also + SHAKEII (Taiwan).

PLA THU NUNG 717 (Thaïlande)

Poisson vidé, salé et ensuite bouilli dans une saumure saturée.

Voir aussi + SHAKEII (Formose).

718 PODPOD (Philippines)

Boiled, smoked, seasoned fish product.

PODPOD (Philippines) 718

Produit fait de poisson cuit à l'eau, fumé et assaisonné.

719 POLAR COD

Boreogadus saida

(Atlantic/Pacific – N. America)
Also called ARCTIC COD.
See + COD.

- **D** Polardorsch
- **GR**
- **J**
- **P** Bacalhau polar
- **YU**
- **DK** Polartorsk, uvak
- **I**
- **N** Polartorsk
- **S** Polartorsk
- **FI** Jäämerenseiti

MORUE POLAIRE 719

(Atlantique/Pacifique – Amérique du Nord)

Voir + CABILLAUD.

- **E**
- **IS** Ískóð
- **NL** Arctische kabeljauw, poolkabeljauw
- **TR**

720 POLLACK

Pollachius pollachius or/ou *Gadus pollachius*

(North Atlantic)
Also called CALLAGH, DOVER HAKE, GRASS WHITING, GREENFISH, LYTHE, MARGATE HAKE, POLLOCK.

Marketed:
Fresh: whole gutted; fillets.
Salted: like + SAITHE, also for + SEELACHS IN OEL.

- **D** Pollack
- **GR** Bakaliaros
- **J**
- **P** Juliana, paloco
- **YU** Ugotica
  (sjeverna, atlanska)
- **DK** Lubbe
- **I** Merluzzo giallo
- **N** Lyr
- **S** Lyrtorsk, bleka
- **FI** Lyyraturska

LIEU JAUNE 720

(Atlantique Nord)

Appelé aussi COLIN JAUNE.

Commercialisé:
Frais: entier et vidé; en filets.
Salé: comme le + LIEU NOIR; voir aussi + SEELACHS IN OEL.

- **E** Abadejo
- **IS** Lýr
- **NL** Pollak, witte koolvis
- **TR**

721 POLLAN

Coregonus pollan
Coregonus altior
Coregonus elegans

(Freshwater – British Isles)
Also called FRESHWATER HERRING.
See also + WHITEFISH (i).

CORÉGONE 721

(Eaux douces – Îles Britanniques)

Voir aussi + CORÉGONE (i).

- **D** Felchen, Maräne
- **GR** Koregonos
- **J**
- **P** Coregono
- **YU**
- **DK** Hælt
- **I** Coregone
- **N**
- **S** Planktonsik
- **FI** Siika
- **E**
- **IS**
- **NL** Marene
- **TR**

722 POLLOCK

(a) Name used for + SAITHE (*Pollachius virens*), especially in N. America and ICNAF statistics.
(b) Name also used for + POLLACK (*Pollachius pollachius*).
(c) See also + ALASKA POLLACK (*Theragra chalcogrammus*).
All three species belong to the family *Gadidae*.

722

POLLOCK (anglais) s'applique aux:
(a) + LIEU NOIR.
(b) + LIEU JAUNE et
(c) + MORUE DU PACIFIQUE OCCIDENTAL.

De la famille *Gadidae*.

723 POMFRET

(i) In N. America the name generally refers to the family *Bramidae*.

CASTAGNOLE 723

(i) En Amérique du Nord, s'applique généralement aux espèces de la famille des *Bramidae*.

Brama brama or/ou *Brama rayi*

(a) POMFRET (Atlantic)

In U.K. this species is mainly referred to as + RAY'S BREAM; also called BLACK SEA BREAM or ANGELFISH.

(a) GRANDE CASTAGNOLE (Atlantique)

Peut être commercialisé sous le nom d'HIRONDELLE.

Brama japonica

(b) (Pacific)

(b) CASTAGNOLE DU PACIFIQUE (Pacifique)

Taractichthys longipinnis or/ou *Taractes longipinnis*

(c) BIGSCALE POMFRET (Cosmopolitan)

In U.K. mainly called LONG-FINNED BREAM; also called SEA BREAM.

(c) CASTAGNOLE FAUCHOIR (Cosmopolite)

- **D** (a) Brachsenmakrele
- **GR** (a) Lestia
- **J** (a) Echiopia
- **P** (a) Xaputa
  (c) Capelo
- **YU** Plotica morska
- **DK** (a) Havbrasen
- **I** (a) Pesce castagna
- **N** (a) Havbrasme
- **S** Havsbraxen
- **FI** (i) (a) Merilahna
  (ii) Voikala
- **E** Casteñeta, japuta, palometa negra
- **IS** Bramafiskur
- **NL** Braam
- **TR**

(ii) In Europe the name POMFRET more generally refers to species of the family *Stromateidae* (which in N. America are referred to as + BUTTERFISH).

(ii) Voir + STROMATÉE.

Stromateus fiatola

(a) FIATOLON
(Atlantic/Mediterranean)

(a) FIATOLE

Stromateus niger

(b) BLACK POMFRET
(Indian Ocean)

[CONTD.]

723 POMFRET (Contd.)   CASTAGNOLE (Suite) 723

Stromateus cinereus

(c) WHITE POMFRET
(Indian Ocean)

PAMPUS spp.

(d) SILVER POMFRET

Pomfrets are marketed fresh, frozen and canned (Spain); also salted (India).

Commercialisée fraîche ou congelée et, en Espagne, en conserve à l'huile; aussi salée (Indes).

D	**DK**	**E** Pampano
GR	**I** (a) Fieto	**IS**
J Managatsuo	**N**	**NL**
P Pampo	**S** Smörfisk	**TR**
	(a) fiatola	
YU Divlja bilizma	**FI** Voikala	

724 POMPANO   POMPANEAU 724

(i) Name employed for *Carangidae* (also designated as + JACK or + SCAD), especially refers to *Trachinotus* spp.

(i) De la famille des *Carangidae* (dont font partie également les + CARANGUE) surtout les espèces *Trachinotus*).

Trachinotus carolinus

(a) COMMON POMPANO
(Atlantic – N. America)

(a) POMPANEAU SOLE
(Atlantique – Amérique du Nord)

Trachinotus falcatus

(b) PERMIT
(Atlantic – N. America)

(b) POMPANEAU PLUME
(Atlantique – Amérique du Nord)

Trachinotus ovatus or/ou *Trachinotus glaucus*

(c) GLAUCUS
(Atlantic/Mediterranean)
Also called GARRICK (Europe) or PALOMETA (N. America).
In Australia *Trachinotus* spp. are commonly known as DART.

(c) PALOMINE
(Atlantique/Méditerranée)

D	**DK**	**E** Palometa
GR	**I** Leccia stella	**IS**
J Kobanaji	**N**	**NL**
P Sereia	**S** Pompano, taggmakrill	**TR**
	(a) Vanlig pompano	
	(c) Långfendad pompano, gaffelmakrill	
YU Lica modrulia	**FI** Pompano	

Palometa simillina

(ii) PACIFIC POMPANO
(Pacific – N. America)
Belongs to the family *Stromateidae* (see + BUTTERFISH).

(ii)
(Pacifique – Amérique du Nord)
Voir + STROMATÉE.

Seriolella violacea or/ou *Neptomenus crassus*

(iii)
(Pacific – S. America)

(iii) SERIOLELLA PALMIER

725 POND SMELT   ÉPERLAN DU JAPON 725

Hypomesus olidus

(Pacific/Freshwater – North America/Japan)

(Pacifique/Eaux douces – Amérique du Nord/Japon)

Belonging to the family *Osmeridae* (see + SMELT).
Often reared in lakes (Japan).
Marketed fresh, frozen or dried (Japan).

De la famille des *Osmeridae* (voir + ÉPERLAN).
Souvent cultivé dans les lacs (Japon).
Commercialisé frais, congelé ou séché (Japon).

J Wakasagi   **FI** Lampikuore

726 POOR COD

(Mediterranean)

Trisopterus minutus capelanus
(Méditerranée)
CAPELAN DE MÉDITERRANÉE
Trisopterus minutus minutus (Atlantique nord-est)
PETIT TACAUD

(N.E. Atlantic) (Atlantique)

Ne doit pas être confondu avec le + CAPELAN (*Mallotus villosus*), de la famille des *Osmeridae* (voir + ÉPERLAN).

Marketed in Italy and Spain (mainly fresh). Commercialisé en Italie et en Espagne (généralement frais).

D Zwergdorsch	**DK** Glyse	**E** Mollera
GR Sýko, bacaliaráki sýko	**I** Merluzzo cappellano	**IS** Dvergþorskur
J	**N** Sypike	**NL** Dwergbolk
P Fanecão	**S** Glyskolja	**TR** Mezgit
YU Mol	**FI** Pikkuturska	

727 PORBEAGLE — REQUIN TAUPE COMMUN 727

Lamna nasus or/ou *Lamna cornubica*

(cool to temperate waters of both hemispheres) (frais à tempéré dans les deux hémisphères)
In Europe also called BEAUMARIS SHARK. Appelée aussi MARACHE (Canada), TOUILLE, MUZERAILLE, LAMIE.

In North America also called BLUE DOG.

In international statistics, PORBEAGLE refers to all *Lamna* spp. (e.g. + SALMON SHARK); see + MACKEREL SHARK.

Dans les statistiques internationales, s'applique à toutes espèces *Lamna*; voir + REQUIN-MAQUEREAU.

Peut être commercialisé sous le nom de TAUPE.

Marketed various ways, see + SHARK; special preparation see + KALBFISCH.

Commercialisée de différentes façons, voir + REQUIN; spécialité, voir + KALBFISCH.

D Heringshai	**DK** Sildehaj	**E** Cailón marrajo
GR Karcharías, skylopsaro	**I** Smeriglio	**IS** Hámeri
J Mokazame	**N** Håbrand	**NL** Haringhaai, neushaai
P Tubarâo-sardo	**S** Håbrand, sillhaj	**TR** Dikburun karkarias
YU Psina atlanska, kučina	**FI** Sillihai	

728 PORGY

Name commonly employed for + SEA BREAM in N. America. Voir + DORADE.

729 PORKFISH — LIPPU ROUDEAU 729

Anisotremus virginicus

(Atlantic – N. America) (Atlantique – Amérique du Nord)
Belongs to the family *Pomadasyidae* (see + GRUNT). De la famille des *Pomadasyidae* (voir + GRUNT).

730 PORPOISE — MARSOUIN 730

(N. and S. Atlantic) (Atlantique N. et S.)

Phocaena phocaena

Sometimes captured for extraction of body oils, and particularly the oil from the head fat and jaw fat; also called COMMON PORPOISE (U.K.) and HARBOUR PORPOISE (U.S.A.).

Parfois chassé pour extraire les huiles du corps, en particulier de la tête et de la mâchoire; aussi appelé COCHON DE MER.

The term COMMON PORPOISE in N. America refers to + BOTTLENOSED DOLPHIN (*Tursiops truncatus*).

D Kleiner Tümmler, Schweinsfisch	**DK** Marsvin	**E** Focena
GR Phókia	**I** Focena, marsuino	**IS** Hnísa
J Iruka	**N** Nise	**NL** Bruinvis
P Toninha	**S** Tumlare	**TR** Fok
YU	**FI** Pyöriäinen	

731 PORTUGUESE OYSTER

Crassostrea angulata

(Europe)
Sold as large, medium or small or cocktail grades; see also + OYSTER.

- **D** Portugiesische Auster
- **GR** Strídia portogallicá
- **J**
- **P** Ostra-portuguesa
- **YU** Kamenica portugalska
- **DK** Portugisisk østers
- **I** Ostrica portoghese
- **N** Portugisisk østers
- **S** Portugisiskt ostron
- **FI** Portugalinosteri

HUÎTRE PORTUGAISE 731

(Europe)
Triées par ordre de taille pour la vente; voir aussi + HUÎTRE.

- **E** Ostión, ostra portuguesa
- **IS** P. ostra
- **NL** Portugese oester
- **TR** Portekiz istiridyesi

732 POUT

Trisopterus luscus or/ou *Gadus luscus*

(N.E. Atlantic)
Also called BIB, POUTING, WHITING-POUT.

Not to be confused with OCEAN POUT of the family *Zoarcidae* (see + EELPOUT).
See also + NORWAY POUT.

- **D** Franzosendorsch
- **GR** Bakaliaros
- **J**
- **P** Faneca
- **YU** Ugotica mala
- **DK** Skægtorsk
- **I** Merluzzo francese
- **N** Skieggtorsk
- **S** Skäggtorsk
- **FI** Partaturska

TACAUD COMMUN 732

(Atlantique N.E.)
Appelé aussi GODE (Normandie), GUITAN (Bretagne Nord).

Voir aussi + TACAUD NORVÉGIEN.

- **E** Faneca
- **IS**
- **NL** Steenbolk
- **TR**

733 POUTASSOU

Micromesistius poutassou or/ou *Gadus poutassou*

(Atlantic/Mediterranean – Europe/N. America)
See + BLUE WHITING.

POUTASSOU 733

(Atlantique/Méditerranée – Europe/Amérique du Nord)
Voir + MERLAN BLEU.

734 POUTINE (France)

Young of several spp. of fish, especially *Atherinidae* (see + SILVERSIDE).

May be fried or used for making + PISSALA.

POUTINE 734

Jeunes poissons de plusieurs espèces, particulièrement des *Atherinidae* (voir + POISSON D'ARGENT).

Peuvent être frits ou utilisés pour faire la + PISSALA.

735 POWAN

Coregonus lavaretus

(Freshwater – Europe)
Also called GWYNIAD.
See + WHITEFISH (i).

- **D** Lavaret, Grosse Maräne
- **GR** Koregonos
- **J**
- **P** Coregono-lavareda
- **YU**
- **DK** Helt
- **I** Lavereto, coregone
- **N** Sik
- **S** Sik, blåsik
- **FI** Siika, vaellussiika

CORÉGONE LAVARET 735

(Eaux douces – Europe)

Voir + CORÉGONE (i).

- **E**
- **IS**
- **NL** Grote marene
- **TR**

736 PRAHOC (Cambodia)

Fermented fish paste, made from *Cyprinidae* (see +CARP).

PRAHOC (Cambodge) 736

Pâte de poisson fermenté, à base de *Cyprinidae* (voir +CARPE).

737 PRAWN

(i) The terms +PRAWN and +SHRIMP are often used indiscriminately, but commercially "prawn" refers to the larger species or individuals though also the name shrimp is used in connection with them, "prawn" particularly refers to *Pandalidae, Penaeidae* and *Palaemonidae*.

In the U.K. only those species or individuals greater than a clearly specified size may be designated PRAWN. Legislation exists which gives a maximum count for both whole prawns and other forms (see +SHRIMP).

Main species are listed below:

CREVETTE 737

(i) Les appellations "prawn" et "shrimp" sont souvent utilisées l'une pour l'autre, mais commercialement "prawn" désigne les espèces ou individus plus grands, particulièrement les *Pandalidae, Penaeidae* et *Palaemonidae*.

Principales espèces ci-dessous:

Palaemon serratus

(a) +COMMON PRAWN
 (Atlantic/Mediterranean – Europe/N. Africa)

(a) +BOUQUET
 (Atlantique/Méditerranée – Europe/Afrique du Nord)

Pandalus borealis

(b) +DEEPWATER PRAWN
 (N. Atlantic/Pacific – Europe/N. America/Japan)

In N. America and the U.K. also called +PINK SHRIMP.

(b) +CREVETTE NORDIQUE
 (Atlantique Nord/Pacifique – Europe/Amérique du Nord et Royaume Uni/Japon)

Penaeus japonicus

(c) KURUMA PRAWN
 (Mediterranean/Atlantic/Indo-pacific – Near East/Japan)

(c) CREVETTE KURUMA
 (Méditerranée/Atlantique/Indo-pacifique – Proche-Orient/Japon)

Penaeus monodon

(d) GIANT TIGER PRAWN
 (Indo-pacific – Asia/Australia)
 Also called JUMBO TIGER SHRIMP.

(d) CREVETTE GÉANTE TIGRÉE
 (Indo-pacifique – Asie/Australie)

Penaeus esculentus

(e) COMMON TIGER PRAWN
 (Indo-pacific – Asia/Australia)
 Also called BROWN TIGER PRAWN.

(e) CREVETTE TIGRÉE BRUNE
 (Indo-pacifique – Asie/Australie)

Penaeus indicus

(f) INDIAN PRAWN
 (Indo-pacific)

(f) CREVETTE ROYALE BLANCHE (DES INDES)
 (Indo-pacifique)

Penaeus plebejus

(g) EASTERN KING PRAWN
 (Australia)

(g) CREVETTE ROYALE ORIENTALE
 (Australie)

Penaeus kerathurus or/ou *Penaeus caramote*

(h)
 (E. Atlantic)

(h) CARAMOTE
 (Atlantique Est)

Penaeus merguiensis

(j) BANANA PRAWN
 (Indo-pacific – Asia/Australia)

(j)
 (Indo-pacifique – Asie/Australie)

[CONTD.]

737 PRAWN (Contd.)

METAPENAEUS spp.
Penaeus latisulcatus

(k) WESTERN KING PRAWN (Australia)

(k) (Australie)

Penaeus semisulcatus

(l) GROOVED TIGER PRAWN (Australia)

(l) CREVETTE TIGRÉE VERTE (Australie)

Macrobrachium carcinus

(m) + FRESHWATER PRAWN (Freshwater/Atlantic/Pacific – N. America)

(m) + BOUQUET PINTADE (Eaux douces/Atlantique/Pacifique – Amérique du Nord)

Marketed:
Fresh: in shell, cooked or uncooked; shelled cooked meats.
Frozen: shelled meats, cooked or uncooked; prepared dishes, e.g. PRAWN COCKTAIL, usually meats in mayonnaise.
Canned: meats, curried meats.
Paste:
See also + SHRIMP, + PACIFIC PRAWN.

Commercialisé:
Frais: non décortiqué, cuit ou non; queues décortiquées.
Congelé: queues décortiquées, cuites ou crues; plats cuisinés, ex: COCKTAIL DE CREVETTES, en général en mayonnaise.
Conserves: queues, queues au cari.
Pâte:
Voir aussi + CREVETTE, + CREVETTE DU PACIFIQUE.

D Krabbe, Garnele
GR Garída
J Ebi
P Camarão, gamba
YU Kozica

DK Reje
I Gamberello (h) Mazzancolla
N Reke
S Räka
FI Katkarapu

E Camarón, quisquilla (h) Langostino
IS Rækja
NL Garnaal
TR Karides

For (a), (b) and (l) see under these entries.
(ii) The name PRAWN might also be used for + NORWAY LOBSTER (*Nephrops norvegicus*).

Pour (a), (b) et (l) voir ces rubriques.
(ii) Voir + LANGOUSTINE.

738 PRESS CAKE — GATEAU DE PRESSE

The residue after the pressing stage in the manufacture of fish meal and oil from fatty fish; contains about 60% water and 4 to 5% oil; it is usually further dried and ground to make meal.

Matière solide issue de la presse après élimination de la partie liquide, lors de la fabrication de farine de poisson par cuisson et pression; le gâteau de presse contient environ 60% d'eau et de 4 à 5% d'huile; il est d'habitude séché puis broyé en farine.

D Presskuchen
GR
J Shime-kasu
P Pasta de peixe prensado
YU Prešani kolač, ribljeg brašna

DK Pressekage
I Residui di pesce pressati
N Presskake
S Presskaka
FI Puristekakku

E Torta de pescado
IS Pressukaka
NL Perskoek, filterkoek
TR

739 PRESSED PILCHARDS — PILCHARDS PRESSÉS

Whole pilchards, dry salted packed in barrels and pressed to about one-third of the original bulk; further fish are added to the barrel and the pressing continued until the barrel is full.
Also called + FUMADOES (U.K.), SALACHINI or SALACHI (Italy, U.S.A.).

Sardines entières, salées à sec, mises en barils et pressées à environ un tiers de leur volume initial auquel on ajoute du poisson salé, pressé, etc. jusqu'à ce que le baril soit plein.
Appelés aussi + FUMADOES (Grande-Bretagne), SALACHINI ou SALACHI (Italie, E.U.).

[CONTD.]

739 PRESSED PILCHARDS (Contd.)

- **D** Gepresste Pilchards
- **GR** (Alípasti) sárdella toú varellioú
- **J** Assaku-iwashi
- **P** Sardinhas prensadas
- **YU** Soljena srdela, srdela soljena dalmatinskim ili grčkim načinom
- **DK**
- **I** Sardine pressate (salachini)
- **N**
- **S**
- **FI**

PILCHARDS PRESSÉS (Suite) 739

- **E** Sardinas prensadas
- **IS**
- **NL** Geperste pilchards
- **TR** Kutu sardalya

740 PUFFER

(Cosmopolitan)

Also called GLOBEFISH *Tetraodontidae* might also be designated as + LEATHERJACKET.

Sphaeroides maculatus

(a) NORTHERN PUFFER
(Atlantic)
Also called SWELLFISH.

(b) OCEANIC PUFFER
(Cosmopolitan in warm seas)
Some species highly esteemed as food in Japan; marketed fresh or alive.

- **D** Kugelfisch
- **GR**
- **J** Fugu
- **P** Baiacu, Peixe-bola
- **YU**
- **DK** Kuffertfisk
- **I** Tetradonte
- **N**
- **S** Blåsfisk
- **FI** Pallokala

COMPÈRE 740

(Cosmopolite)

Aussi appelé POISSON-GLOBE (Canada).

(a) COMPÈRE BIGARRÉ
(Atlantique)

(b) ORBE ÉTOILÉ
(Cosmopolite, eaux chaudes)
Certaines espèces sont très appréciées au Japon; commercialisés frais ou vivants.

- **E**
- **IS**
- **NL**
- **TR**

741 QUAHAUG

Mercenaria mercenaria or/ou *Venus mercenaria*

(Atlantic – N. America/Europe)
Also known as + HARD CLAM.
Also called QUAHOG, ROUND CLAM; smaller sizes: CHERRYSTONE, LITTLENECK.

Larger species especially used for + CLAM CHOWDER.
See also + CLAM.

- **D** Venusmuschel
- **GR** Ahiváda
- **J**
- **P** Clame
- **YU**
- **DK**
- **I** Vongola dura
- **N**
- **S**
- **FI**

PRAIRE 741

(Atlantique – Amérique du Nord/Europe)
Appelé aussi PALOURDE AMÉRICAINE (Québec).

Les espèces les plus grandes sont surtout utilisées pour la préparation de + SOUPE DE CLAMS.
Voir aussi + CLAM.

- **E**
- **IS**
- **NL** Venusschelp
- **TR**

742 QUEEN SCALLOP

Chlamys opercularis

(a) (North Atlantic)
Also called QUEEN ESCALLOP, QUEEN.
Belonging to the family *Pectinidae* (Scallops) but smaller species.

For more details see + SCALLOP.

Chlamys delicatula

(b) SOUTHERN QUEEN SCALLOP
(New Zealand)

- **D** Kamm-Muschel
- **GR**
- **J** Akazaragai
- **P** Leque
- **YU** Češljača
- **DK** Kammusling
- **I** Pettine
- **N** Haneskjell
- **S** Kammussla
- **FI** Kampasimpukka

VANNEAU 742

(a) (Atlantique Nord)

De la famille des *Pectinidae* (coquilles St. Jacques) mais de plus petite taille.
Pour de plus amples détails, voir + COQUILLE SAINT JACQUES.

(b)
(Nouvelle-Zélande)

- **E** Volandeira
- **IS**
- **NL** Kammossel, wijde mantel
- **TR** Tarak

743 QUEENFISH

Seriphus politus

(i) (Pacific – N. America)
Belongs to the family *Sciaenidae* (see + CROAKER or + DRUM).
(ii) In Australia refers to *Chorinemus lysan*.

743

(i) (Pacifique – Amérique du Nord)
De la famille des *Sciaenidae* (voir + TAMBOUR).

744 QUENELLES (France)

Paste prepared from starchy substance, eggs, fat and white meat of animals including freshwater fish and presented in a rolled form. Often canned.

QUENELLES 744

Pâte préparée à base de substances amylacées, d'œufs, de matière grasse et d'une chair animale blanche, notamment de poisson d'eau douce et présentée sous forme de rouleaux; existe souvent en conserve.

745 QUILLBACK

Carpiodes cyprinus

(Freshwater – N. America)
Also called + SPEARFISH or SKIMFISH.
Belongs to the family *Catostomidae* (see + SUCKER).

S Amerikansk sugkarp

BRÈME (Canada) 745

(Eaux douces – Amérique du Nord)
Appelée aussi CYPRIN-CARPE. De la famille des *Catostomidae* (voir + CYPRIN-SUCET).

FI Sulkaimukarppi

745.1 QUINNAT SALMON (Pacific)

Oncorhynchus tschawytscha

The name most commonly used in New Zealand (the South Pacific) for one of the species of PACIFIC SALMON.
See + CHINOOK, + SALMON.

SAUMON ROYAL 745.1 (Pacifique)

Nom le plus communément utilisé pour les espèces de SAUMON DU PACIFIQUE.

Voir + SAUMON ROYAL, + SAUMON.

746 RABBIT FISH

Chimaera monstrosa

(N.E. Atlantic)
Belonging to the family *Chimaeridae* (see + CHIMAERA).
Also called KING OF THE HERRING, RAT FISH, SEA RAT.
Little commercial importance; oil extracted from the liver.

CHIMÈRE COMMUNE 746

(Atlantique Nord-Est)
De la famille des *Chimaeridae* (voir + CHIMÈRE).
Aussi appelée RAT DE MER.

Sans grande importance commerciale: on extrait l'huile de son foie.

D Seeratte, Spöke	**DK** Havmus	**E** Quimera, gato
GR Gatos, hímera	**I** Chimera	**IS** Geirnyt
J Ginzame	**N** Havmus, hågylling	**NL** Draakvis, zeerat
P Ratazana	**S** Havsmus	**TR**
YU Himera	**FI** Sillikuningas	

747 RACKLING (U.K.)

Sides of flatfish, especially halibut, with a fat content of about 2%, cut into long narrow strands about 1 in. (2.5 cm), wide and left joined at collarbone, brine-salted and air-dried.

747

Moitiés de poissons plats, particulièrement de flétans, contenant environ 2% de graisse, découpées en lanières d'environ 2,5 cm de large sans les détacher des arêtes scapulaires; salées en saumure et séchées à l'air.

D	**DK**	**E**
GR	**I**	**IS** Riklingur
J	**N** Rekling	**NL**
P	**S**	**TR**
YU	**FI**	

748 RAINBOW TROUT

Salmo gairdnerii or *Salmo irideus*

(Atlantic/Pacific/Freshwater)

In North America also commonly called + STEELHEAD TROUT, when they enter or return from the sea and large inland lakes.

In Europe also called FINGER TROUT. Cultivated in ponds.

See also + TROUT.

- **D** Regenbogenforelle
- **GR** Pestropha
- **J** Nijimasu
- **P** Truta-arco-íris
- **YU** Pastrva
- **DK** Regnbueørred
- **I** Trota iridea
- **N** Regnbueaure, regnbueørret
- **S** Regnbåge regnbågslax
- **FI** Kirjolohi, teräspääkirjolohi

TRUITE ARC-EN-CIEL 748

(Atlantique/Pacifique/Eaux douces)

En Amérique du Nord aussi appelée + STEELHEAD TROUT, quand elle vient de la mer ou des grands lacs ou y retourne.

Cultivée en étangs.

Voir aussi + TRUITE.

- **E** Trucha arco iris
- **IS** Regnboga-silungur
- **NL** Regenboogforel
- **TR** Alabalık türü

749 RAKØRRET (Norway)

Fresh water trout, gutted, lightly salted and fermented.

RAKØRRET (Norvège) 749

Truite d'eau douce vidée, légèrement salée et fermentée.

750 RATFISH

Hydrolagus colliei

(Pacific – N. America)

The name might also refer to + RABBIT FISH (*Chimaera monstrosa*) which also belongs to the family *Chimaeridae* (see + CHIMAERA), and to the + GRENADIER, which belongs to the family *Macrouridae*.

- **D** Amerikanische Spöke
- **GR**
- **J** Ginzame
- **P** Ratazana americana
- **YU**
- **DK** Havmus
- **I** Chimera elefante
- **N**
- **S** Brunaktig, vitfläckig havsmus
- **FI**

CHIMÈRE D'AMÉRIQUE 750

(Pacifique – Amérique du Nord)

Désigne aussi la + CHIMÈRE (*Chimaera monstrosa*) également de la famille des *Chimaeridae* (voir + CHIMÈRE), et à + GRENADIER qui appartient à la famille des *Macrouridae*.

- **E**
- **IS**
- **NL** Ratvis, zeerat
- **TR**

751 RAY

The name RAY has been generally applied to various families and species of the order *Rajiformes* (*Batoidei*), but more particularly refers to species of the family *Rajidae*; it is generally used synonymously with + SKATE.

Various species of *Rajidae* are listed under individual names: + BLONDE + CUCKOO RAY + PAINTED RAY + SANDY RAY + SHAGREEN RAY + SPOTTED RAY + STARRY RAY + THORNBACK RAY + UNDULATE RAY.

See also + SKATE for other species and for ways of marketing.

Other families than *Rajidae* are given under the following entries:

TORPEDINIDAE

(i) + ELECTRIC RAY
(Cosmopolitan)

MYLIOBATIDAE

(ii) + EAGLE RAY
(Cosmopolitan)

RAIE et POCHETEAU 751

Le nom RAIE s'applique de façon générale à différentes famillies et espèces de l'ordre des *Rajiformes* (*Batoidei*), mais se réfère plus particulièrement aux espèces de la famille des *Rajidae*.

Les différentes espèces des *Rajidae* sont répertoriées sous leur nom individuel: + RAIE LISSE + RAIE FLEURIE + RAIE RONDE + RAIE CHARDON + RAIE ÉTOILÉE + RAIE BOUCLÉE.

Voir ces rubriques et + RAIE (= + SKATE (anglais)).

Les familles autres que *Rajidae* sont répertoriées sous:

TORPEDINIDAE

(i) + TORPILLE
(Cosmoplite)

MYLIOBATIDAE

(ii) + AIGLE DE MER
(Cosmopolite)

[CONTD.

751 RAY (Contd.)

DASYATIDAE

(iii) + STINGRAY
(Cosmopolitan)
See under these entries.

Furthermore, the following families belong to the order *Rajiformes*: *Pristidae* (see + SAWFISH), *Rhinobatidae* (see + GUITARFISH), *Mobulidae* (see + MANTA).

D Rochen, Echter Rochen
GR Seláchi
J Ei, kasube, gangiei
P Raia
YU Raža, pas glavonja

DK Rokke, skade
I Razza
N Stake, rokke
S Rocka
FI Rausku

RAIE et POCHETEAU (Suite) 751

(iii) + PASTENAGUE
(Cosmopolite)
Voir ces rubriques.

En outre, les familles suivantes appartiennent à l'ordre des *Rajiformes*: *Pristidae* (+ POISSON-SCIE), *Rhinobatidae* (+ GUITARE), *Mobulidae* (+ MANTE).

E Raya
IS Skata, lóskata
NL Rog, vleet
TR Vatoz

752 RAY'S BREAM

Brama brama or/ou *Brama rayi*

(Atlantic)
Also called ANGEL FISH, or BLACK SEA BREAM or + POMFRET (N. America).
See also + POMFRET.

D Brachsenmakrele
GR Lestia, léstika
J Echiopia, shimagatsuo
P Xaputa
YU Grboglavka

DK Havbrasen
I Pesce castagna
N Havbrase
S Rays havsbraxen
FI Merilahna

GRANDE CASTAGNOLE 752

(Atlantique)
Appelé aussi HIRONDELLE DE MER, BREME DE MER.
Voir aussi + CASTAGNOLE

E Japuta, palometa negra, castañeta
IS Stóri bramafiskur
NL Braam
TR

753 RAZOR SHELL

SOLENIDAE

(Cosmopolitan)

(a) RAZOR CLAM
(Atlantic – Europe/North Africa)

(Pacific – N. America)

(Atlantic – N. America)

(b) GROOVED RAZOR
(Atlantic/Mediterranean)

(c) SWORD RAZOR
(Atlantic/Mediterranean)

(d) POD RAZOR
(Atlantic/Mediterranean)

D Meerscheide, Scheiden-Muschel
GR Solína
J Mategai
P Longueirão, canivete
YU

Solen marginatus

(a) COUTEAU
(Atlantique – Europe/Afrique du Nord)

Siliqua patula

(Pacifique – Amérique du Nord)

Ensis directus

(Atlantique – Amérique du Nord)

Solen vagina

(b) COUTEAU DROIT
(Atlantique/Méditerranée)

Ensis siliqua

(c) COUTEAU DROIT
(Atlantique/Méditerranée)

Solen ensis or/ou *Ensis ensis*

(d) COUTEAU COURBE
(Atlantique/Méditerranée)

DK Knivmusling
I Cannolicchio, (d) Cappa lunga
N Knivskjell
S Knivmussla, skidmussla
FI Veitsisimpukka

COUTEAU 753

E Navaja, longeirón, muergo
IS
NL Scheermes, meerschede
TR

754 RED ALGAE

Important group of seaweeds; source of +AGAR and or +CARRAGEENIN; see also +IRISH MOSS.

- **D** Rotalge
- **GR** Kókkino phýki
- **J** Kosorui
- **P** Alga vermelha
- **YU** Crvene alge
- **DK** Rødalge
- **I** Alga rossa
- **N** Rødalge
- **S** Rödalg
- **FI** Punalevä

ALGUE ROUTE 754

Important groupe d'algues dont on extrait l' +AGAR et le +CARRAGHEENE; voir aussi +MOUSSE D'IRLANDE.

- **E** Alga roja
- **IS** Rauðþörungur
- **NL** Roodwier
- **TR** Kırmızı alga

754.1 REDBAIT

Emmelichthys nitidus

(Australia/New Zealand)
Sometimes called RED BAITFISH.

754.1

(Australie, Nouvelle-Zélande)

755 RED BREAM

Beryx decadactylus

(i) (Widespread)
Occasionally landed as SEA BREAM (though not belonging to the family *Sparidae*; see +SEA BREAM).

- **D** Kaiserbarsch
- **GR**
- **J** Kimmedai
- **P** Imperador
- **YU**

(ii) Name also used for +REDFISH (*Sebastes* spp.). See also +ALFONSINO.

- **DK** Nordisk beryx
- **I** Berice rosso
- **N** Brudefisk
- **S** Nordiska beryxen
- **FI** Limapää

BERYX COMMUN 755

(i) (Étendu)

- **E**
- **IS**
- **NL** Roodbaars
- **TR** Çipra, çipura, çupra

(ii) Voir aussi +BERYX

756 RED CAVIAR
(N. America)

+CAVIAR SUBSTITUTE made from salmon eggs.

- **D** Keta-Kaviar
  Roter Kaviar
- **GR** Kókkino chaviári (brique)
- **J** Ikura
- **P** Caviar vermelho
- **YU** Crveni kavijar
- **DK** Laksekaviar
- **I** Caviale di salmone
- **N** Laksekaviar
- **S**
- **FI** Punainen kaviaari, lohen mäti

CAVIAR ROUGE 756
(Amérique du Nord)

+SUCCÉDANÉ DE CAVIAR fait avec des œufs de saumon.

- **E** Caviar de salmón
- **IS** Laxa kaviár
- **NL** Zalmkaviaar, rode kaviaar
- **TR** Kırmızı havyar

756.1 RED COD

Pseudophycis bachus

(Australia/New Zealand)
Belongs to the family *Moridae*.
This species may be labelled MORID COD in U.S.A.

Marketed:
Fresh: fillets.
Frozen: fillets; suitable for FISH BLOCK.

- **D** Rot Dorsch,
  Roter Kabeljau
- **GR**
- **J** Akadara
- **P**
- **YU**
- **DK**
- **I** Merluzzo Bianco de Nuova Zelandia
- **N**
- **S**
- **FI**

MORIDE ROUGE 756.1

(Australie/Nouvelle-Zélande)
Appartient à la famille des *Moridae*.

Commercialisé:
Frais: filets.
Congelé: fillets; pour les BLOCS DE POISSON.
Peut être commercialisé sous le nom de JULIENNETTE.

- **E** Bacalao de Nueva Zelanda
- **IS**
- **NL**
- **TR**

757 RED DRUM
Sciaenops ocellatus
(Atlantic – N. America)
Also called CHANNEL BASS, SPOTTED BASS, + REDFISH.

Marketed:
Fresh: whole or dressed.
Salted: sides are washed, dredged in salt and immersed in brine in barrels, then air-dried in piles under pressure.
See also + DRUM.

TAMBOUR ROUGE 757
(Atlantique – Amérique du Nord)

Commercialisé:
Frais: entier ou paré.
Salé: moitiés lavées, saupoudrées de sel et mises en barils dans de la saumure, puis pressées en tas et séchées à l'air.
Voir aussi + SCIAENIDES.

758 REDFISH   SÉBASTE 758
SEBASTES spp.
Sebastes marinus – GRAND SÉBASTE
Sebastes mentella – SÉBASTE DU NORD
Sebastes viviparus – PETIT SÉBASTE

In the U.K., REDFISH or OCEAN PERCH or ROSE FISH are trade names for all *Sebastes* spp., *Helicolenus maculatus* and *Helicolenus dactylopterus*.

(i) (North Atlantic/Arctic)
For Pacific species, see + ROCKFISH (*Sebastodes* spp.).

Also called BERGHILT, BREAM, NORWAY HADDOCK, OCEAN PERCH, REDBARSCH, REDBREAM, REDPERCH, ROSEFISH, SEA BREAM, SEBASTE, SOLDIER.
Recommended trade name in U.S.A.: OCEAN PERCH.

Marketed:
Fresh: whole, ungutted; fillets skinned or with skin on.
Frozen: fillets, skinned or with skin (U.S.A.).
Smoked: skinned fillets, cold-smoked; hot-smoked pieces or steaks (Germany).
Canned: minced flesh or pieces with sauces, also with rice, etc., as "ready-for-plate" products (Germany).

Ces trois poissons peuvent être commercialisés sous le nom de DORADE SÉBASTE.
Au R.U., la SEBASTE ou OCEAN PERCH ou ROSE FISH (anglais) sont des noms commerciaux pour toutes les espèces de *Sébastes*, *Helicolenus maculatus* et *Helicolenus dactylopterus*.

(i) (Atlantique Nord/Arctique)
Pour les espèces du Pacifique, voir + SCORPÈNE/RASCASSE (espèces *Sebastodes*).

Appelée aussi PERCHE ROSE (Canada), CHÈVRE, RASCASSE DU NORD.

Commercialisé:
Frais: entier, non vidé; filets avec ou sans peau.
Congelé: filets, avec ou sans peau (E.U.).
Fumé: filets sans peau, fumés à froid; morceaux ou tranches fumés à chaud (Allemagne).
Conserve: chair hachée ou morceaux en sauces, également accompagnés de riz, etc, en tant que "plats cuisinés" (Allemagne).

D	Rotbarsch, Goldbarsch	**DK**	Rødfisk	**E**	Gallineta nórdica
GR	Sebastós-Kokkinópsara	**I**	Scorfano di Norvegia	**IS**	Karfi
J	Menuke	**N**	Uer, rødfisk	**NL**	Roodbaars, Kleine roodbaars
P	Cantarilho, do norte peixe vermelho	**S**	Rödfisk, kungsfisk	**TR**	Kırmızı balık
YU	Bodečnjak mali, jauk	**FI**	Punasimppu, puna-ahven		

(ii) Name used for + RED DRUM (*Sciaenops ocellatus*).

759 REDFISH or NANNYGAI   BERYX AUSTRALIEN 759
Centroberyx affinis
(Australia)   (Australie)

760 RED GURNARD   GRONDIN ROUGE 760
Aspitrigla cuculus or/ou *Chelidonichthys cuculus*

(i) (North Atlantic)
Also called CUCKOO GURNARD, SOLDIER.
See + GURNARD.

(i) (Atlantique Nord)
Aussi appelé GRONDIN ROSE.
Voir + GRONDIN.

Chelidonichthys kumu or/ou *Curropiscis kumu*

(ii)
(Australia/New Zealand)

(ii) GRONDIN AILE BLEUE
(Australie/N. Zélande)

[CONTD.

760 RED GURNARD (Contd.)

Marketed: Fresh; whole fish and fillets. Also smoked.

- **D** Kuckucksknurrhahn, Seekuckuck
- **GR** Kapóni
- **J**
- **P** Cabra vermelha
- **YU** Krkotajka
- **DK** Tværstribet knurhane
- **I** Capone imperiale, capone coccio
- **N** Tverrstripet knurr
- **S** Rödknot
- **FI** Punakurnusimppu

GRONDIN ROUGE (Suite) 760

Commercialisé: Frais; entier et filets. Également fumé.

- **E** Arete, escacho
- **IS**
- **NL** Engelse poon
- **TR** Kırlangıç

761 RED HAKE

Urophycis chuss

(Atlantic – N. America)
Also called SQUIRREL HAKE. Belongs to the family *Gadidae*.
See +HAKE.

- **D** Gabeldorsch
- **GR**
- **J**
- **P** Abrótea vermelha, linguiça
- **YU**
- **DK** Skægbrosmer
- **I** Musdea atlantica
- **N**
- **S**
- **FI** Suomuturska

PHYCIS ÉCUREUIL 761

(Atlantique – Amérique du Nord)
De la famille des *Gadidae*.

Voir + MERLU
Peut être commercialisé sous le nom de MERLUCHE.

- **E** Locha
- **IS**
- **NL**
- **TR**

762 RED HERRING

Whole ungutted herring, heavily salted and cold smoked for two or three weeks until hard; also called HARD SMOKED HERRING.

See also + GOLDEN CURE, + LACHSHERING (Germany), + HARD SMOKED FISH.

- **D**
- **GR**
- **J**
- **P** Arenque-vermelho
- **YU**
- **DK**
- **I** Aringhe dorate
- **N**
- **S**
- **FI**

HARENG ROUGE 762

Hareng entier, non vidé, fortement salé et fumé à froid pendant deux à trois semaines jusqu'à durcissement; appelé encore HARENG FORTEMENT SALÉ.

Voir aussi + GOLDEN CURE, + LACHSHERING (Allemagne), + POISSON FORTEMENT SALÉ.

- **E** Arenque entero fuertemente salado y ahumado
- **IS**
- **NL** Dubbelgerookte steurharing
- **TR** Kırmızı ringa

763 RED MULLET 763

(i) Recommended U.K. trade name for all *Mullus* spp., in particular + SURMULLET (*Mullet sermuletus*).
(ii) (*Upeneichthys porosus*) (Australia/New Zealand)
See + GOATFISH.

(i) Nom commercial recommandé au R.U. pour toutes les espèces *Mullus*, en particulier + SURMULLET (*Mullet sermuletus*) (anglais).
(ii) (Australie/Nouvelle-Zélande)
Voir + GOATFISH (anglais)

TR Barbunya

763.1 RED PORGY

Pagrus pagrus or/ou *Sparus pagrus*

(Atlantic/Mediterranean)
Also called + COUCH'S SEA BREAM, BRAIZE; + SCUP (Argentina).
Marketed fresh, frozen but also salted and dried.

- **D** Sackbrasse
- **GR** Phagri, Mertzani
- **J** Yoroppa-madai
- **P** Pargo-legítimo
- **YU** Pagar crvenac
- **DK**
- **I** Pagro
- **N**
- **S** Sparid
- **FI** Pargo

PAGRE COMMUN 763.1

(Atlantique/Méditeranée)
Appelé aussi + PAGRE COMMUN, voir + DORADE.
Commercialisé frais, congelé, mais aussi salé et séché.

- **E** Pargo
- **IS**
- **NL**
- **TR** Mercan, kirma

764 RED SEA BREAM
Chrysophrys major

(Japan)
Belongs to the family *Sparidae* (see +SEA BREAM).
One of the most important food fish in Japanese waters.
Marketed alive, fresh, frozen, also spice-cured.
See also + BLACKSPOT SEA BREAM.

SPARE JAPONAIS 764

(Japon)
De la famille des *Sparidae* (voir + DORADE).
L'un des poissons les plus importants dans l'alimentation au Japon.
Commercialisé vivant, frais, surgelé; également en semi-conserve aux épices.
Voir également + PAGEOT ROSE.

D Seebrasse	DK	E
GR Tsipoúra	I Orata del giappone	IS
J Tai, madai	N	NL
P Dourada do Japão	S	TR Kırmızı fangri
YU	FI Punahammasahven	

765 RED SNAPPER
Lutjanus campechanus

(i) (Atlantic – N. America.)
See also + SNAPPER.
(ii) In Australia the name refers to *Trachichthodes gerrardi*, also called BIGHT REDFISH. Name also used for *Centroberyx affinis*, the NANNYGAI, which in New Zealand is often called GOLDEN SNAPPER (family *Bergeidae*)

VIVANEAU CAMPÈCHE 765

(i) (Atlantique – Amérique du Nord)
Voir aussi + VIVANEAU.
(ii) En Australie le nom se SNAPPER (anglais) se réfère au *Trachichthodes gerrardi*. En Nouvelle-Zélande le nom se réfère également au *Centroberyx affinis*.

766 RED SPRING SALMON

+ CHINOOK (spring salmon), whose flesh is red rather than pink or white.
See + CHINOOK.

SAUMON DE PRINTEMPS 766

+ SAUMON ROYAL dont la chair est rouge plutôt que rose ou blanche.
Voir + SAUMON ROYAL.

767 RED STEENBRAS
Petrus rupestris

(South Africa)

DENTÉ DU CAP 767

(Afrique du Sud)

768 RED STUMPNOSE
Chrysoblephus gibbiceps

(S. Africa)
See also + ROMAN.

P Marreco

SPARE GIBBEUX 768

(Afrique du Sud)

769 RENSEI-HIN (Japan)

Also called NERISEI-HIN. Inclusive term meaning the products made from kneaded fish meat, e.g. + KAMABOKO, + CHIKUWA, + HAMPEN.

RENSEI-HIN (Japon) 769

Appelé aussi NERISEI-HIN. Désigne de façon générale les produits à base de chair de poisson pétri, ex: + KAMABOKO, + CHIKUWA, + HAMPEN.

770 REPACK QUALITY HERRING

Salted herring that had not been passed on first inspection, but was passed after it had been repacked.

HARENG REPAQUÉ 770

Hareng salé, écarté lors d'une première inspection, et admis après reconditionnement.

D	DK	E
GR	I	IS Umlög og flokkuð saltsíld
J	N Ompakket sild	NL
P	S Ompackad sill	TR
YU Slana heringa druge kvalitete	FI Uudelleenpakattu silli	

771 REQUIEM SHARK

General name applied to species of the family *Carcharhinidae*; these include *Carcharhinus*, *Galeorhinus*, *Prionace*, *Scoliodon* and other species, some of which are also referred to as + DOGFISH.

The name + BLUE SHARK might also generally apply to *Carcharhinidae*. Several species are listed under their individual names.

Note. The "MAN-EATING SHARK" (MANGEUR D'HOMMES) are mainly restricted to *Carcharodon* spp. (see e.g. + WHITE SHARK).

For ways of marketing see + SHARK.

D Blauhai	DK Blåhaj	E
GR Seláhia	I Carcarinidi	IS
J	N Blåhai	NL Mensenhaai blauwe haai
P Tubarão	S Haj	TR
YU Morsk psi	FI Ihmishai	

REQUIN TIGRE 771

Désigne de façon globale les espèces de la famille des *Carcharhinidae*; cette famille comprend les espèces *Carcharhinus*, *Galeorhinus*, *Prionace*, *Scoliodon* et autres dont quelquesunes sont désignées comme + AIGUILLAT.

Le terme + REQUIN BLEU peut également s'appliquer de façon générale aux *Carcharhinidae*.
Plusieurs espèces sont répertoriées individuellement.

Note. Les "REQUIN MANGEUR D'HOMMES" (MAN-EATING SHARK) se réfèrent surtout au *Carcharodon* sp. (voir par exemple + RAMEUR).

Pour la commercialisation, voir + REQUIN.

772 RETAILLES (France)

Pieces of muscle removed during filleting, consisting mainly of flap edges and strips from the back. Term only used for salted cod.

D	DK	E
GR	I Ritagli	IS
J	N	NL Afsnijdsel
P Aparas	S	TR
YU	FI	

RETAILLES 772

Fragments de muscles enlevés lors du découpage en filets, comprenant essentiellement les bords de la paroi abdominale et des bandes provenant du dos.
Terme employé exclusivement pour la morue salée.

773 REX SOLE

Glyptocephalus zachirus

(Pacific – U.S.A.)
Belonging to the family *Pleuronectidae* (see + FLOUNDER).
Also called LONG-FINNED SOLE.
Marketed fresh or frozen (fillets).

PLIE CYNOGLOSSE ROYALE 773

(Pacifique – États-Unis)
De la famille des *Pleuronectidae* (voir + FLET).

Commercialisée fraîche ou surgelée (filets).

773.1 RIBALDO

Mora moro

(N.E. Atlantic/Mediterranean and Australasia)
Alternative name in Australasia is + DEEPSEA COD; see also + COD. This species may be labelled MORID COD in the U.S.A.
Family *Moridae*.
Marketed: fresh or frozen, cutlets or fillets.

MORO 773.1

(Atlantique nord-est/Méditerranée et Australasie)
Appelé DEEPSEA COD (anglais) en Australasie; voir aussi + MORUE.

Famille des *Moridae*.
Commercialisé: frais ou congelé, steaks ou filets.

D	DK	E Mollera Moranella
GR	I Mora	IS Djuphafsporskur
J Chigodara	N	NL
P	S	TR
YU Okatica Veleljuska	FI Siimaturska	

773.2 RIG

Mustelus lenticulatus

(New Zealand)
Alternative name for the most common species of + SMOOTH HOUND in New Zealand, and the name usually encountered in the commercial fishery. Also known as + GUMMY SHARK, SPOTTED SMOOTH HOUND and PIOKE; the flesh is traded as LEMONFISH.

EMISSOLE GRIVELEE 773.2

(Nouvelle-Zélande)

774 RIGG (U.K.)

One of the recommended trade names for +DOG-FISH in U.K.; may also be called +FLAKE or +HUSS.

Nom recommandé en Grande Bretagne pour +AIGUILLAT.

775 RIGHT WHALE
BALEINE FRANCHE 775

BALAENIDAE

(Cosmopolitan) (Cosmopolite)

Balaena mysticetus

(a) +GREENLAND RIGHT WHALE (a) +BALEINE FRANCHE
    (Arctic)   (Arctique)

Eubalaena glacialis glacialis

(b) +NORTH ATLANTIC RIGHT WHALE (b) +
    (N. Atlantic)   (Atlantique Nord)

Eubalaena glacialis australis

(c) +SOUTHERN RIGHT WHALE (c) +
    (Antarctic)   (Antarctique)

Eubalaena glacialis japonicus

(d) NORTH PACIFIC RIGHT WHALE (d)
    (N. Pacific)   (Pacifique Nord)
Protected, not hunted commercially. Sous protection, pas de prises commerciales.
See also +WHALE. Voir aussi +BALEINE.

D	Glattwal	**DK**	Slethvale	**E**	Ballena
GR	Phálaena	**I**	Balena	**IS**	Sléttbakur
J	Semikujira	**N**	Slettbakhval, retthval	**NL**	Baleinwalvissen
P	Baleia	**S**	Slätval, glattval, rättval	**TR**	
YU		**FI**	Sileät valaat		

776 RIGOR MORTIS
RIGOR MORTIS 776

Death stiffening. Raidissement consécutif à la mort.

D	Totenstarre	**DK**	Dødsstivhed	**E**	Rigidez post-mortal
GR		**I**	Rigor mortis	**IS**	Dauðastirnun
J	Shigo-kôchoku	**N**	Rigor mortis, dødsstivhet	**NL**	Lijkstijheid
P	Rigidez cadavérica	**S**	Rigor mortis, dödsstelhet	**TR**	
YU	Mrtvačka ukočenost	**FI**	Kuolinjäykkyys		

777 RIPE FISH
POISSON PLEIN 777

Fish whose sexual organs are well developed but which have not begun to spawn. It is at this state that the +ROE and +MILT are of commercial value and the general condition of the fish is usually excellent.

Poisson dont les organes sexuels sont très développés, sans toutefois atteindre le stade de maturité maximum (ou: avant la période de frai). A ce stade, +ROGUE et +LAITANCE ont une valeur commerciale, et l'état général du poisson est habituellement excellent.

See also +SPAWNING FISH and +SPENT FISH.

Voir aussi +BOUVARD et +GUAI.

D	Voll Laichreif	**DK**	Klar til gydning	**E**	Próximo a la puesta
GR		**I**	Di corsa	**IS**	Gotfiskur
J	Seijuku-gyo	**N**	Oyteferdig	**NL**	Paairijpe vis
P	Peixe ovado	**S**	Lekfisk	**TR**	Gebe balık
YU	Riba pred mriještenjem	**FI**	Kutukala, kutukypsä kala		

778 RISSO'S DOLPHIN
DAUPHIN GRIS 778

Grampus griseus

(Cosmopolitan) (Cosmopolite)

See also +DOLPHIN. Voir aussi +DAUPHIN.

D	Risso's Delphin	**DK**	Havgrindehval	**E**	Ballena de risso
GR		**I**	Grampo	**IS**	
J		**N**	Grampus	**NL**	Gestreepte dolfijn
P	Boto-raiado	**S**		**TR**	
YU		**FI**			

779 ROACH
Rutilus rutilus

(i) (Freshwater – Europe)
Sold occasionally fresh (whole gutted).

D Plötze, Rotauge
GR Tsiróni
J Ruivaca
P Ruivaca
YU Bodorka

DK Skalle
I Triotto
N Mort
S Mört
FI Särki

(ii) In Australia refers to *Gerres ovatus*.

GARDON 779

(i) (Eaux douces – Europe)
Commercialisé occasionnellement frais (entier et vidé).

E Bermejuela, calandino, pardilla
IS
NL Blankvoorn (i)
TR Kızılgöz, kızıl sazan

780 ROCK BASS
Ambloplites rupestris

(Freshwater – N. America)
Belonging to the family *Centrarchidae* (see + SUNFISH).

CRAPET DE ROCHE (Canada) 780

(Eaux douces – Amérique du Nord)
De la famille des *Centrarchidae*.

781 ROCK COD
Eleginops maclovinus

(i) (Atlantic/Pacific – S. America)

P Babosa da Patagónia

GUITE DE PATAGONIE 781

(i) (Atlantique/Pacifique – Amérique du Sud)

E Róbalo, patagonico

782 ROCKFISH 782

(i) In U.K. usually called CATFISH (*Anarhichas* spp.).
(ii) In North America general term applying to the family *Scorpaenidae* (also designated as + SCORPIONFISH) but particularly refers to *Sebastodes* spp.; e.g. + PACIFIC OCEAN PERCH (*Sebastes alutus*); see also + KICHIJI ROCKFISH. The *Scorpaenidae* also includes *Sebastes* spp. (see + REDFISH).
(iii) In North America the name ROCKFISH is also used for + STRIPED BASS (*Morone saxatilis*) which belongs to the family *Serranidae* (see + SEA BASS).

(i) Nom utilisé en Grande Bretagne pour *Anarhichas* sp. (voir + LOUP).
(ii) En Amérique du Nord désigne en général la famille des *Scorpaenidae* (voir + RASCASSE SCORPÈNE).
La famille des *Scorpaenidae* comprend encore les espèces *Sebastes* (voir + SÉBASTE).
(iii) Le nom "ROCKFISH" (Américain) s'applique aussi au + BAR D'AMÉRIQUE *Morone saxatilus*, de la famille *Serranidae*.

783 ROCKLING
MOTELLE 783

(i) Generally species of the genera *Gaidropsarus*, *Enchelyopus* and *Ciliata*, belonging to the family *Gadidae*, see:
+ THREEBEARD ROCKLING
+ FOURBEARD ROCKLING
+ FIVEBEARD ROCKLING.

D Seequappe
GR Gaïdourópsaro
J
P Laibeque
YU Ugorova mater

DK Havkvabbe
I Motella
N Tangbrosme
S Skärlånga
FI Viiksimade

(ii) (Australia) *Genypterus blacodes*.

(i) Généralement les espèces *Gaidropsarus*, *Enchelyopus*, et *Ciliata* de la famille des *Gadidae*; voir:
+ MOTELLE À TROIS BARBILLONS
+ MOTELLE À QUATRE BARBILLONS
+ MOTELLE À CINQ BARBILLONS.

E Mollareta
IS
NL Meun
TR Gelincik

(ii)

784 ROCK LOBSTER
LANGOUSTE 784

The name ROCK LOBSTER is synonymously used for + CRAWFISH; in international statistics, it refers particularly to *Jasus* spp.
For details see + CRAWFISH.

TR Kaya istakozu

Le nom "ROCK LOBSTER" (anglais) est synonyme de "CRAWFISH", dans les statistiques internationales il s'applique particulièrement aux *Jasus* sp.
Voir + LANGOUSTE.

785 ROCK SALMON

Name employed for various species of different families, e.g.
(i) +PICKED DOGFISH (*Squalus acanthias*) belonging to the family *Squalidae* (see + DOGFISH).
(ii) PACIFIC OCEAN PERCH (*Sebastes alutus*); see + ROCKFISH (ii) belonging to the family *Scorpaenidae*.
(iii) MARINE CATFISH (*Anarhichas* spp.) see + CATFISH, belonging to the family *Anarhichadidae*.
(iv) + SAITHE (*Pollachius virens*) belonging to the family *Gadidae*.

785

Le nom "ROCK SALMON" (anglais) est utilisé pour plusieurs espèces:
(i) + CHIEN (*Squalus acanthias*), de la famille *Squalidae*.
(ii) + SÉBASTE DU PACIFIQUE (*Sebastes alutus*), de la famille *Scorpaenidae*.
(iii) + LOUP (*Anarhichas* sp.) de la famille *Anarhichadidae*.
(iv) + LIEU NOIR (*Pollachius virens*), de la famille *Gadidae*.

TR Alabalık kaya

786 ROCK SOLE

Lepidopsetta bilineata

FAUSSE LIMANDE DU PACIFIQUE 786

(Pacific – N. America/Japan)
Belongs to the family *Pleuronectidae* (see + FLOUNDER).
Also called ROUGHBACK.
Marketed fresh or frozen (Japan).

(Pacifique – Amérique du Nord/Japon)
De la famille des *Pleuronectidae* (voir + FLET).

Commercialisée fraîche ou surgelée (Japon).

D		**DK**	**E**
GR		**I** Passera del Pacifico	**IS**
J	Shumushugarei, shirogarei	**N**	**NL**
P	Solha da rocha	**S**	**TR**
YU		**FR**	

787 ROE

Usually refers to the FEMALE GONADS of fish (also called HARD ROE).
For MALE GONADS see + MILT.
Marketed in various ways, mentioned under individual species, e.g. + LUMP FISH, + COD, + HALIBUT, + HERRING, + MACKEREL, + MULLET, + SALMON, + STURGEON.

See also + CAVIAR and + CAVIAR SUBSTITUTES.

ROGUE 787

Désigne d'ordinaire les gonades de poissons femelles.
Pour les gonades mâles, voir + LAITANCE.
Commercialisée de différentes manières décrites sous l'espèce du poisson considéré, ex: + LOMPE, + CABILLAUD, + FLÉTAN, + HARENG, + MAQUEREAU, + MUGE, + SAUMON, + ESTURGEON.

Voir aussi + CAVIAR et + SUCCÉDANÉS DE CAVIAR.

D Rogen		**DK** Rogn	**E** Huevas
GR Taramàs-Avgó		**I** Uova di pesce	**IS** Hrogn
J Mako, harago		**N** Rogn	**NL** Kuit
P Ovas		**S** Rom	**TR**
YU Ikra		**FI** Mäti	

788 ROKER

Another recommended trade name for + SKATE and + RAY (*Rajidae*) in U.K.

788

Nom recommandé in G.B. pour les + RAIE.

789 ROLLED FISH

Other name used for:
(i) + ROUSED FISH.
(ii) + SOUSED HERRING.
(iii) ROLLER DRIED FISH.

789

790 ROLLMOPS (Germany)

Marinated herring fillets or block fillets (like + BISMARCKHERING), wrapped round pickle or slices of onion and fastened with small sticks or cloves. Packed with mild vinegar acidified brine, also with spices etc., also with mayonnaise, remoulade or other sauces with various flavouring ingredients (e.g. mustard, tomato, horse radish).

Marketed SEMI-PRESERVED, also with preserving additives.

- **D** Rollmops
- **GR**
- **J**
- **P** Arenque enrolado
- **YU** Rolmops
- **DK** Rollmops
- **I** Rollmops
- **N** Rollmops
- **S** Rollmops
- **FI** Marinoitu sillifileerulla
- **E** Rollmops, filetes enrollados
- **IS** Rollmops
- **NL** Rolmops
- **TR**

ROLLMOPS (Allemagne) 790

Filets de harengs ou filets entiers de harengs marinés (comme le + HARENG BISMARCK) enroulés sur un cornichon ou des tranches d'oignon et fixés par des bâtonnets ou des clous de girofle. Recouverts d'une saumure modérément vinaigrée, également avec des épices; préparés aussi avec de la mayonnaise, rémoulade ou autres sauces dont les aromates varient (moutarde, sauce tomate, raifort, etc.).

Commercialisés en SEMI-CONSERVES, également avec adjonction d'antiseptiques.

791 ROMAN

(S. Africa)
Also called RED ROMAN.
See also + RED STUMPNOSE.

- **P** Marreco

Chrysoblephus laticeps

SPARE À SELLE BLANCHE 791

(Afrique du Sud)

792 RORQUAL

General name employed for *Balaenopteridae*, but more specifically refers to:

Balaenoptera physalus

+ FIN-WHALE
(Also designated COMMON RORQUAL.)
Others are: + BLUE-WHALE, + SEI-WHALE and + MINKE WHALE.
See also + WHALES.

- **D** Furchenwal
- **GR** Galazia phalaena
- **J** Nagasukujira
- **P** Rorqual
- **YU** Kit plavetni
- **DK** Finhval
- **I** Balenottera
- **N** Finnhval
- **S** Fenval
- **FI** Sillivalas

RORQUAL 792

Désigne les *Balaenopteridae* en général, et en particulier:

+ RORQUAL COMMUN
(Ou BALEINE À TOQUET.)
Autres espèces: + BALEINE BLEUE, + RORQUAL DE RUDOLF et + PETIT RORQUAL.
Voir aussi + BALEINES.

- **E** Rorcuale
- **IS** Reyðarhvalir
- **NL** Gewone walvis
- **TR**

793 ROTSKJAER (Norway)

Fish that has been split in two, except for a short section of the tail, preparatory to hanging for natural air drying.
Special type of + STOCKFISH.

- **D** Rotscheer
- **GR**
- **J** Futatsu-wari
- **P**
- **YU**
- **DK**
- **I**
- **N** Rotskjær
- **S** Rotskär
- **FI** Halkaistu kala, kiinnipyrstöstä

ROTSKJAER (Norvège) 793

Poisson qui a été tranché en deux, sauf sur une courte partie de la queue, avant d'être suspendu pour le séchage en plein-air.
Type spécial de + STOCKFISH.

- **E**
- **IS** Raskerðingur (skreið)
- **NL** Geschaarde vis
- **TR**

794 ROUELLES (France)

Thin slices of fish, cut perpendicularly to the backbone (sometimes boned); applied mainly to mackerel.

See also + STEAK, + TRONÇON.

- **D** Happen, Stucke
- **GR**
- **J**
- **P** Postas
- **YU**
- **DK**
- **I** Trance
- **N**
- **S**
- **FI** Kalakyljys

ROUELLES 794

Tranches de poisson peu épaisses, coupées perpendiculairement à la colonne vertébrale (éventuellement désarêtées); s'applique surtout au maquereau.
Voir aussi + TRANCHE et + TRONÇON.

- **E** Rajas
- **IS**
- **NL** Schijfjes vis
- **TR**

794.1 ROUGH SKATE

Raja nasuta

(New Zealand) (Nouvelle-Zélande)
See also + SKATE. Voir aussi + RAIE.

794.2 ROUGHY

Trachichthyidae

The family of fish to which the +ORANGE ROUGHY belongs. Also includes smaller species, such as the SILVER ROUGHY or SAWBELLY *Hoplostethus mediterraneus* (widespread) and the COMMON ROUGHY *Paratrachichthys trailli* (Australasia).

Famille à laquelle l'HOPLOSTETE ROUGE, l'HOPLOSTETE ARGENTE, *Hoplostethus mediterraneus* appartiennent.

795 ROUND FISH — POISSON ROND 795

(i) In North America: fish that have not been gutted. See + WHOLE FISH (i).
(ii) In the U.K. fish that have not been gutted are called ROUND FISH or ROUNDERS. In addition ROUND FISH may be used as a general term for fish that are roughly circular in cross-section, as opposed to flatfish, rays, etc.
(iii) The Scandinavian term "RUNDFISK" might also refer to a special type of dried fish.

(i) En Amérique du Nord: poisson qui n'a pas été vidé. Voir + POISSON ENTIER.
(ii) Au R.U. les poissons qui n'ont pas été vidés sont appelés POISSONS RONDS ou ROUNDERS (anglais). De plus, ROUND FISH (anglais) peuvent être utilisés en général pour des poissons qui sont plutôt de forme circulaire, en opposition aux poissons plats, raies, etc.
(iii) Le term scandinave "RUNDFISK" peut aussi signifier une préparation spéciale de poisson séché.

D Rundfisch	DK Rund fisk	E Pescado de sección circular
GR	I Pesce a sezione circolare	IS Bolfiskur
J Marui sakana, enkei gyo	N Vanlig fisk i motsetning til flatfish	NL Rondvis
P Peixe redondo	S Rundfisk	TR Yuvarlak balık
YU Okrugla riba	FI Pyöreä kala	

796 ROUND HERRING — SHADINE 796

ETRUMEUS spp.

(Atlantic/Pacific) (Atlantique/Pacifique)
Belongs to the family *Clupeidae*. De la famille des *Clupeidae*.

Etrumeus teres or/ou *Etrumeus sardina*

(a) ATLANTIC ROUND HERRING (a) SHADINE RONDE
(Atlantic – N. America). (Atlantique – Amérique du Nord)

Etrumeus acuminatus

(b) CALIFORNIA ROUND HERRING (b)
(Pacific – N. America) (Pacifique – Amérique du Nord)

Etrumeus micropus

(c) (Pacific – Japan) (c) (Pacifique – Japon)
Marketed, in Japan, fresh, lightly salted and dried.
Au Japon, commercialisée fraîche, légèrement salée et séchée.

J Uremeiwashi

TR Yuvarlak ringa

797 ROUNDNOSE FLOUNDER — CARLOTTIN JAPONAIS 797

Eopsetta grigorjewi

(Japan) (Japon)
Belongs to the family *Pleuronectidae* (see + FLOUNDER).
De la famille des *Pleuronectidae* (voir + FLET).
Marketed fresh. Commercialisée fraîche.

D	DK	E
GR	I Passera del giappone	IS
J Mushigarei	N	NL
P Solhão malhado do Japão	S	TR
YU	FI	

798 ROUSED FISH

Fish mixed with dry salt before further handling and curing operations; also called DREDGED FISH, + ROLLED FISH.

- **D** Vorgesalzener Fisch
- **GR**
- **J** Furi-shio, maki-shio
- **P** Peixe activado
- **YU** Posoljena riba, insalana riba
- **DK**
- **I** Pesce mescolato a sale
- **N** Mjølvet (rørt) fisk
- **S** Fisk mjölad i salt
- **FI** Esisuolattu kala

798

Poisson saupoudré de sel sec avant une préparation et maturation ultérieures.

- **E** Pescado mezclado con sal seca
- **IS** Vöölun
- **NL** Gewarde vis, droog gezouten vis
- **TR**

798.1 RUBYFISH 798.1
Plagiogeneion rubiginosus

(Indian Ocean, S-E. Atlantic, Australasia) Also called ROCK SALMON. Belongs to the family *Emmelichthyidae*, generally known as BONNETMOUTHS.

(Océan Indien, Atlantique sud-est, Australasie) Appartient à la famille des *Emmelichthyidae*, généralement connu sous le nom de BONNETMOUTHS (anglais).

799 RUPPEL'S BONITO   BONITE À GROS YEUX 799
Gymnosarda unicolor

(Indo-Pacific)
Belongs to the family *Scombridae*; see + BONITO (*Sarda* spp.). (voir + "ORIENTAL BONITO").
Also called DOG-TOOTH TUNA.
Marketed fresh in Japan.
See also + TUNA.

(Indo-Pacifique)
De la famille des *Scombridae*; voir + BONITE (espèces *Sarda*).
Le nom BONITE ORIENTALE se réfère aussi à *Sarda orientalis* (voir + "ORIENTAL BONITO").
Commercialisée fraîche au Japon.
Voir aussi + THON.

- **D**
- **GR**
- **J** Isomaguro
- **P** Bonito-dente-de-cão
- **YU**
- **DK**
- **I**
- **N**
- **S**
- **FI**
- **E**
- **IS**
- **NL**
- **TR**

800 SABLEFISH   CHARBONNIÈRE COMMUNE (Canada) 800
Anopoploma fimbria

(Pacific)
Also called + BLACK COD, + BLUE COD, + BLUEFISH, CANDLEFISH, COAL COD, + COALFISH.
Marketed (N. America/Japan):
Fresh: whole gutted.
Frozen: whole gutted; headed and dressed.
Smoked: pieces of fillet, brined, drained, dyed and hot-smoked on trays; also called KIPPERED BLACK COD, BARBECUED ALASKA COD.
Salted: headed, gutted, split and boned, or filleted, dredged in salt and pickle-cured before packing in barrels.

(Pacifique)

Commercialisé (Amérique du Nord/Japon):
Frais: entier vidé.
Congelé: entier vidé; étêté et paré.
Fumé: morceaux de filet saumurés, égouttés, teints et fumés à chaud sur claies.
Salé: étêté, vidé, tranché et désarêté ou fileté, saupoudré de sel et laissé à macérer avant la mise en barils.

- **D**
- **GR**
- **J** Gindara, namiara
- **P** Peixe-Carvâo do Pacifico
- **YU**
- **DK**
- **I** Merluzzo dell'Alaska
- **N**
- **S**
- **FI** Silosimppu
- **E**
- **IS**
- **NL**
- **TR**

801 SAILFISH   VOILIER 801

ISTIOPHORUS spp.

(Cosmopolitan)   (Cosmopolite)

Belong to the family *Istiophoridae* (see+ BILL-FISH).   De la famille des *Istiophoridae* (voir + VOILIER et MARLIN).

Istiophorus albicans

(a) ATLANTIC SAILFISH   (a) VOILIER DE l'ATLANTIQUE
     (Atlantic – N. America)   (Atlantique – Amérique du Nord)

Istiophorus greyi

(b) PACIFIC SAILFISH   (b)
     (Pacific)   (Pacifique)

Istiophorus gladius

(c) INDO-PACIFIC SAILFISH   (c)
     (Indo-Pacific)   (Indo-Pacifique)

Marketed fresh or frozen (Japan); also smoked.   Commercialisés frais ou congelés (Japon), également fumés.

D	Segelfisch, Fächerfisch	DK	Sejlfisk	E	
GR		I	Pesce vela	IS	
J	Bashokajiki	N	Seilfisk	NL	(a) Zeilvis
P	Veleiro	S	Segelfisk	TR	
YU		FI	Purjekala		

802 SAITHE   LIEU NOIR 802

Pollachius virens

(Atlantic–Europe/N. America)   (Atlantique–Europe/Amérique du Nord)

Also known as + COALFISH and COLEY; in N. America and in ICNAF statistics + POLLOCK is used.

Also called BLACK COD, BLACK POLLACK, BLOCHAN, GREEN COD, ROCK SALMON, SCOTCH HAKE, SULLOCK (small species), BOSTON BLUEFISH and many other local names.   Appelé aussi COLIN NOIR (ex. Boulogne); denommé GOBERGE au Canada.
Le nom COLIN est utilisé quelquefois à tort pour + MERLU.

Marketed:
Fresh: as fillets, skinned or unskinned and as steaks (cutlets).
Frozen: skinned fillets, breaded uncooked or precooked sticks and portions.
Smoked: skinned fillets, or pieces (steaks, cutlets); also unskinned, in Germany mostly hot smoked.
Salted: split, then either wet salted or dried salted.
Salted and smoked: after finished curing, cut in slices, lightly smoked and packed in edible oil (+ SEELACHS IN OEL, Germany).
Dried: in brine (France).
Canned: fish balls in Norway (SIDE BOLLER). See + FISH BALLS.
Roe: pressed, canned or frozen, mixed with a small amount of edible oil, salt added.

Commercialisé:
Frais: filets avec ou sans peau; tranches.
Congelé: filets sans peau; bâtonnets ou portions panés crus ou cuits.
Fumé: filets sans peau, ou morceaux (tranches); également avec la peau, en Allemagne, principalement fumés à chaud.
Salé: poisson tranché puis salé soit en saumure, soit à sec.
Salé et fumé: après salage, découpé en tranches, légèrement fumé et recouvert d'huile (+ SEELACHS IN OEL, Allemagne).
Séché: au naturel en France.
Conserve: Boulettes de poisson en Norvège (SIDE BOLLER). Voir + BOULETTES DE POISSON.
Œufs: pressés, surgelés ou mis en boîtes après adjonction de sel et d'huile en petite quantité.

D	Seelachs, Köhler	DK	Sej	E	Palero, faneca plateada carbonero
GR	Bakaliaros	I	Merluzzo nero, m. carbonaro	IS	Ufsi
J		N	Sei	NL	Koolvis, zwartekoolvis
P	Escamudo	S	Sej, gråsej	TR	
YU		FI	Seiti		

803 SALAKA (U.S.S.R.)   SALAKA (U.R.S.S.) 803

Smoked fish product.   Préparation de poisson fumé.

804 SALMON

Various species, the main are listed under their individual names:

Salmo salar

(a) +ATLANTIC SALMON
(Atlantic)

ONCORHYNCHUS spp.

PACIFIC SALMON:

Oncorhynchus tschawytscha

(b) +CHINOOK
Also called KING SALMON or SPRING SALMON.
Also called +QUINNAT SALMON IN New Zealand.

Oncorhynchus keta

(c) +CHUM SALMON
Also called DOG SALMON or KETA SALMON.

Oncorhynchus kisutch

(d) +COHO SALMON
Also called SILVER SALMON.

Oncorhynchus gorbuscha

(e) +PINK SALMON
Also called HUMPBACK SALMON.

Oncorhynchus nerka

(f) +SOCKEYE SALMON
Also called RED SALMON.

Oncorhynchus masu or/ou *Oncorhynchus masou*

(g) +CHERRY SALMON
Also called JAPANESE SALMON or MASU SALMON.

Hucho hucho

(h) +DANUBE SALMON
(Danube and tributaries)

Hucho taimen

(East Russia and Siberia)

SAUMON 804

Il existe différentes espèces dont les principales sont répertoriées sous leur nom individuel:

(a) +SAUMON ATLANTIQUE
(Atlantique)

SAUMON DU PACIFIQUE:

(b) +SAUMON ROYAL

(c) SAUMON KETA
Appelé aussi SAUMON CHIEN.

(d) +SAUMON ARGENTÉ

(e) +SAUMON ROSE

(f) +SAUMON ROUGE

(g) +SAUMON JAPONAIS ou MASOU

(h) +SAUMON DU DANUBE
(Danube et ses affluents)

(Russie Orientale et Sibérie)

D Lachs	DK Laks	E Salmön
GR Solomós	I Salmone	IS Lax
J Sake masu-rui	N Laks	NL Zalm
P Salmão	S Lax	TR Som balığı
YU Losos, salmon	FI Lohi	
	(a) Lax	
	(b-g) Stillahavslax	
	(h) Donavlax	

See also under the individual items.

Vori aussi les rubriques individuelles.

805 SALMON BELLIES

Ventral sections of Pacific Salmon (chinook, etc.), hard salted in pickle in barrels, in similar manner to +HARD SALTED SALMON; also called PICKLED SALMON BELLIES.

VENTRES DE SAUMON 805

Sections ventrales de saumon du Pacifique (Royal, etc.), fortement salées en barils, de la même manière que pour le +SAUMON FORTEMENT SALÉ.

D	DK	E Ventresca de salmön
GR	I Ventresca di salmone salata	IS Laxaþunnildi (söltuð)
J	N	NL Gezouten zalm buiken
P Ventresca salgada	S	TR
YU Ventreska lososa	FI	

806 SALMON EGG BAIT
(N. America)

Salmon eggs cured and used as bait for sport fishing.

- **D**
- **DK**
- **E** Cebo de huevos de salmon
- **GR**
- **I** Uova di salmone per esca
- **IS**
- **J** Ikura
- **N**
- **NL** Zalmkuitaas
- **P** Isco de ovas de salmão
- **S** Laxäggsagn
- **TR**
- **YU** Mamac od lososovih jaja
- **FI**

APPÂTS D'ŒUFS DE SAUMON 806
(Amérique du Nord)

Œufs de saumon préparés et utilisés comme appât pour la pêche sportive.

807 SALMON SALAD

Delicatessen product, made from cooked salmon meat, vegetables and sour cream sauce.

In Germany also from cuttings (shreds) from sliced smoked salted salmon mixed with mayonnaise, + SALMON.

SALADE DE SAUMON 807

Hors d'œuvre à base de chair de saumon cuite, de légumes et de sauce à la crème.

En Allemagne, se fait également avec les chutes provenant du découpage en tranches de saumon salé et fumé, mélangées avec de la mayonnaise.

Voir + SAUMON.

- **D** Lachssalat
- **DK**
- **E** Ensalada de salmon
- **GR** Salata solomon
- **I** Insalata di salmone
- **IS** Laxasalat
- **J**
- **N** Laksesalat
- **NL** Zalmsalade
- **P** Salada de salmão
- **S** Laxsallad
- **TR** Alabalık salatası
- **YU** Salata od lososa
- **FI** Lohisalaatti

808 SALMON SHARK
Lamna ditropis

(Pacific – N. America/Japan)

Belongs to the family *Lamnidae* (see + MACKEREL SHARK).

In international statistics, included under + PORBEAGLE.

Marketed fresh and frozen in Japan.

REQUIN-TAUPE SAUMON 808

(Pacifique – Amérique du Nord/Japon)

De la famille des *Lamnidae* (voir + REQUIN-MAQUEREAU).

Dans les statistiques internationales, est assimilée á + TAUPE.

Commercialisée au Japon, fraîche et congelée.

- **D** Pazifischer Heringshai
- **J** Môkazame, nezumizame
- **P** Tubarâo-sardo do Japão

809 SALT COD

LIGHT CURE or HEAVY SALTED, + KENCH or + PICKLE CURED split cod, dried to various moisture contents.

Details are given under separate entries; see + GASPÉ CURE, + FALL CURE, + LABRADOR CURE, + SHORE CURE (ii), + AMARELO CURE, + BRANCO CURE, + NATIONAL CURE, + PAPILLON.

MORUE SALÉE 809

+ POISSON LÉGÈREMENT SALÉ ou + FORTEMENT SALÉ, + SALÉ À SEC ou + SAUMURE, la morue éviscérée peut être séchée à différents degrés.

De plus amples détails sont donnés sous différentes rubriques, voir + GASPÉ CURE, + FALL CURE, + LABRADOR CURE, + SALAGE À TERRE (ii) + AMARELO CURE, + BRANCO CURE, + PAPILLON.

- **D** Gesalzener Kabeljau
- **DK** Saltfisk, klipfisk
- **E**
- **IS** Saltfiskur
- **GR** Xiralátos bakaliáros
- **I** Baccalà
- **J** Shiodara
- **N**
- **NL** Gezouten kabeljauw
- **P** Bacalhau salgado
- **S** Saltad torsk
- **TR**
- **YU**
- **FI** Suolattu turska

810 SALT CURED FISH

Fish preserved or cured with dry salt (see + DRY SALTED FISH) or in brine (see + PICKLE CURED FISH); may or may not be dried afterwards.

The term + SALT FISH in U.K. usually refers only to salted white fish spp., e.g. cod, coalfish, haddock, hake, ling, etc., which may be marketed wet salted, washed and pressed (see + PICKLE CURED FISH) or dried salted (+ DRIED SALTED FISH).

ENZO-HIN (Japan) refers to salted products prepared from fish, shellfish, seaweeds, etc., e.g. ENZO-IWASHI (salted sardine), ENZO-SABA (salted mackerel).

POISSON SALÉ 810

Poisson conservé ou traité au sel sec (voir + POISSON SALÉ À SEC) ou en saumure (voir + PICKLE CURED FISH); facultativement séché par la suite.

En Grande-Bretagne, le terme + SALT FISH, s'applique généralement aux espèces de poisson maigre: morue, lieu noir, églefin, merlu, lingue qui peuvent être commercialisées salées, lavées et pressées (voir + POISSON EN SAUMURE) ou salées et séchées (+ POISSON SÉCHÉ SALÉ).

ENZO-HIN (Japon) désigne des produits salés faits avec du poisson, des coquillages, des algues, etc.; par exemple: ENZO-IWASHI (sardine salée) ENZO-SABA (maquereau salé).

[CONTD.]

810 SALT CURED FISH (Contd.)

- **D** Gesalter Fisch, Salzfisch
- **GR** Alípasto psári
- **J** Enzô-gyo, enzô-hin
- **P** Peixe salgado
- **YU** Riba obradjena solju

- **DK** Saltet fisk
- **I** Pesce salato
- **N** Saltet fisk
- **S** Saltad fisk
- **FI** Kuiva-tai laukkasuolattu kala

POISSON SALÉ (Suite) 810

- **E** Pescado salazonado
- **IS** Saltaður fiskur
- **NL** Zoutevis, gezouten vis, gepekelde vis
- **TR** Tuzlanmis balık

811 SALTED ON BOARD

Salted cod or herring processed on board ship; e.g. +DUTCH CURED HERRING, +MILKER HERRING (U.S.A.).

The term "BRAILLES" in France refers to herring salted on board ship (25 kg salt to 100 kg fish) which have been neither headed nor gutted and which are later prepared or packed.

- **D** Bordsalzung, Seesalzung
- **GR**
- **J**
- **P** Salga a bordo
- **YU** Riba soljena na brodu

- **DK** Søsaltet fisk
- **I** Pesce salato a bordo
- **N** Fisk saltet ombord
- **S** Sjösaltad fisk
- **FI** Merellä suolattu kala

SALÉ À BORD 811

Morue ou hareng salé traité à bord du bateau; ex. +DUTCH CURED HERRING, +MILKER HERRING (E.U.)

Le terme français "BRAILLES" s'applique aux harengs salés à bord (25 kg de sel pour 100 kg de poisson) qui n'ont été ni étêtés ni vidés et qui seront par la suite préparés ou conditionnés.

- **E** Salado a bordo
- **IS** Saltaður um borð
- **NL** Op zee gezouten
- **TR** Teknede işleme

812 SALTFISH

Fish of cod family preserved by salting alone. Might also be referred to as SCANDINAVIAN SALTFISH.

See also +SALT CURED FISH.

- **D** Salzfisch
- **GR** Alípasto psári
- **J** Enzo-gyo
- **P** Peixe salgado
- **YU** Riba obradjena solju

- **DK** Saltfisk
- **I** Pesce salato
- **N** Saltfisk
- **S** Saltad torskfisk
- **FI** Suolattu turskakala

POISSON SALÉ 812

Poissons de la famille des *gadidae* (cabillaud, etc.) conservés par salage.

Voir aussi +POISSON SALÉ.

- **E** Pescado salado
- **IS** Saltfiskur
- **NL** Zoutevis
- **TR** Tuzlanmiş balık

813 SALT ROUND FISH

Ungutted fish cured with salt; also called ROUND CURE, ROUND SALTED FISH, BULK CURE.

In Iceland the term "RÚNNSALTAÐUR" applies only to herring. For small white fish, the term "BÚTUNGUR" is used, but also for headed and gutted codling.

- **D**
- **GR**
- **J**
- **P** Peixe inteiro salgado
- **YU** Soljena cijela riba

- **DK** Rundsaltet fisk
- **I** Pesce intero salato
- **N** Rundsaltet fisk
- **S** Rundsaltad fisk, stupsaltad fisk
- **FI** Suolattu Pyöreä kala

POISSON ENTIER SALÉ 813

Poisson non vidé, traité au sel.

En Islande, le terme "RÚNNSALTAÐUR" s'applique exclusivement au hareng; le terme "BÚTUNGUR" s'emploie pour le petit poisson blanc, et s'applique aussi à la petite morue étêtée et vidée.

- **E** Pescado entero salado
- **IS** Runnsaltaður fiskur, bútungur
- **NL** Gezouten ongestripte vis
- **TR**

814 SALZFISCHWAREN (Germany)

Products from salt cured fish, especially salted herring, also as fillets, bits, diced, with brine, acidified brine, edible oil, sauces, mayonnaise, rémoulades, etc.; also with spices and vegetables or other flavouring agents; e.g. +FISH SALAD, +MARINADE, +SEELACHS IN OEL (Germany), +OELPRÄSERVEN (Germany).

SALZFISCHWAREN (Allemagne) 814

Produits à base de poisson salé, particulièrement de hareng, présentés en filets, en morceaux, en dés, avec une saumure légère ou une saumure acidifiée, de l'huile comestible, en sauce mayonnaise ou rémoulade, également avec des épices, des légumes ou autres aromates; ex: +SALADE DE POISSON, +MARINADE, +SEELACHS IN OEL (Allemagne), +OELPRÄSERVEN (Allemagne).

815 SALZLING (Germany)

Salted herring without bones and heads, with tail, also in brine; the end product may include 20% milt or roe.

- **P** Arenque descabeçado e salgado
- **I** Aringhe spinate salate

SALZLING (Allemagne) 815

Hareng salé sans tête ni arêtes auquel on a laissé la queue, mis parfois en saumure; le produit fini peut contenir 20% de laitance ou de rogue.

- **NL** Zoute lappen

816 SAND DAB

Name used for +DAB (*Limanda limanda*) and +AMERICAN PLAICE (*Hippoglossoides platessoides*).

Le nom "SAND DAB" (anglais) s'applique aux *Limanda limanda* (voir +LIMANDE) et *Hippoglossoides platessoides* (voir +BALAI).

817 SANDEEL / LANÇON 817

AMMODYTIDAE

(N. Atlantic/N. Pacific)
In N. America more commonly referred to as SAND LANCE.
Also called LANCE, LAUNCE, SILE or SMELT.

(Atlantique Nord/Pacifique Nord)
Appelé aussi ÉQUILLE.

Hyperoplus lanceolatus or/ou *Hyperoplus immaculatus*

(a) +GREATER SANDEEL
(N. Atlantic – Europe)

(a) +LANÇON COMMUN
(Atlantique Nord – Europe)

Ammodytes tobianus or/ou *Ammodytes marinus*

(b) +SMALL SANDEEL
(N. Atlantique – Europe)
May also be called LESSER SANDEEL.

(b) +LANÇON ÉQUILLE
(Atlantique Nord – Europe)

Gymnammodytes cicerellus or/ou *Ammodytes cicerellus* or/ou *Gymnammodytes semisquanatus*

(c) SMOOTH SAND LANCE
(Atlantic/Mediterranean)

(c) LANÇON CICERÈLE
(Atlantique/Méditerranée)

Ammodytes americanus

(d) AMERICAN SAND LANCE
(Atlantic – N. America)

(d) LANÇON D'AMÉRIQUE
(Atlantique – Amérique du Nord)

Ammodytes hexapterus

(e) PACIFIC SAND LANCE
(Atlantic/Pacific)

(e)
(Atlantique/Pacifique)

Ammodytes dubius

(f) NORTHERN SAND LANCE
(Atlantic–N. America)

(f) LANÇON DU NORD
(Atlantique–Amérique du Nord)

Ammodytes personatus

(g)
(Japan)

(g) LANÇON DU PACIFIQUE
(Japon)

Important food fish in Japan; marketed fresh or dried.
In Europe, marketed fresh but mainly used for meal and oil manufacture.

Important pour la consommation au Japon; commercialisé frais ou séché.
En Europe, commercialisé frais mais surtout pour la fabrication de farine et d'huile de poisson.

D Sandaal, Sandspierling, Tobis
GR Ammodýtis, loutsáki
J Ikanago
P Geleota, sandilho, Frachão
YU Hujka

DK Tobis
I Cicerello
N Tobis siler
S Tobis, (f) Djuptobis
FI Tuulenkala

E Lanzon
(c) Salton
IS Sandsíli
NL (a) Smelt
(b) Zandspiering
TR Kum

For (a) and (b) see also individual entries.

Pour (a) et (b) voir aussi ces rubriques.

818 SANDFISH / TOROUMOQUE 818

TRICHODONTIDAE

(Pacific – N. America/Japan)

(Pacifique – Amérique du Nord/Japon)

Arctoscopus japonicus

(a) SAILFIN SANDFISH
(Pacific)

(a) TOROUMOQUE JAPONAIS
(Pacifique)

[CONTD.]

818 SANDFISH (Contd.)
Trichodon trichodon

(b) PACIFIC SANDFISH
(Pacific)
(i) Important species in Japan Sea; marketed fresh, or salted and dried.
(ii) Name also given to the Indo-Pacific fish *Gonorynchus gonorynchus* (family *Gonorynchidae*).

J Hatahata   **S** Sandfisk

819 SAND FLOUNDER
(New Zealand)
Also called DIAMOND, DAB, SQUARE.

819.1 SAND PERCH
Diplectrum formosum (family *Serranidae*)
(i) The name given on the Atlantic coast of N. America.
See + SEA BASS.
(ii) The name given to fish in the family *Mugiloididae*, also called WEEVERS, to which the New Zealand + BLUE COD belongs.

820 SAND SHARK
General name for species of the family *Odontaspididae*, especially refers to:

Eugomphodes taurus or/ou *Odontaspis taurus*

(Atlantic – Europe/N. America)
See + SHARK.

D Sandhai
GR Skylópsaro
J
P Tubarão-toiro, tubarão-de-areia
YU Psina zmijozuba, morski pas

DK Blåhaj
I Squalo toro
N Blåhai
S Gråhaj, allmän sandhaj
FI Hietahai

E Pez toro
IS
NL
TR

821 SANDY RAY
Raja circularis
(N. Atlantic – Europe)
See also + RAY and + SKATE.

D Sandroche
GR Salahi
J
P Raia-de-são-pedro
YU Raža smedjana

DK Sandrokke
I Razza rotonda
N Sandskate
S Sandrocka
FI Hietarausku

E Raya falsavela
IS
NL
TR Vatoz

822 SARDINE
Note. The species *"Sardina pilchardus"* is designated by both "sardine" and "pilchard" (see + PILCHARD). Generally "sardine" refers to the smaller size species.
In some countries the term "sardine" is used to designate other species than *"Sardina pilchardus"*, e.g. in North Amercia "sardine" is defined as a generic term identifying a canned product made from several spp. of the *Clupeidae* family (in Maine: small *Clupea harengus harengus*); similarly "canned sild" (see + HERRING) or "canned brisling" (see + BRISLING).

TOROUMOQUE (Suite) 818

(b) TOROUMOQUE MAO
(Pacifique)
(i) Espèce importante dans la mer du Japon commercialisée fraîche, ou salée séchée.
(ii) Nom anglais donné également au poisson indo-Pacifique *Gonorynchus gonorynchus* (de la famille des *Gonorynchidae*).

FI Hietatähystäjä

CAMARDE DE NOUVELLE-ZÉLANDE 819
Pleuronectidae
CAMARDE PATIKI
(Nouvelle-Zélande)
Peut être commercialisé sous le nom de Plie de Nouvelle-Zélande.

SERRAN DE SABLE 819.1
(i) Nom donné sur la côte atlantique de l'Amérique du Nord.
Voir + SERRANIDE.
(ii) Nom donné au poisson de la famille *Mugiloidiae*, appelé aussi WEEVERS (anglais), à laquelle la + BLUE COD (anglais) de Nouvelle-Zélande appartient.

REQUIN-TAUREAU 820
Le nom s'applique de façon générale aux espèces de la famille *Odontaspididae*, mais plus particulièrement à l'espèce:

(Atlantique – Europe/Amérique du Nord)
Voir + REQUIN.

RAIE CIRCULAIRE 821
(Atlantique Nord – Europe)
Voir + RAIE.

SARDINE 822
Note. "Sardine" et "Pilchard" désignent tous deux l'espèce *"Sardina pilchardus"* (voir + PILCHARD). "Sardine" s'applique généralement à la petite taille.
Dans certains pays, le terme "sardine" peut aussi désigner d'autres espèces que *"Sardina pilchardus"*, ainsi en Amérique du Nord, "sardine" est un terme général servant à identifier les produits en conserve à base de *Clupeidae* variés (dans le Maine: petit hareng de l'Atlantique *Clupea harengus harengus*); de même "canned sild" (voir + HARENG) ou "canned brisling" (voir + BRISLING).

[CONTD.]

822 SARDINE (Contd.)   SARDINE (Suite) 822

Sardina pilchardus

(a) (Mediterranean/Atlantic)   (a) (Méditerranée/Atlantique)

Sardinops sagax

(b) +CALIFORNIAN PILCHARD (Pacific)
Also called PACIFIC SARDINE.

(b) SARDINOPS DU CHILI (Pacifique)

Sardinops melanosticta

(c) +JAPANESE PILCHARD (Japan)

(c) +SARDINOPS DU JAPON (Japon)

Sardinops neopilchardus

(d) +PILCHARD (Australia/New Zealand)

(d) +SARDINOPS D'AUSTRALIE (Australie/Nouvelle-Zélande)

"CELANS" in France refer to small sardine (more than 20 fish per kg).

En France, on appelle "CELANS" les petites sardines (plus de 20 par kg).

Marketed:
Fresh: or lightly salted.
Frozen: whole or beheaded.
Salted: dry-salted in barrels and pressed.
Dried: Japan.
Semi-preserved: vinegar and spice-cured (Japan).
Canned: headed gutted whole fish, washed, salted, cooked (steamed, grilled or fried in oil etc.) and packed, either in oil or tomato sauce; fillets in oil or tomato sauce (N. America); cold-smoked fillets in oil or tomato sauce (N. America).
Paste: sardine only, or with tomato or pimento; butter may be added; in cans or jars.
Meal and oil: (Japan).

Commercialisé:
Frais: ou légèrement saumuré.
Congelé: entier ou étêté.
Salé: salé à sec en barils et comprimé.
Séché: au Japon.
Semi-conserve: traité au vinaigre et au épices (Japon).
Conserve: poisson entier étêté, vidé, lavé, salé, cuit (à la vapeur, au four ou frit à l'hile, etc.) et couvert soit d'huile, soit de sauce tomate; filets à l'huile ou sauce tomate (Amérique du Nord); filets fumés à froid, à l'huile ou sauce tomate (Amérique du Nord).
Pâte: sardine seule, ou avec tomate ou piment; on peut y ajouter du beurre; vendu en boîtes ou en bocaux.
Farine et huile: (Japon).

D	Sardine, Pilchard	**DK**	Sardin	**E**	Sardina (a) Pilchard (los demás)
GR	Sardélla	**I**	Sardina	**IS**	Sardínur
J	Iwashi, maiwashi (a) (b-d) Sardinopa	**N**	Sardin	**NL**	Pelser, sardien, sardientje (a)
P	Sardinha	**S**	Sardin	**TR**	Sardalya
YU	Srdela	**FI**	Sardiini		

823 SARDINELLA   SARDINELLE/ALLACHE 823

SARDINELLA spp.

(Cosmopolitan)   (Cosmopolite)

Sardinella aurita

(a) +GILT SARDINE (Mediterranean – West Africa)

(a) +ALLACHE (Méditerranée – Afrique occidentale)

Sardinella longiceps

(b) +OIL SARDINE (India/Pakistan/Philippines)

(b) +SARDINELLE INDIENNE (Inde/Pakistan/Philippines)

Sardinella anchovia

(c) SPANISH SARDINE (Atlantic – N. America)

(c) (Atlantique – Amérique du Nord)

Sardinella fimbriata

(d) TUNSOY (Philippines)

(d) SARDINELLE TAMBOUR (Philippines)

[CONTD.]

823 SARDINELLA (Contd.)

Sardinella albella or/ou *Sardinella perforata*

(e) LAPAD
(Philippines)
Sometimes processed in same way as +SARDINE. Special preparation: +TUYO and +TINAPA.

SARDINELLE/ALLACHE (Suite) 823

(e) SARDINELLE BLANCHE
(Philippines)
Préparée de la même façon que la +SARDINE. Produits speciaux: +TUYO et +TINAPA.

D Sardinelle
GR Fríssa trichiós
J
P Sardinela
YU Srdela golema

DK
I Alaccia
N Sardinella
S
FI (a) Kultasardiini

E Alacha
IS
NL
TR Sardalya

824 SARGO

(i) Name used for +WHITE BREAM (*Diplodus sargus*), belonging to the family *Sparidae*.
(ii) *Anisotremus davidsoni* (Pacific – N. America), belonging to the family *Pomadasyidae* (see +GRUNT).

P Pargo-legítimo

SARGUE 824

(i) Désigne l'espèce *Diplodus sargus* de la famille des *Sparidae* (voir +SAR).
(ii)

NL Zwartstaart

825 SASHIMI (Japan)

Raw fish meat sliced and eaten immediately.
Also called TSUKURIMI.

SASHIMI (Japon) 825

Chair de poisson en tranches, mangée crue.
Appelé aussi TSUKURIMI.

D
GR
J
P
YU

DK
I Sascimi
N
S
FI Raakaa siivutettua kalaa

E
IS
NL
TR Sashımı

826 SAUERLAPPEN (Germany)

Block herring fillets cured in vinegar acidified brine in barrels or other containers; used as raw material for manufacture of +MARINADE, +HERRING SALAD, etc. Semi-preserve.

See also +VINEGAR CURED FISH.

SAUERLAPPEN (Allemagne) 826

Filets entiers de hareng, mis en barils ou autres récipients dans une saumure vinaigrée: utilisés comme matière première pour la préparation de +MARINADE, de +SALADE DE HARENG, etc. Semi-conserve.

Voir aussi +POISSON AU VINAIGRE.

D Sauerlappen
GR
J
P Filetes de arenque em salmoira
YU

DK Syrnet sildefilet
I Filetti di aringhe marinati
N
S
FI Marinoituja perhossillifileitä

E
IS Súrsíldarflök
NL Voorgezuurde haringfilet
TR

827 SAUGER

Stizostedion canadense

(Freshwater – Canada)
See also +PIKE PERCH (*Stizostedion* spp.) belonging to the family *Percidae* (see +PERCH).
Also called SAND PIKE.
Marketed fresh or frozen.

DORÉ NOIR 827

(Eaux douces – Canada)
Voir aussi +SANDRE (espèce *Stizostedion*) de la famille des *Percidae* (voir +PERCHE).

Commercialisé frais ou congelé.

D Kanadischer Zander
GR
J
P
YU

DK
I
N
S Kanadagös
FI Hietakuha

E
IS
NL Canadesce snoekbaars
TR

828 SAURER HERING (Germany)   SAURER HERING (Allemagne) 828

+ MARINADE from gutted fresh or salted herring with bones and head; also headed.

+ MARINADE à base de hareng frais ou salé, entier (avec tête et arêtes) et vidé; également sans tête.

D Saurer Hering	**DK**	**E**
GR	**I** Aringhe marinate	**IS** Súrsíld
J	**N**	**NL** Gemarineerde haring
P	**S**	**TR**
YU	**FI** Marinoitu, perattu silli	

829 SAURY   ORPHIE et BALAOU 829

SCOMBERESOX spp.
COLOLABIS spp.

(Cosmopolitan)   (Cosmopolite)

Scomberesox saurus

(a) ATLANTIC SAURY
(Atlantic, Mediterranean, Indian Ocean, South Pacific)
Also called NEEDLENOSE (U.S.A.), SAURY PIKE, SKIPPER, + BILLFISH.

(a) BALAOU
(Atlantique, Méditerranée Océan Indien, Pacifique sud)
Appelé aussi AIGUILLE DE MER.

Cololabis saira

(b) + PACIFIC SAURY
(N. America/Japan)
Also called MACKEREL PIKE, SKIPPER.
For ways of marketing see + PACIFIC SAURY. See also + NEEDLEFISH (*Belonidae*), which are related to *Scomberesox* spp.

(b) + BALAOU DU JAPON
(Amérique du Nord/Japon)
Pour la commercialisation, voir + BALAOU JAPONAIS. Voir aussi + AIGUILLE DE MER (*Belonidae*) qui sont reliées aux espèces *Scomberesox* et aussi désignées sous le terme + ORPHIE. Aux Antilles, "BALAOU" désigne les espèces *Hemiramphidae* (voir + DEMI-BEC).

D Makrelenhect	**DK** Makrelgedde	**E** Paparda
GR Zargána	**I** Costardella, aguglia saira	**IS** Geirnefur
J Samma, saira	**N** Makrellgjedde	**NL** Makreelgeep
P (a) Agulhão	**S** Makrillgädda	**TR** Zurna
(c) Sama		
YU Poskok	**FI** Makrillihauki	
	(b) Saira	

830 SAWFISH   POISSON-SCIE 830

PRISTIDAE

(Cosmopolitan)   (Cosmopolite)

Pristis antiquorum or/ou *Pristis microdon* or/ou *Pristis perotteti*

(a) LARGETOOTH SAWFISH
(Atlantic)

(a) POISSON-SCIE GRANDENT
(Atlantique)

Pristis pectinata

(b) SMALLTOOTH SAWFISH
(Atlantic – N. America)

(b) POISSON-SCIE TRIDENT
(Atlantique – Amérique du Nord)

[CONTD.]

830 SAWFISH (Contd.)
Belong to the order *Rajiformes* (see +RAY).

POISSON-SCIE (Suite) 830
Appartient à l'ordre des *Rajiformes* (voir +RAIE).

- **D** Sägefisch
- **GR** Prionópsaro
- **J**
- **P** Espadarte-serra, Peixe-serra
- **YU** Riba pila
- **DK** Savrokke, savfisk
- **I** Pesce sega
- **N** Sagfisk
- **S** Sågfisk
- **FI** Saharausku
- **E** Pez sierra
- **IS** Sagarfiskur
- **NL** (c) Zaagvis
- **TR** Destere balığı

---

831 SCABBARDFISH
SABRE CEINTURE 831

Lepidopus xantusi

(Pacific – N. America)
Belongs to the family *Trichiuridae* (see +CUTLASSFISH).
See also +FROSTFISH.

(Pacifique – Amérique du Nord)
De la famille des *Trichiuridae* (voir +POISSON-SABRE).
Voir aussi +COUTELAS.

- **D** Degenfisch
- **GR**
- **J**
- **P** Peixe-espada-do-Pacifico
- **YU** Zmijičnjak repaš
- **DK** Strømpebåndsfisk
- **I** Pesce sciabola
- **N** Reimfisk
- **S**
- **FI** Huotrakala
- **E** Pez cinto
- **IS**
- **NL**
- **TR** Pala balığı

---

832 SCAD 832

(a) Another name for +HORSE MACKEREL (*Trachurus* spp.) in U.K.

(b) In North America might also be more generally employed for fish of the family *Carangidae* to which *Trachurus* and *Decapterus* spp. belong.

See +JACK.

(a) Le nom "SCAD" (anglais) désigne les espèces *Trachurus* (voir +CHINCHARD).

(b) En Amérique du Nord, désigne généralement les poissons de la famille des *Carangidae* dont font partie les espèces *Trachurus* et *Decapterus*.

Voir +CARANGUE.

---

833 SCALDFISH
ARNOGLOSSE 833

Arnoglossus laterna

(a) SCALDFISH
(N. Atlantic – Europe)
Also spelt SCOLDFISH.

(a) ARNOGLOSSE LANTERNE
(Atlantique Nord – Europe)

Arnoglossus thori

(b) GROHMANN'S SCALDFISH
(N. Atlantic – Europe)
Very similar to +WITCH, but unimportant commercially.

(b) ARNOGLOSSE TACHETÉ
(Atlantique Nord – Europe)
Très ressemblant à la +PLIE GRISE, mais sans importance commerciale.

- **D** Lammzunge
- **GR** Zagéta, Glossa, Arnóglossa
- **J**
- **P** Carta
- **YU** Plosnatica blijedica, plosnatka, parataĉa
- **DK** Tungehvarre
- **I** Suacia (fosca)
- **N** Tungevar, glassvar
- **S** Tungevar
- **FI** Suomukampela
- **E** Serrandell, peludilla
- **IS**
- **NL** Schurftvis
- **TR** Dil balığı

---

834 SCALE FISH (U.S.A.) 834

Bottom-living fish other than *Gadus* spp. that have been cured by salting and drying.

Poissons de fond appartenant à des espèces autres que *Gadus*, préparés par salage et séchage.

835 SCALLOP — COQUILLE ST. JACQUES 835

PECTINIDAE

(Cosmopolitan) (Cosmopolite)

Also called ESCALLOP, SCALLOP, FAN SHELL, FRILL, SQUIM; in Scotland also designated as +CLAM.

Pecten varius

(a) SCALLOP (Atlantic)   (a) PECTEN (Atlantique)

Pecten maximus

(b) COQUILLE ST. JACQUES (N.E. Atlantic) Also called SCALLOP, GREAT SCALLOP +CLAM (Scotland).   (b) COQUILLE ST. JACQUES (Atlantique N.E.)

Chlamys islandica

(c) ICELAND SCALLOP (N. Atlantic)   (c) (Atlantique Nord)

Argopecten irradians

(d) +BAY SCALLOP (West Atlantic)   (d) +PECTEN (Atlantique Ouest)

Platinopecten caurinus

WEATHERVANE SCALLOP (Pacific – N. America) Also called ALASKA SCALLOP.   (Pacifique – Amérique du Nord)

Pecten aequisulcatus

(Pacific – N. America)   (Pacifique – Amérique du Nord)

Pecten laquaetus

(Pacific – Japan)   (Pacifique – Japon)

Pecten yessoensis

(e) COMMON SCALLOP (Japan)   (e) (Japon)

Pecten magellanicus or/ou *Placopecten magellanicus*

(f) SEA SCALLOP (Atlantic – N. America) Also called GIANT, SMOOTH.   (f) (Atlantique – Amérique du Nord)

Pecten meridionalis

(g) COMMERCIAL SCALLOP (Australia)   (g) (Australie)

Pecten novaezelandiae

(h) (New Zealand)   (h) (Nouvelle-Zélande)

Pecten jacobaeus

(i) GREAT SCALLOP (Atlantic/Mediterranean) Also called PILGRIM MUSSEL.   (i) (Atlantique/Méditerranée)

Aequipecten gibbus

(j) CALICO SCALLOP (Atlantic – N. America)   (j) (Atlantique – Amérique du Nord)

Chlamys opercularis

(k) +QUEEN SCALLOP (Atlantic)   (k) +VANNEAU (Atlantique)

[CONTD.

835 SCALLOP (Contd.)   COQUILLE ST. JACQUES (Suite) 835

Chlamys varius
- (l) VARIEGATED SCALLOP (Atlantic/Mediterranean)
- (l) PETONCLE (Atlantique/Méditerranée)

Amusium balloti
- (m) SCALLOP SAUCER (Australia)
- (m) (Australie)

Chlamys delicatula
- (n) SOUTHERN QUEEN SCALLOP (New Zealand)
- (n) (Nouvelle-Zélande)

Marketed:
Live:
Fresh: shelled meats (often only the adductor muscle or eye, and the roe are eaten).
Dried: peeled, gutted, boiled, smouldered and afterwards dried (Japan).
Frozen: shelled meats.
Canned: in own juice, in sauce, butter, etc.

Commercialisé:
Vivant:
Frais: décoquillé (on ne consomme souvent que les muscles adducteurs et les rogues ou corail).
Séché: décoquillé, éviscéré, cuit à l'eau, saisi et ensuite séché (Japon).
Congelé: chairs sans coquille (noix).
Conserve: au naturel, en sauce, beurre, etc.

D	Kamm-Muschel, Pilger-Muschel	**DK**	Kammusling	**E**	Vieira
GR	Cteni	**I**	Ventaglio-pettine maggiore	**IS**	Hörpudiskur
J	Hotategai	**N**	Kamskjell	**NL**	Grote mantel, St. jacobsschelp
P	Vieira, leque	**S**	Kammussla	**TR**	Tarak
YU	Kapica	**FI**	Kampasimpukka		

836 SCAMPI   SCAMPI 836

(i) Italian name for +NORWAY LOBSTER.
(ii) Refers also especially to the tail meats fried in batter; name now used to describe the meats in any form.
(iii) In New Zealand name is used for the related and similar *Metanephrops challengeri*.

(i) Nom italien des +LANGOUSTINE.
(ii) Désigne aussi en particulier la chair des queues enrobées de pâte à frire et frites; nom employé maintenant pour désigner la chair des langoustines sous toutes ses formes.
(iii) En Nouvelle-Zélande nom utilisé pour les espèces relatives et similaires de *Metanephrops challengeri*.

D		**DK**	Dybvandshummer	**E**	
GR		**I**	Scampi	**IS**	Humarhalar
J		**N**		**NL**	Staarten van langoestine
P		**S**	(i) Havskräfta (ii) Scampi	**TR**	Ala balık
YU	Škampi	**FI**	Scampi		

837 SCHILLERLOCKEN (Germany)   SCHILLERLOCKEN (Allemagne) 837

Strips of belly wall from dogfish hot smoked, also canned.
See +PICKED DOGFISH.

Parois abdominales d'aiguillat, coupées en lanières et fumées à chaud; également en conserve.
Voir +CHIEN.

D	Schillerlocken	**DK**		**E**	
GR		**I**		**IS**	Heitreykt, háfsþunnildi
J		**N**		**NL**	Gerookte haaiwangen
P	Ventresca de galhudo	**S**		**TR**	
YU		**FI**			

838 SCHOOL SHARK   REQUIN-HÂ 838

Galeorhinus galeus or/ou *Galeorhinus australis*

(Australia/New Zealand)

Belongs to the family *Carcharhinidae* (see +REQUIEM SHARK).

Also called SCHNAPPER SHARK, SHARPIE SHARK.

In New Zealand +FLAKE used as trade name.

(Australie/Nouvelle-Zélande)

De la famille des *Carcharhinidae* (voir +REQUIN TIGRE).

Peut être commercialisé en France sous le nom HÂ, CHIEN, SAUMONETTE (état pelé).

En Nouvelle-Zélande +FLAKE (anglais) utilisé comme nom commercial.

[CONTD.]

838 SCHOOL SHARK (Contd.) — REQUIN-HÂ (Suite) 838

- **D** Australischer Hundshai
- **DK**
- **E**
- **GR**
- **I**
- **IS**
- **J**
- **N**
- **NL** Australische haai
- **P** Perna-de-moça da Australia
- **S**
- **TR**
- **YU**
- **FI**

839 SCORPIONFISH — RASCASSE/SCORPÈNE 839

General term applying to the family *Scorpaenidae* (also designated as + ROCKFISH) but particularly refers to *Scorpaena* spp.

Terme général pour la famille des *Scorpaenidae*; rascasse s.applique en particulier aux espèces *Scorpaena*.

Scorpaena guttata

(a) CALIFORNIAN SCORPIONFISH (Pacific)

(a) RASCASSE CALIFORNIENNE (Pacifique)

Scorpaena atlantica

(b) RED SCORPIONFISH (Atlantic – N. America)

(b) RASCASSE (Atlantique – Amérique du Nord)

Scorpaena porcus

(c) SMALL-SCALED SCORPIONFISH (Mediterranean)

(c) RASCASSE BRUNE (Méditerranée)

Scorpaena scrofa

(d) LARGE-SCALED SCORPION FISH (Mediterranean)

(d) RASCASSE ROUGHE (Méditerranée)

- **D** Drachenköpfe
- **DK** Blåkæft
- **E** Rascacio, cabracho
- **GR** Scórpaena
- **I** Scorfano
- **IS**
- **J** Fusakasago
- **N** Blåkjeft
- **NL** Schorpioenvis
- **P** Rascasso
- **S** Drakhuvudfisk, blåkäft
- **TR** Lipsoz, iskorpit
- **YU** Bodeljke, jaukavica, skrpina
- **FI** Skorpionikala

840 SCOTCH CURED HERRING — HARENG SALÉ À L'ÉCOSSAISE 840

Fresh herring, free from feed, unwashed, gibbed, roused and packed tightly in barrels, mild cured in their own blood pickle (90° brine); not repacked; limited keeping quality; pack about 700 fish to a barrel of 250 lb. nett capacity; as variety see + ALASKA SCOTCH CURED HERRING, + PICKLED HERRING, + MATJE CURED HERRING, + CROWN BRAND.

Harengs frais, à jeun, non lavés, vidés par les ouïes, serrés en barils avec du sel, et macérés dans la saumure ainsi formée (90° de saturation); non reconditionnés; durée de conservation limitée; environ 700 poissons par baril de 120 kg net.
Voir aussi + ALASKA SCOTCH CURED HERRING, + HARENG SAUMURÉ, + MATJE CURED HERRING, + CROWN BRAND.

- **D** Schottischer Matjeshering
- **DK**
- **E**
- **GR**
- **I** Aringhe alla scozzese
- **IS**
- **J**
- **N** Skotskbehandlet, fiskepakning
- **NL** Schotse maatjesharing
- **P** Arenque de cura escocesa
- **S** Skotskaltad sill
- **TR**
- **YU**
- **FI** Skottisuolattu silli

841 SCROD (U.S.A.) — SCROD (États-Unis) 841

See also + CHAT HADDOCK and + SNAPPER (iii).

842 SCULPIN   CHABOT 842
COTTIDAE

(Cosmopolitan – Cold seas and freshwater)   (Cosmopolite – Mers froides/eaux douces)
They include a great number of different species, some more important examples are listed below: Comprennent un grand nombre d'espèces différentes, dont les principales sont citées ci-dessous:

Scorpaenichthys marmoratus

(a) CABEZONE   (a)
(Pacific – N. America)   (Pacifique – Amérique du Nord)
Also called MARBLED SCULPIN.

Cottus bairdi

(b) MOTTLED SCULPIN   (b)
(Freshwater – N. America)   (Eaux douces – Amérique du Nord)
Also called NORTHERN MUDDLER.

Hemitripterus americanus

(c) SEA RAVEN   (c) HÉMITRIPTÈRE ATLANTIQUE
(Atlantic – N. America)   (Atlantique – Amérique du Nord)

Icelinus filamentosus

(d) THREADFIN SCULPIN   (d)
(Pacific – N. America)   (Pacifique – Amérique du Nord)

Leptocottus armatus

(e) PACIFIC STAGHORN SCULPIN   (e)
(Pacific/Freshwater – N. America)   (Pacifique/Eaux douces – Amérique du Nord)

Myoxocephalus octodecemspinosus

(f) LONGHORN SCULPIN   (f) CHABOISSEAU À DIX-HUIT ÉPINES
(Atlantic – N. America)   (Atlantique – Amérique du Nord)

Myoxocephalus scorpius

(g) BULLHEAD   (g)
(Atlantic – N. America)   (Atlantique – Amérique du Nord)

D Seeskorpion, Groppe **DK** Ulke **E**
GR **I** Scazzone **IS** Marhnútur
J Kajika rui **N** Ulke **NL** (g) Zeedonderpad
P Escorpião **S** Simpa, **TR**
     (g) Rötsimpa, ulk
YU **FI** Simppu
     (g) Isosimppu

843 SCUP   SPARE DORÉ 843
Stenotomus chrysops

(Atlantic – N. America)   (Atlantique – Amérique du Nord)
 Might also be called by the more general name for the family (*Sparidae*), it belongs to + PORGY (see + SEA BREAM).   Appartient à la famille des *Sparidae*; voir aussi + DORADE.
 Marketed fresh (whole gutted or as fillets).   Commercialisé frais (entier et vidé, ou en filets).
 The name SCUP might also refer to + COUCH'S SEA BREAM.

P Sargo da América do Norte **NL**

844 SEA BASS   SERRANIDÉ ou BAR 844
SERRANIDAE

General name for the family *Serranidae* (which also are termed + GROUPER or + SEA PERCH), but more particularly refers to *Centropristis, Stereolepis, Acanthistius, Paralabrax* and *Roccus* (*Morone*) spp.   Terme général pour la famille des *Serranidae* qui s'applique en particulier aux espèces *Centropristis, Stereolepis, Acanthistius, Paralabrax* et *Roccus* (*Morone*).

[CONTD.

844 SEA BASS (Contd.)   SERRANIDÉ ou BAR (Suite) 844

SERRANIDAE

Most important are the following: + BAR se réfère en particulier à:

Dicentrarchus labrax

(a) + BASS   (a) + BAR COMMUN
(Mediterranean/North Sea)   (Méditerranée/Mer du Nord)

Centropristis striata

(b) + BLACK SEA BASS   (b) + FANFRE NOIR D'AMÉRIQUE
(Atlantic – N. America)   (Atlantique – Amérique du Nord)

Serranus cabrilla

(c) + COMBER   (c) + SERRAN CHÈVRE
(Red Sea/Mediterranean/Atlantic)   (Mer Rouge/Méditerranée/Atlantique)

Stereolepis gigas

(d) + GIANT SEA BASS   (d) + BARRÉAN GÉANT
(Pacific – N. America)   (Pacifique – Amérique du Nord)

Lateolabrax japonicus

(e) + JAPAN SEA BASS   (e) + BAR DU JAPON
(Pacific – Japan)   (Pacifique – Japon)

Morone saxatilis

(f) + STRIPED BASS   (f) + BAR D'AMÉRIQUE
(Atlantic/Pacific/Freshwater –   (Atlantique/Pacifique/Eaux douces –
N. America)   Amérique du Nord)

Morone chrysops

(g) + WHITE BASS   (g) + BAR BLANC
(Freshwater – N. America)   (Eaux douces – Amérique du Nord)

Morone americana or/ou *Morone americanus*

(h) + WHITE PERCH   (h) + BAR BLANC D'AMÉRIQUE
(Atlantic/Freshwater – N. America)   (Atlantique/Eaux douces –
   Amérique du Nord)

Polyprion americanus

(j) + WRECKFISH   (j) + CERNIER COMMUN
(Atlantic/Mediterranean)   (Atlantique/Méditerranée)

Paralabrax clathratus

(k) KELP BASS   (k) SERRAN DES ALGUES
(Pacific – N. America)   (Pacifique – Amérique du Nord)

Centropristis philadelphica

(l) ROCK SEA BASS   (l)
(Atlantic – N. America)   (Atlantique – Amérique du Nord)

Paralabrax nebulifer

(m) SAND BASS   (m) SERRAN FARLOT
(Pacific – N. America)   (Pacifique – Amérique du Nord)

Diplectrum formosum

(n) + SAND PERCH   (n) + SERRAN DE SABLE
(Atlantic – N. America)   (Atlantique – Amérique du Nord)

Roccus interrupta

(o) YELLOW BASS   (o)
(Freshwater – Europe)   (Eaux douces – Europe)

Morone mississippiensis

(Freshwater – N. America)   (Eaux douces – Amérique du Nord)
Also called BARFISH.
See also + GROUPER and + SEA PERCH.   Voir aussi + MÉROU.

[CONTD.]

844 SEA BASS (Contd.)   SERRANIDÉ ou BAR (Suite) 844

- **D** Zackenbarsch
- **GR** Hanos (m)
- **J** Hata
- **P** Robalo
- **YU** (a) Kanjci, kirnje
  (c) Serrano-alecrim
  (j) Cherne
- **DK** Havaborre
- **I** Spigola, persicospigola, perchia
- **N** Havabbor
- **S** Havsabborre
- **FI** Meriahven
- **E** Mero, cherne
- **IS** Vartari
- **NL** Zeebaars, (a) zeebaars
- **TR** Çizgili mercan

For (a) to (j) see under separate items.   Pour (a) à (j) voir ces rubriques.

845 SEA BEEF   845

Flesh of young whales.   Chair de jeunes baleines.

- **D** Walfleisch
- **GR**
- **J**
- **P** Bife de baleia
- **YU** Meso mladih kitova, morska govedina
- **DK** Kvalkød
- **I**
- **N** Hvalkjøtt
- **S** Valbiff, valkött
- **FI** Valaalihapihvi
- **E**
- **IS** Hvalkjöt
- **NL** Walvisvlees
- **TR**

846 SEA BREAM   DORADE 846

SPARIDAE

(i) (Cosmopolitan)
Another name in U.K. for *Sparidae*; also commonly known as + PORGY (North America).

(a) In U.K. the name refers more particularly to:

Pagellus bogaraveo/Pagellus centrodontus

SEA BREAM
(N. Atlantic/Mediterranean)
Also called RED SEA BREAM, COMMON SEA BREAM, + BLACKSPOT SEA-BREAM, BREAM, DORADE, CHAD.

(b) In Australia the name BREAM refers to *Acanthopagrus* spp.

(c) In North America the name refers more particularly to:

Archosargus rhomboidalis

(Atlantic)

The *Sparidae* include *Pagellus*, *Dentex*, *Sparus*, *Mylio*, *Spondyliosoma*, *Boops*, *Chrysophrys*, *Evynnis* and other species; see for example:

(a) + AXILLARY BREAM, SPANISH BREAM
(b) + BLACK SEA BREAM
(c) + BLUE SPOTTED BREAM
(d) + BOGUE
(e) + COUCH'S SEA BREAM
(f) + CRIMSON SEA BREAM
(g) + GILTHEAD BREAM
(h) + GOLDLINE
(j) + LARGE-EYED DENTEX
(k) + PANDORA
(l) + PINFISH
(m) + RED SEA BREAM
(n) + SCUP
(o) + WHITE BREAM
(p) + YELLOW SEA BREAM

(i) (Cosmopolite)
Terme utilisé en France pour les *Sparidae*; le terme PAGRE est réservé aux espèces du genre *Pagrus*.

(a) En G.B., désigne plus particulièrement:

PAGEOT ROSE
(Atlantique Nord/Méditerranée)
Appelé aussi DAURADE. Peut être commercialisé en France sous le nom de DAURADE ROSE.

(b) En Australie le terme BREAM s'applique aux espèces *Acanthopagrus*.

(c)

(Atlantique)

Les *Sparidae* comprennent entre autres les espèces *Pagellus*, *Dentex*, *Sparus*, *Mylio*, *Spondyliosoma*, *Boops*, *Chrysophrys* et *Evynnis*; à titre d'exemple voir:

(a) + PAGEOT ACARNÉ
(b) + GRISET
(c) + PAGEOT ROSE
(d) + BOGUE
(e) + PAGRE COMMUN
(f) +
(g) + DORADE ROYALE
(h) + SAUPE
(j) + DENTÉ À GROS YEUX
(k) + PAGEOT COMMUN
(l) + SAR SALÈME
(m) + SPARE JAPONAIS
(n) + SPARE DORÉ
(o) + SAR COMMUN
(p) +

[CONTD.]

846 SEA BREAM (Contd.)

Main marketing forms are:
Fresh: whole gutted; fillets.
Frozen: fillets.
Salted:
Dried:
Semi-preserved: spice-cured (Japan).
Canned: fillets in own juice.

DORADE (Suite) 846

Principales formes de commercialisation:
Frais: entier et vidé; filets.
Congelé: filets.
Salé:
Séché:
Semi-conserve: aux épices (Japon).
Conserve: filets au naturel.

- **D** Meerbrasse, (a) Nordische Meerbrasse
- **GR** Sparídi, synagrída, phagrí
- **J** Tai
- **DK** Blankesteen
- **I** Pagro, pagello occhialone
- **N** Havkaruss
- **E** Espárido
- **IS**
- **NL** (a) Spaanse zeebrasem
  (d) Bokvis
  (g) Goudbrasem
- **P** Esparideos
- **YU** Ljuskavke
- **S** Havsruda, sparid, (a) fläckpagell
- **FI** Hammasahven (a) pilkkupagelli
- **TR** Fangri

(ii) The name SEA BREAM might also refer to + REDFISH (*Sebastes* spp.) or + RED BREAM (*Beryx decadactylus*) or some of the family *Bramidae* (see + POMFRET (i)).

(iii) In New Zealand the only SEA BREAM present, *Chrysophrys auratus*, is commonly called SNAPPER, occasionally (when small) BREAM or BRIM. In Australia, where other species of SEA BREAM also occur, this species is also commonly called SNAPPER.

Marketed:
Fresh: whole entire and ungutted (iki jimi), whole gutted, headed and gutted, fillets, skinned pieces, steaks.
Frozen: whole and fillets.
Smoked: headed and split, fillets.
Roes are also sold fresh or smoked.

(iii) En Nouvelle-Zélande la DORADE, *Chrysophrys auratus*, est communément appelée SNAPPER (anglais). En Australie, quand d'autres espèces de DORADE apparaissent, cette espèce est aussi communément appelée SNAPPER (anglais).

Commercialisé:
Frais: entier et non vidé (iki jimi), entier vidé, étêté et vidé, en filets, sans peau, steaks.
Congelé: entier ou en filets.
Fumé: étêté et fendu, en filets.
Les rogues sont aussi vendues fraîches ou fumées.

847 SEA CABBAGE

LAMINARIA spp.

Source of + ALGINIC ACID; has also been canned experimentally with vegetables in tomato sauce and with mussels in rice (U.S.S.R.).

LAMINAIRE 847

Algue dont on extrait l' + ACIDE ALGINIQUE; a été mise en conserve, à titre d'essai, avec des légumes en sauce tomate et avec des moules au riz (U.R.S.S.).

- **D** Zuckertange
- **GR** Laminaria
- **J** Kombu
- **DK** Bladtang
- **I** Alga laminaria
- **N** Sukkertare, tare
- **E**
- **IS** Pari
- **NL** Vingerwier, suikerwier
- **P** Laminária
- **YU** Morski kupus (alge)
- **S** Bladtång
- **FI** Airolevä
- **TR** Deniz lahanası

848 SEA CATFISH

ARIIDAE

(i) (Cosmopolitan in warm seas)
Also referred to as MARINE CATFISH (FAO).

POISSON-CHAT 848

(i) (Cosmopolite, eaux chaudes)

Galeichthys felis

(a) SEA CATFISH

Bagre marinus

(b) GAFFTOPSAIL CATFISH
Distinguish from + CATFISH.

MACHOIRON ANTENNE

[CONTD.

848 SEA CATFISH (Contd.)   POISSON-CHAT (Suite) 848

- **D** Meerwelse
- **GR** Thalassino gatopsaro
- **J**
- **P** Bagre
- **YU**
- **DK**
- **I** Pescigutto di mare
- **N**
- **S** (b) Toppsegelmal
- **FI** Merimonni
- **E**
- **IS**
- **NL** Stekelmeerval
- **TR** Deniz kedibalığı

(ii) The term "POISSON-CHAT" in French refers also to FRESHWATER CATFISH (*Ictaluridae*). See + CATFISH.

(ii) Le nom "POISSON-CHAT" s'applique aussi aux *Ictaluridae* (espèces d'eau douce). Voir + LOUP.

849 SEA COW   JAMANTIN 849

DUGONG spp.

(Indo-Pacific)   (Indo-Pacifique)

TRICHECHUS spp.

(N. and S. Atlantic)   (Atlantique, Nord et Sud)

- **D** Seekuh
- **GR**
- **J**
- **P** Dugongo
- **YU**
- **DK** Manat
- **I**
- **N** Sjøku
- **S**
- **FI** Dugongi
- **E** Vaca marina
- **IS** Sækýr
- **NL** Zeekoe
- **TR** Deniz ineği

850 SEA CUCUMBER   HOLOTHURIE 850

HOLOTHUROIDAE

(Cosmopolitan)   (Cosmopolite)

STICHOPUS spp.

(Japan)   (Japon)

CUCUMARIA spp.

Also known as BECHE DE MER. Also called SEA SLUG.

Marketed gutted, boiled and dried (Philippines, Japan, Far East); also called IRIKO in Japan (see + TREPANG).

Plus connue sous le nom BÈCHE DE MER.

Commercialisée vidée, cuite à l'eau et séchée (Philippines, Japon, Extrême-Orient); appelée aussi IRIKO au Japon (voir + TREPANG).

- **D** Seegurke, Trepang
- **GR** Holothoúria-agouría tís thalássis
- **J** Namako
- **P** Holotúria
- **YU** Morski krastavac-trp
- **DK** Søpølse, søagurk
- **I** Oloturia
- **N** Sjøpølser
- **S** Sjögurka
- **FI** Merimakkara
- **E** Cohombro de mar, trepang
- **IS** Sæbjúgu
- **NL** Zeekommkommers
- **TR** Deniz hıyarı

851 SEAFOOD COCKTAIL (U.S.A.)   COCKTAIL DE FRUITS DE MER (E.U.) 851

Delicatessen product prepared from shellfish or crustacean meat with sauces based on tomato ketchup, seasoning etc.; bottled unprocessed or pasteurised.

Hors-d'œuvre à base de chair de mollusques ou de crustacés préparé avec des sauces à la tomate et assaisonné. Mis en bocal tel quel, ou pasteurisé.

- **D**
- **GR**
- **J**
- **P** Acepipes de mariscos
- **YU** Koktel od mesa školjkaša i rakova
- **DK** Rejecoktail
- **I** Cocktail di crostacei in flacone
- **N** Skalldyrcocktail
- **S** Skaldjurscocktail
- **FI** Äyriäissalaatti
- **E**
- **IS**
- **NL** Kreeftcocktail, schaaldierencocktail, garnalencocktail
- **TR** Deniz ürünleri kokteyli

852 SEA LAMPREY

Petromyzon marinus

(N. Atlantic)
Also called NANNIE NINE EYES, STONE SUCKER.
See also + LAMPREY.

LAMPROIE MARINE 852

(Atlantique Nord)

Voir + LAMPROIE.

- **D** Meerneunauge
- **GR** Petrómyzon
- **J**
- **P** Lampreia-do-mar
- **YU** Paklara morska
- **DK** Havlampret havnioje
- **I** Lampreda marina
- **N** Havnigye
- **S** Havsnejonöga
- **FI** Merinahkiainen
- **E** Lamprea de mar
- **IS** Sæsteinsuga
- **NL** Zeeprik
- **TR**

853 SEAL

Seals are captured to provide fur, sealskin, meal and oil; the most important species of fur seal is the PRIBILOF SEAL (*Callorhinus ursinus*) caught off Alaska; HAIR SEAL, the most important of which is the HARP SEAL (*Pagophilus groenlandicus*), are a valuable source of skins for leather, or of oil.

PHOQUE 853

Les phoques sont chassés pour leur fourrure, leur peau, leur graisse; la plus importante des espèces à fourrure est le PHOQUE DE PRIBILOF (*Callorhinus ursinus*) capturé au large de l'Alaska. L'espèce *Pagophilus groenlandicus* fournit les peaux (cuir) et l'huile.

- **D** Robbe
- **GR** Phocia
- **J** Ottosei, azarashi
- **P** Foca
- **YU** Tuljan
- **DK** Sæl
- **I** Foca
- **N** Sel
- **S** Säl
- **FI** Hylje
- **E** Foca
- **IS** Selir
- **NL** Zeehond, rob
- **TR** Fok, ayıbalığı

853.1 SEAL SHARK

Dalatias licha

(Cosmpolitan)
Also called DARKIE CHARLIE (U.K.)
In New Zealand name for the BLACK SHARK or KITEFIN SHARK.
Belongs to the *Squalidae*.

SQUALE LICHE 853.1

(Cosmopolite)
Appelé aussi DARKIE CHARLIE (anglais)

Appartient à la famille des *Squalidae*.

- **D**
- **GR**
- **J** Yoroizame
- **P**
- **YU**
- **DK**
- **I**
- **N**
- **S**
- **FI** Pas mrkalj
- **E** Carocho
- **IS**
- **NL** Zwarte haai
- **TR**

854 SEA PERCH

(i) General name for the family *Serranidae* (which also are designated by + GROUPER or + SEA BASS), but more particularly refer to *Epinephelus* spp., e.g. see + DUSKY SEA PERCH (*Epinephelus gigas*).
See + GROUPER and + SEA BASS.

(ii) In New Zealand refers to *Helicolenus* sp. (also called DEEP SEA PERCH) which belongs to the family *Scorpaenidae* (see + SCORPIONFISH and + ROCKFISH). This and related species of *Helicolenus* in New Zealand are also called SCARPEE and JOCK STEWART.

(iii) The name is also used for CUNNER which belongs to the family *Labridae* (see + WRASSE).

854

(i) Désigne de façon globale les espèces de la famille des *Serranidae* (+ MÉROU et + BAR) mais plus particulièrement les espèces *Epinephelus*, ex: voir + MÉROU (*Epinephelus gigas*).
Voir + MÉROU et + BAR.

(ii) En Nouvelle-Zélande se réfère à l'espèce *Helicolenus* sp. qui appartient à la famille des *Scorpaenidae* (voir + RASCASSE SCORPENE). Celle-ci et des espèces semblables d'*Helicolenus* en Nouvelle-Zélande sont aussi appelées SCARPEE ou JOCK STEWART (anglais).

(iii) Voir + LABRE (*Labridae*).

TR Levrek

855 SEA PIKE

(i) Name used for + HAKE (*Merluccius merluccius*) belonging to the family *Gadidae*.

(ii) Name also used for + BARRACUDA (*Sphyraenidae*).

855

Le nom "SEA PIKE" (anglais) s'applique aux:

(i) + MERLU (*Merluccius merluccius*), de la famille *Gadidae*.

(ii) + BÉCUNE (*Sphyraenidae*).

856 SEA ROBIN

Name used in North America generally for fish of the family *Triglidae*, especially those belonging to the genus *Prionotus*.
See + GURNARD.

GRONDIN ou TRIGLE 856

Terme général désignant les poissons de la famille des *Triglidae*, et en particulier ceux appartenant au genre *Prionotus*.
Voir + GRONDIN.

857 SEASNAIL

Some of the *Liparis* spp. (see + SNAILFISH) in the Atlantic and Pacific are termed SEASNAIL in North America, e.g.

ATLANTIC SEASNAIL

STRIPED SEASNAIL

In South America the name SEASNAIL refers to *Concholepas concholepas*.

LIMACE (Canada) 857

En France; LIPARIDE.
Certaines espèces *Liparis* de l'Atlantique et du Pacifique (Amérique du Nord).
Voir aussi + LOMPE.

Liparis atlanticus
LIMACE ATLANTIQUE (Canada)

Liparis liparis
LIMACE BARRÉE (Canada)
En Amérique du Sud "SEASNAIL" désigne l'espèce *Concholepas concholepas*.

D Scheibenbäuche	DK Læbefisk	E	
GR	I	IS	
J Kusauo	N Ringbuker	NL Slakdolf	
P Lesma-do-mar	S Ringbuk	TR Deniz salyangozu	
YU	FI Limakala		

858 SEA STICK (U.K.) 858

Herring salted at sea in barrels, repacked later on shore (obsolescent).
See also + SALTED ON BOARD.

Harengs salés en mer, en barils, pour être reconditionnés à terre (préparation périmée).
Voir aussi + SALAGE À BORD.

D Kantjespackung	DK	E Arenque salado a bordo	
GR	I	IS	
J	N Sjøpakket, ompakket sild	NL Omgepakte gezouten haring	
P Arenque salgado a bordo	S	TR	
YU	FI Merellä tynnyrisuolattu silli		

859 SEA TROUT

Salmo trutta

(i)

(Freshwater/Atlantic – Europe/N. America)
In N. America, United Kingdom and Australia the non-migratory form is called BROWN TROUT.

Also called GALWAY SEA TROUT, ORKNEY SEA TROUT, ORANGE FIN, BLACKTAIL, FINNOCK, GILLAROO, PEAL, SEWIN, + WHITEFISH, WHITLING, HERLING, TRUFF, SCURF, BULL TROUT, MIGRATORY TROUT, RIVER TROUT, SALMON TROUT.

For marketing forms, see + TROUT.

TRUITE D'EUROPE 859

(i)

(Eaux douces/Atlantique – Europe/Amérique du Nord)
Appelée aussi TRUITE BRUNE en Amérique du Nord et en Australie et au R.U.

L'appellation TRUITE de MER est actuellement donné aux truites élevées en cage et en eau de mer. Mais ces truites sont la plus part du temps des truites arc-en-ciel, *Salmo irideus*.

Pour la commercialisation, voir + TRUITE.

D Meerforelle, Bachforelle	DK Havørred	E Trucha	
GR Péstropha thalássis	I Trota di mare	IS Sjóbirtingur	
J	N Sjøaure, sjøørret	NL Zeeforel, schotje	
P Truta marinha, truta sapeira	S Öring	TR Deniz alası	
YU Pastrva	FI Taimen, meritaimen		

(ii) In U.S.A. also used for + WEAKFISH (*Cynoscion* spp.) which belong to the family *Sciaenidae* (see + DRUM and + CROAKER).

860 SEA TRUMPET

Eisenia bicyclis

(Japan) (Japon)
Seaweed. Algue.

- **D** Seetang
- **GR**
- **J** Arame
- **P** Alga
- **YU**
- **DK** Tang
- **I** Alga
- **N**
- **S**
- **FI**
- **E** Alga
- **IS**
- **NL**
- **TR** Tirsi

861 SEA URCHIN   OURSIN 861

ECHINUS spp.

(Cosmpolitan) (Cosmopolite)

In New Zealand the commercial species, commonly called KINA, is *Evechinus chloroticus*.

En Nouvelle-Zélande l'espèce commerciale, communément appelée KINA (anglais), est *Evechinus chloroticus*.

HELIOCIDARIS spp.
STRONGYLOCENTROTUS spp.
PSEUDOCENTROTUS spp.
etc.

E.g., *Echinus esculentus*, *Paracentrotus livida* *Strongylocentrotus lividus*, *Loxechimus albus*.

Salted gonads highly esteemed in Japan (see + SHIOKARA).

Ex.: *Echinus esculentus*, *Paracentrotus livida* *Strongylocentrotus lividus*, *Loxechimus albus*.

Les gonades salées sont très appréciées au Japon (voir + SHIOKARA).

- **D** Seeigel
- **GR** Achinós
- **J** Uni
- **P** Ouriço-do-mar
- **YU** Morski jež, jestivi
- **DK** Søpindsvin
- **I** Riccio di mare
- **N** Kråkeboller, sjøpinnsvin
- **S** Sjöborre
- **FI** Merisiili
- **E** Erizo de mar
- **IS** Ígulker
- **NL** Zeeëgel
- **TR** Deniz kestanesi

862 SEAWEED   ALGUE 862

The three main classes are the:

+ RED ALGAE (*Rhodophyceae*)
+ BROWN ALGAE (*Phaeophyceae*)
GREEN ALGAE (*Chlorophyceae*)

The first two groups are important commercially; the red algae are a source of + AGAR, + CARRAGEENIN, and are used for human food. The brown algae yield ALGIN, + LAMINARIN and + MANNITOL and are used for animal food and fertilizer.

See also + CARAGEEN, + IRISH MOSS, + DULSE, + LAVERBREAD, + ALGINIC ACID.

Les trois classes principales sont:

les + ALGUE ROUGE (*Rhodophyceae*)
les + ALGUE BRUNE (*Phaeophyceae*)
les ALGUE VERTE (*Chlorophyceae*)

Les deux premières sont commercialement importantes: les algues rouges fournissent l' + AGAR, et le + CARRAGHEENE, et sont utilisées pour la consommation humaine; les algues brunes (*Laminaria*, *Ascophyllum nodosum*) donnent L'ALGINE, LA + LAMINARINE et le + MANNITOL et sont employées comme aliment du bétail ou comme engrais.

Voir aussi + CARRAGHEEN, + MOUSSE D'IRLANDE, + DULSE, + LAVERBREAD, + ACIDE ALGINIQUE.

- **D** Alge, Tang
- **GR** Phýkia
- **J** Kaiso
- **P** Alga do mar
- **YU** Alge, morsko bilje
- **DK** Tang
- **I** Alga marina
- **N** Tang og tare
- **S** Alg
- **FI** Merilevä
- **E** Alga marina
- **IS** Sæþörungur
- **NL** Zeewier
- **TR** Deniz yosunu

863 SEAWEED MEAL   POUDRE D'ALGUES 863

Raw material for animal feeding stuffs prepared from dried brown algae, particularly from *Ascophyllum nodosum*, *Fucus serratus*, *Fucus vesiculosis* (Norway, France, etc.).

Matière première pour l'alimentation du bétail à base d'algues brunes séchées en particulier d'*Ascophyllum nodosum*, *Fucus serratus*, *Fucus vesiculosis* (Norvège, France, etc.).

- **D** Alginate
- **GR**
- **J**
- **P** Farinha de alga
- **YU** Brašno dobiveno od morskih alga
- **DK** Tangmel
- **I** Farina d'alghe
- **N** Tangmel (Taremel)
- **S** Bladtångmjöl
- **FI** Merilevājauhe
- **E** Harina de algas
- **IS** Þangmjöl
- **NL** Zeewiermeel
- **TR** Deniz yosunu unu

864 SEED HADDOCK (Scotland)

Very small haddock.

- D
- GR
- J
- P Arinca miúda
- YU

DK
I
N Utsortert småhyse
S
FI Pieni kolja

Très petit églefin.

- E
- IS
- NL Schelvis broed
- TR

864

---

865 SEELACHS IN OEL (Germany)

Also called "SEELACHSSCHEIBEN IN OEL".

Product used as substitute for smoked salted salmon, usually made from +SALT-CURED coalfish (German: Seelachs), cod or pollack; salted sides or fillets are sliced, lightly desalted, dyed, then lightly cold-smoked and packed in edible oil, in cans, glass gars or other containers.

SEMI-PRESERVE, also with preserving additives; has to be designated as "LACHSERSATZ" (SALMON SUBSTITUTE).

The cutting waste from the manufacture of the slices is also used ("SEELACHSSCHNITZEL IN OEL") and marketed the same way.

See +SALZFISCHWAREN (Germany), +OELPRÄSERVEN (Germany).

SEELACHS IN OEL (Allemagne) 865

Appelé aussi "SEELACHSSCHEIBEN IN OEL".

Produit de remplacement du saumon salé et fumé, et généralement du lieu noir salé (voir +POISSON SALÉ) ou de la morue; les côtés ou filets sont coupés en tranches, légèrement dessalés, colorés, puis fumés légèrement à froid et mis en boîtes ou en bocaux ou autres récipients, dans de l'huile.

SEMI-CONSERVE, également avec adjonction d'antiseptiques; doit être étiqueté "LACHS-ERSATZ" (SUCCÉDANÉ DE SAUMON).

Les chutes provenant du découpage en tranches sont également utilisées ("SEELACHS-SCHNITZEL IN OEL") et commercialisées de la même manière.

Voir +SALZFISCHWAREN (Allemagne), +OELPRÄSERVEN (Allemagne).

- D Seelachs in oel
- GR
- J
- P Sucedâneo de salmão fumado
- YU

DK Sølaks
I Falso salmone affumicato
N Seilaks, lakseerstatning
S Havslax i olja
FI Turska-tai seitisiivuja öljyssä

- E Sucedaneo de salmon ahumado
- IS Sjólax
- NL Namaakzalm
- TR

---

866 SEER

Scomberomorus commersoni

(Indo-Pacific)

Also called DEIRAK, BARRED SPANISH MACKEREL, CYBIUM, COMMERSON'S MACKEREL.

See +KINGMACKEREL.

- D Indische Königsmakrele
- GR
- J Yokoshimasawara
- P Serra-tigre
- YU

DK
I Maccarello spagnolo
N
S
FI Juovamakrilli

THAZARD RAYÉ 866

(Indo-Pacifique)

Voir +THAZARD.

- E
- IS
- NL
- TR

---

867 SEI-WHALE

Balaenoptera borealis

(Cosmopolitan)

Balaenoptera edeni

(BRYDE'S WHALE)

Also called POLLACK WHALE, COALFISH WHALE, RUDOLPH'S RORQUAL.

See also +WHALE.

- D Seiwal
- GR Phalaena
- J Iwashikujira
- P Baleia boreal, Rorqual-boreal
- YU Kit

DK Sejhval
I Balenottera boreale, balenottera artica
N Seihval
S Sejval
FI Seitivalas

RORQUAL DE RUDOLF 867

(Cosmopolite)

Voir aussi +BALEINE.

- E Ballena boba
- IS Sandreyður
- NL Noorse vinvis
- TR

247

868 SEMI-PRESERVES

Semi-preserves are products consisting mainly of fish or fish products or other marine animals stabilized for a limited period by appropriate treatment and sealed in containers, light tight under normal pressure or not sealed in containers, the shelf-life being extended by + CHILL STORAGE.

Fish which is only dried, salted, smoked or frozen and raw material for further processing is excluded from this definition (OECD Sanitary Regulations).

Distinguish from + CANNED FISH.

There is a wide variety of semi-preserved fish products; preserving additives may be added; e.g. MARINADE, + KOCHFISCHWAREN, + BRATFISCHWAREN, + ANCHOSEN, + DELICATESSEN PRODUCTS, + CAVIAR, + CAVIAR SUBSTITUTES.

In Germany also + PASTEURIZED FISH and + SALZFISCHWAREN are included under this definition.

SEMI-CONSERVES 868

Les semi-conserves sont des produits préparés principalement avec du poisson ou des morceaux de poisson et autres animaux marins, stabilisés pour un temps limité par un traitement approprié et qui peuvent être mis dans des récipients relativement étanches sous pression normale; la durée d'entreposage pouvant être prolongée par un + STOCKAGE PAR REFRIGÉRATION.

Le poisson qui est simplement séché, salé, fumé ou congelé et la matière première destinée à un traitement ultérieur ne sont pas compris dans cette définition (Projet de règlementations sanitaires de l'O.C.D.E.).

Ne pas confondre avec + CONSERVES.

Il existe une grande variété de semi-conserves de poisson; des antiseptiques peuvent y être ajoutés; voir: + MARINADE, + KOCHFISCHWAREN, + BRATFISCHWAREN, + ANCHOSEN, + DELICATESSEN, + CAVIAR et + SUCCÉDANÉS DE CAVIAR.

En Allemagne, le + POISSON PASTEURISÉ et les + SALZFISCHWAREN sont compris dans cette définition.

D	Halbkonserven	**DK**	Halvkonserves	**E**	Semi-conservas
GR		**I**	Semi-conserve	**IS**	Niðurlagður fiskur
J		**N**	Halvkonserver	**NL**	Halfconserven
P	Semi-conservas	**S**	Kylkonserver	**TR**	
YU		**FI**	Puolisäilyke		

869 SEVENTY-FOUR DENTÉ MACULÉ 869

SPARIDAE
Polysteganus undulosus

(S. Africa) (Afrique du Sud)

870 SEVICHE SEVICHE 870

Fish cured by marinating in sour lemon juice; species mostly used: + CORVINA (type of + DRUM).

In Peru, CEVICHE.

I Sevici

Poisson mariné dans du jus de citron; espèce généralement utilisée: + CORVINA (de l'ordre des + SCIAENIDÉS).

Au Pérou, CEVICHE.

871 SEVRUGA ESTURGEON ÉTOILÉ 871

Acipenser stellatus

(Caspian Sea) (Mer Caspienne)
See + STURGEON. Voir + ESTURGEON.

D	Sternhausen	**DK**		**E**	
GR		**I**	Storione stellato	**IS**	
J		**N**		**NL**	
P	Esturjâo estrelado	**S**	Stjärnstör sevruga	**TR**	Mersin
YU	Pastruga	**FI**	Tähtisampi		

872 SHAD / ALOSE 872

ALOSA spp.

(i) Shads are also called KING OF THE HERRING. (i)

Pomolobus pseudoharengus or/ou *Alosa pseudoharengus*

(a) +ALEWIFE
(Atlantic/Freshwater – N. America)

(a) +ALOSE GASPAREAU
(Atlantique/Eaux douces – Amérique du Nord)

Alosa alosa

(b) +ALLIS SHAD
(N. Atlantic – Europe)

(b) +ALOSE VRAIE
(Atlantique Nord – Europe)

Alosa sapidissima

(c) +AMERICAN SHAD
(Atlantic/Pacific/Freshwater)

(c) +ALOSE SAVOUREUSE
(Atlantique/Pacifique/Eaux douces)

Alosa fallax fallax

(d) +TWAITE SHAD
(Atlantic)

(d) +ALOSE FEINTE
(Atlantique)

Alosa fallax nilotica

(Mediterranean)

(Méditerranée)

Pomolobus aestivalis or/ou *Alosa aestivalis*

(e) BLUEBACK HERRING
(Atlantic/Freshwater – N. America)

(e) ALOSE D'ÉTÉ
(Atlantique/Eaux douces – Amérique du Nord)

Also called SHAD HERRING.

Pomolobus mediocris or/ou *Alosa mediocris*

(f) HICKORY SHAD
(Atlantic – N. America)

(f) ALOSE MATTE
(Atlantique – Amérique du Nord)

- **D** Maifisch, Alse (b)
- **GR** Fríssa, sardellomána
- **J**
- **DK** Majsild, stamsild
- **I** Alaccia, alosa
- **N** Maisild, stamsild
- **E** Alosa
- **IS** Augnasíld
- **NL** Meivis (b) Elft (d) tint

- **P** (b) Sável (d) Savelha
- **YU** Lojka, Ščepa
- **S** (b) Majfisk, stamsill (c) Shad
- **FI** Kantasilli
- **TR**

For (a) to (d) and their marketing forms see under these entries.

Pour (a) à (d) et leur commercialisation voir les différentes rubriques.

DOROSOMA spp.

(ii) Shads may also refer to freshwater and anadromus *Clupeidae*, for examaple: +MENHADEN (*Brevoortia* spp.) or:

(ii) Peuvent désigner aussi certaines espèces de *Clupeidae* d'eau douce, ex.:

Dorosoma cepedianum

(a) +GIZZARD SHAD
(Atlantic/Freshwater – N. America)

(a) +ALOSE À GÉSIER
(Atlantique/Eaux douces – Amérique du Nord)

Dorosoma petenense

(b) THREADFIN SHAD
(Atlantic /Freshwater – N. America)

(b)
(Atlantique/Eaux douces – Amérique du Nord)

873 SHAGREEN / PEAU DE CHAGRIN 873

Pieces of rough leather made from skins of SHARK and DOGFISH, especially *Squatina* spp. (ANGEL SHARK); occasionally used for rasping and polishing.

Cuir grenu fait avec les peaux des REQUIN et AIGUILLAT, en particulier des espèces *Squatina*; parfois utilisé pour poncer et polir le bois.

- **D** Chagrin
- **GR**
- **J** Same-yasuri, kawa-yasuri
- **P** Pele de tubarão
- **YU** Koža morskog psa, šagrin
- **DK**
- **I** Pelle di zigrino
- **N**
- **S**
- **FI** Hainnahkashagriini
- **E**
- **IS** Skrápur
- **NL** Ruw haaienleer
- **TR**

874 SHAGREEN RAY

(N. Atlantic/Mediterranean)
Also called FULLER'S RAY.
See also + RAY and + SKATE.

Raja fullonica

RAIE CHARDON 874

(Atlantique Nord/Méditerranée)

Voir + RAIE.

D	Chagrinroche	**DK**	Gøgerokke	**E**	Raya cardadora
GR	Salahi, raïa	**I**	Razza spinosa	**IS**	
J		**N**	Nebbskate	**NL**	Kaardrog
P	Raia pregada	**S**	Gökrocka	**TR**	Vatoz
YU	Raža crnopjega	**FI**	Käkirausku		

875 SHAKEII (Taiwan)

Whole or gutted fish boiled in brine.
See also + PLA THU NUNG (Thailand).

SHAKEII (Formose) 875

Poisson entier ou vidé, bouilli dans une saumure.
Voir aussi + PLA THU NUNG (Thaïlande).

876 SHARK

The name SHARK generally refers to about 350 species in about 30 families, grouped into 8 orders: i.e., *Hexanchiformes* (frilled and cow sharks), *Squaliformes* (dogfish sharks), *Pristiophoriformes* (saw sharks), *Squatiniformes* (angelsharks), *Heterodontiformes* (bullhead sharks), *Orectolobiformes* (carpet sharks), *Lamniformes* (mackerel sharks), and *Carchariniformes* (ground sharks).

The name + DOGFISH is applied to some of the smaller sharks, notably in the family *Squalidae* (spiny dog-fishes) in the *Squaliformes*, and in the families *Scyliorhinidae* (more generally called catsharks) and *Triakidae* (smooth dogfishes) in the *Carchariniformes*.

The main shark families are listed under individual entries as follows:

REQUIN 876

Le nom REQUIN se réfère généralement à environ 350 espèces dans environ 30 familles, groupées en 8 ordres: *Hexanchiformes* (requin à collerette, requin vache), *Squaliformes* (chien de mer), *Pristiophoriformes* (requin scie), *Squatiniformes* (anges de mer), *Heterodontiformes* (requins dormeurs), *Orectolobiformes* (requin carpette), *Lamniformes* (requin taupe), *Carchariniformes* .

Le nom DOGFISH (anglais) s'applique à certains requins plus petits, notamment dans la famille des *Squalidae* (squales) des *Squaliformes*, et dans les familles *Scyliorhinidae* (plus généralement appelés roussettes) et des *Triakidae* (émissoles) dans les *Carchariniformes*.

Les principales familles de requins sont répertoriées séparément comme suit:

LAMNIDAE

(i) + MACKEREL SHARK
(Cosmopolitan)
includes the + PORBEAGLE (*Lamna* spp.)

(i) + REQUIN TAUPE
(Cosmopolite)
et comprennent les + TAUPE (*Lamna* spp.)

CARCHARHINIDAE

(ii) + REQUIEM SHARK
(Cosmopolitan)

(ii) + REQUIN TIGRE
(Cosmopolite)

SPHYRNIDAE

(iii) + HAMMERHEAD SHARK
(Cosmopolitan)

(iii) + REQUIN-MARTEAU
(Cosmopolite)

SQUATINIDAE

(iv) + ANGEL SHARK
(Atlantic/Pacific)

(iv) + ANGE DE MER
(Atlantique/Pacifique)

CHLAMYDOSELACHIDAE

(v) + FRILL SHARK
(Widespread)

(v) + REQUIN LEZARD
(Etendu)

CARCHARIIDAE

(vi) + SAND SHARK
(Atlantic)

(vi) + REQUIN-TAUREAU
(Atlantique)

ORECTOLOBIDAE

(vii) + NURSE SHARK
(Atlantic)

(vii) + REQUIN NOURRICE
(Atlantique)

CETORHINIDAE

(viii) + BASKING SHARK
(Cosmopolitan)

(viii) + REQUIN PELERIN
(Cosmopolite)

[CONTD.

876 SHARK (Contd.)

(ix) +THRESHER SHARK
(Cosmopolitan)

(x) SAW SHARK
(Widespread)

ALOPIIDAE

(ix) +REQUIN RENARD
(Cosmopolite)

PRISTIOPHORIDAE

(x) REQUIN-SCIE A NEZ COURT
(Etendu)

REQUIN (Suite) **876**

In North America, species of the family *Squalidae* are generally called DOGFISH SHARK (see +DOGFISH); species of the family *Scyliorhinidae*: CAT SHARK (see +BROWN CAT SHARK), and species of the family *Hexanchidae*: COW SHARK (see +SIXGILL SHARK).

Commercial uses are similar for many sharks and can be summarised as follows:

Fresh: whole, gutted, or divided into skinned pieces; slices of fillet; also for +KAMABOKO and +HAMPEN (Japan).
Frozen: as fresh.
Dried: after broiling (YAKIZAME) or salting (TARE) (Japan); fermented and partly dried (Iceland).
Bones: see +MEIKOTSU (Japan).
Smoked: fillets; hot-smoked pieces.
Salted: fillets, or pieces of fillet, brined and packed in dry salt in a container; left in resulting pickle for about a week, then sun-dried (Central America, Pacific).
Fins: salted, sun-dried and pressed into bales; used to prepare shark's fin soup which may be canned (far East); simply dried (FUKAHIRE) or boiled and used to make soup (TAISHI).
Oil: Liver oil.

See also under individual species.

En Amérique du Nord, les espèces de la famille *Squalidae* sont généralement appelées CHIEN DE MER (voir +AIGUILLAT), les espèces de la famille *Scyliorhinidae*: +REQUIN-TAPIS; pour la famille des *Hexanchidae*, voir +REQUIN-GRISET.

Les utilisations commerciales, communes aux différentes espèces, peuvent se résumer comme suit:

Frais: entier, vidé; ou en morceaux sans peau; tranches de filet; sert aussi à la fabrication du +KAMABOKO et du +HAMPEN (Japon).
Congelé: comme frais.
Séché: après cuisson (YAKI-ZAME) après salage (TARE) (Japon); fermenté et partiellement séché (Islande).
Os: voir +MEIKOTSU (Japon).
Fumé: filets; morceaux fumés à chaud.
Salé: de filets ou morceaux de filet, saumurés et mis dans un récipient avec du sel sec; laissés à macérer dans la saumure ainsi formée à macérer dans la saumure ainsi formée pendant environ une semaine, puis séchés au soleil (Amérique centrale, Pacifique).
Ailerons: salés, séché au soleil et pressés en ballots; utilisés pour préparer le potage aux ailerons de requin qui peut être mis en conserve (Extrême-Orient); seulement séchés (FUKAHIRE) ou cuits à l'eau pour la préparation du potage (TAISHI).
Huile: Huile de foie.

Voir aussi les espèces individuelles.

D	Haifisch, Hai	**DK**	Haj	**E**	Tiburone
GR	Skylópsaro-karcharias	**I**	Squalo	**IS**	Hákarl
J	Same, fuka	**N**	Hai	**NL**	Haai
P	Tubarão	**S**	Haj	**TR**	Köpek balığı
YU	Morski pas	**FI**	Hai		

See also under the individual items.

Voir aussi les rubriques individuelles.

---

877 SHARP FROZEN FISH

Fish that has been frozen usually by laying it out in a low temperature cold store or on refrigerated shelves; has no precise definition and its use should be discouraged.
See +FROZEN FISH.

POISSON CONGELÉ 877

Poisson congelé par entreposage dans une chambre froide à basse température ou sur une plaque froide; cette méthode n'est pas définie de manière plus précise et son emploi doit être déconseillé.
Voir +POISSON CONGELÉ.

D	Gefrierfisch	**DK**		**E**	Pescado congelado
GR		**I**	Pesce surgelato all'aria	**IS**	
J	Teion reitô-gyo	**N**		**NL**	Langzaam bevroren vis
P	Peixe congelado	**S**		**TR**	Derin dondurulmuş balık
YU	Brzo smrznuta riba	**FI**	Jäädytetty kala		

878 SHARPNOSE SHARK — REQUIN À NEZ POINTU 878
(Canada)

Rhizoprionodon terraenovae

(a) ATLANTIC SHARPNOSE SHARK
Also called NEWFOUNDLAND SHARK.

(a) REQUIN AIGUILLE GUSSI

Rhizoprionodon longurio

(b) PACIFIC SHARPNOSE SHARK
Belong to the family *Carcharhinidae* (see + REQUIEM SHARK).

(b) REQUIN BIRONCHE
De la famille des *Carcharhinidae* (voir + REQUIN TIGRE).

```
D                           DK                              E
GR                           I  Squalo di terranuova        IS
J                            N                              NL
P  Tubarão-terranova         S                              TR
YU                           FI
```

879 SHARPNOSE SKATE — RAIE VOILE 879

Raia lintea

(N. Atlantic)
See also + SKATE and + RAY.

(Atlantique Nord)
Voir aussi + RAIE.

```
D  Weissroche              DK  Hvidrokke                    E
GR                          I  Razza bianca atlantica       IS  Hvískata
J                           N  Hvitskate                    NL
P  Raia-nevoeira            S  Blaggarnsrocka, vitrocka     TR
YU                          FI  Valkorausku
```

880 SHARP-TOOTHED EEL — MORENESOCE DAGUE 880

Muraenesox cinereus

(Japan)
Highly esteemed as food in Japan; marketed fresh or alive, also used for + RENSEI-HIN.

(Japon)
Très appréciée au Japon; commercialisée fraîche ou vivante; sert aussi à la préparation du + RENSEI-HIN.

```
D  Hechtmuräne             DK                               E
GR                          I  Murena del Giappone          IS
J  Hamo                     N                               NL
P  Congro bicudo do Japâo   S  Grå knivtandsål              TR
YU                          FI  Haukiankerias
```

881 SHEEPSHEAD — MALACHIGAN D'EAU DOUCE 881

Name used for different species:

Aplodinotus gruniens

(i) FRESHWATER DRUM
(Freshwater – N. America)
Belonging to the *Sciaenidae* (see + CROAKER and + DRUM). Also called WHITE or + SILVER PERCH.

(i)
(Eaux douces – Amérique du Nord)
De la famille des *Sciaenidae* (voir + TAMBOUR).

Archosargus probatocephalus

(ii) SHEEPSHEAD
(Atlantic – N. America)
Belongs to the family *Sparidae* (see + SEA BREAM and + DRUM).

(ii) RONDEAU MOUTON
(Atlantique/Amérique du Nord)

Pimelometopon pulchrum

(iii) CALIFORNIA SHEEPSHEAD
(Pacific – N. America)
Belonging to the family *Labridae* (see + WRASSE).

882 SHELF STOWAGE

Stowage at sea of white fish laid side by side and head to tail, belly downwards in single layers on 5 to 10 cm of ice, but with no ice among or on top of the fish.

See also + BULK STOWAGE, + BOXED STOWAGE.

- **D** Blanklagerung, Blankstauung
- **GR**
- **J**
- **P** Armazenagem em camadas
- **YU**
- **DK**
- **I** Stivaggio a strati
- **N**
- **S** Stuvning i hyllor
- **FI**

STOCKAGE SUR ÉTAGÈRES 882

Entreposage en mer de poissons (maigres) placés côté à côté, tête-bêche, sur le ventre, en une seule couche, sur 5 à 10 cm de glace sans les en reouvrir.

Voir aussi + STOCKAGE EN VRAC et + STOCKAGE EN CAISSES.

- **E**
- **IS** Hillulagning
- **NL** Opslag in keeën
- **TR**

883 SHELLFISH PASTE

Shellfish meats, salted, finely ground and allowed to ferment; spices and colouring may be added; see under individual species.

See also + FISH PASTE.

- **D** Paste von Schalen- und Weichtieren
- **GR**
- **J**
- **P** Pasta de moluscos e crustáceos
- **YU** Pasta od školjkaša i rakova
- **DK** Skaldyrpasta
- **I** Pasta di molluschi o di crostacei
- **N** Skalldyrpostei
- **S** Skaldjurspastej
- **FI** Rapu- ja simpukkatahna

PÂTE DE MOLLUSQUES 883 ET CRUSTACÉS

Chair de mollusques et crustacés, salée, finement broyée, fermentée éventuellement additionnée d'épices et de colorants; voir les espèces individuelles.

Voir aussi + PÂTE DE POISSON.

- **E** Pasta de mariscos
- **IS**
- **NL** Pastei van schaal en weekdieren
- **TR** Kabuklu balık macunu

884 SHELLS

Shells of:
(a) marine molluscs and
(b) crustaceans
can be used after grinding as addition to poultry and other animal foods or as a source of industrial CALCIUM CARBONATE; shells with pearl-like linings are used ornamentally, often cut and polished, also for shell buttons (KAIBOTAN – Japan); shells are also a source of CHITIN, GLUCOSAMINE and other pharmaceutical chemicals.

In French "SHELLED" is translated as "DÉCO-QUILLÉS" for molluscs and "DÉCORTIQUÉS" for crustaceans.

- **D** Schalen von:
  (a) Muscheln
  (b) Krebsen
- **GR** Kelýphi ostrákou
- **J** (a) Kaigara, (b) Kara
- **P** Conchas e carapaças
- **YU** Školjka
- **DK** Skalle
- **I** Conchiglie carapaci di crostacei
- **N** Skjell, skall
- **S** Skal
- **FI** Kuoret

COQUILLES ET CARAPACES 884

(a) Les coquilles de mollusques marins et
(b) les carapaces de crustacés
peuvent être ajoutées, après broyage, aux aliments du bétail et des volailles, ou sont utilisées comme source industrielle de CARBONATE DE CALCIUM; les coquilles nacrées servent d'ornement, après découpage et pollissage, et dans la fabrication de boutons (KAIBOTAN – Japon); les carapaces fournissent la CHITINE, la GLUCOSAMINE et autres produits chimiques.

Les termes "DÉCOQUILLÉS" pour les mollusques et "DÉCORTIQUÉS" pour les crustacés, se traduisent tous deux en anglais par "SHELLED".

- **E** (a) Conchas,
  (b) Caparazones
- **IS** Skeljar, kuðungar
- **NL** Schelpen, pel
- **TR** Kabuk

885 SHIDAL SUTKI (India)

Sun dried fish (+ SUTKI) immersed in water, drained and packed with fish oil in containers which are buried in the ground for several months.

SHIDAL SUTKI (Inde) 885

Poisson séché au soleil (+ SUTKI), plongé dans de l'eau, égoutté et mis, avec de l'huile de poisson, dans des récipients qui seront enterrés pendant plusieurs mois.

886 SHINING GURNARD — GRONDIN MORRUDE 886

Aspitigla obscura or/ou *Chelidonichthys obscura*

(Mediterranean/Atlantic) (Méditerranée/Atlantique)

Also called LANTHORN GURNARD, OFFING GURNARD, LONG-FINNED GURNARD, SMOOTHSIDES.

See also + GURNARD. Voir aussi + GRONDIN.

D	Knurrhahn	**DK**		**E**	Lluerna
GR	Kapóni	**I**	Capone gavotta, capone negro	**IS**	
J		**N**	Langfinnet knurr	**NL**	
P	Cabra de bandeira	**S**		**TR**	Kırlangiç
YU	Lastavica barjaktarka, kokun	**FI**	Töyhtökurnusimppu		

887 SHIOBOSHI (Japan) — SHIOBOSHI (Japon) 887

Also called ENKAN-HIN or SHIOBOSHI-HIN. Product dried after soaking in salt water or dry salt. Whole or split fish such as sardine, anchovy, round herring, cod, mackerel, pollack, horse mackerel, saury, blanquillo, yellowtail, etc. are used.

Term "Shioboshi" is usually subjoined by the name of the fish, e.g. SHIOBOSHI-AJI (from horsemackerel or mackerel scad), SHIOBOSHI-IWASHI (from sardine and allied species), or SHIOBOSHI-SAMMA (from saury).

See + DRIED SALTED FISH.

Appelé encore ENKAN-HIN ou SHIOBOSHI-HIN. Produit séché après trempage à l'eau salée ou salage à sec. Poissons (entiers ou tranchés) tels que sardine, anchois, shadine, cabillaud, maquereau, lieu, chinchard, orphie, sériole, etc. sont utilisés.

Le terme "Shioboshi" est généralement suivi du nom du poisson utilisé, ex.: SHIOBOSHI-AJI (avec le chinchard ou faux maquereau), SHIOBOSHI-IWASHI (avec des sardines ou espèces voisines), ou SHIOBOSHI-SAMMA (avec le samma).

Voir + POISSON SALÉ SÉCHÉ.

888 SHIOKARA (Japan) — SHIOKARA (Japon) 888

Fermented fish product made from squid or guts of skipjack; also other species; brown, salty viscous paste made by fermenting the raw material with salt in containers for up to a month; product packed in glass or plastic containers; e.g. KATSUO-SHIOKARA (skipjack viscera), IKA-SHIOKARA (viscera and meat slices of squid), KAKI-SHIOKARA (oyster meat and viscera), UNI-SHIOKARA (ovary of sea urchin).

Produit de poisson fermenté fait avec du calmar ou des viscères de listao; pâte visqueuse, brune et salée, obtenue par fermentation de la matière première avec du sel pendant environ un mois; le produit est mis en récipients de verre ou de plastique; ex.: KATSUO-SHIOKARA (avec des viscères de thonine), IKA-SHIOKARA (viscères et tranches de calmar), KAKI-SHI-OKARA (viscères et chair d'huîtres), UNI-SHIOKARA (ovaires d'oursins).

889 SHIRAUO ICEFISH — DOROME 889

SALANGICHTHYS spp.

(Japan) (Japon)

Marketed fresh or boiled. Commercialisé frais ou cuit à l'eau.

J Shirauo

890 SHORE CURE — SALAGE À TERRE 890

(i) Salt curing of fish on shore as opposed to + SALTED ON BOARD.
(ii) In North America light salted Kench cured cod, hard dried to a content of 32–36% moisture and containing about 12% salt.

See also + KENCH CURE, + SALT COD.

(i) Salage du poisson à terre, par opposition à + SALAGE À BORD.
(ii) En Amérique du Nord, s'applique à la morue légèrement salée à sec, séchée à une teneur en eau de 32 à 36%, et contenant environ 12% de sel.

Voir aussi + SALAGE À SEC, + MORUE SALÉE.

D	Landsalzung	**DK**	Landsaltet (fisk)	**E**	
GR		**I**	Baccalà san giovanni	**IS**	
J		**N**		**NL**	Walgezouten vis
P	Salga em terra	**S**	Landsaltning	**TR**	Balığı sahilde isleme
YU		**FI**	Suolaus maalla		

891 SHOTTSURU (Japan)

+ FERMENTED FISH SAUCE produced by pickling sandfish with salt and malted rice.

Similar products IKANAGO-SHOYU (from sand lance), IKA-SHOYU (from sardine), KAKI-SHOYU (from oyster) etc.

SHOTTSURU (Japon) 891

+ SAUCE DE POISSON FERMENTÉ à base de *Trichodontidae* (voir + SANDFISH) salés à sec, avec du riz malté.

Produits semblables: IKANAGO-SHOYU (à base de lançons), IKA-SHOYU (à base de sardines), KAKI-SHOYU (à base d'huîtres) etc.

892 SHREDDED COD (U.K.)

Small pickle cured cod, or trimmings obtained in boneless cod preparation, reduced to small fibres in shredding machine and dried; also called FLAKED COD FISH, FLUFF, DESICCATED CODFISH, FIBRED CODFISH, SKRIGGLED CODFISH.

Similar product in Japan is + SOBORO (also from other species).

MORUE EN FIBRES 892

Petite morue saumurée, ou retailles de morue désarêtées réduites en petites fibres par une machine à effilocher, puis séchées.

Produit semblable au Japon: le + SOBORO (avec d'autres poissons également).

D
GR
J
  P Bacalhau feito em tiras
YU

DK
I Fiocchi di baccalà
N
S
FI

E
IS Tættur saltfiskur
NL Gedroogde, gezouten, kabeljauwreepjes
TR

893 SHRIMP

The terms SHRIMP and + PRAWN are often used indiscriminately, but commercially shrimp refer to the small species; though the name shrimp is used also in connection with various species of the families *Pandalidae, Peneidae* and *Palaemonidae*, it particularly refers to the family *Crangonidae*.

In the U.K. the designation SHRIMP may be used for all species regardless of count (see + PRAWN).

The names + BROWN SHRIMP, + PINK SHRIMP and + WHITE SHRIMP are used for various species, see under these individual entries; see also + COMMON SHRIMP.

Other species are for example:

CREVETTE 893

Les terms SHRIMP et + PRAWN sont souvent utilisés l'un pour l'autre, mais commercialement "shrimp" désigne les espèces plus petites de différentes familles, dont les *Pandalidae, Peneidae* et *Palaemonidae*, mais tout particulièrement de la famille des *Crangonidae*.

En G.B. le nom SHRIMP (anglais) peut être utiliser pour tous les espèces de crevettes quelque soit leurs tailles.

Voir aussi les + CREVETTE GRISE, + CREVETTE ROSE et + CREVETTE AMÉRICAINE qui se réfèrent à différentes espèces.

D'autres espèces sont par exemple:

Crangon septemspinosus

(a) SAND SHRIMP
    (Atlantic – N. America)

(a) CREVETTE SABLE
    (Atlantique – Amérique du Nord)

Crangon franciscorum
Crangon nigricauda
Crangon nigromaculata

(b) BAY SHRIMP

(b) CREVETTE CALIFORNIENNE
    CREVETTE QUEUE NOIRE
    CREVETTE BAIE

(Pacific – N. America)

(Pacifique – Amérique du Nord)

Pandalopsis dispar or/ou *Pandalus dispar*

(c) SIDE-STRIPE SHRIMP
    (N.E. Pacific – N. America)
    Also called GIANT RED SHRIMP.

(c) CREVETTE À FLANCS RAYÉS
    (Pacifique N-E – Amérique du Nord)

Pandalus platyceros

(d) SPOT SHRIMP
    (Pacific – N. America)

(d) CREVETTE TACHE
    (Pacifique – Amérique du Nord)

[CONTD.]

893 SHRIMP (Contd.)   **CREVETTE** (Suite) **893**

Pandalus hypsinotus

(e) COON-STRIPE   (e) CREVETTE À FRONT RAYÉ
     (N. Pacific – N. America/U.S.S.R.)   (Pacifique Nord – Amérique du Nord/U.R.S.S.)

Pandalus goniurus

(f) HUMPY SHRIMP   (f) CREVETTE GIBBEUSE
     (N. Pacific – N. America/U.S.S.R.)   (Pacifique Nord – Amérique du Nord/U.R.S.S.)

Palaemonetes vulgaris

(g) GRASS SHRIMP   (g) BOUQUET DES MARAIS
     (Atlantic – N. America)   (Atlantique – Amérique du Nord)

Penaeus stylirostris

(h) BLUE SHRIMP   (h) CREVETTE BLEUE
     (Pacific – Central America)   (Pacifique – Amérique centrale)

Penaeus brasiliensis

(j) BRAZILIAN SHRIMP   (j) CREVETTE ROYALE ROSE
     (Atlantic/Mexican Gulf – America)   (Atlantique/Golfe du Mexique – Amérique)

Pleoticus robustus or/ou *Hymenopenaeus robustus*

(k) ROYAL RED SHRIMP   (k) SALICOQUE ROYALE ROUGE
     (Atlantic/Mexican Gulf – America)   (Atlantique/Golfe du Mexique – Amérique)

Sicyonia brevirostris

(l) ROCK SHRIMP   (l) BOUCOT OVETGERNADE
     (Atlantic/Mexican Gulf – America)   (Atlantique/Golfe du Mexique – Amérique)

Main ways of marketing: Différentes formes de commercialisation:

Live: **Vivant:**

Fresh: in shell, with or without heads, uncooked or cooked; shelled, cooked or raw; cooked, potted in butter; breaded meats, raw or cooked; shrimp mostly landed cooked.

Frais: en carapace, avec ou sans tête, cru ou cuit; décortiqué, cuit ou cru; cuit, et mis en pots avec du beurre; chair panée, crue ou cuite; généralement les crevettes arrivent à terre déjà cuites.

Frozen: frozen shelled, uncooked or cooked; cooked, potted in butter; uncooked tails in shell; uncooked shelled tails in butter; breaded meats, raw or cooked.

Congelé: décortiqué, cru ou cuit; cuit, mis en pots dans du beurre; queues crues en carapace; queues décortiquées additionnées de beurre; chairs panées, crues ou cuites.

Smoked: shelled, washed, boiled in brine, cold-smoked on trays and packed in glass either dry or with vegetable oil; unshelled, headed, brined, cooked and cold-smoked.

Fumé: décortiqué, lavé, cuit au courtbouillon, fumé à froid sur claies et mis en bocaux tel quel, ou avec de l'huile végétale; en carapace, étêté, saumuré, cuit et fumé à froid.

Dried: cooked and naturally dried in shell, sometimes dyed (Japan), then shelled; + FREEZE-DRIED meats.

Séché: cuit et séché à l'air puis décortiqué, parfois teint (Japon); chairs déshydratées (voir + CRYODESSICATION).

Canned: shelled meats in brine; or dry; smoked meats; brined cooked meats in evacuated containers; unprocessed.

Conserve: chairs en saumure ou au naturel; chairs fumées; chairs saumurées emballées sous vide; non-traitées.

Pasteurised or semi-preserved: vinegar cured; shelled meats cooked in salt and vinegar solution, packed in jars with vinegar solution and spices; also in jelly.

Pasteurisé ou semi-conserve: traité au vinaigre: chairs cuites au court-bouillon, mises en bocaux dans la solution vinaigrée et épicée; également en gelée.

Salted: shelled, cooked meat mixed with mayonnaise.

Salé: queues décortiquées et cuites, mélangées à de la mayonnaise.

Paste: shrimp only, or with salmon; smoked shrimp; in can or jar.

Pâte: crevettes seules, ou avec du saumon; crevettes fumées; en boîtes ou bocaux.

Soups and prepared dishes: shrimp bisque, shrimp Créole, shrimps in mayonnaise, etc.; usually canned.

Soupes et plats cuisinés: bisque de crevettes, crevettes à la créole, crevettes à la mayonnaise, etc., généralement en boîtes.

Meal: made from shrimp + BRAN (U.S.A.).

Farine: faite avec les carapaces (E.U.).

See also + PRAWN.

D	Garnele, Krabbe	**DK**	Reje	**E**	Quisquilla, camarón
GR	Garída	**I**	Gamberetto, gambero	**IS**	Raekja
J	Ebi	**N**	Reke	**NL**	Garnaal
P	Camarão, gamba	**S**	Räka	**TR**	Karides
YU	Kozica	**FI**	Katkarapu		

894 SIERRA

(i) *Scomberomorus sierra* (Pacific – U.S.A.), see + KING MACKEREL.
Belongs to the family *Scombridae;* also used for some other *Scomberomorus* spp., e.g., + KINGFISH (i).

(ii) *Thyrsitops lepidopodea* (Pacific/Atlantic – Chile/Argentine).
Also called CABALLA BLANCA, WHITE SNAKE MACKEREL.
Belonging to the family *Gempylidae* (see + SNAKE MACKEREL).

894

Le nom "SIERRA" (anglais) s'applique aux espèces suivantes:

(i) *Scomberomorus sierra* ou *Scomberomorus cavalla* (voir + THAZARD).
De la famille des *Scombridae*.

(ii) *Thyrsitops lepidopodea* (Pacifique/Atlantique – Chili/Argentine)
De la famille des *Gempylidae* (voir + ESCOLIER, + THYRSITE).

895 SILD (Scandinavia)

Scandinavian name for herring; in the U.K. and other countries applied to small herring and sprat, when canned.

Marketed:
Canned: in olive or other edible oil and in sauces, mainly tomato sauce.
Smoked: hot or cold smoked.
Vinegar cured: like + MARINADE.
See also + KRONSARDINER, + HERRING, + SARDINE.

SILD (Scandinavie) 895

Nom scandinave pour le hareng; au Royaume-Uni et dans d'autres pays s'applique aux petits harengs et sprats quand ils sont conservés.

Commercialisé:
Conserve: à l'huile d'olive ou autre, en sauces, notamment à la sauce tomate.
Fumé: à chaud ou à froid.
Au vinaigre: comme les + MARINADE.
Voir aussi + KRONSARDINER, + HARENG, + SARDINE.

D Sild, Silling	**DK** Sild		**E** Arenque	
GR	**I** Aringa		**IS** Sild	
J Konishin	**N** Sild		**NL** Haring	
P Pequeno-arenque	**S** Sill		**TR**	
YU	**FI** Silli			

896 SILVER CURED HERRING 896

Very heavily salted, mild smoked, old-fashioned + BLOATER (U.K.) (+ PALE SMOKED RED); also used to describe herring less heavily salted and smoked than + RED HERRING (U.K.); in Netherlands SILVER HERRING is hard dried, salted herring, not smoked.

+ CRAQUELOT à l'ancienne manière, très fortement salé, légèrement fumé (voir + PALE SMOKED RED); désigne aussi le hareng moins fortement salé et fumé que le + HARENG ROUGE (Grande-Bretagne); dans les Pays-Bas, le SILVER HERRING est fortement salé et séché, mais non fumé.

D	**DK**	**E** Arenque fuertemente salado y med, ahumado	
GR	**I** Aringhe argentate	**IS** Mjög harðsöltuð léttreykt sild	
J	**N** Lettrokt	**NL** Zilverharing, gedroogde steuharing	
P Arenque muito salgado e pouco fumado	**S**	**TR**	
YU	**FI**		

896.1 SILVER DORY 896.1

Cyttus novaezelandiae
Cyttus australis

(Family *Zeidae*)

(a) Name used in Australia and New Zealand;
(b) Name sometimes used for the MIRROR DORY (*Zenopsis nebulosus*) of the Indo-Pacific.

(Famille des *Zeidae*)

(a) Nom utilisé en Australie et Nouvelle-Zélande;
(b) Nom quelquefois utilisé pour MIRROR DORY (anglais) (*Zenopsis nebulosus*) de l'Indo-Pacifique.

897 SILVERFISH 897

(i) *Argyrozona argyrozona* synonymous with: *Polysteganus argyrosomus* (South Africa)
(ii) Name also used to designate + TARPON (*Megalops atlantica*) belonging to the family *Elopidae*.

(i) DENTÉ CHARPENTIER
(ii) Voir + TARPON.

NL Tarpoen, trapon (Sme.)

898 SILVER HAKE MERLU ARGENTÉ 898

U.K. trade names HAKE, ATLANTIC HAKE and SILVER HAKE may also be used for + HAKE (*Merluccius merluccius*).

Merluccius bilinearis

(N.W. Atlantic)
Also called + WHITING.
Marketed frozen (headed or gutted).
See also + HAKE.

(Atlantique Nord-Ouest)
Appelé aussi + MERLAN (Canada).
Commercialisé surgelé (sans tête ou vidé).
Voir aussi + MERLU.

D	Nordamerikanischer Seehecht	**DK**	Kulmule	**E**	Merluza atlántica, merluza norteamericana
GR		**I**	Nasello atlantico	**IS**	Lýsingur
J		**N**	Lysing	**NL**	
P	Pescada-prateada	**S**		**TR**	
YU	Ugotica	**FI**	Hopeakummelituurska		

899 SILVER PERCH 899

(i) Refers mainly to: *Bairdiella chrysura* (Atlantic – N. America)
Belongs to the family *Sciaenidae* (see + CROAKER and + DRUM).
Name SILVER PERCH might also be used for FRESHWATER DRUM (see + SHEEPSHEAD (i)).

(i) Voir + TAMBOUR et MALACHIGAN D'EAU DOUCE.

(ii) *Bidyanus bidyanus*
(Freshwater – Australia)

(ii) *Bidyanus bidyanus*
(Eaux douces – Australie)

900 SILVERSIDE PRÊTRE 900

ATHERINIDAE

(i) (Cosmopolitan)
Also called SAND SMELT (*A. presbytes*) BIG-SCALE SAND SMELT (*A. boyeri*).

(i) (Cosmopolite)
Aussi appelé POISSON D'ARGENT.

Atherina presbyter or/ou *Atherina boyeri*

(a) + ATHERINE
(Atlantic – Europe)

(a) + ATHÉRINE, JOËL
(Atlantique – Europe)

Menidia menidia or/ou *Menidia notata*

(b) ATLANTIC SILVERSIDE
(Atlantic – N. America)
Marketed canned; also used for feeding fur-foxes.

(b) CAPUCETTE DE L'ATLANTIQUE
(Atlantique – Amérique du Nord)
Commercialisé en conserve; sert aussi à l'alimentation des renards à fourrure.

Menidia beryllina

(c) TIDEWATER SILVERSIDE
(Atlantic/Freshwater – N. America)
Also called + WHITEBAIT.

(c) CAPUCETTE NORD-AMERICAINE
(Atlantique/Eaux douces – Amérique du Nord)

AUSTROMENIDIA spp.

(d) ARGENTINE SILVERSIDE
(Atlantic)

(d)
(Atlantique)

Leuresthes tenuis

(e) CALIFORNIAN GRUNION
(Pacific)

(e) CAPUCETTE CALIFORNIENNE
(Pacifique)

[CONTD.

900 SILVERSIDE (Contd.)

Labidesthes sicculus

(f) BROOK SILVERSIDE
(Freshwater – N. America)

The family *Atherinidae* includes also *Atheriscus, Basilichthys* spp. which might also be designated SILVERSIDE.

D Ährenfisch	**DK** Stribefisk (a)	**E** Pejerreye, abichon
GR Atherína	**I** Lattarino	**IS**
J Tôgorôiwashi	**N**	**NL** (a) Koornaarvis
P Peixe rei	**S** Silversidor	**TR** Aterina, gümüs
	(a) Prästfisk	
	(b) Nordlig silversida	
	(c) Sydlig silversida	
YU Zeleniši	**FI** Hopeakylki	

For (a) see under this entry.

(ii) The name "Silverside" might also refer to + COHO (SALMON).

(iii) In Australia and New Zealand the name SILVERSIDE also applies to the + ARGENTINE *Argentina elongata*.

900 PRÊTRE (Suite)

(f)
(Faux douces – Amérique du Nord)

La famille des *Atherinidae* comprend encore les espèces *Atheriscus* et *Basilichthys* qui peuvent aussi être appelées POISSON D'ARGENT.

Pour (a) voir aussi la rubrique individuelle.

(ii) Le terme "Silverside" (anglais) s'applique aussi à + SAUMON ARGENTÉ.

(iii) En Australie et en Nouvelle-Zélande le nom SILVERSIDE (anglais) s'applique aussi à + ARGENTINE *Argentina elongata*.

901 SILVERY POUT

Gadiculus argenteus thori

(N.E. Atlantic)

Gadiculus argenteus argenteus

(Mediterranean)
Also called SILVERY COD.

D Silberdorsch	**DK** Sølvtorsk	**E**
GR Gourlomatis	**I** Pesce fico	**IS** Silfurkóð
J	**N** Sølvtorsk	**NL**
P Badejinho	**S** Silvertorsk	**TR**
	(a) Nordlig silvertorsk	
	(b) Sydlig silvertorsk	
YU Ugotica srebrenka	**FI** Hopeaturska	

901 GADICULE ARGENTÉ

(Atlantique Nord-Est)

(Méditerranée)

901.1 SINAENG (Philippines)

Gutted full grown mackerel packed in clay pots or other containers with or without spices steamed-cooked or simmered over a slow fire.
The term is synonymous with + PAKSIW.

901.1 SINAENG (Philippines)

Maquereau adulte vidé, mis dans des pots en argile ou autres récipients avec ou sans épices, cuit ensuite à la vapeur ou mijoté à feu doux.
Le terme est synonyme de + PAKSIW.

902 SIXGILL SHARK

Hexanchus griseus

(Atlantic/Pacific – Europe/America/Japan)
For ways of marketing, see + SHARK; special preparation, see + SPECKFISCH (Germany).

902 REQUIN GRISET

(Atlantique/Pacifique – Europe/Amérique/Japon)
Pour les formes de commercialisation, voir + REQUIN; préparations spéciales, voir + SPECKFISCH (Allemagne).

D Grauhai	**DK** Seksgællet haj	**E** Cañabota
GR Karharías	**I** Squalo capopiatto	**IS**
J Kagurazame	**N** Kamtannhai	**NL**
P Tubarão-albafar, Albafar	**S** Sexbågig kamtandhaj	**TR**
YU Pas sivonja	**FI** Kidushai	

903 SKATE

General trade name for species of the family *Rajidae*; it is synonymously used with + RAY.
May also be called SKIDER, TINKER, GINNY, FLANIE, BANJO, ROKER or + ROUGH SKATE.

903 RAIE

Terme général pour les espèces de la famille des *Rajidae*.

[CONTD.]

259

903 SKATE (Contd.)   RAIE (Suite) 903

Various species of *Rajidae* are listed under individual names:
+ BIG SKATE
+ FLAPPER SKATE
+ FLATHEAD SKATE
+ LITTLE SKATE
+ LONGNOSE SKATE
+ SHARPNOSE SKATE
+ SMOOTH SKATE
+ SPINYTAIL SKATE
+ STARRY SKATE
+ WHITE SKATE
+ WINTER SKATE

For other *Raja* spp. see + RAY.

Il existe différentes espèces de *Rajidae* répertoriées individuellement sous:
+ RAIE
+ POCHETEAU GRIS
+
+ RAIE HÉRISSON
+ POCHETEAU NOIR
+ RAIE VOILE
+ RAIE LISSE
+ RAIE À QUEUE ÉPINEUSE
+ RAIE DU PACIFIQUE
+ RAIE BLANCHE
+ RAIE TACHETÉE

Pour d'autres espèces *Raja*, voir + RAIE.

Marketed:
Fresh: whole gutted, wings (fleshy pieces together with cartilage, cut from either side of the disc), skinned or unskinned; skate nobs (pieces of flesh).
Smoked: pieces, hot-smoked.
Salted: fermented and subsequently salted (Iceland).
Bones: see + MEIKOTSU (Japan).

Commercialisé:
Frais: entier et vidé; ailerons (parties charnues cartilagineuses coupées de chaque côté de l'os central) avec ou sans peau; morceaux.
Fumé: morceaux, fumés à chaud.
Salé: fermenté et puis salé (Islande).
Os: voir + MEIKOTSU (Japon).

D	Rochen	**Dk**	Rokke	**E**	Raya
GR	Seláchi	**I**	Razza	**IS**	Skata
J	Gangiei, ei, kasube	**N**	Skate, rokke	**NL**	Rog, vleet
P	Raia	**S**	Rocka	**TR**	
YU	Raža, pas glavonja	**FI**	Rausku		

904 SKINLESS FISH   POISSON DÉPOUILLÉ 904

Fish or fish fillets from which the skin has been removed; also called SKINNED FISH.

Poisson ou filets de poisson dont la peau a été enlevée.

D	Hautfrei, ohne Haut	**DK**	Uden skind	**E**	Pescado desollado
GR		**I**	Spellato	**IS**	Roðlaus, roðreginn
J	Kawamuki	**N**	Skinnfri	**NL**	Onthuid, gevild
P	Peixe sem pele	**S**	Skinnfri fisk	**TR**	Yüzülmüş balık
YU	Riba kojoj je skinuta koza	**FI**	Nahaton kala tai filee		

905 SKINNED COD   MORUE DÉPOUILLÉE 905

Dried salted cod from which the skin has been removed.

Morue salée et séchée dont la peau a été enlevée.

D		**DK**		**E**	Bacalao salado y seco sin la piel
GR		**I**	Baccalà spellato	**IS**	Roðdreginn þorskur
J	Sukimidara	**N**	Røytet torsk	**NL**	Gedroogde gezouten onthuide kabeljauw
P	Bacalhau salgado e seco sem pele	**S**		**TR**	Yüzülmüş ringa
YU	Oguljeni suhi bakalar	**FI**	Nahaton turska		

906 SKINNING   DÉPOUILLEMENT 906

Removing the skin.
See + SKINLESS.

Enlèvement de la peau du poisson.
Voir aussi + POISSON DÉPOUILLÉ.

D	Enthäuten	**DK**	Afskinding	**E**	Desollar, despellejar
GR		**I**	Spellamento	**IS**	Roðdráttur
J	Kawamuki	**N**	Skinning	**NL**	Onthuiden, villen
P	Despelagem, esfola	**S**	Flå	**TR**	Derisini yüzme
YU	Guljenje ribe, skidanje koze s ribe	**FI**	Nahanpoisto		

907 SKIPJACK

Euthynnus pelamis or/ou *Katsuwonus pelamis*

(Cosmopolitan)

Also called BONITO, OCEANIC BONITO, STRIPE-BELLIED BONITO, STRIPED TUNA; this species forms the largest part by volume of the catch of tunas, and together with + BLUEFIN and + YELLOWFIN TUNA, makes up the light meat pack; see + TUNA.

Marketed:
Fresh:
Frozen:
Dried: as + FUSHI, + KATSUOBUSHI.
Canned: in oil.
Liver oil: especially rich in Vitamin D.

Viscera: for insulin production.

See also + TUNA for various methods of marketing.

BONITE À VENTRE RAYÉ ou LISTAO 907

(Cosmopolite)

Appelée aussi BARIOLE; cette espèce forme la plus grande partie des captures de thons; comme le + THON ROUGE et l' + ALBACORE (À NAGEOIRES JAUNES), est utilisée dans l'industrie des conserves de + THON.

Commercialisé:
Frais:
Congelé:
Séché: voir + FUSHI, + KATSUOBUSHI.
Conserve: à l'huile.
Huile de foie: particulièrement riche en vitamines D.

Viscères: pour la production d'insuline.

Voir aussi les formes de commercialisation des + THON.

D Echter Bonito		**DK** Bugstribet bonit		**E** Listado, barrilete	
GR Palamida		**I** Tonnetto striato		**IS**	
J Katsuo		**N** Stripet pelamide		**NL** Gestreepte tonijn	
P Gaiado, listão, listado		**S** Bonit		**TR**	
YU Trup prugavac		**FI** Boniitti			

908 SLENDER TUNA

Allothunnus fallai

(New Zealand)

Marketed similar to + TUNA.

THON ELEGANT 908

(Nouvelle-Zélande)

Commercialisation semblable à celle des + THON.

909 SLIME FLOUNDER

Microstomus achne

(Japan)

Marketed fresh.

J Babagarei, nametagarei, nameta

LIMANDE SOLE BABAGAREI 909

(Japon)

Commercialisé frais.

910 SMALL SANDEEL

Ammodytes marinus or/ou *Ammodytes tobianus*

(N. Atlantic – Europe)
Also called LESSER SANDEEL, LAUNCE.
Recommended trade name: LANCE.
See + SANDEEL.

LANÇON EQUILLE 910

(Atlantique Nord – Europe)

Voir + LANÇON.

D Kleiner Sandaal, Tobiasfisch, Tobis		**DK** Kysttobis		**E** Aguacioso	
GR		**I** Cicerello		**IS** Sandsíli	
J		**N** Tobis småsil		**NL** Zandspiering	
P Galeota		**S** Blåtobis, vanlig tobis		**TR** Kum balığı	
YU Hujka		**FI** Pikkutuulenkala			

911 SMELT

OSMERIDAE

Osmerus eperlanus

(i) (Cosmopolitan)

(a) EUROPEAN SMELT
(N.E. Atlantic)
Also called SPARLING (U.K., Scotland).

ÉPERLAN 911

(i) (Cosmopolite)

(a) ÉPERLAN D'EUROPE
(Atlantique Nord-Est)

[CONTD.

911 SMELT (Contd.)   ÉPERLAN (Suite) 911

Osmerus eperlanus mordax

(b) AMERICAN SMELT
Also called LAKE SMELT
(Atlantic/Freshwater – N. America)

(b) ÉPERLAN DE LAC
(Atlantique/Eaux douces – Amérique du Nord)

Osmerus dentex

(c) ARCTIC SMELT
(Pacific/Freshwater – N. America)
Marketed fresh or frozen.
To the same family belong also + CAPELIN, + EULACHON, + SURF SMELT, + POND SMELT.

(c) ÉPERLAN DE L'ARCTIQUE
(Pacifique/Eaux douces – Amérique du Nord)
Commercialisé frais ou congelé.
Appartiennent également à la même famille les + CAPELAN, + EULACHON, + SURF SMELT, + POND SMELT.

D	Stint	**DK**	Smelt	**E**	Eperlános
GR		**I**	Sperlano, eperlano	**IS**	Silfurloðna
J	Kyûrino	**N**	Krøkle	**NL**	(a) Spiering
					(b) Amerikaanse smelt
P	Eperlano	**S**	Nors	**TR**	
			(b) Amerikansk nors		
YU	Gavun, zeleniš	**FI**	Kuore, (b) Amerikankuore		

(ii) The name SMELT is also used for *Atherina* spp. (see + ATHERINE) and *Argentinidae* (see + ARGENTINE).

(ii) Voir + ARGENTINE.

(iii) SMELT might also refer to + SANDEEL (*Ammodytidae*).

(iii) Voir + LANÇON.

(iv) In Australia and New Zealand SMELT or SOUTHERN SMELT refers to *Retropinna* spp. (family *Retropinnidae*).

(iv) En Australie et en Nouvelle-Zélande le nom SOUTHERN-SMELT (anglais) se réfère à l'espèce *Retropinna* (famille des *Retropinnidae*).

912 SMOKED FISH   POISSON FUMÉ 912

Fish cured by the action of smoke produced usually from slowly burning wood or other material (like peat) in order to partly dry the product and to give it some smoky taste.

Poisson traité par la fumée obtenue par combustion lente de bois non résineux ou d'autres produits ligneux (tourbe) de manière à déshydrater partiellement la denrée et à lui communiquer le goût de fumée.

Two main methods are defined under:

Il existe deux méthodes de fumage décrites sous:

+ COLD-SMOKED FISH.
+ HOT-SMOKED FISH.

+ POISSON FUMÉ À FROID.
+ POISSON FUMÉ À CHAUD.

D	Geräucherter Fisch, Räucherfisch	**DK**	Røget fisk	**E**	Pescado ahumado
GR	Psári kapnistó	**I**	Pesce affumicato	**IS**	Reyktur fiskur
J	Kunsei-gyo	**N**	Røkt fisk	**NL**	Gerookte vis, gestoomde vis
P	Peixe fumado	**S**	Rökt fisk	**TR**	Tütsü (füme) balık
YU	Dimljena riba	**FI**	Savustettu kala		

913 SMOKIE   913

Haddock, headed, gutted and hot smoked; usually from fish that are two small for making + FINNAN HADDOCK.
Also called ABERDEEN SMOKIE + ARBROATH SMOKIE.

Églefin étêté, vidé et fumé à chaud; généralement avec du poisson trop petit pour préparer le + FINNAN HADDOCK.
Appelé encore ABERDEEN SMOKIE + ARBROATH SMOKIE.

D	Warmgeräucherter Schellfisch	**DK**	Varmrøget kuller	**E**	Eglefino ahumado en caliente
GR		**I**	Asinello affumicato a caldo	**IS**	Reykt ýsa
J		**N**	Varmrøkt hyse	**NL**	Warmgerookte schelvis zonder kop
P	Arinca fumada	**S**	Varmrökt koljafilé	**TR**	
YU		**FI**	Lämminsavustettu koljafilee		

914 SMOLT

Young + SALMON when it leaves fresh water for the sea for the first time.

- **D** Salmling
- **GR** Nearos solomos
- **J**
- **P** Salmão jovem
- **YU**
- **DK**
- **I** Salmone giovane
- **N** Smolt
- **S** Smolt
- **FI** Vaelluspoikanen, smoltti

TACON 914

Jeune + SAUMON d'eau douce à sa première migration vers la mer.

- **E** Joven salmon
- **IS** Gönguseiði
- **NL** Jonge zalm
- **TR**

915 SMOOTH FLOUNDER

Liopsetta putnami

(Atlantic – N. America)
Belonging to the family *Pleuronectidae*.
See also + FLOUNDER.

- **D**
- **GR**
- **J**
- **P** Solhão liso
- **YU**
- **DK**
- **I** Passera 'iscia
- **N**
- **S**
- **FI**

PLIE LISSE 915

(Atlantique – Amérique du Nord)
De la famille des *Pleuronectidae*.
Voir aussi + FLET.

- **E**
- **IS**
- **NL**
- **TR**

916 SMOOTH HOUND

(Atlantic/Mediterranean/Pacific – Europe/North America)
Name generally refers to some *Mustelus* spp. of the family *Triakidae* (see + DOGFISH).

ÉMISSOLE 916

(Atlantique/Méditerranée/Pacifique – Europe/Amérique du Nord)
Ce nom désigne généralement certains espèces *Mustelus* de la famille *Triakidae* (voir + AIGUILLAT).

Mustelus mustelus

(a) SMOOTH HOUND
(Atlantic/Mediterranean)

(a) ÉMISSOLE LISSE
(Atlantique/Méditerranée)

Mustelus canis

(b) SMOOTH DOGFISH
(Atlantic – N. America)

(b) ÉMISSOLE LISSE
(Atlantique – Amérique du Nord)

Mustelus asterias or/ou *Mustellus vulgaris* or/ou *Mustelus stellatus*

(c) STELLATE SMOOTH HOUND
(Atlantic/Mediterranean)

(c) ÉMISSOLE TACHETÉE
(Atlantique/Méditerranée)

Mustelus californicus

(d) GRAY SMOOTH HOUND
(Pacific – N. America)
See also + GUMMY SHARK (*Mustelus antarcticus*).

(d) ÉMISSOLE GRISE
(Pacifique – Amérique du Nord)
Voir aussi + GUMMY SHARK *Mustelus antarcticus*.

- **D** Glatthai
- **GR** Galéos
- **J**
- **P** Cação, caneja
- **YU** Pas čukov, pas mekuš
- **DK** Glathaj
- **I** Palombo
- **N** Glatthai
- **S** Glatthaj
- **FI** (a) Kärppähai
  (b) Koirahai
- **E** Musola
- **IS**
- **NL** (a) Gladde haai
  (c) Gevlekte gladde haai
- **TR** Köpek balığı

917 SMOOTH SKATE

Raja innominata

(Atlantic – N. America/New Zealand)
See also + SKATE.

RAIE LISSE 917

(Atlantique – Amérique du Nord/Nouvelle-Zélande)
Voir + RAIE.

918 SNAILFISH 918

General name used in North America for *Cyclopteridae*, which are also known as +LUMPFISH or LUMPSUCKER, but particularly refers to *Liparis* spp. (Atlantic/Pacific).
See also +SEASNAIL.

Le terme "SNAILFISH" (anglais) est généralement employé en Amérique du Nord pour les *Cyclopteridae*.

Voir +LIMACE ou +LOMPE.

919 SNAKE EEL — SERPENTON 919
OPHICHTHIDAE

(Cosmopolitan)
Also called WORM EEL.

(Cosmopolite)
Aussi appelé DEMOISELLE.

D	Schlangenaal	DK		E	Culebra
GR	Fídi	I		IS	
J		N		NL	
P	Cobra-do-mar	S		TR	Marmır
YU	Morske zmije	FI	Käärmeankerias		

920 SNAKE MACKEREL — ESCOLIER 920

In North America generally refers to *Gempylidae*, particularly *Gempylus serpens* (Atlantic); species in the Mediterranean is SCOURER (*Ruvettus pretiosus*).

To this family also belongs *Thyrsites atun* (see +BARRACOUTA) and *Thyrsitops lepidopoides* (see +SIERRA).

En Amérique du Nord, se réfère généralement aux *Gempylidae*, et en particulier à *Gempylus serpens* (Atlantique); dans la Méditerranée: ROUVET (*Ruvettus pretiosus*).

A cette famille appartiennent *Thyrsites atun* et *Thyrsitops lepidopoides* appelé aussi ESCOLIER BLANC (voir +THYRSITE).

D	Schlangenmakrele	DK		E	Escolar
GR		I	Ruvetto	IS	
J	Sumiyaki	N		NL	
P	Escolar	S		TR	
YU	Ljuskotrn	FI	Käärmemakrilli		

921 SNAPPER — VIVANEAU 921
LUTJANIDAE

(i) (Cosmopolitan)
The *Lutjanidae* include *Ocyurus* and *Rhomboplites* spp. Most important species are:

(i) (Cosmopolite)
Le famille des *Lutjanidae* comprend les espèces *Ocyurus* et *Rhomboplites*. Les principales espèces sont:

Lutjanus griseus

(a) MANGROVE SNAPPER
(Atlantic – Europe/N. America)
Also called GRAY SNAPPER (N. America).

(a) VIVANEAU SARDE GRIS
(Atlantique – Europe/Amérique du Nord)

Lutjanus campechanus

(b) +RED SNAPPER
(Atlantic – N. America)

(b) +VIVANEAU CAMPÈCHE
(Atlantique – Amérique du Nord)

Lutjanus analis

(c) MUTTON SNAPPER
(Atlantic – N. America)

(c) VIVANEAU SORBE
(Atlantique – Amérique du Nord)

Lutjanus synagris

(d) LANE SNAPPER
(Atlantic – N. America)

(d) VIVANEAU GAZOU
(Atlantique – Amérique du Nord)

Lutjanus apodus

(e) SCHOOLMASTER
(Atlantic – N. America)

(e) VIVANEAU DENTCHIEN
(Atlantique – Amérique du Nord)

[CONTD.]

921 SNAPPER (Contd.)

(f) BLACK SNAPPER
(Atlantic – N. America)

Apsilus dentatus

(g) YELLOWTAIL SNAPPER
(Atlantic – N. America)

Ocyurus chrysurus

(h) VERMILION SNAPPER
(Atlantic – N. America)

Rhomboplites aurorubens

(j) PARGO COLORADO
(Pacific)

Lutjanus colorado

(k) RED EMPEROR
(Australia)

Lutjanus sebae

(l) TAIVA
(Pacific – Japan)

Lutjanus fulvus or/ou *Lutjanus marginatus*

VIVANEAU (Suite) 921

(f) VIVANEAU NOIR
(Atlantique – Amérique du Nord)

(g) VIVANEAU À QUEUE JAUNE
(Atlantique – Amérique du Nord)

(h) VIVANEAU TI-YEUX
(Atlantique – Amérique du Nord)

(j) VIVANEAU AMARANTE
(Pacifique)

(k) VIVANEAU BOURGEOIS
(Australie)

(l) VIVANEAU QUEUE NOIRE
(Pacifique – Japon)

D Schnapper
GR Sinagrída, kokkinópsaro
J Tarumi feudai
P Luciano, castanhola
YU

DK Snapper
I Lutianido
N
S Snapperfisk
FI Napsija

E
IS
NL
TR

(ii) The name is also used for + PACIFIC OCEAN PERCH (see + ROCKFISH (ii)).

(iii) The term "SNAPPER" is used in Boston (Mass., U.S.A.) for small fish (less than 1½ lb).

(iv) In Australia and New Zealand refers to *Chrysophrys auratus* belonging to the family of *Sparidae*.
Marketed: as fresh fish.
See also + SEA BREAM.

(ii)

(iii) Le terme "SNAPPER" (anglais) est utilisé à Boston (Mass., E.U.) pour les petits poissons (moins de 1½ lb).

(iv) En Australie et Nouvelle-Zélande s'applique à *Chrysophrys auratus* de la famille des *Sparidae*.
Commercialisé: frais.
Voir aussi + DORADE.

922 SNOEK (Netherlands)

(i) Dutch name for + PIKE (family of *Esocidae*).

(ii) Name used in Australia and S. Africa to designate + BARRACOUTA (family of *Gempylidae*).

SNOEK (Pays Bas) 922

(i) Nom néerlandais pour + BROCHET (*Esocidae*).

(ii) Nom employé en Australie et en Afrique du Sud pour désigner + THYRSITE (de la famille *Gempylidae*).

923 SNOOK

(Atlantic – North America.)
Generally name applying to the family *Centropomidae*, more particularly refers to *Centropomus undecimalis*; other species are TARPON SNOOK (*Centropomus pectinatus*) or LITTLE SNOOK (*Centropomus parellelus*).

BROCHET DE MER 923

(Atlantique – Amérique du Nord/Antilles)
Centropomidae.

924 SOBORO (Japan)

Fish meat such as cod, pollack, porgy, gurnard etc., boiled, pickled into fibre and dried.

Also often applies to seasoned meat (with salt and sugar, often dyed with pink pigment) then called OBORO.

OBORO-KOMBU: dried seaweed product; see + KOMBU.
See also + SHREDDED COD.

SOBORO (Japon) 924

Chair de poissons tels que cabillaud, lieu noir, spare, grondin, etc., cuite à l'eau, effilochée et séchée.

Désigne aussi fréquemment la chair des poissons déjà assaisonnée (de sel, sucre, et souvent colorée en rose); appelé alors OBORO.

OBORO-KOMBU: produit à base d'algues séchées; voir + KOMBU.
Voir aussi + RETAILLES DE MORUE.

925 SOCKEYE SALMON — SAUMON ROUGE 925

Oncorhynchus nerka

(Pacific – N. America)
One of the five PACIFIC SALMON (see + SALMON), most highly prized.
Also called RED SALMON; also known as BLUE-BACK, QUINALT. Recommended trade name in U.K.: RED SALMON.
Almost all of the catch is canned; some quantities also hard-smoked (see + INDIAN CURE SALMON), or hard-salted, like + COHO.

(Pacifique – Amérique du Nord)
L'une des cinq espèces de SAUMON du PACIFIQUE (voir + SAUMON), extrêmement appréciée.

Presque exclusivement destiné à la mise en conserves; parfois fumé en petites quantités (voir + INDIAN CURE SALMON), ou fortement salé, comme le + SAUMON ARGENTÉ.

D	Rotlachs, Blaurücken	DK		E	Salmon
GR	Kokkinos solomos	I	Salmone rosso	IS	Rauðlax
J	Benizake, benimasu, himemasu	N		NL	Rode zalm
P	Salmão-vermelho-do-Pacífico	S	Indianlax, sockeye	TR	
YU		FI	Punalohi, intiaanilohi		

926 SOFT CURE — 926

Salted white fish, particularly cod, whose moisture content after drying is higher than 40%.
Compare with + HARD CURE.
See for example: + FALL CURE (Canada), + LABRADOR CURE (Canada).

Poisson maigre salé, particulièrement morue, dont la teneur en eau, après séchage, est supérieure à 40%.
Comparer avec + HARD CURE.
Voir les exemples: + FALL CURE (Canada), + LABRADOR CURE (Canada).

D	Mild gesalzener fisch	DK	3/4 virket og 7/8 virket klipfisk	E	
GR		I	Pesce salato semi-seccato	IS	Léttsaltaður fiskur, léttsöltun
J	Namaboshi	N	Lettvirkning	NL	Matig gedroogde gezouten vis
P	Cura leve	S		TR	
YU		FI	Kevytsuolattu kala		

927 SOFT (SHELL) CLAM — MYE 927

Mya arenaria

(Atlantic/Pacific – N. America)
Also called GAPER, LONG CLAM, LONG NECK, MANANOSE, MANINOSE, NANNY NOSE, OLD MAID, SAND CLAM, SAND-GAPER, SQUIRT CLAM, STRAND-GAPER.
See also + CLAM.

(Atlantique/Pacifique – Amérique du Nord)

Voir aussi + CLAM.

D	Sandklaffmuschel	DK	Sandmusling	E	Almeja de rio
GR	Achiváda-ostraka	I	Vongola molle	IS	Smyrslingur
J	Ônogai	N	Sandskiell	NL	Strandgaper
P	Clame da areia	S	Sandmussla	TR	Ince (kabuklu) midye
YU		FI	Hietasimpukka		

928 SOHACHI FLOUNDER — 928

Cleisthenes pinetorum herzensteini

(Japan)
Marketed fresh.

(Japon)
Commercialisé frais.

D	Herzenstein's Flunder	DK	E	
GR		I	IS	
J	Sohachigarei	N	NL	
P		S	TR	
YU		FI		

929 SOLDIER

(i) Name used for + REDFISH (*Sebastes* spp.).
(ii) Name also used for + RED GURNARD (*Aspitrigla cuculus*).
(iii) SOLDIERFISH might also apply to the family *Macrouridae* (also called GRENADIER – U.S.A.) and *Holocentridae* (also called SQUIRRELFISH). See + GRENADIER.
(iv) In Australia SOLDIER refers to *Gymnapistes marmoratus* (family *Scorpaenidae*).
(v) In New Zealand SOLDIER is often used for the SCARLET WRASSE *Pseudolabrus miles* (family *Labridae*).

929

Le terme "SOLDIER" (anglais) s'applique aux:
(i) + SÉBASTE (espèces *Sebastes*).
(ii) + GRONDIN ROUGET (*Aspitrigla cuculus*).
(iii)
(iv) En Australie se réfère au *Gymnapistes marmoratus* (famille des *Scorpaenidae*).
(v) En Nouvelle-Zélande est souvent utilisé pour *Pseudolabrus* (famille des *Labridae*).

930 SOLE

(i) The name refers generally to the family *Soleidae*, but more particularly to *Solea vulgaris vulgaris*.

SOLE 930

(i) Le nom désigne généralement la famille des *Soleidae* mais plus particulièrement l'espèce *Solea vulgaris vulgaris*.

Solea vulgaris vulgaris or/ou *Solea solea*

(a) + COMMON SOLE
(Atlantic/N. Sea/Mediterranean)

(a) + SOLE COMMUNE
(Atlantique/Mer du Nord/Méditerranée)

Solea lascaris

(b) + LASCAR
(Atlantic/Mediterranean)

(b) + SOLE – PÔLE
(Atlantique/Méditerranée)

Microchirus variegatus

(c) + THICKBACK SOLE
(Atlantic)

(c) + SOLE-PERDRIX
(Atlantique)

Buglossidium luteum

(d) + YELLOW SOLE
(Atlantic/Mediterranean)

(d) + PETITE SOLE JAUNE
(Atlantique/Méditerranée)

Microchirus ocellatus

(e) EYED SOLE
(Mediterranean)

(e) SOLE OCELLÉE
(Méditerranée)

Microchirus theophila or/ou *Quenselia azevia*

(f)
(Europe)

(f) SOLE-PERDRIX JUIVE
(Europe)

(g) The family *Soleidae* also includes *Achirus* and *Trinectes* spp. (see e.g. + LINED SOLE or + HOGCHOKER).

(g) La famille des *Soleidae* comprend encore les espèces *Achirus* et *Trinectes* (voir + SOLE AMÉRICAINE ou + HOGCHOKER).

(h) In S. Africa SOLE refers to *Austroglossus* spp. (*Austroglossus microlepis* and *Austroglossus pectoralis*) which also belong to the family *Soleidae*. In Australia SOLE refers to *Pseudorhombus* spp. and in New Zealand to *Peltorhamphus novaezealandiae* (also called COMMON SOLE, NEW ZEALAND SOLE or ENGLISH SOLE).

(h) En Afrique du Sud SOLE désigne les esp. *Austroglossus* (*Austroglossus microlepis* et *Austroglossus pectoralis*) également de la famille des *Soleidae*. En Australie, désigne les esp., *Pseudorhombus* et en Nouvelle-Zélande, l'espèce *Peltorhamphus novaezealandiae*.

D Seezunge
GR Glóssa
J Shitabirame

DK Tunge
I Sogliola, (e) Sogliola occhiuta
N Tunge

E Lenguado, (e) Soldado
IS Sólkoli

NL Tong, (a) Tong, (b) Franse tong, (d) Dwergtong
TR Dil balığı

P Linguado, (f) Azevia
YU List

S Tungor
FI Kielikampela, meriantura

[CONTD.]

930 SOLE (Contd.)

For (a) to (d) see separate entries.

(ii) The name SOLE is also employed in connection with other flatfish families, especially *Pleuronectidae* and *Bothidae* (see +FLOUNDER); e.g. *Microstomus* spp. (see +DOVER SOLE (ii) or +LEMON SOLE).
See also +ENGLISH SOLE.

SOLE (Suite) 930

Pour (a) à (d) voir les rubriques individuelles.

(ii) Le mot "SOLE" est aussi employé en nom composé pour désigner d'autres poissons plats, spécialement des *Pleuronectidae* et des *Bothidae*; ex. +LIMANDE SOLE.

931 SOUPFIN SHARK

Galeorhinus galeus or/ou *Galeorhinus zyopterus*

(Pacific – N. America)

Galeorhinus capensis

(South Africa)

Belongs to the family *Carcharhinidae* (see +REQUIEM SHARK).
Liver has high Vitamin A content.

REQUIN-HÂ 931

(Pacifique – Amérique du Nord)

(Afrique du Sud)

De la famille des *Carcharhinidae* (voir +REQUIN-TIGRE).
Son foie est très riche en vitamine A.

D	Hundshai	DK		E	
GR		I	Canesca	IS	
J		N		NL	
P	Perna-de-moça	S		TR	
YU		FI			

932 SOUSED HERRING (U.K.) 932

Herring pickled with salt, vinegar and spices; often rolled fillets so treated, and baked in oven, and sometimes sprayed with kipper dye after cooking; also called BAKED HERRING, POTTED HERRING, +ROLLED FISH.

Hareng mariné avec du sel, du vinaigre et des épices; souvent, les filets ainsi traités, sont roulés et cuits au four, et parfois, après cuisson, passés au colorant pour kipper.

D		DK		E	Arenque escabechado
GR		I	Aringa in salamoia	IS	
J		N		NL	Gekruide haring
P	Arenque de escabeche	S		TR	
YU		FI			

933 SOUSED PILCHARDS 933

Pilchards pickled with salt, vinegar and spices.

Pilchards marinés avec du sel, du vinaigre et des épices.

D		DK		E	Sardinas escabechadas
GR		I	Sardine marinate	IS	
J		N		NL	Gekruide pilchards
P	Sardinela de escabeche	S		TR	
YU		FI			

933.1 SOUTH AFRICAN PILCHARD

Sardinops ocellata

(Atlantic – West Africa)
+PILCHARD.
U.K. trade name is SOUTH ATLANTIC PILCHARD.

SARDINOPS d'AFRIQUE DU SUD 933.1

(Atlantique – Afrique occidentale)
+PILCHARD.

933.2 SOUTHERN BLUEFIN TUNA 933.2

Thunnus maccoyii

(Australia/New Zealand)

Often, but not always, distinguished from BLUEFIN TUNA in international trade.
See also +TUNA.

(Australie/Nouvelle-Zélande)

Se distingue souvent, mais pas toujours, du THON ROUGE dans le commerce international.
Voir aussi +THON.

D		DK		E	Atun del sur
GR		I		IS	
J	Minamimaguro	N		NL	
P	Atum do sul	S		TR	
YU		FI			

933.3 SOUTHERN BLUE WHITING

Micromesistius australis

(New Zealand/South America)
See +BLUE WHITING.

MERLAN BLEU DU SUD 933.3

(Nouvelle-Zélande/Amérique du Sud)
Voir +MERLAN BLEU.

934 SOUTHERN KINGFISH

Reyea prometheoides or/ou *Jordanidia solandrii*

See + GEMFISH.

ESCOLIER ROYAL 934

Voir + CHIMÈRE DE NOUVELLE-ZÉLANDE.

935 SOUTHERN RIGHT WHALE 935

Balaena glacialis australis

(Southern oceans) (Oceans sud)
Protected, not hunted commercially. Sous protection, pas de prises commerciales.
See also + RIGHT WHALE. Voir aussi + BALEINE FRANCHE.

- **D** Südlicher Glattwal
- **GR** Phalaena tis antarktikis
- **J**
- **P** Baleia-franca-negra
- **YU**
- **DK**
- **I** Balena antartica
- **N**
- **S** Sydkapare
- **FI** Etelänmustavalas
- **E**
- **IS**
- **NL** Zuidkaper
- **TR**

936 SOUTHWEST ATLANTIC HAKE MERLU ARGENTIN 936

Merluccius hubbsi

(S.W. Atlantic) (Atlantique Sud-Ouest)
For marketing see + HAKE. Pour la commercialisation, voir + MERLU.
U.K. trade name is ATLANTIC HAKE.

- **D** Argentinischer Seehecht
- **GR** Bakaliáros
- **J**
- **P** Pescada-da-Argentina
- **YU** Oslic
- **DK** Kulmule
- **I** Nasello
- **N** Lysing
- **S**
- **FI** Argentiinankummeliturska
- **E** Merluza sudamericana, merluza argentina
- **IS** Lýsingur
- **NL**
- **TR**

937 SPADEFISH DISQUE 937

EPHIPPIDAE

(Atlantic/Pacific − N. America) (Atlantique/Pacifique − Amérique du Nord)

Chaetodipterus faber

(a) ATLANTIC SPADEFISH (a) DISQUE PORTUGAIS (Atlantique)

Chaetodipterus zonatus

(b) PACIFIC SPADEFISH (b) DISQUE DU PACIFIQUE (Pacifique)

Might also be called + ANGELFISH, which name, in North America, more properly refers to the related family *Chaetodontidae* (see + BUTTERFLYFISH).

Famille voisine de celle des *Chaetodontidae* (voir + PAPILLON).

938 SPANISH MACKEREL 938

(a) Name used to designate + CHUB MACKEREL + PACIFIC MACKEREL (*Scomber japonicus*), e.g. in international statistics.

(a) Voir + MAQUEREAU ESPAGNOL.

(b) Name also used for various *Scomberomorus* spp. (see + KINGMACKEREL), particularly *Scomberomorus maculatus* (Atlantic).

(b) Voir + THAZARD.

(a) and (b) belong to the same family *Scombridae*.

(a) et (b) appartiennent à la même famille *Scombridae*.

TR Kolyoz balığı

939 SPAWNING FISH BOUVARD 939

Fish that have already started to spawn. The eggs and milt flow from the body when the fish is subjected to pressure (these fish sometimes called RUNNING RIPE). At this stage the + ROE and + MILT are usually too soft to be of commercial value.

Poisson qui a commencé à pondre (ou en période de frai). Il est encore dit "fluant" car les œufs ou les laitances peuvent être exprimés sous simple pression de la main. A ce stade, la + ROGUE et la + LAITANCE sont trop molles pour être commercialisées.

[CONTD.]

939 SPAWNING FISH (Contd.)   BOUVARD (Suite) 939

The name SPAWNY FISH designates fish (especially + HADDOCK, but also + COD, + SAITHE and + WHITING) whose stomachs are full of herring spawn.

See also + RIPE FISH and + SPENT FISH.   Voir aussi + POISSON PLEIN et + GUAI.

D	Laichfisch	**DK**	Gydende	**E**	Durante la puesta
GR	See ootokia	**I**	Pronti alla deposizione dei prodotti sessuali	**IS**	Gjótandi (fiskur), hrygnandi
J	Sanran cyo	**N**	Gytende	**NL**	Paaiende vis
P	Peixe em desova	**S**	Lekande fisk, lekfisk	**TR**	Sağılan balık
YU	Riba za vrijeme mriješćenja	**FI**	Kutukala		

940 SPEARFISH   MAKAIRE 940

TETRAPTURUS spp.

(i) (Cosmopolitan in warm seas) Belong to the family *Istiophoridae*. (See + BILLFISH.)

(i) (Cosmopolite, mers chaudes) De la famille *Istiophoridae*. (Voir + VOILIER et MARLIN.) Les makaires peuvent être commercialisés en France sous le nom de MARLIN.

Tetrapturus angustirostris

(a) SHORTBILL SPEARFISH (Pacific – N. America)

(a) MAKAIRE À ROSTRE COURT (Pacifique – Amérique du Nord)

Tetrapturus pfluegeri

(b) LONGBILL SPEARFISH (Atlantic – Europe/N. America)

(b) MAKAIRE À LONGUE PECTORALE (Atlantique – Europe/Amérique du Nord)

D	Speerfisch	**DK**	Spydfisk	**E**	Marlin
GR		**I**	Aguglia imperiale	**IS**	
J	Furaikajiki	**N**		**NL**	
P	(a) Espadim de bico curto (b) Espadim bicudo	**S**	Spjutfisk	**TR**	
YU	Iglokljun, iglun	**FI**	Marliini		

(ii) Name also used for + QUILLBACK (*Carpiodes cyprinus*), belonging to the family *Catostomidae* (see + SUCKER).

941 SPECKFISCH (Germany)   SPECKFISCH (Allemagne) 941

Trade name for hot-smoked pieces of SIXGILL SHARK, in Germany.

See also + KALBFISCH.

Morceaux de REQUIN GRISET fumé à chaud (spécialité allemande).

Voir aussi + KALBFISCH.

942 SPELDING   942

Headed, gutted, split fish, usually whiting, dipped in weak brine (often the sea) and air dried.

Poisson, généralement merlan, étêté, vidé et tranché, plongé dans une saumure faible (souvent de l'eau de mer), puis séché à l'air.

943 SPENT FISH   GUAI 943

Fish that have recently finished spawning (sometimes called SHOT fish; see also + KELT). The sexual organs are completely empty, often flaccid and bloodshot. Such fish have depleted fat reserves and their flesh may have a high water content. In some groups, notably the Pacific salmon (*Oncorhynchus* spp.), the physiological changes are so profound that all the fish die after spawning.

See also + RIPE FISH and + SPAWNING FISH, + KELT.

Poisson venant d'achever de pondre (ou venant de terminer la période de frai). Les organes sexuels sont vides. La chair de ces poissons peut avoir de très faibles teneurs en graisse et de très fortes teneurs en eau. Chez certaines espèces notamment les SAUMONS DU PACIFIQUE (*Oncorhynchus* spp.) les changements physiologiques sont si profonds, qu'ils meurent après la ponte.

Voir aussi + POISSON PLEIN et + BOUVARD, + KELT.

943 SPENT FISH (Contd.)

- **D** Ausgeglaichter Fisch, Yhle
- **GR** Teliosan rinotokia
- **J** Sanran-go-no-sakana
- **P** Desovado
- **YU** Izmriješćena riba

- **DK** Har gydt
- **I** Di ritorno
- **N** Utgytt
- **S** Utlekt fisk
- **FI** Kutenut kala

GUAI (Suite) 943

- **E** Que ha realizado la puesta
- **IS** Hrygndur (fiskur), gotinn
- **NL** Ijle vis
- **TR** Sağılmış balık

944 SPERM OIL

Obtained from the +SPERM WHALE, particularly the head; *spermaceti*, a solid, may be separated from crude sperm oil, the remaining liquid portion (which may still contain some spermaceti) being refined sperm oil; this is used mainly as a lubricant; see +WHALES.

- **D** Spermöl
- **GR**
- **J** Makkô geiyu
- **P** Óleo de cachalote
- **YU** Ulje ulješure

- **DK** Spermacetolie
- **I** Spermaceti
- **N** Spermolje
- **S** Spermacetiolja
- **FI** Kaskelottiöljy

HUILE DE CACHALOT 944

Huile extraite du +CACHALOT, et particulièrement de la tête; la raffinage de l'huile de cachalot est obtenu en séparant les éléments solides (*spermaceti*) de l'huile brute; la partie liquide raffinée (qui peut contenir encore un peu de spermaceti) est utilisée surtout comme lubrifiant. Voir +BALEINES.

- **E** Esperma de ballena
- **IS** Búrhvalslýsi
- **NL** Potvisolie, spermolie
- **TR**

945 SPERM WHALE

Physeter macrocephalus or/ou *Physeter catodon*

(Cosmopolitan)

Also called CACHALOT, POT WHALE.

This whale is the source of +AMBERGRIS, SPERMACETI and +SPERM OIL; teeth are a source of +IVORY.

See also +WHALES.

- **D** Pottwal
- **GR**
- **J** Makkôkujira
- **P** Cachalote
- **YU** Uliješura, uliješura glavata

- **DK** Kaskelot
- **I** Capodoglio
- **N** Spermhval
- **S** Kaskelottval, pottval, spermacetival
- **FI** Kaskelotti

CACHALOT 945

(Cosmopolite)

Cétacé donnant l' +AMBRE GRIS, le SPERMACETI et l' +HUILE DE CACHALOT, et dont les dents fournissent l' +IVOIRE.

Voir aussi +BALEINES.

- **E** Cachalote
- **IS** Búrhvalur
- **NL** Potvis
- **TR**

946 SPICED CURED FISH

Fish cured with salt to which a mixture of spices, and often sugar, is added; particularly herring and sprats.

Also used as raw material for manufacture of +ANCHOSEN, or +GAFFELBIDDER.

SEMI-PRESERVE.

See also +SPICED HERRING.

- **D** Kräuterfisch
- **GR**
- **J**
- **P** Peixe tratado com especiarias
- **YU** Obradjena riba uz dodatak mirodija, posoljena riba sa mirodijama

- **DK** Krydret fisk
- **I** Pesce in salamoia e spezie
- **N** Kryddersaltet fisk
- **S** Kryddsaltad fisk
- **FI** Maustesuolattu silli

946

Poisson traité au sel auquel on ajoute un mélange d'épices et parfois de sucre; en particulier hareng et sprats.

Utilisé aussi comme matière première pour la préparation de +ANCHOSEN ou de +GAFFELBIDDER.

SEMI-CONSERVE.

Voir aussi +HARENG ÉPICÉ.

- **E**
- **IS** Kryddsaltaður fiskur
- **NL** Gekruide vis
- **TR** Baharatla olgunlaşmış balık

947 SPICED HERRING

Herring cured with salt to which a mixture of spices and often sugar is added; various types known under individual names as e.g. GEWÜRZHERING or KRÄUTERHERING (Germany), KRYDDERSILD (Scandinavia); terms might also refer to spice-cured herring for further processing, e.g. into + ANCHOSEN or + GAFFELBIDDER.

HARENG ÉPICÉ 947

Hareng traité au sel auquel on ajoute un mélange d'épices et souvent de sucre; il existe différentes préparations, ex.: GEWÜRZHERING ou KRÄUTERHERING (Allemagne), KRYDDERSILD (Scandinavie); termes utilisés aussi pour du hareng aux épices destiné à une préparation ultérieure, par ex. + ANCHOSEN ou + GAFFELBIDDER.

D	Kräuterhering, Gewürzhering	DK	Kryddersild	E	Arenque en salmuera con especias
GR		I	Aringa di scandinavia alle spezie	IS	Kryddsíld
J		N	Kryddersild	NL	Gekruide haring
P	Arenque com especiarias	S	Kryddsill	TR	Baharatlı ringa
YU		FI	Maustesilli		

948 SPILLÅNGA (Sweden)

Dried fish, prepared from ling, headed, and most parts of the backbone removed; the ling is stretched by means of splints before it is hung for drying. Swedish speciality.

SPILLÅNGA (Suède) 948

Lingue séchée, étêtée, privée de la plus grande partie de la colonne vertébrale, maintenue ouverte, puis suspendue pour séchage. Spécialité suédoise.

D	Getrockneter Lengfisch	DK		E	
GR		I		IS	Spýttlanga
J		N	Spillange	NL	Gedroogde leng
P	Lingue escalado seco	S	Spillånga	TR	
YU		FI	Kuivattu molva		

949 SPINOUS SPIDER CRAB

Maia squinado

(i) Also called SPIDER CRAB, SPINY CRAB. (i)
Marketed live. Important in French fishery.

See also + CRAB.

ARAIGNÉE DE MER 949

Commercialisée vivante principalement en provenance des pêcheries françaises.

Voir aussi + CRABE.

Jacquinotia edwardsii

(ii) GIANT SPIDER CRAB (ii)
(New Zealand) (Nouvelle-Zélande)
Also known as AUCKLAND ISLANDS CRAB.

D	Seespinne	DK	Troldkrabbe	E	Centolla
GR	Kavouromána	I	Grancevola	IS	
J		N		NL	Spinkrab
P	Santola	S	Spindelkrabba	TR	Ayna
YU	Rakovica	FI	Hämähäkkirapu		

950 SPINY COCKLE

Cardium aculeatum
Cardium echinatum

(Atlantic/Mediterranean) (Atlantique/Méditerranée)
For further details, see + COCKLE.

SOURDON 950

Pour de plus amples détails, voir + COQUE.

D	Stachlige Herzmuschel	DK	Hjertemusling	E	Berberecho espinoso
GR	Kardión, methýstra	I	Cuore spinoso	IS	
J		N	Hjerteskjell	NL	Gedoornde hartschelp
P	Berbigão	S	Tagghjärtmussla	TR	
YU		FI	Pükkisydänsimpukka		

950.1 SPINY DOGFISH 950.1

Name generally given to the + DOGFISH (*Squalus acanthias*), but also applied to some other members of the family *Squalidae*.

Nom généralement donné à l'AIGUILLAT (*Squalus acanthias*), mais qui s'applique aussi à quelques autres membres de la famille des *Squalidae*.

951 SPINY LOBSTER

The name SPINY LOBSTER is synonymously used for + CRAWFISH; in international statistics it refers particularly to *Palinurus* and *Panulirus* spp.

For details see + CRAWFISH.

LANGOUSTE 951

Le nom "SPINY LOBSTER" (anglais) est synonyme de "CRAWFISH"; dans les statistiques internationales il s'applique particulièrement aux espèces *Palinurus* dt *Panulirus*.

Voir + LANGOUSTE.

951.1 SPINY SEADRAGON　　　　　　　　　　　　　　　　　　951.1
Solegnathus spinosissimus

(Australia/New Zealand)
Also called SPINY PIPEFISH.
Species used in the medical powder trade.

(Australie/Nouvelle-Zélande)
Appelé aussi
Espèces utilisées dans le commerce des poudres médicales.

D	DK	E
GR	I	IS
J Simitsukiyoujiuo	N	NL
P	S	TR
YU	FI	

952 SPINY SHARK　　　　　　　　　　　　　　　　　　SQUALE BOUCLÉ 952
Echinorhinus brucus or/ou *Echinorhinus spinosus*

(Atlantic/Mediterranean – Europe/North America)

Belongs to the family *Squalidae* (see + DOGFISH).
In North America referred to as BRAMBLE SHARK.
Also called SPINOUS SHARK.

(Atlantique/Méditerranée – Europe/Amérique du Nord)
De la famille des *Squalidae* (voir + AIGUILLAT).

D Stachelhai	DK	E Pex tachuela
GR Kavouromana	I Ronco	IS
J Kikuzame	N	NL
P Tubarâo-prego	S	TR Civili köpek baliği
YU Pas zvjezdaš	FI Okahai	

953 SPINYTAIL SKATE　　　　　　　　　　　　　　　　　RAIE À QUEUE ÉPINEUSE 953
Raja spinicauda

(Atlantic – Europe/N. America)
See also + SKATE.

(Atlantique – Europe/Amérique du Nord)
Voir + RAIE.

D Grönlandroche	DK	E
GR	I	IS
J	N Gråskate	NL
P Raia de Gronelãndia	S Grårocka	TR
YU	FI	

954 SPLIT CURE HERRING　　　　　　　　　　　　　　　　　　954
(Newfoundland)

Herring, heads on, split down the back, with gills and guts removed, lightly brined and packed in salt, in barrels for about a week, then repacked in 100° brine.

Harengs avec la tête, fendus le long du dos, ouïes et viscères retirés, légèrement saumurés et mis en barils avec du sel pendant une semaine environ puis reconditionnés dans une saumure à 100° de saturation.

955 SPLIT FISH　　　　　　　　　　　　　　　　　　POISSON TRANCHÉ 955

Fish cut open from throat to vent or tail; or from nape to tail; gills, guts and roe removed; head may sometimes be removed; the backbone may be left in (e.g. for + FINNAN HADDOCK) or removed except for an inch or two at the tail for strength (e.g. for DRIED SALTED COD, see + KLIPFISH).

Poisson fendu de la gorge à l'anus ou à la queue, ou de l'abdomen à la queue, éviscéré et parfois étêté; l'arête centrale peut y être laissée entièrement (ex.: + FINNAN HADDOCK) ou partiellement sur le tiers postérieur pour donner plus de tenue (ex.: MORUE SALÉE SÉCHÉE, voir + KLIPFISH).

955 SPLIT FISH (Contd.)   POISSON TRANCHÉ (Suite) 955

- **D** Aufgeschnittener Fisch
- **GR** Petáli
- **J** Hiraki
- **P** Peixe aberto
- **YU** Rasplaćena riba
- **DK** Flækket fisk
- **I** Pesce sventrato
- **N** Flekket fisk
- **S** Fläkt fisk
- **FI** Kidukseton suolistettu kala
- **E** Pescado abierto
- **IS** Flattur fiskur
- **NL** Gevlekte vis
- **TR**

956 SPLITTAIL   956
Pogonichthys macrolepidotus

(Freshwater – U.S.A.)   (Eaux douces – États-Unis)

Belongs to the family *Cyprinidae* (see + CARP).   De la famille des *Cyprinidae* (voir + CARPE).

957 SPONGE   ÉPONGE 957
SPONGIA spp.
EUSPONGIA spp.
HIPPOSPONGIA spp.
DEMOSPONGIA spp.

(Cosmopolitan)   (Cosmopolite)

Commercial sponges are prepared from one group of these marine animals (*Demospongia* spp.) by killing and then washing and macerating to remove the skin and fleshy material, leaving the clean skeleton of the silk-like protein, SPONGIN, to be dried and sometimes bleached or dyed.

Les éponges commerciales sont préparées avec l'espèce *Demospongia*; après les avoir tuées et lavées, on les fait macérer jusqu'à ce que la peau et les chairs se détachent, laissant ainsi le squelette de SPONGINE, protéine ayant la consistance de la soie; squelette qui sera séché, puis quelquefois décoloré ou teint.

- **D** Schwamm
- **GR** Spóngos
- **J** Kaimen
- **P** Esponja
- **YU** Spužvo
- **DK** Svamp
- **I** Spugna
- **N** Svamp
- **S** Svamp
- **FI** Sienieläin, pesusieni
- **E** Esponja
- **IS** Svampur
- **NL** Sponzen
- **TR** Sünger

958 SPOT   TAMBOUR CROCA 958
Leiostomus xanthurus

(Atlantic – U.S.A.)   (Atlantique – États-Unis)

Belongs to the family *Sciaenidae* (see + CROAKER or + DRUM).   De la famille des *Sciaenidae* (voir + TAMBOUR).

958.1 SPOTTED GURNARD   958.1
Pterygotrigla picta

(Australia/New Zealand/S. America)   (Australie/Nouvelle-Zélande/Amérique du Sud)

- **D**
- **GR**
- **J** Sokohoubou
- **P**
- **YU**
- **DK**
- **I**
- **N**
- **S**
- **FI**
- **E**
- **IS**
- **NL**
- **TR**

959 SPOTTED RAY   RAIE DOUCE 959
Raja montagui

(Atlantic – Europe)   (Atlantique – Europe)

Also called HOMELYN RAY.
See also + RAY and + SKATE.   Voir aussi + RAIE.

- **D** Fleckroche
- **GR** Seláchi
- **J**
- **P** Raia-manchada
- **YU** Raža crnopježica
- **DK** Storplettet rokke
- **I** Razza maculata
- **N**
- **S** Fläckig rocka
- **FI** Pisterausku
- **E** Raya pintada
- **IS**
- **NL** Gevlekte rog
- **TR** Vatoz

960 SPOTTED SEA CAT   LOUP TACHETÉ 960
Anarhichas minor

(N. Atlantic/Arctic)   (Atlantique Nord/Arctique)

For more details see + CATFISH.   Pour de plus amples détails, voir + POISSON-LOUP.

960	SPOTTED SEA CAT			LOUP TACHETÉ 960
D	Gefleckter Katfisch	DK	Plettet havkat	E
GR		I	Bavosa lupa	IS Hlýri
J		N	Flekksteinbit	NL Gevlekte zeewolf
P	Peixe-lobo malhado	S	Fläckig havkatt	TR
YU		FI	Kirjomerikissa	

961 SPRAGG (U.K.) 961

Cod 63 cm or more in length, but less than 76 cm.   Cabillaud de 63 cm ou plus de longueur, mais n'atteignant pas 76 cm.

IS Stútungur

962 SPRAT   SPRAT 962

Sprattus sprattus

(N. Atlantic) (Atlantique Nord)
Also called BRISLING (Scandinavia), GARVOCK (Scotland), STUIFIN (Ireland) and + SILD (when canned); recommended trade name: SPRAT.

Appelé aussi ESPROT (Belgique).

Sprattus antipodum or/ou *Sprattus muelleri*

(New Zealand/Australia) (Nouvelle-Zélande/Australie)

Marketed: **Commercialisé:**
Fresh: whole, ungutted. **Frais:** entier, non vidé.
Frozen: whole, ungutted. **Congelé:** entier, non vidé.
Smoked: whole, ungutted, hot-smoked; + KIELER SPROTTEN (Germany). **Fumé:** entier, non vidé, fumé à chaud; + KIELER SPROTTEN (Allemagne).
Canned: headed, tailed, gutted, packed in oil or tomato or other sauce; smoked, headed, packed in edible oil. In some countries sold as "sardine"; see + BRISLING. **Conserve:** tête et queue coupées, vidé, couvert d'huile, de tomates ou autres sauces; fumé, étêté, couvert d'huile. Dans certains pays, vendu comme "sardine"; + BRISLING.
Semi-preserved: like + MARINADE. **Semi-conserve:** comme les + MARINADE.
Spice-cured: see + ANCHOVIS, + ANCHOSEN, + APPETITSILD. **Epicé:** + ANCHOVIS, + ANCHOSEN, + APPETITSILD.
Meal and oil: **Farine et huile:**
Paste: salt sprats, washed, headed, gutted and finely chopped, are mixed with spices and filled into tubes; dyed red to distinguish from sardine paste; up to 5% herring paste content allowed in manufacture (Germany); see + ANCHOVY PASTE. **Pâte:** les sprats salés, lavés, étêtés, vidés sont finement hachés, mélangés avec des épices et mis en tubes; teints en rouge pour distinguer de la pâte de sardine; addition de hareng autorisée à raison de 5% max. (Allemagne); voir + PÂTE D'ANCHOIS.

D	Sprotte, Sprott	DK	Brisling	E	Espadín
GR	Papalína	I	Spratto, papalina	IS	Brislingur
J		N	Brisling	NL	Sprot
P	Espadilha, lavadilha	S	Skarpsill, vassbuk	TR	Caça, palatika
YU	Papalina	FI	Kilohaili		

962.1 SQUAT LOBSTER   GALATÉES 962.1

Galathea spp.
MUNIDA spp.

(Cosmopolitan)   (Cosmopolite)

963 SQUAWFISH   CYPRINOÏDE 963

PTYCHOCHEILUS spp.

(Freshwater – N. America) (Eaux douces – Amérique du Nord)
Belongs to the family *Cyprinidae* (see + CARP). De la famille des *Cyprinidae* (voir + CARPE).

Ptychocheilus grandis
(a) SACRAMENTO SQUAWFISH (a)
Ptychocheilus oregonensis
(b) NORTHERN SQUAWFISH (b)

964 SQUETEAGUE   **ACOUPA ROYAL 964**
Cynoscion regalis
(Atlantic – N. America)   (Atlantique – Amérique du Nord)
Also called GRAY WEAKFISH, SEATROUT, GRAY SEA TROUT.
See also + WEAKFISH.   Voir aussi + WEAKFISH.

965 SQUID   **CALMAR 965**
LOLIGINIDAE
Also called INSHORE SQUIDS, INKFISH, INKS, SEA ARROW, CALAMARO.
LONG FINNED SQUIDS   CALMAR TOTAM
(Cosmopolitan)   (Cosmopolite)
LOLIGO
Liligo spp.
Loligo vulgaris

(a) COMMON SQUID   (a) ENCORNET
     EUROPEAN SQUID
     (Eastern Atlantic/Mediterranean)   (Est Atlantique/Méditerranée)
Loligo forbesi
(b) COMMON SQUID   (b) ENCORNET VEINE
     (Eastern Atlantic/Mediterranean)   (Est Atlantique/Méditerranée)
Loligo opalescens
(c) OPALESCENT INSHORE SQUID   (c) CALMAR OPALE
     (Eastern Pacific)   (Pacifique Est)
Loligo pealei
(d) LONGFIN INSHORE SQUID   (d) CALMAR TOTAM
     (Western Atlantic/Caribbean)   (Atlantique Ouest/Caraïbes)
Loligo reynaudi
(e) CAPE HOPE SQUID   (e) CALMAR DU CAP
     (South Africa)   (Afrique du Sud)
Alloteuthis media
(f) LITTLE SQUID   (f) CASSERON BAMBOU
     (Eastern Atlantic/Mediterranean)   (Est Atlantique/Méditerranée)
Alloteuthis subulata
(g)   (g)
     (Eastern Atlantic/Mediterranean)   (Est Atlantique/Méditerranée)
Sepioteuthis australis or/ou *Sepioteuthis bilineata*
(h) SOUTHERN REEF SQUID   (h) CALMAR DE ROCHE AUSTRAL
     BROAD SQUID
     (Australia/New Zealand)   (Australie, Nouvelle-Zélande)
OMMASTREPHIDAE
SHORT-FINNED SQUIDS
Also called FLYING SQUIDS, ARROW SQUIDS.
Todarodes pacificus or/ou *Ommastrephes sloani pacificus*
(i) JAPANESE FLYING SQUID   (i) TOUTENON JAPONAIS
     (West and North Pacific)   (Ouest et Nord Pacifique)
Todarodes sagittatus
(j) EUROPEAN FLYING SQUID   (j) TOUTENON COMMUN
     (Eastern Atlantic/Mediterranean)   (Atlantique Est/Méditerranée)
Todaropsis eblanae
(k) LESSER FLYING SQUID   (k) TOUTENON SOUFFLEUR
     (Eastern Atlantic/Southwest Pacific)   (Atlantique Est/ Pacifique sud-ouest)
Illex coindetii
(l)   (l) ENCORNET ROUGE
     (East and West Atlantic)   (Atlantique est et ouest)

965 SQUID (Contd.)   CALMAR (Suite) 965

Illex illecebrosus

(m) SHORT-FINNED SQUIDS   (m) ENCORNET ROUGE NORDIQUE
    (North west Atlantic)   (Atlantique nord-ouest)

Nototodarus sloani or/ou *Nototodarus gouldi*

(n) ARROW SQUID   (n) ENCORNET MINAMI
    (New Zealand)   (Nouvelle-Zélande)

Ommastrephes bartrami

(o) FLYING SQUID   (o) ENCORNET VOLANT
    (Atlantic/Pacific)   (Atlantique/Pacifique)

Gonatus fabricii

(p) GONATIDAE   (p) ENCORNET ATLANTOBOREAL
    (North Atlantic)   (Atlantique Nord)

Marketed: **Commercialisé:**

Fresh: whole, ungutted; split, gutted.   **Frais:** entier, non vidé; ouvert et vidé.
Frozen: whole, ungutted; split, gutted.   **Congelé:** entier, non vidé; ouvert et vidé.
Salted: gutted, pickle-salted in barrels, sometimes after boiling; round, hard-salted; split, gutted, salted in brine, sometimes by sprinkling dry salt; afterwards half-dried in the sun.   **Salé:** vidé, salé en saumure en barils, parfois après cuisson; entier, salé à cœur; tranché, vidé, salé en saumure, parfois saupoudré de sel sec; ensuite à demi-séché au soleil.
Semi-preserved: pickled in vinegar after boiling.   **Semi-conserve:** traité en saumure vinaigrée après cuisson.
Dried: sun-dried meat (Mediterranean, etc.); + SURUME (Japan)   **Séché:** chair séchée au soleil (Méditerranée); + SURUME (Japon).
Canned: whole, ungutted; split, gutted; may be canned raw or precooked; may be packed in own ink, or in oil; (Spain, U.S.A.).   **Conserve:** entier, non vidé; tranché et vidé; peut être mis en boîte cru ou précuit, couvert ou non de son encre, ou d'huile (Espagne, Etats-Unis).
Liver oil: (Japan)   **Huile de foie:** (Japon).

D	Tintenfisch, Kalmar	**DK**	Blæksprutte	**E**	Calamar, (f) lura
GR	Kalamári, téftis	**I**	Calamaro (f) Totariello	**IS**	Smokkur
J	Ika	**N**	Blekksprut, (o) Akkar	**NL**	Inktvis, pijlinktvis
P	Lula, potra	**S**	Bläckfisk, kalmar	**TR**	Lübje, kalemarya
YU	Lignja, lignjun	**FI**	Kalmari		

For (e) see separate entry.   Pour (e) voir la rubrique individuelle.

966 STALE DRY FISH (Burma)   POISSON RASSIS (Birmanie) 966

Gutted fish, first fermented, then sun-dried.   Poisson vidé, d'abord fermenté, puis séché au soleil.

967 STARFISH   ÉTOILE DE MER 967

Asteroidea

(i) STARFISH   (i) ÉTOILE DE MER
    (Cosmopolitan)   (Cosmopolite)

Ophiuroidea

(ii) BRITTLE STAR   (ii) OPHIURE
    (Cosmopolitan)   (Cosmopolite)

D	Seestern, Schlangenstern	**DK**	Søstjerne, slangestjerne	**E**	Estrella de mar
GR	Asterias	**I**		**IS**	Krossfiskur
J	Hitode	**N**	(i) Sjøstjerne, (ii) Slangestjerne	**NL**	Zeester slangster
P	Estrela do mar	**S**	Sjöstjärna, ormstjärna	**TR**	
YU	Morske zvijezde	**FI**	(i) Meritähti (ii) Käärmetähti		

(iii) Name also used for AMERICAN BUTTER-FISH, see + BUTTERFISH (*Stromateidae.*)   (iii) Voir + STROMATÉE.

968 STARGAZER   URANOSCOPE 968

URANOSCOPIDAE

(Atlantic/Pacific – N. America)   (Atlantique/Pacifique – Amérique du Nord)

Astroscopus guttatus

(a) NORTHERN STARGAZER   (a)
(Atlantic)   (Atlantique)

Gnathagnus egregius

(b) FRECKLED STARGAZER   (b)
(Atlantic)   (Atlantique)

Kathetostoma giganteum

(c) GIANT STARGAZER   (c)
(New Zealand)   (Nouvelle-Zélande)
See + MONKFISH.   Voir + MONKFISH (anglais).

Geniagnus monopterygius

(d) SPOTTED STARGAZER   (d)
(New Zealand)   (Nouvelle-Zélande)

Note. The SAND STARGAZER (Atlantic – N. America) are of the family *Dactyloscopidae*.

D	Sterngucker	**DK**		**E**	Rata
GR	Lýchnos	**I**	Pesce prete	**IS**	
J	Mishimaokoze	**N**		**NL**	
P	Cabeçudo, aranhuço	**S**	Stjärnkikare	**TR**	Kurbağa balığı
YU	Bežmek	**FI**	Taivaantähystäjä		

969 STARRY FLOUNDER   PLIE DU PACIFIQUE 969

Platichthys stellatus

(Pacific/Freshwater – North America/Japan)   (Pacifique/Eaux douces – Amérique du Nord/Japon)

Also called LONG-JAW FLOUNDER.

Belonging to the family *Pleuronectidae*; see also + FLOUNDER.   De la famille des *Pleuronectidae*; voir aussi + FLET.

D	Sternflunder	**DK**		**E**	
GR		**I**	Passera stellata	**IS**	
J	Numagarei	**N**		**NL**	
P	Solhão estrelado	**S**		**TR**	
YU		**FI**	Tähtikampela		

970 STARRY RAY   RAIE ÉTOILÉE 970

Raja asterias or/ou *Raja punctata*

(a) (Atlantic/Mediterranean)   (a) (Atlantique/Méditerranée)
(b) In the U.K. this name is normally used for *Raja radiata* (Atlantic – Europe/N. America), which in N. America is referred to as THORNY RAY.   (b) (Atlantique – Europe/Amérique du Nord).

See also + RAY and + SKATE.   Voir + RAIE.

D	Mittelmeer – Sternroche	**DK**		**E**	Raya radiada, raya estrellada
GR	Salahi	**I**	Razza stellata	**IS**	Tindaskata, tindabikkja
J		**N**		**NL**	Keilrog
P	Raia-pintada	**S**	Klorocka	**TR**	Vatoz
YU	Ražica blije dopjega	**FI**	Tähtirausku, (b) Kynsirausku		

971 STARRY SKATE   RAIE DU PACIFIQUE 971

Raja stellulata

(Pacific – N. America)   (Pacifique – Amérique du Nord)
See also + RAY and + SKATE.   Voir + RAIE.

972 STEAK

Portion of fish cut at right angles to the backbone of the fish so that it includes a piece of the backbone; may be cut from any round fish, the larger flatfish, but particularly salmon, halibut, turbot, hake; also called + CUTLET.

In France a "TRANCHE" should have a thickness of no more than one-fifth of width; see + ROUELLES (France), + TRONÇON (France).

In Canada the term STEAK is sometimes applied to fillet portions.

In U.S.A. the term is also used synonymous to + MIDDLE.

D	Steak, Kotelett	**DK**		**E**	Raja
GR	Phéta psári	**I**	Trancia di pesce	**IS**	Pönnufiskur, fiskstykki
J	Sutêku	**N**	Fiskeskive (koteletter)	**NL**	Moot
P	Posta	**S**	Stek, kotlett	**TR**	Pirzola
YU	Odrezak	**FI**	Kalakyljys		

TRANCHE 972

Section de muscle de poisson coupée perpendiculairement à l'arête centrale, de sorte qu'elle peut provenir de tout poisson rond et de grands poissons plats, mais particulièrement de saumon, d'églefin, de turbot, de merlu.

En France, une "TRANCHE" doit avoir une épaisseur ne dépassant pas le cinquième de sa plus grande dimension; voir + ROUELLES (France), + TRONÇON (France).

Au Canada, le terme "STEAK" est parfois appliqué aux morceaux de filets.

Aux Etats-Unis, le terme est également employé comme synonyme de + MIDDLE.

973 STEELHEAD TROUT 973

Synonym in North America with + RAINBOW TROUT (*Salmo gairdnerii* or *Salmo irideus*), refers mainly to species, when they enter or return from the sea and large inland lakes.
Also called STEELHEAD SALMON (Canada).
See + RAINBOW TROUT.

Voir + TRUITE-ARC-EN CIEL.

974 STERILISED SHELLFISH

Molluscs that have been heat-treated, usually by steaming or boiling to destroy non-sporing bacteria (usually clams, cockles, mussels, oysters, whelks, winkles).
See also + CLEANSED SHELLFISH.

COQUILLAGE STÉRILISÉ 974

Mollusques qui ont été traités par la chaleur, soit à la vapeur, soit bouillis, pour en détruire les bactéries sans spores; généralement clams, coques, moules, huîtres et palourdes.
Voir aussi + COQUILLAGE ÉPURÉ.

975 STEUR HERRING (Netherlands)

Round cured herring, packed in barrels.

D		**DK**		**E**	Arenque entero y salado
GR		**I**	Aringa intera salata	**IS**	Rúnnsöltuð sild
J		**N**		**NL**	Steurharing
P	Arenque inteiro salgado	**S**	Rundsaltad sill, stupsaltad sill	**TR**	
YU	Cijela heringa obradjena i pakovana u barilima	**FI**	Pyöreä tynnyrisuolattu silli		

STEURHARING (Pays-Bas) 975

Hareng entier salé, conditionné en barils.

976 STINGRAY

DASYATIDAE

(Cosmopolitan)
Examples are;

Dasyatis violacea

(a) BLUE STINGRAY
(Cosmpolitan)
In N. America called PELAGIC STINGRAY.

Dasyatis centroura

(b) ROUGHTAIL STINGRAY
(W. Atlantic – N. America)

PASTENAGUE 976

(Cosmopolite)

(a) PASTENAGUE VIOLETTE
(Cosmopolite)

(b) PASTENAGUE ÉPINEUSE
(Atlantique Ouest – Amérique du Nord)

[CONTD.

976 STINGRAY (Contd.)   **PASTENAGUE** (Suite) **976**

Dasyatis pastinaca
- (c) COMMON STINGRAY (E. Atlantic/Mediterranean)
- (c) PASTENAGUE COMMUNE (Atlantique Est/Méditerranée)

Dasyatis americana
- (d) SOUTHERN STINGRAY (Atlantic – N. America)
- (d) PASTENAGUE AMERICAINE (Atlantique – Amérique du Nord)

Gymnura altavela
- (e) BUTTERFLY RAY (Atlantic/Mediterranean – Europe/N. America) Also called SPINY BUTTERFLY RAY.
- (e) PASTENAGUE AILEE (Atlantique/Méditerranée – Europe/Amérique du Nord)

Urolophus halleri
- (f) ROUND STINGRAY (Pacific – N. America)
- (f) (Pacifique – Amérique du Nord)

Dasyatis akajei
- (g) WHIP RAY (Japan)
- (g) (Japon)

Dasyatis brevicaudatus
- (h) SHORTTAIL BLACK STINGRAY (S. Africa/Australia/New Zealand)
- (h) (Afrique du Sud/Australie/Nouvelle-Zélande)

Dasyatis thetidis
- (i) LONGTAIL BLACK STINGRAY (S. Africa/Australia/New Zealand)
- (i) (Afrique du Sud/Australie/Nouvelle Zélande)

Marketed fresh or alive (Japan): see also + RAY.

Commercialisée fraîche ou vivante (Japon); voir aussi + RAIE.

D Stechrochen, Peitschenrochen
GR Sálahi trygéna, trigóna
J Akaei (g)
P (b) Uge de cardas
    (c) Uge
    (e) Uge-manta
YU Šiba žutulja, volina

DK Pigrokke, pilrokke
I Pastinaca, trigono
    (e) Altavela
N Pilskate
S Stingrocka
FI Keihäsrausku

E Pastinaca
    (c) Vela latina
IS
NL (c) Pijlstaartrog
TR Ignelivatoz

---

977 STOCKER (U.K.)   **977**

Also called STOCKERBAIT, STOKER.

Small fish in the catch, formerly given to apprentices as perquisites; now usually means either (i) fish that have been given extra preparation by crew for marketing, for example dogfish that have been skinned; or (ii) ROUGH FISH generally, that is less popular species such as CATFISH, DOGFISH, etc.

Petits poissons, autrefois donnés comme "boni" aux mousses; actuellement désigne (i) le poisson qui a reçu une préparation supplémentaire de la part de l'équipage avant la vente (par exemple dépouillement du chien de mer), (ii) du poisson des espèces les moins appréciées, tel que LOUP DE MER, AIGUILLAT, etc.

---

978 STOCKFISH   **STOCKFISH 978**

(i) Gutted, headed unsplit or split fish, such as cod, coalfish, haddock and hake, dried hard without salt in open air: also called TORRFISK; see + ROTSKJAER.

(i) Poisson vidé, étêté, tranché ou non, tel que morue, lieu noir, églefin, merlu, fortement séché sans sel en plein air; voir + ROTSKJAER (Norvège).

D Stockfisch
GR
J
P Peixe seco sem escala
YU Suhi bakalar

DK Stokfisk
I Stoccafisso
N Stokkfisk, tørrfisk
S Torrfisk, torkad fisk
FI Ilmakuivattu kala

E
IS Skreið, ráskerðingur
NL Stokvis
TR Çiroz

(ii) Name also used to designate + CAPE HAKE (*Merluccius capensis*).

(ii) Le nom désigne parfois l'espèce *Merluccius capensis*.

979 STREAKED GURNARD

Trigloporus lastoviza or/ou *Chelidonichthys lastoviza*

(Mediterranean/Atlantic)

Also called ROCK GURNARD.

See + GURNARD.

- **D** Gestreifter Knurrhahn
- **GR** Kapóni
- **J**
- **P**
- **YU** Lastavica glavulja
- **DK** Båndet knurhane
- **I** Capone ubriaco, capone dalmato
- **N** Knurr
- **S** Tvärbandad knot
- **FI**

GRONDIN CAMARD 979

(Méditerranée/Atlantique)

Voir + GRONDIN.

- **E**
- **IS**
- **NL** Gestreepte poon
- **TR** Mazak

980 STREMEL (Germany)

Fillet strips from smoked salmon or coalfish (e.g. "STREMEL-LACHS", "STREMEL-SEELACHS").

STREMEL (Allemagne) 980

Filets de saumon ou de lieu noir fumés et découpés en lanières (ex. "STREMEL-LACHS", "STREMEL-SEELACHS").

981 STRIP (U.S.A.)

Half of a dried salted cod cut down the middle, skinned and boned: napes, tail and edges are cut off, leaving an even thick piece.

STRIP (E.U.) 981

Moitié de morue salée et séchée, coupée par le milieu, sans peau ni arêtes; les flancs, la queue et les côtés en ont été coupés de façon à ne laisser que la partie épaisse de la chair du poisson.

982 STRIPED BASS

Morone saxatilis

(Atlantic/Pacific/Freshwater – N. America)

Also called ROCKFISH, ROCK.

Belongs to the family *Serranidae* (see + SEA BASS).

- **D**
- **GR**
- **J**
- **P** Robalo-muge
- **YU**
- **DK**
- **I** Persico spigola
- **N**
- **S**
- **FI** Juovabassi

BAR D'AMÉRIQUE 982

(Atlantique/Pacifique/Eaux douces – Amérique du Nord)

De la famille des *Serranidae*.

- **E**
- **IS**
- **NL**
- **TR**

983 STRIPED MARLIN

Tetrapturus audax

(Pacific/Indian Ocean)

Marketed fresh or sometimes frozen.

See also + MARLIN.

- **D** Gestreifter Marlin
- **GR**
- **J** Makajiki, kajiki
- **P** Espadim raiado
- **YU**
- **DK** Spydfisk
- **I** Pesce lancia striato
- **N**
- **S** Strimmig spjutfisk
- **FI** Juovarmarliini

MARLIN RAYÉ 983

(Pacifique/Ocean Indien)

Commercialisé frais, quelquefois surgelé.

Voir aussi + MAKAIRE, + MARLIN.

- **E**
- **IS**
- **NL**
- **TR**

984 STÜCKENFISCH (Germany)

Hot-smoked pieces ("Stücken") or steaks (cutlets) of various fishes (mostly sea water fishes).

STÜCKENFISCH (Allemagne) 984

Morceaux ("Stücken") fumés à chaud ou tranches de différents poissons (principalement de poissons de mer).

985 STURGEON

ACIPENSERIDAE

(Cosmpolitan)

(a)

  (Atlantic/Mediterranean)

(b) ATLANTIC STURGEON

  (W. Atlantic/Freshwater)

ESTURGEON 985

(Cosmopolite)

Acipenser sturio

(a) ESTURGEON D'EUROPE OCCIDENTALE
  (Atlantique/Méditerranée)

Acipenser oxyrhynchus

(b) ESTURGEON NOIR D'AMERIQUE
  (Atlantique Ouest/Eaux douces)

[CONTD.

985 STURGEON (Contd.)

Acipenser brevirostrum

(c) SHORTNOSE STURGEON
 (W. Atlantic/Freshwater)

Acipenser transmontanus

(d) WHITE SURGEON
 (Pacific/Freshwater)

Acipenser medirostris

(e) GREEN STURGEON
 (Pacific/Freshwater)

The various species of the Caspian Sea are usually called after their Russian name;

Huso huso

(f) + BELUGA

Acipenser gueldenstaedtii

(g) + OSETR

Acipenser stellatus

(h) + SEVRUGA

Acipenser nudiventris

(j) SHIP

Acipenser ruthenus

(k) STERLIAD

Marketed:
Fresh: steaks.
Frozen: whole gutted.
Smoked: pieces of fillet, with skin on, brined or dry-salted, cold-smoked and then hot-smoked (U.S.A.).
Canned: brined pieces, precooked and canned in tomato sauce or other sauces, also in own juice or in aspic; smoked pieces in oil (U.S.A.).
Semi-preserved: small pieces dredged in salt, oiled, grilled or broiled and packed in glass with wine, vinegar solution and spices.
Roe: see + CAVIAR.

985 ESTURGEON (Suite)

(c) ESTURGEON À MUSEAU COURT
 (Atlantique Ouest/Eaux douces)

(d) ESTURGEON BLANC
 (Pacifique/Eaux douces)

(e) ESTURGEON VERT
 (Pacifique/Eaux douces)

Les diverses espèces de la mer Caspienne sont généralement désignées sous leur nom russe:

(f) + ESTURGEON BELUGA

(g) + ESTURGEON DU DANUBE

(h) + ESTURGEON ÉTOILÉ

(j) SHIP

(k) STERLET

Commercialisé:
Frais: en tranches.
Congelé: entier, vidé.
Fumé: morceaux de filet avec la peau, saumurés ou salés à sec, fumés à froid et ensuite fumés à chaud (E.U.).
Conserve: tranches saumurées, précuites et mises en boîte avec de la sauce tomate ou autres sauces; également au naturel ou en aspic; morceaux fumés recouverts d'huile (E.U.).
Semi-conserve: petits morceaux saupoudrés de sel, passés à l'huile, grillés et mis en bocaux avec du vin, du vinaigre et des épices.
Rouge: voir + CAVIAR.

D	Stør, (a) Gemeiner Stör (k) Sterlet	**DK**	Stør sterlet	**E**	Esturión
GR	Mouroúna Stourióni	**I**	Storione, (k) Sterlet	**IS**	Styrja
J	Chôzame	**N**	Stør	**NL**	Steur, (a) Steur, (d) Pacific steur, (f) Huso, kaspische zeesteur, (k) Sterlet
P	Esturjão solho	**S**	Stör, (a) Vanlig stör (k) Sterlett	**TR**	Mersin balığı, (a) Kolan, (j) Şip, (k) Çuka
YU	Moruna (a) Jesetra (k) Keciga	**FI**	(a) Sampi, (d) Valkosampi (e) Rihersampi, (k) Sterletti		

For (f), (g) and (h) see also separate entries.

Pour (f), (g) et (h) voir aussi les rubriques individuelles.

986 SUBOSHI (Japan)

Also called SHIRABOSHI or SUBOSHI-HIN.

Unsalted fish, molluscs, crustacean, seaweed, etc., dried simply in the sun or by artifical methods, e.g. + SURUME, + BODARA.

986 SUBOSHI (Japon)

Appelé aussi SHIRABOSHI ou SUBOSHI-HIN.

Poissons, mollusques, crustacés, algues, etc., non salés, simplement séchés au soleil ou artificiellement, ex. + SURUME, + BODARA.

987 SUCKER

CATOSTOMIDAE

(Freshwater – N. America)
This family includes a number of species, the most important being *Carpiodes, Catostomus, Ictiobus, Moxostoma* and *Pantosteus* spp.; examples are:

(a) + QUILLBACK

Carpiodes cyprinus

(b) WHITE SUCKER
Also called COMMON WHITE SUCKER or BUFFALOFISH.

(c) BUFFALOFISH

ICTIOBUS spp.

(d) REDHORSE SUCKER

MOXOSTOMA spp.

987 MEUNIER NOIR

(Eaux douces – Amérique du Nord)
Cette famille comprend différentes espèces dont les principales sont *Carpiodes, Catostomus, Ictiobus, Moxostoma* et *Pantosteus*; par exemple:

(a) + BRÈME

Catostomus commersoni

(b) CYPRIN-SUCET

(c)

D
GR
J
P
YU

DK
I
N
S Sugkarp
  (b) Vit sugkarp, buffelfisk
FI Imukarppi
  (b) Valkoimukarppi

E
IS
NL
TR Vantuzlu balığı

988 SUGAR CURED FISH

Fish particularly herring preserved with a mixture of salt and sugar.
See also + ANCHOSEN, and + SPICE CURED FISH.

D
GR

J

P Peixe tratado com sal e açucar
YU

DK Sukkersaltet fisk
I Pesce in salamoia con zucchero
N Sukkersaltet fisk
S Sockersaltad fisk

FI Sokerisuolattu kala

988 POISSON TRAITÉ AU SUCRE

Poisson, généralement hareng, conservé avec un mélange de sel et de sucre.
Voir aussi + ANCHOSEN et + SPICE CURED FISH.

E
IS Sykursaltaður fiskur
NL Met zout en suiker geconserveerde vis
TR Şekerle olgunlaşmış balık

989 SUMMER FLOUNDER

Paralichthys dentatus

(Atlantic – Canada)
Also called GULF FLOUNDER.
See also + FLUKE and + FLOUNDER.

D
GR
J
P Carta de verão
YU

DK
I Rombo dentuto
N
S
FI Kesäkampela

989 CARDEAU D'ÉTÉ

(Atlantique – Canada)

Voir aussi + CARDEAU et + FLET.

E
IS
NL
TR

990 SUN-DRIED FISH

Fish dried by exposure to sun and wind.
See also + DRIED FISH.

D Sonnengetrockneter Fisch
GR Liokaftá
J Hiboshi, nikkan
P Peixe seco ao sol
YU Riba sušena na suncu

DK Soltørret fisk

I Pesce seccato al sole
N Soltørket fisk
S Soltorkad fisk
FI Aurinkokuivattu kala

990 POISSON SÉCHÉ AU SOLEIL

Poisson séché par exposition au soleil et au vent.
Voir aussi + POISSON SÉCHÉ.

E Pescado secado al sol

IS Sólþurrkaður fiskur
NL Zon gedroogde vis
TR Güneşte kurutulmuş balık

991 SUNFISH

Name used for different freshwater species especially *Centrarchidae*, but also + OPAH (*Lamprididae*) and + MOLA (*Molidae*): see under these entries.

POISSON-LUNE 991

Le terme "SUNFISH" (anglais) s'applique aux espèces de la famille *Centrarchidae*, mais aussi aux *Lamprididae* (voir + LAMPRIR) et *Molidae*

D Sonnenbarsch
GR
J
P
YU

DK
I
N
S Solabborre
FI Aurinkoahven

E
IS
NL Zonnebaars
TR

992 SUPERCHILLING

The practice of rapidly and uniformly cooling white fish stowed at sea to a selected temperature a few degrees below that of melting ice, and then holding the fish at that temperature under carefully controlled conditions.

SUR-RÉFRIGÉRATION 992

Refroidissement rapide et uniforme du poisson, stocké à bord, à une température légèrement inférieure à 0 °C; température maintenue ensuite dans des conditions rigoureusement contrôlées.

D Unterkühlung
GR
J
P Super-refrigeração
YU

DK
I Surrefrigerazione
N Underkjöling
S Superkylning
FI Pikajäähdytys

E Super refrigeración
IS
NL Snelkoeling
TR

993 SURFPERCH 993

EMBIOTOCIDAE

(Pacific/Freshwater – N. America)
Also called SURFFISH.
Various species in North America.

(Pacifique/Eaux douces – Amérique du Nord)

Différentes espèces en Amérique du Nord

994 SURF SMELT 994

Hypomesus pretiosus

(Pacific – N. America)
Belongs to the family *Osmeridae* (see + SMELT).

(Pacifique – Amérique du Nord)
De la famille des *Osmeridae* (voir + ÉPERLAN).

NL Amerikaanse spiering

994.1 SURIMI (Japan)

A refined, stabilised, frozen fish mince. Refining and stabilisation of functional properties during frozen storage are achieved by repeated washing with fresh water to remove soluble protein, straining, restoration of water content to natural levels (ca 80%) by pressing followed by incorporation of sugar (4%), sorbitol (4%) and polyphosphate (0.3%). Surimi is used for the industrial production of Japanese "neriseihin" fish products such as + KAMABOKO and fish sausage and, in recent years, seafood analogue products such as + CRAB STICKS.

SURIMI (Japon) 994.1

Poisson haché congelé, raffiné, stabilisé. Le raffinage et la stabilisation des propriétés fonctionnelles pendant la phase de congélation sont obtenus par des lavages répétés à l'eau froide afin d'enlever les protéines solubles, par filtrage, rétablissement du teneur en eau au niveau naturel (env 80%), par pression suivie d'adjonction de sucre (4%), de sorbitol (4%) et de polyphosphate (0.3%). Le surimi est utilisé pour la production industrielle de produits de la pêche japonais "neriseihin" tels que + KAMABOKO et les saucisses de poisson et, ces dernières années, de produits de la mer analogues tels que + BATONNETS DE CRABE.

D
GR
J Surimi, Reito
    Surimi
P
YU Surimi

DK Surimi
I
N Surimi

S Surimi
FI Surimi

E Surimi
IS
NL

TR

995 SURMULLET
Mullus surmuletus
(Atlantic/Mediterranean)

Also known as + RED MULLET.
Also called WOODCOCK OF THE SEA.
Belonging to the family *Mullidae* (see + GOATFISH); not to be confused with + MULLET (*Mugilidae*).
Marketed fresh.

ROUGET BARBET DE ROCHE 995
(Atlantique/Méditerranée)

De la famille des *Mullidae* (voir + ROUGET).

Commercialisé frais.

- **D** Meerbarbe, Streifenbarbe
- **GR** Barboúni
- **J**
- **P** Salmonete legitimo, Salmonete-vermelho
- **YU** Trlja od kamena, Trlja kamenjarka
- **DK** Mulle
- **I** Triglia di scoglio
- **N** Mulle
- **S** Gulstrimmig mullus
- **FI** Keltajuovamullo
- **E** Salmonete de roca
- **IS** Sæskeggur
- **NL** Mul, zeebarbeel, koning van de poon
- **TR** Tekir

996 SURSILD (Norway)
Brine salted herring pickled in spiced solution of vinegar and sugar, sliced onions added.

SURSILD (Norvége) 996
Hareng salé en saumure et mariné dans une solution vinaigrée avec épices et sucre à laquelle on ajoute de l'oignon en tranches.

- **D**
- **GR**
- **J**
- **P**
- **YU**
- **DK**
- **I** Aringhe marinate stile norvegese
- **N** Sursild
- **S** Marinerad sill
- **FI** Marinoitu silli
- **E**
- **IS** Sýrð síld
- **NL** Gekruide gezouten haring
- **TR**

997 SURUME (Japan)
Cuttlefish or squid, gutted, eyes removed: split and dried.

Also afterward boiled, pressed, and dried again, after seasoning (NOSHI-SURUME or NIOSHI-IKA).

SURUME (Japon) 997
Seiches ou encornets vidés, auxquels on a enlevé les yeux, tranchés et séchés.

Par la suite peuvent être aussi bouillis, pressés et séchés à nouveau, après avoir été assaisonnés (NOSHI-SURUME ou NIOSHI-IKA).

998 SUSHI (Japan)
(i) Products made by fermentation of pickled fish, boiled rice and salt.
Also called URE-ZUSHI.
(ii) The term SUSHI is also applied to a restaurant-food prepared by putting raw fish slice (+ SASHIMI) on boiled rice flavoured with vinegar.

SUSHI (Japon) 998
(i) Préparations à base de poisson salé, de riz cuit à l'eau et de sel qu'on laisse fermenter.
Appelé aussi URE-ZUSHI.
(ii) Le terme SUSHI désigne aussi un plat de restaurant préparé en mettant des tranches de poisson cru (+ SASHIMI) sur du riz cuit à l'eau et assaisonné de vinaigre.

999 SUTKI (India, Pakistan)
Salted or unsalted sun-dried fish; sometimes hard-smoked fish, e.g. smoked shrimp.

SUTKI (Inde, Pakistan) 999
Poisson, facultativement salé, séché au soleil et parfois fortement fumé. Même procédé pour les crustacés (par ex. les crevettes).

1000 SWIM BLADDER
Bladder containing gas, lying beneath the backbone of some bony fish; marketed fresh, frozen or dried, for manufacture of + ISINGLASS and + FISH GLUE; also called AIR-BLADDER, FISH BLADDER, FISH SOUND. Swim bladders when dried are also sometimes used for food; also salted (Canada).

VESSIE NATATOIRE 1000
Vessie contenant du gaz, située sous la colonne vertébrale de certains poissons osseux; commercialisées fraîches, congelées ou séchées, pour la fabrication d' + ICHTYOCOLLE, de + COLLE DE POISSON. Les vessies séchées sont parfois consommées; de même quand elles sont salées (Canada).

- **D** Schwimmblase
- **GR** Niktiki kistis
- **J** Ukibukuro
- **P** Bexiga natatória
- **YU** Zrační mjehur
- **DK** Svømmeblære
- **I** Vescica natatoria
- **N** Svømmeblære
- **S** Simblåsa
- **FI** Uimarakko
- **E** Vejiga natatoria
- **IS** Sundmagi
- **NL** Zwemblaas
- **TR**

1001 SWIMMING CRAB   ÉTRILLE 1001

Portunus puber or/ou *Liocarcinus puber*

(a) (Europe – Mediterranean)   (a) (Europe – Méditerranée)
    In the U.K. also called VELVET CRAB or VELVET SWIMMING CRAB.

Ovalipes catharus

(b) (New Zealand)   (b) (Nouvelle-Zélande)
    Also known as PADDLE CRAB, sometimes SURF CRAB.

D	Schwimmkrabbe	**DK**	Svømmekrabbe	**E**	Nécora
GR	Siderokávouras	**I**	Granchio di rena	**IS**	
J		**N**		**NL**	Fluwelen zwemcrab
P		**S**	Simkrabba	**TR**	Yüzen kerevit
YU					

1002 SWORDFISH   ESPADON 1002

Xiphias gladius

(Cosmopolitan)   (Cosmopolite)
Also called BROADBILL (SWORDFISH).

Marketed: **Commercialisé:**
Fresh: whole, gutted: steaks.   **Frais:** entier et vidé; tranches.
Frozen: whole, gutted: steaks.   **Congelé:** entier et vidé; tranches.
Liver: used as source of vitamin.   **Foie:** importante source de vitamines.

D	Schwertfisch	**DK**	Sværdfisk	**E**	Pez espada
GR	Xiphías	**I**	Pesce spada	**IS**	Sverðfiskur
J	Mekajiki	**N**	Sverdfisk	**NL**	Zwaardvis
P	Espadarte	**S**	Svärdfisk	**TR**	Kılıç balığı
YU	Sabljan, igo	**FI**	Miekkakala		

1002.1 TARAKIHI   CASTENETTE DE JUAN FERNANDEZ 1002.1

Cheilodactylus gayi or/ou *Cheilodactylus macropterus*

(New Zealand)   (Nouvelle-Zélande)
In New Zealand the name TARAKIHI is used for the
+ MORWONG

1003 TARAMA (Greece, Turkey)   TARAMA (Grèce, Turquie) 1003

Fish roe, mostly from carp, mixed with salt, bread crumbs, white cheese, olive oil and lemon juice: also called ATARAMA.   Œufs de poisson, de carpe surtout, mélangés avec du sel, des miettes de pain, du fromage blanc, de l'huile d'olive et du jus de citron.
                                                                         Appelé aussi ATARAMA.

1004 TARPON   TARPON 1004

ELOPIDAE

(Pacific/Atlantic/Freshwater – N. America)   (Pacifique/Atlantique/Eaux douces – Amérique du Nord)

Also used: TEN POUNDER.   Aussi utilisé: GRANDES ÉCAILLES.

Tarpon atlanticus or/ou *Megalops atlantica*

(a)   (a) TARPON ARGENTÉ
    (Atlantic)   (Atlantique)
    Also called + SILVERFISH.

Elops saurus

(b) + LADYFISH   (b) + GUINÉE-MACHÈTE
    (Atlantic)   (Atlantique)

Elops affinis

(c) + MACHETE   (c) + GUINÉE-MACHÈTE DU PACIFIQUE
    (Pacific/Freshwater)   (Pacifique/Eaux douces)
    Captured mainly by sport fishing.   Principalement pêche sportive.

                                                                                            [CONTD.

1004 TARPON (Contd.)

D Tarpon	DK Tarpon	E Tarpón, pez lagarto
GR	I Tarpone	IS
J	N	NL Tarpoen
P Tarpão, peixe-prata-do-atlântico	S Tarpon	TR
YU	FI Tarponi	

For (b) and (c) see also separate entries.

TARPON (Suite) 1004

Pour (b) voir aussi cette rubrique.

1005 TATAMI-IWASHI (Japan)

Larval fish of sardine or anchovy dried in a square frame, the product looks like a sheet of paper.

TATAMI-IWASHI (Japon) 1005

Larves de sardines ou d'anchois, séchées à l'intérieur d'une châssis de forme carrée; le produit a l'aspect du papier.

1006 TAUTOG

Tautoga onitis

(Atlantic – U.S.A.)

Belonging to the family *Labridae* (see + WRASSE).

MATIOTE NOIRE 1006

(Atlantique – E.U.)

De la famille des *Labridae* (voir + LABRE).

1007 TENCH

Tinca tinca

(Freshwater – Europe/Australia)

Belongs to the family *Cyprinidae* (see + CARP).

Marketed fresh, frozen, also canned (in sauces or in aspic).

TANCHE 1007

(Eaux douces – Europe/Australie)

De la famille *Cyprinidae* (voir + CARPE).

Commercialisée fraîche, surgelée, également en conserve (en sauces ou en aspic).

D Schlei	DK Suder	E Tenca
GR Glínia	I Tinca	IS Grunnungur
J	N Suter, sudre	NL Zeelt
P Tenca	S Sutare, lindare	TR Kadife balığı, yeşil sazan
YU Linjak	FI Suutari	

1008 TENGUSA (Japan)

Gelidium spp. of edible seaweed.

TENGUSA (Japon) 1008

Espèce *Gelidium* d'algues comestibles.

1009 TERRAPIN

MALACLEMYS spp.

Edible turtles (U.S.A.)

TORTUE AMÉRICAINE 1009

Tortues comestibles (E.U.)

D Salzsumpfschildkröte	DK Skildpadde	E Tortuga comestible
GR	I Testuggine	IS
J	N	NL Moerasschildpad
P Tartaruga	S	TR
YU Jestiva kornjača	FI	

1010 THICKBACK SOLE

Microchirus variegatus

(Atlantic/Mediterranean)

Also called BASTARD SOLE, LUCKY SOLE, VARIEGATED SOLE, THICKBACK.

Marketed fresh.

SOLE PERDRIX 1010

(Atlantique/Méditerranée)

Commercialisée fraîche.

D Bastardzunge	DK	E Golleta
GR Glossa	I Sogliola variegata	IS
J	N	NL Franse tong
P Azevia raïada	S	TR
YU List prugavac	FI	

1011 THORNBACK RAY — RAIE BOUCLÉE 1011

Raja clavata

(Atlantic/Mediterranean) (Atlantique/Méditerranée)
Also called MAIDEN RAY or ROKER.
See also + RAY and + SKATE. Voir + RAIE.

- **D** Nagelrochen
- **GR** Sálahi, raïa, vátos
- **J**
- **P** Raia-lenga, raia-pinta
- **YU** Raža kamenjarka
- **DK** Sømrokke
- **I** Razza chiodata
- **N** Piggskate
- **S** Knaggrocka
- **FI** Okarausku
- **E** Raya de clavos, raya común
- **IS** Dröfnuskata
- **NL** Stekelrog
- **TR** Vatoz

1012 THREADFIN — BARBURE ou CAPITAINE 1012

POLYNEMIDAE

(Atlantic/Pacific – N. America) (Atlantique/Pacifique – Amérique du Nord)

Polydactylus approximans

(a) PACIFIC THREADFIN (a) BARBURE BOBO (Pacifique)

Polydactylus octonemus

(b) ATLANTIC THREADFIN (b) BARBURE À HUIT BARBILLONS (Atlantique)

Polydactylus quadrifilis

(c) (c) GROS CAPITAINE
(Atlantic centre-east) (Atlantique centre-est)

(d) In Australia "THREADFIN" refers also to *Eleutheronema* spp., e.g. GIANT THREADFIN (*Eleutheronema tetradactylum*), belonging to the family *Polynemidae*.

(d) En Australie désigne aussi les espèces *Eleutheronema*, ex.: *Eleutheronema tetradactylum*, de la famille des *Polynemidae*.

- **D** Fingerfisch
- **GR**
- **J** Tsubamekonoshiro
- **P** Barbudo
- **YU**
- **DK**
- **I**
- **N**
- **S** Trådfisk
- **FI** Rihmaevä
- **E**
- **IS**
- **NL**
- **TR**

1013 THREAD HERRING — CHARDIN 1013

OPISTHONEMA spp.

(Atlantic/Pacific – N. America) (Atlantique/Pacifique – Amérique du Nord)
Belong to the family *Clupeidae*. De la famille des *Clupeidae*.

Opisthonema libertate

(a) PACIFIC THREAD HERRING (a) CHARDIN DU PACIFIQUE (Pacifique)

Opisthonema oglinum

(b) ATLANTIC THREAD HERRING (b) CHARDIN FIL (Atlantique)

1014 THREEBEARD ROCKLING — MOTELLE COMMUNE 1014

Gaidropsarus vulgaris or/ou *Onos tricirratus*

(Atlantic/Mediterranean) (Atlantique/Méditerranée)
Belonging to the family *Gadidae* (see also + ROCKLING). De la famille des *Gadidae* (voir aussi + MOTELLE).
Also called WHISTLER.

- **D** Dreibärtelige Seequappe
- **GR** Gaïdouropsaro
- **J**
- **P** Laibeque
- **YU** Ugorova mater
- **DK** Tretrådet havkvabbe
- **I** Motella
- **N** Tretrådet tangbrosme
- **S** Tretömmad skärlånga
- **FI** Rantamade
- **E** Lota, mollareta
- **IS** Blettabyrfill
- **NL** Driedradige meun
- **TR** Gelincik balığı

1015 THRESHER SHARK — RENARD DE MER 1015

ALOPIIDAE
particularly *Alopias vulpinus* en particulier

(Cosmopolitan)
(Atlantic/Mediterranean/Pacific – Europe/N. America/Japan)
Also called FOX SHARK, GRAYFISH, SEA FOX, SLASHER, SWIVELTAIL.
See also + SHARK.

(Cosmopolite)
(Atlantique/Méditerranée/Pacifique – Europe/Amérique du Nord/Japon)
Aussi appelé REQUIN-RENARD.
Voir aussi + REQUIN.

- **D** Fuchshai, Drescher
- **GR** Skylópsaro, aleposkylos
- **J** Onagazame, maonaga
- **P** Tubarão-raposo, Zorra
- **YU** Psina lisica
- **DK** Rævehaj
- **I** Squalo volpe
- **N** Revehai
- **S** Rävhaj
- **FI** Kettuhai
- **E** Pez zorro
- **IS**
- **NL** Voshaai
- **TR** Sapan balığı

1016 TIGER SHARK — REQUIN-TIGRE COMMUN 1016

Galeocerdo cuvieri

(Atlantic/Pacific – N. America)
Also called LEOPARD SHARK.
Belongs to the family *Carcharhinidae* (see + REQUIEM SHARK).

(Atlantique/Pacifique – Amérique du Nord)
De la famille des *Carcharhinidae* (voir + REQUIN-TIGRE).

- **D** Tigerhai
- **GR** Carcharias
- **J** Itachizame
- **P** Tubarão-tigre
- **YU**
- **DK** Tigerhaj
- **I** Squalo tigre
- **N** Tigerhai
- **S** Tigerhaj
- **FI** Tükerihai
- **E**
- **IS**
- **NL** Tijgerhaai
- **TR**

1017 TIGHT PACK (U.S.A.) 1017

Gutted alewives, cured in strong brine for a week or more, packed in barrels with dry salt and marketed as a dry salted product; also called HARD CURE or VIRGINIA CURE.
Similar product in Canada: PICKLED ALEWIVES.
See + ALEWIFE.

Gaspareaux vidés, mis dans une saumure concentrée pendant au moins une semaine, et mis en barils avec du sel sec; commercialisé comme produit salé à sec.
Produit semblable au Canada: PICKLED ALEWIVES.
Voir + GASPAREAU.

1018 TILAPIA — TILAPIA 1018

TILAPIA spp.

(Freshwater – Africa/Far East)
(Eaux douces – Afrique/Extrême-Orient)

Tilapia nilotica

(Freshwater/Nile)
Known as BULTI or BOLTI (Egypt).
Cultured in ponds in many tropical countries.

(Eaux douces/Nil)
Connu sous le nom de BULTI ou BOLTI (Egypte).
Cultivé en étangs dans de nombreux pays tropicaux.

- **D** Tilapie
- **GR** Tilapia
- **J** Telapia
- **P** Tilápia
- **YU**
- **DK**
- **I** Tilapia
- **N**
- **S** Munruvare
- **FI** Tilapia
- **E**
- **IS**
- **NL** Tilapia
- **TR**

1019 TILEFISH — TILE (Canada) 1019

BRANCHIOSTEGIDAE

(Cosmopolitan)
Also known as BLANQUILLO.

(Cosmopolite)

[CONTD.

1019 TILEFISH (Contd.)

(a) TILEFISH
   (Atlantic – N. America)
(b) BLACKLINE TILEFISH
   (Atlantic – N. America)
(c) OCEAN WHITEFISH
   (Pacific – N. America)
(d) BLUELINE TILEFISH
   (Atlantic/North America)
(e)
   (Pacific – S. America)

FI Tiilikala

TILE (Canada) (Suite) 1019

Lopholatilus chamaelonticeps
(a) TILE CHAMEAU
   (Atlantique – Amérique du Nord)
Caulolatilus cyanops
(b) TILE A RAIE NOIRE
   (Atlantique – Amérique du Nord)
Caulolatilus princeps
(c) TILE FIN
   (Pacifique – Amérique du Nord)
Caulolatilus microps
(d)
   (Atlantique/Amérique du Nord)
Prolatilus jugularis
(e) TILE BLANQUILLE
   (Pacifique – Amérique du Sud)

NL (a) Tegelvis

1020 TINABAL (Philippines)

Fish product similar to +BAGOONG, but with minor variations.

TINABAL (Philippines) 1020

Produit semblable au +BAGOONG, avec quelques différences mineures.

1021 TINAPA (Philippines)

Herring-like fish, whole or gutted, dipped fresh into boiling brine and then smoked; usually made from TUNSOY, LAPAD and TAMBAN OIL SARDINE (all *Sardinella* spp.).
See +SARDINELLA.

TINAPA (Philippines) 1021

Poisson de l'espèce des *Sardinelles,* semblable au hareng, entier ou vidé, plongé dans une saumure bouillante et ensuite fumé.
Voir +SARDINELLE.

1022 TJAKALANG (Indonesia)

Skipjack (*Euthynnus pelamis*) or similar spp. eaten fresh, or dried and salted, locally.

TJAKALANG (Indonésie) 1022

Listao (*Euthynnus pelamis*) ou espèces voisines consommées fraîches, ou salées et séchées pour la consommation locale.

1023 TOHEROA

Paphies ventricosa

(New Zealand)
Edible mollusc, sometimes canned.

1023

(Nouvelle-Zélande)
Mollusque comestible, parfois mis en conserve.

1024 TÔKAN-HIN (Japan)

Product dried after removing water by repeated freezing and thawing; e.g. TÔKAN-DARA (cod fillets processed this way).
See +FREEZE DRYING.

TÔKAN-HIN (Japon) 1024

Produit séché après élimination de l'humidité par congélations et décongélations répétées; ex.: TÔKAN-DARA (filets de morue ainsi traités).
Voir +CRYODESSICATION.

1025 TÒMALLEY

Edible by-products of lobster, as e.g. roe, scraps of meat, etc., which have not been ground to a smooth consistency (Canada); may be minced and canned, used in lobster paste.

TÒMALLEY 1025

Sous-produits comestibles du homard, tels que œufs, miettes de chair, etc., laissés tels quels (Canada); peuvent être hachés et mis en conserve, ou servir dans la fabrication de pâte de homard.

1026 TOMCOD

MICROGADUS spp.

(i) (Atlantic/Pacific – N. America)
Belonging to the family *Gadidae*.

(a) ATLANTIC TOMCOD
Microgadus tomcod

(b) PACIFIC TOMCOD
Microgadus proximus

D	Tomcod	DK		E	
GR		I		IS	
J		N		NL	
P	Tomecode	S	Frostfisk, tomcod	TR	
YU		FI			

(ii) Name also used for + WHITE CROAKER (*Genyonemus lineatus*) belonging to the family Sciaenidae (see + CROAKER or + DRUM).

1026 POULAMON

(i) (Atlantique/Pacifique – Amérique du Nord)
De la famille des *Gadidae*.

(a) POULAMON ATLANTIQUE

(b) POULAMON PACIFIQUE
(Pacifique)

1027 TOM KHO (Viet Nam)

Shrimp cooked in saturated brine and dried in sun.

1027 TOM KHO (Vietnam)

Crevettes cuites dans une saumure concentrée et séchées au soleil.

1028 TONGUE

(i) Name used for + COMMON SOLE (*Solea vulgaris vulgaris* or *Solea solea*).
(ii) See + FISH TONGUE.

1028 LANGUE

(i) Voir + SOLE COMMUNE.
(ii) Voir + LANGUE DE POISSON.

1029 TONNO (U.S.A.)

Canned TUNA meat, more heavily salted than usual and packed in olive oil.

Chair de THON en conserve, plus salée qu'à l'ordinaire et recouverte d'huile d'olive.

D		DK		E	Carne de atún en conserva
GR	Tónnos consérva	I	Tonno all'olio d'oliva	IS	
J		N		NL	Tonijn in olie
P	Atum em conserva	S		TR	Ton
YU	Konzervirani tunj – tunj u konzervi	FI	Tonnikalasäilykeöljyssä		

1030 TOPE

Galeorhinus galeus

(N.E. Atlantic/Mediterranean).

Belongs to the shark family (see + REQUIEM SHARK), but also commonly referred to as dogfish (see + DOGFISH).

1030 REQUIN-HÂ, HA, HAT, HAST

(Atlantique N.E./Méditerranée)

De la famille des requins (voir + MANGEUR D'HOMMES), mais aussi fréquemment désigné comme aiguillat (voir + AIGUILLAT).

D	Hundshai	DK	Gråhaj	E	Cazón, tollo
GR	Galéos drossítis	I	Canesca	IS	
J		N	Gråhai	NL	Ruwe haai
P	Perna-de-moça	S	Gråhaj, bethaj, håstörje	TR	Camgöz balığı
YU	Pas butor	FI	Harmaahai		

1031 TOPKNOT

Zeugopterus punctatus

(N. Atlantic)

Also called BASTARD BRILL, BROWNY, COMMON TOPKNOT, MULLER'S TOPKNOT; BLOCH'S TOPKNOT.

See also + NORWEGIAN TOPKNOT.

1031 TARGEUR

(Atlantique Nord)

[CONTD.]

1031 TOPKNOT (Contd.)   TARGEUR (Suite) 1031

D Zwergbutt	**DK** Hårhvarre	**E**
GR	**I** Rombo camaso	**IS** Skjálgi
J	**N** Bergvar	**NL** Gevlekte griet
P Rodovalho-bruxa	**S** Bergvar	**TR**
YU	**FI** Kalliokampela	

1032 TOP SHELL   1032

Monodonta turbinata

(a) (Atlantic/Mediterranean)   (a) (Atlantique/Méditerranée)

Turbo cornutus

(b) (Japan)   (b) (Japon)

Marketed fresh or canned.   Commercialisé frais ou en conserve.

D	**DK**	**E** Caracol gris, caramujo
GR Tróchos	**I** Cornetto	**IS**
J Sazae	**N**	**NL**
P	**S** Snäcka	**TR**
YU Ogrc	**FI**	

1033 TORSK   1033

                                                                                   Le terme "TORSK" s'applique:

(i) Scandinavian name for +COD (*Gadus morhua*).   (i) En Scandinavie au +CABILLAUD (*Gadus morhua*).

(ii) Alternative English name for +TUSK (*Brosme brosme*).   (ii) En Grande Bretagne terme alternatif pour le +BROSME (*Brosme brosme*).

1034 TRAN OIL   1034

Oil obtained from fish and aquatic animals by allowing them to decompose. The term "tran", in various languages also applies to the uncleaned fish fat or fish oil, see +FISH OIL.   Huile obtenue à partir de poissons et animaux aquatiques en les laissant se décomposer. Le terme "tran", en différentes langues, s'applique aussi aux graisses ou huiles de poisson non purifiées; voir +HUILE DE POISSON.

D Tran	**DK**	**E** Aceite de pescados
GR	**I** Olio di pesce	**IS** Sjálfrunnið lýsi
J	**N** Tran	**NL** Traan
P Óleo de peixe em decomposição	**S** Tran	**TR**
YU Trani	**FI** Kala-tai merieläinöljy, traani	

1035 TRASH FISH (N. America)   POISSON DE REBUT 1035
                                                                                       (Amérique du Nord)

Fish or quantities of mixed species, incidentally caught and unwanted for human consumption; also used synonymously to +INDUSTRIAL FISH.   Poissons d'espèces mélangées, non triés, refusés pour la consommation humaine; synonyme de +INDUSTRIAL FISH.

See also +FISH WASTE.   Voir aussi +DÉCHETS DE POISSON.

D Futterfisch, Industriefisch	**DK** Industrifisk (foderfisk)	**E**
GR	**I**	**IS** Tros
J	**N** Skrapfisk	**NL** Voedervis industrievis
P Peixe de refugo	**S** Skrapfisk	**TR**
YU Otpadna riba	**FI** Rehukala	

1036 TRASSI UDANG   TRASSI UDANG 1036
       (Indonesia)   (Indonésie)

Fermented shrimp paste; also called BELACHAN.   Pâte de crevettes fermentée; appelée encore BELACHAN.

Similar product see +SHIOKARA (Japan).   Produit semblable au Japon, le +SHIOKARA.

NL Trassi   **FI** Fermentoitu katkaraputahna, trassi

1037 TREPANG (Malaya, Philippines)
+ SEA CUCUMBER, gutted, boiled and dried, sometimes also smoked.

- **D** Trepang
- **GR**
- **J** Hoshi-namako
- **P** Holotúria
- **YU**
- **DK** Trepang
- **I** Trepang
- **N**
- **S** Sjögurka
- **FI** Merimakkara

TREPANG (Malaisie, Philippines) 1037
+ HOLOTHURIE (bêche de mer) vidée cuite à l'eau bouillante et séchée, parfois fumée.

- **E** Trépang
- **IS**
- **NL** Tripang
- **TR**

1037.1 TREVALLA
Name used in Australia for some members of the family *Centrolophidae*. DEEPSEA TREVALLA is particularly used for *Hyperoglyphe antarctica*, called BLUENOSE in New Zealand.

See also + WAREHOU.

1037.1
Nom utilisé en Australie pour quelques membres de la famille des *Centrolophidae*. DEEPSEA TREVALLA (anglais) est particulièrement utilisé pour l'*Hyperoglyphe antarctica*, appelé BLUENOSE (ang.) en Nouvelle-Zélande.

Voir aussi + WAREHOU (anglais)

1038 TREVALLY
Name used in Australia and New Zealand for *Caranx* spp., which are also generally named + JACK; for example:

Caranx sexfasciatus
(a) GREAT TREVALLY

Pseudocaranx dentex
(b) SILVER TRAVALLY
(Indo-Pacific)

Known as TREVALLY in New Zealand. Marketed as fresh or frozen fillets, sometimes smoked.

CARANGUE AUSTRALIENNE 1038

(a) CARANGUE VORACE

(b)

Connu sous le nom de TREVALLY (anglais) en Nouvelle-Zélande.
Commercialisé sous forme de filets frais ou congelés, parfois fumés.

- **D**
- **GR**
- **J** Shima aji
- **P**
- **YU**
- **DK**
- **I** Leccia stella, carangidi
- **N**
- **S**
- **FI**
- **E** Caballa
- **IS**
- **NL**
- **TR**

1039 TRIGGERFISH
Generally refers to *Balistidae* (North America) which are also named + FILEFISH.
Various species, e.g.:

Balistes carolinensis or/ou *Balistes capriscus*
(a) GRAY TRIGGERFISH
(Atlantic)

Balistes punctatus
(b) SPOTTED TRIGGERFISH
(Atlantic)

Xanthichthys mento
(c) REDTAIL TRIGGERFISH
(Pacific)

See also + FILEFISH.

BALISTE 1039
Espèces de la famille des *Balistidae*.

(a) BALISTE CAPRI
(Atlantique)

(b) BALISTE À TACHES BLEUES
(Atlantique)

(c)
(Pacifique)
Voir aussi + ALUTÈRE

- **D** Drückerfisch
- **GR** Gourounópsaro
- **J** Mongarakawahagi
- **P** Cangulo
- **YU** Kostorog, mihača
- **DK**
- **I** Pesce balestra
- **N**
- **S** Tryckarfisk, filfisk
- **FI** Säppikala
- **E** Pez ballesta
- **IS**
- **NL** (a) Trekkervis
- **TR** Çütre balığı

1040 TRIMMING — PARAGE 1040

Removal of inedible parts or anything which could spoil the appearance.

Enlèvement des parties non comestibles ou de tout ce qui pourrait nuire à la présentation.

D Beschneiden, Trimmen	**DK** Afpudsning	**E**
GR	**I**	**IS** Snyrting
J	**N** Renskjæring	**NL** Bijwerken
P Amanhar	**S** Trimning, putsning	**TR** Ayıklamak
YU	**FI** Kalan trimmausliha	

1041 TRIPLETAIL — CROUPIA ROCHE 1041

Lobotes surinamensis

(Warmer parts of Atlantic, Mediterranean, Japan)

(Parties chaudes de l'Atlantique, Méditerranée, Japon)

1042 TROCHUS — TROQUE 1042

TROCHUS spp.
Trochus niloticus

TROCHUS SHELL
(Australia)

TROQUE
(Australie)

D Kreiselschnecke	**DK**	**E**
GR Tróchos óstracon	**I** Trocus	**IS**
J Takasegai	**N**	**NL** Tolkuren
P	**S**	**TR**
YU	**FI**	

1043 TRONÇON (France) — TRONÇON 1043

Portion of fish cut perpendicularly to the backbone; should have a thickness of at least the width.

Morceau de poisson coupé perpendiculairement à l'arête centrale et dont l'épaisseur doit être au moins égale à la largeur.

Also called "DARNE" (French) which particularly refers to portions of TUNA, STURGEON, HAKE and SALMON.

See also + STEAK and + ROUELLES.

Appelé encore "DARNE", terme qui s'applique particulièrement au THON, à l'ESTURGEON, au MERLU et au SAUMON.

Voir aussi + TRANCHE et + ROUELLES.

D	**DK**	**E**
GR	**I** Trancia	**IS**
J	**N**	**NL** Moot
P Posta de peixe	**S**	**TR** Trançan
YU	**FI**	

1044 TROUT — TRUITE 1044

SALMO spp.

(i) Most important are:

(i) Dont les principales sont:

Salmo gairdnerii or/ou *Salmo irideus*

(a) + RAINBOW TROUT
(Atlantic/Freshwater/Pacific):
N. America; also called + STEELHEAD TROUT.

(a) + TRUITE ARC-EN-CIEL
(Atlantique/Eaux douces/Pacifique)

Salmo trutta

(b) + SEA TROUT
(Atlantic/Freshwater – N. America/Europe)

In N. America called BROWN TROUT.

In the U.K. BROWN TROUT signifies *Salmo trutta* which has spent all its life in fresh water, while SEA TROUT or SALMON TROUT have spent part of their lives in sea waters.

(b) + TRUITE D'EUROPE
(Atlantique/Eaux douces – Amérique du Nord/Europe)

Au R.U. la TRUITE BRUNE signifie *Salmo trutta* qui a passé toute sa vie dans l'eau douce tandis que la TRUITE DE MER ou TRUITE SAUMONÉE ont passé une partie de leurs vies dans l'eau de mer.

[CONTD.

1044 TROUT (Contd.) **TRUITE** (Suite) **1044**

Salmo clarki

(c) CUTTHROAT TROUT (c) TRUITE
(Pacific/Freshwater – N. America) (Pacifique/Eaux douces – Amérique du Nord)

Salmo aguabonita

(d) GOLDEN TROUT (d)
(Freshwater – N. America) (Eaux douces – Amérique du Nord)

Salmo gilae

(e) GILA TROUT (e)
(Freshwater – N. America) (Eaux douces – Amérique du Nord)

Main marketing forms are as follows: Principales formes de commercialisation:
Fresh: whole, gutted or ungutted; **Frais:** entier, vidé ou non.
Frozen: whole gutted, breaded boneless (U.S.A.). **Congelé:** entier, vidé, sans arête et pané.
Smoked: whole gutted, also filleted, hot- or cold-smoked. **Fumé:** entier et vidé, ou en filets; fumé à chaud ou à froid.
Canned: grilled in butter. **Conserve:** grillé, au beurre.
Paste: smoked trout paste. **Pâte:** pâte de truite fumée.
See also + SALMON. Voir aussi + SAUMON.

D	Forelle	**DK**	Ørred	**E**	Trucha
GR	Péstropha	**I**	Trota	**IS**	Urriöi
J	Masu	**N**	Aure, ørret	**NL**	(a) Regenboogforel
					(b) Zeeforel
P	Truta	**S**	(a) Regnbåge, regnbågslax	**TR**	Alabalık
			(b) Öring		
			(c) Strupsnitsöring		
YU	Pastrva	**FI**	(b) Taimen, meritainen		
			(c) Punakurkkulohi		

(ii) The name TROUT is also used in connection with + CHAR (*Salvelinus* spp.) which belong to the same family *Salmonidae*.

(ii) On appele parfois TRUITE certaines espèces *Salvelinus* (+ OMBLE) qui appartiennent à la même famille, les *Salmonidae*.

1044.1 TRUMPETER **MORUE DE SAINT PAUL 1044.1**

Latris lineata

(Australia/New Zealand) (Australie/Nouvelle-Zélande)

Also called STRIPED TRUMPETER (family *Latrididae*). In Australia TRUMPETER is also used as a name for other members of the family *Latrididae*.

Famille des *Latrididae*). En Australie, TRUMPE-TER (anglais) est aussi utilisé comme nom pour d'autres membres de la famille des *Latrididae*.

1045 TSUKADANI (Japan) **TSUKADANI (Japon) 1045**

Whole small fish, shellfish meat or seaweed cooked in mixture of soya sauce and sugar; usually preceded by the name of the fish, e.g. NORI-TSUKUDANI (from laver).

Petits poissons entiers, chair de crustacés ou algues cuits dans un mélange de sauce de soja et de sucre; habituellement précédé par le nom du poisson utilisé, ex.: NORI-TSUKUDANI (algues).

Similar products are: Produits similaires:
KAKUNI (from diced skipjack or tuna meat). KAKUNI (à base de chair de thon ou de thonine coupée en dés).

AMENI (from pond smelt, sand lance, etc), cooked in soya sauce with sugar and AME, a sweet millet jelly; usually preceded by the name of the fish.

AMENI (à base d'éperlans, de lançons, etc.), cuits dans de la sauce de soja, du sucre et de l'AME, gelée de millet sucrée; généralement précédé par le nom du poisson utilisé.

1046 TUNA HAM (Japan) **TUNA HAM (Japon) 1046**

Smoked fish sausage: the encased mixture of tuna meat, salt, sugar, starch and spices is smoked for 12 hours before vacuum packaging; commonly packed in cylindrical or square plastic casings.

Saucisse de poisson fumée: le mélange de chair de thon, sel, sucre, amidon et épices est mis en boyau et fumé pendant 12 heures avant d'être conditionné sous vidé; généralement présenté en emballages plastiques de forme cylindrique ou carrée.

[CONTD.]

1046 TUNA HAM (Japan) (Contd.)

D	Tunfischwurst	DK		E	Salchichas ahumadas de atún
GR	Avgó tónnou	I	Salsicce affumicate di tonno	IS	
J	Tsuna hamu	N		NL	Tonijnworst
P	Salsichas de atum	S		TR	
YU		FI	Savutonnikalamakkara		

1046 TUNA HAM (Japon) (Suite)

1047 TUNA LINKS

Fish sausages made from tuna meat; may be cooked and frozen.
See + FISH SAUSAGE.

1047 SAUCISSES DE THON

Saucisses de poisson à base de chair de thon; peuvent être cuites et surgelées.
Voir + SAUCISSE DE POISSON.

D	Thunfischwürstchen	DK		E	Salchichas de atún
GR		I	Salsicce di tonno	IS	
J		N		NL	Tonijnsaucijsjes
P	Salsichas de peixe	S		TR	Ton pastırması
YU	Kobasica od mesa tunja	FI	Tonnikalamakkara		

1048 TUNA THON 1048

THUNNIDAE

(Cosmopolitan)   (Cosmopolite)
Also called TUNNY in U.K.
This family includes: *Thunnus* (or synonymously *Germo*), *Euthynnus*, *Kishinoella*, *Parathunnus* spp. etc.

Cette famille comprend les espèces *Thunnus* (synonyme: *Germo*), *Euthynnus*, *Kishinoella*, *Parathunnus*, etc.

The most important are:

Les principales espèces sont:

Thunnus alalunga

(a) + ALBACORE   (a) + GERMON
(Cosmopolitan)   (Cosmopolite)

Thunnus obesus

(b) + BIGEYE TUNA   (b) + THON OBÈSE
(Cosmopolitan)   (Cosmopolite)

Thunnus thynnus

(c) + BLUEFIN TUNA   (c) + THON ROUGE
(Cosmopolitan)   (Cosmopolite)

Thunnus albacares or/ou *Thunnus zacalles*

(d) + YELLOWFIN TUNA   (d) + ALBACORE
(Cosmopolitan)   (Cosmopolite)

Thunnus tonggol

(e) + LONGTAILED TUNA   (e) + THON MIGNON
(Indian Ocean)   (Océan indien)

Thunnus maccoyii

(f) + SOUTHERN BLUEFIN TUNA   (f) + THON ROUGE DU SUD
(Australia/New Zealand)   (Australie/Nouvelle-Zélande)

Thunnus zacalles

(Pacific)   (Pacifique)

Euthynnus pelamis

(g) + SKIPJACK   (g) + BONITE À VENTRE RAYÉ
(Cosmopolitan)   (Cosmopolite)

Euthynnus alletteratus

(h) + LITTLE TUNA   (h) + THONINE COMMUNE
(Atlantic/Mediterranean)   (Atlantique/Méditerranée)

Euthynnus affinis

(i) + KAWAKAWA   (i) + THONINE ORIENTALE
(Indo-Pacific)   (Indo-Pacifique)

[CONTD.

1048 TUNA (Contd.)

In commercial practice, most of the larger *Scombridae* species are included in the term "tuna", especially +BONITO (*Sarda* spp.) and to some extent +YELLOWTAIL (*Seriola* spp.), and +FRIGATE MACKEREL (*Auxis thazard*); in N. America the name might also refer to canned +HORSE MACKEREL (which is of the family *Carangidae* and not *Scombridae*).

The ways of marketing are summarised as follows.

Fresh: whole, gutted, pieces of fillet.
Frozen: whole, gutted; pieces of fillet; also sausages.
Salted: fillets of light meat, dredged in salt and packed in dry salt for several days then washed and air-dried.
Dried: see +FUSHI (Japan).
Semi-preserved: spice-cured (Japan).
Canned: pieces of light meat fillet, cooked or uncooked, packed with salt and edible oil, in brine or with tomato sauce; also in jelly (aspic), with sauces or with spiced vegetables.
The light meat pack for the canning industry comes from the BLUEFIN, the YELLOWFIN and the SKIPJACK; the most prized is the ALBACORE for the white meat pack.
U.S. Standard packs of canned tuna:

1. Fancy solid pack.
2. Standard solid pack.
3. Chunk style or bite size.
4. Grated or shredded pack.

Delicatessen: tuna meat, either fresh or smoked, is used for a variety of prepared dishes, such as TUNA SAUSAGES, TUNA WIENERS, TUNA ROLL, TUNA LOAF, TUNA PASTE, etc.

Also +KATSUOBUSHI.
Roe: dry-salted and air-dried, see +BOTTARGA (Italy).
Liver oil: vitamin; also for fish sausages.

THON (Suite) 1048

Dans la pratique commerciale, la plupart des plus grosses espèces des *Scombridae* sont désignées sous le nom de "thon", surtout les +BONITE (espèce *Sarda*), dans une certaine mesure les +SÉRIOLE (espèce *Seriola*) et l' +AUXIDE (*Auxis thazard*). Usage non admis en France.
En Amérique du Nord, le nom s'applique aussi au +CHINCHARD qui est un *Carangidae* et non un *Scombridae*.

Formes de commercialisation résumées ci-dessous.

Frais: entier vidé; tranches de filet.
Congelé: entier, vidé, tranches de filet saucisses.

Salé: filets dépourvus de muscles rouges, saupoudrés de sel et mis dans du sel sec pendant plusieurs jours, puis lavés et séchés à l'air.
Séché: voir +FUSHI (Japon).
Semi-conserve: traité aux épices (Japon).
Conserve: tranches de filet dépourvu de muscles rouges, cuites ou crues, couvertes d'huile, au naturel ou à la sauce tomate; en aspic, en sauces ou avec des légumes épicés.
La chair rose fournie aux conserveries provient du THON ROUGE, de l'ALBACORE et de la THONINE; la plus appréciée est celle du GERMON.
Les normes E.U. de conserves de thon distinguent:

1. Thon entier.
2. Thon normal.
3. Tronçon.
4. Miettes.

Hors d'œuvre: chair du thon, soit fraîche soit fumée, utilisée pour une grande variété de plats cuisinés tels que SAUCISSES DE THON, TUNA WIENERS, BOULETTES DE THON, PAIN DE THON, PÂTE DE THON, etc.
Voir aussi +KATSUOBUSHI.
Œufs: salés à sec puis séchés à l'air, voir +BOTTARGA (Italie).
Huile de foie: vitamines; également utilisée dans les saucisses de poisson.

D	Thun, Thunfisch	**DK**	Tunfisk, tun	**E**	Atun
GR	Tónnos	**I**	Tonno	**IS**	Túnfiskur
J	Maguro-rui	**N**	Stjørje, (c) Makrellstjørje	**NL**	Tonijn
P	Atum	**S**	Tonfisk	**TR**	Ton balığı
			(c) Tonfisk		
			(h) Tunnina		
YU	Tunj, tunji, tuna	**FI**	Tonnikala		

1049 TUNA SALAD

Delicatessen product prepared from cooked tuna meat, vegetables, mayonnaise and seasoning; see +FISH SALAD.

SALADE DE THON 1049

Hors d'œuvre préparé à base de chair de thon cuite, de légumes, mayonnaise et assaisonnement; voir +SALADE DE POISSON.

D	Thunfisch-Salat	**DK**		**E**	Ensalada de atun
GR	Tonosalata	**I**	Insalata di tonno	**IS**	Túnfisksalat
J		**N**	Stjørjesalat	**NL**	Tonijnsalade
P	Salada de atum	**S**	Tonfisksallad	**TR**	Ton salatası
YU	Tunj salata	**FI**	Tonnikalasalaatti		

1050 TURBOT

Psetta maxima

(i) (N.E. Atlantic)
Also called BUTT, BREET, BRITT.
In France only *Psetta maxima* may be labelled TURBOT.
Marketed:
Fresh: whole, gutted; steaks; fillets with skin.
Frozen: whole, gutted; steaks; fillets with skin.

(i) (Atlantique Nord-Est)
En France seule la *Psetta maxima* peut être commercialisée sous le nom de TURBOT.
Commercialisé:
Frais: entier, vidé; tranches; filets avec la peau.
Congelé: entier, vidé; tranches; filets avec la peau.

D	Steinbutt	**DK**	Pighvarre	**E**	Rodaballo
GR	Rómbos-písci, kalkáni	**I**	Rombo chiodat	**IS**	Sandhverfa
J		**N**	Piggvar	**NL**	Tarbot
P	Pregado	**S**	Piggvar	**TR**	Kalkan balığı
YU	Plat	**FI**	Piikkikampela		

Colistium nudipinnis

(ii) (New Zealand)
Belonging to the family *Pleuronectidae*.
(iii) Name also used for various *Pleuronectidae* of the U.S. Pacific Coast, e.g. DIAMOND TURBOT (*Hypsopsetta guttulata*) or SPOTTED TURBOT (*Pleuronichthys itteri*).
See also + GREENLAND HALIBUT.

(ii) (Nouvelle-Zélande)
Appartient à la famille des *Pleuronectidae*.
(iii) Nom employé aussi pour divers *Pleuronectidae* de la côte pacifique.

Voir aussi + FLETAN NOIR.

1051 TURRUM

Carangoides emburyi

(Australia)
Belongs to the family *Carangidae* (see + JACK and + POMPANO).

(Australie)
De la famille des *Carangidae* (voir + CARANGUE et + POMPANO).

1052 TURTLE — TORTUE 1052

CHELONIA spp.
Chelonia mydas

(a) GREEN TURTLE

(a) TORTUE VERTE

Eretmochelys imbricata

(b) HAWKBILL TURTLE

(b) CAHOUANE

Caretta caretta

(c) LOGGERHEAD TURTLE

(c) CARETTE

Dermochelys coriacea

(d) LEATHERY TURTLE

(d) TORTUE-CUIR

PSEUDEMYS spp.

(e) SLIDER

(e)

Marketed:
Fresh: meat (from GREEN or LOGGERHEAD TURTLE); see + CALIPASH.
Frozen: meat (like fresh).
Canned: meat; fins; soup; stew.
Dried: meat.
Smoked: meat.
Shell: "TORTOISE" shell obtained from shells of HAWKBILL TURTLE (see e.g. + BÊKKO); some shells of the edible turtles are used for making soup stock.

Commercialisé:
Frais: chair (de la TORTUE VERTE et de la CARETTE); voir + CALIPASH.
Congelé: chair.
Conserve: chair, nageoires; soupe.
Séché: chair.
Fumé: chair.
Carapace: l' "ÉCAILLE" provient des carapaces des tortues CAHOUANE (voir + BÊKKO); certaines carapaces des tortues comestibles sont utilisées comme base de potages.

D	Seeschildkröte	**DK**	Skildpadde	**E**	Tortuga
GR	Cheloni thalassia	**I**	Tartaruga	**IS**	Skjaldbaka
J	Kame, taimai	**N**	Skilpadde	**NL**	Zeeschildpad
P	Tartaruga	**S**	Sköldpadda	**TR**	Deniz kaplumbağası
YU	Kornjača morska, željva	**FI**	(a) Liemikilpikonna (c) Valekarettikilpikonna		

1053 TUSK

Brosme brosme

(North Atlantic)
Also known as + CUSK (N. America), which is also used in ICNAF Statistics.
Also called BRISMAK, TORSK, MOONFISH.
Belongs to the family *Gadidae*.

Marketed:
Fresh: whole, gutted; fillets with or without skin.
Frozen: fillets.
Smoked: cold-smoked fillets, with or without skin.
Salted: headed, gutted, split and either wet-salted or dry-salted and dried.
Canned:

BROSME 1053

(Atlantique Nord)
De la famille *Gadidae*.

Commercialisé:
Frais: entier, vidé; filets avec ou sans peau.
Congelé: filets.
Fumé: filets fumés à froid, avec ou sans peau.
Salé: étêté, vidé, tranché et salé en saumure ou à sec puis séché.
Conserve:

D Lumb, Brosme	**DK** Brosme	**E** Brosmio
GR	**I** Brosmio	**IS** Keila
J	**N** Brosme	**NL** Lom
P Bolota	**S** Lubb, brosme	**TR**
YU	**FI** Keila	

1054 TUYO (Philippines)

Dried product made from tunsoy or lapad (*Sardinella* spp.), brine salted whole, and sun dried.

See + SARDINELLA.

TUYO (Philippines) 1054

Produit séché à base de tunsoy ou de lapad (espèces *Sardinella*) salé entier en saumure puis séché au soleil.

Voir + SARDINELLE.

1055 TWAITE SHAD

Alosa fallax fallax
(Atlantic)   (Atlantique)
Alosa fallax nilotica or/ou *Alosa finta*
(Mediterranean)   (Méditerranée)
Also called MAID.
See also + SHAD.   Voir + ALOSE.

ALOSE FEINTE 1055

D Finte, Maifisch	**DK** Stavsild, stamsild	**E** Saboga
GR Fríssa	**I** Cheppia	**IS** Augnasíld
J	**N** Stamsild	**NL** Fint, meivis
P Savelha, saboga	**S** Staksill	**TR** Tirsi balığı, dişli tirsi
YU Lojka	**FI** Täpläsilli	

1056 UNDULATE RAY

Raja undulata
(N. Atlantic – Europe)   (Atlantique Nord – Europe)
Also called + PAINTED RAY which also refers to *Raja microcellata*.
See also + RAY and + SKATE.   Voir + RAIE.

RAIE BRUNETTE 1056

D Bänderrochen	**DK**	**E** Raya mosaica
GR Salahi, raïa	**I** Razza ondulata	**IS**
J	**N**	**NL** Golfrog
P Raia-curva	**S** Brokrocka	**TR** Vatoz
YU Raža vijopruga	**FI** Aaltorausku	

1057 UO-MISO (Japan)

Fermented fish paste, prepared from boiled, dried white meat of cod, kneaded, mixed with soy "bean paste" (MISO), sugar, +MIRIN and starch; often sold as canned product.

Also other species used, e.g. sea-bream (TAI-MISO), crucian carp (FUNA-MISO), +GYOMISO.

UO-MISO (Japon) 1057

Pâte de poisson fermenté, préparée avec la chair blanche du cabillaud bouillie, séchée puis pétrie et mélangée avec du MISO (pâte de soja), du sucre, du +MIRIN et de l'amidon; vendu souvent en conserve.

D'autres espèces sont également utilisées, comme le pagre (TAI-MISO), la carpe (FUNAMISO), +GYOMISO.

1058 VENDACE

Coregonus albula

(Freshwater – Europe)
Roe is used for preparing a caviar substitute in Sweden ("LÖJROM").
See also +WHITEFISH.

CORÉGONE BLANC 1058

(Eaux douces – Europe)
La rogue sert à la préparation d'un succédané de caviar en Suède ("LÖJROM").
Voir aussi +CORÉGONE.

D Kleine Maräne	**DK** Heltling		**E**	
GR Korégonos	**I** Coregone bianco		**IS**	
J	**N** Lagesild		**NL** Kleine marene	
P Coregono branco	**S** Siklöja		**TR**	
YU	**FI** Muikku			

1059 VENTRÈCHE (France)

(i) Region of the abdomen in which the muscles divide into lamella separated by fatty inclusions.
Only applied to *Thunnidae*.

(ii) In Italy "Ventresca" is also a product: belly strips of tuna cooked in brine and packed with olive oil in barrels or cans.
"VENTRESCA" designates the products from albacore, and "TARANTELLO" from bluefin-tuna.

VENTRÈCHE 1059

(i) Région de l'abdomen dans laquelle les muscles s'effilent en lamelles séparées par des inclusions graisseuses.
S'applique exclusivement au thon et espèces voisines.

(ii) En Italie "Ventresca" est un produit: lamelles ventrales de thon cuites en saumure et couvertes d'huile d'olive, mises en boîtes ou en barils.
"VENTRESCA" désigne le produit à base de germon, et "TARANTELLO" celui à base de thon rouge.

D	**DK**		**E** Ventresca
GR	**I** Ventresca, tarantello		**IS**
J	**N**		**NL**
P Ventresca	**S**		**TR**
YU Ventreska	**FI**		

1060 VINEGAR CURED FISH

Fish preserved in a medium containing vinegar and salt, with or without spices.
SEMI-PRESERVE.
See also +ACID CURED FISH, +MARINADE, +SAUERLAPPEN (Germany).

POISSON AU VINAIGRE 1060

Poisson conservé dans un milieu contenant du vinaigre et du sel, avec ou sans épices.
SEMI-CONSERVE.
Voir aussi +ACID CURED FISH, +MARINADE, +SAUERLAPPEN (Allemagne).

D Marinade	**DK** Syresaltet or marineret fisk		**E** Pescado en vinagre
GR Marináta	**I** Pesce all'aceto		**IS** Eðiksöltuð síld
J Suzuke	**N** Eddikbehandlet fisk		**NL** In azijn ingelegde vis
P Peixe preparado em vinagre	**S** Marinerad fisk		**TR** Sirkeye yatırılmış balık
YU Obradjena riba octom	**FI** Marinoitu kala		

1061 VIZIGA (U.S.S.R.)

Dried food delicacy in U.S.S.R. and Asia, made from spinal cords of dried sturgeon.

VIZIGA (U.R.S.S.) 1061

Hors d'œuvre séché, préparé en U.R.S.S. et en Asie avec des moelles épinières d'esturgeons séchés.

1062 WACHNA COD   MORUE ARCTIQUE 1062

Eleginus navaga or/ou *Gadus navaga*

(a) (N. Atlantic/White Sea)   (a) (Atlantique Nord/Mer Blanche)

Eleginus gracilis (*navaga*) or/ou *Gadus gracilis*

(b) (N. Pacific)   (b) (Pacifique Nord)

Also called NAVAGA, ARCTIC COD; the latter name might also refer to *Boreogadus saida* (+ POLAR COD).

See also + COD.   Voir + CABILLAUD.

D	Navaga	DK I	E
GR			IS
J		N	NL
P	Bacalhau arctico	S Navaga	TR
YU		FI Navaga	

1063 WAHOO   THAZARD BATARD 1063

Acanthocybium solanderi

(Atlantic/Pacific – America/South Africa)   (Atlantique/Pacifique – Amérique/Afrique du Sud)

Belonging to the family *Scombridae*; similar to MACKEREL; also called PETO.

De la famille des *Scombridae*; semblable au MAQUEREAU.

Marketed fresh, salted or spice-cured (slices of meat).

Commercialisé frais, salé ou traité aux épices (tranches).

D	Peto, Wahoo	DK	E
GR		I	IS
J	Kamasusawara	N	NL
P	Serra da India, Cavala-da-India	S	TR
YU		FI Raitamakrilli	

1064 WAKAME (Japan)   WAKAME (Japon) 1064

Dried edible product made from brown seaweeds, e.g. HOSHI WAKAME (dried *Undaria pinnatifida*) SARASHI WAKAME (*Undaria*, dried after soaking in fresh water) or NARUTO WAKAME (*Undaria*, dried by sprinkling ashes on the surface, then washed and dried again).

Produit séché comestible fait avec des algues brunes; ex. HOSHI WAKAME (espèce *Undaria pinnatifida* séché); SARASHI WAKAME (esp. *Undaria* séchée après avoir été trempée dans de l'eau fraîche) ou NARUTO WAKAME (*Undaria* séchée sous une couche de cendres, puis lavée et séchée à nouveau).

1065 WALLEYE   DORÉ JAUNE 1065

Stizostedion vitreum vitreum

(Freshwater – N. America)   (Eaux douces – Amérique du Nord)

Commonly known as YELLOW PIKE; also called + PICKEREL, YELLOW PICKEREL, WALLEYED PIKE, DORÉ (Canada), JACK SALMON, OKOW, GREEN PIKE.

Appelé aussi DORÉ COMMUN.

See also + PIKE-PERCH (*Stizostedion* spp.) belonging to the family *Percidae* (see + PERCH).

Voir + SANDRE (espèces *Stizostedion*) de la famille des *Percidae* (voir aussi + PERCHE).

D	Amerikanischer Zander	DK	E
GR		I	IS
J		N	NL
P		S	TR
YU		FI Valkosilmäkuha	

1066 WALRUS   MORSE 1066

ODOBENUS spp.

Source of meat and ivory.   Source de chair et d'ivoire.

D	Walross	DK	Hvalros	E	Morsa
GR		I	Tricheco	IS	Rostungur
J	Seiuchi	N	Hvalross	NL	Walrus
P	Morsa	S	Valross	TR	
YU	Morž	FI	Mursu		

1066.1 WAREHOU

The name used in New Zealand for three species of the family *Centrolophidae*. For the related BLUENOSE, DEEPSEA TREVALLA or BLUE EYE see (d).

Nom utilisé en Nouvelle-Zélande pour trois espèces de la famille des *Centrolophidae*.

Seriolella brama

(a) BLUE WAREHOU
(Australia/New Zealand)
Also called COMMON WAREHOU.

(a) (Australie/Nouvelle-Zélande)

Seriolella punctata

(b) SILVER WAREHOU
(Australia/New Zealand/S. America)
Also known as SPOTTED WAREHOU, SPOTTED TREVALLA.

(b) (Australie/Nouvelle-Zélande/Amérique du Sud)

Seriolella caerulea

(c) WHITE WAREHOU
(Australia/New Zealand/S. America)
Also known as WHITE TREVALLA.

(c) (Australie/Nouvelle-Zélande/Amérique du Sud)

Hyperoglyphe antarctica

(d) BLUENOSE
(S. Africa, Australia, New Zealand, S. America)

(d) (Afrique du Sud, Australie, Nouvelle-Zélande, Amérique du Sud)

Also called BLUEJAW, STONEYE, BONITA or (formerly) GRIFFIN'S SILVERFISH in New Zealand, and sometimes traded as BLUE BREAM. In Australia it is known as DEEPSEA TREVALLA, see + TREVALLA, and as BLUE EYE.

Marketed: Fresh or frozen. Whole, headed and gutted or as fillets.

Commercialisé: Frais ou congelé. Entiers, étêtés et vidés, ou en filets.

1067 WEAKFISH   SCIAENIDÉ 1067

CYNOSCION spp.

(Atlantic/Pacific – North and South America)
Belonging to the family *Sciaenidae* (see + DRUM and + CROAKER).

In U.S.A. name + SEA TROUT (*Salmo trutta*) is also used in connection with *Cynoscion* spp.

(Atlantique/Pacifique – Amérique du Nord et du Sud)
De la famille des *Sciaenidae* (voir + TAMBOUR).

Cynoscion arenarius

(a) SAND SEATROUT
(Atlantic – U.S.A./Mexico)
Also called SAND TROUT, WHITE WEAKFISH, WHITE SEATROUT, WHITE TROUT.

(a) ACOUPA DE SABLE
(Atlantique – E.U./Mexique)

Cynoscion nebulosus

(b) SPOTTED WEAKFISH
(Atlantic – U.S.A.)
Also called SPOTTED SEATROUT, SPECKLED SEATROUT.

(b) ACOUPA PINTADE
(Atlantique – E.U.)

Cynoscion regalis

(c) + SQUETEAGUE
(Atlantic – U.S.A.)

(c) + ACOUPA ROYAL
(Atlantique – E.U.)

Cynoscion nobilis

(d) WHITE SEA BASS
(Pacific – N. America)
Also called WHITE WEAKFISH.

(d)
(Pacifique – Amérique u Nord)

D Adlerfisch	DK	E Corbina
GR	I	IS
J	N	NL
P Corvinata	S Havsgös	TR
YU	FI Veltto	

302

1068 WEEVER
TRACHINIDAE

(i) (Atlantic/Mediterranean – Europe)
Most common species is + GREATER WEEVER (*Trachinus draco*); others are SPOTTED WEEVER (*Trachinus araneus*), LESSER WEEVER (*Trachinus vipera*), STREAKED WEEVER (*Trachinus lineatus*).
Similar to + GURNARD.

(ii) General name for fish in the family *Mugiloididae*, also called + SAND PERCH, which includes the + BLUE COD of New Zealand.

D Petermann, Petermännchen
GR Drákena
J
P Peixe-aranha
YU Pauk

DK Fjæsing
I Tracina
N Fjesing
S Fjärsing
FI Louikala

VIVE 1068

(i) (Atlantique/Méditerranée – Europe)
L'espèce la plus commune est la + GRANDE VIVE (*Trachinus draco*); les autres sont *Trachinus araneus*, *Trachinus vipera*, *Trachinus lineatus*.
Semblable á + GRONDIN.

(ii) Le nom WEEVER (anglais) est aussi utilisé pour les poissons de la famille des *Mugiloididae*, qui comprend + BLUE COD (anglais) de Nouvelle-Zélande.

E Araña, escorpión
IS Fjörsungur
NL Pieterman
TR Trakonya, kumtrakonyası çarpan, varsam

1069 WET STACK
Salted fish before drying.

D
GR
J
P Peixes salgado
YU

DK Fuldvirket saltfisk
I Pesce salinato
N Saltfisk i stabel
S Staplad saltfisk
FI Pinottu suolakala

1069
Poisson salé, avant le séchage.

E
IS Blautsaltaður fiskur
NL Gestapelde zoute vis
TR

1070 WHALE OIL

Obtained from the blubber and other parts including bones of whales and similar marine animals; may be used in natural state for industrial purposes, but mainly used after hydrogenation and refining for manufacture of edible fats, e.g. margarine.

D Walöl, Walfett, Waltran
GR Phalaenélaion
P Óleo de baleia
YU Ulje kita

DK
I Olio di balena
N Hvalolje
S Valolja
FI Valasnöljy

HUILE DE BALEINE 1070

Obtenue à partir de lard et d'autres parties graisseuses (dont les os) de baleines ou animaux marins semblables; peut être utilisée à l'état brut à des fins industrielles, mais principalement après hydrogénation et raffinage, pour la fabrication de graisses comestibles telles que la margarine.

E Aceite de ballena
IS Hvallýsi
NL Walvisolie
TR Balina yağı

(Geiyu appears under J)

1071 WHALES
BALAENIDAE

(i) + RIGHT WHALE
(Cosmopolitan)

BALAENOPTERIDAE

(ii) + RORQUAL
(Cosmopolitan)

  (a) + FIN-WHALE
  (Cosmopolitan)

  (b) + BLUE WHALE
  (Cosmopolitan)

  (c) + SEI-WHALE
  (Cosmopolitan)

BALEINES 1071

(i) BALEINE FRANCHE
(Cosmopolite)

(ii) + RORQUAL
(Cosmopolite)

Balaenoptera physalus

  (a) + RORQUAL COMMUN
  (Cosmopolite)

Balaenoptera musculus

  (b) + BALEINE BLEUE
  (Cosmopolite)

Balaenoptera borealis

  (c) + RORQUAL DE RUDOLF
  (Cosmopolite)

[CONTD.

1071 WHALES (Contd.)

Balaenoptera acutorostrata

    (d) + MINKE-WHALE
        (Cosmopolitan)

(iii) Other whales are:

Physeter catodon

    (a) + SPERM WHALE
        (Cosmopolitan)

Megaptera novaeangliae

    (b) + HUMPBACK WHALE
        (Cosmopolitan)

Eschrichtius glaucus

    (c) + PACIFIC GREY WHALE
        (Pacific)

See under the individual items.

The principal product from the whale is + WHALE OIL; whale meat is frozen for consumption as human food, fur-bearing animal food, pet-food; meat may also be canned or salted; other whale products include: WHALE MEAT MEAL, WHALE LIVER MEAL, + WHALE LIVER OIL, MEAT EXTRACT, + AMBERGRIS, + SPERM OIL, SPERMACETI, + IVORY, WHALEBONE, LIVER PASTE, PHARMACEUTICALS, etc.

1071 BALEINES (Suite)

    (d) + PETIT RORQUAL
        (Cosmopolite)

(iii) Autres espèces:

    (a) + CACHALOT
        (Cosmopolite)

    (b) + JUBARTE
        (Cosmopolite)

    (c) + BALEINE GRISE DE CALIFORNIE
        (Pacifique)

Répertoriées individuellement.

Le principal produit tiré de la baleine est l'huile; la chair de baleine est congelée pour la consommation humaine, pour la nourriture des animaux à fourrure et des animaux domestiques; peut être aussi mise en conserve ou salée; les autres produits exploités sont la FARINE DE VIANDE et de FOIE, + l'AMBRE GRIS, + l'HUILE DE CACHALOT, le SPERMACETI, + l'IVOIRE, les OS, la PÂTE DE FOIE, les PRODUITS PHARMACEUTIQUES, etc.

D	Wale	DK	Valer	E	Ballenas
GR	Phálaena	I	Balena	IS	Hvalir
J	Kujira	N	Hvaler	NL	Walvissen
P	Baleias, cachalotes, rorquals	S	Valar	TR	Balinalar
YU	Kit	FI	Valaat		

1072 WHELK

Buccinum undatum

(i)
Also called BUCKIE (Scotland).
Marketed:
Fresh: in shell, cooked or uncooked; shelled cooked meats.
Semi-preserved: (in bottles) cooked shelled meats in vinegar and salt.
Canned: meats.

1072 BUCCIN

(i)
Appelé aussi BULOT.
Commercialisé:
Frais: dans sa coquille, cuit ou cru; décoquillé et cuit.
Semi-conserve: (en bocaux) décoquillé, la chair est cuite dans une solution vinaigrée et salée.
Conserve: chair.

D	Wellhornschnecke	DK	Konksnegl, konk	E	Bocina
GR	Bouroú	I	Buccina	IS	Beitukóngur
J	Bai	N	Kongsnegl	NL	Wulk
P	Búzio	S	Valthornssnäcka	TR	
YU		FI	Torvikotilo		

(ii) In Scotland name also used for + PERIWINKLE (*Littorina littorea*).

1072.1 WHIPTAIL   1072.1

(i) Once the principal name for the + HOKI in New Zealand, but now almost entirely superseded by the latter.

(ii) WHIPTAIL or WHIPTAIL RAY is sometimes used for some species of + STINGRAY.

1073 WHITEBAIT

(i) Young of herring and sprat; mixture of very small fish of these and other species.
Marketed:
Fresh: whole ungutted cooked or uncooked.
Dried: (Japan).
Frozen: whole ungutted.

D	**DK** I Bianchetti	**E**
GR	**N**	**IS** Seiði
J Shirasu	**S**	**NL** Puf
P	**FI**	**TR**
YU		

(ii) In North America the term "WHITEBAIT" refers also to several other species especially to + SILVERSIDE (*Atherinidae*.)

(iii) In New Zealand the name refers to young of several species of *Galaxias* (family *Galaxiidae*), but principally the INANGA *Galaxias maculatus*.

1073

(i) Jeunes harengs ou sprats; mélange de très petits poissons d'espèces différentes.
Commercialisé:
Frais: entier non vidé, cuit ou cru.
Séché: (Japon).
Congelé: entier, non vidé.

(ii) En Amérique du Nord le terme s'applique aussi à plusieurs autres espèces notamment les *Atherinidae*.

(iii) En Nouvelle-Zélande le nom se réfère à plusieurs jeunes espèces de la famille des *Galaxiidae*, mais principalement à l'INANGA *Galaxias maculatus*.

1074 WHITE BASS — BAR BLANC 1074

Morone chrysops

(Freshwater – N. America)   (Eaux douces – Amérique du Nord)
See also + SEA BASS.   Voir + BAR.

D Seebarsch	**DK**	**E**
GR	**I** Persico-spigola bianco	**IS**
J	**N**	**NL**
P Robalo branco	**S**	**TR**
YU	**FI** Valkobassi	

1075 WHITE-BEAKED DOLPHIN — DAUPHIN À NEZ BLANC 1075

Lagenorhynchus albirostris

(North Atlantic)   (Atlantique Nord)
See also + DOLPHIN.   Voir + DAUPHIN.

D Weisschnauziger Delphin	**DK** Hvidnæse	**E**
GR	**I** Delfino muso-bianco	**IS**
J	**N** Kvitnos	**NL** Witsnuitdolfijn
P Golfinho de focinho branco	**S** Vitnos	**TR**
YU	**FI** Valkokuonodelfiini	

1076 WHITE BREAM — SAR 1076

Diplodus sargus

(i)   (i) SAR COMMUN

(Atlantic/Mediterranean)   (Atlantique/Méditerranée)
Also called SARGO: belonging to the family *Sparidae* (see + SEA BREAM).   Aussi appelé SARGUE; de la famille des *Sparidae* (voir + DORADE).

D Bindenbrasse	**DK**	**E** Sargo
GR Sargós	**I** Sarago maggiore	**IS**
J	**N**	**NL**
P Sargo legítimo	**S**	**TR** Tahta balığı
YU Crnoprugac, šarag	**FI** (i) Isosargi	
	(ii) Pasuri	

Blicca bjoerkna

(ii) (Freshwater – Europe)   (ii) (Eaux douces – Europe)
Also called SILVER BREAM.

D Güster, Pliete	**DK** Flire	**E**
GR	**I**	**IS**
J	**N** Flire	**NL** Kólblei
P	**S** Björkna	**TR** Çapak, abdalca
YU	**FI**	

1077 WHITE CROAKER

Designates two species, both belonging to the family *Scianidae* (see + CROAKER).

Argyrosomus argentatus

(a) (Pacific – Japan)
   Marketed fresh; used for + KAMABOKO.

Genyonemus lineatus

(b)
   (Pacific – N. America)
   Also called KING CROAKER, + TOMCOD, RONCADOR, KINGFISH.

   J Ishimochi, shiroguchi

SCIAENIDÉ DU PACIFIQUE 1077

Désigne deux espèces, toutes deux de la famille des *Sciaenidae* (voir + TAMBOUR).

(a) (Pacifique – Japon)
   Commercialisé frais; sert à la préparation du + KAMABOKO.

(b) COURBINE BLANCHE
   (Pacifique – Amérique du Nord)

1078 WHITE FISH (U.K.)

Fish in which the main reserves of fat are in the liver (e.g. *Gadidae*); as distinct from + FATTY FISH.

D Magerfisch, (Frischfisch)
GR
J
P Peixe magro
YU Mršava riba, bijela riba
DK
I Pesce magro, pesce bianco
N Mager fisk fettfattig fisk
S Mager fisk, vitfisk
FI Vähärasvainen kala

POISSON MAIGRE 1078

Poisson dont les principales réserves de graisse sont dans le foie (ex.: *Gadidae*) par opposition à + POISSON GRAS.

E Pescado magro
IS
NL Magere vis
TR

1079 WHITEFISH

(i) (Atlantic/Freshwater)
   Generally refers to *Coregonidae* which are also by some authors referred to as *Leucichthys*.

Coregonus clupeaformis

(a) LAKE WHITEFISH
   (Atlantic)

Coregonus artedii

(b) + LAKE HERRING
   (Freshwater – Europe/N. America)

Coregonus hoyi

(c) + BLOATER
   (Freshwater – N. America)

Coregonus oxyrhynchus

(d) + HOUTING
   (Atlantic/North Sea)

Coregonus albula

(e) + VENDACE
   (Freshwater – Europe)

Coregonus lavaretus

(f) + POWAN
   (Freshwater – Europe)

Coregonus pollan

(g) + POLLAN
   (Freshwater – Europe)

CORÉGONE 1079

(i) (Atlantique/Eaux douces)
   Se réfère généralement aux *Coregonidae* qui sont aussi désignées, par certains auteurs, comme *Leucichthys*.

(a) CORÉGONE DE LAC
   (Atlantique)

(b) + CORÉGONE CISCO
   (Eaux douces – Europe/Amérique du Nord)

(c) +
   (Eaux douces – Amérique du Nord)

(d) + CORÉGONE
   (Atlantique/Mer du Nord)

(e) + CORÉGONE BLANC
   (Eaux douces – Europe)

(f) + CORÉGONE LAVARET
   (Eaux douces – Europe)

(g) + CORÉGONE
   (Eaux douces – Europe)

[CONTD.]

1079 WHITEFISH (Contd.)

Marketed:
Fresh: whole, gutted, fillets.
Frozen: whole, gutted, fillets.
Smoked: split fish, wet- or dry-salted, drained and hot-smoked.
Roe: caviar substitute, canned.

Commercialisé:
Frais: entier, vidé; en filets.
Congelé: entier,vidé; en filets.
Fumé: tranché, salé en saumure ou à sec, égoutté et fumé à chaud.
Rogue: succédané de caviar, en conserve.

CORÉGONE (Suite) 1079

- **D** Felchen, Maräne
- **GR** Koregonos
- **J**
- **P** Coregono
- **YU**
- **DK** Helt
- **I** Coregone
- **N** Sik
- **S** Sik
- **FI** Siika
- **E** Coregono
- **IS**
- **NL** Marene
- **TR**

(ii) Name also used for + SEA TROUT (*Salmo trutta*).

1080 WHITE FISH MEAL

Fish meal made from surplus non-fatty fish or from processing waste from such fish; see + FISH MEAL.

FARINE DE POISSON MAIGRE 1080

Farine obtenue de surplus ou de déchets de poissons non gras; voir + FARINE DE POISSON.

- **D** Fischmehl
- **GR** Ichthyalevron
- **J** Howaito mîro
- **P** Farinha de peixe magro
- **YU** Riblje brašno iz bijele ribe
- **DK** Fiskemel
- **I** Farina di pesce
- **N** Fiskemel
- **S** Fismjöl av mager fisk, fiskmjöl av vitfisk
- **FI** Kalajauho valmistettu vähärasvaisesta kalasta
- **E** Harina de pescado
- **IS** Fiskmjöl
- **NL** Meel van magere zeevis
- **TR**

1081 WHITE HAKE

Urophycis tenuis

(Atlantic – N. America)
See also + HAKE.

PHYCIS BLANC 1081

(Atlantique – Amérique du Nord)
Voir + MERLU.

- **D** Gabeldorsch
- **GR**
- **J**
- **P** Abrótea branca
- **YU**
- **DK** Skægbrosmer
- **I** Musdea americana
- **N**
- **S**
- **FI**
- **E** Locha
- **IS**
- **NL**
- **TR**

1082 WHITE MARLIN

Tetrapturus albidus

(Atlantic – N. America)
See also + MARLIN.

MAKAIRE BLANC 1082

(Atlantique – Amérique du Nord)
Voir aussi + MARLIN et + MAKAIRE.

- **D** Weisser Marlin
- **GR**
- **J**
- **P** Espadim-branco-do-Atlântico
- **YU** Marlin
- **DK** Marlin, spydfisk
- **I** Marlin bianco
- **N**
- **S** Spjutfisk
- **FI** Valkomarliini
- **E** Aguja de costa
- **IS**
- **NL** Witte marlijn
- **TR**

1083 WHITE PERCH

Morone americanus

(Atlantic – U.S.A.)
See also + SEA BASS.

BAR BLANC D'AMERIQUE 1083

(Atlantique – États-Unis)
Voir + BAR.

- **D** Seebarsch
- **GR**
- **J**
- **P** Robalo do norte
- **YU**
- **DK** Bars
- **I** Spigola americana
- **N** Havabbor
- **S** Vitabborre
- **FI** Amerikanbassi
- **E**
- **IS**
- **NL**
- **TR**

1084 WHITE SHARK   GRAND REQUIN BLANC 1084
Carcharodon carcharias

(Cosmopolitan)
Belongs to the family *Lamnidae* (see +MACKEREL SHARK).
Also called MANEATER, WHITE POINTER, GREAT WHITE SHARK.
See also +SHARK.

(Cosmopolite)
De la famille des *Lamnidae* (voir +REQUIN-MAQUEREAU).

Voir aussi +REQUIN.

D	Menschenhai, Weisshai	**DK**	Blå haj	**E**	Jaquetón
GR	Skylópsaro sbríllios	**I**	Pescecane	**IS**	
J	Hójiro, hohojirozame	**N**		**NL**	Mensen haai
P	Tubarão-de-São-Tomé	**S**	Stor vit haj	**TR**	Karkarias
YU	Pas modrulj	**FI**	Valkohai		

1085 WHITE SHRIMP   CREVETTE AMÉRICAINE 1085

The name WHITE SHRIMP is used for several *Penaeus* species

Désigne plusieurs espèces *Penaeus*.

Penaeus setiferus
(a)   (Atlantic – N. America)
(a) CREVETTE LIGUBAM DU NORD (Atlantique – Amérique du Nord)

Penaeus schmitti
(b)   (Atlantic – S. America)
(b) CREVETTE LIGUBAM DU SUD (Atlantique – Amérique du Sud)

Peneaus occidentalis
(c)   (Pacific – S. America)
See also +PRAWN and +SHRIMP.
(c) CREVETTE ROYALE BLANCHE (Pacifique – Amérique du Sud)
Voir aussi +CREVETTE.

D		**DK**		**E**	Langostino
GR		**I**	Mazzancolla	**IS**	
J		**N**		**NL**	
P	Camarão-branco	**S**		**TR**	Karides türü
YU		**FI**			

1086 WHITE-SIDED DOLPHIN   DAUPHIN À FLANCS BLANCS 1086
Lagenorhynchus acutus

(North Atlantic)
See also +DOLPHIN.

(Atlantique Nord)
Voir +DAUPHIN.

D	Weisseiten-Delphin	**DK**	Hvideside, hvidskæving	**E**	
GR		**I**	Delfino fianchi-bianchi	**IS**	
J		**N**	Kvitskjeving	**NL**	Witflankdolfijn
P	Golfinho-branco	**S**	Vitsiding	**TR**	
YU		**FI**	Valkokuvedelfiini		

1087 WHITE SKATE   RAIE BLANCHE 1087
Raja alba

(Atlantic/Mediterranean)
Also called BORDERED SKATE, BURTON SKATE, BOTTLENOSE SKATE, OWL SKATE, WHITE-BELLIED SKATE.
See also +SKATE and +RAY.

(Atlantique/Méditerranée)

Voir +RAIE.

D		**DK**		**E**	Raya blanca
GR	Salahi	**I**	Razza bianca	**IS**	
J		**N**		**NL**	
P	Raia-teiroga	**S**	Spetsnosad rocka	**TR**	Vatoz
YU	Raža bjelica	**FI**	Pullonokkarausku		

1088 WHITE SOLE 1088

Name is used for +MEGRIM (*Lepidorhombus whiffiagonis*) and +WITCH (*Glyptocephalus cynoglossus*): both belong to the family *Pleuronectidae* (see +FLOUNDER).

Le mot "WHITE SOLE" (anglais) s'applique aux *Lepidorhombus whiffiagonis* (voir +CARDINE) et *Glyptocephalus cynoglossus* (voir +PLIE GRISE).

1089 WHITE STEENBRAS MARBRE DU CAP 1089

Lithognathus lithognathus

(South Africa) (Afrique du Sud)

  I Mormora africana P Ferreira branca

1090 WHITE STUMPNOSE SARGUE AUSTRAL 1090

Rhabdosargus globiceps

(S. Africa) (Afrique du Sud)

  P Sargo do Atlântico sudeste

1091 WHITETIP SHARK REQUIN OCÉANIQUE (Antilles) 1091

Carcharhinus longimanus

(Atlantic − N. America) (Atlantique − Amérique du Nord)

Aussi appelé RAMEUR (Canada).

See +REQUIEM SHARK. Voir +REQUIN-TIGRE

  D
  GR
  J
  P Tubarão de pontas brancas
  YU

  DK
  I Squalo alalunga
  N
  S
  FI Valkopilkkahai

  E
  IS
  NL
  TR

1092 WHITE WINGS 1092

Dried salted split cod that has had the black lining removed from the belly walls of the split fish.

See also +WING.

Morue salée, séchée et tranchée dont la membrane noire tapissant les parois abdominales a été enlevée.

Voir aussi +AILE.

1093 WHITING MERLAN 1093

Merlangius merlangus

(i) (North Atlantic/North Sea)

The name is also used to designate +SILVER HAKE (*Merluccius bilinearis*) belonging to the same family of *Gadidae*.
See also +BLUE WHITING.

Marketed:

Fresh: whole, gutted; single fillets or block fillets.
Frozen: fillets, single or block, with or without skin.
Smoked: cold-smoked block fillets, usually skinned, sometimes dyed, marketed fresh or frozen (+GOLDEN CUTLET).
Canned: meat.

(i) (Atlantique Nord − Mer du Nord)

Le nom désigne parfois le +MERLU ARGENTÉ (*Merluccius bilinearis*) de la même famille des *Gadidae*.
Voir aussi +POUTASSOU.

Commercialisé:

Frais: entier, vidé; filets séparés ou doubles.

Congelé: filets séparés ou doubles avec ou sans peau.

Fumé: filets doubles fumés à froid, parfois teints et vendus frais ou congelés.

Conserve: morceaux au naturel.

  D Wittling, Merlan
  GR Bakaliaros
  J
  P Badejo
  YU Ugotica

  DK Hvilling
  I Merlano, nasello atlantico
  N Hvitting
  S Vitling
  FI Valkoturska

  E Merlán, plegonero
  IS Lýsa
  NL Wijting
  TR Bakalyaro

[CONTD.]

1093 WHITING (Contd.)

(ii) In Australia the "WHITING" refers to *Sillago* spp. (which also might be called SILVER WHITING) belonging to the family *Sillaginidae*: GOLDEN-LINED WHITING (*Sillago analis*). SAND WHITING (*Sillago ciliata*), SCHOOL WHITING (*Sillago bassensis*). TRUMPETER WHITING (*Sillago maculata*). KING GEORGE WHITING (*Sillaginodes punctatus*) is important in Australia.

MERLAN (Suite) 1093

(ii) En Australie "WHITING" désigne les *Sillaginidae*.

1094 WHOLE FISH / POISSON ENTIER 1094

(i) Fish as captured, ungutted. Also called + ROUND FISH (U.S.A.), and + GREEN FISH (New Zealand).

(ii) In U.K. the term is also employed for + GUTTED FISH as distinct from fillets, particularly in freezing.

(i) Poisson tel que pêché, non vidé. Appelé aussi + POISSON ROND (E.U.).

(ii) En Grande-Bretagne, le terme peut désigner aussi un + POISSON VIDÉ, pour le distinguer des filets, surtout dans les produits congelés.

- **D** Ganzer Fisch
- **GR**
- **J** Zengyotai, maru, hôru
- **P** Peixe inteiro
- **YU** Cijela riba
- **DK** Hel fisk, urenset fisk
- **I** Pesce intero non trattato
- **N** Rund fisk
- **S** Hel fisk
- **FI** Pyöreä kala
- **E** Pescado entero
- **IS** Óslægður fiskur
- **NL** Ongestripte vis, dichte vis
- **TR** Bütün balık

1095 WHOLE MEAL / FARINE ENTIÈRE ou COMPLÈTE 1095

+ PRESS CAKE mixed with + CONDENSED FISH SOLUBLES and dried along with it to give a WHOLE MEAL or FULL MEAL.

See also + FISH MEAL.

+ GÂTEAU DE PRESSE mélangé à des + SOLUBLES DE POISSON et séchés ensemble pour donner une FARINE ENTIÈRE ou COMPLÈTE.

Voir aussi + FARINE DE POISSON.

- **D** Vollmehl
- **GR** Ichthyaleoron
- **J** Gyo-Fun
- **P** Farinha de peixe completa
- **YU** Potpuno riblje brašno
- **DK** Helmel
- **I** Farina di pesce
- **N** Helmel
- **S**
- **FI** Pyöreästä kalasta valmistettu kalajauho
- **E** Harina de pescado
- **IS** Kjarnamjöl
- **NL** Vol vismeel
- **TR**

1096 WIND DRIED FISH / POISSON SÉCHÉ AU VENT 1096

Fish dried naturally in the wind, e.g. + STOCKFISH.

See also + DRIED FISH.

Poisson séché naturellement au vent, ex.: + STOCKFISH.

Voir aussi + POISSON SÉCHÉ.

- **D** Luftgetrockneter Fisch
- **GR** Liokafto
- **J** Fû-kan gyo
- **P** Peixe seco ao ar
- **YU** Riba sušena na zraku
- **DK** Lufttørret fisk
- **I** Pesce seccato all' aperto
- **N** Vindtørket fisk
- **S** Lufttorkad fisk
- **FI** Ilmakuivattu kala, ahava kala
- **E** Pescado secado a pleno aire
- **IS** Harðfiskur, skreið
- **NL** Windgedroogde vis
- **TR** Rüzgarda kurutulmuş balık

1097 WING / AILE 1097

Part of the body of some muscled flat fish, e.g. the edible part of skates; in France also refers to the belly walls of salted cod.

See also + WHITE WINGS.

Partie du corps de certains poissons plats et musclés; ex.: partie comestible des raies. En France, le terme s'emploie aussi pour désigner les parois abdominales de la morue salée.

Voir aussi + WHITE WINGS.

- **D** Flügel
- **GR** Pterigia
- **J**
- **P** Asa
- **YU** Krilo ribe
- **DK** Vinger
- **I** Ala
- **N** Vinge (rokkevinge)
- **S** Vingar (ex. Rockvingar)
- **FI** Siipi, rauskun osa
- **E**
- **IS** Börð, þunnildi
- **NL** Vleugel
- **TR** Kanat

1098 WINKLE — BIGORNEAU 1098

LITTORINIDAE
LUNATIA spp.

(Atlantic – Europe/North America)   (Atlantique – Europe/Amérique du Nord)
Most important single species is: L'espèce la plus importante est:
Littorina littorea

+ PERIWINKLE   + BIGORNEAU
(Atlantic – Europe)   (Atlantique – Europe)
In North America the name "WINKLE" is also used to designate + COCKLE (*Cardidae*).

D Strandschnecke	**DK** Strandsnegl	**E** Bígaro
GR	**I** Chiocciola di mare	**IS** Doppa, fjörudoppa
J Tamakibi	**N** Strandsnegl	**NL** Alikruik, kreukel
P Borrelho, burrié	**S** Strandsnäcka	**TR** Deniz salyangozu
YU Pužić morski	**FI** Rantakotilo, liitorinakotilo	

1099 WINTER FLOUNDER — LIMANDE PLIE ROUGE 1099

Pseudopleuronectes americanus

(Atlantic – North America)   (Atlantique – Amérique du Nord)
Belonging to the family *Pleuronectidae*.   De la famille des *Pleuronectidae*.
Also called BLACKBACK, + LEMON SOLE (when more than 2½ lb weight).
See + FLOUNDER.   Voir + FLET.

D Winterflunder	**DK**	**E** Mendo limon
GR Chomatída	**I** Sogliola limanda	**IS** þykkvalúra
J	**N**	**NL**
P Solhã de inverno	**S** Vinterflundra	**TR**
YU	**FI** Mustaselkäkampela	

1100 WINTER SKATE — RAIE TACHETÉE 1100

Raja ocellata

(Atlantic – N. America/Mediterranean)   (Atlantique – Amérique du Nord/Méditerranée)
See also + SKATE.   Voir + RAIE.

D	**DK**	**E**
GR	**I** Razza occhiata	**IS**
J	**N**	**NL** Spiegelrog
P Raia-inverneira	**S**	**TR**
YU	**FI** Täpläräusku	

1101 WITCH — PLIE CYNOGLOSSE 1001

Glyptocephalus cynoglossus

(i) (North Atlantic)   (i) (Atlantique Nord)
Belonging to the family *Pleuronectidae* (see + FLOUNDER).   De la famille des *Pleuronectidae* (voir + FLET).
In North America called WITCH FLOUNDER; also called CRAIG FLUKE, GRAY SOLE (U.S.A.), PALE FLOUNDER, PALE DAB, TORBAY SOLE; WHITE SOLE, WITCH. The name "RUSTY DAB" might also be used, but refers also to + YELLOWTAIL FLOUNDER (*Limanda ferruginea*).   Connue encore sous le nom de CYNOGLOSSE.

(ii) Marketed fresh (whole, gutted, or fillets).   (ii) Commercialisée fraîche (entière et vidée, ou en filets).

In New Zealand refers to *Arnoglossus scapha* (family *Bothidae*), sometimes called CADGER'S FISH.   En Nouvelle-Zélande WITCH (anglais) se réfère à *Arnoglossus scapha* (famille des *Bothidae*).

D Rotzunge	**DK** Skærising	**E** Mendo falsó lenguado
GR	**I** Passera lingua di cane	**IS** Langlúra
J	**N** Mareflyndre, smørflyndre	**NL** Witje, hondstong
P Solhão	**S** Rödtunga	**TR**
YU	**FI** Mustaeväkampela	

1102 WOLFFISH 1102

Name mainly employed in North America for MARINE CATFISH (*Anarhichas* spp.).
See + CATFISH.

Nom employé principalement en Amérique du Nord pour les *Anarhichas* sp.
Voir + LOUP.

- **D** Katfisch, Wasserkatze
- **GR**
- **J**
- **P** Peixe-lobo
- **YU**
- **DK** Havkat
- **I** Bavosa lupa
- **N** Steinbit
- **S** Havskalt fiskar
- **FI** Merikissa
- **E** Lobo
- **IS** Steinbítur
- **NL** Zeewolf
- **TR**

1103 WRASSE LABRE 1103
LABRIDAE

(Atlantic/Mediterranean/Pacific – Europe/N. America)
More particularly:

(Atlantique/Méditerranée/Pacifique – Europe/Amérique du Nord)
Et en particulier:

Pimelometopon darwini or/ou *Semicossyphus darwini*
LABRE CAMOTE

(Pacific – S. America)
This family includes also the following species:

(Pacifique – Amérique du Sud)
Cette famille comprend encore les espèces ci-dessous:

Labrus bergylta

(a) + BALLAN WRASSE
(Atlantic/Mediterranean)

(a) + VIEILLE COMMUNE
(Atlantique/Méditerranée)

Semicossyphus pulcher or/ou *Pimelometopon pulchrum*

(b) CALIFORNIA SHEEPSHEAD
(Pacific – North America)
See + SHEEPSHEAD.

(b) LABRE CALIFORNIEN
(Pacifique – Amérique du Nord)
Voir + MALACHIGAN D'EAU DOUCE.

Tautogolabrus adspersus

(c) + CUNNER
(Atlantic – U.S.A.)

(c) + LIMBERT ACHIGAN
(Atlantique E.U.)

Lachnolaimus maximus

(d) HOGFISH
(Atlantic – U.S.A.)

(d) LABRE CAPITAINE
(Atlantique E.U.)

Ctenolabrus rupestris

(e) ROCK COOK
(Atlantic – Europe)

(e)
(Atlantique – Europe)

Tautoga onitis

(f) + TAUTOG
(Atlantic – U.S.A.)

(f) + MATIOTE NOIR
(Atlantique E.U.)

- **D** Lippfisch
- **GR** Chilóu
- **J** Bera
- **P** Bodião
- **YU** Vrana
- **DK**
- **I** Labridi
- **N** Leppefisker
- **S** Läppfiskar, gyltor
  - (a) Berggylta
  - (e) Stensnultra
- **FI** Huulikala
- **E**
- **IS**
- **NL** Lipvis
- **TR** Lâpin

For (a) and (c) see also separate entry.
Pour (a) et (c) voir aussi la rubrique individuelle.

1104 WRECKFISH CERNIER ATLANTIQUE 1104
POLYPRION spp.
Polyprion americanus

(a) WRECKFISH
(Atlantic/Mediterranean)
Also called WRECK BASS, STONE BASS, BAFARO (South Africa).

(a) CERNIER COMMUN
(Atlantique/Méditerranée)
Appelé aussi CERNIER BRUN.

[CONTD.]

1104 WRECKFISH (Contd.)   CERNIER ATLANTIQUE (Suite) 1104
                              Polyprion oxygeneios
(b) + HAPUKU   (b) + CERNIER DU JUAN FERNANDEZ
     (Australia/New Zealand/S. America)   (Australie, Nouvelle-Zélande/Amérique S.)
     Also called GROPER.
                              Polyprion moeone
(c) BASS GROPER
     (Australia/New Zealand)

Belong to the family *Serranidae* (see + SEA   De la famille des *Serranidae*.
BASS).

D	Wrackbarsch	DK	Vragfisk	E	Cherna
GR	Vláchos	I	Cernia di fondale	IS	Rekaldsfiskur
J		N	Vrakfisk	NL	Wrakbaars
P	Cherne	S	Vrakfisk, vrakabborre	TR	Iskorpit hanisi
YU	Kirnja glavulja	FI	Hylkyahven		

1105 YAKIBOSHI (Japan)   YAKIBOSHI (Japon) 1105

Products dried after boiling or toasting; fish such as porgy, sardine, anchovy, goby, pond smelt are processed as round, usually gutted and skewered with bamboo pins; in the case of conger eel, shark etc., split fish or meat slices are also used; Yakiboshi is usually subjoined by the name of fish, e.g. YAKIBOSHI-AYU (from ayu sweetfish), YAKIBOSHI-IWASHI (from sardine or anchovy), YAKIBOSHI-HAZE (from goby) etc.

Produits séchés après avoir été bouillis ou grillés; les poissons tels que spare, sardine, anchois, gobie, éperlan sont préparés entiers, généralement vidés et fixés sur des pousses de bambou; pour le congre, requin, etc., le poisson est tranché ou découpé en tranches; Yakiboshi est habituellement suivi du nom du poisson employé, ex.: YAKIBOSHI-AYU (d'ayu), YAKIBOSHI-IWASHI (de sardine ou d'anchois), YAKIBOSHI-HAZE (de gobie), etc.

1106 YAWLING   1106

Small herring.   Petit hareng.
Also called + SILD.   Voir + HARENG.
See + HERRING.

D		DK		E	Arenque pequeño
GR		I		IS	Smásíld
J	Konishin	N	Småsild	NL	Toter
P	Arenque pequeno	S	Småsill, småströmming	TR	
YU		FI	Pikkusilli		

1106.1 YELLOWBELLY FLOUNDER   1106.1
                              Rhombosolea leporina
(New Zealand)   (Nouvelle-Zélande)
Family *Pleuronectidae*. Also simply called FLOUNDER, which in general also includes the New Zealand DAB or + SAND FLOUNDER.
Famille des *Pleuronectidae*.

Marketed: **Commercialisé:**
Fresh: whole, gutted.   Frais: entier, étêté.
Frozen: whole, gutted; sometimes filleted.   Congelé: entier, étêté; parfois en filets.
Large fish called SOCKERS sometimes filleted.   De gros poissons appelés SOCKERS (anglais) sont parfois mis en filets.

D		DK		E	
GR		I		IS	
J	Karei	N		NL	
P		S		TR	
YU					

1107 YELLOW CROAKER   COURBINE JAUNE 1107
Pseudosciaena manchurica

(Japan/China/Korea)
Marketed fresh; highly prized for Chinese dishes.
See also + CROAKER.
J Kinguchi

(Japon/Chine/Corée)
Commercialisé frais; très apprécié dans la cuisine chinoise.
Voir aussi + TAMBOUR.

1107.1 YELLOW-EYE MULLET   1107.1
Aldrichetta forsteri

(Australia/New Zealand)
Often called HERRING or SPRAT in New Zealand.
See + MULLET.
Marketed whole, fresh, smoked (kippers) or as "rollmops".

(Australie/Nouvelle-Zélande)
Appelé souvent HERRING ou SPRAT en Nouvelle-Zélande.
Voir + MUGE.
Commercialisé entier, frais, fumé (façon kipper) ou façon rollmops.

1108 YELLOWFIN TUNA   ALBACORE 1108
Thunnus albacares or/ou *Neothunnus albacares*

(Cosmopolitan)
Also called AUTUMN ALBACORE, ALLISON'S TUNA.
It should be noted that, in English, the name "ALBACORE" refers to *Thunnus alalunga* (see + ALBACORE).
Second in importance to + SKIPJACK in world tuna catch.
Together with + SKIPJACK and + BLUEFIN, forms the light meat pack for canning.
See also + TUNA.

(Cosmopolite)
Appelé aussi THON À NAGEOIRES JAUNES (statistiques internationales).
Il faut remarquer que, en anglais, le nom "ALBACORE" désigne l'espèce *Thunnus alalunga* (voir + GERMON ATLANTIQUE).
Au second rang, après le + LISTAO pour l'importance des captures.
Mis en conserve, comme le + LISTAO et le + THON ROUGE.
Voir + THON.

D Gelbflossenthun
GR Tonnos macrypteros
J Kiwadamaguro, kiwada
P Atum albacora, Albacora
YU Žutorepi tunj

DK Gulfinnet tunfisk
I Tonno albacora
N Albacore
S
FI Keltaevätonnikala

E Rabil
IS
NL Geelvintonijn
TR

1109 YELLOW FISH (U.K.)   1109
Any white fish, split or filleted, cold smoked.   Tout poisson maigre, tranché ou fileté, fumé à froid.

1110 YELLOW GURNARD   GRONDIN PERLON 1110
Trigla lucerna

(Atlantic/Mediterranean)
Also called + LATCHET(T), SAPPHIRINE GURNARD, TUB, TUBFISH.
See + GURNARD.

(Atlantique/Méditerranée)
Appelé aussi TOMBE, TOMBETTES, GRONDIN GALINETTE.
Voir + GRONDIN.

D Roter Knurrhahn
GR Selachi
J
P Cabra-cabaço
YU Lastavica balavica, kokot balavica

DK Knurhane
I Capone gallinella
N
S Fenknot
FI Isokurnusimppu

E Bejel
IS
NL Rode poon
TR Kırlangiç balığı

1111 YELLOW PERCH   PERCHE CANADIENNE 1111
Perca flavescens

(Freshwater – N. America)
See + PERCH.

(Eaux douces – Amérique du Nord)
Appelé aussi PERCHAUDE
Voir + PERCHE.

[CONTD.]

1111 YELLOW PERCH (Contd.)   PERCHE CANADIENNE (Suite) 1111

- **D** Amerikanischer Flussbarsch
- **DK**
- **E**
- **GR**
- **I** Persico dorato
- **IS**
- **J**
- **N**
- **NL** Amerikaanse gelebaars
- **P** Perca
- **S** Amerikansk abborre
- **TR**
- **YU**
- **FI** Kelta-ahven

1112 YELLOW SEA BREAM   1112
Taius tumifrons

(Japan and China)
Important food fish in Japan and China; marketed fresh or frozen.
See also + SEA BREAM.

J Kidai, renko, renkodai

(Japon et Chine)
Très important dans l'alimentation au Japon et en Chine; commercialisé frais ou surgelé.
Voir aussi + DORADE.

1113 YELLOW SOLE   PETITE SOLE JAUNE 1113
Buglossidium luteum

(Atlantic/Mediterranean)
Also called LITTLE SOLE, SOLENETTE.
Too small to be of interest commercially.

(Atlantique/Méditerranée)
Trop petite pour être d'un intérêt commercial.

- **D** Zwergzunge
- **DK** Glastunge
- **E** Tambor
- **GR** Glóssa
- **I** Sogliola gialla
- **IS** Dvergsólflúra
- **J**
- **N** Glasstunge
- **NL** Dwergtong
- **P** Linguado-amarelo
- **S** Småtunga
- **TR** Dil balığı
- **YU** List piknjavac
- **FI** Pikkukielikampela

1114 YELLOWTAIL FLOUNDER   LIMANDE À QUEUE JAUNE 1114
Limanda ferruginea

(Atlantic – N. America)
Belonging to the family *Pleuronectidae* (see + FLOUNDER).
Also called SANDY DAB, RUSTY DAB, MUD DAB, YELLOWTAIL.
Marketed fresh or frozen.

(Atlantique – Amérique du Nord)
De la famille des *Pleuronectidae* (voir + FLET).

Commercialisée fraîche ou congelée.

- **D**
- **DK** Ising
- **E**
- **GR** Chomatída
- **I** Limanda
- **IS**
- **J**
- **N** Sandflyndre
- **NL**
- **P** Solha dos mares do norte
- **S**
- **TR**
- **YU** Iverak
- **FI** Ruostekampela

1115 YELLOWTAIL KINGFISH   1115
Seriola grandis

(Australia)
(Australie)

I Ricciola australiana

1116 YELLOWTAIL   SÉRIOLE 1116
SERIOLA spp.

(i) (Cosmopolitan)
Also called AMBERJACK.
Marketed canned, sometimes as tuna, though not tuna family: family of *Carangidae* (see + JACK).

(i) (Cosmopolite)
Commercialisée en conserve, parfois sous le nom de thon bien que n'appartenant pas à la famille des thons; de la famille *Carangidae* (voir + CARANGUE).

[CONTD.]

1116 YELLOWTAIL (Contd.)   SÉRIOLE (Suite) 1116

Seriola lalandi

(a) (South Africa)

(a) SÉRIOLE CHICARD (Afrique du Sud.)

Seriola dorsalis

(b) CALIFORNIA YELLOWTAIL (Pacific – U.S.A.)

(b) SÉRIOLE CHICARD (Pacifique E.U.)

Seriola zouata

(c) BANDED RUDDERFISH (Atlantic – U.S.A.) Also called JACK.

(c) SÉRIOLE GUAIMEQUE (Atlantique E.U.)

Seriola quinqueradiata

(d) (Japan and Korea)
Cultured in Japan; marketed fresh, salted, dired, also canned (smoked meat packed in oil).

(d) (Japon et Corée)
Cultivée au Japon; commercialisée fraîche, salée, séchée, également en conserve (chair fumée recouverte d'huile).

Seriola dumerili

(e) GREATER AMBERJACK (Atlantic/Mediterranean)

(e) SÉRIOLE COURONNÉE (Atlantique/Méditerranée)

Seriola hippos

(f) SAMSON FISH (Australia)
Also called SEA KINGFISH.

(f) SÉRIOLE AUSTRALIENNE (Australie)

D Gelbschwanz, Bernsteinfisch	**DK**	**E** Serviola
GR Magiatiko	**I** Ricciola	**IS**
J Buri, warasa, inada	**N**	**NL**
P (a) Charuteiro-azeite (e) Charuteiro-catarino	**S**	**TR** Sarı kuyruk
YU Orhani, gofi	**FI** Piikkimakrilli	

(ii) Name also used for + SILVER PERCH (*Bairdiella chrysura*) (family *Sciaenidae*) and + YELLOWTAIL FLOUNDER (*Limanda ferruginea*) (family *Pleuronectidae*).

1117 ZANTHE 1117

Abramis vimba

(Freshwater – Europe)
Occasionally eaten.

(Eaux douces – Europe)
Occasionnellement consommé.

D Zährte	**DK**	**E**
GR Gadína mavromáta	**I** Vimba	**IS** Strandslabbi
J	**N**	**NL**
P	**S** Vimma	**TR** Kara balık
YU	**FI** Vimpa	

INDEXES/INDEX

English/anglais	318	Icelandic/islandais (IS)	402
French/français	338	Japanese/japonais (J)	406
Scientific names/noms scientifiques	352	Norwegian/norvégien (N)	411
German/allemand (D)	370	Dutch/néerlandais (NL)	415
Danish/danois (DK)	377	Portuguese/portugais (P)	421
Spanish/espagnol (E)	381	Swedish/suédois (S)	428
Finnish/finlandais (FI)	386	Turkish/turc (TR)	434
Greek/grec (GR)	392	Serbo-croat/serbo-croate (YU)	438
Italian/italien (I)	395		

ENGLISH/ANGLAIS

Note: Figures in index refer to item numbers/Les nombres figurant dans l'index se réfèrent aux numéros des rubriques.

A

aalpricken	1
abalone	2, 659
abbot	3
Aberdeen smokie	913
acid cured fish	4
African catfish	177
agar	5
agar-agar	5
age-kamaboko	506
air-bladder	1000
ajitsuke-nori	638
Alaska deep sea crab	521
Alaska plaice	714
Alaska pollack	6
Alaska scallop	835
Alaska Scotch cured herring	7
albacore	8
alewife	9
Alfonsino	9.1
alginates	10
alginic acid	10
alkaline cured fish	574
allice shad	11
Allison's tuna	1108
allis shad	11
allmouth	28
amarelo cure	12
ambergris	13
amberjack	1116
ambreine	13
ame	1045
American butterfish	163, 967
American eel	14
American goosefish	28
American John Dory	500
American oyster	661
American plaice	15
American sand lance	817

American shad	16
American smelt	911
anchosen	17
anchoveta	18
anchovis	20
anchovy	19
anchovy butter	21
anchovy cream	22
anchovy essence	23
anchovy paste	24
angel	25
angel fillet	315
angelfish	26
angel shark	27
angler	28, 614
anglerfish	28
angular rough shark	473
animal feeding stuffs	29
antibiotic ice	30
antibiotics	30
aoita-kombu	535
ao-nori	638
appertisation	31
appetitsild	32
arapaima	33
Arbroath smokie	34
Arctic char	35
Arctic cod	719, 1062
Arctic flounder	36
Arctic lamprey	548
Arctic right whale	412
Arctic smelt	911
argentine	37
argentine silverside	900
arkshell	38
armed gurnard	39
arrow squid(s)	965
arrowtooth flounder	40
arrowtooth halibut	41
artificial crab sticks	233.1
aspic herring	456, 534
atarama	1003

atherine	42
atka mackerel	43
Atlantic angel shark	27
Atlantic argentine	37
Atlantic bonito	44
Atlantic catfish	177
Atlantic croaker	45
Atlantic cutlassfish	253
Atlantic guitarfish	423
Atlantic hake	432, 898, 936
Atlantic halibut	436
Atlantic little tunny	565
Atlantic mako	581
Atlantic manta	584
Atlantic menhaden	596
Atlantic moonfish	615
Atlantic round herring	796
Atlantic sailfish	801
Atlantic salmon	46
Atlantic saury	79, 829
Atlantic seasnail	857
Atlantic sharpnose shark	878
Atlantic silverside	900
Atlantic spadefish	937
Atlantic sturgeon	985
Atlantic threadfin	1012
Atlantic thread herring	1013
Atlantic tomcod	1026
Atlantic torpedo	296
Atlantic tuna	102
Auchmithie cure	34
Auckland islands crab	949
aureomycin	30
Australian bonito	662
Australian herring	47
Australian salmon	47, 504
Australian Spanish mackerel	524

autumn albacore	1108	
axillary bream	48	
ayu sweetfish	49	

B

bacalao	50
bafaro	1104
bagoong	51
bagoong tulingan	52
bakasang	53
baked herring	54
balachong	55
balao	433
balao halfbeak	433
balbakwa	56
balik	57
ballan wrasse	58
ballyhoo	433
Baltic herring	59
balyk	57
banana prawn	737
bandang	605
banded guitarfish	423
banded morwong	617.1
banded rudderfish	1116
bandeng	605
banjo	903
barbecued Alaska cod	800
barbecued fish	60
bar clam	194
barfish	844
barnacle	61
barracouta	62
barracuda	63
barramundi	64
barred Spanish mackerel	866
barrelled salted cod	695
bartail flathead	356
basking shark	65
bass	66
bass groper	440.1, 1104
bastard brill	1031
bastard halibut	67
bastard sole	1010
bay anchovy	19
bay scallop	68
bay shrimp	893
beaked whale	69
bearded horse mussel	622

Beaumaris shark	727
bèche de mer	850
becker	679
beheaded fish	449
bekkô	70
belachan	1036
beleke	479
belted bonito	44
beluga	71
beluga caviar	179
beluga whale	72
berghilt	73
berghylt	73
bergylt	73
Bering wolffish	177
bernfisk	74
bervie cure	430
bib	732
bichir	75
bigeye	76
bigeyed cardinal fish	172
bigeye tuna	77
bight redfish	765
bigscale pomfret	723
big-scale sand smelt	900
big skate	78
billfish	79
binoro	80
Biscayan right whale	639
Bismark herring	81
bisque	82
blackback	1099
black-barred halfbeak	433
black bass	83
black-bellied angler	28
black bonito	201
black bullhead	177
black caviar	179
black cod	84
black crappie	234
black croaker	85
black dogfish	271
black dory	656.3
black drum	86
blackfish	433, 633
blackfoot paua	685.1
black grouper	419
black hake	432
black halibut	411
black Jewfish	389, 419

black oreo	656.3
blackline tilefish	1019
blacklip abalone	2
black marlin	87
black-mouthed dogfish	88
black mullet	620
black oreo dory	88.1
black perch	633
black pollack	802
black pomfret	723
black right whale	639
black salmon	191
black sea bass	89
black sea bream	90
Black Sea sprat	518
black shark	90.1, 853.1
black skipjack	510.1, 565
black snapper	921
black sole	221
blackspot sea bream	90.2
blacktail	859
blacktip shark	91
black whale	639
blanquillo	1019
bleak	92
blister pearl	686
bloater	93
bloater paste	94
bloater stock	95
blochan	802
Bloch's topknot	1031
block fillet	254, 315, 400
blocks (frozen)	95.1
blonde	96
blubber	97
bludger	98
blueback	210, 925
blueback herring	872
blue bream	1066.1
blue catfish	177
blue cod	99
blue crab	100
blue dog	101
blue eye	1066.1
bluefin tuna	102
bluefish	103
blue grenadier	432, 466.1
blue hake	432, 466.1
blue halibut	411
bluejaw	1066.1

blueline tilefish	1019	
blue ling	104	
blue mackerel	577	
blue maomao	434	
blue marlin	105	
blue moki	611.1	
blue mussel	106	
bluenose	1037.1, 1066.1	
blue perch	249	
blue pike	703	
blue point oyster	107	
blue runner	490	
blue sea cat	108	
blue shark	109	
blue shrimp	893	
blue skate	353	
blue stingray	976	
bluet	353	
bluetail mullet	620	
blue warehou	1066.1	
blue whale	110	
blue whaler	109	
blue whiting	111	
boarfish	111.1	
bodara	112	
Boddam cure	430	
boette	113	
bogue	114	
bokkem	115	
bolti	1018	
Bombay duck	116	
boned fish	117	
bonefish	118	
boneless cod	119	
boneless fish	120	
boneless kipper	121	
boneless salt cod fillet		122
boneless smoked herring		123
bonga	124	
bonita	1066.1	
bonito	125, 565	
bonito shark	126	
bonnetmouths	798.1	
bony bream	143	
book	486	
bordered skate	1087	
boreoatlantic gonate squid	965	
Boston bluefish	802	
Boston mackerel	127	
botargo	128	
bottarga	128	
bottlenosed dolphin	129	
bottlenosed whale	130	
bottlenose skate	1087	
bottomfish	418.1	
bouillabaisse	131	
bow fin	132	
bowhead	412	
boxed stowage	133	
brado	134	
brailles	291	
braize	228, 763.1	
bramble shark	952	
bran	135	
branco cure	136	
brandade	137	
branded herring	138	
bratbückling	139	
bratfischwaren	140	
brathering	141	
bratheringsfilet	141	
bratheringshappen	141	
bratmarinaden	140, 585	
bratrollmops	142	
Brazilian shrimp	893	
bream	143	
breet	1050	
brett	144	
brill	144	
brim	846	
brine	145	
brine cured fish	695	
brined fish	146	
brine packed fish	695	
brisling	147	
brismak	1053	
brisoletten	319	
brit	148	
britt	1050	
brittle star	967	
broad barred mackerel		524
broadbill (swordfish)	1002	
broad-nosed eel	294	
broad squid	965	
bronze whaler	149	
brook char	150	
brook charr	149.1	
brook lamprey	548	
brook silverside	900	
brook trout	150	
brown algae	151	
brown bullhead	177	
brown cat shark	152	
brown shrimp	153	
brown tiger prawn	737	
brown trout	859, 1044	
browny	1031	
Bryde's whale	867	
buckie	690, 1072	
bückling	154	
bücklingsfilet	155	
buck mackerel	468	
Buddha's ear	156	
buffalo cod	563	
buffalofish	987	
bulk cure	515, 812	
bulk salted fish	515	
bulk stowage	157	
bullet mackerel	157.1, 372	
bullet tuna	157.1	
bull frog	158	
bullhead	842	
bull huss	550	
bullnose ray	292	
bull ray	292	
bulls-eye	172	
bull shark	159	
bull trout	272, 859	
bulti	1018	
bumalo	116	
bummalow	116	
bunker	596	
burbot	160	
buro	161	
Burton skate	1087	
butt	162	
butt cure	695	
butt salted fish	695	
butter clam	194	
butterfish	163	
butterfly fillet	315	
butterflyfish	164	

butterfly ray	976	caplin	170	clam	194
butterfly skate	247	caqués	171	clam broth	196
C		cardinalfish	172	clam chowder	195
		Caribbean spiny lobster		clam extract	196
caballa blanca	854		235	clam juice	196
cabezone	842	carne a carne	173	clam liquor	196
cabio	201	carpet shell	174	clam madrilene	194
cabrilla	419	carp	175	clam nectar	196
cachalot	945	carrageen	176	cleansed shellfish	198
cadger's fish	1101	carrageenin	176	clipped herring	252, 636
caffeine	421	carrageen moss	484	clipped roe fish	199
calamaro	965	carter	594	close fish	34
calcium carbonate	884	catfish	177	clovis	174
calico bass	234	cat shark	271, 876	coal cod	800
calico salmon	193	caveached fish	178	coalfish	200
calico scallop	835	caviar	179	coalfish whale	867
California corbina	526	caviare	179	cobbler	201.1, 839
California halibut	165	caviar substitutes	180	cobia	201
California Moray	616	cero	181	cockle	194, 202
Californian bluefin	102	ceviche	870	coco croaker	244
Californian bonito	662	cervalle	490	cod	203, 419
Californian grey whale		chad	846	cod caviar	180
	664	chain dogfish	271	cod cheeks	204
Californian grunion	900	chain pickerel	704	cod dry	450
Californian pilchard	166	channel bass	757	cod extra hard dried	450
Californian scorpionfish		channel catfish	177	codfish brick	205
	839	char	182	cod hard dried	450
Californian spiny lobster		chat haddock	183	codling	206
	235	cherry salmon	184	cod liver meal	207
California round		cherrystone	741	cod liver oil	208
herring	796	chicken halibut	436	cod liver paste	209
California sheepshead	881,	chikuwa	185	cod meal	332
	1103	Chilean bonito	662	cod ordinary cure	450
California sole	301	Chilean hake	186	cod semi dry	450
California yellowtail	1116	Chilean pilchard	187	cod soft dried	450
calipash	167	chilled fish	188	coho	210
calipee	167	chill storage	189	Colchester	629
calagh	720	chimaera	190	cold-smoked fish	211
canary	669	chinook	191	cold storage	212
candlefish	304	chitin	884	coley	802
canned brisling	147	chogset	249	Colombo cure	213
canned fish	168	Christiania anchovy	20	comber	214
canned herring	454	chub	543	comb shell	38
canned sardine	454	chub mackerel	192	commercial nape fillet	
canned sild	454	chub salmon	191		315
Cape Cod scallop	68	chum	193	commercial scallop	835
Cape hake	169	chum salmon	193	Commerson's mackerel	
Cape Hope squid	965	cigarfish	468		866
capelin	170	cisco	543	common bream	143

common cockle	215	
common dab	258	
common dolphin	216	
common fin-back	318	
common grey mullet	620	
common halfbeak	433	
common hammerhead	439	
common leatherjacket	241.1	
common lobster	306, 567	
common mussel	106, 622	
common oyster	217	
common pompano	724	
common porpoise	129, 730	
common prawn	218	
common rorqual	318, 792	
common roughy	794.2	
common scallop	835	
common sea bream	90.2, 275, 846	
common shore crab	219	
common shrimp	220	
common sole	221	
common spiny fish	693	
common squid	965	
common stingray	976	
common tiger prawn	737	
common topknot	1031	
common warehou	1066.1	
common white sucker	987	
conch	222	
condensed fish solubles	223	
conger	224	
conger eel	224	
cooked marinade	534	
coon-stripe	893	
coquille St. Jacques	835	
coquina clam	225	
copper shark	149	
coral	226	
corb	244	
corned alewives	227	
corvina	227.1, 283, 870	
Crouch's sea bream	228	
Couch's whiting	111.1	
count	229	
court-bouillon	230	
cow shark	876	
crab	231	
crab cakes	232	
crab flavour sticks	233.1	
crab flavoured sticks	233.1	
crab meat	233, 233.1	
crab Newburg	231	
crab sticks	233.1	
Craig fluke	1101	
crappie	234	
crawfish	235	
crawfish butter	236	
crawfish flour	237	
crawfish meal	237	
crawfish soup	238	
crawfish soup extract	239	
crawfish soup powder	237	
crayfish	241	
crayfish bisque	240	
creamfish	241.1	
crevalle	242, 490	
crevalle Jack	242	
crimson sea bream	243	
croaker	244	
crocus	45	
crooner	416	
crosscut fillet	315	
Crown Brand	245	
crucian carp	246	
Cuban dogfish	271	
cub shark	159	
cuckoo gurnard	760	
cuckoo ray	247	
cultus cod	563	
cummalmum	248	
cunner	249	
curled octopus	653	
cusk	250	
cusk eel	251	
cut herring	252	
cutlassfish	253	
cutlet	254	
cut lunch herring	255	
cut spiced herring	256	
cutthroat trout	1044	
cuttlefish	257	
cybium	866	
cyprine	652	

D

dab	258, 1106.1	
daeng	259	
Danube salmon	260	
dark electric ray	296	
darkie charlie	853.1	
dark ghost shark	388.2	
dark torpedo	296	
dart	724	
darter	689	
Darwen salmon	693	
date shell	261	
Davidson's whale	607	
deep frozen fish	377	
deepsea cod	261.1	
deepsea flathead	356	
deep sea perch	854	
deep sea smelt	37	
deepsea travalla	1037.1, 1066.1	
deep water prawn	262	
deep water red shrimp	262	
dehydrated fish	263	
deirak	866	
delicatessen fish products	264	
delicatessild	264	
delikatesill	264	
delikatessild	264	
demersal fish	418.1	
descargamento	265	
desiccated codfish	892	
devilfish	266	
devil ray	584	
diamond	819	
diamond-scaled mullet	620	
diamond turbot	1050	
diced fish	267	
digby	454	
digby chick	268	
dinailan	269	
djirim	270	
dog	271	
dog cockle	38	
dogfish	271	
dogfish shark	271, 876	
dog salmon	193, 804	
dog's teeth	549	

dog-tooth tuna	799	eastern rock lobster	235	fibred codfish	892		
dollar fish	163	edible crab	293	fiddle fish	27		
Dolly Varden	272	eel	294	filefish	314		
Dolly Varden trout	272	eelpout	295	fillet	315		
dolphin	274	electric ray	296	Findon haddock	317		
dolphinfish	273	elegant bonito	297	finger trout	748		
dorade	275	elephantfish	298	fining compound	316		
dorado	273	elver	299	Finnan	317		
dore	1065	emperor	300	Finnan haddie	317		
dory	500	English oyster	629	Finnan haddock	317		
dottered filefish	314	English sole	301	finner	318		
double-lined mackerel		enkan-hin	887	finnock	859		
	276	enshô-hin	302	fin-whale	318		
Dover hake	720	entrails	426	fischfrikadellen	319		
Dover sole	277	enzo-hin	810	fischsülze	320		
drawn fish	427	enzo-iwashi	810	fish "au naturel"	321		
dredged fish	798	enzo-saba	810	fish ball	322		
dredge oyster	661	epicoprostanol	13	fish bladder	1000		
dressed crab	278	escabeche	303	fish cake	323		
dressed fish	279	escallop	835	fish chowder	324		
dressed green fish	280	eu!achon	304	fish dumpling	322		
dressed lobster	278	European eel	305	fish eggs	29		
dried fish	281	European flounder	360	fish fingers	346		
dried salted cod	955	European flying squid	965	fish flakes	325		
dried salted fish	282	European lobster	306	fish flour	326		
drizzie	562	European oyster	217	fish glue	327		
drummer	86	European plaice	714	fishing frog	28		
drum	283	European squid	965	fish in jelly	328		
dry caviar	179	eviscerated fish	427	fish liver	329		
dry cure	284	eyed electric ray	296	fish liver oil	330		
dry herring salad	462	eyed sole	930	fish liver paste	331		
dry salt	284	Eyemouth cure	307	fish meal	332		
dry salted fish	284			fish nuggets	332.1		
dry salted herring	285	**F**		fish offal	348		
Dublin Bay prawn	642	fair-maid	308	fish oils	333		
duckbill flathead	356	Fal	629	fish paste	334		
dulse	286	fall cure	309	fish pie	335		
Dungeness crab	287	fall salmon	193	fish portion	336		
dusky dolphin	288	false albacore	77, 565	fish protein concentrate			
dusky sea perch	289	family *Veneridae*	194, 202		326, 336.1		
dusky shark	290	fan shell	622, 835	fish proteins	348		
Dutch cured herring	291	fatty fish	310	fish pudding	337		
dwarf goatfish	397	fay dog	558	fish salad	338		
		fazeeq	311	fish sausage	339		
E		feinmarinaden	264, 585	fish scales	340		
eagle ray	292	female gonads	787	fish scrap	341		
ear shell	659	fermented fish paste	312	fish silage	342		
eastern king prawn	737	fermented fish sauce	313	fish skin	343		
eastern little tuna	510.1	fessikh	311	fish solubles	29		
eastern oyster	107	fiatolon	723	fish sound	1000		

fish soup	344	freshwater herring	721	gelatin	388		
fish spread	344	freshwater prawn	370	gemfish	388.1		
fish stearin	345	fried fish	371	German caviar	180		
fish sticks	346	fried marinade	140	gewürzhering	947		
fish tongues	347	frigate mackerel	157.1	ghost shark	190, 388.2		
fish vitamins	348	frigate tuna	372	giant boarfish	111.2		
fish waste	348	frill	835	giant perch	64		
fish wiener	349	frill shark	373	giant pike	63		
fivebeard rockling	350	frog	375	giant scallop	835		
fjord cod	203	frog-fish	28	giant sea bass	389		
flake	351	frog flounder	374	giant sea pike	63		
flaked codfish	352	frog-mouthed eel	294	giant spider crab	949		
flanie	903	frostfish	376	giant stargazer	614, 968		
flapper skate	353	frozen fish	377	giant threadfin	1012		
flat bullhead	177	fukahire	876	giant tiger prawn	737		
flatfish	354	full	245	gibber	430		
flathead flounder	355	full cured fish	442	gibbing	390		
flathead	356	Fuller's ray	874	gila trout	1044		
flathead sole	355	full fish meal	223	gillaroo	859		
flathead skate	357	full meal	1095	gilt head bream	391		
flat oyster	217, 629, 661	full nape fillet	315	gilt sardine	392		
flat-tail mullet	620	full pickle fish	442	ginny	903		
fleckhering	358	fumadoes	308	gipping	390		
fleckmakrele	577	funa miso	1057	gisukeni	393		
fletch	359	funmatsu-kombu	535	gizzard shad	394		
flitch	359	funori	377.1	Glasgow pale	395		
flounder	360, 1106.1	furikake	378	glaucus	724		
fluff	892	fushi-rui	379	glazing	396		
fluke	361			globefish	740		
flying fish	362	**G**		glucosamine	884		
flying gurnard	363	gabelrollmops	380	goatfish	397		
flying squid	364, 965	gaffalbitar	381	goby	398		
foots	365	gaffelbidder	381	goby flathead	356		
forkbeard	366	gaffelbitar	381	golden carpet shell	174		
forked hake	366	gaffelbiter	381	golden cure	399		
fork tidbits	381	gafftopsail catfish	848	golden cutlet	400		
formed fillet	315	gag	419	golden grey mullet	620		
fourbeard rockling	367	Galway sea trout	859	golden-lined whiting	1093		
fourspot flounder	361	gaper	382	golden mullet	620		
fox shark	1015	gar	383	golden perch	689		
freckled stargazer	968	garfish	383, 433, 712	golden snapper	765		
freeze drying	368	garos	384	golden trout	1044		
French sole	551	garpike	383	goldfish	401		
fresh fish	369	garrick	724	goldline	402		
freshwater catfish		garum	385	gonads	403		
	177, 848	garve	258	goose barnacle	61		
freshwater clam	194	garve fluke	258	goosefish	28		
freshwater crayfish	241	garvock	962	gorbuscha	710		
freshwater dogfish	132	Gaspé cure	386	gourami	404		
freshwater drum	881, 899	geelbeck	387	gowdy	416		

grainy caviar	179	green lip abalone	2	haritail	253
grampus	519	green-lipped mussel	415.1	hake	432
grass pickerel	704	green Moray	616	halfbeak	433
grass shrimp	893	green mussel	415.1	half-fresh fish	435
grass whiting	720	green pike	1065	halfmoon	434
gravlax	405	green salted fish	410	half-salted fish	435
gray cod	663	green shore crab	219	halibut	436
grayfish	406	green sturgeon	985	halibut liver oil	437
grayling	407	green turtle	1052	hamayaki-dai	438
gray sea trout	964	grenadier	415.2, 929	hammerhead shark	439
gray smooth hound	916	grey back	664	hampen	440
gray snapper	921	grey gurnard	416	hapuku	440.1
gray sole	1101	grey morwong	617.1	harbour porpoise	730
gray triggerfish	1039	grey mullet	620	hard clam	441
gray weakfish	964	grey skate	353	hard cure	442
great blue shark	109	grey trout	545	hardhead	443
greater amberjack	1116	grey whale	664	hard roe	787
greater argentine	37	Griffin's silverfish	1066.1	hard salted herring	444
greater forkbeard	366	grilse	417	hard salted salmon	445
greater sandeel	408	grindle	132	hard shell clam	194
greater spotted dogfish	550	Grohmann's scaldfish	833	hard smoked fish	446
greater stingfish	409	grooved carpet shell	418	hard smoked herring	762
greater weaver	409	grooved razor	753	hard smoked salmon	479
greater weever	409	grooved tiger prawn	737	hardtail	490
great hammerhead	439	groper	440.1, 1104	hareng saur	447
great lake trout	545	groundfish	418.1	harp seal	853
great northern rorqual		ground shark	413	harvestfish	448
	111	grouper	419	hawkbill turtle	1052
great polar whale	412	grunt	420	headed fish	449
great scallop	835	grunter	420	headed fish with bone	
great silver smelt	37	guanin	421		449
great trevally	1038	guanine	421	headed herring	154
great white shark	1084	guffer eel	295	headless fish	449
green-backed mullet	620	guinamos alamang	422	head-off fish	449
greenback flounder	409.1	guitarfish	423	Heaviside's dolphin	274
greenbone	163, 383	gulf calm	194	heavy salted cod	809
green cod	563, 802	gulf flounder	361, 989	heavy salted fish	450
green cure	410	gummy shark	424	heavy salted soft cure	
greenfish	410	gurnard	425		451
green fish	410	gurry	348	Helford	629
green fish from the knife		guts	426	hen clam	194
	280	gutted fish	427	henfish	452
Greenland cod	203	gwyniad	735	heringsstip	463
Greenland halibut	411	gyomiso	428	herling	453
Greenland right whale	412			herring	454
Greenland shark	413	**H**		herring in cutlets	455
Greenland turbot	411	haberdine	429	herring in jelly	456
Greenland whale	412	haddock	430	herring in sour cream	
green laver	414	haddock chowder	431	sauce	457
greenling	415	hair seal	853	herring in wine sauce	458

herring meal	459	
herring milt sauce	460	
herring oil	461	
herring salad	462	
herring smelt	37	
herring tidbits	381	
herring whale	318	
hickory shad	872	
hilsa	464	
hilsah	464	
hind	419	
hirakidara	663	
hiraki-sukesodara	7	
hirame	67	
hitoshio-nishin	658	
hobo gurnard	465	
hogchoker	466	
hogfish	1103	
hoki	466.1	
homelyn ray	959	
homer	65	
homogenised condensed fish	467	
horse mackerel	468	
horse mussel	622	
horseshoe crab	231	
horsetail tang	469	
hoshi-dako	653	
hoshigai	194	
hoshi-kazunoko	511	
hoshi-nori	638	
hoshi-wakame	1064	
hot-marinated fish	470	
hot-smoked fish	471	
houting	472	
humantin	473	
humpback salmon	710, 804	
humpback whale	474	
humpy shrimp	893	
hunchbacked whale	474	
huss	475	
I		
Iceland cyprine	652	
Iceland scallop	835	
ide	476	
ikanogo-shoyu	891	
ika-shiokara	888	
ika-shoyu	891	
ïalupik	35	
imitation crab sticks	233.1	
inanga	1073	
inasal	477	
inconnu	478	
Indian cure salmon	479	
Indian hard cure salmon	479	
Indian long-tailed tuna	572	
Indian mackeral	259, 480	
Indian porpoise	481	
Indian prawn	737	
Indian Spanish mackerel	524	
Indian style salmon	479	
Indo-Pacific sailfish	801	
industrial fish	482	
ink	483	
inkfish	965	
inks	965	
inshore squids	965	
intestines	426	
iriko	850	
Irish moss	484	
irradiation	485	
isinglass	486	
isukurimi	825	
Italian sardel	487	
ivory	488	
J		
Jack	490	
jackass fish	617.1	
jackfish	704	
Jack mackerel	489	
Jack salmon	210, 1065	
jacopever	491	
Japan sea bass	495	
Japanese anchovy	19	
Japanese angel shark	27	
Japanese canned fish pudding	492	
Japanese crab	521	
Japanese eel	493	
Japanese flying squid	965	
Japanese pilchard	494	
Japanese salmon	184, 804	
Japanese Spanish mackerel	524	
Japanese tuna sticks	510	
jellied eels	496	
jelly cat	108	
jelly herring	456	
jerry fish	497	
Jerusalem haddock	656	
Jewfish	498	
Jock Stewart	854	
Joey	499	
John Dory	500	
Jonah crab	231	
josser	206	
Juan Fernandez wreckfish	440.1	
jumbo	501	
jumbo tiger shrimp	737	
jumping mullet	620	
K		
kabayaki	502	
kabeljou	503	
kahawai	47, 504	
kahi-shiokara	888	
kaiboton	884	
kaihô	2	
Kaiser-Friedrich herring	623	
kaki-shoyu	891	
kalbfisch	505	
kamaboko	506	
Kamchatka flounder	41	
kanagashira (gurnard)	507	
kanzo matsu	207	
kapi	508	
karasumi	128	
karavala	509	
katashio-nishin	658	
katsuobushi	510	
katsuo-shiokara	888	
kawakana	510.1	
kazunoko	511	
kedgeree	512	
kegani	231	
kelp	513	
kelp bass	844	
kelt	514, 943	
kench cure	515	
keta caviar	193	
keta salmon	193, 804	
khao kriab	538	

kichiyi rockfish	516	kronsardiner	537	leathery turtle	1052
Kieler sprotten	517	kronsild	537	lefteye flounder	360
kilka	518	krupuk	538	lemon dab	556
killer whale	519	kryddersild	947	lemonfish	773.2
killifish	520	kuruma prawn	737	lemon fish	556
killo	518	kuro-nori	638	lemon shark	555
kina	861	kusaya	539	lemon sole	556
king crab	521			leopard cod	563
king croaker	1077	**L**		leopard shark	1016
king dory	572.1	laberdan	540	lesser argentine	37
kingfish	522	Labrador cure	541	lesser cachalot	557
King George whiting	1093	Labrador fish	541	lesser cuttlefish	257
kingklip	523	Labrador soft cure	541	lesser electric ray	296
kingmackerel	522, 524	lachsbückling	447	lesser flying squid	965
king of the breams	679	lachshering	447	lesser forkbeard	366
king of the herring	525	ladyfish	542	lesser grey mullet	620
king salmon	191, 804	la full	245	lesser halibut	411
king whiting	526	lakefish	543	lesser ling	104
kipper	527	lake herring	543	lesser rorqual	607
kippered black cod	528, 800	lakerda	544	lesser sandeel	817, 910
		lake smelt	911	lesser silver smelt	37
kippered ling cod	528	lake trout	545	lesser spotted dogfish	558
kippered products	528	lake whitefish	1079	lesser weever	1068
kippered salmon	529	lamayo	546	light cure	559
kippered shad	528	laminarin	547	light cure cod	809
kippered sturgeon	528	lampern	548	light salted fish	559
kipper fillet	530	lamprey	548	light smoked fish	603
kipper herring	527	lance	408, 817, 910	limpet	560
kipper snacks	531	lane snapper	921	lined sole	561
kipper-split	579	langouste	235	ling	562
kitchen-ready fish	279	langoustine	642	lingcod	563
kite	144	lanthorn gurnard	886	liquid fish	467
kitefin shark	853.1	lapad	823, 1021, 1054	little cuttlefish	257
klipfish	532	large-eyed dentex	549	littleneck	741
klippfish	532	large haddock	430	littleneck clam	194
klondyked herring	533	larger spotted dogfish	550	little piked whale	607
knotted cockle	202	larger yellow eel	294	little skate	564
knowd	416	large-scaled scorpion-		little snook	923
kobumaki	535	fish	839	little sole	1113
kochfischwaren	534	large scale menhaden	596	little squid	965
kochmarinaden	534, 585	large sole	221	little tuna	510.1, 565
koikoku	175	largetooth sawfish	830	little tunny	565
kombu	535	lascar	551	liver paste	1071
Korean mackerel	524	latchet(t)	551.1, 1110	lizardfish	566
kotlettfisk	28	launce	408, 817, 910	lobster	567
krabbensalat	536	laverbread	552	lobster bisque	567
kräuterhering	947	leadenall	372	lobster chowder	567
krill	536.1	leaping grey mullet	620	lobster dip	567
krill, Antarctic	536.2	leather	553	lobster krill	536.1
kronsardinen	537	leatherjacket	554	lobster paste	567

locks	568	magarei	258	meg	594
loggerhead turtle	1052	mahi-mahi	273	megrim	594
London cut cure	569	maid	1055	meihô	2
longbill spearfish	940	maiden ray	1011	meikotsu	595
long clam	927	maigre	591	meji	595.1
long fin	709.1	mailed gurnard	39	melker	604
longfin halfbeak	433	makassar fish	580	menhaden	596
longfin inshore squid	965	mako (shark)	581	menominee	597
long-finned albacore	8	male gonads	787	menuke rockfish	669
long-finned bream	723	malossol caviar	179	merluce	432
long-finned eel	294	mam-ruot	582	merluza de cola	432
long-finned grey mullet	620	mam	582	Mersea	629
long-finned gurnard	886	mananose	927	mersin	598
long-finned sole	773	man-eating shark	771	Mexican bonito	657
long-finned tuna	8	maneater	1084	middle	599
longhorn sculpin	842	mangrove snapper	921	miettes	600
long-jaw flounder	969	manniose	927	migaki-nishin	601
long neck	927	mannitol	583	migratory trout	859
longnose flathead	356	manta	584	mild cured fish	602
longnose skate	570	marbled electric ray	296	mild cured salmon	602
long rough dab	571	marbled sculpin	842	mild smoked fish	603
longtail black stingray	976	Margate hake	720	milker	604
long-tailed tuna	572	marinade	585	milker herring	604
longtail hake	432	marinade (France)	586	milkfish	259, 605
lookdown dory	572.1	marine catfish	177, 785, 848, 1102	milt	606
lox	568	market crab	237, 287	minced fish	606.1
lucky sole	1010	marlin	587	minke whale	607
luderick	633	marron	241	mirin	608
lumpfish	573	Maru frigate mackerel	157.1, 372	mirin-boshi	609
lumpsucker	573, 918	Mary sole	556	mirror dory	609.1
lumpsucker caviar	180	maskinonge	704	miso	1057
lute	574	masu salmon	184, 804	mizu-ame	609
lutefisk	574	matfull	245	mock halibut	411
lyre	575	matje	590	mogai clam	194
lythe	720	matje cured herring	588	mojama	610
		matje herring	589	mojarra	611
M		matjesfilet auf nordische art	588	moki	611.1
maasbanker	115, 468	matjes fillets	588	mola	612
machuelo	576	mattie	590	mole-but	612
mackerel	577	maze-nori	638	moluha	613
mackerel block fillet	315	meagre	591	momijiko	7
mackerel guide	383	meat extract (whale)	1071	monk	28, 614
mackerel pike	671, 829	Mediterranean cure	399	monk-fish	614
mackerel scad	468	Mediterranean ling	592	Monterey Spanish mackerel	524
mackerel shark	578	medium	245	moonfish	615
mackerel style split fish	579	medium red salmon	210	Moray	616
mackerel tuna	510.1, 565	medium salted fish	593	Moray eel	616
machete	576			Morid cod	261.1, 756.1, 773.1, 781

mort	617	New Zealand whiting	466.1	nurse		550
morwong	617.1	New Zealand sole	930	nursehound		550
moss-bunker	596	nga-bok-chauk	631	nurse-shark		649
mother-of-pearl	618	nga-pi	632			
mother-of-pearl shell	619	nibbler	633	**O**		
mottled sculpin	842	nibe croaker	634	oakettle		413
mountain trout	35	niboshi	635	oarfish		650
mud crab	231	niboshi-hin	635	oboro		924
mud dab	1114	niboshi-iwashi	19, 635	oboro-kombu	535, 924
mud flounder	360	nioshi-ika	997	ocean bonito		907
mud shad	394	Noah's ark	38	ocean catfish		177
Muller's topknot	1031	nobbed (herring)	154	ocean perch	651, 689
mullet	620	nobbing	636	ocean pout	295, 732
mulloway	283	nonnat	637	ocean puffer		740
Murray crayfish	241	nori	638	ocean quahaug		652
murry	616	nori-ameni	1045	ocean quahog		652
musciame	621	nori-kakuni	1045	ocean sunfish		612
muskellunge	704	nori-tsukudani	1045	ocean two-wing flying-		
mussel	622	North Atlantic right		fish		362
mussel digger	664	whale	639	ocean whitefish		1019
mustard herring	623	North Cape whale	639	octopus		653
muttonfish	295	northern anchovy	640	oelpräserven		654
mutton snapper	921	northern bluefin	572	offing gurnard		886
		northern dogfish	271	oil sardine		655
		northern kingfish	526	okettle		413
N		northern king whiting	526	okow		1065
namaboshi	281	northern lobster	641	old maid		927
namaribushi	624	northern muddler	842	olympia oyster		661
namaycush	545	northern pike	704	opah		656
nannie nine-eyes	852	northern puffer	740	opalescent inshore squid		
nannygai	759, 765	northern sand lance	817			965
nanny nose	927	northern squawfish	963	opaleye		633
nanny shad	394	northern stargazer	968	orange filefish		314
naping	625	northern wolffish	108, 177	orange fin		859
narrowtooth shark	149	North Pacific anchovy	19	orange perch		656.1
naruto	626	North Pacific herring	454	orange roughy		656.2
narutomaki	626	North Pacific right whale		oreo dory		656.3
naruto wakame	1064		775	oriental bonito		657
narwhal	627	Norway haddock	758	oriental cure		658
Nassau grouper	419	Norway lobster	642	oriental tuna		657
national cure	628	Norway pout	643	ori-kimbu		535
natural cure	628	Norwegian cured herring		Orkney sea trout		859
navaga	1062		644	ormer		659
needlefish	630	Norwegian milker	604	ornate spiny lobster	235
needlenose	829	Norwegian silver herring		osetr		660
nerisei-hin	769		645	osetr-caviar		179
Newcastle kipper	527	Norwegian sole	646	owl ray		675
Newfoundland shark	878	Norwegian topknot	647	owl skate		1087
Newfoundland turbot		noshi-surume	997	oyster		661
	411	nuoc-mam	648	oyster cracker		86
New Zealand hake	432					

oyster drum	86	
P		
Pacific albacore	8	
Pacific angel shark	27	
Pacific argentine	37	
Pacific barracuda	63	
Pacific bay scallop	68	
Pacific black sea bass	389	
Pacific bonito	662	
Pacific cod	663	
Pacific cutlassfish	253	
Pacific edible crab	287	
Pacific electric ray	296	
Pacific grenadier	415.2	
Pacific grey whale	664	
Pacific hake	186, 665	
Pacific halibut	666	
Pacific herring	667	
Pacific Jewfish	389	
Pacific littleneck	194	
Pacific long-tailed tuna	572	
Pacific mackerel	668	
Pacific manta	584	
Pacific moonfish	615	
Pacific ocean perch	669	
Pacific oyster	661	
Pacific pilchard	705	
Pacific pompano	724	
Pacific prawn	670	
Pacific sailfish	801	
Pacific salmon	191, 193, 210, 710, 745.1, 804, 925	
Pacific sandfish	818	
Pacific sand lance	817	
Pacific sardine	166, 822	
Pacific saury	671	
Pacific sharpnose shark	878	
Pacific spadefish	937	
Pacific staghorn sculpin	842	
Pacific threadfin	1012	
Pacific thread herring	1013	
Pacific tomcod	1026	
Pacific whiting	432, 665	
packhorse rock lobster	235	
padda	672	
paddle-cock	573	
paddle crab	1001	
paddlefish	673	
padec	674	
painted crayfish	235	
painted mackerel	181	
painted ray	675	
painted river prawn	153	
painted spiny lobster	235	
paksiw	676	
pale	677	
pale cure	677	
pale dab	1101	
pale flounder	1101	
pale ghost shark	388.2	
pale-smoked red	678	
palometa	724	
pandora	679	
pan-ready fish	279	
papillon	680	
pargo Colorado	921	
Parkgate sole	221	
parore	633	
parr	681	
parrot-fish	682	
pasteurised fish	683	
pasteurised grain caviar	684	
Patagonian whiphake	432	
patis	685	
patudo	77	
paua	2, 685.1	
peal	859	
pearl	686	
pearl essence	687	
pedah	688	
pelagic armourhead	688.1	
pelagic fish	688.2	
pelagic stingray	976	
pelamid	44	
pellucid sole	637	
perch	689	
perch-pike	703	
permit	724	
perna	415.1, 622	
periwinkle	690	
Perth herring	454	
Peruvian croaker	244	
Peruvian hake	186	
Peruvian sardine	187	
Peter-fish	500	
peto	1063	
petrale sole	691	
pharmaceuticals	1071	
picarel	692	
picked dogfish	693	
pickerel	694	
pickle cured fish	695	
pickled alewives	9, 1017	
pickled grainy caviar	696	
pickled herring	697	
pickled salmon	698	
pickled salmon bellies	805	
pickle salted fish	695	
pickling	154	
pico	61	
picton herring	699	
piddock	700	
pigfish	701	
pigmy whale	702	
piked dogfish	693	
piked (spring) dogfish	406	
pike headed whale	607	
pike	704	
pike-perch	703	
pilchard	705	
pilchard sardine	705	
pilgrim mussel	835	
pilot fish	706	
pilot whale	707	
pindang	708	
pinfish	709	
pinger	183, 430	
pingpong	183	
pink maomao	709.1	
pink salmon	710	
pink shrimp	711	
pink spiny lobster	235	
pintado	181	
pinwiddie	34	
pioke	773.2	
piper	433, 712	
pipi	712.1	
pirauku	33	
piraya	33	
pismo-clam	194	
pissala	713	
plaice	714	
plaice-fluke	714	
plain bonito	715	
plain pelamis	715	

pla-ra	716	queen crab	231	red porgy	763.1
pla thu nung	717	queen escallop	742	red Roman	791
podpod	718	queen paua	685.1	red salmon	804, 925
pod razor	753	queen scallop	742, 835	red scorpionfish	839
pogy	596	queenfish	743	red sea bream	90.2, 764, 846
Polar cod	719	quenelles	744		
Polar plaice	36	quick frozen fish	377	red snapper	765
pollack	720	quillback	745	red spring salmon	766
pollack whale	867	quinalt	925	red steenbras	767
pollan	721	quinnat salmon	745.1	red stumpnose	768
pollock	722			redtail triggerfish	1039
pomfret	723	**R**		red trout	150
pompano	724	rabbit fish	746	rengi	97
ponpano dolphin	273	rackling	747	rensei-hin	769
pond smelt	725	rainbow paua	685.1	repack quality herring	770
poor cod	726	rainbow trout	748	requiem shark	771
porae	617.1	rakorret	749	retailles	772
porbeagle	727	rat	415.2	Rex sole	773
porgy	728	ratfish	750	ribaldo	261.1, 773.1
porkfish	729	rattail	415.2	rig	773.2
porpoise	730	ray	751	rigg	774
porpoise leather	72	Ray's bream	752	righteye flounder	360
Portuguese oyster	731	razorback	318	right whale	775
potted herring	932	razor clam	753	rigor mortis	776
pot whale	945	razor shell	753	ricklingur	177
poulp	653	ready-made dishes	512	ripe fish	777
pout	732	red algae	754	rip sack	664
poutassou	733	redbait	754.1	Risso's dolphin	778
poutine	734	red baitfish	754.1	river eel	305
pouting	732	red barsch	758	river herring	9
powan	735	red bream	755	river lamprey	548
prahoc	736	red caviar	756	river sole	221
prawn	737	red cod	756.1	river trout	859
prawn cocktail	737	red crab	231	roach	779
press cake	738	red drum	757	rock	982
pressed caviar	179	red emperor	921	rock bass	780
pressed pilchards	739	redeye mullet	620	rock cockle	194
Pribilof seal	853	redfish	758	rock cod	781
pride	548	redfish (nannygai)	759	rock cook	1103
puffer	740	red goatfish	397	rock crab	231
pumpkin scad	163	red grouper	419	rockfish	782
pyefleet	629	red gurnard	760	rock gurnard	979
		red hake	761	rock herring	11
Q		red herring	762	rockling	783
quahaug	741	red herring salad	462	rock lobster	784
quahog	741	redhorse sucker	987	rock oyster	661
qualla	193	red krill	536.1	rock salmon	785, 798.1
quarter cut fillet	315	red moki	611.1, 617.1	rock sea bass	844
quarter nape fillet	315	red mullet	763	rock shrimp	893
queen	742	red perch	758	rock sole	786

rock turbot	177	Sacramento squawfish	963	sand stargazer	968
roe	787	saikukombu	535	sand trout	1067
Roe's abalone	2	sailfin sandfish	818	sand whiting	1093
roker	788	sailfish	801	sandy dab	1114
rolled fish	789	sail fluke	594	sandy ray	821
rollmops	790	saithe	802	sapphirine gurnard	1110
Roman	791	sakuraboshi	609	sarashi wakame	1064
roncador	1077	salachi	739	sardellen-butter	27
rorqual	792	salachini	739	sardine	822
rosefish	758	salad	46	sardinella	823
Ross's cuttle	257	salaka	803	sargo	824
rotskjaer	793	salmon	804	sashimi	825
rouelles	794	salmon bellies	805	satsuma-age	506
roughback	15, 786	salmon caviar	179, 193	sauerlappen	826
rough dog	558	salmon egg bait	806	sauger	827
rough fish	977	salmon salad	807	saurer hering	828
roughead grenadier	415.2	salmon shark	808	saury	829
rough hound	558	salmon trout	35, 150, 272,	saury pike	630, 829
rough skate	794.1		859, 1044	sawbelly	794.2
roughtail stingray	976	salt bulk	515	sawfish	830
roughy	794.2	salt cod	809	saw shark	876
round clam	741	salt cured fish	810	scabbardfish	831
round cure	812	salted on board	811	scad	832
rounders	795	saltfish	812	scaldfish	833
round fish	795	salt round fish	813	scale fish	834
round herring	796	salt-water bream	709	scallop	835
roundnose flounder	797	salzfischwaren	814	scallop saucer	835
roundnose grenadier	415.2	salzling	815	scaly mackerel	577
round robin	468	samma kabayaki	502	scamp grouper	419
round salted fish	812	Samson fish	1116	scampi	836
round scad	468	sand bass	844	scampi bisque	642
round stingray	976	sand clam	927	Scandinavian anchovy	20
roused fish	798	sand crab	231	Scandinavian saltfish	813
royal red shrimp	893	sand dab	816	scarlet wrasse	929
royal spiny lobster	235	sandeel	817	scarpee	854
rubyfish	798.1	sandfish	818	schillerlocken	837
rudderfish	633	sand flathead	356	schnapper shark	838
running ripe	939	sand flounder	258, 819	school mackerel	524
Rudolph's rorqual	867	sandgaper	927	schoolmaster	921
runner	490	sand lance	408, 817	school shark	838
Ruppel's bonito	799	sand mullet	620	school whiting	1093
Russian sardine	537	sand perch	819.1, 844	scoldfish	833
russlet	537	sand pike	827	scorpionfish	839
rusty dab	1114	sand scar	177	Scotch cured herring	840
		sand seatrout	1067	Scotch hake	802
S		sand shark	820	Scotch matjes	588
		sand shrimp	893	scourer	920
saba-bushi	379	sand smelt	42, 900	scrod (haddock)	841
sablefish	800	sand sole	551	sculpin	842
Sacramento rockfish	443			scup	843

scurf	859	sei-whale	867	short-mackerel	480
sea arrow	965	semi-boneless cod	119	short-necked clam	174
sea bass	440.1, 844	semi-preserves	868	shortnose sturgeon	985
sea beef	845	seventy-four	869	shortail black stingray	976
sea bream	846	seviche	870	shot	943
sea cabbage	513, 847	sevruga	871	shottsuru	891
sea cat	177	sevruga-caviar	179	shredded cod	892
sea catfish	848	sewin	859	shrimp	893
sea cow	849	shad	872	shrimp paste	269
sea cucumber	850	shadefish	591	Sibbald's rorqual	111
sea devil	28	shad herring	872	side	315
sea drum	86	shagreen	873	side boller	802
sea ear	659	shagreen ray	874	side-stripe shrimp	893
seafood cocktail	851	shakeii	875	sierra	894
sea fox	1015	shark	876	sild	895
sea gar	383	shark ray	27	sile	817
sea garfish	433	sharp frozen fish	877	silver bream	1076
sea hen	573	sharp headed finner		silver cured herring	896
sea herring	454	whale	607	silver dory	609.1, 896.1
sea kingfish	1116	sharpie shark	838	silver eel	253, 294
sea lamprey	852	sharp-nosed eel	294	silverfish	897
seals	853	sharp nose mackerel		silver hake	898
seal shark	90.1, 853.1	shark	581	silver herring	896
sea luce	432	sharpnose shark	878	silver kingfish	388.1, 522
sea mullet	620	sharpnose skate	879	silver mullet	620
sea needle	383	sharptail mola	612	silver perch	617.1, 899
sea partridge	221	sharptooth catfish	177	silver pomfret	723
sea perch	854	sharp-toothed eel	880	silver roughy	794.2
sea pike	855	sheepshead	881	silver salmon	210, 804
sea pout	295	shelf stowage	882	silverside	37, 900
sea rat	746	shellfish paste	883	silver smelt	37
sea raven	842	shells	884	silver warehou	1066.1
sea robin	425, 856	shidal sutki	885	silver whiting	1093
sea salmon	504	shining gurnard	886	silvery cod	901
sea scallop	835	shioboshi	887	silvery pout	901
sea slug	850	shioboshi-aji	887	sinaeng	901.1
sea smelt	42	shioboshi-hin	887	single fillet	315
seasnail	857	shioboshi-iwashi	887	sixgill shark	902
sea stick	858	shioboshi-samma	887	skate	903
sea trout	859, 1044	shiokara	888	skider	903
sea trumpet	860	shio-kazunoko	511	skimfish	745
sea urchin	861	ship	985	skinned cod	905
seaweed	862	shiraboshi	966	skinned fish	904
seaweed meal	863	shirauo icefish	889	skinless fish	904
sea wolf	177	shore cure	890	skinning	906
sebaste	758	shortbill spearfish	940	skipjack	907
seed haddock	864	short-finned eel	294	skipper	671, 829
seelachs in oel	865	short-finned sole	277	skriggled codfish	892
seer	866	short-finned squids	965	slack salted fish	559
seerfish	524	short-finned tunny	44	slasher	1015

slender filefish	314	soldierfish	929	sperm whale	945
slender tuna	908	sole	360, 930	spice cured fish	946
slider	1052	solenette	1113	spiced herring	947
slime flounder	909	soupfin shark	931	spider crab	949
slime sole	277	soused herring	932	spiegel carp	175
slimy mackerel	577	soused pilchards	933	spiky dogfish	271
slip	221	South African pilchard		spiky oreo dory	656.3
slipper sole	277		933.1	spillanga	948
small-eyed rat	675	South Atlantic pilchard		spinous shark	952
small scandeel	910		705, 933.1	spinous spider crab	949
small-scaled scorpionfish		southern bluefin tuna		spiny butterfly ray	976
	839		933.2, 1048	spiny cockle	950
small spotted dog	558	southern blue whiting	933.3	spiny crab	949
smalltooth sawfish	830	southern boarfish	688.1	spiny dogfish	271, 693,
smare	692	southern eagle ray	292		950.1
smear dab	556	southern flounder	361	spiny flathead	356
smelt	911	southern kingfish,	522, 934	spiny lobster	951
smoked anchovy paste	24	southern king whiting	526	spiny pipefish	951.1
smoked fish	912	southern mackerel	192	spiny rock lobster	235
smokie	913	southern pigfish	701	spint seadragon	951.1
smolt	914	southern poutassou	111.1	spiny shark	952
smooth dogfish	406, 916	southern queen scallop		spinytail skate	953
smooth dory	656.3		742, 835	split cure herring	954
smooth flounder	915	southern reef squid	965	split fish	955
smooth hammerhead	439	southern right whale	935	splittail	956
smooth hound	916	southern rock lobster	235	sponge	957
smooth oreo	656.3	southern smelt	911	spongin	957
smooth oreo dory	656.3	southern stingray	967	spoonbill cat	673
smooth sand lance	817	Southport sole	221	spoonbill-catfish	673
smooth scallop	835	Southwest Atlantic hake		spot	958
smoothside	886		936	spotfin shark	91
smooth skate	917	sowfish	111.2	spot shrimp	893
snailfish	918	spadefish	937	spotted bass	757
snake eel	919	Spanish bream	48, 110	spotted cabrilla	419
snake mackerel	920	Spanish ling	592	spotted chub mackerel	577
snapper	846, 921	Spanish mackerel	938	spotted eagle ray	292
snapper haddock	183, 430	Spanish sardine	823	spotted gurnard	958.1
snoek	62, 922	Spanish sea bream	48, 679	spotted-legged red	235
snook	923	sparling	911	spotted ray	959
snow crab	231	spawning fish	939	spotted sea cat	960
snowy grouper	419	spawny fish	939	spotted seatrout	244, 1067
snubnosed garfish	433	spearfish	940	spotted smooth hound	
soboro	924	speckfisch	941		773.2
sockers	1106.1	speckled hind	419	spotted stargazer	968
sockeye salmon	925	speckled seatrout	1067	spotted travalla	1066.1
soft (shell) clam	927	speckled trout	150	spotted triggerfish	1039
soft cure	926	spelding	942	spotted turbot	1050
soft roe	606	spent fish	943	spotted wakfish	244
Sohachi flounder	928	spermaceti	945	spotted warehou	1066.1
soldier	929	sperm oil	944	spotted weakfish	1067

spotted weever	1068	striped bonito	657	tai-miso	1057
sprag	961	striped marlin	983	taishi	876
sprat	962	striped mullet	397, 620	taiva	921
spring dogfish	271, 693	striped seasnail	857	tamban	655
spring lobster	235	striped trumpeter	1044.1	tamban oil sardine	
spring salmon	191, 804	striped tuna	907		655, 1021
spurdog	271, 693	strömming	59	tangle	513
square	819	stückenfisch	984	tank salted fish	695
squaretail	150	stuifin	962	tanner crab	231, 233
squat lobster	962.1	sturgeon	985	tarakihi	1002.1
squawfish	963	suboshi	986	tarako	7
squeteague	964	suboshi-hin	986	tarama	1003
squid	965	sucker	987	tare	502, 876
squim	835	sudako	653	tarpon	1004
squirrelfish	929	suehiroboshi	609	tarpon snook	923
squirrel hake	761	sugar-cured fish	988	tatami-iwashi	1005
squirt clam	927	sukimidara	663	tautog	1006
stale dry fish	966	su-kombu	535	tempura	506
starfish	967	sullock	802	tench	1007
stargazer	968	sulphur bottom	111	tengusa	1008
starry flounder	969	summer flounder	989	tenpounder	542, 1004
starry ray	970	sun dried fish	990	terramycin	30
starry skate	971	sunfish	991	terrapin	1009
steak	972	superchilling	992	tetracycline	30
steckerlfisch	60	surf clam	194	thickback	1010
steelhead salmon	973	surf crab	1001	thickback sole	1010
steelhead trout	973	surffish	993	thick-lipped grey mullet	
stellate smooth hound	916	surfperch	993		620
sterilized shellfish	974	surf smelt	994	thimble-eyed mackerel	
sterliad	985	surimi	994.1		192
steur herring	975	surmullet	995	thin-lipped grey mullet	
stingfish	409	sursild	996		620
stingray	976	surströmming	59	thornback ray	1011
stocker	977	surume	997	thorny ray	970
stockerbait	977	sushi	998	threadfin	1012
stockfish	978	sutki	999	threadfin sculpin	842
stoker	977	sweep	434	threadfin shad	872
stone bass	1104	sweet fluke	556	thread herring	1013
stone crab	231, 521	swellfish	740	threebeard rockling	1014
stone eel	548	swim bladder	1000	thresher shark	1015
stoneye	1066.1	swimming crab	1001	tidbits	381
stone sucker	852	swine fish	177	tidewater silverside	900
strandgaper	927	swiveltail	1015	tiger shark	1016
streaked gurnard	979	swordfish	1002	tight pack	1017
streaked weever	1068	sword razor	753	tilapia	1018
stremel	980	Sydney rock oyster	661	tilefish	1019
strip	981			tinabal	1020
stripe-bellied bonito	907	**T**		tinapa	1021
striped anchovy	19	tadpole fish	366	tinker	903
striped bass	982	tailor	103	tjakalang	1022

togue	545	tuna paste	1048	weathervane scallop		835
toheroa	1023	tuna roll	1048	wedge shell		225
tôkan-dara	1024	tuna salad	1049	weever		1068
tôkan-hin	1024	tuna sausages	1048	weevers		819.1
tomalley	1025	tuna wieners	1048	W. African Spanish		
tomcod	1026	tunny	102, 1048	mackerel		524
tom kho	1027	tunsoy	823, 1021, 1054	West Coast sole		594
tongue	1028	turbot	1050	western king prawn		737
tonno	1029	turrum	1051	western oyster		661
tope	1030	turtle	1052	western rock lobster		235
topknot	1031	tusk	1053	wet cured fish		695
top shell	1032	tuyo	1054	wet fish		188
Torbay sole	1101	twaite shad	1055	wet salted fish		695
tororo-kombu	535	tyee	191	wet stack		1069
torrfisk	978	**U**		whalebone		1071
torsk	1033			whale liver meal		1071
touladi	545	undulate ray	1056	whale liver oil		1071
trade ling	104	uni-shiokara	888	whale meat meal		1071
tran oil	1034	uomiso	1057	whale oil		1070
trash fish	1035	ure-zushi	998	whales		1071
trassi udang	1036	**V**		whelk		1072
trepang	1037			whiff		594
trevalla	1037.1	variegated scallop	835	whip ray		976
trevally	1038	variegated sole	1010	whiptail	415.2,	466.1, 1072.1
trifurcated hake	366	velvet crab	1001			
triggerfish	1039	velvet swimming crab	1001	whiptail ray		1072.1
trimming	1040	vendace	1058	whistler		1014
tripletail	1041	ventrèche	1059	whitch		1101
trochus	1042	vermillion snapper	921	whitebait		1073
trochus shell	1042	vinegar cured fish	1060	white bass		1074
tronçon	1043	Virginia cure	1017	white-beaked dolphin		
tropical rock lobster	235	viscera	426			1075
tropical two-wing		viziga	1061	white-bellied skate		1087
flyingfish	362	**W**		white bream		1076
trout	1044			white catfish		177
true skate	353	wachna cod	1062	white crappie		234
true sole	221	wahoo	1063	white croaker		1077
truff	859	wakame	1064	white fish		1078
trumpeter	1044.1	walleye	1065	whitefish		1079
trumpeter whiting	1093	walleyed pike	1065	white fish meal		1080
tsukudani	1045	walleye pollack	7	white fluke		360
tuatua	712.1	walrus	1066	white hake		1081
tub	1110	warehou	490, 1066.1	white herring salad		462
tubfish	1110	warsow grouper	419	white marlin		1082
tub gurnard	425	warty oreo dory	656.3	white mullet		620
tullibee	543	Washington clam	194	white perch		1083
tuna	1048	Watson's bonito	297	white pointer		1084
tuna ham	1046	Watson's leaping bonito		white pomfret		723
tuna links	1047		297	White Sea perch		66
tuna loaf	1048	weakfish	1067	white seatrout		1067

white shark	1084	winkle	1098	yellowbelly flounder			
white shrimp	1085	winter flounder	1099		1106.1		
white sided dolphin	1086	winter shad	394	yellow croaker	1107		
white skate	1087	winter skate	1100	yellow cure	12		
white snake mackerel	894	witch	1101	yellowedge grouper	419		
white sole	1088	witch flounder	1101	yellow-eye mullet	620,		
white steenbras	1089	witch prawn	153		1107.1		
white stumpnose	1090	wolf	177	yellowfin croaker	244		
white sturgeon	985	wolffish	1102	yellowfin grouper	419		
white sucker	987	woodcock of the sea	995	yellowfin tuna	1108		
whitetip shark	1091	woof	177	yellow fish	1109		
white trevalla	1066.1	worm eel	919	yellowfoot paua	2, 685.1		
white trout	1067	wrasse	1103	yellow gurnard	1110		
white tuna	8	wreck bass	1104	yellowleg shrimp	153		
white warehou	1066.1	wreckfish	440.1, 1104	yellow perch	1111		
white weakfish	1067			yellow pike	1065		
white whale	72	**Y**		yellow pickerel	1065		
white wings	1092			yellow sea bream	1112		
whiting	1093	yabbee	241	yellow sole	1113		
whiting pout	732	yakiboshi	1105	yellowtail	1116		
whitling	859	yakiboshi-ayu	1105	yellowtail flounder	1114		
Whitstable native oyster		yakiboshi-haze	1105	yellowtail kingfish	1115		
	629	yakiboshi-iwashi	1105	yellowtail snapper	921		
whole fish	1094	yaki-chikuwa	185				
whole fish meal	223	yaki-zame	876	**Z**			
whole meal	1095	yaqui catfish	177				
wind dried fish	1096	yawling	1106	zanthe	1117		
wing	1097	yellow bass	844	zuwaigani	231		

FRENCH/FRANÇAIS

Note: Figures in index refer to item numbers/Les nombres figurant dans l'index se réfèrent aux numéros des rubriques.

A

aalpricken	1
abadèches	251
abadèche rosée	562
abadèches royale du cap	523
Aberdeen smokie	913
ablette	92
acide alginique	10
acoupa de sable	1067
acoupa pintade	244, 1067
acoupa royal	964
agar	5
agar-agar	5
age-kamaboko	506
aigle de mer	292
aigle de mer chuche	292
aigle de mer commun	292
aigle de mer leopard	292
aigle de mer taureau	292
aigle vachette	292
aiguillat	271, 693
aiguillat commun	693
aiguillat cubain	271
aiguillat galludo	271
aiguillat noir	271
aiguillat tacheté	693
aiguille	383
aiguille de mer	630
aiguillette	383
aile	1097
ajitsuke-nori	638
albacore	1108
alginates	10
algine	862
algue	862
algue brune	151
algue rouge	754
alimentation des animaux	513
aliments simples pour animaux	29
alkaline cured fish	574
allache	823
alose	872
alose Américaine	394
alose d'été	872
alose feinte	1055
alose gaspareau	9
alose matte	872
alose noyer	394
alose savoureuse	16
alose vraie	11
amarelo cure	12
ambre gris	13
ambréine	13
ame	1045
amie	132
anchois	19
anchois Américain	19
anchois commun	19
anchois de Pérou	18, 19
anchois du Nord	640
anchois du Pacifique	640
anchois du Pacifique nord	19
anchois italien	487
anchois japonais	19
anchosen	17
anchovis	20
ange de l'Atlantique	27
ange de mer	27
ange du Pacifique	27
anguille	294
anguille d'Amérique	14
anguille de Nouvelle-Zélande	294
anguille de rivière	305
anguille d'Europe	305
anguille du Japon	493
anguilles en gelée	496
anoli de mer	566
ânon	430
antibiotiques	30
aoita-kombu	535
ao-nori	638
apocalle	413
apogon	172
appât d'œufs de saumon	806
appertisation	31
appetitsild	32
araignée de mer	949
arapaima	33
Arbroath smokie	34
arche	38
arche de Noé	38
argentine	37
arnoglosse	833
arnoglosse lanterne	833
arnoglosse tacheté	833
assiette	615
atarama	1003
athérine	42
auréomycine	30
auxide	372
ayu	49

B

bacalao	50
badèche baillon	419
badèche bonaci	419
badèche de roche	419
bagoong	51
bagoong tulingan	52
bakasang	53
balachong	55
balai de l'Atlantique	15
balai Japonais	355
balane	61
balaou	829
balaou du Japon	671
balbakwa	56
baleine à toquet	318, 792

baleine bleue	110	beluga	71	bouquet		218
baleine franche	412, 639,	beluga-caviar	179	bouquet des marais		893
	775	berardidé	69	bouquet pintade	153, 370
baleine grise de		bernfisk	74	bourse		314
Californie	664	bernicle	61	bourse orange		314
baleines	1071	bervie cure	430	bourrugue		526
balik	57	beryx	9.1	bourrugue californienne	
baliste	1039	beryx australien	759			526
baliste à taches bleues		beryx commun	9.1, 755	bourrugue coco		244
	1039	beryx long	9.1	bourrugue de crique	526
baliste capri	1039	beurre d'anchois	21	bourrugue renard	526
balyk	57	beurre de langouste	236	bouvard		939
banane (de mer)	118	biche	550	brado		134
bar	844	bigorneau	690, 1098	brailles		291
bar blanc	1074	binoro	80	branco cure		136
bar blanc d'Amérique	1083	bisque	82	brandade		137
barbue	144	bisque d'écrevisses	240	bratbückling		139
barbue d'Amérique	177	bisque de homard	567	bratfischwaren		140
barbure	1012	bisque de scampi	642	brathering		141
barbure à huit barbillons		blanche	611	bratheringsfilet		141
	1012	blanchet	418	bratheringshappen	141
barbure bobo	1012	blocs (congelés)	95.1	bratmarinaden	140, 585
bar commun	66	bodara	112	bratrollmops		142
bar d'Amérique	982	Boddam cure	430	brème		143
bar du Japon	495	boette	113	brème commune		143
bariole	907	bogue	114	brème de mer		752
barracuda	63	bokkem	115	brique de morue		205
barracuda jello	63	bolti	1018	brisling		147
barrean geant	389	Bombay duck	116	brisure		63
bâtonnets analogues de		bonite	125	brochet		704
crabe	233.1	bonite à dos rayé	44	brochet de mer		923
bâtonnets de poisson	346	bonite a dos tacheté	297	brochet du Nord		704
bâtonnets de poissons		bonite a gros yeux	799	brochet maille		704
aromatisés au		bonite à ventre rayé	907	brochet vermicule		704
crabe	233.1	bonite de l'Ocean Indien		brosme		1053
bâtonnets de thon du			657	buccin		1072
Japon	510	bonite du Pacifique		bückling		154
baudroie	28	orientale	662	bücklingsfilet		155
baudroie d'Amérique	28	bonite orientale	799	bulot		1072
baudroie commune	28	bonitou	157.1	bulti		1018
baudroie du Japon	28	Boston mackerel	577	bumalo		116
baudroie rousse	28	botargo	128	bummalow		116
beauclaire	76	bottarga	128	buro		161
beauclaire soleil	76	boucot ovetgernade	893			
bèche de mer	850	bouffi	93	**c**		
bécune argentée	63	bouillabaisse	131			
beignets de crabe	232	bouillon de clam	196	cabillaud		203
bekkô	70	boulettes de poisson	322,	cachalot		945
belachan	1036		332.1	caféine		421
beleke	479	boulettes de thon	1048	cahouane		1052

calamar	965	
calicagène azur	434	
calicagène demi-lune	434	
calicagène verte	633	
calipash	167	
calmar	965	
calmar de roche austral	965	
calmar du cap	965	
calmar opal	965	
calmar totam	965	
camarde de Nouvelle-Zélande	258, 819	
camarde patiki	819	
canned sild	454	
capelan	170	
capelan Atlantique	170	
capelan de Méditerranée	726	
capelan de Terre-Neuve	170	
capitaine	300, 1012	
capucette	900	
capucette Californienne	900	
capucette de l'Atlantique	900	
capucette Nord-Americaine	900	
capucin jaune	397	
caqués	171	
caramote	737	
carangue	490	
carangue australienne	1038	
carangue balo	98	
carangue coubali	490	
carangue crevalle	242	
carangue vorace	1038	
carbonate de calcium	884	
cardeau	361	
cardeau à quatre ocelles	361	
cardeau de Californie	165	
cardeau d'été	989	
cardeau hirame	67	
cardeau trois yeux	361	
cardine	594	
cardine du Canada	361	
cardine du Pacifique	67	
cardine franche	594	
carette	1052	
carlotin anglais	301	
carlotin Japonais	797	
carlotin meita-garei	374	
carlotin pétrale	691	
carne à carne	173	
carpe	175	
carraghéen	484	
carragheene	176	
carrelet	714	
casseron bambou	965	
castagnette de Juan Fernandez	1002.1	
castagnole	723	
castagnole du Pacifique	723	
castagnole fauchoir	723	
castanette tarakihi	617.1	
caveached fish	178	
caviar	179	
caviar allemand	180	
caviar de cabillaud	180	
caviar de lompe	180	
caviar de saumon	179, 193	
caviar en grains	179	
caviar en grains pasteurisé	684	
caviar en grains saumuré	696	
caviar noir	179	
caviar pressé	179	
caviar rouge	756	
centrine	473	
centrine commune	473	
cernier atlantique	1104	
cernier brun	1104	
cernier commun	1104	
cernier de Juan Fernandez	440.1	
ceviche	870	
chaboisseau à dix-huit épines	842	
chabot	842	
chair de crabe	233	
chanidé	605	
chanos	605	
charbonnière	200	
charbonnière commune	99, 800	
chardin	1013
chardin du Pacifique	1013
chardin fil	1013
chèvre	758
chien	838, 693
chien de mer	271, 876
chien espagnol	88
chikuwa	185
chimère	190
chimère commune	190, 746
chimère d'Amérique	750
chimère de Nouvelle-Zélande	388.1
chinchard	468
chinchard a queue jaune	468
chinchard bleu	468
chinchard commun	468
chinchard du Japon	468
chinchard gros yeux	468
chitine	884
Christiana anchovy	20
civelle	299
clam	194
clipped herring	636
clovisse	174
clovisse jaune	174
cochon de mer	730
cocktail de crevettes	737
cocktail de fruits de mer	851
cod	203
Colchester	629
colin	432, 802
colin d'alaska	6
colinet	432
colin jaune	720
colin noir	802
colle de poisson	327
comète de St. Hélène	468
comète maquereau	468
commercial nape fillet	315
compère	740
compère bigarré	740
concentré de protéines de poisson	326, 336.1
congélation rapide	377
congre	224

340

congre d'Amerique	224	
congre commun	224	
coq	172	
coque	202	
coque commune	215	
coquillage épuré	198	
coquillage stérilisé	974	
coquilles et carapaces	884	
coquille St. Jacques	835	
corail	226	
cordonnier	615	
corégone	472, 721	
corégone blanc	1058	
corégone cisco	543	
corégone de lac	1079	
corégone lavaret	735	
corvina	227.1, 870	
coryphène	273	
coryphène commune	273	
coryphène dauphin	273	
courbine	45, 86	
courbine blanche	244, 1077	
courbine blonde	283	
courbine jaune	244	
courbine noir	244	
court-bouillon	230	
couteau	753	
couteau courbe	753	
couteau droit	753	
crabe	231	
crabe bleu	100	
crabe caillou noir	231	
crabe des neiges	231	
crabe Newburg	231	
crabe paré	278	
crabe royal	521	
crabe vert	219	
crapet calicot	234	
crapet de roche	780	
craquelot	93	
crème d'anchois	22	
crevette	737, 893	
crevette à flancs rayés	893	
crevette à front rayé	893	
crevette Américaine	1085	
crevette baie	893	
crevette bleue	893	
crevette Californienne	893	
crevette cristal	711	
crevette du Pacifique	670	

crevette ésope	711	
crevette géante tigrée	737	
crevette gibbeuse	893	
crevette grise	153, 220	
crevette kuruma	737	
crevette ligubam du nord	1085	
crevette ligubam du sud	1085	
crevette nordique	262	
crevette oceanique	711	
crevette pattes jaunes	153	
crevette queue noire	893	
crevette roché du nord	711	
crevette rose	218, 711	
crevette royale blanche	1085	
crevette royale blanche (des Indes)	737	
crevette royale orientale	737	
crevette royale rose	893	
crevette sable	893	
crevette sorcière	153	
crevette tache	893	
crevette tigrée brune	737	
crevette tigrée verte	737	
crosscut fillet	315	
croupia roche	1041	
cryodessication	368	
cuir	553	
cummalmum	248	
cynoglosse	1101	
cyprin	246	
cyprin-carpe	745	
cyprin doré	401	
cyprinoïde	963	

D

dactyloptère	363	
daeng	259	
darne	1043	
datte de mer	261	
dauphin	274	
dauphin à flancs blancs	1086	
dauphin à gros nez	129	
dauphin à nez blanc	1075	
dauphin blanc	72, 274	

dauphin commun	216, 274	
dauphin gris	778	
daurade	391, 846	
daurade rose	846	
déchets de poisson	348	
delicatessen	264	
delicatessild	264	
delikatessild	264	
delikatesill	264	
demi-bec	433	
demi-bec balaou	433	
demi-bec bagnard	433	
demi-bec blanc	433	
demi-bec d'Australie	433	
demi-bec du Bresil	433	
demi-bec oisillon	433	
demi-bec timenton	433	
demoiselle	919	
denté á gros yeux	549	
denté charpentier	897	
denté du cap	767	
denté maculé	869	
dépouillement	906	
descargamento	265	
diable de mer	266	
dinailan	269	
disque	937	
disque du Pacifique	937	
disque portugais	937	
djirim	270	
dorade	275, 846	
dorade coryphène	273	
dorade grise	90	
dorade royale	275, 391	
dorade sébaste	758	
doré bleu	703	
doré commun	1065	
doré jaune	1065	
doré noir	827	
dormeur du Pacifique	287	
dorome	889	

E

écailles de poisson	340	
écrevisse	241	
églefin	430	
élédone commune	653	
émissole	916	

émissole grise	916
émissole grivelée	773.2
émissole gommée	424
émissole lisse	916
émissole tachetée	916
en cœur	486
encornet	965
encornet atlanto boreal	965
encornet minami	965
encornet rouge	965
encornet rouge nordique	965
encornet veine	965
encornet volant	965
encre	483
en feuille	486
enkan-hin	887
en livre	486
en lyre	486
enshô-hin	302
entrailles	426
entreposage frigorifique	189, 212
enzo-hin	811
enzo-iwashi	811
enzo-saba	811
épaulard	519
éperlan	911
éperlan de lac	911
éperlan de l'Arctique	911
éperlan du Japon	725
éperlan d'Europe	911
épicoprostanol	13
éponge	957
équille	817
escabèche	303
escolier	62, 920
escolier blanc	62, 920
escolier royal	934
espadon	1002
espèces d'eau douce	177
espèces marines	177
esprot	962
essence d'anchois	23
essence d'Orient	687
esturgeon	985
esturgeon à museau court	985
esturgeon beluga	71
esturgeon blanc	985
esturgeon d'Europe occidentale	985
esturgeon du Danube	660
esturgeon étoilé	871
esturgeon noir d'Amérique	985
esturgeon vert	985
ethmalose d'Afrique	124
étoile de mer	967
étrille	1001
eulachon	304
éviscération	636
exocet (poisson volant)	362
exocet bouledogue	362
exocet volant	362
extrait de clam	196
extrait de soupe de langouste	239

F

Fal	629
fall-cure	309
fanfre	706
fanfre noir d'Amerique	89
farine de foie	1071
farine de foie de morue	207
farine de hareng	459
farine de langouste	237
farine de poisson	332
farine de poisson comestible	326
farine de poisson complète	223
farine de poisson entière	223
farine de poisson maigre	1080
farine de viande	1071
farine entière ou complète	1095
fausse limande du pacifique	786
faux flétan	15
fazeeq	311
feinmarinaden	264, 585
fessikh	311
fiatole	723

filet	315
filet de morue sans arête	122
filet double	315
filet reconstitué	315
filet simple	315
filets de hareng	455
filets de kipper	530
finnan haddock	317
fischfrikadellen	319
fischsülze	320
fish scrap	341
fleckmakrele	577
flet	36
flétan	436
flétan de l'Atlantique	436
flétan du Groënland	411
flétan du Pacifique	40, 41, 666
flétan noir	411
fletch	359
flet commun	360
flie	418
flitch	359
flocons de morue	352
flocons de poisson	325
foie de poisson	329
fondule	520
fork tidbits	381
fukahire	876
full	245
full nape fillet	315
fumados	308
funa-miso	1057
funamatsu-kombu	535
funori	377.1
furikake	378
fushi-rui	379

G

gabelrollmops	380
gadicule argenté	901
gaffalbitar	381
gaffelbidder	381
gaffelbitar	381
gaffelbiter	381
galatées	962.1
gardon	779
gáros	384

garum	385	gros capitaine	1012	hast	1030
gaspareau à rogue	199	guai	943	hat	1030
gasparot	9	guanine	421	Helford	629
Gaspé cure	386	guinamos alamang	422	hémitriptère atlantique	
gâteau de presse	738	guinée machète	542		842
gélatine	388	guinée machète du		heringsstip	463
germon	8	Pacifique	576	herring tidbits	381
gewürzhering	947	guite de Patagonie	781	hirakidara	663
gisukeni	393	guitan	732	hiraki-sukesodara	7
givrage	396	gyomiso	428	hirondelle	363, 723
glace antibiotique	30			hirondelle de mer	752
globicéphale	707	**H**		hitoshio-nishin	658
glucosamine	884	hâ	838, 1030	holbiche brune	152
goberge	802	haddock	317, 677	holothurie	850
gobie	398	haddock coupé de		homard	567
gode	732	Londres	569	homard américain	641
gonades	403	haddock "eyemouth"	307	homard européen	306
goret mule	701	hamayaki-dai	438	homard paré	278
gourami	404	hampen	440	hoplostete argenté	794.2
gournaud	416	hareng	454	hoplostete rouge	656.2,
grande argentine	37	hareng à la crème	457		794.2
grande castagnole	752	hareng à la moutarde	623	hoshi-dako	653
grande roussette	550	hareng au four	54	hoshigai	194
grandes écailles	1004	hareng Bismarck	81	hoshi-kazunoko	511
grande sébaste	758	hareng braillé	95	hoshi-nori	638
grande vive	409	hareng de la Baltique	59	hoshi-wakame	1064
grand requin blanc	1084	hareng de lac	543	huchon	260
grand requin-marteau	439	hareng du Pacifique	667	huile de baleine	1070
grand tambour	86	hareng en aspic	456	huille de cachalot	944
gravlax	405	hareng en conserve	454	huile de foie de flétan	437
greenfish	410	hareng en gelée	456	huile de foie de morue	208
grenadier	415.2	hareng épicé	947	huile de foie de poisson	
grenadier de roche	415.2	hareng flaqué	358		330
grenouille	375	hareng fortement salé	444	huile de hareng	461
grenouille de mer	366	hareng fumé sans arête		huiles de poisson	333
grenouille japonaise	158		123	huître	661
grilse	46	hareng kipper	527	huître creuse Américaine	
griset	90	hareng mariné au vin	548		107
grondeur	420	hareng repaqué	770	huître indigène	629
grondin	425, 856	hareng rouge	762	huître plate	217
grondin aile bleue	760	hareng salé à la		huître portugaise	731
grondin camard	979	hollandaise	291	hydrolysat	467
grondin galinette	1110	hareng salé à l'écossaise		hyperoodon	130
grondin gris	416		840		
grondin japonais	465	hareng salé à sec	285	**I**	
grondin lyre	712	hareng salé type		ichtyocolle	486
grondin morrude	886	norvégien	644	ikanogo-shoyu	891
grondin perlon	1110	hareng saumuré	697	ika-shiokara	888
grondin rose	760	hareng saur	447	ika-shoyu	891
grondin rouge	760	harengs frits au vinaigre		inasal	477
			141		

inconnu	478	kippered black cod	528	lamproie marine	852
Indian hard cured salmon	479	kippered ling cod	528	lançon cicerèle	817
industrial fish	482	kippered products	528	lançon commun	408
intestins	426	kippered shad	528	lançon d'Amérique	817
iriko	850	kippered sturgeon	528	lançon du Nord	817
irradiation	485	kipper sans arête	121	lançon équille	910
isukurimi	825	klipfish	532	lançon du Pacifique	817
ivoire	488	klippfish	532	langouste	235, 784, 951
		komubaki	535	langouste barriolée	235
		kochfischwaren	534	langouste blanche	235
J		kochmarinaden	534, 585	langouste du Japon	235
		koikoku	175	langouste mexicaine	235
jamantin	849	kombu	535	langouste ornée	235
Jean doré	500	kotlettfisk	28	langouste rose	235
jelly herring	456	krabbensalat	536	langouste royale	235
joël	42, 900	kräuterhering	947	langoustine	642
joues de morue	204	krill	536.1	langues de poisson	347
jubarte	474	krill, antarctique	536.2	lapad	823
julienne	562	kronsardinen	537	lard de baleine	97
juliennette	756.1	kronsardiner	537	leryard	566
jumbo	501	kronsild	537	le sonneur commun	172
jus de clam	196	krupuk	538	lieu de l'Alaska	6
		kryddersild	947	lieu jaune	720
K		kuro-nori	638	lieu noir	802
		kusaya	539	limace	857
kabayaki	502			limace atlantique	857
kahawai	47, 504	**L**		limace barrée	857
kahi-shiokara	888			limande	258
kahi-shoyu	891	laberdan	540	limande à queue jaune	1114
kaibotan	884	Labrador cure	541		
kaihô	2	Labrador soft cure	541	limande commune	258
Kaiser-Friedrich hering	623	labre	1103	limande magarei	258
kalbfisch	505	labre californien	1103	limande plie rouge	1099
kamaboko	506	labre camote	1103	limande-sole	556
kanzo-matsu	207	labre capitaine	1103	limande-sole babagarei	909
kapi	508	lachsbückling	447		
karasumi	128	lachshering	447	limande-sole commune	556
karavala	509	la full	245		
katashio-nishin	658	laimargue du Groënland	413	limbert achigan	279, 1103
katsuobushi	510			limule	231
katsuo-shiokara	888	laitance	606	lingue	562
kazunoko	511	lakerda	544	lingue bleue	104
kedgeree	512	lamayo	546	lingue espagnole	592
kelt	46	lambis	222	liparide	857
keta kaviar	193	lamie	727	lippu roudeau	729
khao kriab	538	laminaire	847	liqueur de clam	196
kieler sprotten	517	laminarine	547, 862	listao	907
kilka	518	lamproie arctique	548	lompe	573
killo	518	lamproie de rivière	548	loquette d'Amérique	295
kipper	527	lamproie fluviale	548	loquette d'Europe	295

lotte 28, 160	maquereau-bonite 524	merlu blanc du Cap 169
lotte de rivière 160	maquereau commun 577	merlu du Chili 186
loubine 66	maquereau du Pacifique	merlu du large 432
loup 177	259, 480	merlu du Pacifique 665
loup de l'Atlantique 177	maquereau espagnol 192,	merlu du Senegal 432
loup de mer 177, 977	668	merlu magellanique 432
loup denticulé 177	maquereau tacheté 577	merlu noir du cape 432
loup gélatineux 108	maquereau trapu 480	mérou 419
loup tacheté 960	maraiche 727	mérou geant 419, 498
lure 615	marbre du cap 1089	mérou marbré 419
lute 574	marinade 586	mérou noir 289
lutefisk 574	marinade frite 140	mérou polonais 419
lycode 295	marigane noire 234	mérou rayé 419
lyphilisation 368	marlin 79, 87, 587, 940	mérou rouge 419
lyre 575	marlin rayé 983	Mersea 629
	marsouin 730	mersin 598
M	masca laboureur 298	meunier noir 987
mactre d'Amérique 194	matfull 245	middle 599
maasbanker 468	matiote noire 1006	miettes 600
machiron antennae 848	matje 589	migaki-nishin 601
machiron d'Australie 201.1	matjesfilet auf nordische	mild cured salmon 602
mafou 201	art 588	milker 604
maigre 591	matjes fillets 588	milker herring 604
maigre argenté 244	matodes 111.1	mirin 608
maigre commun 591	mattie 245	mirin-boshi 609
maigre du sud 503	maze-nori 638	miso 1057
makaire 79, 587, 940	medium 245	mizu-ame 609
makaire à longue pectorale	medium red salmon 210	mojama 610
940	méduse 497	mole commun 612
makaire à rostre court 940	meihô 2	moluha 613
makaire blanc 1082	meikotsu 595	momijiko 7
makaire bleu 105	meji 595.1	morenesole dague 880
makaire noir 87	melker 604	moride rouge 756.1
mako 581	melva 372	moro 261.1, 773.1
malachigan d'eau douce	mendole 692	morse 1066
881	menhaden 596	morue 203
mallarmat 39	menhaden écailleux 596	morue arctique 1062
malossol caviar 179	menhaden tyran 596	morue, demi-sec 450
mam 582	merlan 1093	morue dépouillée 905
mam-ruot 582	merlan bleu 111	morue de Saint Paul 1044.1
mamselle noire 244	merlan bleu de sud 933.3	morue du Pacifique 663
mangeur d'hommes 771	merlu 432	morue en fibres 892
mannitol 583, 862	merlu argenté 898	morue, extra-sec 450
mante 584	merlu argentin 936	morue fraîche 203
mante Atlantique 584	merlu austral 432	morue grise 663
mante diable 584	merlu commun 432	morue ogac 203
mante du Pacifique 584	merluche 432, 761	morue polaire 719
maquereau 577	merluchon 432	morue salée 809
maquereau blanc 192,	merlu d'Afrique tropicale	morue salée séchée 955
668	432	morue sans arête 119

morue, sec 450	nioshi-ika 997	pain de thon 1048
morue, séchage faible 450	nonnat 637	paksiw 676
morue, séchage ordinaire 450	nori 638	palomette 715
morue, très sec 450	nori-ameni 1045	palomine 724
moruette 203	nori-kakuni 1045	palourde 174, 418
motelle 783	nori-tsukudani 1045	palourde américaine 194, 741
motelle à cinq barbillons 350	Norwegian milker 604	palourde japonaise 174
	noshi-surume 997	papillon 164, 680
motelle à quatre barbillons 367	nounat 637	parage 1040
	nuoc-mam 648	parr 46, 681
motelle commune 1014	**O**	pastenague 976
moule 229, 622	oboro 924	pastenague ailee 976
moule commune 106	oboro-kombu 535, 924	pastenague américaine 976
mousse d'Irlande 484	oelpräserven 654	
muge 620	olive de mer 225	pastenague commune 976
mulet 620	omble 182	pastenague épineuse 976
mulet blanc 620	omble chevalier 35	
mulet cabot 620	omble d'Amérique 182, 545	pastenague violette 976
mulet doré 620	omble du Pacifique 272	pâte d'anchois 24
mulet lippu 620	omble malma 182, 272	pâte d'anchois fumés 24
mulet porc 620	omble moucheté 150	pâte de crevettes 269
mulet sauteur 620	ombre 407	pâte de foie 1071
mullet 397	ombrine côtière 244	pâte de foie de morue 209
murène 616	ombrine bronze 244	pâte de foie de poisson 331
muréne de Californie 616	ombrine garabatte 244	
murène d'Europe 616	opah 656	pâte de hareng 94
murène verte 616	ophiure 967	pâte de homard 567
musciame 621	orbe étoile 740	pâte de mollusques et crustacés 883
musso atlantique 615	oreille de mer 659	
muzeraille 727	ori-kombu 535	pâte de poisson 334
mye 927	ormeau 2, 659	pâté de poisson 323
N	orphie 630, 829	pâté de poisson en conserve 492
	orphie commun 383	
nacre 618	orque 519	pâte de poisson fermenté 312
namaboshi 281	os 1071	
namaribushi 624	osetr-caviar 179	pâte de thon 1048
naruto 626	oursin 861	patelle 560
narutomaki 626		patis 685
naruto-wakame 1064	**P**	patudo 77, 1048
narval 627		paua 2, 685.1
national cure 628	padda 672	peau de chagrin 873
nectar de clam 196	padec 674	peau de poisson 343
nerisei-hin 769	pageot acarné 48	pecten 68
Newcastle kipper 527	pageot commun 679	pedah 688
nga-bok-chauk 631	pageot rose 90.2, 846	pelamide 44
nga-pi 632	pageot rouge 679	perchaude 1111
niboshi 635	pagre commun 228, 763.1	perche 689
niboshi-hin 635	pagre commun (dorade) 275	perche canadienne 1111
niboshi-iwashi 635		perche rose 758

perle	686	poisson congelé	377, 877	poisson pilote	706
perle baroque	686	poisson cuit mariné	534	poisson plat	354
perroquet	682	poisson d'argent	900	poisson-plein	777
petit cachalot	557	poisson demersaux	418.1	poisson rapidement	
petite argentine	37	poisson demi-sel	435	congelé	377
petite roussette	558	poisson dépouillé	904	poisson rassis	966
petite sole jaune	1113	poisson de fond	418.1	poisson réfrigéré	188
petit rorqual	607	poisson de rebut	1035	poisson rond	795
petit sébaste	758	poisson désarêté	117	poisson sabre	253
petit tacaud	726	poisson déshydraté	263	poisson sabre commun	253
pétoncle	835	poisson en conserve	168	poisson sabre du Pacifique	
phoque	853	poisson en cubes	267		253
phoque de Pribilof	853	poisson en gelée	328	poisson salé	810, 813
phycis	366	poisson en saumure	695	poisson salé à sec	284
physis blanc	1081	poisson ensilé	342	poisson salé en vert	410
physis de fond	366	poisson entier	1094	poisson salé séché	282
physis écureuil	761	poisson entier salé	812	poisson sans arête	120
piballe	299	poisson étêté	449	poisson saumuré	146
picarel	692	poisson éviscéré	427	poisson-scie	830
pickling	154	poisson fortement fumé		poisson-scie grandent	830
pico	61		446	poisson-scie trident	830
pieuvre	653	poisson fortement salé		poisson séché	281
pilchards pressés	739		450	poisson séché au soleil	
pindang	708	poisson frais	369		990
piquitinga	19	poisson frit	371	poisson séché au vent	
piraroucou	33	poisson fumé	912		1096
pissala	713	poisson fumé à chaud	471	poisson sur barbecue	60
pla-ra	716	poisson fumé à froid	211	poisson surgelé	377
pla thu nung	717	poisson-globe	740	poisson traité au sucre	988
platycephalide	356	poisson gras	310	poisson tranché	955
platycephale indien	356	poisson-guitare	423	poisson vidé	427
plie	714	poisson-guitare tacheté		pollock	722
plie canadienne	15		423	pompaneau	724
plie cynoglosse	1101	poisson haché	606.1	pompaneau plume	724
plie cynoglosse royale	773	poisson Labrador	541	pompaneau sole	724
plie d'Alaska	714	poisson légèrement		portion de poisson	336
plie de Nouvelle-Zélande		fumé	603	potage au poisson	324
	818	poisson-lime	314	pouce-pied	61
plie du Pacifique	969	poisson liquide	467	poudre d'algues	863
plie lisse	915	poisson-loup	177	poudre de langouste	237
pocheteau	751	poisson-lune	612	poudre de soupe de	
pocheteau blanc	353	poisson maigre	1078	langouste	237
pocheteau gris	353	poisson mariné	585	poulamon	1026
pocheteau noir	570	poisson mariné à		poulamon atlantique	1026
podpod	718	chaud	470	poulamon pacifique	1026
poisson à la marinade	4	poisson moyennement		poule de mer	363
poisson "au naturel"	321	salé	593	poulpe	653
poisson au vinaigre	1060	poisson paré	279	poulpe géant	653
poisson-castor	132	poisson pasteurisé	683	poulpe tacheté	653
poisson-chat	848	poisson pélagique	688.2	poutassou	733

poutine	734	
prahoc	736	
praire	741	
prêtre	42, 900	
pristure à bouche noire	88	
produits pharmaceutiques	1071	
protéines	348	
Pyefleet	629	

Q

quarter nape fillet	315
quenelles	744

R

raie	78, 751, 903
raie à queue épineuse	953
raie blanche	1087
raie bouclée	1011
raie brunette	1056
raie chardon	874
raie circulaire	821
raie douce	959
raie du Pacifique	971
raie étoilée	970
raie fleurie	247
raie grise	353
raie hérisson	564
raie lisse	96, 917
raie mêlée	675
raie tachetée	1100
raie voile	879
rakørret	749
rameur	1091
rascasse	839
rascasse brune	839
rascasse californienne	839
rascasse du Nord	758
rascasse rouge	839
rat de mer	746
renard	1015
rengi	97
rensei-hin	769
requin	876
requin à nez pointu	878
requin aiguille gussi	878
requin bironche	878
requin bleu	109

requin bordé	91
requin bouledogue	159
requin citron	555
requin cuivre	149
requin du Groënland	413
requin griset	902
requin-hâ	838, 931, 1030
requin lézard	373
requin nourrice	649
requin-maquereau	578
requin-marteau	439
requin-marteau commun	439
requin-marteau lisse	439
requin océanique	1091
requin pèlerin	65
requin-renard	1015
requin-scie a nez court	876
requin sombre	290
requin-tapis	271
requin-taupe	578
requin-taupe bleu	578
requin-taupe commun	727
requin-taupe saumon	578, 808
requin-taureau	820
requin-tigre	771
requin-tigre commun	1016
retailles	772
rhodyménie palmé	286
rigor mortis	776
riklingur	177
rogue	787
roi des harengs	650
rollmops	790
rondeau brème	876
rondeau mouton	881
rorqual	792
rorqual commun	318
rorqual de Rudolf	867
rotskjaer	793
rouelles	794
rouget-barbet	397
rouget-barbet de roche	397, 995
rouget-barbet de vase	397
rouget-barbet doré	397
rouget-barbet du Senegal	397
rouget-barbet tacheté	397

rouget-souris mignon	397
roussette	558
roussette maille	271
rouvet	920
russlet	537

S

saba-bushi	379
sabre argenté	253, 376
sabre d'argent	376
sabre ceinture	831
saiku-kombu	535
Saint-Paul moki	611.1
Saint-Pierre	88.1, 500
Saint-Pierre américain	500
Saint-Pierre du cap	500
Saint-Pierre du Pacifique	500
sakuraboshi	609
salachi	739
salachini	739
salade	46
salade de hareng	462
salade de hareng blanc	462
salade de hareng rouge	462
salade de hareng sec	462
salade de poisson	338
salade de saumon	807
salade de thon	1049
salage à sec	515
salage à terre	890
salage en vrac	515
salage léger	59
salaison à l'orientale	658
salaka	803
salé à bord	811
salé colombo	213
salicorque royale rouge	893
salzfischwaren	814
salzling	815
samma	671
samma kabayaki	502
sandre	703
sar	1076
sarashi-wakame	1064
sar commun	1076
sarde	44

sardellenbutter	21	saumon fumé	529	shioboshi-aji	887	
sardine	705, 822	saumon japonais	184	shioboshi-hin	887	
sardine commune	705	saumon keta	193	shioboshi-iwashi	887	
sardine en conserve	454	saumon masou	184	shioboshi-samma	887	
sardinelle	823	saumon rose	710	shiokara	888	
sardinelle blanche	823	saumon rouge	925	ship	985	
sardinelle indienne	655	saumon royal	191, 745.1	shiraboshi	986	
sardinelle tambour	823	saumon saumuré	698	shottsuru	891	
sardine péruvienne	187	saumure	145	sild	895	
sardine pilchard	705	saupe	402	silver herring	896	
sardine russe	537	saurer hering	828	sinaeng	901.1	
sardinops	705	scampi	836	smolt	46	
sardinops d'Afrique du Sud	705, 933.1	Scandinavian anchovy	20	snoek	922	
		schillerlocken	837	soboro	924	
sardinops d'Australie	699, 705	sciaenidé	1067	sole	221, 277, 930, 1010	
		sciaenidé du Pacifique	1077	sole américaine	561	
sardinops de Californie	166			sole bauoche	466	
sardinops du Chili,	187	sciaenidés	244, 283	sole blonde	551	
sardinops du Japon	494	scorpène	839	sole commune	221	
sargue	824	scotch matjes	588	sole de Californie	691	
sargue austral	1090	scrod	841	sole ocellée	930	
sar salène	709	sébaste	758	sole-perdrix	1010	
sashimi	825	sébaste du cap	491	sole-perdrix juive	930	
satsuma-age	506	sébaste du nord	758	sole-pôle	551	
sauce de laitance de hareng	460	sébaste kinkin	516	solubles de poisson	223	
		sèche	257	soupe de clam	195	
sauce de poisson fermenté	313	sèche commune	257	soupe d'églefin	431	
		seelachs in oel	865	soupe de homard	567	
saucisse de poisson	339	semi-conserves	868	soupe de langouste	238	
saucisse de thon	1047	sépiole melon	257	soupe de poisson	344	
sauclet	42	sépiole naine	257	sourdon	950	
sauerlappen	826	sériole	1116	spare à selle blanche	791	
saumon	804	sériole australienne	1116	spare doré	843	
saumon à l'indienne	479	sériole chicard	1116	spare gibbeux	768	
saumon argenté	210	sériole couronnée	1116	spare japonais	764	
saumon Atlantique	46	sériole guaimeque	1116	spatule	673	
saumon chien	193, 804	seriolella palmier	727	speckfish	941	
saumon de fontaine	150, 182	serpenton	919	spermaceti	945, 1071	
		serran chèvre	214	spillanga	948	
saumon de printemps	766	serran de sable	819.1	spongine	957	
saumon doré	37	serran des algues	877	sprat	962	
saumon du Danube	260	serran farlot	844	spring salmon	191	
saumon du Pacifique	191, 193, 210, 710 745.1, 804, 925	seranidé	844	squale bouclé	952	
		seviche	870	squale liche	90.1, 853.1	
		sevruga-caviar	179	stéarine de poisson	345	
saumonette	693, 838	shadine	796	steckerlfisch	60	
saumon fortement fumé	479	shadine ronde	796	sterlet	985	
		shakeii	875	steurharing	975	
saumon fortement salé	445	shidal sutki	885	stockage en caisses	133	
		shioboshi	887	stockage en vrac	157	

stockage réfrigéré	189	
stockage sur étagères	882	
stockfish	978	
stremel	980	
strip	981	
stromatée	163	
stromatée à fossettes	163	
stromatée lune	448	
strömming	59	
stückenfisch	984	
suboshi	986	
suboshi-hin	986	
succédanés de caviar	180	
succédanés de saumon	865	
sudako	653	
suehiroboshi	609	
sukimidara	663	
su-kombu	535	
surimi	994.1	
sur-réfrigération	992	
sursild	996	
surströmming	59	
surume	997	
sushi	998	
sutki	999	

T

tacaud commun	732	
tacaud norvégien	643	
tacon	914	
tai-miso	1057	
taishi	876	
tambour brésilien	45, 244	
tambour croca	958	
tambour rouge	757	
tanche	1007	
tanner crab	231	
tarako	7	
tarama	1003	
tare	502, 876	
targie naine	647	
tarpon	1004	
tarpon argenté	1004	
tassergal	103	
tatami-iwashi	1005	
taupe	727	
tempura	506	
tengusa	1008	
téraglin	387	
terpuga	43, 415	
terpuga arabesque	43	
terpuga atka	43	
terpuga buffalo	415, 563	
terramycine	30	
tétracycline	30	
thazard	522, 524	
thazard atlantique	524	
thazard bâtard	1063	
thazard blanc	524	
thazard de Monterey	524	
thazard de Queensland	524	
thazard franc	181, 524	
thazard oriental	524	
thazard ponctué	524	
thazard rayé	524, 866	
thazard serra	524	
thazard sierra	524	
thazard tigre	524	
thon	1029, 1043, 1048	
thon à nageoires jaunes	1108	
thon blanc	8	
thon élégant	908	
thonine commune	565	
thonine orientale	510.1, 565	
thon mignon	572	
thon obèse	77	
thon rouge	102	
thon rouge du sud	933.2	
thyrsite	62	
tidbits	381	
tilapia	1018	
tile	1019	
tile a raie noire	1019	
tile blanquille	1019	
tile chameau	1019	
tile fin	1019	
tinabal	1020	
tinapa	1021	
tjakalang	1022	
tôkan-dara	1024	
tôkan-hin	1024	
tomalley	1025	
tombe	1110	
tombettes	1110	
tom kho	1027	
tonno	1029	
tororo-kombu	535	
toroumoque	818	
toroumoque japonais	818	
toroumoque mao	818	
torpille	296	
torpille marbrée	296	
torpille noire	296	
torpille ocelée	296	
tortue	1052	
tortue américaine	1009	
tortue-cuir	1052	
tortue verte	1052	
touille	727	
tourteau	293	
tourteau jona	231	
tourteau poinclos	231	
tourte de poisson	335	
toutenon commun	364, 965	
toutenon japonais	965	
toutenon souffleur	965	
tranche	972	
trassi-udang	1036	
trepang	1037	
trigle	425, 856	
tronçon	1043	
troque	1042	
truite	1044	
truite arc-en-ciel	748	
truite brune	859, 1044	
truite de lac	150, 545	
truite de mer	859	
truite de ruisseau	150	
truite d'Europe	859	
truite grise	545	
truite mouchetée	150	
truite rouge	150	
truite saumonée	150, 1044	
tsukudani	1045	
tuna ham	1046	
tuna wieners	1048	
tunsoy	823	
turbot	1050	
tuyo	1054	

U

uni-shiokara	888	
uo-miso	1057	
uranoscope	968	
ure-zushi	998	

V

vache	649
vanneau	742
varech	513
vare	587
varey	587
ventrèche	1059
ventres de saumon	805
véron	476
vessie natatoire	1000
vieille commune	58
viscères	426
vitamines	348
vivaneau	921
vivaneau amarante	921
vivaneau à queue jaune	921
vivaneau bourgeois	921
vivaneau campèche	765
vivaneau dentchien	921
vivaneau gazou	921
vivaneau noir	921
vivaneau queue noire	921
vivaneau sarde gris	921
vivaneau sorbe	921
vivaneau ti-yeux	921
vive	1068
viziga	1061
voilier	79
voilier de l'Atlantique	801

W

wakame	1064
Whitstable native	629

Y

yakiboshi	1105
yakiboshi-ayu	1105
yakiboshi-haze	1105
yakiboshi-iwashi	1105
yaki-chikuwa	185
yaki-zame	876

Z

zée	500

SCIENTIFIC NAMES/NOMS SCIENTIFIQUES

Note: Figures in index refer to item numbers/Les nombres figurant dans l'index se réfèrent aux numéros des rubriques.

A

ABRAMIS spp.	143
Abramis brama	143
Abramis vimba	1117
Acanthistius	844
Acanthocybium solanderi	1063
ACANTHOPAGRUS spp.	846
Achirus	930
Achirus fasciatus	466
Achirus lineatus	561
Acipenser brevirostrum	985
Acipenser gueldenstaedtii colchicus	660, 985
ACIPENSERIDAE	71, 985
Acipenser medirostris	985
Acipenser nudiventris	985
Acipenser oxyrhynchus	985
Acipenser ruthenus	985
Acipenser stellatus	871, 985
Acipenser sturio	985
Acipenser transmontanus	985
Acmea testitudinales	560
Aequipecten gibbus	835
Aequipecten irradians	68
Aetobatus narinari	292
Aibula vulpes	118
ALBULIDAE	118, 542
Alburnus alburnus	92
Aldrichetta	620
Aldrichetta forsteri	620, 1107.1
ALLOCYTTUS spp.	88.1, 656.3
Allocyttus verrucosus	656.3
Allothunnus fallai	908
Alluteuthis media	965
Alluteuthis subulata	965
ALOPIIDAE	876, 1015
Aloplas vulpinus	406, 1015
ALOSA spp.	454, 525, 872
Alosa aestivalis	872
Alosa alosa	9, 11, 872
Alosa fallax fallax	872, 1055
Alosa fallax nilotica	872, 1055
Alosa finta	872, 1055
Alosa mediocris	872
Alosa pseudoharengus	9, 872
Alosa sapidissima	16, 872
Alutera schoepfi	314
Alutera ventralis	314
ALUTERIDAE	554
Ambloplites rupestris	780
Amblygaster postera	577
Amia calva	132
Ammodytes americanus	817
Ammodytes cicerellus	817
Ammodytes dubius	817
ammodytes hexapterus	817
Ammodytes marinus	817, 910
Ammodytes personatus	817
Ammodytes tobianus	817, 910
AMMODYTIDAE	817, 911
Amusium balloti	835
Anadara bronghtoni	38
Anadara subcrenata	38, 194
ANARHICHADIDAE	785
ANARHICHAS spp.	177, 782, 785, 1102
Anarhichas denticulatus	108, 177
Anarhichas latifrons	108
Anarhichas lupus	177
Anarhichas minor	177, 960
Anarhichas orientalis	177
ANCHOA spp.	19
Anchoa hepsetus	19
Anchoa mitchilli	19
Anguilla anguilla	294, 305
Anguilla australis	294
Anguilla japonica	294, 493
Anguilla rostrata	14, 294
ANGUILLIDAE	294
Anisotremus davidsoni	824
Anisotremus virginicus	729
Anopoploma fimbria	34, 99, 200, 800
ANOPOPLOMATIDAE	99, 200
Anthias pulchellus	656.1

Aplodinotus grunniens	283, 881	Atractoscion aequidens	387
Apogonidae	172	Atrina pectinata	622
Apogon imberbis	172	Atrobucca nibe	244
Apristurus brunneus	152	AVLOCOMYA	622
Apsilus dentatus	921	AUSTROGLOSSUS spp.	930
Arca barbata	38	Austroglossus microlepis	930
Arca noae	38	Austroglossus pectoralis	930
Archosargus probatocephalus	881	AUSTROMENIDIA spp.	900
Archosargus rhomboidalis	846	Austrovenus stotchburyi	194
ARCIDAE	38	Auxis rochei	157.1
Arctica islandica	652	Auxis thazard	52, 125, 372, 715, 1048
Arctoscopus japonicus	818		
Argentina elongata	37	**B**	
Argentina kogoshimae	37	Bagre marinus	848
Argentina semifasciata	37	Bairdiella chrysura	899, 1116
Argentina sialis	37	Balaena glacialis australis	935
Argentina silus	37	Balaena mysticetus	412, 775
Argentina sphyraena	37	BALAENIDAE	775, 1071
ARGENTINIDAE	37, 911	Balaenoptera acutorostrata	607, 1071
Argopecten irradians	68, 835	Balaenoptera borealis	867, 1071
Argyrosomus argentatus	244, 1077	Balaenoptera edeni	867
Argyrosomus hololepidotus	283, 503	Balaenoptera musculus	110, 1071
Argyrosomus nibe	85, 244	Balaenoptera physalus	318, 792, 1071
Argyrosomus regius	283, 498, 591	BALAENOPTERIDAE	792, 1071
Argyrozona argyrozona	897	BALANUS spp.	61
ARIIDAE	177, 848	Balistes capriscus	1039
Arnoglossus laterna	833	Balistes carolinensis	1039
Arnoglossus scapha	1101	Balistes punctatus	1039
Arnoglossus thori	833	BALISTIDAE	241.1, 314, 1039
Arrhamphus sclerolepis	433	BASILICHTHYS spp.	900
ARRIPIDAE	47, 504	BATHYLAGIDAE	37
Arripis georgianus	47	Bathystoma	420
Arripis trutta	47, 504	Batoidei	751
Ascophyllum nodosum	151, 862, 863	Belone belone	79, 383, 630
Aspergillus oryzae	428	BELONIDAE	79, 383, 630, 829
Aspitrigla cuculus	425, 760, 929	Bembros anatirostris	356
Aspitrigla obscura	425, 886	Bembros gobioides	356
ASTACUS spp.	235, 241	BERARDIUS spp.	69
Astacus astacus	241	BERYCIDAE spp.	765
Astacus fluviatilis	241	Beryx decadactylus	9.1, 755, 846
Asteroidea	967	Beryx splendens	9.1
Astroscopus guttatus	968	Bidyanus bidyanus	899
Atheresthes evermanni	41	Blicca bjoerkna	1076
Atheresthes stomias	40	Bodianus oxycephalus	701
ATHERINA spp.	911	Boops	846
Atherina boyeri	42, 900	Boops boops	114
Atherina hepsetus	42	Boreogadus saida	203, 719, 1062
Atherina presbyter	42, 148, 900	BOTHIDAE	144, 165, 360, 361, 930, 1101
ATHERINIDAE	42, 734, 900, 1073		
Atheriscus	900	Brama brama	26, 723, 752

Brama japonica	723
Brama rayi	90, 723, 752
BRAMIDAE	90, 723, 846
BRANCHIOSTEGIDAE	1019
BREVOORTIA spp.	596, 872
Brevoortia patronus	596
Brevoortia tyrannus	596
Brosme brosme	250, 615, 1033, 1053
Buccinum undatum	690, 1072
Buglossidium luteum	930, 1113
BUSYCON spp.	222

C

CALLINECTES spp.	231
Callinectes sapidus	100, 231
Callorhinus ursinus	853
Callorhynchus callorhynchus	298
Callorhynchus milii	298
CAMBARUS spp.	235, 241
CANCER spp.	231
Cancer borealis	231
Cancer irroratus	231
Cancer magister	231, 287
Cancer pagurus	231, 293
CANCRIDAE	231
Caprodon longimanus	709.1
CARANGIDAE	98, 468, 489, 490, 554, 615, 648, 706, 724, 832, 1048, 1051, 1116
Carangoides emburyi	1051
Carangoides gymnostethoides	98
Carangoides gymnostethus	98
CARANX spp.	489, 490, 1038
Caranx crysos	242, 490
Caranx georgianus	1038
Caranx hippos	242, 490
Caranx sexfasciatus	1038
Carassius auratus	175, 401
Carassius carassius	175, 246
Carastoderma edule	202, 215
CARCHARHINIDAE	109, 555, 771, 838, 876, 878, 931, 1016
Carcharhinus	771
Carcharhinus brachyurus	149
Carcharhinus leucas	159
Carcharhinus limbatus	91
Carcharhinus longimanus	1091
Carcharhinus obscurus	290
Carcharias taurus	820
Carcharini formes	271
CARCHARIIDAE	820, 876
CARCHARINIFORMES	876
CARCHARODON spp.	771
Carcharodon carcharias	578, 1084
Carcinus maenas	219, 231
Carcinus mediterraneus	219
CARDIDAE	202, 1098
Cardium aculeatum	202, 950
Cardium corbis	202, 215
Cardium echinatum	950
Cardium edule	202, 215
Cardium tuberculatum	202
Caretta caretta	1052
Carperea marginata	702
Carpiodes	987
Carpiodes cyprinus	745, 940, 987
CATOSTOMIDAE	745, 940, 987
Catostomus	987
Catostomus commersoni	987
Caulolatilus cyanops	1019
Caulolatilus microps	1019
Caulolatilus princeps	1019
CENTRACANTHIDAE	692
CENTRARCHIDAE	83, 234, 780, 991
Centroberyx affinis	759, 765
CENTROLOPHIDAE	163, 1037.1
CENTROPOMIDAE	64, 923
Centropomus parallelus	923
Centropomus pectinatus	923
Centropomus undecimalis	923
Centropristis	844
Centropristis philadelphica	844
Centropristis striata	89, 844
Centroscyllium fabricii	271
Cephalacanthus volitans	363
Cephalopoda	483
Cephalorhynchus heavisidei	274
CETORHINIDAE	65, 876
Cetorhinus maximus	65
Chaetodipterus faber	937
Chaetodipterus zonatus	937
CHAETODONTIDAE	26, 164, 937
CHANIDAE	259, 605
Chanos chanos	605
CHARYBDIS spp.	100, 231
CHEILODACTYLIDAE	611.1, 617.1
Cheilodactylus gayi	1002.1
Cheilodactylus macropterus	1002.1
Cheilodactylus spectabilis	611.1, 617.1
Cheilotrema saturnum	85, 244

CHELIDONICHTHYS spp.	465
Chelidonichthys cuculus	425, 760
Chelidonichthys gurnardus	416
Chelidonichthys kumu	425, 760
Chelidonichthys lastoviza	425, 979
Chelidonichthys obscura	886
CHELONIA spp.	1052
Chelonia mydas	1052
Chelon labrosus	620
Cherax destructor	241
Cherax tenuimanus	241
Chimaera monstrosa	190, 525, 746, 750
CHIMAERIDAE	190, 746, 750
CHIONOECETES spp.	231
Chionoecetes bairdii	231
Chionoecetes opilio	231
Chionoecetes tanneri	231
CHLAMYDOSELACHIDAE	373, 876
Chlamydoselachus anguineus	373
Chlamys delicatula	742, 835
Chlamys islandica	835
Chlamys opercularis	742, 835
Chlamys varius	835
CHLOROPHYCEAE	862
Chondrus	5
Chondrus crispus	484
Chorinemus lysan	743
CHOROMYTILUS	622
Chrysoblephus gibbiceps	768
Chrysoblephus laticeps	791
Chrysophrys	846
Chrysophrys auratus	846, 921
Chrysophrys major	764
Ciliata	783
Ciliata mustela	350
Clarias gariepinus	177
Cleisthenes pinetorum herzensteini	928
Clupea alosa	11
Clupea harengus harengus	454, 822
Clupea harengus palasii	6, 454, 667
Clupea ilisha	464
CLUPEIDAE	229, 310, 454, 525, 596, 648, 796, 822, 872, 1013
Clupeonella delicatula	518
Cnidoglanis macrocephalus	201.1
Colistium gunther|	144
Colistium nudipinnis	1050
COLOLABIS spp.	829
Cololabis saira	671, 829
Concholepas concholepas	857
Conger conger	224
Conger oceanicus	224
Conger verrauxi	224
CONGIOPODIDAE	701
Congiopodus leucopaecilus	701
CONGRIDAE	224
CORBICULA spp.	194
COREGONIDAE	478, 1079
Coregonus albula	1058, 1079
Coregonus altior	721
Coregonus artedii	543, 1079
Coregonus clupeaformis	1079
Coregonus elegans	721
Coregonus hoyi	93, 1079
Coregonus lavaretus	735, 1079
Coregonus oxyrhynchus	472, 1079
Coregonus pollan	721, 1079
Coridodax pullus	163
Coryphaena equisetis	273
Coryphaena hippurus	273
CORYPHAENIDAE	273
Coryphaenoides acrolepis	415.2
Coryphaenoides pectoralis	415.2
Coryphaenoides rupestris	415.2
COTTIDAE	842
Cottus bairdi	842
Cottus scorpius	842
Crangon crangon	153, 220, 536
Crangon franciscorum	893
CRANGONIDAE	893
Crangon nigricauda	893
Crangon nigromaculata	893
Crangon septemspinosus	893
Crangon vulgaris	153
Crassostrea angulata	661, 731
Crassostrea gigas	661
Crassostrea virginica	107, 661
Ctenolabrus rupestris	1103
CUCUMARIA spp.	850
Currupiscis kumu	760
CYBIUM spp.	524
CYCLOPTERIDAE	452, 573, 918
Cyclopterus lumpus	452, 573
CYNOSCION spp.	244, 283, 859, 1067
Cynoscion arenarius	1067
Cynoscion nebulosus	244, 1067
Cynoscion nobilis	1067
Cynoscion regalis	964, 1067
CYPRINIDAE	143, 175, 246, 443, 736, 956, 963, 1007

Cyprinodon	520
CYPRINODONTIDAE	520
Cyprinus carpio	175
CYPSELURUS spp.	362
Cyttus australis	896.1
Cyttus novaezelandiae	896.1
cyttus traversi	572.1

D

DACTYLOPTERIDAE	363
Dactylopterus volitans	363
DACTYLOSCOPIDAE	968
Dalatias licha	90.1, 853.1
DASYATIDAE	751, 976
Dasyatis akajei	976
Dasyatis americana	976
Dasyatis brevicaudatus	976
Dasyatis centroura	976
Dasyatis pastinaca	976
Dasyatis thetidis	976
Dasyatis violacea	976
DECAPTERUS spp.	468, 489, 490, 539, 832
Decapterus macarellus	468
Decapterus punctatus	468
DELPHINAPTERIDAE	274
Delphinapterus leucas	72, 274
DELPHINIDAE	274
Delphinus delphis delphis	216, 274, 621
DEMOSPONGIA spp.	957
Dentex	846
Dentex macrophthalmus	549
Dermochelys coriacea	1052
Dicentrarchus labrax	66, 844
Dichelopandalus bonnieri	711
Diplectrum formosum	819.1, 844
Diplodus sargus	824, 1076
DONACIIDAE	712.1
DONAX spp.	194
Donax trunculus	225
Donax variabilis	225
DOROSOMA spp.	872
Dorosoma cepedianum	394, 872
Dorosoma petenense	872
DUGONG spp.	849

E

Echinorhinus brucus	952
Echinorhinus spinosus	952
ECHINUS spp.	861
Echinus esculentus	861
Eisenia bicyclis	860
ELEDONE spp.	653
Eledone cirrosa	653
Eleginops maclovinus	781
Eleginus gracilis	203
Eleginus gracilis (Navaga)	1062
Eleginus navaga	203, 1062
ELEUTHERONEMA spp.	1012
Eleutheronema tetradactylum	1012
ELOPIDAE	542, 576, 897, 1004
Elops affinis	576, 1004
Elops saurus	542, 1004
EMBIOTOCIDAE	993
EMMELICHTHYIDAE	798.1
Emmelichthys nitidus	754.1
Enchelyopus	783
Enchelyopus cimbrius	367
ENGRAULIDAE	19
Engraulis australis	19
Engraulis encrasicolus	19, 20
Engraulis japonica	19
Engraulis mordax	19, 640
Engraulis ringens	18, 19
Ensis directus	753
Ensis ensis	753
Ensis siliqua	753
Enteromorpha linza	414
Eopsetta grigorjewi	797
Eopsetta jordani	144, 691
EPHIPPIDAE	26, 937
Epigonus telescopus	172
EPINEPHELUS spp.	419, 854
Epinephelus analogus	420
Epinedhelus drummondhayi	419
Epinephelus flavolimbatus	419
Epinephelus gigas	289, 854
Epinephelus guaza	289
Epinephelus ingritus	419
Epinephelus itajara	419, 498
Epinephelus morio	419
Epinephelus niveatus	419
Epinephelus striatus	419
Eretmochelys imbricata	1052
Erimacrus isenbeckii	231
Eschrichtius glaucus	664, 1071
ESOCIDAE	694, 704, 922
Esox americanus vermiculatus	704
Esox lucius	704

Esox masquinongy	704
Esox niger	704
Ethmalosa fimbriata	124
Ethmidium chilcae	576
Ethmidium maculatus	454
ETRUMEUS spp.	454, 796
Etrumeus acuminatus	796
Etrumeus micropus	796
Etrumeus sadina	796
Etrumeus teres	796
Euastacus armatus	241
Eubalaena glacialis australis	775
Eubalaena glacialis glacialis	639, 775
Eubalaena glacialis japonicus	775
Eugomphodes taurus	820
Euphausia superba	536.1, 536.2
EUSPONGIA spp.	957
EUTHYNNUS spp.	125, 1048
Euthynnus affinis	52, 510.1, 565, 1048
Euthynnus alletteratus	565, 1048
Euthynnus pelamis	907, 1022, 1048
Euthynnus quadripunctatus	565
Eutrigla gurnardus	416, 425, 443
Evechinus chloroticus	861
EVYNNIS spp.	243, 846
EXOCOETIDAE	362
Exocoetus obtusirostris	362
Exocoetus volitans	362

F

Fluvialosa richardsoni	143
Fluvialosa vlaminghi	454
Fucus serratus	863
Fucus vesiculosis	863
Fundulus	520

G

Gadiculus argenteus argenteus	901
Gadiculus argenteus thori	901
GADIDAE	7, 200, 203, 350, 366, 367, 615, 722, 761, 783, 785, 812, 855, 1014, 1026, 1053, 1078, 1093
Gadus	834
Gadus aeglefinus	430
Gadus cailarius	203
Gadus gracilis	1062
Gadus luscus	732
Gadus macrocephalus	203, 406, 663
Gadus morhua	203, 1033
Gadus navaga	1062
Gadus ogac	203
Gadus pollachius	720
Gadus poutassou	111
Gaidropsarus	783
Gaidropsarus vulgaris	1014
GALATHEA spp.	962.1
GALATHEIDAE	536.1, 1073
Galaxias maculatus	1073
Galeichthys felis	848
Galeocerdo cuvieri	1016
Galeorhinus	771
Galeorhinus australis	838
Galeorhinus capensis	931
Galeorhinus galeus	838, 931, 1030
Galeorhinus zyopterus	931
Galeus melastomus	88, 271
GELIDIUM spp.	5, 1008
Gemplus serpens	920
GEMPYLIDAE	62, 894, 920, 922
Geniagnus monopterygius	968
Genyonemus lineatus	244, 522, 1026, 1077
Genypterus blacodes	562, 783
Genypterus capensis	523
Germo	1048
Germo alalunga	8
Gerres ovatus	779
GERRIDAE	611
Geryon quinquedens	231
Gigartina	5
Gigartina steliata	484
Ginglymostoma cirratum	649
Girella cyanea	103
Girella nigricans	633
Girella tricuspidata	633
GIRELLIDAE	633
Glaucosoma hebraicum	498
GLOBICEPHALA spp.	707
Globicephala melaena melaena	707
GLOIOPELTIS spp.	377.1
Glycymeris glycymeris	38
Glyptocephalus cynoglossus	1088, 1101
Glyptocephalus zachirus	773
GOBIIDAE	398, 637
GOBIUS spp.	637
GONATIDAE spp.	965
Gonatus fabricii	965
GONORYNCHIDAE spp.	818
Gonorynchus gonorynchus	818

GRACILARIA spp.	5
Grammatorcynus bicarinatus	276
Grammatorcynus bilineatus	273
Grampus griseus	274, 778
Gymnammodytes cicerellus	817
Gymnammodytes semisquanatus	817
Gymwapistes marmoratus	929
Gymnosarda elegans	125, 297
Gymnosarda unicolor	657, 799
Gymnothorax funebris	616
Gymnothorax mordax	616
Gymnura altavela	976

H

HAEMULON spp.	420
Helicolenus dactylopterus	758
Helicolenus maculatus	758
HALIOTIDAE	2
Haliotis australis	2
Haliotis iris	2, 685.1
Haliotis tuberculata	2, 659
Harpodon nehereus	116
Helicolenus papillosus	854
HELIOCIDARIS spp.	861
HEMICARANX spp.	490
HEMIRAMPHIDAE	433, 829
Hemiramphus	383
Hemiramphus australis	433
Hemiramphus balao	433
Hemiramphus brasiliensis	433
Hemiramphus far	433
Hemiramphus saltator	433
Hemitripterus americanus	842
Heterosomata	354
HEXAGRAMMIDAE	43, 99, 415, 563
HEXANCHIDAE	876
Hexanchiformes	876
Hexanchus griseus	902
Hippoglossoides dubius	355
Hippoglossoides elassodon	355
Hippoglossoides platessoides	15, 258, 571, 714, 816
Hippoglossus hippoglossus	436
Hippoglossus stenolepis	436, 666
HIPPOSPONGIA spp.	957
Holacanthus	26, 164
HOLOCENTRIDAE	929
HOLOTHUROIDAE	850
HOMARUS spp.	567
Homarus americanus	567, 641
Homarus gammarus	306, 567
Homarus vulgaris	306
Hoplichthys haswelli	356
Hoplostethus atlanticus	656.2
Hoplostethus mediterranus	794.2
Hucho hucho	260, 804
Hucho taimen	260, 804
Huso huso	71, 985
HYDROLAGUS spp.	190, 388.2
Hydrolagus colliei	190, 750
Hydrolagus novaezealandiae	190, 388.2
Hymenopenaeus robustus	893
Hyperoglyphe antarctica	1037.1, 1066.1
Hyperoodon rostratus	130
Hyperoplus immaculatus	408, 817
Hyperoplus lanceolatus	408, 817
Hypomesus olidus	725
Hypomesus pretiosus	994
Hyporhamphus ihi	383, 433
Hyporhamphus unifasciatus	433
Hypsopsetta guttulata	1050

I

Icelinus filamentosus	842
ICTALURIDAE	177, 848
ICTALURUS spp.	177
Ictalurus punctatus	177
ICTIOBUS spp.	987
Illex coindetii	965
Illex illecebrosus	965
Iridea laminaroides	156
ISTIOPHORIDAE	79, 587, 801, 940
ISTIOPHORUS spp.	79, 801
Istiophorus albicans	801
Istiophorus gladius	801
Istiophorus greyi	801
Isurus	578
Isurus glaucus	126, 581
Isurus oxyrinchus	126, 578, 581

J

Jacquinotia edwardsii	949
JASUS spp.	235, 784
Jasus edwardsii	235
Jasus lalandii	235
Jasus novaehollandiae	235
Jasus verreauxi	235
Jordanidia solandrii	934

K

Kathetostoma giganteum	968, 614
Katsuwonus pelamis	907
Kishinoella	1048
Kishinoella tongoll	572
Kishinoella zacalles	572
Kogia breviceps	557
KYPHOSIDAE	434, 633

L

Labidesthes sicculus	900
LABRIDAE	58, 73, 249, 689, 854, 881, 929, 1006, 1103
Labrus bergylta	58, 73, 1103
Lachnolaimus maximus	1103
Lagenorhynchus acuius	274, 1086
Lagenorhynchus albirostris	274, 1075
Lagenorhynchus obscurus	274, 288
Lagodon rhomboides	143, 709
LAMINARIA spp.	10, 151, 513, 535, 547, 847, 862
LAMNA spp.	578, 727
Lamna cornubica	727
Lamna ditropis	578, 808
Lamna nasus	101, 578, 727
LAMNIDAE	101, 578, 581, 808, 876, 1034
LAMNIFORMES	876
Lampetra ayresi	548
Lampetra fluviatilis	548
Lampetra japonica	548
Lampetra planeri	548
LAMPRIDIDAE	522, 615, 656, 991
Lampris guttatus	522, 615, 656
Lateolabrax japonicus	495, 844
Lates calcarifer	64
LATRIDIDAE	611.1, 1044.1
Latridopsis ciliaris	611.1
Latris lineata	1044.1
Leander serratus	218
LEIONURA spp.	62
Leionura atun	62
Leiostomus xanthurus	958
Lepidopsetta bilineata	786
Lepidopus caudatus	253, 376
Lepidopus xantusi	253, 831
Lepidorhombus whiffiagonis	594, 1088
LEPIDOPERCA	656.1
LEPIDOTRIGLA spp.	507
LEPISOSTEIDAE	383
Leptocottus armatus	842
Lethenteron japonicum	548
LETHRINUS spp.	300
LEUCICHTHYS spp.	1079
Leuciscus idus	476
Leuresthes tenuis	900
Limanda ferruginea	258, 1101, 1114, 1116
Limanda herzensteini	258
Limanda limanda	258, 816
LIMULUS spp.	231, 521
Liocarcinus puber	231, 1001
Liopsetta glacialis	36
Liopsetta putnami	915
LIPARIS spp	857, 918
Liparis atlanticus	857
Liparis liparis	857
Lithodes murrayi	521
Lithognathus lithognathus	1089
Lithophaga lithophaga	261
Littorina littorea	690, 1072, 1098
LITTORINIDAE	1098
Liza	620
Liza argentea	620
Liza aurata	620
Liza dussumieri	620
Liza ramada	620
Liza salieus	620
Liza vaigiensis	620
Lobotes surinamensis	1041
LOLIGINIDAE	965
LOLIGO spp.	965
Loligo forbesi	965
Loligo opalescens	965
Loligo pealei	965
Loligo reynaudi	965
Loligo vulgaris	965
LOPHIIDAE	614
LOPHIUS spp.	28, 266
Lophius americanus	28
Lophius budegassa	28
Lophius litulon	28
Lophius piscatorius	3, 28, 160, 614
Lopholatlus chamaeleonticeps	1019
Lota lacustris	160
Lota lota	160
Lota maculosa	160
Lotella rhacinus	781
Loxechimus albus	861

Lucioperca	703
LUNATIA spp.	1098
LUTJANIDAE	921
Lutjanus analis	921
Lutjanus apodus	921
Lutjanus campechanus	765, 921
Lutjanus colorado	921
Lutjanus fulvus	921
Lutjanus griseus	921
Lutjanus marginatus	921
Lutjanus sebae	921
Lutjanus synagris	921

M

Macrobrachium carcinus	153, 370, 737
MACROURIDAE	415.2, 929
Macrourus berglax	415.2
Macruronus megellanicus	432
Macruronus novaezelandiae	432, 466.1
Macrozoarces americanus	205
Mactra sachalinensis	194
MAENIDAE	692
Maia squinado	231, 949
MAJIDAE	231
MAKAIRA spp.	79, 587
Makaira indica	87, 105, 587
Makaira marlina	87, 587
Makaira nigricans	87, 105, 587
MALACLEMYS spp.	1009
Mallotus villosus	170, 726
Manta birostris	584
Manta hamiltoni	584
Marinauris roei	2
Masturus lanceolatus	612
Medialuna californiensis	434
Megabalanus psittacus	61
Megalops atlantica	897, 1004
Meganyctiphanes norvegica	536.1
Megaptera nodosa	474
Megaptera novaeanglia	474, 1071
Melanogrammus aeglefinus	430
Menidia beryllina	900
Menidia menidia	900
Menidia notata	900
Menippi mercenaria	231
MENTICIRRHUS spp.	244, 283, 522, 526
Menticirrhus americanus	526
Menticirrhus saxatilis	526

Menticirrhus undulatus	526
Mercenaria mercenaria	194, 441, 741
MERETRIX spp.	194, 441
Meretrix lamareki	441
Meretrix lusoria	441
Merlangius merlangus	1093
MERLUCCIIDAE	466.1
Merluccius albidus	432
Merluccius australis	432
Merluccius bilinearis	432, 898, 1093
Merluccius capensis	169, 432, 978
Merluccius gayi	186, 432
Merluccius hubbsi	432, 936
Merluccius merluccius	432, 855
Merluccius paradoxus	169, 432
Merluccius polli	432
Merluccius polylepis	432
Merluccius productus	432, 665
Merluccius senegalensis	432
Mesodesma donacium	441
MESODESMATIDAE	712.1
Mesoplodon	69
Metanephrops challengeri	836
METAPENAEUS spp.	737
Microcherus ocellatus	930
Microcherus theophila	930
Microcherus variegatus	930, 1010
MICROGADUS spp.	1026
Microgadus proximus	1026
Microgradus tomcod	1026
Micromesistius australis	111, 933.3
Micromesistius poutassou	111
Micropogon undulatus	45, 244, 443
MICROPTERUS spp.	83
MICROSTOMUS spp.	930
Microstomus achne	909
Microstomus kitt	556
Microstomus pacificus	277
Miichthys imbricatus	634
Mobula hypostoma	584
Mobula mobular	266, 584
MOBULIDAE	266, 584, 751
Modiolus	622
Modiolus barbatus	622
Modiolus modiolus	622
Mola mola	612
Mola lanceolata	612
MOLIDAE	612, 991
MOLVA spp.	562
Molva byrkelange	104

Molva dypterygia	104, 562		Mylio	846
Molva dypterygia macrophthalma	562, 592		MYLIOBATIDAE	292, 751
Molva molva	562		Myliobatis aquila	292
MONACANTHIDAE	314		Myliobatis freminvillei	292
Monacanthus cirrhifer	314		Myliobatis tenuicaudatus	292
Monacanthus tuckeri	314		Myliobatis goodei	292
Monodon monoceros	627		Mylio macrocephalus	90
Monodonta turbinata	1032		Myoxocephalus octodecemspinosus	842
Mora moro	261.1, 773.1		Myoxocephalus scorpius	842
MORIDAE	261.1, 756.1, 773.1, 781		MYTILIDAE	622
Morone americana	844		Mytilus	622
Morone americanus	844, 1083		Mytilus californianus	622
Morone chrysops	844, 1074		Mytilus edulis	106, 622
Morone mississipiensis	844		Mytilus galloprovincialis	622
Morone saxatilis	782, 844, 982		Mytilus planulatus	622
MOXOSTOMA spp.	987		Mytilus sharagdinus	415.1, 622
Mugil cephalus	620		MYXUS spp.	620
Mugil curema	620		Myxus elongatus	620
Mugil gaimardiana	620			
Mugil georgii	620		**N**	
MUGILIDAE	397, 620, 995		Narcine brasiliensis	296
Mugil labrosus	620		Naucrates ductor	706
MUGILOIDIDAE	99, 819.1, 1068		Naucrates indicus	706
MULLIDAE	397, 995		Neocyttus rhomboidalis	656.3
Mulloidichthys martinicus	397		Negaprion brevirostris	555
MULLUS spp.	763		Nemadactylus douglasi	617.1
Mullus auratus	397		Nemadactylus macropterus	617.1
Mullus barbatus	397		Neomeris phocaenoides	481
Mullus surmuletus	397, 620, 763, 995		NEOPLATYCEPHALUS spp.	356
MUNIDA spp.	962.1		Neothunnus albacares	1108
Munida gregaria	536.1		NEPHROPSIDAE	642
Muraena helena	616		Nephrops norvegicus	642, 737
Muraenesox cinereus	880		Neptomenus crassus	724
MURAENIDAE	616		NEPTUNUS spp.	100, 231
MUSTELUS spp.	271, 424, 916		Nibea mitsukurii	634
Mustelus antarcticus	424, 916		Neolithodes brodiei	521
Mustelus asterias	916		Notohaliotis ruber	2
Mustelus californicus	916		Nothothenia angustata	84
Mustelus canis	406, 916		Nototodarus gouldi	965
Mustelus lenticulatus	424		Nototodarus sloani	965
Mustelus mustelus	916			
Mustelus stellatus	916		**O**	
Mustelus vulgaris	916			
Mya arenaria	194, 382, 927		OCTOPUS spp.	653
MYCTEROPERCA spp.	419		Octopus dofleini	653
Mycteroperca bonaci	419		Octopus macropus	653
Mycteroperca microlepis	419		Octopus maorum	653
Mycteroperca phenex	419		Octopus punctatus	653
Mycteroperca venenosa	419		Octopus vulgaris	653
			Ocyurus	921

Ocyurus chrysurus	921
Odacidae	163
ODOBENUS spp.	1066
ODONTASPIDIDAE	820
Odontaspis taurus	820
Oligoplites saurus	554
Ommastrephes bartrami	965
Ommastrephes sagittatus	364, 965
Ommastrephes sloani pacificus	965
OMMASTREPHIDAE	965
ONCORHYNCHUS spp.	804
Oncorhynchus gorbuscha	710, 804
Oncorhynchus keta	193, 804
Oncorhynchus kisutch	210, 804
Oncorhynchus masou	184, 804
Oncorhynchus masu	804
Oncorhynchus nerka	804, 925
Oncorhynchus tschawytscha	191, 745.1, 804
Onos cimbrius	367
Onos mustela	350
Onos tricirratus	1014
OPHICHTHIDAE	919
OPHIDIIDAE	251
Ophiodon elongatus	99, 415, 563
Ophiuroidea	967
OPISTHONEMA spp.	1013
Opisthonema libertate	1013
Opisthonema oglinum	1013
Orca gladiator	519
Orcinus orca	519
Orcynopsis unicolor	125, 715
ORECTOLOBIDAE	649, 876
Orectolobi formes	876
Orthodon microlepidotus	443
Orthopristis chrysoptera	701
OSMERIDAE	170, 725, 726, 911, 994
Osmerus dentex	911
Osmerus eperlanus	911
Osmerus eperlanus mordax	911
Osphronemus goramy	404
OSTEOGLOSSIDAE	33
Ostrea chiliensis	661
Ostrea edulis	217, 629, 661
Ostrea laperousei	661
Ostrea lurida	661
Ostrea lutaria	661
OSTREIDAE	661
Ovalipes catharus	1001
Oxynotus centrina	473

P

Pagellus	846
Pagellus acarne	48
Pagellus bogaraveo	90.2, 846
Pagellus centrodontus	90.2, 846
Pagellus erythrinus	679
Pagophilus groenlandicus	853
Pagrus pagrus	763.1
Palaemonetes vulgaris	893
PALAEMONIDAE	370, 737, 893
Palaemon serratus	218, 711, 737
PALINURUS spp.	235, 951
Palinurus mauretanicus	235
Palinurus vulgaris	235
Palometa simillina	724
PAMPUS spp.	723
PANDALIDAE	737, 893
Pandalopsis dispar	893
Pandalus borealis	262, 711, 737
Pandalus dispar	893
Pandalus goniurus	893
Pandalus hypsinotus	893
Pandalus jordani	711
Pandalus montagui	711
Pandalus platyceros	893
PANTOSTEUS spp.	987
PANULIRUS spp.	235, 951
Panulirus argus	235
Panulirus interruptus	235
Panulirus japonicus	235
Panulirus longipes cygnus	235
Panulirus ornatus	235
Panulirus regius	235
Panulirus versicolor	235
Paphia staminea	194
Paphies australis	712.1
Paphies subtriangulatum	712.1
Paphies ventricosa	1023
Paracentrotus livida	861
Paralabrax	844
Paralabrax clathratus	844
Paralabrax nebulifer	844
PARALICHTHYS spp.	361
Paralichthys albigutta	361
Paralichthys californicus	165
Paralichthys dentatus	361, 989
Paralichthys lethostigma	361
Paralichthys oblongus	361
Paralichthys olivaceus	67

Paralithodes camchatica	521
Paralithodes camchaticus	231
Paralonchurus peruanus	244
PARANEPHROPS spp.	712.1
Parapercis colias	99
Parapristipoma	420
PARATHUNNUS spp.	1048
Parathunnus obesus	77
Paratrachichthys trailli	794.2
Parika scaber	241.1
Paristiopterus	111.2
Parophrys vetulus	301, 556
Patella caerulea	560
PECTEN spp.	68, 226
Pecten aequisulcatus	68, 835
Pecten jacobaeus	835
Pecten laqueatus	68, 835
Pecten magellanicus	835
Pecten maximus	835
Pecten meridional	835
Pecten novaezelandiae	835
Pecten varius	835
Pecten yessoensis	835
PECTINIDAE	742, 835
Pegusa lascaris	551
Pelotratis flavilatus	556
Peltorhamphus novaezeelandiae	301, 930
PENAEUS spp.	1085
Penaeus artecus	153
Penaeus brasiliensis	893
Penaeus brevirostris	711
Penaeus californiensis	153
Penaeus canaliculatus	153
Penaeus caramote	737
Penaeus duorarum	711
Penaeus esculentus	737
Penaeus indicus	737
Penaeus japonicus	737
Penaeus kerathurus	737
Penaeus latisulcatus	737
Penaeus merguiensis	737
Penaeus monodon	737
Penaeus occidentalis	1085
Penaeus plebejus	737
Penaeus schmitti	1085
Penaeus semisulcatus	737
Penaeus setiferus	1085
Penaeus stylirostris	893
PENEIDAE	737
PENTACEROTIDAE	111.1, 688.1
PEPRILUS spp.	448
Peprilus paru	448
Peprilus triacanthus	163, 448
Perca flavescens	689, 1111
Perca fluviatilis	689
PERCIDAE	689, 694, 703, 827, 1065
PERCOPHIDIDAE	356
Peristedion cataphractum	39
PERNA	622
Perna canaliculus	415.1, 622
Petromyzon marinus	548, 852
PETROMYZONTIDAE	548
Petrus rupestris	767
PETRYGOTRIGLA spp.	465
PHAEOPHYCEAE	862
Phocaena phocaena	730
PHOLAS spp.	700
Phrynorhombus norvegicus	647
Phycis blennoides	366
Physeter catodon	945, 1071
Physeter macrocephalus	945
Pimelometopon darwini	1103
Pimelometopon pulchrum	881, 1103
Pinctada margaritifera	619
Pinctada martensii	619
Pinctada maxima	619
Pitaria cordata	194
Placopecten magellanicus	835
Plagiogeneion rubiginosus	798.1
Platichthys flesus	360, 361
Platichthys stellatus	969
Platinopecten caurinus	835
PLATYCEPHALIDAE	356
Platycephalus indicus	356
Plebidonax deltoides	712.1
Plecoglossus altivelis	49
Plectroplites ambiguus	689
Pleoticus robustus	893
Pleurogrammus azonus	43
Pleurogrammus monopterygius	43
Pleuronectes platessa	452, 714
Pleuronectes quadrituberculatus	714
PLEURONECTIDAE	15, 36, 40, 41, 144, 277, 301, 355, 360, 374, 551, 556, 714, 773, 786, 797, 819, 915, 930, 969, 1050, 1088, 1099, 1101, 1106.1, 1114, 1116
Pleuronichthys cornutus	374
Pleuronichthys ritteri	1050

PNEUMATOPHORUS spp.	577
Pogonias cromis	86, 283
Pogonichthys macrolepidotus	956
Pollachius pollachius	720, 722
Pollachius virens	84, 200, 722, 785, 802
Pollicipes cornucopia	61
Polydactylus approximans	1012
Polydactylus octonemus	1012
Polydactylus quadrifilis	1012
POLYNEMIDAE	1012
Polyodon spathula	673
POLYODONTIDAE	673
POLYPRION spp.	1104
Polyprion americanus	844, 1104
Polyprion moeone	440.1, 1104
Polyprion oxygeneios	440.1, 1104
Polypterus bichir	75
POLYPUS spp.	266, 653
Polypus hongkongensis	653
Polysteganus argyrosomus	897
Polysteganus undulosus	869
POMACANTHUS spp.	26, 164
POMADASYIDAE	420, 701, 729, 824
Pomadasys	420
POMATOMIDAE	103
Pomatomus saltator	103
Pomatomus saltatrix	103
Pomolobus aestivalis	872
Pomolobus mediocris	872
Pomolobus pseudoharengus	9
POMOXIS spp.	234
Pomoxis annularis	234
Pomoxis nigromaculatus	234
PORPHYRA spp.	552
Porphyra tenera	638
PORTUNIDAE	231
Portunus pelagicus	231
Portunus puber	231, 1001
PRIACANTHIDAE	76
Priacanthus arenatus	76
Prionace	771
Prionace glauca	109
Prionotus	856
PRISTIDAE	751, 830
PRISTIOPHORIDAE	876
PRISTIOPHORIFORMES	876
Pristis antiquorum	830
Pristis microdon	830
Pristis pectinata	830
Pristis perotteti	830

Pristiurus melanostomus	88
PROGNICHTHYS spp.	362
Prolatilus jugularis	1019
Promicrops itajara	498
Prosopium quadrilaterale	597
Protothaca staminea	194
Protothaca thaca	194, 441
Psenopsis anomala	163
Psetta maxima	1050
Psettichthys melanostictus	551
PSEUDEMYS spp.	1052
Pseudocaranx dentex	1038
PSEUDOCENTROTUS spp.	861
PSEUDOPENTRACEROS spp.	688.1
Pseudopentaceros pectoralis	688.1
Pseudopentaceros richardsoni	688.1
Pseudopentaceros wheeleri	688.1
Pseudophycis bachus	756.1
Pseudocyttus maculatus	656.3
Pseudolabrus miles	929
Pseudopleuronectes americanus	556, 1099
PSEUDORHOMBUS spp.	930
Pseudosciaena manchurica	244, 1107
Pseudupeneus maculatus	397
Pseudupeneus prayensis	397
Pteromylaeus bovinus	292
Pterygotrigla picta	958.1
Pterygotrigla polyommata	551.1
PTYCHOCHEILUS spp.	963
Ptychocheilus grandis	963
Ptychocheilus oregonensis	963

Q

Quenselia azevia	930
Quenselia ocellata	930

R

Rachycentron canadum	201
RAJA spp.	903
Raja alba	1087
Raja asterias	970
Raja batis	353
Raja binoculata	78
Raja brachyura	96
Raja circularis	821
Raja clavata	1011
Raja erinacea	564
Raja fullonica	874

Raja macrorhynchus	353
Raja lintea	879
Raja microocellata	675, 1056
Raja montagui	959
Raja naevus	247
Raja nasuta	794.1
Raja ocellata	1100
Raja oxyrhinchus	570
Raja punctata	970
Raja radiata	970
Raja rhina	570
Raja rosispinis	357
Raja senta	917
Raja spinicauda	953
Raja stellulata	971
Raja undulata	675, 1056
RAJIDAE	751, 788, 903
Rajiformes	296, 423, 751, 830
Rana catesbeiana	158
Raniceps raninus	366
RANIDAE	158, 375
RASTRELLIGER spp.	259, 480, 668
Rastrelliger brachysoma	480
Rastrelliger canagurta	213
REGALECIDAE	650
Regalecus glesne	525, 650
Reinhardtius hippoglossoides	411
RETROPINNIDAE	911
Rexea solandri	388.1
Rexea prometheoides	934
Rhabdosargus globiceps	1090
RHINOBATIDAE	423, 751
Rhinobatus lentiginosus	423
Rhizoprionodon longurio	878
Rhizoprionodon terraenovae	878
RHODOPHYCEAE	862
Rhodymenia palmata	286
RHOMBOPLITES spp.	921
Rhomboplites aurorubens	921
RHOMBOSOLEA spp.	360
Rhombosolea leporina	1106.1
Rhombosolea plebeia	258
Rhombosolea tapirina	409.1
RHOPILEMA spp.	497
Rhopilema esculenta	497
Roccus interrupta	844
ROCCUS (Morone) spp.	844
Rossia macrosoma	257
Rutilus rutilus	779
Ruvettus pretiosus	920

S

Saccostrea commercialis	661
Saccostrea glomerata	661
SALANGICHTHYS spp.	889
SALMO spp.	1044
Salmo aguabonita	1044
Salmo clarki	1044
Salmo gairdnerii	748, 973, 1044
Salmo gilae	1044
Salmo irideus	748, 973, 1044
SALMONIDAE	182, 545, 597, 1044
Salmo salar	46, 804
Salmo trutta	859, 1044, 1067, 1079
SALVELINUS spp.	182, 1044
Salvelinus alpinus	35, 182
Salvelinus fontinalis	150, 182, 272, 545
Salvelinus malma	150, 182, 272
Salvelinus namaycush	150, 182, 545
Salvelinus willoughbii	182
SARDA spp.	125, 799, 1048
Sarda chiliensis	125
Sarda chiliensis chiliensis	662
Sarda chiliensis lineolata	662
Sarda orientalis	125, 657, 799
Sarda sarda	44, 125, 468, 544
Sardina pilchardus	705, 822
SARDINELLA spp.	823, 1054
Sardinella albella	823
Sardinella anchovia	823
Sardinella aurita	392, 823
Sardinella fimbriata	823
Sardinella longiceps	655, 823
Sardinella perforata	823
Sardinops cærulea	166, 705
Sardinops melanosticta	494, 705, 822
Sardinops neopilchardus	699, 705, 822
Sardinops ocellata	705
Sardinops sagax	106, 187, 705, 822
Sargassum enerve	469
Sarpa salpa	402
Saxidomus giganteus	194
Saxidomus nuttali	194, 441
SCARIDAE	682
Scatophagidae	163
Schismotis laevigata	2
Sciaena antarctica	283
Sciaena gilberti	283

SCIAENIDAE	85, 244, 283, 443, 498, 503, 522, 526, 591, 743, 859, 881, 899, 958, 1026, 1067, 1077, 1116
Sciaenops ocellatus	283, 757, 758
Scolodion	771
SCOMBER spp.	577, 688
Scomber australasicus	577
SCOMBERESOX spp.	433, 829
Scomberesox forsteri	383, 630
Scomberesox saurus	79, 829
Scomber japonicus	192, 577, 668, 938
SCOMBEROMORUS spp.	181, 192, 524, 894, 938
Scomberomorus cavalla	522, 524, 894
Scomberomorus commersoni	524, 866
Scomberomorus concolor	524
Scomberomorus guttatus	524
Scomberomorus maculatus	524, 938
Scomberomorus niphonius	524
Scomberomorus queenslandicus	524
Scomberomorus regalis	181, 524
Scomberomorus semifasciatus	524
Scomberomorus sierra	524, 894
Scomberomorus tritor	524
Scomber scombrus	577
SCOMBRIDAE	125, 715, 799, 894, 938, 1048, 1063
Scophthalmus rhombus	144, 148, 691
Scorpaena	839
Scorpaena atlantica	839
Scorpaena cardinalis	201.1
Scorpaena guttata	839
Scorpaena porcus	839
Scorpaena scrota	839
Scorpaenichthys marmoratus	842
SCORPAENIDAE	782, 785, 839, 854, 929
Scorpis aequipinnis	434
SCYLIORHINIDAE	88, 152, 271, 876
Scyliorhinus caniculus	271, 558
Scyliorhinus retiter	271
Scyliorhinus stellaris	271, 550
Scylla serrata	231
SEBASTES spp.	73, 148, 651, 758, 782, 846, 929
Sebastes alutus	651, 669, 782, 785
Sebastes marinus	768
Sebastes mentella	758
Sebastes viviparus	758
Sebastichthys capensis	491
SEBASTODES spp.	651, 758, 782
Sebastolobus macrochir	516
Selachii	271, 876
Selene setapinnis	615
Selenotoca multifasciata	163
Semicossyphus darwini	1103
Semicossyphus pulcher	1103
SEPIA spp.	257
Sepia officinalis	257
SEPIOLA spp.	257
Sepiola rondeleti	257
Sepioteuthis australis	965
Sepioteuthis bilineata	965
SERIOLA spp.	490, 1048, 1116
Seriola dorsalis	1116
Seriola dumerili	1116
Seriola grandis	1115
Seriola hippos	1116
Seriola lalandi	1116
Seriola quinqueradiata	1116
Seriola zouata	1116
SERIOLELLA spp.	490
Seriolella brama	1066.1
Seriolella caerulea	1066.1
Seriolella punctata	1066.1
Seriolella violacea	724
Seriphus politus	743
SERRANIDAE	214, 382, 419, 498, 782, 819.1, 844, 854, 982, 1104
Serranus cabrilla	214, 382, 844
Sicyonia brevirostris	893
Siliqua patula	753
SILLAGINIDAE	1093
Sillaginodes punctatus	1093
SILLAGO spp.	1093
Sillago analis	1093
Sillago bassensis	1093
Sillago ciliata	1093
Sillago maculata	1093
Solea lascaris	551, 930
Solea solea	221, 930
Solea vulgaris vulgaris	221, 277, 930, 1028
SOLEIDAE	277, 466, 561, 930
Solegnathus spinosissimus	951.1
Solen ensis	753
SOLENIDAE	194, 753
Solen marginatus	753
Solen vagina	753
Somniosus microcephalus	413

SPARIDAE	90, 143, 243, 275, 402, 709, 755, 764, 824, 843, 846, 869, 881, 1076
Sparus	846
Sparus aurata	391
Sparus pagrus	228, 763.1
Spermoceti	944
Sphaeroides maculatus	740
Sphyraena argentea	63
Sphyraena jello	63
Sphyraena sphyraena	63
SPHYRAENIDAE	63, 855
Sphyrna mokarran	439
Sphyrna zygaena	439
SPHYRNIDAE	439, 876
Spisula solidissima	194
Spondyliosoma	846
Spondyliosoma cantharus	90
SPONGIA spp.	957
Sprattus antipodum	962
Sprattus muelleri	962
Sprattus sprattus	147, 962
SQUALIDAE	90.1, 101, 271, 413, 473, 785, 853.1, 876, 950.1, 952
SQUALIFORMES	271, 876
Squalus acanthias	101, 271, 406, 693, 785
Squalus blainvillei	271
Squalus cubensis	271
SQUATINA spp.	873
Squatina angelus	27
Squatina armata	27
Squatina californica	27
Squatina dumerili	27
Squatina japonica	27
Squatina nebulosa	27
Squatina squatina	3, 26, 27, 614
SQUATINIDAE	27, 614, 876
SQUATINIFORMES	876
Stenodus leucichthys nelma	478
Stenotomus chrysops	843
Stereolepis	844
Stereolepis gigas	389, 844
STICHOPUS spp.	850
STIZOSTEDION spp.	689, 694, 703, 827, 1065
Stizostedion canadense	703, 827
Stizostedion lucioperca	703
Stizostedion vitreum glaucum	703
Stizostedion vitreum vitreum	703, 1065
Stolephorus indicus	51
STROMATEIDAE	163, 448, 723, 724, 967
Stromateus cinereus	723
Stromateus fiatola	723
Stromateus niger	723
STROMBUS spp.	222
STRONGYLOCENTROTUS spp.	861
Strongylocentrotus lividus	861
SYNODONTIDAE	566

T

Taius tumifrons	1112
Tandanus tandanus	177
TAPES spp.	174, 194
Tapes aureus	174
Tapes decussatus	174, 418
Tapes japonica	174
Tapes variegata	174
Tapes virginea	174
Taractes longipinnis	723
Taractichthys longipinnis	723
Tarpon atlanticus	1004
Tautoga onitis	1006, 1103
Tautogolabrus adspersus	249, 689, 1103
TETRAODONTIDAE	554, 740
TETRAPTURUS spp.	79, 587, 940
Tetrapturus albidus	587, 1082
Tetrapturus angustirostris	940
Tetrapturus audax	587, 983
Tetrapturus pfluegeri	940
Thaleichthys pacificus	304
Theragra chalcogramma	6, 180, 722
THUNNIDAE	310, 1048, 1059
Thunnus	1048
Thunnus alalunga	8, 1048, 1108
Thunnus albacares	8, 1048, 1108
Thunnus maccoyii	933.2, 1048
Thunnus obesus	77, 1048
Thunnus thynnus	102, 1048
Thunnus tonggol	572, 1048
Thunnus zacalles	572, 1048
Thymallus arcticus	407
THYRSITES spp.	62, 920
Thyrsites atun	62, 920
Thyrsitops lepidopides	62, 894, 920
Thysanoessa inermis	536.1
TILAPIA spp.	1018

Tilapia nilotica	1018
Tinca tinca	1007
Tivela stuttorun	194
Todarodes pacificus	965
Todaropsis eblanae	965
Todarodes sagittatus	364, 965
TORPEDINIDAE	296, 751
Torpedo californica	296
Torpedo marmorata	296
Torpedo narke	296
Torpedo nobiliana	296
Torpedo ocellata	296
Torpedo torpedo	296
TRACHICHTHYIDAE	794.2
Trachichthodes gerrardi	765
TRACHINIDAE	1063
TRACHINOTUS spp.	724
Trachinotus carolinus	724
Trachinotus falcatus	724
Trachinotus glaucus	724
Trachinotus ovatus	724
Trachinus araneus	1068
Trachinus draco	409, 1068
Trachinus lineatus	1068
Trachinus vipera	1068
TRACHURUS spp.	468, 489, 490, 832
Trachurus declivis	468, 489
Trachurus japonicus	468
Trachurus mediterraneus	468
Trachurus novaezelandiae	489
Trachurus picturatus	468
Trachurus symmetricus	468
Trachurus trachurus	115, 468
TRIAKIDAE	271, 876, 916
TRICHECHUS spp.	849
TRICHIURIDAE	253, 376, 831
Trichiurus	253
Trichiurus lepturus	253
Trichiurus nitens	253
TRICHODONTIDAE	818, 891
Trichodon trichodon	818
TRIGLA spp.	425
Trigla lucerna	425, 1110
Trigla lyra	425, 712
TRIGLIDAE	425, 443, 856
Trigloporus lastoviza	425, 979
TRINECTES spp.	930
Trinectes maculatus	466
Trisopterus	203
Trisopterus esmarkii	643
Trisopterus luscus	732
Trisopterus minutus capelanus	203, 726
Trisopterus minutus minutus	726
TROCHUS spp.	1042
Trochus niloticus	1042
TRUDIS spp.	356
Trudis bassensis	356
Trudis caeruleopunctatus	356
Turbo cornutus	1032
Tursiops truncatus	129, 274, 730

U

Umbrina canariensis	244
Umbrina cirrosa	244
Umbrina roncador	244
Undaria	1064
Undaria pinnatifida	1064
Upeneichthys lineatus	397
Upeneichthys porosus	763
Upeneus parvus	397
URANOSCOPIDAE	968
Urolophus halleri	976
Urophycis blennoides	366
Urophycis chuss	432, 761
Urophycis tenuis	432, 1081

V

Valamugil seheli	620
VENERUPIS spp.	174
Venerupis decussatus	418
Venus mercenaria	194, 741
Venus mortoni	194, 441
VOLSELLA spp.	622
VOMER spp.	615
Vomer declivifrons	615
Vomer setapinnis	615

X

Xanthichthys mento	1039
XANTHIDAE	231
Xiphias gladius	1002
Xiphiurus capensis	523

Z

Zapteryx exasperata	423
ZEIDAE	500, 896.1
Zenopsis nebulosus	609.1
Zenopsis ocellata	500
Zeugopterus punctatus	1031

Zeus capensis	500	Ziphias	69
Zeus faber	500	Zoarces viviparus	295
Zeus japonicus	500	ZOARCIDAE	295, 732

GERMAN/ALLEMAND (D)

Note: Figures in index refer to item numbers/Les nombres figurant dans l'index se réfèrent aux numéros des rubriques.

A

Aal	294
Aal in Gelee	496
Aalmutter	295
Aalpricken	1
Adlerfisch	244, 283, 503, 591, 1067
Adlerrochen	292
Agar	5
Ährenfisch	42, 900
Aland	476
Alge	862
Alginate	10, 863
Alse	11, 872
Ambra	13
Amerikanische Auster	107
Amerikanischer Aal	14
Amerikanische Sardelle	640
Amerikanische Spöke	750
Amerikanischer Flussbarsch	1111
Amerikanischer Flusskrebs	241
Amerikanischer Hummer	641
Amerikanischer Maifisch	16
Amerikanischer Ochsenfrosch	158
Amerikanischer Zander	1065
Ammenhai	649
Anchosen	17
Anchovis	20
Angler	28
Antarktischer Krill	536.2
Antibiotica	30
Anzahl Fische im Kilo	229
Appetitsild	323
Archenmuschel	38

Argentinischer Seehecht	936
Äsche	407
Aufgeschnittener Fisch	280, 955
Ausgelaichter Fisch	943
Ausgenommener Fisch	427
Auster	217, 629, 661
Australischer Glatthai	424
Australischer Hundshai	838
Australische Sardine	699

B

Bachforelle	859
Bachsaibling	150
Bänderrochen	1056
Barracuda	63
Barsch	689
Bastardmakrele	468, 490
Bastardzunge	1010
Bearbeiteter Fisch	279
Bernsteinfisch	1116
Beschneiden	1040
Bestrahlung	485
Bestrahlungskonservierung	485
Bindenbrasse	1076
Bismarckhering	81
Blanklagerung	882
Blankstauung	882
Blauer Marlin	105
Blauer Wittling	111
Blaufisch	103
Blauhai	771
Blaukrabbe	100
Blauleng	104
Blaurücken	925
Blauwal	110
Blocs (Gefroren)	95.1

Blonde	96
Bodenfische	418.1
Bohrmuschel	700
Bordsalzung	811
Brachse	143
Brachsenmakrele	723, 752
Brasse	143
Bratbückling	139
Bratfisch	371
Bratfischwaren	140
Brathering	141
Bratheringsfilet	141
Bratheringshappen	141
Bratrollmops	142
Bratschellfisch	183
Braunalge	151, 513
Brosme	1053
Buckellachs	710
Buckelwal	474
Bückling	154
Bücklingsfilet	155
Butt	360
Butterfisch	163

C

Carrageen	176
Chagrin	873
Chagrinroche	874
Chilenische Sardine	187
Chilenischer Seehecht	186
Cleanplate Herring	197
Conger	224
Congeraal	224

D

Damenfisch	118
Degenfisch	376, 831

Delikatess-Herings-
happen 255
Delikatessild 264
Delphin 274
Deutscher Kaviar 180
Doggerscharbe 15
Doppel-Filet 315
Dornfisch 271, 693
Dornhai 271, 693
Dorsch 203, 206
Dorschlebermehl 207
Dorschleberöl 208
Dorschleberpaste 209
Dorschlebertran 208
Drachenköpfe 839
Dreibärtelige Seequappe
 1014
Drescher 1015
Drückerfisch 241.1, 314,
 1039
Dunkler Delphin 288

E

Echter Bonito 907
Echter Lachs 46
Echte Rotzunge 556
Echter Rochen 751
Echtlachssalat 807
Edelkrebs 241
Eidechsenfisch 566
Einfarb-Pelamide 715
Eingedickte Fischsolubles
 223
Eishai 413
Elephantfisch 298
Elfenbein 488
Engelhai 27
Entblutebad 146
Entenwal 130
Entgräteter Fisch 117
Enthäuten 906
Essbare Herzmuschel 215
Europäischer Aal 305

F

Fächerfisch 801
Falsche Krabbenstübchen
 233.1

Falscher Bonito 510.1,
 565
Felchen 721, 1079
Fettfisch 310
Fetthering 444
Filet 315
Fingerfische 1012
Finte 1055
Finwal 318
Fischabfälle 348
Fischbouillon 230
Fischbrühe 230
Fischfeinkost-
 Erzeugnisse 264
Fischflocken 325
Fischfrikadellen 319
Fischhaut 343
Fisch in Gelee 328
Fischklopse 322
Fischkloss 322
Fischkonserven 168
Fischkuchen 323
Fischleber 329
Fischleberöl 330
Fischleberpaste 331
Fischlebertran 330
Fischleim 327
Fischmehl 332, 1080
Fischmehl für menschliche
 Ernährung 326
Fisch ohne Gräten 120
Fischöle 333
Fischpaste 334
Fischpastete 335
Fischsalat 338
Fischschuppe 340
Fischsilage 342
Fischstäbchen 346
Fischsülze 320
Fischsuppe 324, 344
Fischvollkonserven 168
Fischvollkonserve
 Naturell (in
 eigenem Saft) 321
Fischwurst 339
Fischzunge 347
Fleckhai 88
Fleckhering 358
Fleckmakrele 577
Fleckroche 959

Fliegender Fisch 362
Flösselhecht 75
Flügel 1097
Flügelbutt 594
Flughahn 363
Flunder 360
Flussaal 294
Flussbarsch 689
Flusshecht 703
Flusskrebs 241
Flussneunauge 548
Forelle 1044
Forellenbarsch 83
Franzosendorsch 732
Fregattmakrele 157.1, 372
Frischfisch 369, 1078
Frosch 375
Froschquappe 366
Fuchshai 1015
Fünfbärtelige Seequappe
 350
Furchenwal 792
Futterfisch 482, 1035
Futtermittel 29

G

Gabelbissen 256, 381
Gabeldorsch 366, 761,
 1081
Gabelrollmops 380
Ogac 203
Ganzer Fisch 1094
Garnele 153, 220, 737,
 893
Garnelenschrot 135
Gebackener Hering 54
Gedärme 426
Gefleckter Fisch 579, 955
Gefleckter Katfisch 960
Gefleckter Lippfisch 58
Gefrierfisch 377, 877
Gefriertrocknung 368
Gefrorener Fisch 377
Gegrillter Fisch 60
Geigenrochen 423
Geköpfter Fisch 449
Gekühlter Fisch (in Eis)
 188
Gelatine 388

Gelbflossenthun	1108	Grönlandwal	412	Heringskönig	500
Gelbschwanz	1116	Groppe	842	Heringsmehl	459
Gelbstriemen	114	Grossaugenthun	77	Heringsöl	461
Gemeiner Delphin	216	Grossaugen-Zahnbrasse		Heringssalat	462
Gemeiner Stör	985		549	Heringsstip	463
Gemeiner Tintenfisch		Grosse Maräne	735	Herzenstein's Flunder	928
	257	Grosser Blauhai	109	Herzmuschel	202
Gepökelter Fisch	695	Grosser Katzenhai	550	Hocken-Lagerung	157
Gepresste Pilchards	739	Grosser Sandaal	408	Hocken-Stauung	157
Geräucherte Fischwurst		Grosser Tümmler	129	Holzmakrele	468
	349	Grundeln	398	Hornhecht	383, 630
Geräucherter Fisch	912	Guanin	421	Huchen	260
Geräucherter Hering ohne		Güster	1076	Hummer	306, 567
Gräten	123			Hundshai	931, 1030
Gesalter Fisch	810	**H**		Hundslachs	193
Gesalzener Kabeljau	809	Haarschwanz	253		
Gestreifter Katfisch	177	Hai	876	**I**	
Gestreifter Knurrhahn	979	Haifisch	876		
Gestreifter Marlin	983	Halbkonserven	868	Ihlenhering	444
Getrockneter Lengfisch		Halbschnabelhecht	433	Indische Königsmakrele	
	948	Hammerhai	439		866
Getrockneter Pilchard	308	Happen	794	Indische Makrele	480
Gewässerter Stockfisch		Hartgeräucherter Fisch		Indischer Tümmler	481
	574		446	Industriefisch	482, 1035
Gewürfeltes Fischfleisch		Hartgesalzener Fisch	450	Irisches Moos	484
	267	Hartgesalzener Hering		Islandmuschel	652
Gewürzhering	947		444		
Glasaal	299	Hartgesalzener Hering			
Glasauge	37	nach Norwegi-		**J**	
Glasieren	396	scher Art	644	Japanischer Aal	493
Glattbutt	144	Hartgesalzener Lachs	445	Japanische Sardine	494
Glatthai	916	Hartsalzung	442	Judenfisch	498
Glattrochen	353	Hausen	71		
Glattwal	775	Hausenblase	486, 575	**K**	
Goldbarsch	758	Hautfrei	904		
Goldbrasse	391	Hecht	704	Kabeljau	203
Goldbutt	714	Hechtbarsch	703	Kabeljau ohne Gräten	119
Goldfisch	401	Hechtmuräne	880	Kahlhecht	132
Goldlachs	37	Heilbutt	436	Kaiserbarsch	755
Goldmakrele	273	Heilbuttleberöl	437	Kaiserfisch	164
Goldstrieme	402	Heilbuttlebertran	437	Kaiser-Friedrich Hering	
Gonaden	403	Heissgeräucherter Fisch			623
Gotteslachs	656		471	Kaisergranat	642
Granat	153, 220	Hering	454	Kalbfisch	505
Granatbarsch	656.2	Hering in Gelee	456	Kalifornische Sardine	166
Grauer Knurrhahn	416	Hering in saurer Sahne		Kalmar	965
Grauhai	902		457	Kaltgeräucherter Fisch	
Grauwal	664	Hering in Weinsosse	458		211
Grindwale	707	Heringshai	578, 727	Kaltgeräucherter Schell-	
Grönlandroche	953	Heringshappen	455	fisch	317

Kamm-Muschel	68, 742, 835	Krausenhai	373	**M**	
Kamschatka-Krabbe	521	Kräuterfisch	946	Magerfisch	1078
Kanadischer Zander	827	Kräuterhering	947	Maifisch	9, 11, 872, 1055
Kantjespackung	95, 858	Krebsen (Schalen)	884	Mako	581
Kaphecht	169	Krebsmehl	237	Makrele	577
Kap-Rotbarsch	491	Krebs-Suppe	238	Makrelenhai	581
Karausche	246	Krebssuppen-extrakt	239	Makrelenhecht	829
Kardinalfisch	172	Kreiselschnecke	1042	Manitol	583
Karpfen	175	Krokodilfisch	356	Manta	584
Katfisch	177, 1102	Kronsardinen	537	Maräne	721, 1079
Katzenhai	271	Kronsild	537	Marinade	4, 303, 585, 586, 1060
Kaviar	179	Kuckucksknurrhahn	760		
Kaviar-Ersatz	180	Kuckucks-Rochen	247	Marlin	587
Kehlen	390	Kugelfisch	740	Masu-Lachs	184
Kelp	513	Kühlhaus-Lagerung	189	Matjesfilet auf Nordische Art	588
Keta Kaviar	756	Kurzschnabel-Makrelenhecht	671		
Ketalachs	193	Kurzschwanz-Krebs	231	Matjesgesalzener Hering	588
Kieler Sprotte	517				
Kingclip	523	**L**		Matjeshering	588, 589
Kipper	527			Meeraal	224
Kipperfilets	530	Laberdan	540	Meeräsche	620
Kipper ohne Gräten	121	Lachs	46, 804	Meerbarbe	397, 995
Kistenware	133	Lachsbückling	447	Meerbrasse	48, 846
Kleinäugiger Roche	675	Lachshering	447	Meerdattel	261
Kleine Maräne	1058	Lachssalat	807	Meerengel	27
Kleiner Katzenhai	558	Laichfisch	939	Meerforelle	859
Kleiner Sandaal	910	Lake	145	Meerneunauge	852
Kleiner Schellfisch	183	Laminarin	547	Meersau	473
Kleiner Teufelsrochen	266	Lammzunge	833	Meerscheide	753
Kleiner Tümmler	730	Lamprete	548	Meerwelse	848
Kleist	144	Landsalzung	890	Menschenhai	1084
Kliesche	258	Langschwanz-Seehecht	466.1	Merlan	1093
Klippfisch	50, 532			Miesmuschel	106, 622
Knochenhecht	383	Languste	235	Milch	606
Knochenzüngler	33	Laube	92	Milchfisch	605
Knurrender Gurami	404	Lavaret	735	Milchnerhering	604
Knurrhahn	425, 886	Laxierfisch	692	Milchnersosse	460
Kochfischwaren	534	Leder	553	Milchnertunke	460
Kochmarinade	534	Leng	562	Mild behandelter Fisch	602
Köhler	802	Lengfisch	562		
Königslachs	191	Leyer-Knurrhahn	712	Mild geräucherter Fisch	603
Königsmakrele	522, 524	Limande	556		
Köpfen	625, 636	Lippfisch	1103	Mild gesalzener Fisch	926
Kotelett	972	Lodde	170	Mildsalzung	559
Krabbe	153, 231, 737, 893	Löffelstör	673	Mittelmeer-Leng	592
Krabbenfleisch	233	Lotsenfisch	706	Mittelmeer-Sternroche	970
Krabbensalat	338, 536	Luftgetrockneter Fisch	1096		
Kragenhai	373			Mittelsalzung	593
Krake	653	Lumb	1053	Mondfisch	612

Muräne	616	Pazifischer Polardorsch	6	Rot Dorsch	756.1
Muscheln (Schalen)	884	Peitschenrochen	976	Roter Kabiljau	756.1
		Pelamide	44, 125, 657,	Roter Kaviar	756
N			662	Roter Knurrhahn	1110
		Perle	686	Roter Thun	102
Nagelrochen	1011	Perlessenz	687	Rotlachs	925
Napfschnecke	560	Perlmuschel	619	Rotscheer	793
Narwal	627	Perlmutter	618	Rotzunge	1101
Navaga	1062	Peru-Sardelle	18	Rundfisch	795
Neunauge	548	Petermann	409, 1068	Russische Sardine	537
Neuseelundischer		Petermännchen	409, 1068	Rutte	160
Wrackbarsch	440.1	Petersfisch	500	Räucherfisch	912
Nobben	636	Peto	1063		
Nordamerikanischer		Pfahlmuschel	106	**S**	
Seehecht	898	Pfeilhecht	63		
Nordatlantischer Krill		Pfeilkalmar	364	Sackbrasse	228, 763.1
	536.1	Pfeilschwanz-Krebs	231	Sägefisch	830
Nordische Meerbrasse		Pfeilzahn-Heilbutt	41	Sägegarnele	218
	846	Pilchard	705, 822	Saibling	35, 182, 545
Nordkaper	639	Pilger-Muschel	68, 835	Salm	46
Nordpazifischer Seehecht		Plattfisch	354	Salmling	681, 914
	665	Pliete	1076	Salzfisch	810, 812
Nordseekrabbe	220	Plötze	779	Saltzfisch in oel	654
Norwegischer Schlank-		Polardorsch	719	Salzfischwaren	814
hummer	642	Pollack	720	Salzhering	291
Norwegischer Zwergbutt		Portugiesische Auster	731	Salzhering aus dem Fass	
	647	Pottwal	945		697
		Presskuchen	738	Salzhering aus Landsal-	
O				zung	285
		Q		Salzlake	145
Oelpräserven	654			Salzling	815
Ohne Haut	904	Qualle	497	Salzsumpfschildkröte	
Ostseehering	59	Quappe	160		1009
				Sandaal	817
P		**R**		Sandhai	820
				Sandklaffmuschel	194,
Paddelfisch	673	Rauhe Scharbe	15		927
Panzerhahn	39	Regenbogenforelle	748	Sandroche	821
Papageifisch	682	Riemenfisch	650	Sandspierling	817
Paste von Schalen und		Riesenhai	65	Sandzunge	551
Weichtieren	883	Riesen-Zackenbarsch	289	Sardelle	19
Pazifische Limande	277	Risso's Delphin	778	Sardellenbutter	21
Pazifische Sardine	166	Robbe	853	Sardellencreme	22
Pazifischer Heilbutt	666	Rochen	751, 903	Sardellenessenz	23
Pazifischer Hering	667	Rogen	787	Sardellenpaste	24
Pazifischer Heringshai		Rollmops	790	Sardine	705, 822
	808	Rotalge	754	Sardinelle	392, 655, 823
Pazifischer Kabeljau	663	Rotauge	779	Sauerlappen	826
Pazifischer Rotbarsch	669	Rotbarsch	758	Saurer Hering	828
Pazifischer Taschenkrebs		Rotbrassen	679	Schalen	884
	287				

Scharbe	258	Seeteufel	28	Streifenbarbe	995
Scheefschnut	594	Seezunge	221, 930	Streifenbrasse	90
Scheibenbäuche	857	Segelfisch	801	Stremel	980
Scheiden Muschel	753	Seite	315	Struffbutt	360
Schellfisch	430	Seiwal	867	Stücke	794
Schellfisch-Suppe	431	Senfhering	623	Stückenfisch	984
Schillerlocken	837	Sepia	257	Stumpfmuschel	225
Schlangenaal	919	Sibirischer Huchen	260	Südamerikanische	
Schlangenmakrele	920	Silberdorsch	901	Sardine	187
Schlangenstern	967	Silberlachs	210	Südlicher Glattwal	935
Schlei	1007	Sild	894	Südlicher Kaiserbarsch	
Schmetterlingsfisch	164	Silling	894		9.1
Schnapper	921	Snoek	62		
Schnepel, Schnäpel	472	Sonnenbarsch	991	**T**	
Scholle	714	Sonnengetrockneter Fisch		Tafeln (Gefroren)	95.1
Schottischer Matjeshering			990	Tang	862
	840	Spalten	625	Tarpon	1004
Schwamm	957	Spanische Makrele	192,	Taschenkrebs	293
Schwarzbarsch	83		668	Teppichmuschel	174, 418
Schwarzer Heilbutt	411	Speck	97	Teufelsrochen	584
Schwarzer Marlin	87	Speckfisch	941	Thun	1048
Schwarzer Zackenbarsch		Speerfisch	587, 940	Thunfisch	1048
	89	Speisekrabbe	153	Thunfisch-Salat	1049
Schweinsfisch	730	Spermöl	944	Thunfischwurst	1046
Schwertfisch	1002	Spitzschnauzen-Delphin		Thunfischwürstchen	1047
Schwertwal	519		69	Tiefkühllagerung	212
Schwimmblase	1000	Spitzschnauzenrochen		Tiefseegarnele	262, 711
Schwimmkrabbe	1001		570	Tiefseehummer	642
Seebarsch	66, 1074, 1083	Spöke	190, 746	Tiefseekrabbe	711
Seebrasse	764	Sprott	962	Tiefsee Petersfisch	656.3
Seegurke	850	Sprotte	147, 962	Tigerhai	1016
Seehase	573	Stachelhai	952	Tilapie	1018
Seehecht	432	Stachlige Herzmuschel		Tinte	483
Seeigel	861		950	Tintenfisch	653, 965
Seekuckuck	760	Steak	972	Tobiasfisch	910
Seekuh	849	Steinbutt	1050	Tobis	817, 910
Seelachs	802	Stechrochen	976	Tomcod	1026
Seelachs in Oel	865	Sterlet	985	Totenstarre	776
Seeohr	2, 659	Sternflunder	969	Tran	1034
Seepapagei	682	Sterngucker	968	Transportsalzung	533
Seepocke	61	Sternhausen	871	Trepang	850, 1037
Seequappe	783	Stierhai	159	Trimmen	1040
Seeratte	190, 746	Stintdorsch	643	Trockenfisch	281, 282
Seesaibling	35	Stint	911	Trockensalzung	284, 515
Seesalzung	811	Stöcker	468	Trogmuschel	225
Seeschildkröte	1052	Stockfisch	978	Trüsche	160
Seeskorpion	842	Stör	985		
Seespinne	949	Strandkrabbe	219	**U**	
Seestern	967	Strandschnecke	690,	Ukelei	92
Seetang	860		1098	Unterkühlung	992

V

Vierbärtelige Seequappe	367
Venusmuschel	441, 741
Voll	777
Vollfetthering	444
Vollhering	444
Vollmehl	1095
Vorgesalzener Fisch	798

W

Wahoo	1063
Wale	1071
Walfett	1070
Walfleisch	845
Walöl	1070
Walross	1066
Walspeck	97
Waltran	1070
Warmgeräucherter Schellfisch	913
Wasserkatze	108, 1102
Waxdick	660
Weisschnäuziger Delphin	1075
Weisseiten-Delphin	1086
Weisser Marlin	1082
Weisser Thun	8
Weissfische	175
Weisshai	1084
Weisslachs	478
Weissroche	879
Weisswal	72
Wellhornschnecke	1072
Welse	177
Winterflunder	1099
Wittling	1093
Wolfsbarsch	66
Wrackbarsch	1104
Wrackhering	444

Y

Yhle	943
Yhlenhering	444

Z

Zackenbarsch	419, 844
Zahnkarpfen	520
Zährte	1117
Zander	703
Ziegenbarsch	214
Zitterrochen	296
Zuckertange	535, 847
Zunge	221, 930
Zwergbutt	1031
Zwergdorsch	726
Zwergglattwal	702
Zwergpottwal	557
Zwerg-sepia	257
Zwergwal	607
Zwergzunge	1113

DANISH (DK)

Note: Figures in index refer to item numbers/Les nombres figurant dans l'index se réfèrent aux numéros des rubriques.

A

aborre	689
afpudsning	1040
afskinding	906
agar	5
albacore	8
albueskæl	560
alginat	10
ambra	13
amerikansk østers	107
ansjos	19, 640
ansjospasta	24
antal fisk pr. kg	229
antarktiske lyskrebs	536.2
antibiotika	30
appetitsild	32
arapaima	33
auxide	372

B

barrakuda	63
bars	66, 1083
benfri filet	122
benfri røget sild	123
berggylt	58
bestråling	485
bikir	75
Bismarck sild	81
bisque	82
bladtang	535, 847
blankesten	90.2, 846
blok frossen	95.1
blæksprutte	257, 364, 965
blæksprutte (ottearmet)	653
blåhaj	109, 159, 771, 820, 1084
blåhval	110
blåhvilling	111
blåkæft	839

blåmusling	106, 622
bonit	662
brasen	143
bredflab	28
bredpandet havkat	108
brisling	147, 962
brosme	1053
brugde	65
brunalge	151, 513
bugstribet bonit	907
bundfisk	418.1
byrkelange	104
båndet knurhane	979

C

carragenin	176

D

delfin	216, 274
djævlerokke	266, 584
dobbeltfilet	315
dværgkaskelot	557
dværgmalle	177
dybhavsreje	262
dybvandshummer	642, 836
dyrefoder	29
dødsstivhed	776
døgling	130

E

elektrisk rokke	296

F

fed fisk	310
femtrådet havkvabbe	350
fersk fisk	369
ferskvandskvabbe	160
filet	315
finhval	318, 792
firtrådet havkvabbe	367

fish-solubles	223
fish sticks	346
fiskeaffald	348
fiskeboller	322
fiskeensilage	342
fiskekage	323
fiskelever	329
fiskeleverolie	330
fiskeleverpostej	331
fiskelim	327
fiskemel	332, 1080
fiskeolie	333
fiskepasta	334
fiskepie	335
fiskepølse	339
fiskesalat	338
fiskeskæl	340
fiskeskind	343
fiskestearin	345
fiskesuppe	344
fisketunger	347
fisk i egen kraft	321
fisk i gele	328
fisk i terninger	267
fisk naturel	321
fjældørred	35, 182
fjæsing	409, 1068
fladfisk	354
flækket fisk	280, 955
flækket makrel	579
flækket røget sild	358
flire	1076
flodkrebs	241
flodniøje	548
flynder	360
flynderfisk	354
flyvefisk	362
flyveknurhane	363
forsaltet fisk	146
forsaltning	515
frossen fisk	377

frostalgring	212	havkvabbe	783	ising	258, 1114	
frysetørring	368	havlampret	852	isning i kasser	133	
frø	375	havmus	190, 746, 750	ispakket løst i lasten	157	
fuldsaltet og lettørret		havniøje	852			
fisk	451	havrude	90	**J**		
fuldsaltet of tørret		havtaske	28	Japan-krabbe	521	
fisk	450	havål	224	jomfruhummer	642	
fuldvirket saltfisk	1069	havørred	859			
		hel fisk	1094	**K**		
G		helkonserves af fisk	168	kammusling	68, 742, 835	
gaffelbidder	256, 381	hellefisk	411	karpe	175	
Gaspévirket klipfisk	385	helleflynder	436, 666	karudse	246	
gedde	704	helleflynderleverolie	437	kaskelot	945	
gelatine	388	helmel	1095	kaviar	179	
glansfisk	656	helt	735, 1079	kaviarerstatning	180	
glasering	396	heltling	1058	kielersprot	517	
glashvarre	594	hestemakrel	468, 490	kildeørred	150, 182	
glastunge	1113	hestereje	153, 220	kipper	527	
glasal	299	hjertemusling	202, 215, 950	kipperfilet	530	
glathaj	916			kippersnacks	531	
glyse	726	hornfisk	383, 630	klar til gydning	777	
gravlaks	405	hovedskæring	636	klipfisk	50, 532, 809, 926	
grindehval	707	hovedskåret fisk	449	klumpfisk	612	
gryntefisk	420	hovedskåret sild	252	knivmusling	700, 753	
gråhaj	1030	hummer	306, 567, 641	knude	160	
grå knurhane	416	husblas	486, 575	knurhane	425, 1110	
Grønlandshval	412	hvalhaj	423	koldrøget fisk	211, 446	
grønsaltet fisk	410	hvalkød	845	koldrøget kullerfilet	317	
guanin	421	hvalros	1066	koldrøget laks	529	
guarami	404	hvaltand	488	konk	1072	
guldfisk	401	hvideside	1086	konksnegl	1072	
guldlaks	37	hvidhval	72	krabbe	231	
guldmakrel	273	hvidnæse	1075	krabbekød	233	
gulfinnet tunfisk	1108	hvidrokke	879	kravehaj	373	
gydende	939	hvidskæving	1086	krebs	241	
gøgerokke	874	hvidvirket klipfisk	136	kronsardiner	537	
		hvilling	430, 1093	kryddersild	947	
H		håising	15	krydret fisk	946	
		hårdtsaltet fisk	442	kuffertfisk	740	
hælt	721	hårdsaltet laks	445	kuller	430	
haj	876	hårdtsaltet sild	444	kulmule	186, 432, 665, 898, 936	
halvkonserves	868	hårhale	253			
hammerhaj	439	hårhvarre	1031	kulso	573	
har gydt	943			kunstigt tørret fisk	263	
havaborre	214, 419, 844	**I**		kutling	398	
havbrasen	723, 752			kysttobis	910	
havengel	27	industrifisk (foderfisk)	482, 1035	køkkenklar fisk	279	
havgrindehval	778			kølelagring	189	
havkal	413	indvolde	426	kølet fisk (iset fisk)	188	
havkat	177, 1102	Irsk mos	484	kønsorganer	403	

L

Labrador-tilvirket fisk	541
læbefisk	857
læder	553
lage	145
lagesaltet fisk	695
laks	46, 804
laksekaviar	756
lampret	548
landsaltet (fisk)	890
lange	562
languster	235
letrøget fisk	603
letsaltet fisk	435, 559
lille tun	510.1
limvandskoncentrat	223
lodde	170
lodsfisk	706
lubbe	720
lufttørret fisk	1096
lyskrebs	536.1
løje	92

M

majsild	11
makrel	577
makrelgedde	829
manat	849
mannitol	583
marinade	303, 586
marineret fisk	585, 1060
marlin	587, 1082
marsvin	730
matjessild	588, 589
mavedragning	390
majsild	872
menhaden	596
middelhavslange	592
molboøsters	652
mulle	397, 995
multe	620
muræne	616

N

narhval	627
nedfaldslaks	514
niøje	548
nordisk beryx	755
nordkaper	639

O

okseøjefisk	114, 402

P

panserulk	39
papegøjefisk	682
pasteuriseret fisk	683
pasteuriseret kaviar	684
pelamide	125
perlemor	618
perlemorsessens	687
perlemusling	619
perler	686
pighaj	271, 693
pighvarre	1050
pigrokke	976
pilrokke	976
pletrokke	247
plettet havkat	960
plovjernsrokke	570
polartorsk	719
portugisisk østers	731
pressekage	738
pukkelhval	474

R

rævehaj	1015
rejecoktail	851
regnbueørred	748
reje	711, 737, 893
renset fisk	427
rimte	476
ringhaj	88
rogn	606, 787
rokke	751, 903
rollmops	790
roskildereje	218
rund fisk	795
rundsaltet fisk	813
rur	61
rygstribet pelamide	44
rødalge	286, 754
rød blankesten	679
rødfisk	669, 758
rødhaj	271
rødspætte	714
rødtunge	556
røget fisk	912
røget kullerfilet	317

S

sæl	853
St. Petersfisk	500
saltet	282
saltet fisk	695, 810
saltfisk	809, 812
saltsild	697
sandart	703
sandhest	153, 220
sandmusling	194, 927
sandrokke	821
sandtunge	551
sardin	166, 705, 822
savfisk	830
savrokke	830
sej	802
sejhval	867
sejlfisk	801
seksgællet haj	902
sennepssild	623
side	315
sild	59, 454, 667, 894
sildehaj	578, 581, 727
sildemel	459
sildeolie	461
sildesalat	462
sild i gele	456
skade	353, 751
skægbrosmer	432, 761, 1081
skælbrosme	366
skærising	1101
skætorsk	732
skaldyrpasta	883
skalle	779, 884
skestør	673
skildpadde	1009, 1052
skrubbe	360
slangestjerner	967
slethvale	775
slethvarre	144
slette	258
slosild	646
smelt	911
småhvarre	647
småøjet rokke	675
småplettet rødhaj	558
småtorsk	206
snæbel	472

snapper	921	syrnet fisk	4	tværstribet knurhane		760
soltørret fisk	990	syrnet sildefilet	826	tørret fisk	281,	282
sortmund	111	søagurk	850	tørsaltet fisk		284
sortvels	366	sølaks	865			
spækhugger	519	sølvtorsk	901	**U**		
spærling	643	sømrokke	1011			
spansk makrel	192, 668	søpindsvin	861	udbent fisk		117
spermacetolie	944	søpølse	850	udbenet klipfisk		119
spiseligt fiskemel	326	søsaltet fisk	811	udbenet saltfisk		119
spydfisk	940, 983, 1082	søsaltet sild	291	uden skind		904
stærktrøget	446	søstjerne	967	ulke		842
stalling	407	søtunge	221	urenset fisk		1094
stamslid	11, 872, 1055	søøre	2, 659	ustribet pelamide		715
stavsild	1055			uvak	203,	719
stegt fisk	371	**T**				
stegt fisk i marinade	140	tang	860, 862	**V**		
stegt sild i marinade	141	tangmel	863			
stenbider	573	tarpon	1004	valer		1071
sterlet	985	taskekrabbe	293	varmrøget fisk		471
stokfisk	978	thunnin	565	varmrøget kuller		913
storplettet rokke	959	tigerhaj	1016	vinger		1097
storplettet rødhaj	550	tobis	817	virket klipfisk		926
strandkrabbe	219	tobiskonge	408	vragfisk		1104
strandsnegl	690, 1098	toppimusling	174	vågehval		607
stribefisk	42, 900	torsk	203			
strømpebåndsfisk	376, 831	torskelevermel	207	**Å**		
		torskeleverolie	208			
strømsild	37	torskeleverpostej	209	ål	294,	305
stør	985	torskeleverpasta	209	ål i gele		496
suder	1007	trepang	1037			
sukkersaltet fisk	988	tretrådet havkvabbe	1014	**Ø**		
sværdfisk	1002	troldkrabbe	949	øresvin		129
svamp	957	tun	1048	ørnefisk	244, 283,	591
svømmeblære	1000	tunfisk	102, 1048	ørnerokke		292
svømmekrabbe	1001	tunge	221, 930	ørred		1044
syresaltet	1060	tungehvare	833	østers	217, 629,	661

SPANISH/ESPAGNOL (E)

Note: Figures in index refer to item numbers/Les nombres figurant dans l'index se réfèrent aux numéros des rubriques.

A

abadejo	720
abadejo de Alasca	6
abichón	900
aceite de arenque	461
aceite de ballena	1070
aceite de higado de bacalao	208
aceite de higado de halibut	437
aceite de higado de pescado	330
aceite de pescado	333, 1034
agar	5
aguacioso	910
aguja	383, 630
aguja de costa	1082
alacha	392, 823
albacora	8
albondigas de pescado	322
alburno	118
alga	860
alga marina	414, 862
alga parda	151, 513, 535
alga roja	286, 754
alginato	10
aligote	48
alitán	550
almacenamiento frigorífico	212
almeja	174, 194
almeja de rio	927
almeja fina	418
almeja Margarita	174
alosa	872
ambar gris	13
anchoa	19
anchoa del Pacífico	640
angelote	27
anguila	294, 305, 493
anguila americana	14
anguilas en gelatina	496
angula	299
anjova	103
antibioticos	30
aguila de mar	292
araña	409, 1068
arapaima	33
arbitán	592
arca de Noé	38
arenque	454, 894
arenque ahumado y sin espinas	123
arenque a la gelatina	456
arenque a la mostaza	623
arenque cocido	54
arenque de lago	543
arenque del Báltico	59
arenque del Pacífico	667
arenque descabezado en salmuera	252
arenque en salmuera con especias	947
arenque en salsa a la crema	457
arenque en salsa de vino	458
arenque entero fuertemente salado y ahumado	762
arenque entero y salado	975
arenque escabechado	697, 932
arenque pequeño	1106
arenque rojo	678
arenque salado	291
arenque salado a bordo	858
arenque seco salado	285
arenque fuertemente salado y med. ahumado	896
arenque sin espinas	121
arete	760
atún	1048
atún (rojo)	102
atún blanco	8

B

bacaladilla	111
bacaladito	206
bacalao	50, 203
bacalao del Pacífico	663
bacalao de Nueva Zelanda	756.1
bacalao fuertemente salado	541
bacalao salado amarillo	12
bacalao salado y seco sin la piel	905
bacalao sin espinas	119
bacoreta	565
bacoreta oriental	510.1
ballena azul	110
ballena blanca	72
ballena boba	867
ballena de aleta	318
ballena de risso	778
ballena hocico de botella	130
ballena jorobada	474
ballena nudosa	474
ballena pequeña	607
ballena	775, 1071
barracuda	63
barrilete	907
bejel	1110
bellota de mar	61
berberecho	202, 215

berberecho espinoso	950	
bermejuela	779	
besugo americano	9.1	
bígaro	690, 1098	
bloques congelados	95.1	
bocino	1072	
boga	114	
bogarrabella	90.2	
bogavante	306, 567	
bogavante americano	641	
bonito	44, 125	
bonito chileño	662	
bonito pacífico	657	
boquerón	19	
borracho	416	
breca	679	
briquetas de bacalao	205	
brosmio	1053	
brótola de fango	366	
brótola de roca	366	
buey	293	
burro	420	

C

caballa	242, 577, 1038
caballa salada	127
cabete	507
cabezuda	42
cabracho	839
cabrilla	214
cachalote	945
cacho	476
cachucho	549
cachuelo	476
cailón	727
calamar	965
calandino	779
calderón	707
camarón	218, 241, 262, 737, 893
cañabota	902
cangrejo	231
cangrejo azul	100
cangrejo de mar	219
cangrejo de rio	241
cangrejo dungeness	287
cangrejo ruso	521
caparazones	884
capelan	170
capiton	620
caracol gris	1032
caramel	692
caramujo	1032
carbonero	802
carita	522, 524
carne de atún en conserva	1029
carne con carne	173
carocho	90.1, 853.1
carpa	175
carpin	246
carragahen	176, 484
carragahenina	176
carrilleras de bacalao	204
castañeta	723, 752
caviar	179
caviar de salmón	756
caviar escabechado	696
caviar pasteurizado	684
cazón	1030
cebo de huevos de salmón	806
centolla	949
cerdo marino	473
cigala	642
cohombro de mar	850
cola de pescado	327, 486, 575
conchas	884
congrio	224
conservación en cajas	133
coquina	225
coral	226
corbina	224, 283, 503, 591, 1067
coregono	1079
crema de anchoas	21
criadillas	606
criodesecación	368
croque	202, 215
cuero	553
culebra	919

CH

chanquete	637
cherna	419, 440.1, 1104
cherne	419, 844
chicharro	468
chopa	90
chopo	257
chucho	292
chucla	692

D

dátil de mar	261
delfin	216, 274
descargamento	265
despellejar	906
desperdicios de pescado	348
desollar	906
doncella	251
dorado	273, 391
durante la puesta	939

E

eglefino	430
eglefino ahumado	317
eglefino ahumado en caliente	913
embutido de pescado	339
ensalada de arenques	462
ensalada de atún	1049
ensalada de cangrejo	536
ensalada de salmón	807
eperláno	911
erizo de mar	861
escabeche	4, 303, 585, 586
escabeche frito	141
escacho	760
escamas de pescado	340
escolar	920
escorpión	409, 1068
esencia de anchoas	23
esencia de perla	687
espadarte	519
espadilla	376
espadín	147, 517, 962
espadines o arenques anchoados	20
espárido	846
esperma de ballena	944
espetón	63
esponja	957

estearina de pescado 345
estornino 192, 668
estrella de mar 967
esturión 71, 985
extracto de almejas 196
extracto de sopa de
    langosta 239

F

falso lenguado 1101
faneca 732
faneca noruega 643
faneca plateada 802
filete 315
filete de bacalao salado
    sin espinas 122
filetes anchoados de
    espadin 32
filetes de arenque
    ahumado 530
filetes de salmón con sal
    405
filetes enrollados 790
fletán 436
foca 298, 853
focena 730
fumados 308

G

gallineta nórdica 758
gallo 594
galludo 271, 693
galupe 620
gamba 218
gamba rosada 711
garneo 712
gata 271, 550
gato 746
gato marino 558
gelatina 388
glaseado 396
globito 257
góbido 398
golayo 88
golleta 1010
gonadas 403
guanina 421
guitarra 423

H

halibut 436
halibut del Pacífico 666
harina de algas 863
harina de arenque 459
harina de higado de
    bacalao 207
harina de langosta 237
harina de pescado 332,
    1080, 1095
harina de pescado para el
    consumo humano
    326
higado de pescado 329
hipoglosa 436
hipogloso negro 411
huevas 787

I

ictiocola 316
irradiación 485

J

japuta 723, 752
jaquetón 1084
jibia 257
joven salmón 914
jurel 468

K

kipper 527
krill 536.1
krill antartico 536.2

L

lacha 596
lagarto 566
lamia 159
lamprea de mar 852
lamprea de rio 548
lampuga 273
langosta 235
langostino 737, 1085
lanzon 817

lapa 560
lenguado 221, 930
lengua lisa 556
lenguas de pescado 347
limanda 258
limanda nórdica 258
lisa 620
listado 907
lobo 108, 177, 1102
locha 761, 1081
longeirón 753
lota 1014
lubina 66
lubrigante 567
lucio 704
lura 965

LL

lliseria 594
lluerna 886

M

machuelo 576
madreperla 619
maganto 642
manitol 583
manta 266, 584
maragota 58
marfil 488
marlin 587, 940
marrajo 578, 581, 727
maruca 562
mejillón 106, 622
melva 157.1, 372
mendo 1101
mendo limón 556, 1099
menhaden 596
merlán 1093
merluza 186, 432
merluza argentina 936
merluza atlántica 898
merluza azul 466.1
merluza del cabo 169
merluza norteamericana
    898
merluza pacífica
    norteamericana
    665

merluza sudamericana 936
mero 289, 419, 844
mielga 271, 693
migas (de tunidos) 600
mitad de pescado 315
mojama 610
mollareta 350, 783, 1014
mollera 726
mollera moranella 773.1
morena 616
morsa 1066
muergo 753
mujol 620
musola 916

N

nácar 618
narval 627
navaja 753
nécora 1001
número de peces por kilo 229

O

orca 2, 519
oreja de mar 659
ostión 661, 731
ostra 661
ostra inglesa 629
ostra (plana) 217
ostra portuguesa 731
ostra virginiana 107

P

pajel 679
palero 802
palometa 724
palometa negra 723, 752
pampano 163, 723
paparda 829
pardilla 779
pargo 763.1, 228
pasta de anchoas 22
pasta de arenque ahumado 94

pasta de higado de bacalao 209
pasta de higado de pescado 331
pasta de mariscos 883
pasta de pescado 334
pasta de pescado fermentado 312
pasta fermentada de anchoas 24
pastel de pescado 323, 335
pastelillos de cangrejo 232
pastinaca 976
patagonico 781
patas de cangrejo 233.1
patudo 77
peces de fondo 418.1
pejerrey 37, 42, 900
peludilla 833
pepitona 38
pequeña caballa 499
pequeño eglefino 183
perca 689
percebe 61
peregrino 65
perla 686
perlón 416
perro del norte 177
pescado abierto 280, 955
pescado ahumado 912
pescado ahumado en caliente 471
pescado ahumado en frío 211, 446
pescado asado 60
pescado congelado 377, 877
pescado descabezado 449
pescado de sección circular 795
pescado deshidratado 263
pescado desollado 904
pescado en conserva 168
pescado en gelatina 328
pescado "ensilado" 342
pescado entero 1094
pescado entero salado 813
pescado en verde 410
pescado en vinagre 1060

pescado escabechado en caliente 470
pescado eviscerado 427
pescado fresco 369
pescado frito 371
pescado graso 310
pescado ligeramente ahumado 603
pescado magro 1078
pescado mezclado con sal seca 798
pescado pasteurizado 683
pescado refrigerado 188
pescado salado 284, 812
pescado salado y seco 282
pescado salazonado 810
pescado secado 281
pescado secado al sol 990
pescado secado a pleno aire 1096
pescado semi-salado 435, 593
pescado sin espinas 120
pescado sobresalado 450
pez ballesta 241.1, 314, 1039
pez cinto 831
pez de plata 37
pez de San Pedro 500
pez espada 1002
pez espátula 673
pez lagarto 1004
pez luna 612
pez martillo 439
pez mular 129
pez piloto 706
pez plano 354
pez sable 253
pez sierra 830
pez tachuela 952
pez toro 820
pez volador 362
pez zorro 1015
picón 570
pieles de pescado 343
pilchard 822
pilchard california 166
pilchard chileña 187
pinchagua 9

pintarroja	558	sábalo americano	16	sopa de eglefino	431
pión	408	sabalote	605	sopa de langosta	238
platija	360	saboga	1055	sopa de pescado	344
platija americana	15	salado a bordo	95, 811	sucedáneo de salmón	
plegonero	1093	salazonado en verde	515	ahumado	865
porción de pescado	336	salazón ligera	559	sucedáneos de caviar	180
pota	364	salchichas ahumadas de			
próximo a la puesta	777	atún	1046		
pulpo	653	salchichas de atún	1047	**T**	
		salchichas de pescado			
Q		ahumado	349	tacos de pescado	346
		salema	402	tambor	1113
quimera	190, 746	salmón	46, 804, 925	tarpón	1004
quisquilla	153, 220, 737, 893	salmón ahumado	529	tasarte	715
		salmón chinook	191	tenca	1007
R		salmón "chum"	193	tiburón	876
		salmón "coho"	210	tiburón boreal	413
rabil	1108	salmon en salmuera	445	tinta	483
raja	972	salmón escabechado	698	tintorera	109
rajas	794	salmonete	397	tollo	1030
rana	375	salmonete de roca	995	torta de pescado	738
rape	28	salmón joven	681	tortuga	1052
rascacio	839	salmón rosado	710	tortuga comestible	1009
rata	968	salmuera	145	tremielga	296
raya	675, 751, 903	salpicón de pescado	338	trepang	850, 1037
raya blanca	1087	salsa de criadillas de		trocitos de filetes de	
raya boca de rosa	96	arenque	460	arenque	455
raya cardadora	874	salsa de pescado		trozos de filetes de kipper	
raya común	1011	fermentado	313	envasados	531
raya de clavos	1011	saltón	817	trucha	859, 1044
raya estrellada	970	salvelino	35, 182	trucha arco iris	748
raya falsavela	821	sardina	705, 822	trucha lacustre	545
raya mosaica	1056	sardinas escabechadas	933		
raya noruega	353	sardinas prensadas	739	**V**	
raya picuda	570	sargo	1076		
raya pintada	959	semi-conserva en aceite	654	vaca marina	849
raya radiada	970	semi-conservas	868	vejiga natatoria	1000
raya santiaguesa	247	serrandell	833	vela latina	976
reloj	656.2	serviola	1116	ventresca	1059
rémol	144	sierra	62, 524	ventresca de salmón	805
rigidez post-mortal	776	super refrigeración	992	vieira	68, 835
róbalo	781	soldado	930	vieja	682
rodaballo	1050	solla	714	visceras	426
roncador	420	sollo	673	volador	364
rorcual	110, 318, 792	solubles de pescado	223	volandeira	742
rubio	425	sopa de almejas	195		
rubio armado	39	sopa de cangrejos de rio	240	**Z**	
S					
sábalo	11			zifido	69

FINNISH/FINLANDAIS (FI)

Note: Figures in index refer to item numbers/Les nombres figurant dans l'index se réfèrent aux numéros des rubriques.

A

aaltorausku	1056
abaloni	2, 659
agar	5
ahava kala	1096
airokala	650
airolevä	513, 535, 847
alginaatti	10
ambra	13
amerikanankerias	14
amerikanbassi	1083
amerikanhummeri	641
amerikankantasilli	16
amerikankuore	911
amerikanmuikku	543
amerikanosteri	107
amia	132
anjoviskreemi	22
anjovisneste	23
anjovissäilyke	20
anjovistahna	24
anjovisvoi	21
ankerias	294, 305
ankeriasta geleessä	496
antarktinen krilli	536.2
antibiootti	30
arapaima	33
argentiinankummeliturska	936
atlantinpartahai	649
auksidi	372
aurinkoahven	991
aurinkokuivattu kala	990
australiansardiini	699

B

balao	433
barrakuda	63
bassi	83
beluga	71
boga	114, 402
boniitti	907

C

chilensarda	662

D

delfiini	216, 274
dolfiini	273
dugongi	849

E

eläintenrehu	29
esisuolattu kala	798
etelänmustavalas	935

F

fermentoitu kalakastike	313
fermentoitu kalatahna	312
fermentoitu katkaraputahna	1036
filee	315
friteerattu kala	371

G

gelatiini	388
glaseeraus	396
graavisuolattu lohi	405
grillikala	60
grindvalas	707
grönlanninpallas	411
grönlanninturska	203
grönlanninvalas	412
guaniini	421
gurami	404

H

haarniskapúú	111.2
haarukkapala	381
haarukkapalasilli	256
hai	271, 876
hainnahka shagriini	873
halkaistu kala	579
halkaistu kala, kiinnipyrstöstä	793
hammasahven	846
happo-tai fermentionnilla säilötty kala rehulaatu	342
harjus	407
harmaahai	1030
harmaanieriä	545
harmaasilli	9
harmaaturska	643
harmaavalas	664
hauki	703
haukiankerias	880
helmi	686
helmiesanssi	687
helmiäinen	618
herkkukalasäilyke	264
hevossimpukka	622
hietahai	820
hietakampela	258
hietakatkarapu	153, 220
hietakuha	827
hietarausku	821
hietasimpukka	194, 927
hietätähystäjä	818
hohtolimapúú	9.1
holkeri	413
homogenoitu kalatiiviste	467
hopeahuotrakala	376
hopeakala	542
hopeakummeliturska	898
hopeakuore	37
hopeakylki	42, 900
hopealohi	210
hopeaturska	901
hummeli	306
hummeri	567
huotrakala	253, 831

huulikala	1103	
hylje	853	
hylkyahven	1104	
hämähäkkirapu	949	
härkähai	159	
härkäsammakko	158	

I

ihmishai	771	
ilmakuivattu kala		
	978, 1096	
imukarppi	987	
intiaanilohi	925	
irlannin levä	484	
islanninsimpukka	652	
iso turska	429	
isokurnusimppu	1110	
isosargi	1076	
isosilmätonnikala	77	
isosimppu	842	
isotaskurapu	293	
isotuulenkala	408	

J

jalohelmisimpukka	619	
japaninankerias	493	
japaninmakrilli	192, 668	
japaninsardiini	494	
jokinieriä	260	
jokipoikanen	681	
jokiäyriäinen	241	
juovabassi	982	
juovamakrilli	866	
juovamarliini	983	
juovasarda	657	
juovatonsarda	715	
järvisiika	472	
jättihauki	704	
jättiläishai	65	
jäädytetty kala	877	
jäähdytetty kala	188	
jäämerenseiti	719	

K

kaksoisfilee	315	
kala-annos	336	
kalaa omassa liemessään		
	321	

kalafilee	315	
kalahiutale	325	
kalahyytelö	328	
kalajauho, elintarvikelaatu		
	326	
kalajauho, rehulaatu	332	
kalajauho, valmistettu		
vähärasvaisesta		
kalasta	1080	
kalakeitto	344	
kalakyljys	794, 972	
kalaliima	327	
kalamakkara	339	
kalamassa	337	
kalamuhennos	324	
kalan lukumäärä		
painoyksikköä		
kohti	229	
kalan trimmausliha	1040	
kalankieli	347	
kalanmaksa	329	
kalanmaksatahna	331	
kalanmaksaöljy	330	
kalannahka	343	
kalannestekonsentraatti		
	223	
kalanperkaus	390	
kalanperkausjäte	348	
kalansuomu	340	
kalapihvi	323	
kalapiirakka	335	
kalapuikko	346	
kalapulla	322	
kalasalaatti	338	
kalasteariini	345	
kalasäilyke öljykastik-		
keessa	654	
kalatahna	334	
kalatäyssäilyke	168	
kaliforniankummeliturska		
	665	
kalaöljv	333, 1034	
kaliforniansardelli	640	
kaliforniansardiini	166	
kalliokala	532	
kalliokampela	1031	
kalliomeriahven	89	
kalmari	965	
kampasimpukka	68, 742,	
	835	

kampela	354, 360	
kantasilli	872	
kapinkummeliturska	169	
kardinaaliahven	172	
karppi	175	
karrageeni	176	
kaskelotti	945	
kaskelottiöljy	944	
katkarapu	711, 737, 893	
katkarapujauho	135	
katkarapusalaatti	536	
kaulushai	373	
kaviaari	179	
kaviaarin korvike	180	
keihäsrausku	976	
keila	1053	
keinokuivattu kala	263	
keisarihummeri	642	
keitinmarinadi	534	
keittovalmis kala	279	
kelta-ahven	1111	
keltaevätonnikala	1108	
keltajuovamullo	995	
kesäkampela	989	
kettuhai	1015	
kevyesti savustettu kala		
	602, 603	
kevyesti suolattu kala	602	
kevytsuolattu kala	435,	
	559, 926	
kidukseton suolistettu kala		
	955	
kidushai	902	
kielikampela	221, 930	
kiiltolahna	656	
kilohaili	147, 962	
kirjolohi	748	
kirjomerikissa	960	
kitararausku	423	
kitasampi	71	
kivinilkka	295	
kivitaateli	261	
koirahai	916	
koiralohi	193	
kolja	430	
koljamuhennos	431	
kotkakala	503, 591	
kotkarausku	292	
kovasuolattu anjovis	487	

kovasuolattu ja kuivattu kala	442	
kovasuolattu kala	450	
kovasuolattu kala ilman kuivausta	451	
kovasuolattu kaviaari	696	
kovasuolattu lohi	445	
kovasuolattu norjalainen isosilli	646	
kovasuolattu norjalainen kesäsilli	644	
kovasuolattu silli	444	
krilli	536.1	
kruunusardiini	537	
kuiva-tai laukkasvolattu kala	810	
kuivasuolattu kala	284	
kuivasuolattu silli	285	
kuivasuolaus pinoihin	515	
kuivattu kala	281	
kuivattu molva	948	
kuivattu sardiini	308	
kuivattu suolattu turska	50	
kultakala	401	
kultakuore	37	
kultaotsa-ahven	391	
kultasardiini	392, 823	
kummeliturska	432	
kuningaslohi	191	
kuningasmakrilli	522, 524	
kuningasrapu	521	
kuolinjäykkyys	776	
kuore	911	
kuoret	884	
kurnusimppu	425	
kuta	62	
kutenut kala	943	
kutenut lohi	514	
kutevat hammaskarpit	520	
kutukala	777, 939	
kutukypsä kala	777	
kuumamarinoitu kala	470	
kuutiotua kalaa	267	
kyhmykurnusimppu	416	
kylmäsavustettu kala	211	
kylmäsavustettu koljafilee	317	
kylmäsavustettu lohi	529	
kylmäsavustettu silli	527	
kylmäsavustettu sillifilee	530	
kylmäsavustettuja sillifileesnakseja	531	
kylmävarasto	189, 212	
kynsirausku	970	
kynttiläkuore	304	
kyttyrälohi	710	
käkirausku	874	
kärppähai	916	
kääpiökaskelotti	557	
käärmeankerias	919	
käärmemakrilli	62, 920	
käärmetähti	967	

L

labradorinsuolaus	541	
lahna	143	
lahtivalas	607	
laminariina	547	
lampikuore	725	
langusti	235	
langustijauho	237	
langustikeiton liemi	239	
langustikeitto	238	
langustitahna	236	
lapasampi	673	
lasiankerias	299	
lasikampela	594	
laskulohi	514	
laukkasuolattu kala	146, 810	
laukkasuolattu savustettu silli	134	
lestikala	415.2	
leväkakku	552	
leväkatkarapu	218	
liejukampela	15	
liemikilpikonna	1052	
liemisimpukka	225	
liitokala	362	
limakala	857	
limapää	755	
lipeäkala	574	
litorinakotilo	690, 1098	
lohenmäti	756	
lohi	46, 804	
lohisalaatti	807	
louhikala	409, 1068	
luotsikala	706	
luuhauki	383	
lyyraturska	720	
lämminsavustettu kala	471	
lämminsavustettu koljafilee	913	
lättäsimppu	356	

M

made	160	
maiti	606	
maitisilli	604	
maitokala	605	
maitovalas	72	
makrilli	577	
makrillihai	581	
makrillihauki	829	
maljakotilo	560	
mannitoli	583	
marinadi	303, 586	
marinoitu kala	4, 585, 1060	
marinoitu silakkarulla	380	
marinoitu silli	996	
marinoitu sillifileerulla	790	
marinoitu, perattu silli	828	
marinoituja perhossillifileitä	826	
marliini	587, 940	
marmorirausku	247	
marri	1036	
masulohi	184	
matjessilli	589	
matjessuolattu silli	588	
mattosimpukka	174, 418	
maustesilli	947	
maustesuolattu päätön silli	252	
maustesuolattu silli	946	
maustettu kalaliemi	230	
menhaden	596	
merellä jäitetty kala	133, 157	
merellä suolattu kala	811	
merellä suolattu silli	291	
merellä tynnyrisuolattu silli	858	
meriahven	419, 844	
meriankerias	224	
meriantura	221, 930	
meribassi	66	

merieläinöljy	1034
merienkeli	27
merikissa	177, 1102
merikorva	2, 659
merikrotti	28
merilahna	723, 752
merilevä	862
merileväjauhe	863
merimakkara	850, 1037
merimonni	848
merinahkiainen	852
merirokko	61
meriruutana	90
merisiili	861
meritaimen	859, 1044
meritursas	653
meritähti	967
miekkakala	1002
miekkavalas	519
mintai	6
molukkirapu	231
molva	562
muikku	1058
mullo	397
mureena	616
murisija	420
mursu	1066
mursun hampaat	488
mustaeväkampela	1101
mustahauki	704
mustakitaturska	733
mustamarliini	87
mustapilkkahai	91
mustaselkäkampela	1099
mustaturska	366
mustavalas	639
mustekala	257
mustekalen muste	483
mäti	787
möhkäkala	612

N

nahanpoisto	906
nahaton kala tai filee	904
nahaton turska	905
nahka	553
nahkiainen	548
naiskala	118
napsija	921

navaga	1062
neliviiksimade	367
nelma	478
nieriä	35, 182
niilinhauki	75
noanarkki	38
nokkakala	383, 630
nokkavalas	69, 130
norsunluu	488
nuori silli	589
nävertäjäsimpukka	700

O

ohuthuulikeltti	620
okahai	952
okakala	201
okarausku	1011
osteri	217, 629, 661

P

pagelli	48
paholaisrausku	584
paistinmarinoitu kala	140
paistinmarinoitu silli	141
paistovalmis kala	279
pakastekala	377
pakkaskuivaus	368
paksuhuulikeltti	620
palettirausku	675
pallas	354
pallokala	740
panssarikurnusimppu	39
papukaijakala	682
pargo	228
partanilkka	251
partaturska	732
pastelliahven	214
pastöroitu kaviaarisäilyke	684
pastöroitu kalasäilyke	683
pasuri	1076
perattu kala	427
perhokala	164
perhosfilee	315
perhossimppu	363
perunkummelturska	186
perunsardelli	18
perunsardiini	187
pesusieni	957
pieni kolja	864

pieni turska	206
pietarinkala	500
piikkihai	271, 693
piikkikampela	1050
piikkikurnusimppu	712
piikkimakrilli	468, 490, 1116
piikkimonni	177
piikkisydänsimpukka	950
pikajäähdytys	992
pikkukampela	647
pikkukielikampela	1113
pikkukolja	183
pikkumakrilli	499
pikkunahkiainen	548
pikkupääkampela	556
pikkusilli	1106
pikkuturska	726
pikkutuulenkala	910
pilkkupagelli	110, 846
pilkkurausku	96
pilkkusilli	11
pinottu suolakala	1069
pistepunahai	558
pisterausku	959
pohjankatkarapu	262
pompano	724
portugalinosteri	731
provenssilainen kalakeitto	131
pullonokkadelfiini	129
pullonokkarausku	1087
puna-ahven	758
punahai	271
punahammasahven	764
punainen kaviaari	756
punakampela	714
punakurkkulohi	1044
punakurnusimppu	760
punalevä	286, 754
punalohi	925
punapagelli	679
punasimppu	758
puolinokkakalat	433
puolisäilyke	868
puristekakku	738
purjekala	801
purjemarliini	105
puronieriä	150
putkilevä	414
pyöreä kala	795, 1094

pyöreä tynnyrisuolattu silli 975
pyöreästä kalasta valmistettu kalajauho 1095
pyöriäinen 730
pään poisto 636
päätön kala 449

R

raakaa, siivutettua kalaa 825
raitamakrilli 1063
raitameriahven 498
rantakotilo 690, 1098
rantamade 1014
rantataskurapu 219
rapu 241
rapukeitto 240
raputahna 883
rasvainen kala 310
rasvakala 573
rausku 751, 903
ravut 241
rehukala 1035
rengashai 88
rihmaevä 1012
ruijanpallas 436
ruijanpallasmaksaöljy 437
rumpukala 244, 283
ruodoton kala 117
ruodoton kylmäsavustettu silli 121
ruodoton savustettu silli 123
ruodoton suolattu kuivattu turskafilee 122
ruostekampela 1114
ruskolevä 151
ruutana 246
ryhävalas 474

S

saharausku 830
saira 671
salakka 92
sammakko 375
sampi 985
sarda 44, 125
sardelli 19

sardiini 705, 822
sargassolevä 469
sarvivalas 627
savirausku 266
saviruukkuun paistinmarinoitu kalanpala 178
savusilakka 154, 155
savusillitahna 94
savustettu kala 912
savustettu kalamakkara 349
savustettu rasvasilli 93
savustettu tonnikalamakkara 1046
scampi 836
seiti 802
seitisiivuja öljyssä 865
seitivalas 867
selvike uimarakosta 486
selvike, kalannahasta 316
sienieläin 957
siika 472, 721, 735, 1079
siipi, kampelakalan osa 1097
siipi, rauskun osa 1097
silakka 59
sileät valaat 775
silli 154, 454, 895
silli haarukkapaloina 455
sillifilee 155
sillihai 578, 727
sillijauho, rehulaatu 459
sillikuningas 190, 746
sillinmaitikastike 460
sillisalaatti 462
sillivalas 318, 792
silliä geleessä 456
silliä smetanakastikkeessa 457
silliä viinikastikkeessa 458
silliöljy 461
silokampela 144
silorausku 353
silosimppu 800
simppu 842
simpukan keitinliemi 196
simpukkatahna 883
sinappisilli 623
sinihai 109

sinikala 103
sinimerikissa 108
sinisimpukka 106, 622
sinitaskurapu 100
sinitonnikala 572
sinivalas 110
sisiliskokala 566
sisälmykset 426
sitruunahai 555
skorpionikala 839
skottisuolattu silli 840
smoltti 914
sokerisuolattu kala 988
sterletti 985
sukupuolielimet 403
sulkaimukarppi 745
suolalaukka 145
suolaliuos 145
suolalohi 698
suolasilli 697
suolattu kuivattu kala 282
suolattu kuivattu kalanmäti 128
suolattu makrilli 127
suolattu pyöreä kala 813
suolattu silli 95
suolattu turska 809
suolattu turskakala 812
suolaus maalla 890
suolausta varten halkaistu kala 280
suolen poisto 636
suomukampela 833
suomuturska 366, 761
suurisilmä 76
suutari 1007
suutarin lohi 81
sydänsimpukka 202, 215
sähkörausku 296
säppikala 1039
särki 779
säteilysäilöntä 485
säyne 476

T

taimen 859, 1044
taivaantähystäjä 968
tarponi 1004
taskurapu 231
taskurapupihvi 232

taskuravunliha	233	tähtirausku	970	valkosampi	985
teollisuuskala, rehulaatu		tähtisampi	871	valkosilmäkuha	1065
	482	täpläpunahai	550	valkotonnikala	8
teräspääkirjolohi	748	täplärausku	1100	valkoturska	1093
tiikerihai	1016	täpläsilli	1055	vannasrausku	570
tiilikala	1019	täysin ruodoton kala	120	vasarahai	439
tilapia	1018	täysin ruodoton turska	119	veitsisimpukka	753
tokko	398	töyhtökurnusimppu	886	veltto	1067
tonnikala	102, 1048			venäjänsampi	660
tonnikalamakkara	1047	**U**		vienansilli	667
tonnikalasalaatti	1049	uimarakko	1000	viherhuulikala	58
tonnikalasäilyke öljyssä		uppopaistettu kala	371	vihermureena	616
	1029	uudelleen pakattu silli	770	vihersampi	985
torvikotilo	1072	uunisilli	54	vihersimppu	415
traani	1034			viiksimade	783
tummameriahven	289	**V**		viilakala	314
tunniina	565	vaelluspoikanen	914	viisiviiksimade	350
tuore kala	369	vaellussiika	735	villakuore	170
turska	203	valaanlihapihvi	845	vimpa	1117
turskan pääliha	204	valaanrasva	97	voikala	163, 448, 723
turskanmaksajauho	207	valaat	1071	voileipäsilli	32
turskanmaksatahna	209	valaiden hampaat	488	voimakkaasti savustettu	
turskanmaksaöljy	208	valasöljy	1070	kala	446
turskasiivuja öljyssä	865	valekarettikilpikonna	1052	vähärasvainen kala	1078
tuulenkala	817	valkobassi	1074		
tylppäpyrstömolva	104	valkohai	1084	**Ä**	
tynnyrisuolattu kala	695	valkoimukarppi	987	äyriäskeitto	82
tyynenmerenpallas	436, 666	valkokuonodelfiini	1075	äyriäissalaatti	851
		valkokuvedelfiini	1086		
tyynenmerenturska	663	valkopilkkahai	1091		
tähtikampela	969	valkorausku	879		

GREEK/GREC (GR)

Note: Figures in index refer to item numbers/Les nombres figurant dans l'index se réfèrent aux numéros des rubriques.

A

achinós	861
achiváda	174, 194
achiváda chromasistí	659
achiváda-ostraka	927
aeexieameni	285
aeexieaméno	284
aetós	292
aftí-thálassis	2
agar-agar	5
ahiváda	441, 741
aleposkylos	1015
aletisméni orega	285
aletisméno psari	284
algin	10
alidóna	653
alípasti	739
alípasto en elaío	654
alípasto psári	810, 812
almí	145
aminodýtes	408
ammodýtis	817
angelos	27
antivioticá	30
antjougópasta	312, 334
antjúga	19
apenteroméni ihthís	390, 427
apexiraméno alatisméno psári	282
aporrímata psarioú	348
arnóglossa	833
astakós	235, 306, 567, 641
asterias	967
atherína	42, 900
avgotáracho	128
avgó tónnou	1046

B

bacaliaráki sýko	726

bakaliáros	50, 186, 203, 430, 432, 665, 720, 732, 802, 936, 1093
bálas	549
barboúni	397, 995
benthopelagica	418.1
bouroú	1072

C

calognóni	38
carcharias	1016
chávaro	174, 418
chaviári	179
chaviári pasteurioméno	684
cheisopsaro	401
chéli	294, 305, 493
chelidonópsaro	362, 363
chelóni thalassía	1052
chematída	360
chilóu (papagállos)	58, 1103
chomatída	258, 1099, 1114
christópsaro	500
ciprinodonti	520
cténi	68, 835

D

daktílí	261
delphini	216, 274
dérma	553
dérmata ixthíos	343
diavalos	584
drákena	409, 1068

E

elafrea alatismeno psaei	593
elafrea kaenisto psaei	603

elephantostoún	488
endósthia	426
eufauseudi	536.1

F

falaena	318
fegarópsaro	612
fídi	919
filéto	315
fríssa	11, 872, 1055
fríssa trichiós	392, 823

G

gadína	1117
gádos	203
gádos sp.	430
gaïdourópsaro	350, 783, 1014
galazia phalaena	792
galázios kávouras	100
galéos	88, 916
galéos drossítis	1030
garída	153, 218, 220, 262, 737, 893
garída kókkini	711
gáros	384, 385
gatopsoro	177
gátos	190, 550, 558, 746
gávros	19
glassarísma	396
glínia	1007
glóssa	221, 551, 594, 833, 930, 1010, 1113
glossáki-chomatída	15, 714
glossoïdí	354
gofári	103, 706
gópa	114
gonades	403

gourlomáta 111
gourlomátis 37, 901
gourounópsaro 241.1, 314,
　　　　　473, 1039
govii 399
govil 398
goviodáki aphía 637
guanini 421

H

haliótis 2, 659
hános 844
haviári 180
helidóna 292
hímera 190, 746
hippóglossa 436
holothoúria-agouría tís
　　thalássis 850

I

ichthyálevro appo régges
　　　　　　　　459
ichthyálevron 332, 1080
　　　　　　　1095
ichthyélaia 333
ihthiókolla 468
ihthis en almí 146
ílios 253
par ihthíos 329

K

kalamári 965
kalkáni 1050
kapóni 39, 416, 425,
　　　507, 712, 760,
　　　886, 979, 1110
karavída 241, 642
karcharías 109, 727
kardión 950
karharías 578, 581, 902
karvoúni 510.1, 565
katepsigméni ihthís 377
kávouras 219, 231
kavouromána 949, 952
kavourosalata 536
kedróni 693

kelýphi ostrákou 884
képhalos 620
keratás 39
kidónia 202
kocáli 490
kohíli 225
kokálas 693
kokalli 242
kokinópsaro 669
kókkino chaviári (brique)
　　　　　　　756
kókkino phýki 754
kokkinópsaro 921
kokkinos solomos 925
kolaoúzos 706
koliós 192, 668
kinsérva ihthíos 168
kopáni-kopanaki 157.1,
　　　　　　　372
korégonos 472, 721,
　　735, 1058, 1079
koutsomoúra 397
kránios 244, 283
kromídi tsiboúki 172
kydóni 215
kynygós 273
kyprínos 175

L

ladi apo régges 459
lakérda 544
laminária 513, 535, 547,
　　　　　　　847
lamprena 548
lavráki 66
lépia psarioú 340
léstia 143, 723, 752
léstika 752
lethríni pelagisio 90.2
leukískos-tsiróni 476
liokaftá 990
liokafto 1096
lithóphagos 261
lithríni 679
loutsáki 817
loútsos 63
lýchnos 968
lýra 27

M

magiátiko 1116
margaritári 686
margaritofóro stridi 619
márgaron 618
marída 692
marináta 4, 1060
mavromáta 1117
mayáticos aetós 591
meláni 483
merida psarioú 336
mertzáni 228, 763.1
methýstra 950
mocuna 71
moudiástra 296
mougrí (døgros) 224
mouroúna 592, 985
mourounélaion 208, 330
mousmouli 48
mýdi 106, 622

N

nárki 296
nearos solomos 914
niktiki kistis 1000
nopí ihthís 369

O

octapódi 653
orka 519
óstrea (strídia) 661

P

palamída 44, 125, 907
palamída monóchromi
　　　　　　　715
pagoma sto skaphso 157
papalína 962
pástas anchoúia 24
paterítsa 439
pérca chaní 689
péstropha 748, 1044
péstropha thalássis 859
petáli 280, 315, 955
petallída 560
petaloúda 246
petrómyzon 852
phágri 228, 763.1, 846

phálaena 110, 607, 775, 867, 1071	saláhi-trygéna 976	synagrída 846
phalaena tis antarktikís 935	salamoúra 145	
	salata salomon 807	
phalaenélaion 1070	sálpa-sárpa 402	**T**
phéta psári 972	sardélla 147, 166, 187, 705, 822	taramá 1003
phocia 853	sardélla toú varellioú 739	taramás-avgó 606, 787
phókia 730	sardellomána 11, 872	téftis 965
phýcos phýcia 151	sargós 1076	teliosan rinotokia 943
phýkia 862	savrídi 468	teratos 584
pissi 144	scáres 682	thalassino gatopsaro 848
pontikós 366	scarmós 566	tilapia 1018
pontinki 562	scórpaena 839	thrápsalo 364
prionópsaro 830	scoumbrí 577	tónnos 77, 102, 1048
prosfigati 111.1	sebastós-kokkinópsara 758	tónnos consérva 1029
psari aképhalo 449		tónnos macrýpteros 8, 1108
psári elafrá alatisméno 435	see ootokia 939	
	seláchi 751, 903, 959	toúrna 704
psári hygrálato 410	seláhia 771	trigóna 976
psári kapnistó 446, 471, 912	seláhi kephalóptero 266	tróchos 1032
	seláhi-vathí 353	tróchos óstracon 1042
psári me lipos 310	siderokávouras 1001	tono salata 1049
psári pagoméno 188	síko 663	tsimplaki 111.1
psári pasto se vareli 695	sinagrída 921	tsipoúra 391, 764
psári psito 60	skathári 90	tsiróni 779
psári tiganitó 371	skylláki 550, 558	tsironísirko 92
psári xeró alatisméno 442, 450	skylópsaro 65, 271, 550, 558, 578, 693, 727, 820, 1015	
psarócolla 327		**V**
psaróglosses 347	skylópsaro-karcharias 876	
psarósalata 338		vassilikós kávouras 521
psarósoupa 344	skylópsaro sbríllios 1084	vátos 1011
psigia 212	smérna 616	vátrahi 375
pterigia 1097	solínas 700, 753	vatrochópsaro 28
	solomós 46, 184, 191, 193, 710, 804	vióli 27
R		vláchos 440.1, 1104
raïa 247, 874, 1011, 1056	solomós coho 210	
	soupa ne astako 238	
régha 454	soupiá 257	**X**
reges kaenistés 447	soupítsa 257	
réges partés 444	sparídi 846	xános 214
rína 27, 423	spathópsaro 253	xiphías 1002
rómbos-písci 1050	spathópsaro ilios 376	xiralátos bakaliáros 809
rómvos 144	spóngos 957	
rophós 289, 419	stidóna 61	**Z**
	storioni 660	
S	stourióni 985	zagéta 833
saláhi 96, 247, 570, 675, 821, 874, 970, 1011, 1056, 1087	strídia 217, 629	zargána 383, 630, 829
	strídia portogallicá 731	zelatína 388
	sýko 111, 726	zýgaina 439

ITALIAN/ITALIEN (I)

Note: Figures in index refer to item numbers/Les nombres figurant dans l'index se réfèrent aux numéros des rubriques.

A

abramide	143
acciuga	19
acciuga del Cile	18
acciuga del Nord Pacifico	640
acciughe alla carne	487
affumicato a freddo	211
agar-agar	5
agone americano	543
aguglia	383, 630
aguglia imperiale	940
aguglia saira	671, 829
ala	1097
alaccia	11, 392, 823, 872
alaccia americana	16, 596
alalonga	8
alborella	92
alga	860
alga bruna	151
alga commestibile	414
alga laminaria	847
alga marina	862
alga rossa	286, 754
algina	10
alice	19
alimenti zootecnici	29
alla carne	173
alletterato	565
alosa	872
altavela	976
ambra grigia	13
ammarinato	585
ancioa	19
anguilla	294, 305
anguilla americana	14
anguilla giapponese	493
anguille in gelatina	496
antibiotici	30
aquila di mare	292
aragosta	235
arapaima	33
arca di Noè	38
arca pelosa	38
argentina	37
aringa	454, 894
aringa affumicata	447
aringa affumicata senza spine	121
aringa affumicata spinata	123
aringa arrostita	54
aringa del Baltico	59
aringa del Pacifico	667
aringa di Scandinavia alle spezie	947
aringa fritta marinata	141
aringa grassa intera dorata	154
aringa grassa preparata	93
aringa in gelatina	456
aringa in salamoia	932
aringa intera salata	975
aringa marinata	697
aringa rossa leggermente affumicata	678
aringa secca salata	285
aringhe alla Bismarck	81
aringhe alla crema acida	457
aringhe alla scozzese	840
aringhe alla senapa	623
aringhe alle spezie	256
aringhe all'olandese	291
aringhe al vino	255
aringhe al vino bianco	458
aringhe argentate	896
aringhe argentate norvegesi	645
aringhe decapitate in salamoia	252
aringhe dorate	399, 762
aringhe kipper	527
aringhe maatjes	589
aringhe marinate	828
aringhe marinate stile norvegese	996
aringhe salate dure	646
aringhe spinate salate	815
aringhe stile norvegese	644
aringhe sursalate	444
asinello	430
asinello affumicto	317
asinello affumicato a caldo	913
astice	306, 567, 641
avorio	488

B

baccalà	50, 809
baccalà bianco portoghese	136
baccalà Labrador	541
baccalà portoghese giallo	12
baccalà San Giovanni	386, 890
baccalà secco	532
baccalà spellato	905
baccalà spinato	119
balano	61
balena	775, 1071
balena antartica	935
balena artica	639
balena di Groenlandia	412
balena franca	639
balena pigmea	702
balenottera	792
balenottera artica	867
balenottera azzurra	110
balenottera boreale	867
balenottera comune	318

balenottera gobba	474	
balenottera grigia	664	
balenottera rostrata	607	
barracuda	63	
bavosa lupa	108, 177, 960, 1102	
beluga	72	
berice rosso	9.1, 755	
bianchetti	1073	
bocca d'oro	503, 591	
boccanegra	88	
boga	114	
bonito	662	
bottarga	128	
bottatrice	160	
brama	143	
brodo di pesce in scatola	344	
brosmio	1053	
buccina	222, 1072	
burro	420	
burro d'acciughe	21	
burro d'aragosta	236	

C

calamaro	965
canesca	931, 1030
cannolicchìo	753
capodoglio	945
capodoglio pigmeo	557
capone coccio	760
capone dalmato	979
capone gallinella	1110
capone gavotta	886
capone gorno	416
capone imperiale	760
capone lira	712
capone negro	886
capone ubriaco	979
cappa lunga	753
carangidi	1038, 490
carango cavallo	242
carassio	246
carcarinidi	771
carne di granchi	233
carpa	175
carragenina	176
caviale	179
caviale di salmone	756
caviale marinato	696
caviale pastorizzato	684
caviglione	507
cefalo	620
cefalone	605
cernia	289, 419
cernia di fondale	1104
cernia gigante	389, 498
cernia neozelandese	440.1
cheppia	1055
chimera	190, 746
chimera elefante	750
chiocciola di mare	690, 1098
cicerello	408, 817, 910
ciclottero	573
cieche	299
ciprinodonti	520
ciprino dorato	401
civetta di mare	363
cocktail di crostacei in flacone	851
colatura	384
colla di pesce	486
colla liquida di pesce	327
conchiglie carapaci di crostacei	884
conservazione al freddo	212
corallo	226
coregone	721, 735, 1079
coregone bianco	1058
coregone musino	472
cornetto	1032
costardella	829
cotolette di aringa	455
court-bouillon	230
cozza pelosa	622
crema di acciughe all'olio	22
crema di crostacei	82
crema di gamberidi fiume	240
cuoio	553
cuore edule	202, 215
cuore spinoso	202, 950

D

dattero di mare	261
decollaggio	625
delfino	216, 274
delfino fianchi-bianchi	1086
delfino muso-bianco	1074
dentice occhione	549
diavolo di mare	266, 584
di corsa	777
di ritorno	943

E

eperlano	911
esoceto volante	362
essenza di acciughe alle erbe	23
essenza di vongole	196
essenza perlifera	687
essicazione per refrigerazione accelerata	368
estratto di zuppa di aragoste	239
eufausiacei	536.1 536.2
eviscerazione dagli opercoli	390
eviscerazione dalla testa	636

F

falsa-aringa atlantica	9
falso salmone affumicato	865
farina d'alghe	863
farina di aragoste per mangime	237
farina di aringhe	459
farina di fegato di merluzzo	207
farina di pesce	332, 1080, 1095
farina di pesce per alimentazione umana	326
fegato di pesce	329
ferro di cavallo	231
fieto	163, 723
filetti affumicati	400
filetti di aringhe kipper	530
filetti di aringhe kipper in scatola	531

filetti di aringhe		
marinati	826	
filetti di baccalà	122	
filetti di papalina		
marinati	32	
filetti di pesce a dadi	267	
filetti di salmone svedesi	405	
filetto	315	
filetto doppio	315	
filetto singolo	315	
fiocchi di baccalà	892	
fiocchi di pesce	325	
fiocchi di tonno	600	
foca	853	
focacce di granchi	232	
focena	730	
folade	700	

G

gallettos		251
gamberello	218,	737
gamberello boreale		262
gamberetto		893
gamberetto grigio	153,	220
gambero		893
gambero americano d'aequa solce		370
gambero di fiume		241
gambero di fondale		711
garum		385
gattopardo		550
gattuccio	271,	558
gattuccio bruno		152
gelatina		388
ghiozzo		398
glassaggio		396
globicefalo		707
gobido		398
gonadi		403
grampo		778
grancevola		949
grancevola del Kamciatka		521
granchio		231
granchio comune		219
granchio di rena		1001
granchio nuotatore		100
granchio reale		521
granchio ripario		219
granciporro		293
grasso di balena		97
grongo		224
guance di merluzzo		204
guanina		421
gurami		404

H

halibut	436
halibut del Pacifico	666
halibut di Groenlandia	411

I

ido	476
inchiostro	483
insalata di aringhe	462
insalata di granchio	536
insalata di pesce	338
insalata di salmone	807
insalata di tonno	1049
interiora	426
iperodonte	130
irradiazione	485
ittiocolla	316, 575

L

labridi	1103
laminaria	513, 535
laminarina	547
lampreda di fiume	548
lampreda marina	852
lampuga	273
lanzardo	192, 668
lattarino	42, 900
lavareto	735
leccia stella	724, 1038
lemargo	413
limanda	258, 1114
lingue di pesce	347
luccio	704
luccio marino	63
lucio perca	703
lupa di mare	177
lutianido	921

M

maatjes		588
maccarello		577
maccarello spagnolo		866
madreperla		618
mannitolo		583
manta		584
marinata		586
marinata fritta		140
marlin azzurro		105
marlin bianco		1082
marlin nero		87
marsuino		730
martino		28
mattonelle di baccalà		205
mazzancolla	737,	1085
megattera		474
mennola		692
merlano		1093
merlu		111
merluzzo bianco		203
merluzzo bianco de Nuova Zelandia		756.1
merluzzo cappellano		726
merluzzo carbonaro		802
merluzzo dell'Alaska	6,	800
merluzzo del Pacifico		663
merluzzo francese		732
merluzzo giallo		720
merluzzo nero		802
mezzo-becco		433
minestra con vongole		195
minestrone di pesce		324
mitilo	106,	622
molva		562
molva azzurra		104
molva occhiona		592
morena		616
mormora africana		1089
moscardino bianco		653
motella	350, 783,	1014
muggine		620
murena del Giappone		880
muschio irlandese		484
musciame		621

musciame di tonno 610
musdea americana 1081
musdea atlantica 761
musdea bianca 366
mustella 366

N

narvalo 627
nasello 432, 936
nasello atlantico 898, 1093
nasello azzurro 466.1
nasello del Capo 169
nasello del Cile 186
nasello del Pacifico 665
nero di seppia 483
numero dei pesci per chilogramma 229

O

olio di aringhe 461
olio di balena 1070
olio di fegato di halibut 437
olio di fegato di merluzzo 208
olio di fegato di pesce 330
olio di pesce 333, 1034
oloturia 850
orata 391
orata del Giappone 764
orca 519
orecchia marina 2, 659
ossirina 581
ostrica 661
ostrica della Virginia 107
ostrica europea piatta 217
ostrica inglese 629
ostrica perlifera 619
ostrica portoghese 731

P

pagello bastardo 48
pagello fragolino 679
pagello occhialone 846
pagro 228, 763.1, 846

palamita 44, 125
palamita bianca 715
palamita orientale 657
palombo 916
palombo antartico 424
papalina 147, 962
papaline del Caspio 518
papaline di Kiel affumicate 517
passera 714
passera artica 36
passera canadese 15
passera del Giappone 797
passera del Pacifico 786
passera lingua di cane 1101
passera liscia 915
passera pianuzza 360
passera stellata 969
pasta d'acciughe 24
pasta d'acciughe affumicate 24
pasta d'acciughe con burro 21
pasta d'aringa grassa 94
pasta di fegato di merluzzo 209
pasta di fegato di pesce 331
pasta di molluschi o di crostacei 883
pasta di pesce 334
pasta di pesci fermentati 312
pasticcio di pesce 337
pastinaca 976
patella 560
pelamita orientale 657
pelle di pesce 343
pelle di zigrino 873
perca 689
perchia 214, 844
perchia striata 89
perla 686
persico dorato 1111
persico-spigola 844, 982
persico-spigola bianco 1074
persico trota 83
pesce affumicato 912

pesce affumicato a caldo 471
pesce affumicato duro 446
pesce alla brace 60
pesce all'aceto 1060
pesce al naturale 321
pesce angelo 27, 164
pesce aperto dal dorso 579
pesce ascia 615
pesce a sezione circolare 795
pesce azzurro 310
pesce balestra 241.1, 314, 1039
pesce bianco 1078
pescecane 1084
pesce capone 425
pesce castagna 723, 752
pesce coltello 253
pesce congelato 377
pesce decapitato 449
pesce demersale 418.1
pesce disidratato 263
pesce fico 901
pesce forca 39
pesce fortemente salato 450
pesce fortemente salato e asciugato 451
pesce fresco 369
pesce fritto 371
pesce fritto a bastoncini 346
pesce grasso 310
pesce in gelatina 328
pesce in salamoia con zucchero 988
pesce in salamoia e spezie 946
pesce in salamoia leggera 559
pesce in scatola 168
pesce intero non trattato 1094
pesce intero salato 813
pesce lancia (marlin) 587
pesce lancia striato 983
pesce lesso in palette 322
pesce lievemente affumicato 603
pesce luna 612

pesce magro	1078	
pesce marinato		4
pesce marinato a caldo		
	470, 534	
pesce martello		439
pesce mediamente		
salato		593
pesce mescolato a sale		
		798
pesce omogeinizzato		
condensato		467
pesce pastorizzato		683
pesce persico		689
pesce pilota		706
pesce porco		473
pesce prete		968
pesce previamente		
trattato in		
salamoia		146
pesce pulito		279
pesce ramarro		566
pesce ré		656
pesce refrigerato		188
pesce salato	810,	812
pesce salato a bordo		811
pesce salato a secco		284
pesce salato a secco e		
asciugato		442
pesce salato e seccato		
		282
pesce salato in barile		695
pesce salato semi-		
seccato		926
pesce salinato	515,	1069
pesce salinato e		
sgocciolato		410
pesce San Pietro		500
pesce sciabola	376,	831
pesce seccato all'aperto		
		1096
pesce seccato al sole		990
pesce secco		281
pesce sega		830
pesce semi-conservato		
		602
pesce semi-salato		435
pesce senza spine		120
pesce serra		103
pesce spada		1002
pesce spatola		673
pesce spinato		117
pesce surgelato		
all'aria		877
pesce sventrato	280,	427,
		955
pesce vela		801
pesce violino		423
pesce volante		362
pescigutto di mare		848
pesci pappagallo		682
pettine		742
pettine maggiore		835
piccolo asinello		183
piccolo merluzzo bianco		
		206
piccolo sgombro		499
pico		61
piè d'asino		38
pissala		713
pleuronettiformi pesci		
ossei piatti		354
polpettone di pesce		323
polpo di scoglio		653
prozione di pesce		336
presalaggio		95
pronti alla deposizione dei		
prodotti sessuali		
		939

R

rana	375
rana pescatrice	28
rana toro	158
razza	675, 751, 903
razza a coda corta	96
razza bavosa	353
razza bianca	1087
razza bianca atlantica	879
razza chiodata	1011
razza florita	247
razza maculata	959
razza monaca	570
razza occhiata	1100
razza ondulata	1056
razza rotonda	821
razza spinosa	874
razza stellata	970
ré di triglie	172

residui di pesce	348
residui di pesce	
idrolizzati	342
residui di pesce	
pressati	738
riccio di mare	861
ricciola	1116
ricciola australiana	1115
rigor mortis	776
ritgali	772
rollmops	790
rombo camaso	1031
rombo chiodat	1050
rombo dentuto	989
rombo giallo	594
rombo liscio	144
rombo peloso	647
ronco	952
rospo	28
rossetti	637
rovello	90.2
ruvetto	920

S

salachi	739
salachini	739
salamoia	145
salmerino	182
salmerino artico	35
salmerino di fontana	150
salmone	804
salmone argentato	210
salmone del Reno	46
salmone di Danubio	260
salmone giapponese	184
salmone giovane	914
salmone in salamoia	445
salmone keta	193
salmone kipper	529
salmone marinato	698
salmone reale	191
salmone rosa	710
salmone rosso	925
salpa	402
salsa di latte di aringhe	
	460
salsa di pesci	
fermentati	313
salsiccia di pesce	339

salsicce affumicate di pesce	349	spellamento	906	temolo	407	
salsicce affumicate di tonno	1046	spellato	904	terrina di pesce	335	
		sperlano	911	testuggine	1009	
salsicce di tonno	1047	spermaceti	944	tetradonte	740	
sandra	703	spigola	66, 844	tilapia	1018	
sarago maggiore	1076	spigola americana	1083	tinca	1007	
sardina	705, 822	spigola giapponese	495	tombarello	157.1, 372	
sardina australiana	699	spinarolo	693	tonnetto	565	
sardina del Cile	187	spratto	962	tonnetto orientale	510.1	
sardina di California	166	spugna	957	tonnetto striato	907	
sardina giapponese	494	squadro	27	tonno	102, 1048	
sardine marinate	933	squalo	876	tonno albacora	1108	
sardine pressate	739	squalo alalunga	1091	tonno all'olio d'oliva	1029	
sardine seccate	308	squalo capopiatto	902	tonno bianco	8	
sargasso	469	squalo di Groenlandia	413	tonno indiano	572	
sascimi	825	squalo di Terranuova	878	tonno obeso	77	
scabeccio	303, 586	squalo elefante	65	tordo marvizzo	58	
scaglie di pesce	340	squalo limone	555	torpedine	296	
scampi	642, 836	squalo mako	581	totano	364	
scazzone	842	squalo nutrice	649	totariello	965	
sciarrano	419	squalo pinne nere	91	tracina	1068	
scienidi	244, 283	squalo serpente	373	tracina drago	509	
scorfano	839	squalo tigre	1016	trance	794	
scorfano di Norvegia	758	squalo toro	820	trancia	1043	
semi-conserve	868	squalo volpe	1015	trancia di pesce	972	
semi-conserve all'olio	654	stearina di pesce	345	trepang	1037	
semi-conserve di pesce	264	sterlet	985	tricheco	1066	
		stivaggio a bordo	157	triglia	397	
seppia	257	stivaggio a strati	882	triglia di scoglio	995	
seppiola	257	stivaggio in cassette	133	trigoni	976	
seppiola grossa	257	stoccafisso	978	triotto	779	
sevice	870	storione	985	trocus	1042	
sgombro	577	storione danubiano	660	trota	1044	
sgombro cavallo	192, 668	storione ladando	71	trota di lago americana	545	
sgombro indiano	480	storione stellato	871	triota di mare	859	
sgombro reale	522, 524	suacia (fosca)	833	trota iridea	748	
sgombro salato	127	sugarello	468	trotella	453	
smeriglio	578, 727	suro	468	tursione	129	
sogliola	221, 930	surrefrigerazione	992			
sogliola del porro	551	surrogati di caviale	180	**U**		
sogliola gialla	1113			uova di pesce	606, 787	
sogliola limanda	556, 1099	**T**		uova di salmone per esca	806	
sogliola limanda del Pacifico	301	tanuta	90			
sogliola occhiuta	930	tarantello	1059	**V**		
sogliola variegata	1010	tarpone	1004	vaccarella	292	
solubili condensati di pesce	223	tartaruga	1052	ventaglio	68, 835	
		tellina	225	ventresca	1059	

ventresca di salmone		vongola dura	741	**Z**	
salata	805	vongola molle	927	zerro	692
verdesca	109	vongola nera	418	zifio	69
vescica natatoria	1000	vongole	174, 194	zuppa di aragosta	238
vimba	1117	vongole dure	441	zuppa di asinello	431

ICELANDIC/ISLANDAIS (IS)

Note: Figures in index refer to item numbers/Les nombres figurant dans l'index se réfèrent aux numéros des rubriques.

A

aborri	689
agar	5
alginat	10
áll	294, 305
áll í hlaupi	496
andarnefja	130
ansjósa	19
arnarskata	292
augnasíld	16, 872, 1055

B

barðaháfur	27
báruskeljar	202
baulfiskur	591
beinhákarl	65
beinhreinsaður fiskur	117
beinlaus fiskur	120
beinlaus kipper	121
beinlaus reykt síld	123
beinlaus saltfiskflök	122
beinlaus saltfiskur	119
beitukóngur	1072
bismarksíld	81
bita-skorinn fiskur	267
blágóma	108
blákjafta	367
blálanga	104
blautsaltaður	451
blautsaltaður fiskur	1069
bleikja	35, 182
bleiklax	710
blek (úr smokkfisk)	483
blettabyrfill	1014
blokk	95.2
blóðgun	625
bolfiskur	795
bramafiskur	723
brislingur	147, 962
brúnþörungur	151
brynstirtla	468
búklýsi	333
búrhvalslýsi	944
búrhvalur	945
bútungur	813
börð	1097

C

cutsíld	252

D

dauðastirnun	776
djuphafsporskur	261.1, 773.1
doppa	1098
dover koli	277
dröfnuskata	1011
dverghvalur	702
dvergþorskur	726
dvergsólflúra	1113
dýrafóður	29

E

ediksöltuð síld	1060

F

feitfiskur	310
ferskur fiskur	369
fiskbúðingur	335, 337
fiskflak	315
fiskibollur	322
fiskilím	327
fiskkæfa	334
fisklifrarkæfa	331
fisklifur	329
fiskmjöl	326, 332, 1080
fiskpylsa	339
fiskroð	343
fisksalat	338
fisk-skammtur	336
fiskstautar	346
fisk-sterin	345
fiskstykki	972
fisksuga	548
fisksúpa	324, 344
fiskúrgangur	348
fiskur í hlaupi	328
fjöldi fiska i vogeiningu	229
fjörsungur	409, 1068
fjörudoppa	690, 1098
fjörugrös	484
flatfiskur	354
flattur fiskur	280, 315, 955
fljótakrabbi	241
flök	315
flugfiskur	362
flundra	360
flyðra	436
freðfiskur	377
froskur	375
frostþurrkun	368
frystigeymd	212
frystur fiskur	377
fúkalyf	30
fullþurrkaður fiskur	442
fullstaðinn fiskur	451
fullverkaður	50, 532

G

gaffalbitar	381
gedda	704
geirnefur	829
geirnyt	190, 746
geirsili	383

geislun	485	hrogn	787	kryddsúrsaður fiskur		585
gelatini	388	hrognkelsi	573	kræklingur	106,	622
gellur	347	hrossarækja	153, 220	kuðungar		884
gerilsneyddur kavíar	684	hrúðurkarl	61	kúfiskur		652
gjótandi (fiskur)	939	hrygnandi	939	kyrrahafs lúða		666
gleráll	299	hrygndur (fiskur)	943	kyrrahafs-þorskur		663
glóðarsteiktur fiskur	60	hrökkviskata	296	kyrrahafs-síld		667
gotfiskur	777	humar	235, 306, 567	kytlingur		398
gotinn	943	humar (amerískur)	641	kæling		189
graflax	405	humarhalar	836			
gráhvalur	664	humarmjöl	237	**L**		
grálúða	411	humarsúpa	238			
grindhvalur	707	hús-þurrkaður fiskur	263	labri		541
grunnungur	1007	hvalir	1071	langa		562
grútur	365	hvalkjöt	845	langhali		415.2
guanin	421	hvallýsi	1070	langlúra		1101
guðlax	656	hvalsauki (ambra)	13	langreyður		318
gulllax	37	hvalspik	97	lax	46,	804
gönguseiði	914	hvaltennur	488	laxakavíar		756
		hvítskata	879	laxasalat		807
H		höfrungur	216, 274	laxaseiði		681
		hörpudiskur	68, 835	laxaþunnildi (söltuð)		805
hafáll	224			léttreyktur fiskur		603
háfsþunnildi	837	**I**		léttsaltaður fiskur		559,
háfur	271, 693					926
háhyrna	519	ígulker	861	léttsöltun		926
hákarl	413, 876	ísaður fiskur	188	lettverkaður fiskur		602
hálfsaltaður fiskur	435	íshúðun	396	leturhumar		642
hámeri	578, 727	ískóð	719	lifrarmjöl		207
harðfiskur	281, 1096	íslandssléttbakur	639	lindableikja		150
harðsaltaður lax	445	ísun	189	linsaltaður fiskur		559
harðsaltur fiskur	450			litla brosma		366
harðsöltuð síld	444	**K**		loðna		170
hausaður fiskur	449			lóðsfiskur		706
hausskorin síld	252	kaldreyktur fiskur	211	lóskata		751
hausuð	636	kampalampi	262	lúðulýsi		437
heilagfiski	436	karfi	758	lúða		436
heitreykt	837	karpar	175	lútfiskur		574
heitreyktur fiskur	471	kassaður fiskur	133	lýr		720
hillulagning	157, 882	kavíar	179, 180	lýsa		1093
hjartaskel	215	keila	1053	lýsi		330
hlýri	960	kinnar	204	lýsingur	186, 432,	898,
hnísa	730	kipper	527			936
hnúðlax	710	kjarnamjöl	1095			
hnúfubakur	474	kolkrabbi	257, 364, 653	**M**		
hóplax	514	kolmunni	111			
hornfiskur	383, 630	krabbi	219, 231	magadregin (síld)		636
hrafnreyður	607	krossfiskur	967	makríll		577
hrefna	607	kryddsaltaður fiskur	946	manitol		583
hreistur	340	kryddsíld	947	manneldismjöl		326

marhnútur	842	reyðarhvalir	792	skata	96, 353, 751, 903
marsvín	707	reyktar fiskpylsur	349	skeljar	884
matjessíld	588, 589	reykt síldarflök	530	skinn	553
menhaden	596	reyktur fiskur	446, 912	skjaldbaka	1052
mjaldur	71, 72	reyktur lax	529	skjálgi	1031
mjósi	295	reykt ýsa	317, 913	skrápelúra	15
mjög harðsöltuð léttreykt		riklingur	177, 747	skrápur	873
síld	896	roð	553	skreið	281, 793, 978,
múrena	616	roðdráttur	906		1096
murta	545	roðdreginn	904	skúffluð síld	291
		roðdreginn þorskur	905	skötuselur	28, 615
N		roðlaus	904	sléttbakar	775
		rollmops	790	sléttbakur	412
náhvalur	627	rostungstennur	488	slétthverfa	144
niðurlagður fiskur	868	rostungur	1066	slóg	426
niðurlagður fiskur í olíu		rúnnsaltaður fiskur	813	slógdráttur	390
	654	rúnnsöltuð síld	975	slægður fiskur	427
niðursoðinn fiskur	168	rækja	218, 711, 737, 893	smásíld	1106
norðhvalur	412	röndungur	620	smáýsa	183
nætursaltaður fiskur	435			smáþorskur	206
		S		smokkfiskur	257, 364
O				smokkur	965
		sagarfiskur	830	smyrslingur	194, 927
óslægður fiskur	1094	saltaður fiskur	810	snyrting	1040
ostra	107, 217, 629, 661,	saltaður um borð	811	snyrtur fiskur	279
	731	saltfiskur	50, 809, 812	soðkjarni	223
		salthrogn	696	solflúra	221
P		saltlax	698	sólkoli	930
		saltsíld	697	solþurrkaður fiskur	990
perla	686	sandhverfa	1050	spánskur makríll	192, 668
perlukjarni	687	sandkoli	258	spýttlanga	948
perlumóðir	618	sandreyður	867	spærlingur	643
perlumóðurskel	619	sandsíli	817, 910	staðinn fiskur	410
pétursfiskur	500	sardína	166, 705	steikt síld	141
plógskata	570	sardínur	822	steiktur fiskur	371
pressukaka	738	seiði	1073	steinbítur	177, 1102
pæki	145	selir	853	steypireyður	110
pækilsaltaður fiskur	695	síld	454, 894	stóri bramafiskur	752
pæklaður fiskur	146	síldarlýsi	461	stórkjafta	594
pönnufiskur	972	síldarmjöl	459	stórþorskur	429
		síldarsalat	462	strandslabbi	1117
R		síld í hlaupi	456	stútungur	961
		síld í vínsósu	458	styrja	985
rákungur	44, 125	silfurköð	901	sundmaga-hlaup	486
ráskerðingur	793, 978	silfurloðna	911	sundmagi	1000
rauðlax	925	sinnepssíld	623	súrsaður fiskur	4
rauðþörungur	754	sjálfrunnið lýsi	1034	súrsíld	828
regnboga-silungur	748	sjóbirtingur	859	súrsíldarflök	826
rekaldsfiskur	1104	sjólax	865	svampur	957
rengi	97	skarkoli	714		

sveröfiskur	1002	túnfiskur	8, 102, 510.1,	Ý		
svil	606		1048			
sviljasósa	460	tunglfiskur	612	ýsa		430
sykursaltaður fiskur	988	tættur saltfiskur	892			
sýrð síld	996	töskukrabbi	293	Þ		
sæbjugu	850					
sæeyra	2, 659			þangmjöl		863
sækýr	849	U		þari	513, 847	
sæskeggur	397, 995			þorska-lifrarkæfa		209
sæsteinsuga	852	ufsi	802	þorskalýsi		208
sæþörungur	862	umlögð og flokkuð		þorskur		203
söl	286	saltsíld	770	þunnildi		1097
		urrari	39, 416, 425, 712	þurrfiskur		281
		urriði	1044	þurrkaður rækjuúrgangur		
T						135
				þurrkaður saltfiskur		282,
tindabikkja	970					532
tindaskata	970	V		þurrsaltaður fiskur		284,
tros	1035					515
trönusíli	408	vartari	66, 419, 844	þykkvalúra	556, 1099	
túnfisksalat	1049	vöðlun	798	þyrsklingur		206

JAPANESE/JAPONAIS (J)

Note: Figures in index refer to item numbers/Les nombres figurant dans l'index se réfèrent aux numéros des rubriques.

A

aburagarei	41
abura-mi	97
aburatsunozame	693
age-kamaboko	506
ainame	415
aji	468
ajitsuke-nori	638
akadara	756.1
akaei	976
akagai	38
akagarei	355
akamanbô	656
akame	64
akazaebi	642
akazaragai	742
akiaji	193
akoyagai	619
amagi	611
amajio	559, 602
amanori	552
ame	1045
ameni	1045
amikiri	103
anago	224
anchobi pêsuto	24
anko	28
aoita-kombu	535
aonori	638
aozame	581
arame	860
arasukamenuke	669
arugin-san	10
asari	174
assaku-iwashi	739
awabi	2, 659
ayu	49
azarashi	853

B

babagarei	909
bai	1072
bakazame	65
bandoiruka	129, 216
barazumi hyôzô	157
bashôkajiki	801
bekkô	70
benimasu	925
benizake	925
bera	1103
bincho	8
binnaga	8
binnagamaguro	8
bôdara	112
bokujû	483
bora	620
budai	682
buri	1116
burimodoki	706

C

chidai	243
chigodara	773.1
chikuwa	185
chôzame	985

D

dango-uo	573
dassui-gyo	263
datsu	630
doressu	279

E

ebi	737, 893
echiopia	723, 752
ei	751, 903
enkan-gyo	282
enkan-hin	887
enkei gyo	795
enshô-hin	302
en-sui	145
enzô-gyo	810, 813
enzô-hin	810
enzô-iwashi	810
enzô-nishin	285
enzô-saba	810
eso	566

F

firê	315
fisshu pêsuto	334
fisshu sôsêji	339
fisshu suchikku	346
fisshu sûpu	344
fuedai	921
fugu	740
fujinohanagai	225
fujitsubo	61
fuka	876
fukahire	876
fû-kan gyo	1096
fukko	495
funa	246
funa-miso	1057
funmatsu-kombu	535
funori	377.1
furaikajiki	940
furêku	325
furikake	378
furi-shio	798
furi-shiozuke	284
fusakasago	839
fushi-rui	379
futatsu-wari	793

G

gangiei	751, 903
gazami	100
geiyu	1070
gindara	800
ginkeyamame	681
ginmasu	210
ginzake	210

ginzame	190, 746, 750	hitoshio-nishin	658	itachizame		1016
gisukeni	393	hiuchidai	656.2	itayagai		68
guanin	421	hôbô	425, 465	iwana		182
guchi	244, 283	hohojirozame	1084	iwashi	166, 187, 494,
gureizu	396	hôjiro	1084			705, 822
guurami	404	hoki	466.1	iwashikujira		867
gyodan	322	hokkai-ebi	711			
gyo-fun	332, 1095	hokke	43	**J**		
gyo-hi	343	hokkigai	441	jinkô-kansô-gyo		263
gyo-kanzô	329	hokkokuakaebi	262	jiryô		29
gyokasu	348	hokkyokukujira	412			
gyokô	327, 486	hondawara	469	**K**		
gyomiso	428	honmaguro	102	kabayaki		502
gyoniku sôsêji	339	honmasu	184	kado-iwashi		454, 667
gyorimpaku	687	honsaba	192, 668	kaeru		375
gyorin	340	hôru	1094	kagokamasu		934
gyo-rô	345	hoshibuka	424	kagurazame		902
gyorui kansei-hin	281	hoshi dako	653	kaibotan		884
gyorui kanzô	329	hoshigai	194	kaigara		884
gyorui kanzume	168	hoshi-kazunoko	511	kaihô		2
gyorui-no-haikibutsu	348	hoshi namako	1037	kaimen		957
gyo-shi	345	hoshi-nori	638	kai-no-nijiru		196
gyo-yu	333	hoshi wakame	1064	kairyô-zuke		695
		hoshizame	424	kaisô		862
H		hotate gai	835	kajika-rui		842
hagatsuo	125, 657	hotchare	514	kajiki		587, 983
hakozume hyôzô	133	hotchari	514	kaki		217, 661
hamaguri	441	howaito mîru	1080	kaki-shiokara		888
hamayaki-dai	438	hyôhzô	189	kaki-shoyu		891
hamo	880	hyôhzô-gyo	188	kakugiri		267
hampen	440			kakuni		1045
harago	787	**I**		kamaboko		506
harasaki	625	ibodai	163	kamaboko kanzume		492
hata	419, 844	igai	622	kamasu		63
hatahata	818	ika	965	kamasusawara		1063
haze	398	ikanago	817	kame		1052
hiboshi	990	ikanago-shôyu	891	kamomegai		700
himeji	397	ika-shiokara	888	kanagashira		425, 507
himemasu	925	ika-shôyu	891	kani		231
hiraaji	490	ikkaku	627	kani-niku		233
hiraki	280, 955	ikura	756, 806	kanten		5
hirakidara	663	inada	1116	kanyu		330
hiraki-sukesôdara	7	iriko	850	kanyu no niziru		365
hirame	67	iruka	274, 730	kanzô matsu		207
hirame-karei-rui	354	isaki	420	kara		884
hirasaba	192, 577, 668	ise-ebi	235, 567	karafutomasu		710
hira-soda	372	ishimate	261	karaiwashi		542
hırekodai	243	ishimochi	244, 283, 1077	karajio		442
hitode	967	ishinagi	389	karashio		450
hitoshio-mono	593	isomaguro	799	karasugarei		411

karasumi	128, 180	kôseibusshitsu	30	masunosuke		191
karei	258, 360	kosemikujira	702	mategai		753
karui kunsei	603	koshinaga	572	matôdai		500
kashira otoshi	449	kosorui	754	maze-nori		638
kassorui	151	kowajio	442, 450	mebachi		77
kasube	751, 903	kuchibidai	300	meihô		2
kasuzame	27	kujira	1071	meikotsu		595
katakuchi-iwashi	19	kujira no ha	488	meitagarei		374
katami	315	kunsei	446	meji		595.1
katashio	442, 450	kunsei-gyo	912	mejina		633
katashio-nishin	444, 658	kurage	497	mekajiki		1002
katsuo	907	kurobaginnanso	156	mekko		299
katsuo-bushi	510	kurocho-gai	619	menuke		758
katsuo-shiokara	888	kurodai	90	merulûsa		169
kawahagi	314	kuroguchi	85	meso		299
kawakamasu	704	kurokawa	587	mesoko		299
kawamasu	150	kuro-maguro	102	migaki-nishin		601
kawamuki	904, 906	kuronori	638	minami-osuzuki		440.1
kawa-yasuri	873	kusakaritsubodai	111.1	mirin		608
kazunoko	511	kusauo	857	mirin-bosh		609
kegani	231	kusaya	539	mishimaokoze		968
kichiji	516	kyabia	179	miso		1057
kidai	1112	kyûrino	911	mizu-ame		609
kihôbô	39			mogai sarubo		38
kikuzame	952	**M**		môkazame	578, 727, 808	
kimmedai	9.1, 755	ma-aji	468	momijiko	7, 180	
kinchakudai	164	madai	764	mongarakawahagi		1039
kinguchi	1107	madara	203, 663	mosokko		299
kingyo	401	magarei	258	murasaki-igai		106
kinme	9.1	magondo	707	muroaji		468
kintokidai	76	maguro-rui	1048	mushigarei		797
kirimi	336	ma-ika	257	mutô-gyo		449
kitanohokke	43	ma-iwashi	705, 822			
kitatokkurikujira	130	makajiki	587, 983	**N**		
kitsunegegatsuo	125, 657	maki-shio	798	nagasukuzira	318, 792	
kiwada	1108	maki-shio-zuke	284	naizô		426
kiwadamaguro	1108	makkô geiyu	944	namaboshi	281, 926	
kobanaji	724	makkôkujira	945	namako		850
kobumaki	535	mako	787	namaribushi		624
kochi	356	managatsuo	723	namazu		177
koi	175	manbô	612	nameta		909
ko-ika	257	mandai	656	nametagarei		909
koikoku	175	mannitto	583	namiara		800
koiwashikujira	607	maonaga	1015	naruto		626
kokujira	664	maru	1094	narutomaki		626
komakkô	557	marui sakana	795	naruto wakame		1064
kombu	513, 535, 847	marusaba	577	nerisei-hin	323, 769	
konishin	894, 1106	maru-soda	157.1	nezumi		415.2
korozame	27	masaba	192, 668	nezumizame		808
kosaba	499	masu	710, 1044	nibe	244, 283, 634	

niboshi	635	sabahii	605	shioboshi-hin	887
niboshi-hin	635	saba-hiraki-boshi	259	shioboshi-iwashi	887
niboshi-iwashi	19, 635	saiku-kombu	535	shioboshi-samma	887
nigisu	37	saira	829	shiodara	809
nijimasu	748	sakamata	519	shiokara	312, 888
nijôsaba	276	sakana-no-furai	371	shio-kazunoko	511
nikkan	990	sakana no himono	281	shio-miru	145
nimaigai	194	sakana no kawa	343	shio-nishin	285
nioshi-ika	997	sakana-no-tempura	371	shio-saba	127
nishin	454, 667	sakana-no-uroko	340	shio-zake	445
nishin gyofun	459	sakatazame	423	shiraboshi	986
nishin yu	461	sake	193	shirako	606
nori	638	sakemasu-rui	804	shirasu	1073
nori-ameni	1045	sakuraboshi	609	shirauo	889
nori-kakuni	1045	sakuramasu	184	shirochogai	619
nori-tsukudani	1045	same	271, 876	shirogarei	786
noshi-surume	997	same-yasuri	873	shiroguchi	1077
nôshuku fuisshu		samma	671, 829	shiroiruka	72
soryûburu	223	samma-kabayaki	502	shirokajiki	87
numagarei	969	sanran-go-no-sakana	943	shirokawa	87, 587
O		sanran gyo	939	shironagasukujira	110
		sarashi wakame	1064	shiroshumoku	439
oboro	924	sashimi	825	shirozake	193
oboro-kombu	535, 924	satsuma-age	506	shiryô	29
ohyô	436, 666	sawara	524	shitabirame	930
ohyô kanyu	437	sayori	433	shokuryô-gyofun	326
ôkamasu	63	sazae	1032	shokuyô-gaeru	158
okiami	536.2	sebiraki	579	shokuyô-gyofun	326
okisawara	62	seijuku-gyo	777	shôsha	485
ôme-matodai-zoku	656.3	seishokusen	403	shottsuru	891
onagazame	1015	seiuchi	1066	shumokuzame	439
onkun	471	seiuchi no ha	488	shumushugarei	786
ônogai	927	semi hôbô	363	soboro	924
ori-kombu	535	semi-kujira	775	soda-gatsuo	372
ottosei	853	sengyo	369	sodegai	222
		sepparimasu	710	sohachigarei	928
R		shachi	519	sokodaro	415.2
rabuka	373	shake	193	sokouo-rui	418.1
reikun-gyo	211	shibire-ei	1073	sotoiwashi	118
reikun-hin	446	shigo-kôchoku	776	suboshi	986
reitô-gyo	377	shiira	273	suboshi-hin	986
reizô	212	shikinnori	484	sudako	653
renko	1112	shima aji	1038	suehiroboshi	609
renkodai	1112	shimagatsuo	752	sugi	201
rensei-hin	769	shime-kasu	738	sugi-nori	484
ryûzenkô	13	shiniku	97	suisan-hikaku	553
		shinju	686	sukesô	6
S		shinju-sô	618	sukesôdara	6
saba	577	shioboshi	282, 887	suketôdara	6
saba-bushi	379	shioboshi-aji	887	sukimi	117, 120

sukimidara	119, 663, 905	tenagamizutengu	116	usuba-aonori		414
su-kombu	535	tengusa	1008	usujio	435, 559, 602	
suma	510.1	tenguzame	65	utsubo		616
sumi	483	tobiei	292			
sumivaki	920	tobiuo	362	**W**		
surimi	994.1	tôgorôiwashi	900	wagiri		315
surume	997	tôkan-dara	1024	wakame		1064
sushi	998	tôkan-hin	1024	wakasagi		725
sutêku	972	tôketsu-kansô	368	warasa		1116
suzuke	4, 1060	tokishirazu	193	wata		426
suzuki	495	tokobushi	2	wata-nuki		427
		tombo	8			
T		torigai	202, 215			
		tororo-kombu	535	**Y**		
tachi-no-uo	253	toyamaebi	711	yakiboshi		1105
tachiuo	253	tsubamekonoshiro	1012	yakiboshi-ayu		1105
tai	764, 846	tsubonuki	390, 427	yakiboshi-haze		1105
taimai	1052	tsukudani	1045	yakiboshi-iwashi		1105
tai-miso	1057	tsukurimi	825	yaki-chikuwa		185
taishi	876	tsunahamu	1046	yaki-zakana		60
taiwan-yaito	565	tsunomata	484	yak-zame		876
takasegai	1042	tsunozame	693	yamazumi enzô-gyo		515
tako	653			yatsumeunagi		548
tamakibi	690, 1098	**U**		yokoshimasawara		866
tanku-zuke	695	ubazame	65	yomegakasa		560
tara	203, 663	ukibukuro	1000	yoroizame		853.1
tarabagani	521	uma-aji	242	yoroppa-madai		763.1
tara kanyu	208	umazurahagi	241.1	yoshikirizame		109
tarako	7, 180	unagi	294, 493	yumezame		90.1
tare	502, 876	uni	861			
tarumi	921	uni-shiokara	888	**Z**		
tashibô-gyo	310	uo-dango	322			
tatami-iwashi	1005	uo-jiru	344	zarigani		241
tateshio	146	uo-miso	1057	zatôkujira		474
teion reitô-gyo	877	uo no shita	347	zengyotai		1094
tekkui	67	uo-shôyu	313	zeratchin		388
telapia	1018	ure-zushi	998	zômotsu		426
tempura	506	urumeiwashi	796	zuwaigani		231

NORWEGIAN/NORVÉGIEN (N)

Note: Figures in index refer to item numbers/Les nombres figurant dans l'index se réfèrent aux numéros des rubriques.

A

abbor	689
agar	5
akkar	965
albacore	1108
albakor	8
albuskjell	560
alginat	10
ambra	13
anchoveta	18
ansjos	19, 640
ansjosessens	23
ansjoskrem	22
ansjospostei	24
ansjossmør	21
antall fisk pr. kg.	229
antarktisk krill	536.2
antibiotika	30
appetittsild	32
arktisk røye	35
atlanterhavslange	592
aure	1044
auxid	157.1, 372

B

bakt sild (ovnsbakt)	54
barrakuda	63
bekkerør	150
bekkerøyr	150
benfri fisk	117
benløs fisk	120
benløs saltet torskefilet	122
berggylt	58
bergvar	1031
bernfisk	74
bestråling	485
bismarksild	81
blagunnar	111
blekk fra blekksprut	483
blekksprut	257, 653, 965
bloater	93
blokker	95.1
blåhai	109, 771, 820
blåhval	110
blåkjeft	839
blåkrabbe	100
blåkveite	411
blålange	104
blåskjell	106, 622
blåsteinbit	108
bløgging	625
bokstavhummer	642
bottlenose	130
brasme	143
breiflabb	28
brisling	147, 962
brosme	1053
brudefisk	755
brugde	65
brunalge	151, 513
bunnfisk	418.1
bøkling	154

C

caragenin	176
Christiania anchovies	20

D

delfin	216, 274
djevlerokke	584
dobbeltfilet	315
dvergretthval	702
dvergspermhval	557
dyphavsreke	262
dypvannsreke	262
dyrefor	29
dødsstivhet	776

E

eddikbehandlet fisk	1060
elfenben	488
elveniøye	548

F

femtrådet tangbrosme	350
fersk fisk	369
ferskvannskreps	241
fet fisk	310
fettfattig fisk	1078
filet	315
finnhval	318, 792
firskjegget tangbrosme	367
fisk sticks	346
fiskeavfall	348
fiskeboller	322
fiskeensilage	342
fiskekake	323
fiskelever	329
fiskeleverpostei	331
fiskelim	327
fiskemel	332, 1080
fiskeolje	333
fiskepai	335
fiskepakning	840
fiskapasta	334
fiskeprotein-konsentrat	326
fiskepudding	337
fiskepølse	339
fiskesalat	338
fiskeskinn	343
fiskeskive (koteletter)	972
fiskeskjell	340
fiskestearin	345
fiskesuppe	344
fiskestykke	336
fisketunger	347
fisk i gelé	328
fisk saltet i tønner eller kummer	695
fisk saltet ombord	811
fjesing	409, 1068
flatfisk	354

flekket fisk	280, 955	havbrasme	723	ketalaks	193
flekksteinbit	960	havengel	27	kippers	527
flire	1076	havkaruss	90, 846	kippersfilet	530
flygefisk	362	havmus	190, 746	kippersflekking	579
flyndrefisk	354	havniøye	852	kipper snacks	531
forlaket fisk	146	havåbor	66	kjølt fisk	188
fot	365	havål	224	kjønnsorganer	403
frosk	375	helkonserve	168	klareskinn	316
frossen fisk	377	helmel	1095	klippfisk	50, 532
fryselagring	212	hestereke	153, 220	knivskjell	753
frysetörking	368	hjerteskjell	202, 215, 950	knurr	416, 712, 979
fullganing	390	hodekappet	636	knurrfisk	425
		hodekappet fisk	449	knølhval	474
G		hodekappet sild	252	kolje	430
gaffelbiter	256, 381	hollandsk-behandlet sild		kolmule	111
gapeflyndre	15		291	kongsnegl	1072
gelatin	388	horngjel	383, 630	krabbe	231, 293
gjedde	704	hummer	306, 567, 641	kragehai	373
gjørs	703	husblas	486	kronsardiner	537
glasering	396	hvaler	1071	krusflik	484
glasstunge	1113	hvalkjøtt	845	kryddersaltet fisk	946
glassvar	594, 833	hvalolje	1070	kryddersild	947
glatthai	916	hvalross	1066	kråkeboller	861
glattrokke	353	hvithval	72	krøkle	911
grampus	778	hvitskate	879	kunstig tørket fisk	263
gravlaks	405	hvitting	1093	kuskjell	652
grillet fisk	60	hyse	430	kutlinger	398
grindhval	707	håbrand	727	kveite	436, 666
gråhai	1030	håbrann	578	kveitetran	437
gråskate	953	hågjel	88	kvitnos	1075
gråsteinbit	177	hågylling	746	kvitskjeving	1086
grønlandshval	412	håkjerring	413		
guanin	421			L	
gullfisk	401	I		labradorbehandlet torsk	
gullflyndre	714	industrifisk	482		541
gullskjell	174, 418			lær	553
gulål	299	J		lagesild	1058
gyteferdig	777	jødefisk	498	lake	145, 160
gytende	939			laks	804
		K		laks (atlantisk)	46
H		kaldrøkt fisk	211	lakseabbor	83
hai	876	kalifornisk gråhval	664	lakseerstatning	865
halvkonserver	868	kamskjell	68, 835	laksekaviar	756
hammerhai	439	kamtannhai	902	laksesalat	807
haneskjell	742	karpe	175	laksestjørje	656
hardrøkt fisk	446	karuss	246	laminarin	547
harr	407	kassepakket fisk	133	lange	562
havabbor	66, 419, 844,	kaviar	179	langfinnet knurr	886
	1083	kaviarerstatning	180	languster	235
havbrase	752	ketalaks	193	laue	92

412

leppefisker	1103	nordkaper	639	rotskjær	793	
lettrøkt	896	norsktilvirket feitsild	644	rund fisk	1094	
lettrøkt fisk	603			rundsaltet fisk	813	
lettrøkt hardsaltet sild		**O**		rur	61	
	896	okseøyefisk	114, 402	russisk krabbe	521	
lettsaltet fisk	435, 559	oljekonserve	654	rødalge	754	
lettvirket fisk	602	ompakket sild	770, 858	rødfisk	758	
lettvirkning	926	oskjell	622	rødhå	271	
limvannskonsentrat	223			rødspette	714	
liten makrell	499	**P**		røkelaks	529	
lodde	170	paddetorsk	366	røkt fisk	912	
lomre	556	pagell	90.2, 679	røkt hyse	317	
losfisk	706	panserulke	39	røye	182	
lutefisk	574	parr (smolt)	681	røyr	35, 182	
lyr	720	pasteurisert fisk	683	røytet torsk	905	
lysing	186, 432, 898,	pelamide	125			
	936	perle	686	**S**		
lysing (stillehavsk)	665	perleessens	687	sagfisk	830	
		perlemor	618	St. Petersfisk	500	
M		perlemorskjell	619	saltet fisk	810	
magedratt	636	pigghå	271, 693	saltet laks	698	
mager fisk	1078	piggskate	1011	saltet makrell	127	
maisild	11, 872	piggvar	1050	saltfisk	812	
makrell	577	pilskate	976	saltfisk i stabel	1069	
makrellgjedde	829	pir	499	saltsild	697	
makrellhai	578, 581	polartorsk	719	sandflyndre	258, 1114	
makrellstjørje	102, 1048	portugisisk østers	731	sandskate	821	
mannitol	583	presskake	738	sandskjell	194, 927	
mareflyndre	1101	pukkellaks	710	sardın	166, 187, 705, 822	
marinade	303, 586	purpursnegl	690	sardinella	823	
marinert fisk	4, 585			saueskjell	215	
matjessild	589	**R**		sei	802	
matjestilvirket sild	588	rakørret	749	seihval	867	
medium salted fisk	593	regnbueaure	748	seilaks	865	
melke	606	regnbueørret	748	seilfisk	801	
melkesild	604	reimfisk	376, 831	sel	853	
mjølvet (rørt) fisk	798	reke	262, 711, 737, 893	sennepssild	623	
mort	779	rekling	747	side	315	
mulle	397, 995	renset fisk	279	sik	472, 735, 1079	
multe	620	renskjæring	1040	sild	454, 667, 894	
murene	616	retthval	775	sildemel	459	
månefisk	612	revehai	1015	sildesalat	462	
		rigor mortis	776	sildolje	461	
N		ringbuker	857	siler	817	
narhval	627	risp	340	sjøaure	859	
nebbhval	69	rogn	787	sjøkreps	642	
nebbsik	472	rognkall	573	sjøku	849	
nebbskate	874	rognkjeks	573	sjøpakket	858	
nise	730	rokke	903, 751	sjøpinnsvin	861	
		rollmops	790	sjøpølser	850	

sjøstjerne	967	stekt fisk	371	trådstjert		253
sjøørret	859	stjørje	1048	tumler		129
skall	884	stjørjesalat	1049	tunge	221,	930
skalldyrcocktail	851	stokkfisk	978	tungevar		833
skalldyrpostei	883	storflekket rødhai	550	tunnin		565
skarpsaltet fisk	450	storkrill	536.1	tverrstripet knurr		760
skarpsaltet og tørket fisk		storsil	408	tørket saltfisk		282
	442	storsild	646	tørrfisk	281,	978
skarpsaltet sild	444	storskate	353	tørrsaltet fisk		284
skate	751, 903	stortobis	408	tørrsaltet sild		285
skilpadde	1052	stortorsk	429			
skinnfri	904	strandkrabbe	219	U		
skinning	906	strandreke	218			
skjeggtorsk	732	strandsnegl	390, 1098	uer		758
skjell	884	stripet pelamide	44, 907	ulke		842
skjellbrosme	366	strømming	59	underkjöling		992
skotskbehandlet	840	strømsild	37	ustripet pelamide		715
skrapfisk	1035	stør	985	utgytt		943
skrei	203	sudre	1007	utsortert småhyse		864
skrubbe	360	sukkersaltet fisk	988			
slangestjerne	967	sukkertare	535, 847	V		
slettbakhval	775	sursild	996	vanlig fisk i motsetning		
slettvar	144	suter	1007	til flatfisk		795
slo	426	svamp	957	varmesterilisert fisk		168
slosild	646	sverdfisk	1002	varmrøkt fisk		471
sløyd fisk	427	svømmeblære	1000	varmrøkt hyse		913
smolt	914	sypike	726	vassild		37
småflekket rødhai	558	syrebehandlet fisk	4	vederbuk		476
småhyse	183	søl	286	vindtørket fisk		1096
småkrill	536.1	sølvsild	645	vinge (rokkevinge)		1097
småsil	910	sølvtorsk	901	vorteflik		484
småsild	1106	T		vrakfisk		1104
småtorsk	206	taggmakrell	468, 490	vågehval		607
småvar	647	tangbrosme	783			
smørflyndre	1101	tangmel (taremel)	863	W		
soltørket fisk	990	tang og tare	862	wienerpølse av fisk		349
spansk makrell	192, 668	tare	513			
spekelaks	445	taskekrabbe	293	Å		
spekk	97	tigerhai	1016	åbor		689
spekkhogger	519	tobis	817, 910	ål	294, 305,	493
spermhval	945	torsk	203	ålekone		295
spermolje	944	torskelevermel	207			
spillange	948	torskeleverpostei	209	Ø		
spiselig fiskemel	326	torskelevertran	208	ørneskater		292
spisskate	570	tran	330, 1034	ørret		1044
stamsild	872, 1055	tretrådet tangbrosme		østers	217, 629,	661
steinbit	177, 1102		1014	øyepål		643

DUTCH/NÉERLANDAIS (NL)

Note: Figures in index refer to item numbers/Les nombres figurant dans l'index se réfèrent aux numéros des rubriques.

A

aal	294, 305
aantal vissen in een kilo	229
adelaarsroggen	292
afsnijdsel	772
agar	5
Alaska koolvis	6
alginaat	10
alikruik	690, 1098
alver	92
amber	13
Amerikaanse aal	14
Amerikaanse Atlantische oester	107
Amerikaanse elft	16
Amerikaanse gelebaars	1111
Amerikaanse riveirharing	9
Amerikaanse smelt	911
Amerikaanse spiering	944
ansjovis	19, 20
ansjovis boter	21
ansjovis essence (extract)	23
ansjovis pasta	22
ansjovis pastei	24
antibiotica	30
appetitsild	32
Arctische kabeljauw	719
arendskoprog	292
arkschelp	38
Australische haai	838
Australische sardien	699

B

baars	689
baleinwalvis	775
bandeng	605
barracuda	63
beekprik	548
beluga	72
bestraling	485
bevroren vis	377
bijwerken	1040
Bismarck haring	81
bisque	82
blankvoorn	779
blauwe haai	109, 771
blauwe krab	100
blauwe leng	104
blauwe marlijn	105, 587
blauwe vinvis	110
blauwe wijting	111
blijthaal	109
blokfilet	315
blonde ray	96
bodemvis	418.1
bokkingpastei	94
bokvis	114, 846
bonito	44, 125, 715
boormossel	700
bot	360
braadschelvis	183
braam	723, 752
brasem	143
bronforel	150, 182
bruinvis	730
bruinwier	151
bruin zeewier	513
brulkikvors	158
bultrug	474
butskop	130

C

Californische jodenvis	389
Californische pelser	166
Californisch sardien	166
Canadese snoekbaars	827
carragenine	176
Chileense heek	186
Chileense pelser	187
Chileense sardien	187
chinook zalm	191
chuchu aquila	292
chum zalm	193
coho zalm	210
congeraal	224
court-bouillon	230

D

de keel doorsnijden	625
dichte vis	1094
diepvriesopslag	212
diervoedsel	29
diklipharder	620
dolfijn	216, 274
dolfijnvis	273
donderpad	842
doornhaai	271, 693
draakvis	746
driedradige meun	1014
droog gezouten gekruide zalm	405
droog gezouten vis	284, 798
droog nagezouten steurharing	285
dubbele filet	315
dubbel gerookte steurharing	399, 762
dubbel gerookte vis	446
duivelsrog	292
dunlipharder	620
dwergbolk	726
dwergpotvis	557
dwergtabot	647
dwergtong	930, 1113
dwergtonijn	510.1
dwergvinvis	607
dwergwalvis	702

E

eendenmossei	61
eetbaar zeewier	414
elft	11, 872
Engelse bokking	447
Engelse poon	425, 760
enkele filet	315

F

filet	315
filets van kipper	530
filterkoek	738
fint	872, 1055
fishsticks	346
fluwelen zwemkrab	1001
forelbaars	83
franse tong	551, 930, 1010
fregatmakreel	372

G

gaffelbitter	381
gaffelkabeljauw	366
garnaal	153, 220, 711, 737, 898
garnalencocktail	851
garnalen salade	536
gebakken bokking	139
gebakken gemarineerde haring	141
gebakken haring	54
gebakken vis	371
gedoornde hartschelp	950
gedroogde garnalen doppen	135
gedroogde gezouten kabeljauwreepjes	892
gedroogde gezouten kabeljauw zonder graat	122
gedroogde gezouten onthuide kabeljauw	905
gedroogde gezouten vis	282
gedroogde leng	948
gedroogde pilchard	308
gedroogde steurharing	896
gedroogde vis	281
geelvintonijn	1108
geep	383, 630
gefermenteerde vispasta	312
gefermenteerde vissaus	313
gekoelde opslag	189
gekoelde vis	188
gekookte gemarineerde vis	534
gekruide gezouten haring	996
gekruide haring	932, 947
gekruide pilchards	933
gekruide sneedjes haringfilet	256
gekruide vis	946
gelatine	388, 575
gelubde vis	427
gemarineerde gebakken vis	140
gemarineerde haring	828
gemarineerde sneedjes haring	255
gemarineerde vis	585
gepantserde poon	39
gepasteuriseerde kaviar in pekel	684
gepasteuriseerde vis	683
gepekelde en gekruide ontkopte haring	252
gepekelde vis	695, 810
geperste pilchards	739
gerookte gemarineerde vis	534
gerookte haaiwammen	837
gerookte vis	912
gerookte visworst	349
gerookte zalm	529
geroosterde vis	60
geschaarde vis	793
gestapelde zoute vis	1069
gestoolde haring	54
gestoomde vis	471, 912
gestreepte bokvis	402
gestreepte dolfijn	778
gestreepte marlijn	587
gestreepte poon	425, 979
gestreepte tonijn	907
gestreepte zeebarbeel	397
gestripte vis	427
gevild	904
gevlekte gladde haai	916
gevlekte griet	1031
gevlekte lipvis	58
gevlekte rog	959
gevlekte vis	955
gevlekte zeewolf	960
gewarde vis	798
geweekte stokvis	574
gewone walvis	792
gezouten ansjovis	487
gezouten kabeljauw	809
gezouten kabeljauw zonder graat	119
gezouten makreel	127
gezouten ongestripte vis	812
gezouten vis	810
gezouten zalm	698
gezouten zalm buiken	805
glaceren	396
gladde haai	916
glasaal	299
goerami	404
golfrog	1056
gonaden	403
goudbrasem	391, 846
goudharder	620
goudharing	358
goudmakreel	273
goudvis	175, 401
gratenvis	118
grauwe poon	416
griend	707
griet	144
grijze walvis	664
Groenlandse haai	413
Groenlandse heilbot	411
Groenlandse kabeljauw	203
Groenlandse walvis	412
grondels	398

grootoogrog	247	Indische bruinvis	481	klipvis	532
grootoogtonijn	77	Indische makreel	480	kokhaan	202, 215
grote mantel	835	industrievis	482, 1035	kokkel	202, 215
grote marene	735	ingedampte vis	467	kolblei	1076
grote pieterman	409	ingelegd in hete azijn		kommeraal	224
guanine	421		470	koningsvis	556
guitaarrog	423	ingewanden	426	koning van de poon	397,
gul	206	inkt	483		995
		inktvis	257, 653, 965	koolvis	802
H		in lagen droog		koornaarvis	42, 900
haai	876	gezouten vis	515	koraal	225
haaiwangen	837	ivoor	488	koudgerookte schel-	
haché mat schelpd-				vis	317
lervlees	195	**J**		koudgerookte vis	211
halfconserven	868	Jacobzalm	417	koudgerookte vlinders	400
hamerhaai	439	Japanse paling	493	kraak	653
harderwijker	154	Japanse pelser	494	krab	231
haring	454, 894	Japanse zalm	184	krabbenvlees	233
haringhaai	578, 581, 727	jonge zalm	914	kreeft	306, 567, 641
haringhomsaus	460			kreeftcocktail	851
haring in gelei	456	**K**		kreeftensoep	240
haring in mosterdsaus		kaardrog	874	kreukel	690, 1098
	623	kabeljauw	203	krill	536.1, 536.2
haring in wijnsaus	458	kabeljauwlevermeel	207	kroepoek	538
haring in zure		kabeljauwleverpastei	209	kroeskarper	175, 246
roomsaus	457	kaken	390	kuit	787
haringkoning	525, 650	kammossel	68, 742	kunstmatig gedroogde	
haringmeel	459	kamschelp	68	vis	263
haringolie	461	Kamsjatka krab	521	kwabaal	160
haringsalade	462	karper	175		
heek	432	karperachtigen	520	**L**	
heilbot	436, 666	Kaspische zeesteur	985	labberdaan	429, 540
heilbot levertraan	437	kaviaar	179	langeschar	15
hengst	514	kaviaar gedompeld in		langoesten	235
Hollandse pekelharing		pekel	696	langoestenboter	236
	291	kaviaarsurrogaat	180	langoestenmeel	237
hom	606	keilrog	970	langoestensoep	238
hondshaai	271, 558	kelen	625	langoestensoep extract	
hondstong	1101	kever	643		239
hoofdkrab	293	Kieler sprot	517	langoestine	642
horsmakreel	468	kikker	375	langs de rug open-	
houting	472	kikvors	375	gesneden vis	579
hozemond	28	kipper	527	langzaam bevroren	
huso	985	kippersnacks	531	vis	877
		kleine duivelsrog	266	leder	553
I		kleine koornaavis	42	leng	562
iers mos	484	kleine marene	1058	lepelsteur	673
in azijn ingelegde vis		kleine roodbaars	758	levertraan	208, 330
	1060	kleine schelvis	183	licht gedroogde vis	451
in bulk aangevoerd	157	kleinoogrog	675	licht gerookte vis	603

licht gerookte zilverharing	678	
licht gezouten en/of licht gerookte vis	602	
lichtgezouten magere vis	410	
lichtzouten vis	559	
lijkstijfheid	776	
lippen en kelen	204	
lipvis	1103	
lodde	170	
lom	1053	
loodsmannetje	706	
los gestort	157	

M

maanvis	612
maatjes haring	589
magere vis	1078
magge	295
makreel	577
makreelgeep	829
mannitol	583
marene	721, 1079
marinade	303, 585, 586
marlijn	587
marsbanker	468
masoruzalm	184
matig gedroogde gezouten vis	926
matig gezouten vis	435, 593
meel van magere zeevis	1080
meerschede	753
meerval	177
meivis	872, 1055
melkers	604
melkvis	605
mensenhaai	771, 1084
met zout besprenkelde verse haring	533
met zout en suiker geconserveerde vis	988
meun	783
middellandse zee leng	592

moerasschildpad	1009
monikendammer	139
moot	972, 1043
mossel	106, 622
mul	397, 995
murene	616

N

namaakzalm	865
narwal	627
negenoog	548
neushaai	578, 727
Noord Amerikaanse ansjovis	640
noordelijke kogelvis	740
noordelijke koningsvis	283
noordkaper	639
noordkromp	652
noordzeekrab	293
noorse garnaal	262
noorse kreeft	642
noorse vinvis	867
noorse zilverharing	645
noors gezouten haring	644

O

oester	217, 629, 661
ombervis	244, 283, 591
omgepakte gezouten haring	858
ongestripte vis	1094
ontgrate kipper	121
ontgrate vis	117
onthuid	904
onthuiden	906
oorsardientje	392
oostzee haring	59
opengesneden vis voor de zouterij	280
opslag in keeën	882
op zee gezouten	811
ork	519
orka	519

P

paaiende vis	939
paairijpe vis	777
paapje	499

Pacific steur	985
Pacifische haring	667
Pacifische kabeljauw	663
paling	294, 305
paling in gelei	496
panklare vis	279
papegaaivis	682
parel	686
parelmoer	618
parelmoerschelp	619
pastei van schaal en weekdieren	883
patella	560
pekel	145
pekelharing	697
pekelmaatjes	588
pel	884
pelser	705, 822
perskoek	738
persvocht concentraat	223
Peruaanse ansjovis	18
petis	685
Pieterman	409, 1068
pijlinktvis	965
pijlstaartrog	976
pink zalm	710
platvis	354
pollak	720
poolkabeljauw	203
poon	425
Portugese oester	731
potvis	945
potvisolie	944
puf	1073
puitaal	295

R

ratvis	750
regenboogforel	748, 1044
reuzenhaai	65
riddervis	35, 182
rivierkreeft	241
rivierprik	548
rob	853
rode kaviaar	756
rode poon	425, 1110
rode trommelvis	283
rode zalm	710, 925
rog	751, 903

rolmops	790	sponzen	957	verse vis	369	
rolmopsjes	380	sprot	147, 962	verwijderen van kop en		
rondvis	975	staarten van langoe-		ingewanden	636	
roodbaars	755, 758	stine	836	vette vis	310	
roodwier	754	steenbolk	732	vierdradige meun	367	
ruwe haai	1030	steenkarper	175	vijfdradige meun	350	
ruw haaienleer	873	stekelmeerval	848	villen	906	
		stekelrog	1011	vingerwier	847	
S		sterlet	985	vinvis	318	
St. Jacobsschelp	835	steur	985	visafval	348	
sardien	705, 822	steurgarnaal	218	visballen	322	
sardientje	822	steurharing	95, 975	visballetjes	322	
schaaldieren cocktail	851	steurkrab	218	visbloem	326	
schar	258	stokvis	50, 978	visblokjes	267	
scharretong	594	strandgaper	194, 927	viscake	323	
scheermes	753	strandkrab	219	visdelikatessen	264	
schelpdiervocht	196	strobokking	154	visgelatine	316, 486	
schelpen	884	stukjes haring in saus	455	vishalfconserven in		
schelvis	430	suikerwier	846	olie	654	
schelvisbroed	864			vishuiden	343	
schelvis hutspot in		**T**		vis in eigen bouillon	321	
blik	431	tandbaars	289	vis in gelei	4, 328	
scherpsnuit rog	570	tandkarper	520	vis in kisten aangevoerd		
schijfjes vis	794	tapijtschelp	174, 418		133	
schol	714	tarbot	1050	vis in pekel	695	
schorpioenvis	839	tarpoen	1004	visleder	556	
schotje	859	tegelvis	1019	visleer	553	
Schotse maatjesharing		tijgerhaai	1016	vislever	329	
	840	tilapia	1018	visleverpastei	331	
schurftvis	833	tolkuren	1042	vislijm	327	
sidderrog	296	tong	221, 930	vismeel	332	
sint pietervis	500	tongschar	556	visoliën	333	
slakdolf	857	tonijn	102, 1048	vismoot	336	
slangalen	919	tonijn in olie	1029	vispasta	334	
slangster	967	tonijnsalade	1049	vispastei	335	
sluismeester	366	tonijnsaucijsjes	1047	vispudding	337	
smelt	817	tonijnworst	1046	vissalade	338	
snelkoeling	992	toter	1106	vischubben	340	
snoek	704	traan	1034	vissilage	342	
snoekbaars	703	trapon	897	vissoep	324, 344	
snotdolf	573	trassi	1036	visstearine	345	
Spaanse makreel	192, 668	trekkervis	241.1, 314 1039	vistongen visvingers	347 346	
Spaanse zeebrasem	48, 90.2, 846	tripang tuimelaar	1037 129	visvlokken visvolconserven	325 168	
spekbokking	447			visworst	339	
spermolie	944	**U**		viszilver	687	
spiegelrog	1100			vis zonder graat	120	
spiering	911	**V**		vlagzalm	407	
spinkrab	949	Venusschelp	441, 741	vleet	353, 751, 903	

vlekvinhaai	363	
vleugel	1097	
vliegende vis	362	
voedervis	482, 1035	
vol vismeel	1095	
voorgepekelde vis	146	
voorgezuurde haring-filet	826	
vorskwab	366	
voshaai	1015	
vriesdrogen	368	

W

walgezouten vis	890
walrus	1066
walvisolie	1070
walvissen	1071
walvisspek	97
warmgerookte gezouten haring	93
warmgerookte haring	154
warmgerookte haring zonder graat	123
warmgerookte schelvis zonder kop	913
warmgerookte vis	471
wijde mantel	742
wijting	1093
winde	476
windgedroogde vis	1096
witflankdolfijn	1086
witje	1101
witsnuitdolfijn	1075
wittehaai	578
witte koolvis	720
witte marlijn	1082
witte tonijn	8

wrakbaars	1104
wulk	1072

IJ

ijle vis	943
ijle zalm	514
ijshaai	413

Z

zaagje	225
zaagvis	830
zalm	46, 804
zalmbokking	447
zalmbroed	681
zalmkaviaar	756
zalmkuitaas	806
zalmsalade	807
zandspiering	408, 817, 910
zandtong	551
zeebaars	66, 844
zeebarbeel	397, 995
zeebrasem	110, 678
zeedonderpad	842
zeeduivel	28
zeeëgel	861
zeeëngel	27
zeeforel	453, 859, 1044
zeehond	853
zeekarper	90
zeekoe	849
zeekomkommer	850
zeekreeft	306, 567
zeeleguaan	566
zeelt	1007
zeeoor	2, 659
zeepaling	224

zeepok	61
zeeprik	548, 852
zeerat	746, 750
zeeschildpad	1052
zeester	967
zeewier	862
zeewierbrood	552
zeewiermeel	863
zeewolf	177, 1102
zeilvis	801
zilverharing	896
zilversmelt	37
zoetwaterkreeft	241
zoetwater trommelvis	283
zomervogel	361
zon gedroogde vis	990
zonnebaars	991
zonnevis	500
zoute lappen	815
zoutevis	810, 813
zuidafrikaanse-heek	169
zuidkaper	935
zwaardvis	1002
zwaar gezouten	451
zwaar gezouten en/of gerookte vis	442
zwaar gezouten haring	444
zwaar gezouten sloe-haring	646
zwaar gezouten vis	450
zwaar gezouten zalm	445
zwartebaars	83
zwarte haai	853.1
zwarte heilbot	411
zwarte koolvis	802
zwarte marlijn	87, 527
zwartstaart	824
zwemblaas	1000

PORTUGUESE/PORTUGAIS (P)

Note: Figures in index refer to item numbers/Les nombres figurant dans l'index se réfèrent aux numéros des rubriques.

A

abadejo do cabo	523
abertura ventral	625
abrótea da Novazelândia	756.1
abrótea branca	1081
abrótea vermelha	761
abrótia-do-alto	366
acepipes de mariscos	851
achigã	83
agar	5
agulha	630
agulhão	829
alabote	436
alabote-da-Gronelândia	411
alabote-do-Pacífico	667
alabote japonês	41
albacora	1108
albafar	902
alcaraz	132
alcarraz	172
alga	469, 860
alga castanha	151, 513, 535
alga do mar	862
alga vermelha	286, 754
alginato	10
almôndegas de peixe	322
alosa cinzenta	9
amanmar	1040
âmbar cinzento	13
ameijoa	174, 418
anchova	103
anchova à italiana	487
anchoveta	18
angula	299
anjo	27
antibióticos	30
aparas	772
aranhuço	968
arapaema	33
arca de noé	38
arca japonesa	38
areiro	594
arenque	454
arenque com especiarias	947
arenque cortado com especiarias	256
arenque cortado em marinada	255
arenque cozido	54
arenque de cura escocesa	840
arenque de cura holandesa	291
arenque de escabeche	932
arenque de guelras e visceras	390
arenque-de-lago	543
arenque descabeçado e salgado	815
arenque descabeçado e salmoira	252
arenque-do-Báltico	59
arenque doirado	399
arenque-do-Pacífico	667
arenque em creme ácido	457
arenque em geleia	456
arenque em marinada	141
arenque em molho de vinho	458
arenque em mostarda	623
arenque em salmoira	588, 697
arenque enrolado	790
arenque fresco	533
arenque fumado	527
arenque fumado a quente	358
arenque fumado sem espinhas	123
arenque gordo preparado	93
arenque inteiro salgado	975
arenque ligeiramente fumado	678
arenque muito salgado	444
arenque muito salgado e pouco fumado	896
arenque pequeno	1106
arenque-prateado-norueguês	645
arenque salgado	95
arenque salgado a bordo	858
arenque salgado a seco	285
arenque salgado e fumado	447
arenque sem espinhas	121
arenque-vermelho	762
argentina	37
arinca	430
arinca fumada	317, 913
arinca miúda	864
arinca pequena	183
armazenagem a granel	157
armazenagem de congelados	212
armazenagem em caixas	133
armazenagem em camadas	882

armazenagem refrigerada	189	besugo	48, 90.2	cachucho	549
asa	1097	bexiga natatória	1000	cadelinha	194, 225
atum	1048	bica	679	caldo de peixe	230
atum albacora	1108	bico-de-garrafa	130	camarão	370, 737, 893
atum-dente-de-cão	297	bicuda	63	canarão ártico	262
atum-do-Índico	572	bife de baleia	845	camarão-branco	218, 1085
atum em conserva	1029	biqueirão	19	camarão de ãgua doce	370
atum patudo	77	biqueirão-do-Pacífico norte	640	camarão em maionese	536
atum rabilho	102	biqueirão-do-Perú	18	camarão-mouro	153, 220
atum voador	8	bloco de peixe congelado	95.1	camarão-negro	153, 220
azevia	930			camarão-rosa	711
azevia raiada	1010	boca-de-panela	707	caneja	916
		bocados (de atum)	600	cangulo	1039
B		bocados de arenque enlatados	531	canivette	753
babosa de Patagonia	781			cantarilho do norte	758
bacalhau	50, 203	bocados de filetes de arenque	455	cantarilho do Pacífico	669
bacalau de cura nacional	628			capelim	170
		bodião	58, 1103	capelo	723
bacalhau Árctico	1062	boga-do-mar	114	carangídeos	490
bacalhau-do-Pacífico	663	bolo de peixe	323	caranguejo	231
		bolos de caranguejos	232	caranguejo-real	521
bacalhau feito em tiras	892	bolota	1053	caranguejo-verde	219
bacalhau graúdo	429	bonito	125	carapau	468
bacalhau pequeno	206	bonito-dente-de-cão	799	caras de bacalhau	204
bacalhau polar	719	bonito-do-Índo-Pacífico	657	carne-a-carne	173
bacalhau salgado	809			carne de caranguejo	233
bacalhau salgado e seco sem pele	905	bonito-do-Pacífico	662	carne de tartaruga	167
		boto-raiado	778	carocho	90.1, 853.1
bacalhau sem espinhas	119	borrelho	690, 1098	carpa	175
badejinho	901	brema	143	carragenina	176, 484
badejo	1093	burrié	690, 1098	carta	833
bagre	878	búzio	1072	carta de verão	989
baiacu	740			castanhola	921
baleias	775, 1071	C		cavala	577, 192, 668
baleia awã	607	cabeçudo	968	cavala-da-Índia	1063
baleia azul	110	caboz	398	cavala-do-Índico	480
baleia boreal	867	cabra	425, 712	cavala escalada	579
baleia-cinzenta-do-Pacífico	664	cabra-cabaço	1110	cavala salgada	127
		cabra de bandeira	886	caviar	179
baleia-de-bossas	474	cabra de cascas	39	caviar pasteurizado	684
baleia-franca	639	cabra-lira	712	caviar salmourado	696
baleia-franca-boreal	412	cabra morena	416	caviar vermelho	756
baleia-franca-negra	935	cabra vermelha	760	charuteiro-azeite	1116
barbudo	1012	cabrinha-da-leque	363	charuteiro-catarino	1116
beicinho	611	cação	916	cherne	844, 1104
berbigão	202, 215, 950	cação antartico	424	cherne da Novazelândia	440.1
		cachalote	945, 1071	chicharro	468
		cachalote-anão	557	choco	257

chopo		257
choupa		90
clame		441, 741
clame da areia		194, 927
cobra		373
cobra-do-mar		251, 919
coiro		553
cola de peixe		327, 486
conchas e carapaças		884
congro		224
congro bicudo do Japão		880
conserva de peixe		168
conserva de peixe ao natural		321
coral		226
corcovado		615
coregono		721, 1079
coregono biscudo		472
coregono bronco		1058
coregono lavareda		735
corentinha		222
corvina		244, 283, 591
corvina africana		503
corvina de bola amarela		387
corvinata		1067
craca		61
creme de anchova		22
cura amarela		12
cura branca		136
cura carregada		442
cura do Gaspé		386
cura do Labrador		541
cura lenta de peixe de salga carregada		451
cura leve		559, 926
cura norueguesa de arenque		644

D

daurada		391
desovado		943
despelagem		906
desperdícios de peixe		348
diabo-do-mar		266
doirada		273
donzela		160, 562
dourada do Japão		764
dugongo		849

E

eiró		294, 305
enchova		19
enchovagem		20
enguia		294, 305
enguia-americana		14
enguia japonesa		493
enguias em geleia		496
ensopado de peixe com carne de porco		324
eperlano		911
escabeche		303, 586
escalo		476
escamas de peixe		340
escamudo		802
escamudo-do-Alasca		6
escolar		920
escorpião		434, 842
esfola		906
espadarte		1002
espadarte-serra		830
espadilha		147, 962
espadilha do cáspio		518
espadilha fumada		517
espadim		587
espadium-azul do Atlântico		105
espadim bicudo		940
espadim-branco-do-Atlântico		1082
espadim de bico curto		940
espadim-negro		87
espadim-raiado		983
esparideos		846
esponja		957
essência de anchova		23
essência de pérola		687
estearina de peixe		345
estrla do mar		967
estrombo		222
esturjão		985
esturjão do caspio		71
esturjão do danùbio		660
esturjão estrelado		871
extracto de sopa de lagosta		239

F

faneca		732
faneca norvega		643
fanecão		726
farinha de alga		863
farinha de arenque		459
farinha de fígado de bacalhau		207
farinha de lagosta		237
farinha de peixe		332, 1095
farinha de peixe magro		1080
farinha de peixe para o consumo humano		326
fateixa		542
ferreira branca		1089
fígado de peixe		329
filete		315
filete de bacalahau salgado sem espinhas		122
filete de espadilha com especiarias		32
filete fumado		400
filete inteiro		315
filetes de arenque em salmoira		826
filetes de arenque fumado		530, 531
filetes de salmão à sueca		405
flecha		118
flocos de peixe		325
foca		853
fogueteiro-galego		201
frachão		817
fritura de cabozes		637
fura-vasos		76

G

gaiado		907
galeota		408, 817, 910
galhudo		271, 693
galucha		124
gamba		737, 893
garo		384, 385
garoupa		419, 498
gata		550

gelatina		388
gelatina de peixe		575
golfinho		216, 274
golfinho-branco		1086
golfinho-branco-do-Árctico		72
golfinho de foccinho branco		1075
gónadas		403
granadeiro azul		466.1
guanina		421
guelha		109
guizado de lagostim		240
gurami		404

H

hilsa		464
holotúria		850, 1037

I

ictiocola		316
imperador		755
irradiação		485
isco de ovas de salmão		806

J

jamanta		266, 584
judeu		157.1, 372
juliana		720

K

krill		536.1
krill do Antarctico		536.2

L

lácteas		606
lagarto-do-mar		566
lagosta		235
lagostim		642
lagostim-do-rio		241
laibeque		350, 367, 783, 1014
laminária		847
laminarina		547
lampreia-do-mar		548, 852
lampreia-do-rio		548
lapa		560
lapa-real		659

lavadilha		962
lavagante		306, 567
lavagante Americano		641
leitão		88
leque		742, 835
lesma-do-mar		857
licor de clame		196
linguado		930
linguado-amarelo		1113
linguado legitimo		221
linguado de areia		551
línguas de peixe		347
lingue escalado seco		948
linguiça		761
lírio		253
listado		907
listão		907
longueirão		753
lorcha		415
lua		612
luciano		921
lúcio		704
lúcio perca		703
lula		965

M

madre-pérola		619
manitol		583
manta		584
manteiga de anchova		21
marfim		488
marinada frita		140
marreco		768, 791
maruca		562
maruca azul		104
maruca espanhola		592
meia-agulha		433
melga		693
malhado		693
menhadem		596
merma		565
merma oriental		510.1
mero		419
mero legitimo		285
metade de peixe		315
mexilhão		106, 622
mixilhão-africano		261
mochama		610

molho de lácteas de arenque		460
molho de peixe fermentado		313
mora		773.1
moreia		616
morsa		1066
muchama		610
mucharra		611
mugem		620
múle: numero de peixes por quilograma		229

N

nácar		618
narval		627
navalheira-azul		100

O

óleo de arenque		461
óleo de baleia		1070
óleo de cachalote		944
óleo de fígado de alabote		437
óleo de figado de bacalhau		208
óleo de fígado de peixe		330
óleo de peixe		333
óleo de peixe em decomposição		1034
olho de vidro-laranja		656.2
orelha		2
orelha do mar		659
ostra		107, 661
ostra-plana europeia		217, 629
ostra-portuguesa		731
ouriço-do-mar		861
ovas		787
ovas secas		128

P

pala		672
palitos de peixe		346
palitos de surimi com caranguego		233.1
palmeta		715

paloco 720
palometa 715
pâmpano do pacifico 448
pâmpano-manteiga 163.1, 448
pampo 723
pargo-legítimo 228, 763.1 824
passarinho 300
pasta de anchova 24
pasta de arenque fumado 94
pasta de fígado de bacalau 209
pasta de fígado de peixe 331
pasta de lagosta 236
pasta de moluscos e crustáceos 883
pasta de peixe 334
pasta de peixe fermentado 312
pasta de peixe prensado 738
pata-roxa 271, 558
patarroxa 550
pedaços de bacalhau em forma de tijolos 205
peixe aberto 955
peixe activado 798
peixe-agulha 383, 630
peixe amanhado 279
peixe-amanhado em verde 280
peixe-aranha 409, 1068
peixe-bola 740
peixe-borboleta 164
peixe-carniero europeu 295
peixe-carvâo do Pacífico 800
peixe chato 354
peixe condensado homogeneizado 467
peixe congelado 377, 877
peixe cortado em cubos 267
peixe cozido em molho 534
peixe-cravo 656
peixe curado em molho ácido 4
peixe de refugo 1035
peixe descabeçado 449
peixe descabeçado e viscerado 636
peixe desidratado 263
peixe em desova 939
peixe em escabeche 585
peixe em geleia 328
peixe em salmoira 146
peixe em vinagre quente 470
peixe encarnado 401
peixe ensilado 342
peixe-espada 253, 376
peixe-espada-do-Pacíficio 831
peixe-espátula 673
peixe eviscerado 427
peixe fortemente fumado 446
peixe fortemente salgado 450
peixe fresco 369
peixe frito 371
peixe fumado 912
peixe fumado a frio 211
peixe fumado quente 471
peixe-galo 500
peixe gordo 310
peixe grelhado 60
peixe inteiro 1094
peixe inteiro salgado 812
peixe-javali 111.1
peixe-leite 605
peixe ligeiramente curado 602
peixe ligeiramente fumado 603
peixe-lapa 573
peixe-lobo 108, 177, 1102
peixe-lobo malhado 960
peixe-lua 612
peixe-macaco 298
peixe magro 1078
peixe médiamente salgado 593
peixe-ovado 777
peixe-papagaio 682
peixe para farinha 482
peixe pasteurizado 683
peixe-piloto 706
peixe-porco-galhudo 314
peixe-prata-do-Atlântico 1004
peixe preparado em vinagre 1060
peixe redondo 795
peixe refrigerado 188
peixe-rei 42, 900
peixe salgado 810, 813, 1069
peixe salgado a seco 284
peixe salgado e seco 282, 532
peixes de fundo 418.1
peixe seco 281
peixe seco ao ar 1096
peixe seco ao sol 990
peixe seco sem escala 978
peixe sem espinhas 117, 120
peixe semi-salgado 435
peixe sem pele 904
peixe-serra 830
peixe tratado com sal e açúcar 988
peixe tratado com especiarias 946
peixe tratado em salmoira 695
peixe verde 410
peixe vermelho 758
peixe-voador 362
pele de peixe 343
pele de tubarão 873
pequeno arenque 894
perca 689, 1111
perceve 61
perna-de-moça 931, 1030
perna-de-moça da Australia 838
pérola 686
pescada 432

pescada-branca		432
pescada chilena		186
pescada-da-África-do-Sul		169
pescada-da-Argentina		936
pescada-do-Pacífico		665
pescada-marmota		432
pescada prateada		898
pescadinha		432
pichelim		111
pimpão		246
pissala		713
pudim de peixe		337
polvo		653
porção de peixe		336
porco		473
posta de peixe		1043
postas	794,	972
pota		364
potra	364,	965
pregado	594,	1050
produtos marinhos para rações		29

R

rã	158,	375
rabilo		102
raia	751,	903
raia-biscuda		570
raia-curva		1056
raia-de-dois-olhos		247
raia de Gronelândia		953
raia-de-São-Pedro		821
raia-inverneira		1100
raia-lenga		1011
raia-manchada		959
raia-nevoeira		879
raia-oirega		353
raia-pinta		1011
raia-pintada		970
raia-pontuada		96
raia-pregada		874
raia-teiroga		1087
raia-zimbreira		675
rainúnculo-negro		366
rascasso		839
ratão aguia		292
ratão bispo		292
ratazana	190,	746
ratazana Americana		750
relangueiro		650
rigidez cadavérica		776
roaz		69
roaz-corvineiro		129
roaz-de-bandeira		519
robalo	66,	844
robalo branco		1074
robalo do norte		1083
robalo japaonês		495
robalo-muge		982
rodovalho		144
rodovalho-bruxa		1031
roncador	283,	420
rorqual	792,	1071
rorqual-azul		110
rorqual-boreal		867
rorqual-comum		318
rorqual-miúdo		607
ruivaca	92,	779
ruivo	425,	507

S

saboga		1055
safio		224
salada de arenque		462
salada de atum		1049
salada de peixe		338
salada de salmão		807
salema		402
salga a bordo		811
salga a seco		515
salga em terra		890
salmão	193, 210,	804
salmão-cão		193
salmão-do-Atlântico		46
salmão de danúbio		260
salmão en salmoira		698
salmão fumado		529
salmão-japonês		184
salmão jovem		914
salmão muito salgado		445
salmão pequeno		681
salmão pratado		210
salmao real		191
salmão-rosa		710
salmão-vermelho-do-Pacífico		925
salmoira		145
salmonete da vasa		397
salmonete legitimo	397,	995
salmonete-vermelho		995
salsicha de atum		1046
salsicha de peixe	339,	1047
salsicha de peixe fumado		349
salvelha		872
sama	671,	829
sandilho		817
santola		949
sapateira		293
sapteiro		356
sapateiza do Pacífico		287
sarda		577
sardinela		823
sardinela da India		655
sardinela de escabeche		933
sardinela lombuda		392
sardinha	705,	822
sardinha seca		308
sardinhas prensadas		739
sardinopa	705,	822
sardinopa-da-África-do-Sul		187
sardinopa da Australia		699
sardinopa da Califórnia		166
sardinopa Japonesa		494
sargo da América do norte		843
sargo do Atlântico sudeste		1090
sargo legítimo		1076
sarrajão	44,	125
sável	11,	872
sável-americano		16
savelha		1055
secagem por meio de refrigeraçao		368
sedimentos		365
semi-conserva de peixe		264
semi-conservas		868
semi-conservas em óleo		654
senuca		62
serano-alecrim		844

sereia	724
serra	524
serra da India	1063
serrano-alecrim	214
serra real	522
serra-tigre	866
solha	714
solha Americana	15
solha da rocha	786
solha-das-pedres patrūcia	360
solha de inverno	1099
solha-de-pedras	360
solha dos mares do norte	258, 1114
solha escura do mare do norte	258
solha-limão	556
solhão	1101
solhão ártico	36
solhão estrelado	969
solhão liso	915
solhão malhado do japão	797
solho	985
sopa de arinca	431
sopa de clame	195
sopa de lagosta	238
sopa de mariscos	82
sopa de peixe	344
substitutos de caviar	180
sucedâneo de salmão fumado	865
sucos condensados de peixe	223
super-refrigeração	992

T

taínha	620
tamboril	28
taralhão	700
tarpão	1004
tartaruga	1009, 1052
tenca	1007
terrina de peixe	335
tilápia	1018
tinta	483
tomecode	1026
toninha	481, 730
toucinho de baleia	97
tremelga	296
trombeiro	692
truta	453, 1044
truta-acro-íris	748
truta-das-fontes	150, 182
truta-de-lago	545
truta marinha	859
truta sapeira	859
tubarão	159, 373, 771, 876
tubarão-albafar	902
tubarão-ama	649
tubarão-anequim	578, 581
tubarão-castanho	152
tubarão da Gronelândia	413
tubarão-de-areia	820
tubarão-de-pontas brancas	1091
tubarão-de-pontas negras	91
tubarão-de-São-Tomé	1084
tubarão-dormedor	649
tubarão-frade	65
tubarão-limão	555
tubarão-martello	439
tubarão-prego	952
tubarão-raposo	1015
tubarão-sardo	578, 727
tubarão-sardo-do Japão	808
tubarão-terranova	878
tubarão-tigre	1016
tubarão-toiro	820

U

uge	976
uge de cardas	976
uge-manta	976

V

veleiro	801
ventresca	1059
ventresca de galhudo	837
ventresca salgada	805
verdinho	111.1
vidragem	396
vieira	68, 835
viola	423
vísceras	426

X

xareu da Novazelândia	1038
xareu-macoa	242
xaputa	723, 752

Z

zorra	1015

SWEDISH/SUÉDOIS (S)

Note: Figures in index refer to item numbers/Les nombres figurant dans l'index se réfèrent aux numéros des rubriques.

A

abborre	689
abborrfisk	703
agar	5
agar-agar	5
alaskasej	6
albacora	8
albulider	118
alg	862
algbröd	552
alginat	10
allmän sandhaj	820
ambra	13
amerikansk abborre	1111
amerikansk ansjovis	640
amerikansk bäckröding	150
amerikansk hummer	641
amerikansk nors	911
amerikansk sugkarp	745
amerikansk ål	14
amerikanskt ostron	107
andval	130
ansjovis	20
ansjovisextrakt	23
ansjovis (fisk)	19
ansjovispastej	24
antalfisk per kg.	229
antarktisk krill	536.2
antibiotika	30
aptitsill	32
artificiellt torkad fisk	263
australisk sardin	669
auxid	157.1, 372

B

barracuda	63
belugastör	71
belugaval	72
benad fisk	117
benfri fisk	120
benfri kipper	121
benfri rökt sill	123
benfri salttorsk	119
benfri salt torskfile	122
bengädda	383
bentungor	33
berggylta	58, 1103
bergskädda	556
bergtunga	556
bergvar	1031
bernfisk	74
bethaj	1030
birkel ånga	104
biscayaval	639
björkna	1076
bladtång	151, 513, 535, 847
bladtångmjöl	863
blaggarnsrocka	879
bleka	720
blomrocka	247
blåhaj	109
blå havkatt	108
blåkäft	839
blåkrabba	100
blålånga	104
blåmussla	106, 622
blåsfisk	740
blåsik	735
blåtobis	910
blåval	110
blåvitling	111
bläck	483
bläckfisk	257, 965
bollmussla	652
bonit	907
borrmussla	700
bottenfisk	418.1
braxen	143
brokrocka	1056
brosme	1053
brugd	65
brunaktig	750
buffelfisk	987
bågfena	132
böckling	154

C

chileansjovis	18
chilensk bonit	662
chilesardin	187

D

danube	260
darrocka	296
delfin	274
djuptobis	817
djurföda	29
djävulsrocka	584
dolksvans	231
donaulax	804
drakhuvudfisk	839
dubbelfilé	315
dubbelfilé sammanhängande i buken	579
dvärgkaskelot	557
dödsstelhet	776
dögling	130

E

egentliga tandkarpar	520
elektrisk rocka	296
elfenben	488
elopid	542
eulachonen	304
europeisk ål	305
europeiskt ostron	217

F

fatsaltad fisk	695
femtömmad skärlånga	350

fenknot	1110	flundrefisk	354	guldbraxen	391
fenval	318, 792	flygfisk	362	guldfisk	401
feta fiskslag	310	flygsimpa	363	guldlax	37
fiatola	723	flå	906	guldmakrill	273
filé	315	fläckig havkatt	960	gulstrimmig mullus	995
filfisk	314, 1039	fläckig judefisk	498	gyltor	1103
fiskavfall	348	fläckig rocka	959	gädda	704
fiskblock	95.1	fläckpagell	846	gälning	390
fiskbullar	322	fläckrocka	247	gökrocka	874
fiskensilage	342	fläkt fisk	280, 955	gös	703
fiskfjäll	340	frostfisk	1026		
fiskflingor	325	fryslagring	212	**H**	
fisk färdig för kokning		fryst fisk	377	haj	271, 771, 876
eller stekning	279	frystorkning	368	hajrocka	423
fisk i gelé	328	fullganing	390	halstrad fisk	60
fiskinläggningar	264	funnläppad multe	620	halvnäbb	433
fiskekaka	323	fyrtömmad skärlånga	367	hammarhaj	439
fiskkorv	339	färsk fisk	369	harr	407
fisklever	329	försaltad fisk	146	havsabborre	66, 214, 419,
fiskleverolja	330				844
fiskleverpastej	331	**G**		havsbraxen	723
fisklevertran	330	gaffelbitar	381	havsgös	244, 283, 503,
fisklim	327	gaffelmakrill	724		591, 1067
fisk mjölad i salt	798	ganing	390	havskatt	177
fiskmjöl av mager fisk	1080	gelatin	388	havskatt fiskar	177, 1102
fiskmjöl av vitfisk	1080	glansfisk	656	havskräfta	642, 836
fismjöl för djurföda	332	glasering	396	havslax i olja	865
fiskmjöl (för människoföda)		glasvar	594	havsmus	190, 746
	326	glasål	299	havsnejonöga	852
fiskolja	333	glatthaj	916	havsruda	90, 846
fiskpaj	335	glattval	775	havstulpaner	61
fiskpastej	334	glipskädda	15, 714	havsål	224
fiskpinnar	346	glyskolja	726	havsängel	27
fiskportion	336	gnoding	416	havsöra	2, 659
fiskprotein-koncentrat	326	gonader	403	hel fisk	1094
fiskpudding	337	gravlax	405	helgeflundra	436
fisksallad	338	grillad fisk	60	helgeflundreleverolja	437
fiskskinn	343	grindval	707	helkonserv av fisk	168
fisksoppa	344	groda	375	hjärtmusslor	202, 215
fiskstearin	345	grouper	419	horngädda	383, 630
fiskstuvning	324	grunt	420	hummer	306, 567
fisktungor	347	gråhaj	159, 820, 1030	hundfisk	132
fisktärningar	267	grå knivtandsåi	880	husbloss	486
fjällbrosme	366	grårocka	953	husbloss-stör	71
fjärilsfisk	164	gråsej	802	husen	71
fjärsing	409, 1068	gråval	664	huvudkapad fisk	449
flatfisk	354	grönfisk	415	huvudkapad sill	252
flodkräfta (kräftor)	241	grönlandsval	412	huvudkapning och	
flodnejonöga	548	grönsaltad fisk	410	magdragning	636
flundra	315, 360	guanin	421	håbrand	727

429

håbrandshaj	578	keta	193	lekande fisk	939
hågäl	88	kipper	527	lekfisk	777, 939
håkäring	413	kipperfiléer	530	leopardrocka	292
hårdrökt fisk	446	klippfisk	532	lerflundra	15, 714
hårdsaltad fisk	450, 451	klorocka	970	lerskädda	15, 714
hårdsaltad lax	445	klumpfisk	612	lilla helgeflundran	411
hårdsaltad och torkad fisk	442	knaggrocka	1011	lilla hälleflundran	411
		knivmussla	753	limvattenkoncentrat	223
hårdsaltad sill	444	knorrhane	416, 425	lindare	1007
hårstjärt	253	knot	416, 425	liten bläckfisk	257
håstörje	1030	knölval	474	ljusa rockan	96
hälleflundra	436	kolja	430	lodda	170
hästräka	153, 220	koljafilé	317	lotsfisk	706
		koljestuvning	431	lubb	1053
I		kolmule	111	lufttorkad fisk	1096
icke könsmogen sill	589	kotlett	972	lutfisk	574
ictalurider	177	kotlettfisk	28	lyktfiskar	656.2
id	476	krabba	231, 293	lyrknot	712
indian lax	925	krabbkaka	232	lyrtorsk	720
industrifisk	482	krabbkött	233	långa	562
inlagd ål	496	krabbtaska	293	långfenad pompano	724
inälvor	426	krill	536.1	läder	553
irländsk mossa	484	kronsardiner	537	läppfiskar	1103
islandsmussla	652	kryddsaltad fisk	946	lättrökt fisk	603
		kryddsill	947	lättsaltad fisk	435, 559
J		kråshaj	373	löja	92
japansk jättekrabba	521	kräftor	241		
japansk lax	184	kräftsoppa	240	**M**	
japansk sardin	494	kummel	432	mager fisk	1078
japansk ål	493	kummelsläktet	432	majfisk	11, 872
jäst fiskpastej	312	kungsfisk	758	makrill	577
jäst fisksås	313	kungslax	191	makrillgädda	829
jättemanta	584	kvabbso	573	makrillhaj	581
		kyld fisk	188	mannitol	583
K		kylkonserver	868	marinad	303, 586
kabeljo	50	kyllagring	189	marinerad fisk	4, 585, 1060
kalifornisk kummel	665				
kalifornisk sardin	166	**L**		marinerad sill	996
kallrökt kolja	317	Labradorsaltning	541	marinerad stekt fisk	140
kallrökt fisk	211	lake	160	marinerad stekt sill	141
kalmar	965	lakesaltad fisk	695	marulk	28
kammussla	68, 742, 835	laminarin	547	maskalungen	704
kanadagös	827	landsaltning	890	matjessill	588
kanadaröding	545	languster	235	menhaden	596
kanalmal	177	langustmjöl	237	minkval	607
karagenin	176	langustsoppa	238	mjölke	606
karp	175	langustsoppsextrakt	239	mjölkfisk	605
kaskelottval	945	lax	46, 804	mullus	397
kaviar	180	laxsallad	807	multe	620
kejsarhummer	642	laxäggsagn	806	munruvare	1018

muräna	616	plattfisk	354	rödtunga		1101
mussel extrakt	196	platt tarmtång	414	rökt fisk		912
mört	779	plogjärnsrocka	570	rökt fiskkorv		349
		polartorsk	719	rötsimpa		842
N		pompano	490, 724			
narval	627	portugisiskt ostron	731	**S**		
navaga	1062	pottval	945	St. persfisk		500
nejonögon	548	presskaka	738	saltad fisk		810
nilfengädda	75	prästfisk	42, 900	saltad lax		698
nordhavsräka	262	puckellax	710	saltad makrill av boston-		
nordiska beryxen	755	puckelval	474	typ		127
nordkapare	639	putsning	1040	saltad sill		697
nordlig silversida	900	pärla	686	saltad torsk		809
nordlig silvertorsk	901	pärlemor	618	saltad torskfisk		812
nordval	412	pärlessens	687	saltlake		145
nors	911			sandfisk		818
norsk fetsill	644	**R**		sandmussla		194, 927
norsk slotetsill	646	rankfoting	61	sandrocka		821
norsk storsill	646	rays havsbraxen	752	sandräka		153, 220
nypning	390	regnbåge	748, 1044	sandskädda		258
näbbgädda	383, 630	regnbågslax	748, 1044	sardell		487
näbbsik	472	rens	426	sardin		705, 822
näbbval	69, 130	rensad fisk	427	scampi		836
		rigor mortis	776	segelfisk		801
O		ringbuk	857	sej		802
ompackad sill	770	rocka	751, 903	sejval		867
ormstjärna	967	rollmops	790	senapssill		623
osetr	660	rom	787	sevruga		871
osteoglossider	33	rotskär	793	sexbågig kamtandhaj		
ostrimmig pelamid	715	ruda	246			902
ostron	629, 661	rundfisk	795	shad		16, 872
oxgroda	158	rundsaltad fisk	813	sik	472, 735,	1079
oxögonfisk	114, 402	rundsaltad sill	975	siklöja		1058
		ryggstrimmig pelamid	44,	sill		454, 894
P			125	sillhaj		727
packad och isad i lådor		rysk kaviar	179	sill i gele		456
ombord	133	rysk stör	660	sill i sur gräddsås		457
paddtorsk	366	räka	711, 737, 893	sill i vinsås		458
pagell	48, 90.2	rättval	775	sillmjöl		459
pansarhane	39	rävhaj	1015	sillmjölkesås		460
papegojfisk	682	rödalg	754	sillolja		461
pastöriserad fisk	683	rödfisk	758	sillsallad		462
pastöriserad kaviar	684	rödhaj	271	silverfisk		37
pelamida	125	röding	35, 182	silversidor		900
pigghaj	271, 693	rödknot	760	silvertorsk		901
piggvar	1050	röd pagell	679	simblåsa		1000
pilgädda	63	rödsallat	286	simkrabba		1001
pir	499	rödspätta	714	simpor		842
pissala	713	rödspotta	714	sjurygg		573
planktonsik	721	röd tonfisk	102	sjöborrar		861

sjögurka	850, 1037	
sjösaltad fisk	811	
sjösaltad sill	291	
sjöstjärna	967	
sjötunga	221	
skal	884	
skaldjurscocktail	851	
skaldjurspastej	883	
skaldjurssoppa	82	
skarpsill	147, 962	
skedstör	673	
skidmusslor	753	
skinnfri fisk	904	
skinnoch benfri ansjovis	32	
skivsill	256, 455	
skotsksaltad sill	840	
skrapfisk	1035	
skrubba	360	
skrubb-flundra	360	
skrubbskädda	360	
skäggtorsk	732	
skärlånga	783, 1014	
sköldpadda	1052	
slätrocka	353	
slätval	775	
slätvar	144	
smolt	914	
småfläckig rödhaj	558	
småkolja	183	
småsill	1106	
småströmming	1106	
småtunga	1113	
småvar	647	
småögd rocka	675	
smörbult	398	
smörfisk	163, 448, 723	
snäcka	1032	
sockersaltad fisk	988	
sockeye	925	
solabborre	991	
soltorkad fisk	990	
sommarkvalitet	644	
spansk och japansk makrill	192, 668	
sparid	763.1, 846	
spermacetiolja	944	
spermacetival	945	
spetsnosad rocka	1087	
spillånga	948	
spindelkrabba	949	
spjutfisk	587, 940, 1082	
springare	216	
sprotten	517	
späckhuggare	519	
staksill	1055	
stamsill	11, 872	
staplad saltfisk	1069	
stek	972	
stekt fisk	371	
stenbit	573	
stensnultra	1103	
sterlett	985	
stillahavs-helgeflundra	666	
stillehavslax	210, 804	
stillahavssill	667	
stillahavstorsk	203, 663	
stingrocka	976	
stirr	681	
stjärnkikare	968	
stjärnstör	871	
storfläckig rödhaj	550	
stor vit haj	1084	
strandkrabba	219	
strandsnäcka	690, 1098	
strimmig spjutfisk	983	
strumpebandsfisk	376	
strupsnitsöring	1044	
strålkonservering	485	
strömming	59, 454	
strösaltad sill	533	
stupsaltad fisk	813	
stupsaltad sill	975	
stuvning i bulk	157	
stuvning i hyllor	982	
stör	985	
större flygfisk	362	
sugkarp	987	
superkylning	992	
sutare	1007	
svamp	957	
svartabborre	83	
svart havsabborre	89	
svart rysk kaviar	179	
svärdfisk	1002	
sydkapare	935	
sydlig silversida	900	
sydlig silvertorsk	901	
sågfisk	830	
säl	853	

T

tagghjärtmussla	950
taggmakrill	242, 468, 490, 724
tapesmussla	174, 418
tarpon	1004
tigerhaj	1016
tjockläppad multe	620
tobisar	817
tobiskung	408
tomcod	1026
tonfisk	102, 510.1, 1048
tonfisksallad	1049
toppsegelmal	848
torkad fisk	281, 978
torkad saltad fisk	282
torkat räkavfall	135
torrfisk	281, 978
torrsaltad fisk	284
torrsaltad sild	285
torrsaltning i stapel	515
torsk	203
torsklevermjöl	207
torskleverolja	208
torskleverpastej	209
tran	1034
tretömmad skärlånga	1014
trimning	1040
trumfisk	86
tryckarfisk	314, 1039
trådfiskar	1012
tumlare	730
tunga	930
tungevar	833
tunnina	565, 1048
tvärbandad knot	979
tånglake	295
tångräka	218

U

ulk	842
ungstekt sill	54
utlekt fisk	943
uvak	203

V

valar	1071
valbiff	845

valkött	845	vingsnäcka	222	**Å**		
valolja	1070	vinterflundra	1099	ål	294, 305	
valross	1066	vitaborre	1083	ål i gelé	496	
valspäck	97	vitfläckig havsmus	750	ålkusa	295	
valthornssnäcka	1072	vitling	1093	åttaarmad bläckfisk	653	
vanlig delfin	216	vitlinglyra	643			
vanlig pompano	724	vitnos	1075	**Ä**		
vanlig stör	985	vitrocka	879	äkta tunga	221	
vanlig tobis	910	vitsiding	1086	älvsik	472	
varmmarinerad fisk	470	vit sugkarp	987			
varmrökt fisk	471	vit tonfisk	8	**Ö**		
varmrökt koljafilé	913	vitval	72	öresvin	129	
vassbuk	147, 962	vrakabborre	1104	öring	859, 1044	
vikval	607	vrakfisk	440.1, 1104	örnrocka	292	
vimma	1117	vraklax	514	östlig liten bonit	565	
vingar (ex. rockvingar)	1097					

TURKISH/TURC (TR)

Note: Figures in index refer to item numbers / Les nombres figurant dans l'index se réfèrent aux numéros des rubriques.

A

abdalca	1076
adi pullu	175
adi yunus	216
afalina	129
agar	5
ahtapot	653
ak balina	72
alabalık	836, 859, 1044
alabalık (Atlantık)	46
alabalık (kaya)	785
alabalık salatası	807
alabalık türü	150, 260, 748
alinik asit	10
altınbaş kefal	620
amber	13
ançuez	20
antibiyotikler	30
asil hani	214
asil pavurya	293
asitlerle oldurulmuş balık	4
aterina	42, 900
ayıklanmiş balık	427
ayıklanmiş ringa	252
ayna	949
ayıbalığı	853
ayıklamak	1040

B

bağırsaklar	426
baharatla olgunlaşmış balık	946
baharatlı ringa	947
bakalyaro	50, 1093
balanus	61
balığı sahilde işleme	890
balık	57
balık artıkları	348
balık böreği	335
balık çorbasi	324, 344
balık derisi	343
balık dili	347
balık ezmesi	334
balık karaciğeri	329
balık karaciğeri macunu	331
balık karaciğer yağı	330
balık keki	323
balık köftesi	322
balık porsiyonu	336
balık pulu	340
balık salatası	338
balık sosisi	339
balık stearini	345
balıktan puding	337
balık turşusu	585
balık tutkalı	327
balık unu	326, 332
balık yağı	330, 333
balinalar	1071
balina yağı	1070
Baltık ringası	59
barbunya	397
başı kesilmiş balık	449
benekli kırlangıç	416
berlâm	432
bıyıklı balık	177
Bismark ringası	81
Boston uskumrusu	127
böcek	232, 235
bütün balık	1094
büyük camgöz	65
büyük kaya balığı	398
buza koyma	133

C

camgöz	76
camgöz balığı	1030
canavar balık	109

Ç

çaça	962
çaça-platika	147
çağanoz	231
çamuka	900
çapak	1076
çarpan	1068
çekiç	439
çıtari	402
çiga	985
çingene pavuryasi	219
çipra	755
çipura	391
çiroz	978
çivili köpek balığı	952
çivisiz kalkan	144
çizgili mercan	844
çok tuzlu balık	450
çuka	985
çupra	755
çütre balığı	314, 1039

D

deniz alabalığı	859
deniz alası	859
deniz anası	497
deniz hıyarı	850
deniz ineği	849
deniz kalağı	659
deniz kaplumbağası	1052
deniz kedibalığı	848
deniz kestanesi	861
deniz kulağı	2
deniz lahanası	847.
deniz salyangozu	857, 1098
deniz ürünleri kokteyli	851
deniz yosunu	862
deniz yosunu unu	863
derepisisi	360

deri	553	
derin deniz karidesi	262	
derin dondurulmuş balık	877	
derisini yüzme	906	
destere balığı	830	
dikburun	581	
dikburun karkarias	727	
dikenli öksüz	39	
dil	221	
dil balığı	551, 833, 930, 1113	
dişi kalkan	144	
dişli tirsi	1055	
domuz balığı	473	
dondurulmuş balık	188	
dondurup kurutma	368	
donmuş balık	377	
dülger balığı	500	

E

elektrik balığı	296
endüstriyel balık	482

F

fangri	846
fener balığı	28
fermente balık macunu	312
fermente balık sosu	313
fildişi	488
fileto	315
fırında ringa	54
fin balinası	318
fok	730, 853
folas	700
folya	292
fulya	292

G

gelincik	350, 562, 592, 783
gelincik balığı	1014
gebe balık	777
glase	396
gobene	372
gök balina	110
göl ringası	543
guanin	421
gümüş	42, 900

güneşte kurutulmuş balık	990

H

hafif füme balık	603
hafif tuzlu balık	602
hamsi	19, 20
hamsi esansı	23
hamsi kremi	22
hamsi macunu	24
hamsi yağı	21
hardal ringası	623
has kefal	620
havyar	179
havyar benzerleri	180

I

ıstakoz çorbası	82
ızgara balık	60

İ

iğnelikeler	423
iğnelivatoz	976
ince (kabuklu)	927
inci	686
inci balığı	92
irigöz sinağrit	549
iri yengeç	521
irlanda yosunu	484
irradiyasyon	485
iskarmoz	63
iskaroz	682
işkine	244, 283, 591
iskorpit	839
iskorpit hanisi	1104
izmarit	692
istakoz	306, 567, 641
istavrit	468
istiridye	217, 661
iyice füme edilmiş balık	446

J

japon levreği	495
japon sardalyası	494
japon yılan balığı	493
jelatin	388
jelâtinli balık	328
jöle içinde ringa	456

K

kabuk		884
kabuklu balık macunu		883
kadife balığı		1007
kahverengi alga		151
kahverengi karides		153
kalemarya		965
kalkan balığı		1050
kanat		1097
kaplumbağa		1052
kara balık		1117
karaca		660
karagöz istavrit		489
karides	220, 737, 893	
karides türü		1085
karkarias		1084
kaşalot		557
kayabalığı		398
kaya istakozu		784
kayış		251
kedi		271
kedi balığı	550, 558	
kefal		620
kelebek balıkları		164
keler		27
kerevit		241
kılavuz balığı		706
kılçığı alınmıs balık filotosu		315
kılçıklı balık		117
kılçıksız balık		120
kılçıksız morina		119
kılçıksız tuzlu morina filotosu		122
kılıc balığı		1002
kılkuyruk		253
kırlangıç	425, 507, 760, 886	
kırlangiç balığı		1110
kırma	228, 679, 763.1	
kırmızı alga		754
kırmızı balık	246, 401, 758	
kırmızı fangri		764
kırmızı havyar		756
kırmızı ringa		762
kızılgöz		779
kızıl sazan		779
kikla		58

kolan		985
kolyoz	192,	668
kolyoz balığı		938
konserve balık		168
köpek balığı	271,	424, 876, 916
köpek balığı türü		159
körfezde midye türü		68
kum		817
kum balığı	408,	910
kumtrakonyası		1068
kupes		114
kurbağa		375
kurbağa balığı		968
kurbağa türü		158
kurutulmuş balık		281
kutu sardalya		739

L

lakerda		544
lakerda veya tuzlu balık		442
lâpin		1103
lekeli kedi balığı		88
levrek	66, 703,	854
lipsoz		839
lopa		114
lübje		965
lüfer		103

M

mager vismeel		1080
mahmuzlu camgöz		693
Malta palamutu		706
mandagöz mercan		679
marinitol		583
marmır		919
mavi deniz kedisi		108
mavi midye türü		106
mavi yengeç		100
mavrusgil balığı		244
mazak		979
melanurya		859
mercan	226, 228,	679, 763.1
merina		616
mersin	598,	871
mersin balığı		985
mersin morinası		71
mezgit	111,	726

mezit		111
mıgrı		222
midye		622
midye çorbası		195
midye suyu		196
midye türü	194, 441,	927
miğri		224
morina		203
mürekkep		483
mürekkep balığı		257
morine kafası		204

N

nefrops	642
Nil barbunyası	397

O

orfoz	289,	419
orkinoz (ton)		102
orta tuzlu balık		593

Ö

öksüz	712

P

pala balığı		831
palamut-torik	44,	125
palatika		962
pamuk balığı		109
parçalanmiş ringa		455
pasifik berlamı		665
pasifik gri balinası		664
pasifik morinası		663
pasifik ringası		667
pasifik uskumrusu		662
pastörize balık		683
pavurya		231
pembe alabalık		710
pembe karides		711
pervane		612
pirzola		972
pisi balığı	258,	714
portekiz istiridyesi		731
pulatarina		620

R

ringa	454
ringa (ekşi krema içinde)	457
ringa salatası	462

ringa unu	459
ringa yağı	461
rüzgarda kurutulmuş balık	1096

S

sağılan balık		939
sağılmış balık		943
sapan balığı		1015
sardalya	392, 705,	822, 823
sarı ağız		591
sarı-hani		289
sarı kuyruk		1116
sarigöz		90
sarpan		402
sashımı		825
sazan		175
sedef	618,	619
sepya		257
sert tuzlu som iyice tuzlanmiş som		445
sert tuzlu ringa		444
sıcak füme balık		471
sıcak marinasyon		470
sinarit		549
sirkeye yatırılmış balık		1060
sivriburun vatoz		570
siyah tambur		86
soğuk füme balık		211
soğuk muhafaza		212
soğutulmuş balık		188
soğutulmuş muhafaza		189
som balığı		804
sudak		703
susuz balık		263
sübye		257
sünger		957

Ş

şarap soslu ringa	458
şekerle olgunlaşmış balık	988
şip	985

T

tahta balığı	143,	1076
tane		229
tarak	742,	835

tatlısu levreği	689	tuzla kurutulmuş balık	282	**Y**		
tatlısu midye türü	370	tuzlanmiş balık	810, 812	yabani istiridye	629	
tatlısu sardalyası	92	tuzlu kuru balık	284	yağlı balık	310	
tavada balık kızartması	371	tuzlu kuru ringa	285	yağlı-sardalya	655	
taze balık	369	tütsü (füme) balık	912	yarım ay	434	
teke	218	tuz	145	yarı tuzlu balık	435	
tekir	397, 995	tuzlu balık	146	yassı balık	354	
teknede işleme	811			yayın	177	
terbiye edilmiş balık	279	**U**		yazılı orkınos	510.1, 565	
tereyağı balığı	163	uçan	363	yengeç	231, 293	
tibbî balık yağı	208	uçan balık	362	yengeç eti	233	
tirsi	11, 860	uçan kalamar	364	yılan balığı jölesi	496	
tirsi balığı	1055	uskumru	577	yeşil sazan	1007	
tombile	372	uskumru türü	489	yılan balığı	294	
ton	1029	uyuşturan	296	yılanbalığı (Amerika)	14	
ton balığı	1048			yunus	274	
ton pastırması	1047	**V**		yuvarlak balık	795	
ton salatası	1049	vantuzlu balık	987	yuvarlak ringa	796	
torik	125	varsam	1068	yüzülmüş balık	904	
trakonya	409, 1068	vatoz	247, 353, 751,	yüzülmüş ringa	905	
trançan	1043		821, 874, 959,	**Z**		
turna	694		970, 1011, 1056,	zargana	383, 630	
turna balığı	704		1087	zurna	566, 671, 829	

SERBO-CROAT/SERBO-CROATE (YU)

Note: Figures in index refer to item numbers/Les nombres figurant dans l'index se réfèrent aux numéros des rubriques.

A

agar	5
alge	862
alginat	10
američka lojka	16
ambra	13
antarktički syjetlar	536.2
antibiotici	30
atlantska lojka	11

B

bakalar	50, 203
bakalar bez kože i kosti	119
bakalareva jetrena pašteta	209
bakalarevo jetreno brašno	207
bakalarevo jetreno ulje	208
baltička heringa	59
barakuda	63
barjaktarica	150, 182
bežmek	968
bijela riba	1078
bijeli tunj	8
biser	686
biserna esencija	687
Bizmark heringa	81
blok	95.1
blouter	93
blouter pasta	94
bobica	257
bodečnjak mali	758
bodeljka	419
bodeljke	839
bodorka	779
brašno dobiveno od morskih alga	863
brašno od jastoga	237
brgljun	19, 640

broj riba u 1 kg.	229
brzo smrznuta riba	877
bucanj	612
bukva	114
butarga	128

C

cepurljica	507
cijela heringa obradjena i pakovana u barilima	975
cijela riba	1094
cipli	620
crnilo glavonožaca	483
crnoprugac	1076
crevene alge	754
crveni kavijar	756

Č

čepa	11
česljača	742

D

dagnjea	106, 622
dehidrirana riba	263
delikatesni proizvod	264
deverika	143
dimljena riba	912
dimljena riblja kobasica	349
dimljeni losos	529
divlja bilizma	723
dresirana riba	279
drhtulja	296
dugoperajni tunj	8
dupin	216, 274

E

ekstrakt juhe rakova	239
epinephelus	419

F

fanfan	706
fermentirana riblja pasta	312
fermentirani riblji sos	313
fermentirani riblji umak	313
filet	315

G

garum	385
gavun	911
gavuni	42
gera	692
glavoči	398
glaziranje	396
gofi	1116
golub	292
golub uhan	266, 584
grb	591
grboglavka	752
grdobina	28
grgeč	689
guanin	421
guljenje ribe	906
gusta juha od školjkaša	195

H

heringa	454
heringa soljena holandskim načinom	291
heringa u aspiku	456
heringa u kiselom umaku i dodatcima	457
heringa u umaku od slačice	623
heringa u umaku od vina	458

heringa u želeu	456	
himera	190, 746	
hladetina	388	
hladno dimljena riba	211	
hlap	306, 567, 641	
hobotnica	653	
hrana za životinje	29	
hujka	408, 817, 910	
hujke	251	

I

igla	630
iglica	383
iglokljun	940
iglun	940
igo	1002
ikra	128, 787
inćun	19
insalana riba	798
iverak	15, 258, 360, 714, 1114
izmriješćena riba	943

J

jako hladno dimljena riba	446
jako obradjena riba	442
jako soljena heringa	444
jako soljena ili dimljena riba	442
jako soljena riba	450
jako soljeni losos	445
jandroga	360
jaram	439
jastog	235
jauk	758
jaukavica	839
jegulja	294, 305
jegulja japanska	493
jegulja u aspiku	496
jegulja u želeu	496
jesetra	985
jestiva kornjača	1009
jestivi	861
jež	476
juha od rakova	238

K

kamenica	217, 629, 661
kamenica portugalska	107,731
kamenotoč	261
kanadska pastrva	150
kanjac	214
kanjci	844
kantar	90
kapica	68, 835
karas	246
kavijar	179
keciga	985
kiljka	518
kirnja	289, 419, 440.1
kirnja glavulja	1104
kirnje	844
kiselinom obradjena riba	4
kit	412, 867, 1071
kit plavetni	792
kit ubica	519
kobasica od mesa tunja	1047
kocke od mesa ribe	267
kokot	416
kokot balavica	1110
kokot krkaja	712
kokot letač	363
kokot turčin (lastavica)	39
koktel od mesa školjkaša i rakova	851
kokun	886
kolači od raka	232
komarča	391
koncentrat otpadne vode	223
koniski jezik	436
konzervirana riba	168
konzervirani riječni rak	240
konzervirani tunj	1029
kopančica	174
kornjača morska	1052
kostelj	271
kostorog	1039
kovač	500
kozica	262, 711, 737, 893
kozica obična	218
kozice	153, 220

koža morskih sisavaca i riba	553
koža morskog psa	873
kraljevski rak	521
krilo ribe	1097
krkotajka	760
kronsardine	537
kučica	174, 418
kučina	581, 727
kuhana marinada	534
kunjka	225

L

lagano dimljena riba	603
lagano obradjena riba	559, 602
lagano soljena riba	559, 602
laminarin	547
lampuga	273
lastavica	425
lastavica balavica	1110
lastavica barjaktarka	886
lastavica glavulja	979
lastavica-kosteljača	712
lastavica prasica	425
lica modrulia	724
lignja	965
lignjun	364, 965
linjak	1007
liofilizacija	390
lipen	407
list	221, 930
list bradavkar	551
list piknjavac	1113
list prugavac	1010
lojka	872, 1055
lokarda	192, 668
losos	46, 804
lubin	66
luc	510.1, 565
lupar	560

LJ

ljuskavke	846
ljuskotrn	62, 920

M

mačka bjelica	558
mačka mrkulja	550

mačka padečka 88
mačke 271
mala ugotica 183
mamac od lososovih
 jaja 806
manić 160
manić morski 592
manit 583
manjić morski 562
marinada 4, 585
marinirana heringa 697
marinirani losos 698
marlin 587, 1082
masna riba 310
matjes soljena heringa 588
matulić 172
meso mladih kitova 845
mihača 314, 1039
mlat 439
mliječ crveni 637
mliječ ikra 606
modrak 692
mol 726
morska govedina 845
morska mačka 550, 558
morkse zmije 919
morkse zvijezde 967
morski jež 861
morski krastavac-trp 850
morski kupus (alge) 847
morski pas 820, 876
morski prasac 473
morsko bilje 862
morsk psi 771
moruna 71, 985
morž 1066
mrina 616
mršava riba 368, 1078
mrtvačka ukočenost 776
mrvice od riba 325
mušala 38

N

nadomjestak za kavijar 180
norveški rak 642
nosatica 570

O

obična zakovica 219

oblić 144
obradjena riba octom 1060
obradjena riba uz dodatak mirodija 946
obrezana riba 449
očišćena riba 279
odrezak 972
ogrc 1032
oguljeni suhi bakalar 905
ohladjena riba 188
okatica veleljuska 773.1
okrugla riba 795
orhani 1116
oslić 169, 186, 432, 936
osušena riba 263
otpadna riba 1035
ozimica 472

P

pagar crvenac 228, 763.1
paklara morska 852
paklara riječna 548
palamida 44, 657
papak 38
papalina 147, 962
papigača 682
pas butor 1030
pas čukov 916
pas glavonja 751, 903
pasiraža 423
pas kostelj 693
pas mekuš 916
pas modrulj 109, 1084
pas mrkalj 853.1
pas sivonja 902
pasta inćuna s maslacem 21
pasta inćuna s uljem 22
pasta od školjkaša i rakova 883
pasterizirani zrnati kavijar 684
pastirica 44, 125
pastirica atlantska 715
pastirica istočna 657
pastruga 871
pas trupan 159

pastrva 545, 748, 859, 1044
pastrve 182
pas zvjezdaš 952
patarača 833
pauk 1068
pauk bijeli 409
pecatura 229
pečena heringa 54
pečena marinada 140
pečena marinada od heringe 141
pečena riba 60
petrovo uho 2, 659
plat 1050
plavica 192, 668
plavi kit 110, 318
pliskavica 216, 274
pliskavica (vrst) 129
pliskavica dobra 274
plosnatica blijedica 833
plosnatka 833
plotica morska 723
polanda 44
poletuša 362
polu-soljena riba 435
poskok 829
posoljena riba 798
posoljena riba sa mirodijama 946
postrižena riba 449
potočni (riječni) 241
potpuno riblje brašno 1095
pratibrod 706
prešani kolač 738
prezerve u ulju 654
pridnena riba 418.1
priljepak 560
prosušena riba 281
prstać 261
pržena marinada 140
pržena marinada od heringe 141
pržena riba 371
psi 271
psina 578
psina atlanska 727
psina dugonosa 581
psina golema 65

psina lisica	1015	
psina ljudožder	91	
psina zmijozuba	820	
pučinka skakavica	273	
pužić morski	690, 1098	

R

račić svjetlar	536.1	
radijacija	485	
rak	219, 231	
rakovica	949	
rarog	306, 567, 641	
rasplaćena riba	315, 955	
rasplaćena riba vrste skuše	579	
raža	96, 675, 751, 903	
raža bjelica	1087	
raža crnopjega	874	
raža crnopježica	959	
raža kamenjarka	1011	
raža klinka	570	
raža smedja	247	
raža smedjana	821	
raža velika	353	
raža vijopruga	1056	
ražica blije dopjega	970	
ražopas	423	
riba kojoj je izvadjena utroba	427	
riba kojoj je skinuta koža	904	
riba obradjena solju	810, 813	
riba očišćena od kostiju	117	
riba pila	830	
riba pred mriještenjem	777	
riba s gradela	60	
riba soljena na brodu	811	
riba sušena na suncu	990	
riba sušena na zraku	1096	
riba u konzervi	168	
riba za vrijeme mriješćenja	939	
ribe u želeu	328	
riblja hladetina	328	
riblja jetra	329	
riblja jetrena pasta	331	
riblja juha	344	

riblja koža	343
riblja pasta	334
riblja pita	335
riblja porcija	336
riblja pulpa	342
riblja ulja	333
riblje brašno	332
riblje brašno iz bijele ribe	1080
riblje brašno od heringe	459
riblje brašno za ljudsku hranu	326
ribljeg brašna	738
riblje jetreno ulje	330
riblje kobasice	339
riblje ljepilo	327
riblje ljuske	340
riblje ulje od heringe	461
riblji bjelančevinasti koncentrat	326
riblji jezik	347
riblji kolač	323
riblji odrezak	336
riblji otpaci	348
riblji stearin	345
riblji trani	333
riblji valjušci	322
rolmops	790
rumbac	157.1, 372
rumenac	679
rumenac okan	90.2
rumeni	549

S

sablja	376
sabljan	1002
salamura	145
salamurena riba	146
salata od heringe	462
salata od lososa	807
salmon	46, 804
salpa	402
scorpaena	419
sipa	257
sipica	257
sjenka	591
skidanje kože s ribe	906
sklat	27, 164
skuša	577

slana heringa druge kvalitete	770
slana pasta od inćuna	24
slani bakala u barilima	75
slani inćun	487
sledj	454
slonovača morskih životinja	488
smedja alga laminaria	151
smrznuta riba	377
smudj	703
smudut	66
soljena cijela riba	812
soljena heringa	697
soljena srdela	739
soljeni losos	698
soljenje ribe a carne	173
spužvo	957
srčanka	202, 215
srdela	166, 187, 705, 822
srdela golema	392, 823
srdela pacifička	667
srdela soljena dalmatinskim ili grčkim načinom	739
srdelna pasta s maslacem	21
srebrenica	37
srednje soljena riba	593
strijelka skakuša	103
suhi bakalar	50, 978
suho soljena heringa	285
suho soljena riba	284
sušena i soljena riba	282
sušena riba	281
sušena srdela	308
svježa riba	369

Š

šagrin	873
šarag	1076
šaran	175
šarun	468
ščepa	872
šiba žutulja	976
šilac	8
škamp	642
škampi	836

škaram	63	tuna	1048	ventreska lososa		805
školjka	884	tunj	1048	volina	353,	976
školjke	194	tunj crveni	102	vrana		1103
škrpina	839	tunji	1048	vrana atlantska		58
šnjur	468	tunj salata	1049	vrsta crvene alge		286
štuka	704	tunj u konzervi	1029	vrsta kita		474
				vrsta lososa	191,	193
T		**U**		vrsta pacifičkog lososa		
tabinja	366	ugor	224			210
tlitica	103	ugorova mater		vrsta tunja		572
toplo dimljena masna		350, 783, 1014				
papalina	517	ugotica 203, 430, 898,		**Z**		
toplo dimljena riba	471		1093	zelembac		566
toplo marinirana riba	470	ugotica (atlanska)	720	zeleniš		911
totan	364	ugotica mala	732	zeleniši	42,	900
tračan	653	ugotica pučinska	111	zmijičnjak		253
trani	1034	ugotica (sjeverna)	720	zmijičnjak repaš		376
trilja (prasica)	416	ugotica srebrenka	901	zračni mjehur		1000
trlja kamenjarka	995	uho morsk	659	zubačić		549
trlje	397	ukljeva	92	zubatac		549
trlje od kamena	397, 995	ulje kita	1070			
trnobok	468	ulješura	945	**Ž**		
trnobokan	242, 490	ulješura glavata	945	želatina		388
trp	850	ulje ulješure	944	željva		1052
trup	157.1, 372			živorodac		295
trup prugavac	907	**V**		žutoperajni tunj		77
tuljan	853	ventreska	1059	žutorepi tunj		1108